PAPAGEITAUCHER
Fratercula arctica
KÖNIGSPINGUIN
Aptenodytes patagonicus
AMERIKANISCHE SPOTTDROSSEL
Mimus polyglottos
CARACARA
Caracara cheriway
BACHSTELZE
Motacilla alba
GRAUES TINAMU
Nothoprocta cinerascens
RIESENGRACKEL
Cassidix mexicanus
SEEADLER
Haliaeëtus albicilla
PURPURGRACKEL
Quiscalus quiscula
GABELTYRANN
Muscivora forficata
STURMSCHWALBE
Hydrobates pelagicus
KOLKRABE
Corvus corax
FELDLERCHE
Alauda arvensis
GROSSES TINAMU
Tinamus major
BLAUMÜCKENFÄNGER
Polioptila caerulea
MACGREGOR-PARADIESVOGEL
Macgregoria pulchra
PRACHTTAUCHER
Gavia arctica
STEINADLER
Aquila chrysaëtos
AMERIKANISCHE WALDSCHNEPFE
Philohela minor
NORDAMERIKANISCHE AASKRÄHE
Corvus brachyrhynchos
GELBSCHNABELKUCKUCK
Coccyzus americanus
SCHLANGENHALSVOGEL
Anhinga anhinga
RIESENRALLE
Aramus guarauna
KURZSCHNABELTINAMU
Crypturellus parvirostris
HÜTTENSÄNGER
Sialis sialis
KANADAKRANICH
Grus canadensis
WERMUTHUHN
Centrocercus urophasianus
MEERESPELIKAN
Pelecanus occidentalis
WIEDEHOPF
Upupa epops
BIENENFRESSER
Merops apiaster
RAUCHSCHWALBE
Hirundo rustica
KANADA-WALDHUHN
Canachites canadensis
STOCKENTE
Anas platyrhynchos
SPITZSCHWANZHUHN
Pedioecetes phasianellus
ROTBAUCHPITTA
Pitta erythrogaster
WEISSFLÜGEL-RAUPENSCHMÄTZER
Lalage sueurii
BREITSCHNABELKOLIBRI
Cynanthus latirostris
BENNETT-KASUAR
Casuarius bennetti
NUTTALL-SCHNÄPPERTYRANN
Nuttalornis borealis
KLAPPERZISTENSÄNGER
Cisticola chiniana
GROSSER AMEISENWÜRGER
Taraba major
ESELSPINGUIN
Pygoscelis papua

ROTER SICHLER
Eudocimus ruber
und
WEISSER SICHLER
Eudocimus albus

Oliver L. Austin — Die Vögel der Welt

Herausgegeben von Herbert S. Zim

Deutsche Bearbeitung von Heinz Wermuth

Illustriert von Arthur Singer

RVG
RHEINGAUER VERLAGSGESELLSCHAFT

Inhaltsverzeichnis

Lizenzausgabe für RVG Rheingauer Verlagsges. mbH Eltville am Rhein, 1986 · Printed in Italy by Off. Grafiche A. Mondadori Editore - Verona
ISBN 3 88102 070 5

Archaeopteryx
(Rekonstruktion)

Geleitwort

Unvergeßlich ist mir eine Bemerkung, auf die ich vor zehn Jahren im Vorwort eines reich bebilderten amerikanischen Vogelbuches stieß: J. J. Audubon – unter den Vogelmalern der verwegenste Repräsentant der romantischen Jahrzehnte und in Amerika noch immer als Genie verehrt – dieser Audubon sei der unübertroffene Meister der Vogelmalerei, und alle Späteren seien nichts als Epigonen, die ihr großes Vorbild fast nie erreicht hätten. Drum Schluß mit der Kunst des Pinsels! Ihre Tage sind vorbei. Heute vermag uns die Farbphotographie viel besser über unsere Vögel zu belehren, als eine weitere Betätigung des Malerhandwerks das zuwege bringen könnte. So etwa stand es dort zu lesen.

Wer möchte ein solches Urteil unterschreiben, wenn er in dieses neue Vogelbuch geschaut hat? Farbige Lichtbilder, die den Vogel und sein Tun in einem flüchtigen Augenblick festhalten, vermögen, wenn sie sehr gut geraten sind, unser Interesse zu fesseln – einen ästhetischen Genuß jedoch schenken sie uns fast niemals. Gerade aus der unmittelbaren Freude an Farbe und Gestalt aber erwuchs von jeher der erste Antrieb zum Nachdenken und zum Verlangen, von diesen «lieblichen Geschöpfen» mehr zu erfahren. Und den wahren Genuß kann uns nur der Maler verschaffen; nur er kann sich ganz auf seinen Gegenstand konzentrieren und alles Zufällige beiseite lassen.

Und gar ein Autor, der einen weiten Leserkreis mit den Vertretern aller Ordnungen und Familien der Vögel bekannt machen wollte, konnte nichts besseres tun als sich mit einem Künstler zu verbinden. Der junge Arthur Singer, dessen persönliche Bekanntschaft in New York zu machen ich vor kurzem die Freude hatte, ist für diese schöne Aufgabe wahrhaft begnadet. Haltung, Bewegung, Ausdruck, Farbe – kurz alles, woran man draußen eine Vogelart von jeder anderen sofort unterscheiden kann, das «sitzt» bei ihm.

Dem Verfasser des Werkes freilich galt die geschmackvolle Illustration nur als ein Mittel für seinen eigentlichen Zweck. Ihm war es darum zu tun, sein Publikum vertraut zu machen mit der Mannigfaltigkeit der Vögel, ihren stammesgeschichtlichen Beziehungen, ihrer Verbreitung, ihren so verschiedenartigen Lebensäußerungen und mit vielem, was in die Kulturgeschichte alter oder junger Völker hineinspielt. Vor 100 Jahren hat sich unser Alfred Brehm genau die gleiche Aufgabe gestellt, als er die Vogelbände seines «Illustrierten Thierlebens» schrieb. So wie der weitgereiste Brehm, so konnte auch der weitgereiste Oliver Austin aus der Fülle vieljähriger Erfahrung schöpfen. In weit klarerem Lichte freilich als im Jahre 1860 sieht die Forschung unserer Tage den Vogel. Die Zahl der Fragen und Antworten hat gewaltig zugenommen, und wer heute über alle Vogelgruppen der Erde schreiben will, der muß nicht nur mit Fernglas und Notizbuch viel herumgekommen sein, sondern auch das Schrifttum gründlich kennen. Beides hat sich hier aufs glücklichste zusammengefunden.

Möge dieses Werk nun auch im deutschen Sprachgebiet das Interesse an der Vogelkunde vertiefen und der liebenswerten Wissenschaft neue Scharen zuführen!

Erwin Stresemann

Vorwort des Verfassers

Dieses Buch soll einen Überblick über die Vögel der Welt geben und sie als natürliche Einheit darstellen. Dabei wird manches über ihre Herkunft und Entwicklung, über Verbreitung und Lebensgewohnheiten sowie über ihre gegenseitige Verwandtschaft zu sagen sein. Als Leitfaden mögen dabei die Ordnungen und Familien dienen, in die man die Klasse der Vögel unterteilt. Sie sind nach den anatomischen Ähnlichkeiten und Unterschieden aufgestellt und spiegeln damit die Entwicklungsgeschichte und die biologischen Verwandtschaften wider. Wir unterscheiden heute 27 Ordnungen und 155 Familien, eine Reihe, die von ganz primitiven bis zu hoch spezialisierten Formen reicht.

Wissenschaftliche Namen sind im Text nur spärlich verwendet worden, obwohl sie sich keineswegs immer durch gemeinverständliche Namen ersetzen lassen, denn man versteht sie in allen Ländern und Sprachen. Wir können uns daher kaum ernsthaft über fachliche Fragen unterhalten, ohne wissenschaftliche Namen anzuwenden – nur sagen sie dem Laien leider nichts. Daher läßt es sich auch hier nicht ganz vermeiden, solche Fachnamen zu gebrauchen, und deshalb sei ganz kurz darauf hingewiesen, daß bei den üblichen zweiteiligen Namen der erste die Gattung, der zweite die Art bezeichnet; geographische Rassen, die an einem dritten Namen kenntlich sind, werden hier nicht eigens erwähnt. Unter den höheren Gruppen enden die Namen der Ordnungen auf *-iformes*, die der Familien auf *-idae* und die der Unterfamilien auf *-inae*.

Das System der Vögel steht in engem Zusammenhang mit deren geographischer Verbreitung. Trotz ihrer großen Beweglichkeit, die sie ihrem Flugvermögen verdanken, bewohnen doch die meisten Arten ganz bestimmte Verbreitungsgebiete. Wenn sich auch so gut wie nie die Grenzen zweier Arten ganz genau decken – abgesehen natürlich von solchen Vögeln, die auf ganz kleinen Inseln vorkommen –, so ähneln sich doch manche Lebensareale sehr stark. Um hier Ordnung zu schaffen, haben die Zoologen die Erde in mehrere Regionen aufgeteilt, deren Tierwelt annähernd einheitlich und möglichst nur dort anzutreffen ist. Diese Regionen sind in der Karte auf Seite 10 dargestellt.

Die Geschlechter, die sich bei verschiedenen Arten stark unterscheiden, bezeichnen wir mit den in der Biologie üblichen Symbolen, nämlich dem Bogen des Mars ♂ für die Männchen und dem Spiegel der Venus ♀ für die Weibchen.

Bei den Größenangaben verstehen wir unter der Länge eines Vogels die Entfernung zwischen Schnabelspitze und Ende der Schwanzfedern, wenn man das Tier flach auf den Boden legt und seinen Hals leicht streckt. Das ist die einzige Möglichkeit, zu allgemeinverständlichen Maßen zu kommen, wenn auch keineswegs zu genauen, denn die Größe eines Vogels wechselt beträchtlich nach Geschlecht und Alter. Für eine ganze Anzahl seltener Arten gibt es keine Größenangaben lebender Tiere; sie mußten daher an Museumsstücken ermittelt werden und können demnach mit Fehlerquellen behaftet sein. Manchmal täuschen auch die Längenangaben, wenn die betreffenden Vögel einen ungewöhnlich langen Schnabel oder stark verlängerte Schwanzfedern haben; bei anderen Arten wiederum ragen die Federn des Rumpfes oder der Flügel weit über den eigentlichen Schwanz hinaus, wie beim Quesal oder bei der Fahnennachtschwalbe.

Die Zeit, in der sich noch ein Einzelner den Überblick über alle bekannten Tiere und Pflanzen bewahren konnte, ging mit Carl von Linné bereits vor zwei Jahrhunderten zu Ende. Mit der 10. Ausgabe seines «Systema Naturae», in dem er 1758 den Grundstein zur heutigen Systematik legte, begann auch das Zeitalter der Spezialisierung. Heute ist das Forschungsgebiet der Ornithologie derart umfangreich geworden, daß kein Mensch mehr daran denken kann, im Laufe seines Lebens alle bekannten Vogelarten selbst zu Gesicht zu bekommen.

Der Verfasser hatte das Glück, in der Welt herumreisen und viele ausländische Vögel studieren zu können, aber noch immer kennt er zahlreiche Arten nicht aus eigener Anschauung. Daher stammen viele Angaben hier aus zweiter Hand, nämlich aus den Arbeiten anderer Vogelforscher. In einem streng wissenschaftlichen Werk müßte jeder Autor eigens erwähnt werden, hier aber habe ich mich damit begnügt, am Ende die wichtigsten ornithologischen Werke zu nennen.

Statt förmlicher Widmungen möchte ich hier allen meinen Fachkollegen, deren Arbeiten als Unterlagen zu diesem Buch dienten, summarisch danken. Für alle Fehler und Irrtümer, die mir – hoffentlich nicht allzu zahlreich – dabei unterlaufen sind, zeichne ich selbst verantwortlich.

Das vorliegende Buch ist ein echtes Gemeinschaftswerk, an dem der Zeichner, der Herausgeber und der Verlag ihren vollen Anteil haben; es war mir ein aufrichtiges Vergnügen, mit ihnen zusammenzuarbeiten. Besonders danke ich meinen Freunden Herbert Friedmann (Direktor des Los Angeles County Museum) und J. C. Dickinson (Direktor des Florida State Museum) für Anregungen, Hilfe und kritische Durchsicht des Textes, ebenso Pierce Brodkorb (Department of Biology, University of Florida) für seine Unterstützung beim Benutzen der Literatur. In dankenswerter Weise haben Robert P. Allen, Bertel Bruun, Herbert S. Deignan, Donald A. Jenni, Philip S. Humphrey, Roger T. Peterson, Chandler S. Robbins, Alexander Sprunt und Glen E. Woolfenden verschiedene Textstellen kritisch durchgesehen.

Arthur Singer, der Zeichner, dankt Robert C. Murphy für seine Förderung und Hilfe, ferner Dean Amadon, E. Thomas Gilliard und James Chapin (American Museum of Natural History) für hilfreiche Auskünfte, sowie Charles E. O'Brien und Alan O'Connell vom gleichen Museum, die ihm beim Heraussuchen der Vogelbälge zur Hand gingen. Sein ganz besonderer Dank richtet sich an Austin Rand (Hauptkurator für Zoologie am Chicago Natural History Museum), an Pierce Brodkorb (Florida University) und seine Mitarbeiter sowie an J. C. Dickinson (Florida State Museum). Gern entsinnt er sich der zweckdienlichen Hinweise von Robert P. Allen und Alexander Sprunt, aber auch der ermutigenden Anteilnahme von Roger T. Peterson.

Dann sei noch Nita Rossman aus dem Mitarbeiterstab des Florida State Museum gedankt, die unermüdlich das Manuskript nieder- und umschrieb, und zu guter Letzt auch einer Dame namens Elizabeth S. Austin, die ihrem oft kaum ansprechbaren Mann so viel Hilfe und Unterstützung zuteil werden ließ.

Verlag und Übersetzer der deutschen Ausgabe sind Herrn Prof. Dr. Ernst Schüz, Direktor des Staatl. Museums für Naturkunde in Stuttgart, für liebenswürdige Beratung besonders dankbar.

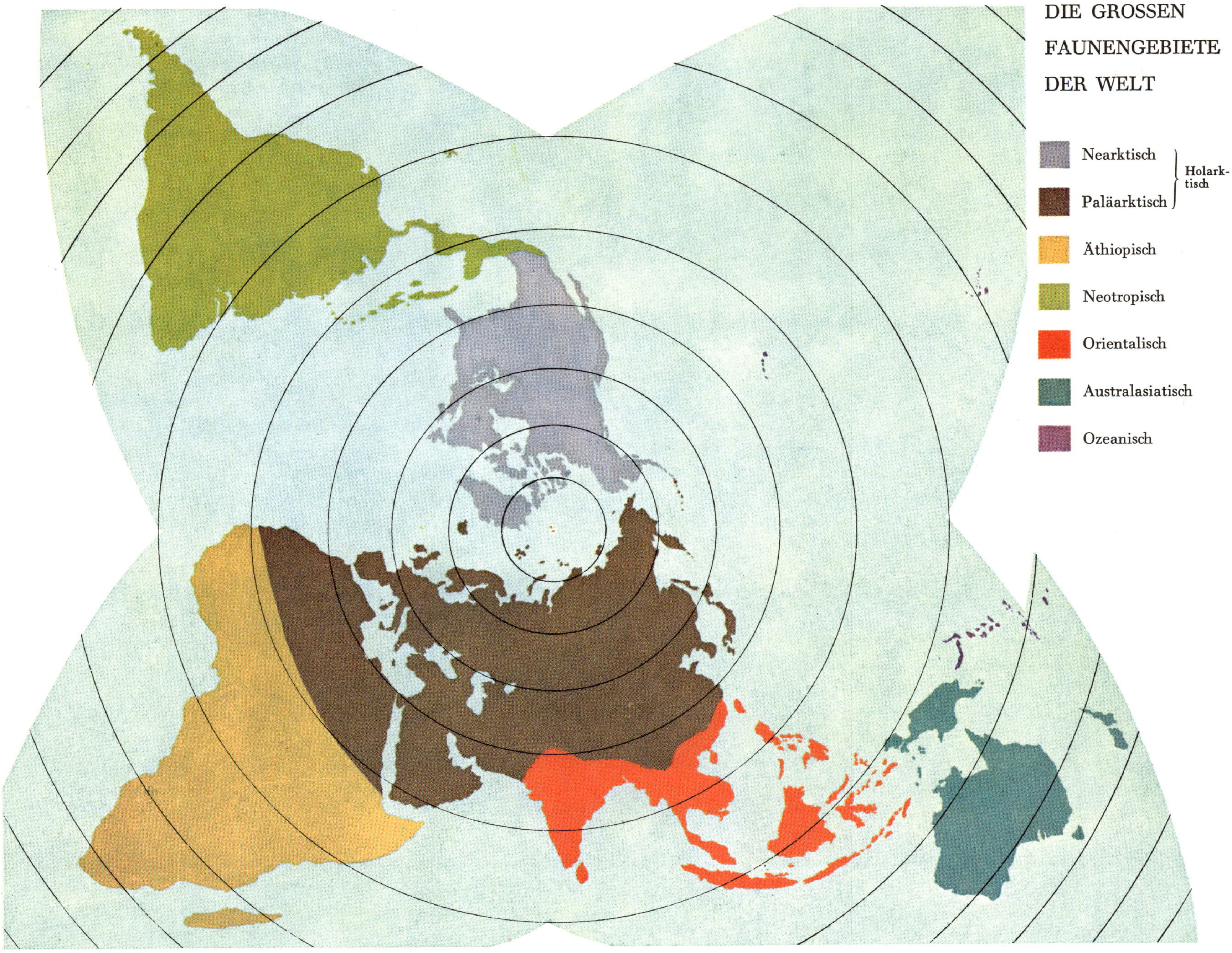

Einleitung

Die klassische Feststellung «Den Vogel erkennt man an seinen Federn» charakterisiert auch in zoologischem Sinne die Gruppe der Vögel als eine natürliche Einheit; Tiere mit Federn gehören zu den Vögeln, und was keine Federn hat, ist auch kein Vogel. Die übrigen Körpermerkmale teilen die Vögel mit den anderen vier Wirbeltierklassen, den Fischen, Amphibien, Reptilien und Säugetieren. Mit den Säugern ist ihnen die Warmblütigkeit gemeinsam. Im Gegensatz zu den Reptilien und allen anderen niederen Tiergruppen zeigen Vögel und Säuger eine ziemlich gleichbleibende Körperwärme, die gewöhnlich etwas über der Außentemperatur liegt. Dadurch können sie in kälteren Klimaten leben als die sogenannten Kaltblüter, und ihr Stoffwechsel ist auch entsprechend höher. Tatsächlich liegt die Körpertemperatur der Vögel um etwa 6° C über denen der Säugetiere einschließlich des Menschen. Bei Säugern und Vögeln hängt die Warmblütigkeit damit zusammen, daß ihr Herz in vier Kammern geteilt ist; dadurch wird ihr Körper viel stärker mit sauerstoffreichem Blut versorgt, während sich bei den Reptilien, Amphibien und Fischen das mit Sauerstoff und Kohlendioxyd beladene Blut mischt.

Die nächsten Verwandten der Vögel und zugleich auch ihre stammesgeschichtlichen Vorfahren sind unter den Reptilien zu suchen. Noch immer trägt der Skelettaufbau der Vögel alte reptilische Züge, wenn auch im Zusammenhang mit dem Flugvermögen stark abgewandelt. Die Hornschuppen an den Flügeln und Füßen der Vögel sind von ihren Reptilienahnen überkommen, und auch die Federn stellen nichts anderes dar als umgewandelte Reptilienschuppen, denn sie zeigen die gleiche chemische Struktur. Der Herpetologe betrachtet die Vögel als «aufgeputzte» Reptilien, doch der Ornithologe meint: «Ja, aber wie prächtig haben sie sich herausgemacht!»

Am wunderbarsten und eindrucksvollsten erscheint dem erdgebundenen Menschen die vollendete Meisterschaft der Vögel im Fliegen. Dabei stellen die Vögel nicht etwa den ersten oder letzten Versuch der Natur dar, den Luftraum zu erobern. Unabhängig voneinander hat sich bei einer ganzen

Reihe von Tiergruppen ein Schwebe- oder Flatterflug entwickelt, wie bei den fliegenden Fischen, den Flugsauriern und Flugdrachen unter den Reptilien, bei den Fledermäusen, einigen Beuteltieren und Nagern unter den Säugern. Und der Mensch hat schließlich sogar das Wunder vollbracht, mit Hilfe von Maschinen zu fliegen.

Bei allen diesen verschiedenartigen Flugversuchen steht doch die Klasse der Vögel unübertroffen da. Mit ihnen kann vielleicht nur noch die höchste Klasse der Wirbellosen konkurrieren, die der Insekten. Sie bevölkerten schon längst die Luft, bevor noch das erste Wirbeltier an Land stieg. Während aber die Insekten die einzige Tiergruppe darstellen, die dem Menschen die Weltherrschaft streitig machen könnte, bleiben die Vögel seine besten und tätigsten Bundesgenossen gegen die vielen tausend Schädlinge aus dem Insektenstamm.

Wie die Vögel eigentlich zum Fliegen gekommen sind, wissen wir nicht. Wahrscheinlich sind ihre ersten Vorfahren auf den Hinterbeinen über die Erde gerannt oder auf den Bäumen herumgeklettert und haben dabei ihre mit Federn besetzten Vorderbeine wie Segel ausgebreitet. Mit solchen ersten Anfängen eines Gleitfluges ging dann eine Umgestaltung des Skeletts einher, die wiederum für das Flugvermögen von Vorteil war. Die Knochen wurden leichter, und es verschmolzen Teile der Wirbelsäule, des Schulter- und Beckengürtels miteinander, um so eine leichte, aber stabile Körperstütze zu bilden. Als eine besondere Anpassung an das Fliegen ist das breite Brustbein mit einem starken Kiel zu werten, das eine ausgezeichnete Ansatzstelle für die kräftige Flugmuskulatur abgibt.

Bei vielen flugunfähigen und oft recht großen Laufvögeln fehlt der Brustbeinkiel, so bei den Kiwis, Straußen, Nandus, Emus, Kasuaren sowie den ausgestorbenen Moas und Riesenstraußen. Früher glaubte man, diese Vögel ohne Kiel verkörperten ein frühes Stadium vor der Entwicklung des Flugvermögens, da die Tiere auch sonst verschiedene ursprüngliche Merkmale in ihrer Anatomie zeigen. So vereinigte man sie in der Unterklasse der Ratiten und stellte sie als gleichberechtigt den flugfähigen und mit einem Brustbeinkiel versehenen Carinaten gegenüber.

Davon ist man aber heute abgegangen, denn man nimmt an, daß sich die einwandfrei erkennbare Vogelnatur der Skelett- und anderen Merkmale bei den Ratiten nur im Zusammenhang mit dem Fliegen hat entwickeln können. Aus irgendwelchen Gründen haben diese Vögel jedoch ihr Flugvermögen eingebüßt, vielleicht weil sie nicht zu fliegen brauchten, um einem Feind zu entgehen oder Nahrung zu suchen. Während sich einerseits Flügel und Flugmuskeln zurückbildeten, verschwand andererseits der Kiel des Brustbeins. Die Pinguine hingegen, eine andere Gruppe flugunfähiger Vögel, haben den Luftraum mit dem Wasser vertauscht und benutzen ihre Flügel als Flossen. Dadurch bleiben ihre Vorderextremitäten voll funktionsfähig, und es bleibt auch der Brustbeinkiel als Ansatz der kräftigen Muskeln erhalten.

Die sogenannten Ratiten oder Laufvögel haben ihr Flugvermögen und den Kiel des Brustbeins schon vor langer Zeit verloren, einige bereits vor 60 Millionen Jahren im Tertiär. Bei anderen Gruppen trat das erst vor verhältnismäßig kurzer Zeit ein, so bei einigen Rallen. Auch unter den Steißfüßen, Kormoranen, Entenvögeln und Papageien gibt es flugunfähige Arten, und von erst kürzlich ausgestorbenen Formen wären die Dronte und der Riesenalk zu nennen. Zwar hat keiner dieser flugunfähigen Angehörigen sonst fliegender Gruppen seinen Brustbeinkiel vollständig eingebüßt, doch zeigt er stets deutlich erkennbare Rückbildungen. Man kann daher vom Fehlen des Kiels bei den Laufvögeln keineswegs auf deren nähere Verwandtschaft untereinander schließen. Vielmehr sieht es so aus, als habe sich jede Laufvogel-Ordnung unabhängig dort entwickelt, wo sie zu Hause ist. Trotzdem behält man die Bezeichnung «Ratiten» als Sammelnamen immer noch bei.

So wichtig das Flugvermögen für die Vögel ist, so gefährlich wird es auch für sie, davon abzugehen. Selten vermögen flugunfähige Arten tiefgreifende Veränderungen in ihrem Lebensraum zu überleben, insbesondere nicht den Einbruch von Raubtieren. Die heute noch lebenden Laufvögel konnten ihre Flugunfähigkeit nur dadurch wettmachen, daß sie andere Waffen im Kampf ums Dasein entwickelten, nämlich sich zur Wehr zu setzen, zu rennen und sich zu verstecken. Keine der heutigen Arten ist über die ganze Welt verbreitet, und ihr Rückgang ist bedeutend stärker als bei solchen Vögeln, die sich dem Zugriff der Feinde im Flug entziehen können.

Die Gesamtzahl aller heutigen flugfähigen und flugunfähigen Vogelarten, einschließlich der Dronte und der anderen erst in letzter Zeit seit dem Ausgang des 17. Jahrhunderts ausgerotteten Arten, dürfte etwa 8650 betragen. Nach meinen Schätzungen für die einzelnen Familien komme ich auf rund 8635 Arten, und das liegt ziemlich genau in der Mitte zwischen den Angaben anderer Vogelforscher, von denen Mayr und Amadon mit 8548 den niedrigsten und Brodkorb mit 8809 Arten den höchsten Zahlenwert ermittelt haben. Diese verhältnismäßig geringen Unterschiede zwischen den Angaben der einzelnen Forscher beruhen durchaus nicht etwa auf unseren mangelnden Kentnissen der Vogelarten, sondern vielmehr auf den individuellen Meinungsverschiedenheiten zwischen den einzelnen Ornithologen, die sich im Zweifel sind, welche Formen wir als gute, selbständige Arten aufzufassen haben und welche nur als geographische Unterarten innerhalb eines Rassenkreises zu werten sind. An diesen geringfügigen Differenzen von nur ganzen 3 Prozent zwischen der höchsten und der niedrigsten Schätzung läßt sich aber ersehen, wie weit sich doch im Grunde die Meinungen der Ornithologen über die Systematik und die Klassifikation der Vögel decken.

Einen großen Teil unserer Kenntnisse von der Entwicklungsgeschichte der Vögel verdanken wir den Fossilfunden, wenn wir auch von den Vögeln nicht so viele zur Verfügung haben wie bei den anderen Wirbeltieren. Es sind ja meistens sehr zarte Geschöpfe, die nach ihrem Tode schnell zerfallen und überhaupt nicht richtig fossilisieren können. Die besten Funde verdanken wir den wenigen Landvögeln, die nach ihrem Tode in angeschwemmten Sedimenten eingebettet wurden. Daher kennen wir die Einzelheiten in der Entwicklungsgeschichte der Vögel nicht annähernd so genau wie bei den Säugetieren und Reptilien.

Im erdgeschichtlichen Mittelalter, also vor etwa 150 Millionen Jahren, haben sich die Vögel vom Stammbaum der Reptilien abgespalten. Wir können zwar nicht genau angeben, welche Reptilien als ihre unmittelbaren Vorfahren anzusehen sind, doch dürfte es sich wohl um kleinere Formen aus dem Kreise der Archosaurier handeln, die aufrecht auf ihren Hinterbeinen einherliefen. Als älteste Art kennen wir den Urvogel

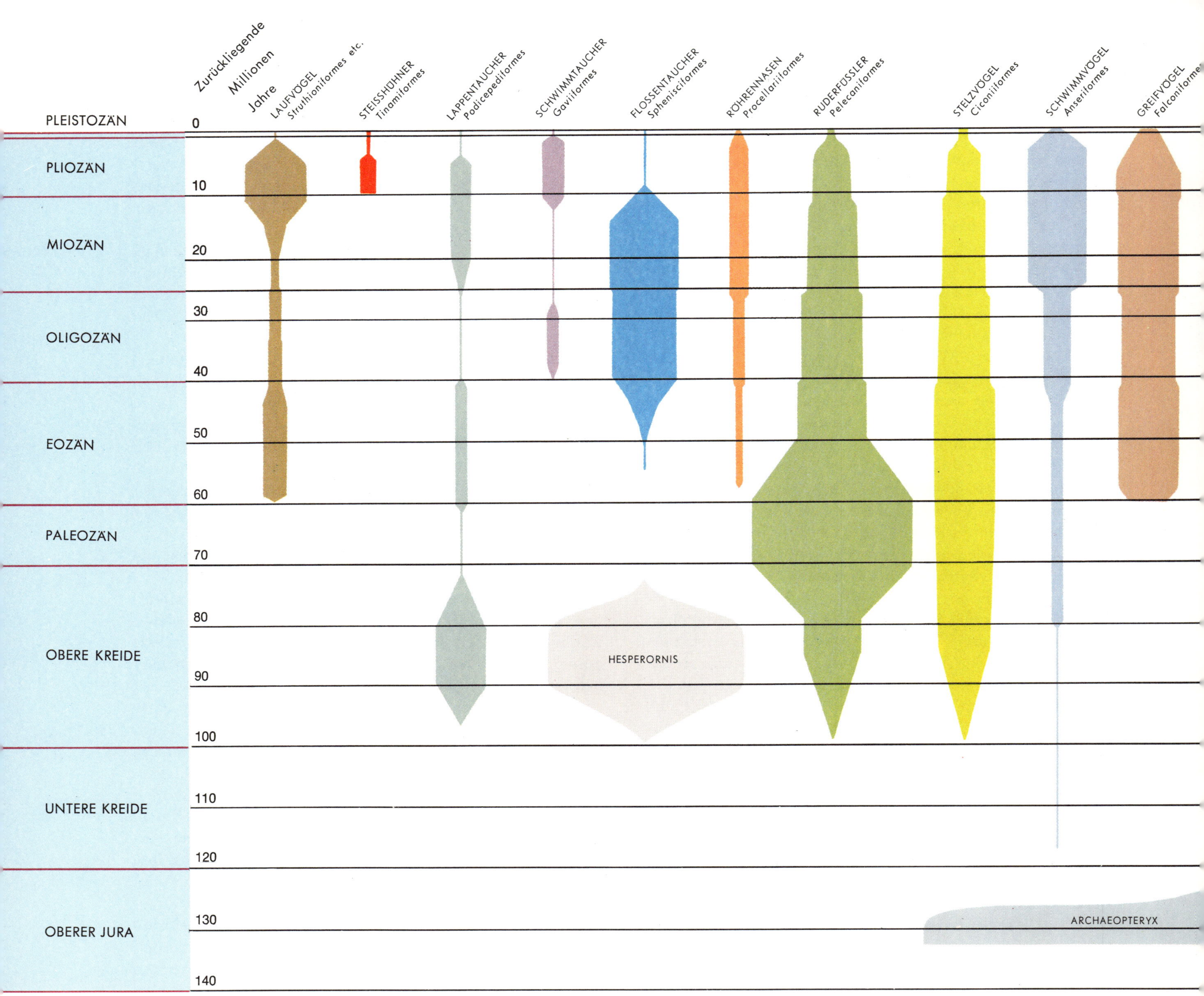

Archaeopteryx aus dem 130 Millionen Jahre alten Oberen Jura von Solnhofen in Bayern. Zweifellos ist er bereits ein echter Vogel, denn der lithographische Schiefer, in den die drei bisher bekannten Exemplare eingebettet liegen, gibt deutlich die Konturen ihrer Federn wieder. *Archaeopteryx* war ein Landvogel von der Größe einer Krähe; seine Flügel zeigten wohlentwickelte Schwungfedern, die Ausbildung des Brustbeins spricht aber für eine nur schwache Flugmuskulatur. Im Gegensatz zu allen heutigen Vögeln war der Schnabel mit Zähnen ausgestattet, und die Flügel trugen funktionsfähige Krallen; statt eines zusammengewachsenen Steißbeins lief die Wirbelsäule in eine Anzahl einzelner Wirbel aus.

Gern würden wir erfahren, wie viele andere Vogelarten neben *Archaeopteryx* noch lebten, denn sicherlich ist diese Art nicht die einzige der Jurazeit gewesen. Aber wir kennen keine anderen Landvögel aus dem Erdmittelalter, wohl aber an die zwei Dutzend Wasservögel. Sie lebten an den Küsten des riesigen Kreidemeeres, wo die Aussichten auf eine Fossilisation weit günstiger waren als anderswo für landbewohnende Arten. Hierzu gehört der flugunfähige Tauchvogel *Hesperornis*, etwa 1,8 m lang und ebenfalls noch mit Zähnen im Schnabel, sowie der möwenähnliche *Ichthyornis* mit seinem kräftigen Brustbeinkiel. Früher glaubte man, daß auch *Ichthyornis* Zähne trüge, doch sieht man jetzt den bei seinem Skelett gefundenen bezahnten Kiefer für den eines Reptils an.

Vom Eozän an werden die fossilen Vogelreste immer häufiger, es verschwinden die zahntragenden Vögel des Erdmittelalters, und an ihre Stelle treten bereits nahe Verwandte unserer heutigen Formen. Derart viele fossile Vögel des frühen Tertiärs lassen sich den heute existierenden Gruppen zuordnen, daß man wohl annehmen darf, die meisten oder gar alle heutigen Ordnungen sind im Eozän entstanden. Das trifft sicherlich auch für eine große Anzahl der jetzigen Familien zu, insbesondere für die nicht zu den Sperlingsvögeln gehörenden.

Manche Vögel des frühen Tertiärs machten einen höchst bizarren Eindruck, was sicherlich mit ihrer Lebensweise zusammenhing; einige waren flugunfähig. Sie lebten nur für eine oder zwei Erdepochen und starben dann aus. Hierzu gehörte beispielsweise *Diatryma* (s. S. 112), ein großer, räuberisch lebender Vogel aus der Verwandtschaft der Kraniche, aber auch *Phororhacos*, ein flugunfähiger Bodenvogel von etwa

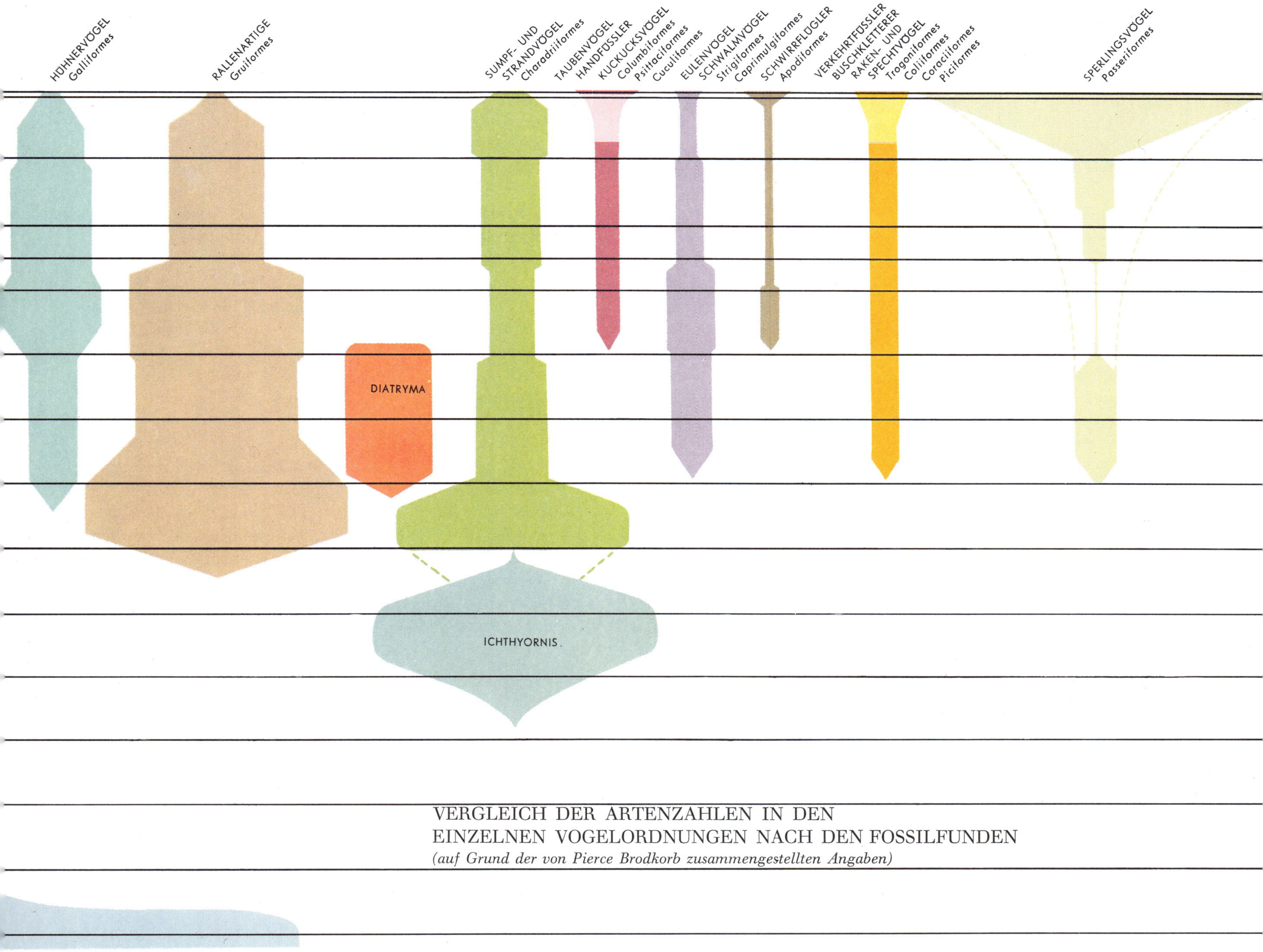

VERGLEICH DER ARTENZAHLEN IN DEN EINZELNEN VOGELORDNUNGEN NACH DEN FOSSILFUNDEN
(auf Grund der von Pierce Brodkorb zusammengestellten Angaben)

1,5 m Länge mit einem großen Kopf und riesigem Hakenschnabel. Seinen langen, kräftigen Beinen nach muß er ein ausgezeichneter Renner gewesen sein. Sicherlich war diese Art, die wir aus den Ablagerungen des Oligozän und Miozän von Brasilien und Argentinien kennen, seinerzeit ein fürchterlicher Räuber.

Die weitaus größte Zahl fossiler Vögel stammt aus dem Pliozän und Pleistozän, also aus Schichten, deren Alter unter 10 Millionen Jahren liegt. Erst jetzt haben die Paläontologen damit begonnen, diese fossilführenden Schichten gründlich auf kleinere Vogel- und Säugerknochen zu sichten, die von den Fossilienjägern früherer Zeiten übersehen oder bei der Suche nach aufregenderen Funden vernachlässigt wurden. An Hand solcher Kleinfunde können wir uns allmählich ein genaueres Bild von den unmittelbaren Vorfahren unserer heutigen Vogelwelt machen.

Wenn wir auch noch nicht einmal 10 Prozent von ihnen als Fossilien kennen – und das ist schon eine ganz beträchtliche Anzahl! –, dürfen wir doch annehmen, daß bereits im Pleistozän alle heute lebenden Vogelarten vertreten waren, daß aber weitere Formen dieser Zeit kurz nach der letzten Eiszeit ausgestorben sind. Legen wir die Befunde aus Nordamerika zugrunde, so können wir die Vogelwelt des Pleistozäns in der ganzen Welt auf insgesamt etwa 11 500 Arten schätzen. Das bedeutet, daß der Gipfelpunkt in der Entwicklung der Vögel bereits eine Viertel- bis halbe Million Jahre zurückliegt und die Klasse sich jetzt offenbar auf dem absteigenden Ast befindet.

Hiernach kann man die Lebensdauer einer Vogelart im Laufe der Entwicklungsgeschichte auf etwa eine Million Jahre veranschlagen. Auf Grund dessen hat mein Kollege Brodkorb geschätzt, daß es in der Zeit von *Archaeopteryx* bis jetzt etwa anderthalb bis zwei Millionen Vogelarten gegeben hat.

So spärlich auch die Funde fossiler Vögel vorliegen, so gestatten sie doch einen Einblick in die Zusammensetzung der Avifauna vergangener Epochen. Die Darstellung auf S. 12 und 13 gibt für jede Ordnung an, wieviel Prozent der Arten für die einzelnen Erdzeitalter bekannt sind. Selbstverständlich verschieben sich diese Angaben sehr zugunsten der Wasservögel und flugunfähigen Bodenvögel, weil für sie die Voraussetzungen für die Fossilisation weit günstiger lagen. Trotzdem zeigt das Schema eine deutliche Abnahme aller primitiveren, nicht zu den Sperlingsvögeln gehörenden Einheiten. Weiterhin erkennt man, daß ihrer Anzahl nach die Sperlingsvögel die wahren Nachkommen des einstigen Vogelzeitalters darstellen und vermutlich dereinst das Bild der künftigen Vogelwelt bestimmen werden oder doch wenigstens dessen, was der Mensch davon übrigläßt.

Spuren in Form subfossiler Überreste, meist Knochen und gelegentlich auch eine Feder oder ein Ei, lassen erkennen, daß einige inzwischen ausgestorbene Großvögel noch zu Zeiten des heutigen Menschen gelebt haben müssen. Am bekanntesten davon sind die 22 Moa-Arten *(Dinornithidae)* von Neuseeland und die 11 Arten der Riesenstrauße *(Aepyornithidae)* von Madagaskar und Südafrika. Leider hat kein Mensch, der ihnen damals begegnete, einen schriftlichen Bericht oder mehr als einige Zeichnungen von den Moas hinterlassen, so daß sich unsere Rekonstruktionen dieser Arten im wesentlichen nur auf den Skeletten gründen.

Die Moas waren große, flugunfähige Laufvögel aus der Verwandtschaft der Kiwis, mit denen sie ihren Lebensraum auf Neuseeland teilten, bis die ersten Maoris dort landeten. Ihre kleinste Art hatte etwa die Größe eines Truthahns, die größte, *Dinornis maximus*, trug ihren Kopf 4 m hoch über dem Erdboden! Warum die Moas so plötzlich verschwunden sind, weiß man nicht. Nach den Befunden der Archäologen müssen sie gleichzeitig mit den sogenannten Prä-Maoris gelebt haben, die geradezu «Moajäger» heißen, weil man häufig Reste der von ihnen verspeisten Moas zwischen den Küchenabfällen gefunden hat. Wahrscheinlich sind die Moas kurz nach der großen Einwanderung der Maori-Stämme nach Neuseeland ausgestorben, die um das Jahr 1350 stattfand, aber noch heute geistern die Riesenvögel durch die Märchen der Eingeborenen.

Auch die madagassischen Riesenstrauße hat man zu den Laufvögeln zu rechnen, und vermutlich sind sie gleichzeitig mit den Moas von der Bühne des Lebens abgetreten, nämlich vor 500 bis 700 Jahren. *Aepyornis maximus*, der größte unter ihnen, war zwar nur 2,7 m hoch, dabei aber der schwerste Vogel, der je gelebt hat, wog er doch fast eine halbe Tonne! Noch heute findet man seine riesigen Eier in den Sümpfen und zwischen dem Geröll der Flußbetten von Madagaskar. Diese dickschaligen Eier mit einem Inhalt von nicht weniger als 9 Liter zeigen die sechsfachen Ausmaße eines Straußeneies und stellen eine der größten Einzelzellen tierischen Ursprungs dar. Ihr ausgezeichneter Erhaltungszustand sowie die Unversehrtheit der Skelette mag vielleicht die Grundlage zum Märchen vom Vogel Rock in «Tausend und eine Nacht» abgegeben haben, dem Sindbad der Seefahrer auf seiner Reise in das geheimnisvolle Land des Südens begegnete und von dem er berichtet, daß er einen jungen Elefanten in den Krallen davontrug, um ihn an seine Jungen zu verfüttern. Trotz dieser schönen Sage war *Aepyornis* flugunfähig.

Welche Verheerungen der Mensch unter der Vogelwelt angerichtet hat, ist noch niemals zusammenfassend dargestellt worden; erst seit etwa 350 Jahren, den Zeiten der Dronte, gibt es einige, wenn auch unvollständige Berichte. Außer der Dronte sind seither noch mindestens weitere 60 Arten mit Sicherheit ausgerottet worden. Wenige, wie die Labrador-Ente, stellten die letzten Nachfahren früherer, hochspezialisierter Formen dar, deren Uhr ohnehin bereits abgelaufen war. Sie kamen auch so wenig mit dem Menschen in Berührung, daß er gewiß keinen Einfluß auf ihr Schicksal nehmen konnte. Für das Aussterben der anderen Arten aber ist der Mensch mittelbar oder unmittelbar verantwortlich. Ein Teil der Arten wurde zu Nahrungszwecken so weit dezimiert, daß der Rest zum Aussterben verurteilt war, wie der Riesenalk und die Wandertaube. Andere, meist flugunfähige Arten, fielen den vom Menschen eingeführten Raubtieren zum Opfer, wie die Dronte und etwa 15 Arten flugunfähiger Rallen.

Nicht weniger hat der Mensch den Vögeln dadurch geschadet, daß er ihren Lebensraum veränderte oder zerstörte. Am stärksten wirkten sich das Roden der Wälder, das Trockenlegen der Sümpfe und ähnliche Landschaftsveränderungen im letzten Jahrhundert innerhalb kleinerer Gebiete aus. So wurden in Neuseeland mindestens 4 Vogelarten in den letzten 100 Jahren ausgerottet und 8 andere derart in ihrem Bestand reduziert, daß sie in höchster Gefahr schweben, völlig auszusterben. Auch auf Hawaii hat man ein gutes Teil zur Liste der ausgestorbenen oder aussterbenden Vogelarten beigetragen.

Indem der Mensch immer stärker Besitz von den Landmassen der Kontinente ergreift, verdrängt er im gleichen Maße die Vogelwelt. Das geht durchaus nicht immer unter auffallend dramatischen Umständen, aber doch unausweichlich vor sich. Während die Wälder und andere unberührte Landschaften immer mehr zusammenschrumpfen und von den wachsenden Städten verdrängt werden, schwindet zugleich auch der ungestörte Lebensraum, auf den die Vögel angewiesen sind.

Einen ungeheuren Schaden fügt man den Vögeln neuerdings durch das Abregnen von Insektiziden zu. Diese Schädlingsbekämpfungsmittel schaden zwar den Vögeln selbst meist auch dann nichts, wenn sie die damit vergifteten Insekten fressen, aber es werden auf diese Weise allmählich alle in Frage kommenden Nahrungstiere vernichtet. Entwickeln aber die bekämpften Insekten resistente Stämme, so vermehren sie sich dann geradezu epidemisch, denn die Vögel, die sie in Schach halten könnten, sind inzwischen abgewandert.

Man darf aber auch andererseits nicht übersehen, daß sich die Öffentlichkeit dieser Gefahren immer stärker bewußt wird. Staatliche oder lokale Naturschutzvereinigungen drängen darauf, Jagd- und Schutzgesetze zu schaffen, die den übermäßigen Abschuß der Tiere verhindern sollen. Staatliche und private Gesellschaften gründen Reservate und Naturschutzgebiete, in denen Vögel und andere Tiere weitgehend ungestört leben können. Durch das Verbot, die Flüsse durch Abwässer zu verschmutzen oder Öl in Küstennähe aus den Schiffstanks abzulassen, hat man die daraus erwachsenden Gefahren für die Wasser- und Strandvögel gemindert.

Einen Weg, die Wälder, das Brachland und andere natürliche Lebensstätten vor dem Vordringen des Menschen zu schützen, scheint es nicht zu geben. Wenn aber das öffentliche Interesse am Naturschutz weiter zunimmt, soll versucht werden, wenigstens einige Restgebiete und ihren Tierbestand unter Schutz zu stellen. So besteht doch immerhin eine Aussicht, das gedankenlose Ausrotten weiterer Arten künftig zu verhindern.

Unter diesen etwas sorgenvollen Aspekten wenden wir uns nun der heutigen Vogelwelt zu, die man in 27 Ordnungen und 155 Familien gliedert. Die nachstehenden Seiten sollen auf die Ähnlichkeiten und Unterschiede, die Lebensräume und Lebensgewohnheiten eingehen, die uns die Welt der Vögel so anziehend und fesselnd erscheinen lassen.

STEWARDINSEL-KIWI
Apteryx australis lawryi
Steward-Insel, Neuseeland; 70 cm.

NORDINSEL-KIWI
Apteryx australis mantelli
Nordinsel, Neuseeland; 65 cm.

Schnepfenstrauße *Apterygiformes*

Kiwis *Apterygidae*

Wer als Besucher Neuseelands heute noch Kiwis in ihrem natürlichen Lebensraum zu Gesicht bekommt, kann sich glücklich preisen. Nicht etwa, weil Kiwis so selten sind. Häufig kann man sie zwar auch nicht mehr nennen, aber sie leben ungemein scheu und zurückgezogen. Ihr Wohnrevier bilden dichte, sumpfige Wälder, wo sie sich tagsüber in Gruben oder unter den weit ausladenden Baumwurzeln verbergen; nachts kommen sie zur Nahrungssuche hervor. Im «richtigen Busch», wie der Neuseeländer die spärlichen Überreste der einstigen Kauri- und Baumfarn-Wälder nennt, und mit etwas Glück kann man aber auch heute noch ihren schrillen, pfeifenden Ruf hören, nach dem die eingeborenen Maoris den Vögeln den Namen «Kiwi» zugelegt haben.

Als kleine Stehaufmännchen von der Größe eines ausgewachsenen Huhns sind die Kiwis die kleinsten unter den primitiven, flugunfähigen Ratiten. Von deren übrigen Gruppen unterscheiden sie sich in so vielen anatomischen Merkmalen, daß man über ihre systematische Stellung nicht viel mehr weiß, als daß man sie irgendwo am unteren Ende des Vogelstammbaums unterzubringen hat. Ihre nächsten Verwandten sind wohl die ausgestorbenen Moas, mit denen zusammen sie vor rund 700 Jahren Neuseeland bevölkerten. Jetzt gibt es nur noch 3 Arten; 2 weitere kennt man aus dem Pleistozän. Leider ist der Bestand an Kiwis im letzten Jahrhundert durch die Einwirkung des Menschen stark zurückgegangen, doch stehen sie in letzter Zeit unter strengstem Naturschutz.

Äußerlich sehen Kiwis gar nicht wie Vögel aus, sondern scheinen überhaupt nur aus Rumpf, Schnabel und Beinen zu bestehen. Ihre kurzen, kräftigen Beine können sie so weit spreizen, daß sie beim Laufen wie ein mechanisches Spielzeug über die Erde dahinzurollen scheinen. Die stummelförmigen, kaum 5 cm langen Flügelreste liegen unter dem langen, dichten Gefieder verborgen, Flügel- und Schwanzfedern fehlen vollständig, und die Konturfedern wuchern wie Haare über den ganzen Körper mit Ausnahme eines verdeckten kahlen Flecks unterhalb der winzigen Flügelchen. An diese Stelle bettet der Kiwi seinen Kopf, wenn er schläft.

Kiwis sind die einzigen Vögel, bei denen die Nasenlöcher fast an der Schnabelspitze liegen. Ihr Geruchsvermögen ist im Gegensatz zu den meisten anderen Vögeln ausgezeichnet entwickelt, so daß die Vögel ihre aus Maden und Würmern bestehende Nahrung hauptsächlich durch den Geruch finden. Das geringe Gesichtsvermögen wird ein wenig durch die langen, haarähnlichen Borsten am Schnabelansatz ausgeglichen, die wahrscheinlich als Tastsinnesorgane dienen.

Ihr Nest legen die Kiwis in Bodengruben an, wo dann das Männchen wie bei den meisten Ratiten das Brutgeschäft allein übernimmt. Das Gelege enthält nur 2 oder 3 kalkigweiße und auffallend große, etwa 12,5 cm lange Eier; sie wiegen fast ein Pfund, das heißt etwa ein Viertel so viel wie die Henne selbst. Nach 75 bis 80 Tagen schlüpfen die Jungen.

Kaum ein anderer Vogel ist so zu einem Symbol seiner Heimat geworden wie gerade der Kiwi. Er erscheint als Wappentier auf dem Siegel des Dominiums, auf Münzen und auf Briefmarken. Als Fabrikmarke ziert er Textilien, Schuhkreme, Mehl und viele andere neuseeländische Landesprodukte. Sogar die neuseeländischen Truppen in Übersee nennen sich selbst stolz «Kiwis». Angesichts solcher Sympathien hat der Kiwi die besten Aussichten, uns für die Zukunft erhalten zu bleiben.

Afrika-Laufvögel *Struthioniformes*

Strauße *Struthionidae*

Der Strauß ist der größte heute lebende Vogel. 2,5 m mißt das erwachsene Männchen, und sein Gewicht beträgt etwa 300 Pfund; die Weibchen bleiben etwas kleiner. Nach geringfügigen Abweichungen der Größe, der Hautfarbe an den nackten Oberschenkeln, des Kopfes und Nackens sowie nach der Größe und Struktur der Eier unterscheidet man 6 geographische Rassen, aber alle diese Formen gehören zu einer Art, der einzigen ihrer Ordnung. Bis jetzt noch erstreckt sich ihr Verbreitungsgebiet von der Sahara und der arabischen Wüste über ganz Afrika bis zum Süden.

Die Familie der Strauße ist recht alt. Wir kennen 5 fossile Arten, deren älteste aus den Ablagerungen des frühen Tertiär stammt. Diese Urstrauße lebten nicht nur in Afrika, sondern auch im südlichen Europa und Asien, wo sie im Norden bis zur Mongolei vordrangen. Die fortschreitende Zivilisation hat ihre Nachkommen in die unzugänglichsten Teile ihres einstigen Verbreitungsgebietes zurückgedrängt. Höchstwahrscheinlich ist inzwischen auch der Arabische Strauß ausgerottet worden, denn das letzte Stück, von dem man hörte, wurde von Saudi-Arabern während des zweiten Weltkrieges getötet und aufgegessen.

Den eigentlichen Lebensraum der Strauße bilden offene, trockene Landschaften, wo sie in Herden von 10 bis 50 Tieren vorkommen. Dort halten sie sich vergesellschaftet mit Gnus, Zebras, Antilopen und anderen Großsäugern in einer Art «gemeinnützigem Verein», denn das Großwild stöbert beim Äsen allerlei Insekten, kleine Reptilien und Nager als Nahrung für die Strauße auf, während die Vögel dank ihrer Größe vorzeitig eine herannahende Gefahr wahrnehmen und die anderen Tiere warnen. Außer tierischer Nahrung fressen Strauße auch Früchte und Gras.

In einem Lebensraum voller großer Raubtiere konnten sich die Strauße dank ihrer Wachsamkeit und Scheu, durch unerschrockenes Sich-zur-Wehr-Setzen und durch Schnelligkeit behaupten. Allerdings ist es übertrieben, von 100-km/h-Geschwindigkeiten zu sprechen; fährt man mit dem Auto neben einem fliehenden Strauß her, so zeigt sich, daß die Höchstgeschwindigkeit etwa bei der Hälfte liegt. Strauße rennen wohl vor der Gefahr davon; treibt man sie aber in die Enge, so stellen sie sich ihrem Gegner und wehren sich. Dabei können sie mit ihren kräftigen Krallen sehr wohl einem Löwen oder einem Menschen den Bauch aufschlitzen.

Als einziger Vogel hat der Strauß 2 der insgesamt 4 Zehen zurückgebildet, die wir sonst bei den Vögeln finden. Aber auch von den verbliebenen beiden Zehen ist die eine kleiner als die andere, und es erscheint nicht ausgeschlossen, daß sich im weiteren Verlauf der Entwicklungsgeschichte ebenso ein einzehiger Huf herausbilden wird, wie vor geologisch nicht allzu langer Zeit beim Pferd.

Wie es sich für den größten Vogel gehört, legt der Strauß auch die größten Eier. Eigenartigerweise aber ist das Straußenei im Verhältnis zur Henne unverhältnismäßig klein. Bei einer Länge von 15 bis 20 cm macht es nur 1 Prozent des mütterlichen Körpergewichts aus. Seine Farbe schwankt zwischen weiß und gelb, und seine Oberfläche erscheint mit flachen Poren verschiedener Gestalt und Größe übersät.

Als Nest scharrt die Henne eine tiefe Grube in den Sand und legt dort 10 bis 12 Eier hinein. Gelegentlich findet man auch 25 bis 30 Eier, aber diese Gelege sind das Gemeinschaftswerk mehrerer Hennen; ob die Hähne allerdings polygam leben, bleibt noch zu untersuchen. Getreulich sitzt der Hahn jede Nacht auf den Eiern; tagsüber wird er vom Weibchen abgelöst, dessen grauverwaschene Färbung dann eine bessere Tarnung abgibt. Mitunter bedecken die Tiere tagsüber das Gelege mit Sand und überlassen das Brutgeschäft einfach den warmen Strahlen der Sonne.

Nach etwa 40 bis 42 Tagen schlüpfen die kräftigen, gesprenkelten Küken, ruhen sich kurze Zeit von den Anstrengungen ihres Lebenseintritts aus und sind schon bald in der Lage, mit ihren Eltern Schritt zu halten. Bei einer Anfangsgröße von rund 30 cm wachsen sie jeden weiteren Monat um weitere 30 cm, bis sie eine Höhe von etwa 1,5 bis 1,8 m erreicht haben; dann läßt die Größenzunahme etwas nach. Mit 3 oder 4 Jahren ist der junge Strauß erwachsen.

Wenn auch die Jungen kurz nach dem Schlüpfen schon kräftig rennen können, ziehen sie es doch bei einer Gefahr meist vor, sich mit vorgestrecktem Hals flach auf den Boden zu ducken. Das mag vielleicht Anlaß zu der Sage gegeben haben, der Strauß stecke bei Gefahr seinen Kopf in den Sand.

Seit Beginn der historischen Überlieferung spielt der Strauß eine bedeutende Rolle bei den Mittelmeervölkern. Schon 3000 Jahre v. Chr. gaben die alten Assyrer ihren Toten Becher aus Straußeneiern mit ins Grab, und auch die Ägypter, Chinesen und Griechen verfertigten allerlei Gegenstände aus den Eierschalen. Den römischen Ärzten galt Straußenfett als Heilmittel, während die Magensteine gegen Augenleiden verschrieben wurden. Im Mittelalter glaubte man, der Strauß könne auch Metall verdauen. Darin ist ebenso wie bei der Geschichte von der Vogel-Strauß-Politik insofern ein Körnchen Wahrheit enthalten, als sich gefangengehaltene Strauße lebhaft für glänzende Gegenstände interessieren und Uhren, Broschen, Flaschenkapseln, Metall- und Glasstücke herunterschlucken. Sie schaden ihnen überhaupt nichts, wenn sie nicht gerade scharfe Kanten aufweisen, sondern tragen vielmehr zusammen mit den Magensteinen zur besseren Verdauung bei.

In der Gefangenschaft werden Strauße ziemlich zahm und halten sich bis 50 Jahre. Man hat sie sogar zum Reiten und Wagenziehen abgerichtet, aber sie stellen kein ideales Zugvieh dar, weil sie schnell ermüden und sich dann einfach niederlegen; auch läßt sie ihr sonstiges Temperament nicht gerade als ideale Haustiere erscheinen. Die Stimme besteht aus einem lauten Zischen und dröhnenden Brüllen.

Seit der Zeit der Kreuzzüge, als sich die Ritter ihre Helme mit Straußenfedern verzierten — und das mag vielleicht der Grund dafür sein, daß man so häufig Straußenfedern als heraldische Symbole findet —, hat sich dieser Artikel immer mehr den Markt erobert. Die größte Nachfrage nach Straußenfedern setzte gegen Ende des 19. Jahrhunderts im Zusammenhang mit der damaligen Damenhut-Mode ein, so daß man 1000 und selbst 2000 Mark für das Pfund zahlte. Allmählich konnte der Bedarf nicht mehr aus den Wildfängen gedeckt werden, und man ging dazu über, die Strauße in Farmen zu züchten. Ein erwachsener Straußenhahn liefert immerhin ein ganzes Pfund Federn im Jahr.

Einen Handelswert besitzen allerdings nur die großen Federn an den Flügeln und am Schwanz. Für das Tier selbst sind die 16 Federn an jedem Flügel nicht lebenswichtig, sondern bedeuten nur einen Schmuck; sie wedeln und flattern im Winde, wenn der Vogel über die Steppe dahinrennt. Die 50 bis 60 großen Schwanzpleureusen wachsen in mehreren Schichten oberhalb der ungefähr 14 eigentlichen Schwanzfedern. Man kann sie einem erwachsenen Strauß ohne jeden Schaden durch Abschneiden entnehmen. Neuerdings verwendet man Straußenhaut als Leder für Handschuhe und Handtaschen.

STRAUSS ♂ ♀
Struthio camelus
Afrikanisches Flachland; 183 cm.

Neuwelt-Laufvögel *Rheïformes*

Nandus *Rheïdae*

Man hat den Nandus zwar den Namen «südamerikanische Strauße» beigelegt, doch ähneln sie den afrikanischen Laufvögeln nur wenig. Sie werden lediglich 1,2 bis 1,5 m groß und wiegen knapp 50 Pfund, stellen aber damit immer noch die größten Vögel in der Neuen Welt dar. Wie die echten Strauße bewohnen sie offene, baumlose Landschaften und leben in kleineren Herden, oft in Gesellschaft von Hirschen. Wenn sie einem Feind entrinnen wollen, sind sie auf ihre Geschwindigkeit angewiesen. Zu den echten Straußen zeigen sie keine nähere Verwandtschaft, sondern unterscheiden sich von ihnen im Bau der Füße, des Beckens und des Gaumens. Oberschenkel, Kopf und Nacken tragen Federn. Die wiederum funktionslosen Flügel erscheinen verhältnismäßig länger, und das Gefieder des Körpers wirkt viel weicher.

Einst lebte der Gewöhnliche Nandu in großen Scharen in den Pampas von Brasilien und Argentinien, aber schon vor dem unerbittlichen Vordringen der Kultivierung ging der Bestand seit dem vorigen Jahrhundert stark zurück. Als eine zweite Art zeichnet sich der kleinere, braune Langschnabel- oder Darwin-Nandu durch die weißen Spitzen seiner Flügelfedern aus. Sein Verbreitungsgebiet reicht vom Fuße der Peruanischen und Bolivianischen Anden südwärts bis zur Magellan-Straße. Beide Arten gliedert man in je 3 geographische Rassen.

Nandus leben in Vielehe. Jeder der größeren und dunkler gefärbten Hähne versammelt einen Harem von 5 oder 6 Hennen um sich und gräbt dann ein großes Nest von fast 1 m Durchmesser, dessen Boden mit Gras gepolstert wird. Dort hinein legen die Hennen 20, 30 oder sogar bis 50 gelbliche bis grünliche, etwa 12,5 cm lange Eier. Wenn der Hahn zu brüten beginnt, jagt er eifrig die Hennen davon und zwingt die noch legebereiten, ihre restlichen Eier am Nestrand abzusetzen. Nach sechs Wochen schlüpfen die Jungvögel aus und laufen schon nach kurzer Zeit mit schrillem Pfeifen umher. Vielleicht noch weitere 6 Wochen werden sie vom Hahn gehütet, dann sind sie selbständig. Nur der Hahn verfügt über eine laut dröhnende, weit hallende Stimme; die Weibchen sind stumm.

Man jagt die Nandus ihres Fleisches wegen oder aus «sportlichen» Gründen; ihre Federn werden noch heute zu Staubwedeln verarbeitet. In früheren Zeiten verfolgten die Gauchos, die Cowboys der Pampas, die Nandus vom Pferde aus mit der Bola. Das sind zwei- oder dreiarmige Lederbänder mit einem Stein an jedem Ende. Wenn man sie mit einem geschickten Wurf schleudert, schlingen sich die Enden um die Füße des Nandus und bringen den Vogel zu Fall. Ein ausgeruhter Nandu ist zwar schneller als ein Pferd, aber statt sein Heil in der Flucht zu suchen, versteckt er sich lieber im hohen Gras oder schlägt Haken, so daß man ihn leicht erlegen kann.

Der wirtschaftliche Wert der Nandus liegt nicht allzu hoch, doch sollen sich diese Vögel ganz gut zähmen und als Haustiere halten lassen, wenn man von ihrer großen Vorliebe für Gartenpflanzen und Gartengeräte absieht. Sie interessieren sich nämlich ganz genauso wie die Strauße für allerlei leuchtende und glitzernde Gegenstände, um sie sinnlos herunterzuschlingen. Recht häufig kann man den Nandus in den Zoologischen Gärten begegnen, wo sie sich leicht mit allerlei vegetarischer Kost, daneben aber auch mit größeren Insekten und sonstigem Kleingetier lange Jahre bei bester Gesundheit halten lassen.

Australien-Laufvögel *Casuariiformes*

Kasuare *Casuariidae*

Das Verbreitungsgebiet dieser großen, kräftigen Laufvögel umfaßt das nördliche Australien, Neuguinea und die benachbarten Inseln. Die Populationen der einzelnen Teilgebiete unterscheiden sich in verhältnismäßig geringfügigen Merkmalen voneinander, so daß ursprünglich insgesamt etwa 30 verschiedene Formen beschrieben worden sind. Jetzt vereinigen die Ornithologen sie alle zu 3 Arten, von denen jede in eine größere Anzahl geographischer Rassen zerfällt.

Die Kasuare mit ihrem massigen Körper und den kurzen, untersetzten Beinen bewohnen als Waldläufer die unwegsamen Urwälder des Papuagebietes. Ihr langes, herabhängendes Federkleid ist dicht, fest und wirkt wie ein strähniger Haarpelz; im Dornengestrüpp ihrer Heimat bildet er ein vortreffliches Tarnkleid. Die Schwanzfedern fehlen, und die Stummelflügel, die unter den Federn verborgen liegen, tragen 3 bis 5 drahtige, fahnenlose Federkiele, die der Rundung des Rumpfes leicht anliegen und vermutlich dazu dienen, die stacheligen Ranken und Zweige abzuwehren.

Ein vortreffliches Unterscheidungsmerkmal stellt der große, knöcherne Helm auf dem Vorderkopf dar, mit dem die Kasuare die Hindernisse fortschieben, die sich bei ihrem Lauf durch das Dickicht entgegenstellen. Die nackte Haut auf dem Kopf und Hals zeigt lebhaft rote, blaue, purpurne und gelbe Töne; bei 2 Arten hängen noch schmückende Hautlappen seitlich am Hals herab. In der Färbung unterscheiden sich die Geschlechter überhaupt nicht, wohl aber sehen die Erwachsenen dunkler, die Jungvögel aber mehr bräunlich aus. Erstaunlicherweise sind die Hennen hier größer als die Hähne, ein Verhältnis, das man bei keinem anderen Vertreter der Laufvögel und nur bei ganz wenigen anderen Vögeln antrifft.

Trotz ihrer auffallenden Größe und Färbung sieht man doch Kasuare selten in der Natur, denn es sind scheue, wachsame Dämmerungstiere. Im übrigen stellen sie ein ziemlich kampflustiges Völkchen dar, und ein jeder Mensch, der von einem Kasuar angegriffen wird, tut gut daran, sich auf den nächsten Baum zurückzuziehen; viele Papuas haben bereits unter den Angriffen der Kasuare ihr Leben lassen müssen. Wenn die Kasuare mit ihren Beinen auf den Feind einschlagen, wirken die kräftigen Krallen der äußeren und mittleren Zehe, insbesondere aber der lange Dorn an der Innenzehe, als höchst wirksame, furchtbare Waffen, mit denen die Vögel auch einem größeren Gegner die schwersten Verletzungen zufügen können.

Anscheinend führen die Kasuare keine Vielweiberei. Ihr Nest besteht aus einer flachen Laubschicht auf dem Waldboden, in das die Henne 3 bis 6 große, dunkelgrünliche Eier legt. Wieder übernimmt das Männchen ganz allein das

GEWÖHNLICHER NANDU
(weiße Variante)
Argentinien; 1,35 m.
GEWÖHNLICHER NANDU
(aberrante Form).
GEWÖHNLICHER NANDU
Rhea americana
Brasilien, Uruguay, Argentinien; 1,35 m.
AUSTRALISCHER KASUAR
Casuarius casuarius
Nordaustralien und Neuguinea; 1,65 m.
BENNETT-KASUAR
Casuarius bennetti
Neuguinea und benachbarte Inseln; 1,35 m.
Männchen
Weibchen
EMU
Dromiceius novaehollandiae
Australisches Flachland; 1,5 m.
Jungvögel

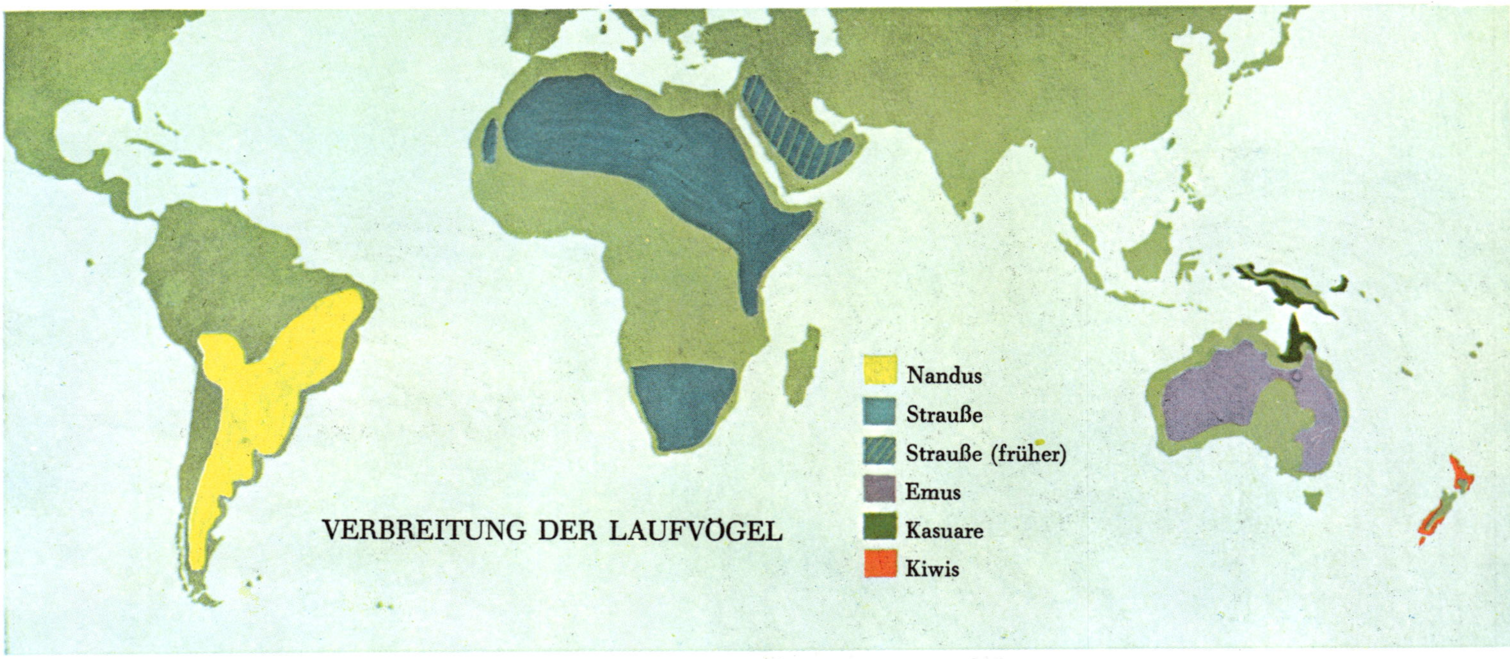

Brutgeschäft, doch beteiligen sich beide Elternteile gemeinsam an der Aufzucht der Jungen. Das längsgestreifte Jugendkleid bietet den Küken einen ganz vortrefflichen Schutz im Unterholz.

Als Hauptnahrung nehmen die Kasuare Beeren und Früchte zu sich, dazu noch allerlei Pflanzenstoffe, Insekten und Kleintiere. Mit beachtlicher Geschwindigkeit, die angeblich bis zu 50 Stundenkilometern betragen soll, rennen sie durch das dickste Gestrüpp und durchschwimmen selbst Gewässer. Ihre Stimme ist ganz unterschiedlich einmal als heiseres, rauhes Krächzen, dann wieder als Quieken, Heulen, Grunzen, Schnaufen oder Bellen beschrieben worden.

Emus *Dromiceïidae*

Emus kommen auch jetzt noch in ihrem einstigen Lebensraum vor, den offenen, halbtrockenen Ebenen Australiens, aber ihr Bestand ist beträchtlich geschwunden; es gibt nur noch eine einzige Art. Drei andere Arten, die auf Tasmanien und zwei kleineren Inseln an der Südküste lebten, sind vor einem Jahrhundert ausgestorben. Weitere drei Arten kennt man nur aus ihren fossilen Überresten; sie lassen erkennen, daß die Familie im Pleistozän, also vor 15000 bis 100000 Jahren, zahlreicher vertreten war.

Unser heutiger Emu wird mit seiner Höhe von 1,5 bis 1,8 m und einem Gewicht bis zu 120 Pfund nur noch vom Strauß übertroffen. Als naher Verwandter der benachbarten Kasuare ähnelt er ihnen in dem dichten, herabhängenden, haarähnlichen Gefieder und im Fehlen der Schwanzfedern, aber seine Flügel sind noch stärker zurückgebildet. Wie bei den Kasuaren zeigen auch hier die Federn einen langen Afterschaft, der kaum hinter der Länge der eigentlichen Feder zurücksteht. Es fehlen aber der Helm, die dolchartige Innenkralle und die harten, fahnenlosen Federschäfte an den Flügeln; der Rücken erscheint breiter und flacher, Kopf und Hals sind – abgesehen von je zwei kahlen Stellen beiderseits – mit Federn besetzt. Die Geschlechter sehen sich recht ähnlich, nur werden die Männchen etwas größer und stoßen beim Rufen Folgen kehliger Laute aus, während die Stimme der Weibchen klangvoller und dröhnend wirkt.

Als vortreffliche Läufer sollen die Emus Geschwindigkeiten bis zu 50 Stundenkilometern erreichen, aber auch gut schwimmen können. Gewöhnlich bilden sie kleinere Herden, leben aber zur Fortpflanzungszeit paarweise. Läßt man sie zufrieden, so zeigen sie sich harmlos und folgen sogar neugierig dem Menschen, um ihn zu beobachten. Sie fressen hauptsächlich Früchte und Beeren, daneben auch Insekten.

Im zweiten Lebensjahr werden die Emus geschlechtsreif und brüten dann im Herbst, also im Februar oder März. In der offenen Landschaft, meist zu Füßen eines Baumes oder Strauches, legen sie ihr flaches Nest aus Gras, Rinde und Blättern an, das zwar recht groß ist, aber doch so gut getarnt, daß man es nur schwer findet. Gewöhnlich umfaßt das Gelege 7 bis 10 Eier, doch hat man auch schon 16 Eier in einem Nest gefunden. Die Eier sehen dunkelgrün aus, messen etwa 14 cm in der Länge und wiegen fast 1½ Pfund. In frischem Zustand wirkt ihre Oberfläche rauh und gekörnelt, wird aber im Laufe des Brütens glatt und nimmt eine dunklere Farbe an. Wieder ist es der Hahn, der das 58 bis 62 Tage währende Brutgeschäft ganz allein betreibt und auch die Küken in den ersten Tagen nach dem Schlüpfen betreut. Die Jungtiere sehen rauchgrau aus und tragen auffallende schwarz-gelbe Längsstreifen.

Während der Kolonialzeit jagten die australischen Siedler den Emu seines Fleisches wegen, das wie Rind schmecken soll, und gewannen aus den Eiern ein Öl für ihre Lampen, doch sollen die Emus immer noch recht häufig sein. Man schätzt sie wenig, weil sie die Zäune der Farmen beschädigen sowie das Getreide niedertrampeln und auffressen. Im Jahre 1930 beklagten sich die Farmer Westaustraliens so über den Schaden, den die Emus auf ihren Getreidefeldern angerichtet hatten, daß der Staat schließlich eine mit Maschinengewehren ausgerüstete Militäreinheit entsandte, um die Vögel abzuschießen. Einen Monat dauerte die kostspielige Jagd; sie wirbelte eine Menge Staub auf, hatte aber überhaupt keinen Erfolg. Leider versucht man auch heute noch, den Emus nachzustellen, und in den landwirtschaftlichen Gebieten hat man sogar Prämien auf ihre Schnäbel und Eier ausgesetzt.

Steißhühner *Tinamiformes*

Tinamus *Tinamidae*

Als primitive Bodenvögel kommen die Tinamus vom südlichen Mexiko über das mittlere und südliche Südamerika bis Patagonien vor. Es gibt ungefähr 45 Arten; einige Forscher erkennen nur 33 an, andere unterscheiden sogar 51. Ihre Größe reicht von der eines Zwerghuhns bis zu den Ausmaßen eines großen Hahns. Charakteristisch ist der ziemlich dünne, leicht nach unten gekrümmte Schnabel und der ganz kurze Schwanz, der bei einigen Formen sogar durch das übrige Gefieder bedeckt wird. Allen Arten ist eine lohbraune oder -graue Schutztracht gemeinsam, die oft hübsche Streifen oder Flecken aufweist. In ihrer Gestalt und Färbung unterscheiden sich die Geschlechter nicht, doch werden die Weibchen manchmal etwas größer.

Was die Ornithologen bei dieser Gruppe so verblüfft, sind die Absonderlichkeiten im Bau und im Verhalten. Obwohl das Brustbein einen kräftigen Kiel trägt, weisen doch andere Merkmale, insbesondere der Bau des Gaumens, auf eine engere Verwandtschaft mit den Laufvögeln hin. Die Weibchen spielen bei der Werbung die führende Rolle, während das Brüten und die Aufzucht der Jungen auch hier wieder dem Hahn obliegen. Eine weitere Besonderheit stellen die Puderdaunen dar; sie fehlen den eigentlichen Laufvögeln, können aber bei den höheren Vogelgruppen gelegentlich vorhanden sein, so bei den Reihern, Rallenartigen und Papageien.

Trotz ihrer äußerlichen Ähnlichkeit haben die Tinamus nicht das geringste mit den Wachteln zu tun, sondern finden ihre nächsten Verwandten unter den Nandus. Man hält sie heute für eine natürliche Einheit noch recht wenig spezialisierter Vögel, die wahrscheinlich den Ausgangsformen der heutigen Vogelwelt näher steht als alle anderen Familien und die man ziemlich weit unten am Stammbaum anzusetzen hat.

SCHOPFTINAMU
Eudromia elegans
Argentinische Pampas; 35 cm.

GEBÄNDERTES TINAMU
Crypturellus variegatus
Nördliches Südamerika, südwärts bis Ekuador und den Guayana-Staaten; 23 cm.

Dank ihrer geringen Spezialisation haben sich die Tinamus den verschiedensten Lebensräumen angepaßt, vom dichten Urwald des Flachlandes bis zum spärlichen Buschwerk der Höhen. Einige Arten bewohnen die Grasflächen der Hochanden in 3000 bis 4500 Meter Höhe über dem Meeresspiegel, andere kommen in den offenen Pampas vor, wie das hübsche Schopf-Tinamu. Noch andere, wie das Gebänderte Tinamu, leben in den feuchten Regenwäldern der Niederungen.

Die Stimme der Tinamus klingt wie ein flötendes, weiches Pfeifen und Trillern. Als Nahrung dienen ihnen vorwiegend Gräser, Beeren und kleine Früchte. Die Vögel halten sich ausschließlich auf dem Boden auf und können schnell laufen; bei Gefahr versuchen sie sich zu verbergen. Wenn man sie aufstöbert, fliegen sie mit kräftigen, schwirrenden Flügelschlägen nur ein paar hundert Meter davon, um sich dann wieder irgendwo zu verstecken.

Überall in ihrem Verbreitungsgebiet jagt man die Tinamus ihres Fleisches oder «sportlicher» Gründe wegen. Ich halte sie für das schmackhafteste Geflügel, denn ihr Brustfleisch ist hell wie das eines Huhns, aber viel zarter, milder und würziger. Mehrmals hat man versucht, die Tinamus zu Jagdzwecken nach Nordamerika und Europa einzuführen, hat aber keinen Erfolg damit gehabt.

Als Bodenbrüter bauen die Tinamus ihre einfachen Nester versteckt zwischen dem Pflanzenwuchs und belegen sie mit 1 bis 12 Eiern. Die Eier haben — im Gegensatz zu denen aller anderen Vögel — eine harte, porzellanähnlich glänzende Schale und zeigen recht lebhafte, klare Farben, nämlich weinrot, gelb, grün, blau oder purpurn. Das Männchen legt das Nest an und übt auch das Brutgeschäft aus, das bei den meisten Arten 3 Wochen, bei den größeren auch noch etwas länger dauert. Die flaumigen Küken sehen rötlichgelb aus und tragen dunkle Streifen und Sprenkel; sie schlüpfen wohlentwickelt und rennen als echte Nestflüchter bereits kurz nach dem Auskriechen davon. Schon als Halberwachsene können sie über kürzere Entfernungen fliegen.

Lappentaucher *Podicipediformes*

Steißfüße *Podicipedidae*

Diese Gruppe umfaßt eine Anzahl sehr gewandt schwimmender und tauchender, aber ziemlich primitiv gebauter Wasservögel, die in fast allen Teilen der Welt zu Hause ist. Es sind meist kleinere Vögel, die von weitem fast wie Enten aussehen, doch liegen sie gewöhnlich etwas höher im Wasser und lassen sich auch leicht an ihrem langen, dünnen Hals und dem schmalen, leicht zugespitzten Schnabel erkennen. Lappentaucher bilden keine ausgesprochenen Schwärme, schwimmen aber meist in kleineren Gruppen; manche nisten in aufgelockerten Kolonien. Gebrütet wird nur im Süßwasser, doch ziehen einige Arten im Winter auch zu den Küstengewässern.

Früher hat man die Steißfüße als Verwandte der Seetaucher angesehen, mit denen sie jedoch in Wirklichkeit überhaupt nichts zu tun haben, doch schwimmen sie ebenfalls mit weit nach hinten gelegten Beinen unter kräftigem Paddeln der Füße, deren Schwimmhäute ganz anders aussehen als bei den Seetauchern. Dort spannt sich eine lederartige Haut zwischen den Zehen, hier aber zeigt jede Zehe einen eigenen, hornigen Lappen. Etwas Ähnliches kennt man sonst nur noch bei drei anderen Vogelfamilien, den Wassertretern, Rallen und Binsenhühnern. Derartige Lappenhäute haben wir als eine Parallelentwicklung im Zusammenhang mit einer gleichartigen Lebensweise aufzufassen, nicht aber als Zeichen einer näheren Verwandtschaft.

In ihrem Aufbau unterscheiden sich die Steißfüße durch eine ganze Anzahl von Merkmalen von den übrigen Schwimmvögeln. Eines der auffallendsten ist das weiche, dichte, glänzende Gefieder, das früher gern zum Schmuck von Damenhüten verwendet wurde. Ein funktionstüchtiger Schwanz fehlt. Die wenigen Schwanzfedern sind kurz und weich, weisen nur rudimentäre Kiele auf und können nicht mehr zum Steuern verwendet werden. Daher regulieren die Vögel ihren Kurs im Wasser und in der Luft mit den Füßen.

Obwohl die Tiere nicht besonders gut, manche Arten sogar praktisch überhaupt nicht fliegen können, ziehen doch einige im Norden heimische Formen lange Strecken über Land. Sie fliegen mit schnellen, schwirrenden Flügelschlägen, haben aber große Mühe, aus dem Wasser aufzusteigen, so daß sie sich lieber durch Untertauchen einer Gefahr zu entziehen versuchen. Die Flügel sind kurz und eigenartig gewölbt; bei Nichtgebrauch werden sie fest an den Rumpf gelegt.

Die Nahrung besteht aus kleinen Fischen, Insektenlarven, Krebschen und anderem Wassergetier. Steißfüße tauchen weder so tief wie die Seetaucher noch so lange; ihre Tauchtiefe beträgt höchstens 6 Meter und die Tauchdauer nicht über 30 Sekunden. Auch schwimmen sie unter Wasser nicht so schnell und nicht so lange Strecken. Ihr hervorragendster Zug aber ist ihre Gewandtheit im Wasser, so daß die Amerikaner einige Arten geradezu als «Wasserhexen» und «Höllentaucher» bezeichnen.

Wenn die Steißfüße auch meist wie ein Kork oben auf der Wasseroberfläche treiben, können sie doch ebenso wie die Seetaucher ihr spezifisches Körpergewicht dadurch vergrößern, daß sie die Luft aus dem Körper und zwischen dem Gefieder ablassen. Fühlen sie sich bedroht, so sinken sie allmählich so weit unter, daß nur noch die Augen und der Schnabel über das Wasser ragen, und so schwimmen sie dann mit periskopartig ausgefahrenem Kopf einher. Früher glaubten die Jäger, die Vögel könnten schon beim Aufblitzen des Schusses so schnell forttauchen, daß sie dem Geschoß entgehen. Heute jagt man die Vögel kaum noch ihrer Federn wegen, und ihr fischig schmeckendes Fleisch wird nur noch bei primitiven Völkern gegessen.

In der Familie der Lappentaucher unterscheiden wir 4 Gattungen mit insgesamt 18 Arten, davon beschränken sich 3 Gattungen und 10 Arten auf die Neue Welt. Als umfangreichste Gattung kommen die eigentlichen Taucher *(Podiceps)* in allen größeren Landmassen vor mit Ausnahme der Antarktis. Drei ihrer Arten, der Rothals-, Horn- und Ohrentaucher, brüten in den zirkumpolaren Breiten der nördlichen Halbkugel, überwintern aber weiter im Süden der beiden

Nordkontinente. Der etwa 50 cm lange Haubentaucher lebt in Europa, Asien, Afrika und Ostindien, aber auch in Australien und auf Neuseeland. Sein kleinerer, nur knapp 30 cm großer Verwandter, der Zwergtaucher, ist ebenfalls weit über die ganze Alte Welt verbreitet. Ihm ähnelt der amerikanische Fleckschnabeltaucher in Größe und Gestalt, doch erkennt man ihn leicht an dem dunklen Band um seinen Schnabel. In kleinen Kolonien brütet der Schwarzhalstaucher; er lebt in Europa, im gemäßigten Asien, in Nordamerika und Afrika. Andere Lappentaucher beschränken sich auf einzelne Verbreitungsgebiete. Eine Art lebt nur auf Madagaskar, eine andere auf Neuseeland, eine dritte in Australien und eine vierte auf den Falkland-Inseln. Drei weitere Arten haben sich die großen Gebirgsseen der Neuen Welt erwählt. Die eigenartigste davon ist der flugunfähige Titicacataucher, der sich auf diesen höchstgelegenen schiffbaren See beschränkt, 3854 m hoch in den bolivianischen Anden. Eine andere Art bewohnt den 3900 m hoch gelegenen Junin-See in Peru. Der Atitlan-See, 1600 m hoch im guatemaltekischen Hochland, ist die Heimat eines großen Verwandten des Fleckschnabeltauchers, der ähnlich gezeichnet, aber einhalbmal so groß ist.

Über die Ahnen der Lappentaucher wissen wir nicht viel mehr, als daß sie vor dem Tertiär über die ganze Welt verbreitet gewesen sein müssen. Außer den Überresten von 9 noch existierenden Arten, die man in eiszeitlichen Ablagerungen gefunden hat, sind noch ein paar Knochen von 8 fossilen Arten beschrieben worden, die mit Ausnahme von zweien alle zu heutigen Gattungen gehören. Die älteste fossile Art ist *Neogaeornis,* von dem man nur die Beinknochen kennt; er stammt aus der Oberen Kreide von Chile und ist gut 80 Millionen Jahre alt.

Lappentaucher sind keine allzu stimmgewaltigen Vögel, verfügen aber über eine größere Auswahl von trompetenartigen Rufen, schrillen oder trillernden Pfiffen und durchdringenden Klagelauten; mitunter schnattern sie mit eigenartigen grunzenden, glucksenden und wiehernden Tönen. Bekannt ist ihr zeremonielles Balzverhalten, bei dem sich das Weibchen ebenso aktiv zeigt wie sein Partner. Manche Arten zeigen bei beiden Geschlechtern schmucke Hochzeitsgefieder, «Hörnchen», «Ohren» oder «Halsbänder» auf, die sich die Partner gegenseitig vorweisen, und häufig gehen der Paarung einleitende Balztänze im und am Wasser voraus.

Zum Paarungsverhalten gehört auch der gemeinsame Nestbau. Beide Partner greifen sich Schilf- oder Binsenstücke und flechten daraus eine an der Wasseroberfläche treibende Matte, die sie ohne besondere Tarnung einfach an einer beliebigen Schilfstaude verankern. In einer manchmal sogar unter Wasser gelegenen Mulde dieses feuchten Gebildes liegen dann die 3 bis 10 kalkschaligen Eier. In frischem Zustand sehen sie weiß aus, können aber auch leicht blaue oder grüne Töne zeigen; später nehmen sie durch die faulenden Pflanzenteile, die von den Eltern beim Verlassen des Nestes darüber gebreitet werden, ein schmutziges Braun an. Die Schutzschicht soll die Eier weniger tarnen als vielmehr warm halten, denn sie wird nur dann ausgelegt, wenn das Gelege vollzählig ist. Bei den kleineren Arten dauert die Brutzeit etwa 20 Tage, bei den größeren beträgt sie ungefähr bis 30 Tage.

Ihre flaumigen Küken tragen die Steißfüße manchmal ganz offen, öfters aber unter den Schwingen oder zwischen den Rückenfedern verborgen mit sich herum. Die Alten gehen sogar mit den Jungen unter Wasser, wobei diese manchmal den Halt verlieren und schleunigst an die Oberfläche zurückkehren, denn sie können vor einem Alter von ein paar Wochen noch nicht gut tauchen. Beide Eltern wechseln sich beim Ausführen und Füttern der Jungen miteinander ab. Bei manchen Arten wächst bereits eine zweite Brut heran, bevor noch die erste ausgewachsen ist. Dann nimmt der Hahn die ältere Generation und die Henne die zweite auf den Rücken.

Eine merkwürdige Eigenschaft der Lappentaucher harrt noch ihrer Erklärung: Die Tiere schlucken größere Mengen ihres eigenen Gefieders, und selbst der Mageninhalt weniger Tage alter Küken enthält kleine Ballen elterlicher Federn. Da Federn bekanntlich keinen Nährwert haben, dienen sie hier vielleicht insofern der Verdauung, als sie die spitzen Gräten der Futterfische aufhalten, bis sie genügend erweicht sind, um ohne Gefahr des Durchstechens den Darm zu passieren.

Schwimmtaucher *Gaviiformes*

Seetaucher *Gaviidae*

Für den Kenner nördlicher Breiten stellen die Seetaucher geradezu lebende Symbole dieser ebenso wilden wie bezaubernden Landschaft dar. Keiner, der jemals ihr Rufen gehört hat, diese weittragenden, traurigen Töne, dieses hemmungslose, mißtönende, wahnsinnige Gekreische, wird es jemals vergessen. Es verkörpert so den Geist waldumsäumter, einsamer Seen, reiner Luft voller Tannenduft, des Kanuparadieses und tauender Tundren mit knotigem Wollgras, wo die Lemminge ihr Spiel treiben.

Dem nüchternen Wissenschaftler aber bedeuten die Seetaucher nichts weiter als eine geschlossene Gruppe ziemlich primitiver nördlicher Vögel, die sich keiner anderen Vogelordnung anschließen lassen. Aus der Eiszeit kennen wir die Knochenreste von 4 heute noch lebenden Arten, und weitere 7 Arten liegen nur aus dem Eozän vor, sind also etwa 50 Millionen Jahre alt. Wahrscheinlich hat sich diese Gruppe im späten Mesozoikum (vor 100 Millionen Jahren) in den großen zirkumpolaren Landmassen entwickelt, wo sie auch heute noch lebt.

Die 4 heutigen Arten sind große, schöne Vögel, die so eng miteinander verwandt sind, daß man sie alle in der Gattung *Gavia* vereinigt. Charakteristisch für sie sind der schlanke, stromlinienförmige Körper, der ziemlich lange, kräftige Hals, der scharf zugespitzte Schnabel und der kurze, kaum sichtbare Schwanz. Die schmalen, spitzen Flügel setzen verhältnismäßig weit hinten an und scheinen kaum groß genug, den schweren Körper in der Luft zu tragen.

Seetaucher sind die einzigen Vögel, bei denen die Beine bis zu den Fußgelenken in den Körper einbezogen sind. Wie zwei Propeller ragen die mit Schwimmhäuten ausgerüsteten Füße am Hinterkörper heraus; ihre kräftige Muskulatur ist gleichfalls im Körper des Tieres gelegen. Das ist zwar äußerst zweckdienlich beim Schwimmen, läßt aber die Seetaucher auf dem Land völlig hilflos erscheinen, so daß sie sich dort gerade noch eben auf den Beinen halten und mit ein paar Schritten ungeschickt vorwärtsschieben können.

Um so wendiger verhalten sich die Seetaucher aber im Wasser. Dort nehmen sie es mit den besten Schwimmern auf und tauchen vor allem in geradezu erstaunlicher Weise. Im Gegensatz zu den Pinguinen, die mit ihren Stummelflügeln durch das Wasser «fliegen» und ihre Füße nur zum Steuern benutzen, schwimmen die Seetaucher mit den Füßen, wobei sie mit den Flügeln das Gleichgewicht halten oder Wendungen ausführen. Wenn sie zum Tauchen ansetzen, biegen sie den Hals nach unten, so daß die Schnabelspitze abwärts zeigt, und stoßen sich dann kräftig mit den Füßen ab.

Ferner gehören die Seetaucher zu den ganz wenigen Vögeln, deren Knochen nicht mit Luftsäcken durchsetzt sind. Daher gleicht ihr spezifisches Gewicht ungefähr dem des Wassers und kann auch noch dadurch vergrößert werden, daß die Tiere aus ihrem Inneren und aus dem Gefieder Luft ablassen. Somit sinken sie von selbst ganz ruhig unter Wasser, ohne auch nur die kleinsten Wellen zu hinterlassen. Gemeinsam mit anderen Tauchvögeln zeigen ihr Blut und die Muskulatur eine besondere chemische Zusammensetzung; dadurch wird eine verstärkte Widerstandskraft gegen die Giftwirkung des Kohlendioxyds erreicht sowie die Fähigkeit, zusätzlich Sauerstoff zu speichern.

Daß die Seetaucher außerordentliche Tauchtiefen erreichen können, wurde durch den Fang eines Fischers bestätigt, der einen solchen Vogel mit seinem Grundnetz aus 24 m Tiefe heraufholte. Gewöhnlich aber jagen sie die Fische, ihre hauptsächlichen Nahrungstiere, in viel flacherem Wasser und tauchen dabei selten länger als eine Minute, meist nur 30 bis 45 Sekunden. Auf der Flucht vor einem Feind aber bleiben sie mehrere Minuten unter Wasser und legen dabei 300 bis 400 m zurück. Tauchlängen von 3 bis 4 Minuten sind belegt; daß die Seetaucher aber länger als 5 Minuten und dabei kilometerweit tauchen, ist schon aus physikalischen Gründen nicht möglich.

Seetaucher sind ganz ausgezeichnete Flieger, obwohl sie unter allen Vögeln die kleinste Flügelfläche im Verhältnis zum Körpergewicht aufweisen. Es fällt ihnen nur schwer, sich vom Lande aus in die Luft zu erheben. Häufiger kommt es vor, daß sie sich versehentlich auf glatten, dunklen Eisflächen oder nassem Pflaster niederlassen; dann müssen sie so lange auf dem Boden bleiben und weite Strecken halb hüpfend und halb flatternd durchwandern, bis sie wieder eine Wasserfläche zum Abflug finden.

Sind sie aber erst einmal in der Luft, fliegen sie flink und kräftig, wobei sie Geschwindigkeiten bis zu 100 Stundenkilometern erreichen sollen. Wie alle schweren und kurzflügeligen Vögel bewegen sie sich mit schnellen Flügelschlägen. Dabei bieten sie ein ganz typisches Bild, denn der Hals ist an seinem Ansatz nach unten gekrümmt und wird dann gerade vorgestreckt; die Füße schleppen hinter dem kurzen, steifen Schwanz nach. Manche Seetaucher legen Tausende von Kilometern zurück, wenn sie von den Nistplätzen zu ihren Winterquartieren im Meer ziehen.

Alle Seetaucher zeigen sich außerordentlich stimmbegabt, insbesondere zur Brutzeit und zur Nacht. Dabei steht ihnen eine beachtliche Auswahl an lauten Rufen, Jodlern, tremolierenden und klagenden Lauten zur Verfügung. Der langgezogene Ruf des Eistauchers «ah-uuuuu'aah» – in der Mitte ansteigend und am Ende wieder abfallend – gehört zu den schönsten Naturlauten. Oft hält ihn der Unkundige für Wolfsgeheul, dem er tatsächlich stark ähnelt. Bei anderen Arten klingt die Stimme fürchterlich oder gar wie das Gelächter eines Irrsinnigen.

Im allgemeinen gehen die Seetaucher nur an Land, um zu brüten; dazu wählen sie sich kleine Inseln oder einsame Klippen an den wilden Ufern der Süßwasser-Seen des Nordens. Ihr Gelege besteht aus zwei großen, dunkelbraunen Eiern mit kräftigen schwarzen Sprenkeln; als Nest benutzen sie eine einfache, nur 30 bis 60 cm vom Wasser entfernte Mulde, die mit irgendwelchen Pflanzenteilen ausgepolstert wird. Nach einer Brutzeit von etwa 29 Tagen schlüpfen die Küken als flockige, kohlschwarze Dunenbällchen; später hellt sich ihr Farbkleid an den Seiten zu Grau und am Bauch zu Weiß auf.

Sobald ihre Dunen trocknen, begeben sich die Küken mit den Elterntieren zum Wasser. Anfangs sind ihre Schwimmversuche noch ungeschickt, denn die Jungen müssen noch ein paar Wochen aufgepäppelt werden. Immer noch klettern sie auf den Rücken der Eltern, und erst nach 14 Tagen lernen sie tauchen. Dank ihres schnellen Wachstums fliegen sie schon nach 10 bis 11 Wochen.

Seetaucher haben eine sehr lange Lebensdauer. Einen Sterntaucher, der bei Göteborg beringt wurde, fand man nach

23 Jahren wieder; ein Prachttaucher, der in Rossitten beringt wurde, lebte 18 Jahre. Sie haben ja auch nur wenige natürliche Feinde. Mitunter tut sich ein Nerz oder ein Fischotter an ihren Eiern gütlich, oder ein großer Hecht vergreift sich an einem Jungvogel. Eskimos und Indianer stellen Kleidungsstücke aus Seetaucher-Häuten her oder verwenden Stücke aus der Brust und dem Hals, um damit ihre Tabaksbüchsen zu schmücken. Das Fleisch ist durchaus eßbar, für den Kulturmenschen schmeckt es allerdings zu zäh und tranig. Leider werden jetzt große Mengen von Seetauchern in ihren Winterquartieren in den Küstengebieten durch das Öl umgebracht, das aus den Tanks der Schiffe abgelassen wird.

In einem Land sind die Seetaucher sogar zu Gehilfen des Menschen geworden, nämlich im Japanischen Meer bei Seto, wo die Bevölkerung sich dieser Vögel bedient, um die Fische zu Schwärmen zusammenzutreiben, so daß man sie dann leichter mit dem Netz fangen kann. Ängstlich sind die japanischen Fischer darauf bedacht, die Seetaucher nicht zu erschrecken oder in ihren Nestern zu stören. Dadurch sind die Vögel so zahm geworden, daß sie unmittelbar neben den Booten zwischen den Fischschwärmen umherschwimmen.

Sonst aber betrachten die Fischer die Seetaucher als unwillkommene Tischgäste. Fischereiwissenschaftler, die der Sache auf den Grund gegangen sind, haben festgestellt, daß die Vögel dort, wo sie in den Winterquartieren oder auf dem Zug in größeren Mengen auftreten, tatsächlich einige Zerstörungen an den Leinen und Netzen verursachen. Im übrigen fressen sie nur kleine Fische ohne jede wirtschaftliche Bedeutung und leben die meiste Zeit des Jahres derart verstreut, daß sie keinen feststellbaren Schaden anrichten können.

Die Geschlechter sehen sich in Größe und Färbung so ähnlich, daß man sie daran nicht unterscheiden kann. Im Spätsommer legen alle Arten ein schmuckloses, oberseits graues und unten weißes Wintergefieder an und gleichen sich derart, daß selbst Fachleute sie nur mit Mühe auseinanderhalten; nur an der Größe, Form und Körperhaltung lassen sie sich noch unterscheiden.

In ihrem Brutkleid, das sie sich noch in den Winterquartieren nach einer Mauser im März oder April zulegen, kann man die 4 Arten ganz leicht erkennen. Da ist der stattliche Eistaucher, ein 90 cm großer Vogel mit einem glänzend schwarzen Kopf und Hals, den ein weißgestreiftes Halsband und Kehlfleckchen ziert, sowie einem dunkeln Rücken mit auffallenden weißen Bändern und Flecken. Am größten wird der Gelbschnäbelige Eistaucher mit einer Länge bis zu 1 m; er sieht so ähnlich wie der Eistaucher aus, unterscheidet sich aber auf den ersten Blick durch den großen, hellen Schnabel von allen anderen Arten, deren Schnäbel dunkel erscheinen.

Der Gelbschnäbelige Eistaucher beschränkt sich auf das kleinste Verbreitungsgebiet und ist auch am wenigsten bekannt. Er brütet im höchsten Norden vom nördlichen Rußland ostwärts über das nördliche Sibirien und Alaska bis zum Mackenzie-Delta. Auch im Winter bleibt er weiter nördlich als die anderen Seetaucher und geht kaum südlicher als Norwegen und Schweden, Nord-Japan und Südost-Alaska.

Die kleinste Art stellt der zirkumpolare, nur 60 cm große Sterntaucher dar, der in seiner Größe nur wenig vom Prachttaucher übertroffen wird. Der Prachttaucher sieht etwa wie der Eistaucher aus, zeigt aber im Alter eine schwarze Kehle und ein weiches Grau auf dem Kopf und Nacken. Der charakteristische rote Latz des Sterntauchers wirkt aus der Entfernung schwarz und fällt in der Natur nicht auf, dafür erscheint aber der Rücken hier grau statt schwarz-weiß gefleckt. Diese Art ist am weitesten von allen Seetauchern verbreitet. Sie brütet in vielen kleinen Gewässern der arktischen und subarktischen Tundren der ganzen Welt und überwintert im Süden längs der nordamerikanischen Küsten bis nach Kalifornien und Florida, in Asien bis nach China und Formosa, und in Europa bis zum Mittelmeer, dem Schwarzen und Kaspischen Meer.

Die Brutstätten des Eistauchers reichen über Nordamerika bis nach Grönland und Island. Einige Kolonien überwintern in den Großen Amerikanischen Seen, die meisten aber ziehen zum Meer hinunter bis nach Nord-Mexiko, nach Florida oder rund um den Golf von Mexiko bis Texas. Eine andere Population, die wahrscheinlich auf Grönland und Island nistet, überwintert in Europa von England bis zum Mittelmeer.

Der Prachttaucher nistet von Schottland an quer durch ganz Osteuropa bis zum Beringmeer sowie über Nordamerika bis zur Westseite der Hudson-Bai. Seine Winterquartiere liegen auf beiden Seiten des Pazifischen Ozeans bis Kalifornien, China und Japan. In Europa zieht er bis zum Mittelmeer und Schwarzen Meer; er kommt aber nur gelegentlich an der Atlantikküste von Nordamerika vor.

PRACHTTAUCHER
Gavia arctica
Nördliches Europa und Asien,
Alaska bis Hudson-Bay und Baffin-Insel; 63 cm.

EISTAUCHER
Gavia immer
Nördliches Nordamerika,
Grönland, Island; 89 cm.

STERNTAUCHER
Gavia stellata
Gesamtes Polargebiet
der nördlichen Halbkugel; 61 cm.

Flossentaucher *Sphenisciformes*

Pinguine *Spheniscidae*

Jeder kennt die Pinguine, diese liebenswürdigen Karikaturen auf die zeremonielle Frackmode des Menschen; sie stellen in zoologischer Hinsicht eine der abgeschlossensten Vogelordnungen dar. Die meisten Forscher unterscheiden heute 15 (oder 14) Arten, die sich auf 6 Gattungen verteilen und einer einzigen Familie angehören.

Der Name «Pinguin» leitet sich aus zwei walisischen Worten her und bedeutet so viel wie «Weißkopf»; er bezog sich eigentlich auf den inzwischen ausgestorbenen Riesenalk und wurde dann vor anderthalb Jahrhunderten von den Seefahrern auf die überhaupt nicht mit den Alken verwandten, nur äußerlich etwas ähnlich aussehenden Pinguine übertragen. Ihr wissenschaftlicher Name kommt aus dem Griechischen und bedeutet «kleiner Keil»; das bezieht sich auf die schmalen, flossenartigen Flügel, die nicht mehr im geringsten zum Fliegen, wohl aber ganz wunderbar zum Schwimmen taugen – und dazu, auf die Schienbeine menschlicher Besucher loszudreschen, die ihre Nistgründe stören.

Pinguine gibt es nur auf der südlichen Halbkugel; dort bewohnen sie hauptsächlich die trostlosen Wasserwüsten zwischen Kap Hoorn, dem Kap der Guten Hoffnung, Australien, Neuseeland und dem antarktischen Packeis. Dank des allgemeinen Interesses an den Antarktis-Expeditionen von Byrd und anderen sowie am Geophysikalischen Jahr 1957–1958 pflegt man geradezu die Pinguine als Charaktervögel der Antarktis anzusehen, übersieht aber dabei, daß dort nur zwei Arten vorkommen, nämlich der Kaiser- und Adeliepinguin.

Die Pinguine stellen eine alte, urtümliche Vogelgruppe dar, deren Bau hervorragend an das Leben im Meer angepaßt ist; über ihre verwandtschaftlichen Beziehungen zu den übrigen Vögeln ist man sich noch nicht klar. Das Fehlen von Flugfedern an den Schwingen steht einzigartig unter allen mit einem Brustbeinkiel ausgerüsteten Vögeln da. Daß sie aber einen derartigen Kiel besitzen und auch in den frühen Stadien ihrer Embryonalentwicklung wenigstens Anlagen von Schwungfedern zeigen, beweist ganz einwandfrei, daß sich die Pinguine dereinst von flugfähigen Ahnen abgespalten haben. Einmalig ist auch das Fehlen eines biegsamen «Ellbogen»-Gelenkes. Dadurch bleibt der ganze Flügel starr und bewegt sich nur im Schultergelenk. Der eigenartige Bau des Pinguinschnabels, der nicht, wie bei anderen Vögeln, aus einer einzigen Scheide, sondern aus mehreren zusammengesetzten Hornplatten besteht, läßt möglicherweise einige entfernte Beziehungen zu den anderen Charaktervögeln des Südens vermuten, den Albatrossen. Weitere anatomische Merkmale deuten auf eine ganz entfernte Verwandtschaft mit den Seetauchern, Kormoranen und Pelikanen hin.

Auf Grund der fossilen Funde wissen wir, daß die Pinguine schon im Tertiär (vor etwa 50 Millionen Jahren) im größten Teil ihres jetzigen Verbreitungsgebietes durchaus heimisch waren. Aus den eozänen und oligozänen Schichten von Neuseeland und den Süd-Orkney-Inseln sowie aus dem Miozän von Patagonien kennen wir die Knochen von 20 oder mehr Arten. Schon in diesen frühen Zeiten, als sich die heutigen Vogelfamilien eben erst zu entfalten begannen, hatten sich diese fossilen Pinguine bereits in die gleichen Gruppen aufgespalten, die man auch jetzt noch unterscheidet. Diese Urpinguine entsprechen fast genau ihren heutigen Nachkommen, nur erscheinen ihre Flügel und Beine im Verhältnis zum Körper länger, und einige waren außerdem größer. Der *Anthropornis* von den Süd-Orkneys und der *Palaeudyptes* von Neuseeland erreichten eine Höhe von mehr als 1,5 m. Auf Grund der gleichfalls gefundenen Reste von Pflanzen und Wirbellosen dürfen wir annehmen, daß die vorweltlichen Pinguine in viel wärmeren, vielleicht sogar subtropischen Klimaten gelebt haben.

Wenn auch die Vorfahren der Pinguine ihre Flugfähigkeit schon vor 100 Millionen Jahren verloren haben, so wurde dies doch durch ihr meisterhaftes Schwimmvermögen wieder wettgemacht, das dem der Robben und Delphine gleichkommt. Somit können wir sie als die Vögel ansehen, die sich dem Leben im Meer am weitesten angeglichen haben und sich geradezu ideal für eine pelagische Lebensweise eignen. Mühelos durchschneidet ihr massiger, aber stromlinienförmig gestalteter Körper das Wasser wie der fischförmige Rumpf eines heutigen U-Bootes. Die steifen, dicht gestellten Federn umhüllen den Körper mit einer festen Decke und bilden keine einzelnen Lagen wie bei den meisten anderen Vögeln. Sie stellen nicht nur eine ausgezeichnete Isolierschicht dar, deren glatte, glänzende Oberfläche das Wasser nicht zu durchdringen vermag, sondern bieten auch beim Schwimmen dem Wasser keinen Widerstand. Pinguine schwimmen «mit Seitenantrieb», allein durch die Kraft ihrer Flügel, mit denen sie im wörtlichen Sinne regelrecht durch das Wasser fliegen, wobei ihre kräftigen, mit Schwimmhäuten versehenen und deutlich gegen die kurzen, dicken Beine abgesetzten Füße als Steuer dienen. Ihr Hals ist kurz, aber gut beweglich, der Schnabel kräftig und vorn zugespitzt.

Dank dieser Eigenschaften sind die Pinguine mehr unter als über Wasser zu Hause und ragen nur eben gerade noch mit dem Kopf und vielleicht noch dem äußersten Teil des Rückens über die Oberfläche. Dadurch bleiben die Flügel unten, wo sie ihre ganze Kraft entfalten können. So verbringen sie die meiste Zeit unter Wasser, ziehen ähnlich den Delphinschulen dahin und springen hin und wieder in einem kurzen, anmutigen Bogen über die Oberfläche, um zu atmen. Auf meinen Reisen konnte ich eine Schar Adeliepinguine neben unserem Schiff mühelos in dieser Weise dahinziehen sehen, obwohl wir immerhin 16 Knoten in der Stunde machten. Man hat die Geschwindigkeit der Pinguine unter Wasser sogar auf maximal 40 Stundenkilometer geschätzt. Dank der Kraft ihrer Flügel können sie bis 1,8 m hoch in die Luft «tauchen», um an der Küste oder einem unzugänglichen Eisberg zu landen. Beim Fressen fahren sie wie der Blitz zwischen die Garnelen- und Fischschwärme und «flattern» dort mit der Wendigkeit einer Fledermaus hin und her.

Auf dem Land sind die Pinguine selbstverständlich infolge ihrer kurzen, weit hinten am Körper ansetzenden Beine sehr behindert. Daher müssen sie aufrecht stehen und hüpfen, oder sie watscheln unbeholfen mit kurzen Schrittchen. In ihrer Heimat, wo es keine landbewohnenden Raubtiere gibt, macht ihnen die Hilflosigkeit auf dem Lande wenig zu schaffen. An ihren Brutplätzen aber werden sie von manchen gefiederten

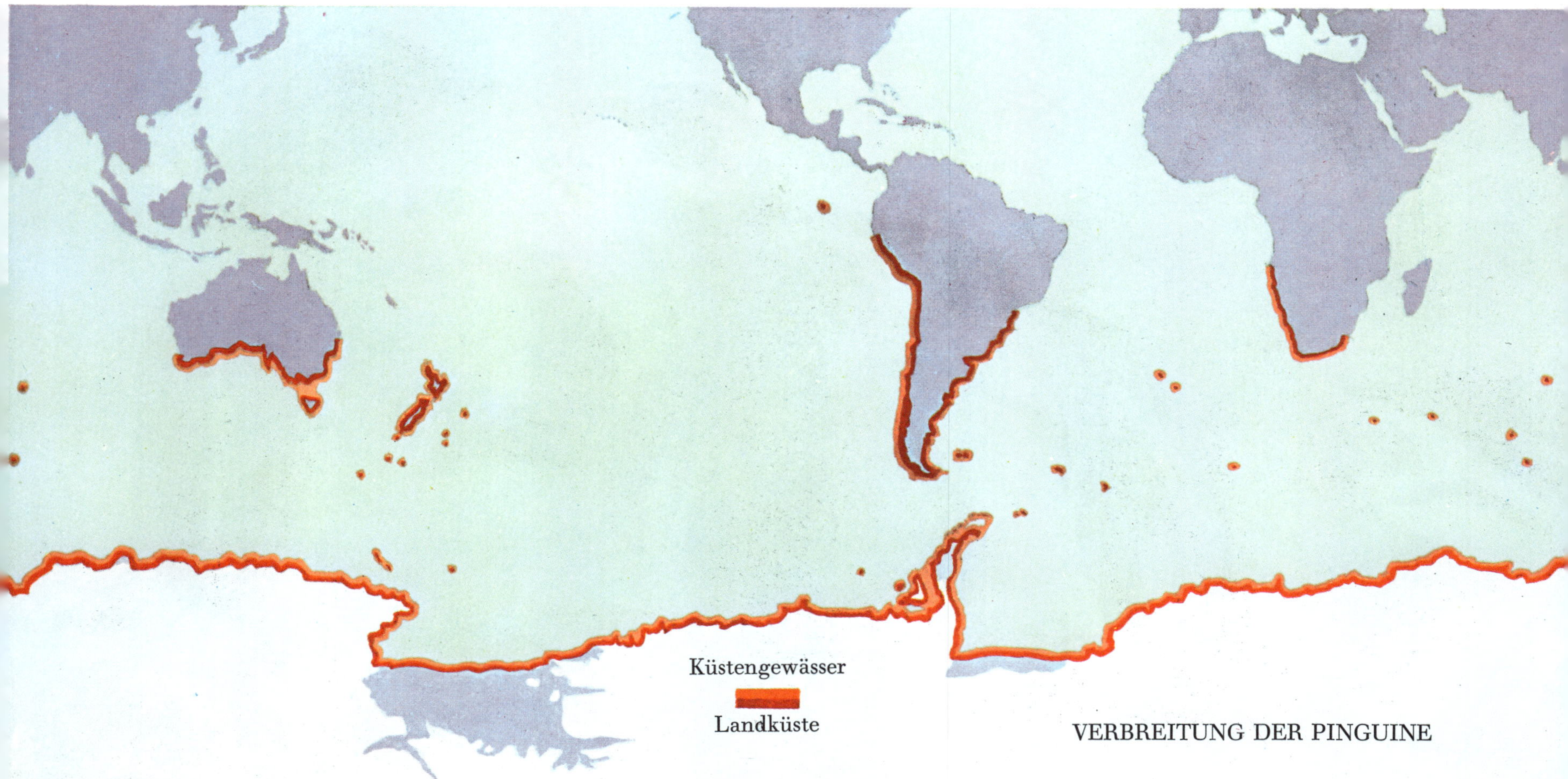

VERBREITUNG DER PINGUINE

Räubern geplagt; Scheidenschnäbel und Riesensturmvögel umlagern ihre Brutkolonien und warten nur auf die Gelegenheit, sich eines unbewachten Eies oder Jungvogels zu bemächtigen, und die Skua holt sich in jedem Jahr einen beträchtlichen Anteil an den Eiern und Jungen des Adeliepinguins. Im Meer werden die Pinguine vom Seeleopard und von den Mörderwalen bedroht, den einzigen Räubern, die ihnen auf Grund ihrer Größe und Schnelligkeit gefährlich werden können.

Kaiser- und Adeliepinguin legen lange Strecken über das Eis zurück, um zu ihren Nistplätzen zu gelangen. Wenn sie ein paar Schritte aufrecht gewatschelt sind, legen sie sich einfach auf den Bauch und gleiten so wie ein Schlitten dahin, wobei sie sich mit den Flügeln und Füßen abstoßen. Unter günstigen Umständen erreichen sie damit größere Geschwindigkeiten als der Mensch auf seinen Skiern.

Fische, Tintenfische und Krebstiere bilden die Hauptnahrung der Pinguine, und die holen sie sich aus dem Meer. Sie wissen überhaupt nicht, wie sie an Land fressen sollen, und müssen daher in den Zoologischen Gärten wochenlang zwangsgefüttert werden, bevor sie es lernen, einen Fisch aufzunehmen. Sie verlassen das Meer ja nur zur Brutzeit und zur Mauser; dann müssen sie selbstverständlich die ganze Zeit über an Land fasten. Auf Grund dieser Fähigkeit, lange Zeit ohne Nahrung auszukommen und währenddessen von den Fettpolstern unter ihrer Haut zu leben, können sie weit von der offenen See entfernt in den verlorenen Eiswüsten der Antarktis nisten und die ganze Brutzeit auf den hoffnungs- und nahrungslosen Felseninseln durchstehen.

Der über 1 m hohe Kaiserpinguin und der gut 90 cm große Königspinguin sind die Riesen der Familie; dann folgen mit über 60 cm Länge der Adeliepinguin und seine beiden nächsten Verwandten, der zirkumpolare Eselspinguin und der Zügelpinguin aus dem äußersten Süden des Atlantik. Nur wenig kleiner bleiben die sogenannten Kurzschwanzpinguine aus der Gattung *Spheniscus*. Hierzu gehören die nördlichsten Arten, nämlich der Brillenpinguin von Süd- und Südwestafrika, der Magellanpinguin von den Falklands und Feuerland sowie der Humboldtpinguin, der längs der Westküste von Südamerika bis hinauf nach Peru nistet. Am weitesten nach Norden geht der nur 50 cm große Galapagospinguin, der im nördlichen Teil des kalten Humboldtstroms nur 6° südlich vom Äquator zu Hause ist und auf den abgelegenen Galapagos-Inseln brütet.

Eine andere Gruppe bilden die Schopfpinguine der Gattung *Eudyptes*, die etwa 60 cm groß werden; sie zeichnen sich durch einen goldgelben Federschopf an beiden Kopfseiten aus. Hierzu gehören der zirkumpolare Felsenpinguin und der eigentliche Schopfpinguin aus den neuseeländischen Gewässern. Neuseeland ist auch die Heimat des nur wenig größeren Gelbaugenpinguins, bei dem ein schwachgelbes Band etwas ver-

längerter Federn von den Augen um den Hinterkopf verläuft. Hier und in Australien lebt schließlich noch die kleinste Art, der nur 30 cm hohe Zwergpinguin. Gelbaugen- und Zwergpinguine nisten unterirdisch in Höhlen und Felsspalten.

Die meisten Pinguine leben vergesellschaftet und bilden Brutkolonien von oft erstaunlicher Größe. Auf Ross Island habe ich eine nur 20 ha große Kolonie von Adeliepinguinen auf mindestens eine halbe Million Tiere geschätzt. Bevor man dort eine Forschungsstation und einen Notflugplatz errichtete und die Tiere dadurch vertrieb, nisteten gut 30000 Paare auf dem nur 16 ha großen Vorland von Cape Hallett auf Victorialand. Mit Hilfe der Radiokarbonmethode stellte man fest, daß die nur 20 cm unter dem Eis gefundenen mumifizierten Bälge etwa 650 Jahre alt sein mußten. Die Ergebnisse der Vogelberingung zeigen, daß der Adeliepinguin und wahrscheinlich auch alle anderen Arten recht ortstreu sind. Jahr für Jahr kommen sie zu ihrer alten Brutkolonie zurück und suchen sich sogar immer wieder den gleichen Nistplatz aus.

Die beiden größten Arten, der Kaiser- und Königspinguin, bauen kein Nest, sondern betten aufrechtstehend das eine Ei, aus dem ihr Gelege besteht, oberhalb der Füße in eine Bauchfalte. Alle anderen Arten brüten in der bei Vögeln üblichen Weise; sie bauen aus irgendwelchem Material, das gerade zur Verfügung steht, ein einfaches Nest und legen sich mit dem Bauch über die beiden Eier ihres Geleges. Nur der Gelbaugen- und Zwergpinguin brüten in Höhlen, alle anderen Arten an der Erdoberfläche. Die *Spheniscus*-Arten und die Schopfpinguine nehmen zum Nestbau Erde und irgendwelche Pflanzenstoffe, und der Adeliepinguin benutzt dazu Kieselsteine, weil er in seinem öden Lebensraum nichts anderes dafür findet.

Wahrscheinlich ist der Kaiserpinguin der einzige Vogel auf der Welt, der so gut wie nie das Land betritt. Er verbringt die meiste Zeit des Jahres auf den Packeisschollen vor der antarktischen Küste und fischt in der an Kleinlebewesen reichen See. Wie nur ganz wenige Vögel beginnt er seine Brutzeit nicht im Frühjahr, sondern im Herbst. Dazu versammeln sich die erwachsenen Pinguine im März, also zum Herbst der Südlichen Halbkugel, an ihren Brutplätzen, zu denen sie mit instinktiver Sicherheit über das Eis bis zu ihrem vorjährigen Nistplatz wandern. Hier halten die Tiere Hochzeit, und im Mai, wenn die Sonne zu Beginn des langen antarktischen Winters unter den Horizont sinkt, legt das Weibchen sein einziges Ei, das sofort vom Männchen übernommen wird. Dann verschwindet das Weibchen schleunigst ins offene Meer zu einer ausgedehnten Mahlzeit, denn es hat ja seit 7 oder 8 Wochen, als es an Land stieg, nichts mehr zu sich genommen. Die so allein gelassenen Männchen drängen sich zum Schutz gegen die eisigen Winterstürme dicht zusammen und wechseln ständig ihren Platz, um auf diese Weise wenigstens das Zentrum der Kolonie warm zu halten. Jedes Tier läßt aber sein Ei auch nicht einen einzigen Augenblick außer acht.

Im Juni und Juli sinkt die Temperatur bis auf −40 °C; dazu kommt dann noch der eisige Sturm, der mit Geschwindigkeiten bis zu 160 Stundenkilometern daherbraust. 62 bis 64 Tage beträgt die Brutzeit des Kaiserpinguins, aber nicht eine Sekunde verläßt das Männchen seinen Platz, obwohl es dabei bis 25 Pfund einbüßt, also ein Drittel seines Körpergewichtes. Nur ein einziger Augenblick der Schutzlosigkeit würde den sofortigen Tod des Embryos bedeuten. Schlüpfen dann die Jungen, so halten die Väter noch immer eine Ausscheidung in ihrem Kropf bereit, um die Brut in den ersten beiden Tagen damit zu füttern. Nun kommen die Weibchen, glatt, glänzend und mit Futter vollgestopft, über das Eis zurück, erlösen die Väter von ihrem Brutgeschäft und übernehmen selbst die Aufzucht der Jungen; die Männchen aber stürzen ins Wasser, um sich endlich wieder einmal satt zu essen und ihren Gewichtsverlust aufzuholen. Das dauert nur ein paar Wochen, dann kehren sie gegen Ende August zurück und beteiligen sich wieder an der Brutpflege.

Man nimmt an, daß diese eigenartige Umkehr der sonst bei den Vögeln üblichen Brutzeit mit der zweimonatigen Zeitigungsdauer und viermonatigen Wachstumsdauer der Jungen zusammenhängt. Dann wird der junge Kaiserpinguin nämlich gerade selbständig und findet zu Beginn des Dezembers die günstigste Jahreszeit vor, in der das Eis an der Küste schmilzt und der antarktische Sommer beginnt.

ADELIEPINGUIN
Pygoscelis adeliae
Antarktisches Küstengebiet; 76 cm.

FELSENPINGUIN
Eudyptes crestatus
Falkland- und andere südpolare Inseln; 63 cm.

SCHWARZFUSSALBATROS
Diomedea nigripes
Nördlicher Pazifik; 71 cm.
GEWÖHNLICHER ALBATROS
Diomedea exulans
Südliche Meere vom 30.
bis zum 60. südl. Breitengrad; 1,2 m.
LAYSANALBATROS
Diomedea immutabilis
Nördlicher Pazifik; 81 cm.

Röhrennasen *Procellariiformes*

In dieser Ordnung vereinigen wir 4 Familien, nämlich die Albatrosse, Sturmvögel, Sturmschwalben und Tauchersturmvögel, die ganz eng miteinander verwandt sind. Man bezeichnet sie auch häufig mit dem früher gebräuchlichen Namen *Tubinares;* das bedeutet, ins Deutsche übersetzt, so viel wie «Röhrennasen», weil nämlich bei allen 92 Arten die Nasenlöcher zu kurzen Röhrchen ausgezogen sind. Ihre Öffnungen münden manchmal getrennt an beiden Seiten, meist jedoch gemeinsam auf dem Schnabelrücken.

Alle Röhrennasen sind ausgesprochene Meeresvögel, die fast ihr ganzes Leben lang die unendlichen Weiten über den Ozeanen durchkreuzen und nur zur Brutzeit an Land kommen. Ihr Nest bauen sie gewöhnlich in einer unterirdischen Höhle und belegen es mit einem einzigen, weißen Ei; nur die Albatrosse nisten in der Regel im Freien. Die meisten Arten brüten ausschließlich in der Nacht, und deshalb dauert die Brutzeit und die Aufzucht der Jungen bei ihnen recht lange. Der Magen der Vögel enthält ein klares, bernsteinfarbenes Öl. Damit füttern sie ihre Jungen und würgen es manchmal auch aus dem Schnabel und den Nasenröhren hervor, wenn man sie behelligt. Für alle Arten ist ein eigenartiger, durchdringender Modergeruch charakteristisch, der selbst ihren Bälgen in den Museen noch jahrzehntelang anzuhaften pflegt.

Diese Eigenschaften sowie andere Besonderheiten des Körperbaues und des Verhaltens trennen die Röhrennasen sehr weit von den übrigen Vogelordnungen, zu denen sie überhaupt keine näheren verwandtschaftlichen Beziehungen zeigen. Ungefähr 70 Arten brüten und verbringen ihr Leben so gut wie ausschließlich in den südlich des Äquators gelegenen Gebieten. Ihre Vorfahren können wir etliche 60 Millionen Jahre weit bis ins Zeitalter des Eozän zurückverfolgen; wir dürfen wohl mit Recht annehmen, daß sie sich vor ungefähr 100 Millionen Jahren aus irgendwelchen bisher noch unbekannten Stammformen entwickelt haben, die einst zur Kreidezeit die Landmassen um die südlichen Meere bewohnten.

Jede der vier Familien unterscheidet sich ziemlich deutlich von den anderen, so daß man ihre Angehörigen mit wenigen Ausnahmen schon ganz gut an der Größe erkennen kann. Als größte Mitglieder der Ordnung erreichen die Albatrosse ungefähr die Ausmaße einer Gans; ihr kräftiger Körper trägt lange, schmale Schwingen. Nicht ganz so einheitlich ist das Bild, das die Sturmvögel bieten; meistens sind es möwengroße Tiere mit schlankerem Rumpf als die Albatrosse und gleichfalls langen, schlanken, spitz zulaufenden Flügeln. Die nur 25 cm langen, schwarzen Sturmschwalben, ungefähr so groß wie unsere Amseln, zeichnen sich durch die kürzeren und breiteren Schwingen aus, während die fetten, kurzflügeligen Tauchersturmvögel mehr für das Leben im Wasser als in der Luft geeignet sind.

Albatrosse *Diomedeïdae*

Als die portugiesischen Seefahrer des 15. Jahrhunderts zum ersten Male um die Küste Afrikas herum in den Südatlantik einfuhren, begegneten sie großen, schwarz-weißen Seevögeln mit massigem Rumpf und langen, zugespitzten Flügeln. Da sie die Tiere noch nicht kannten, gaben sie ihnen den Namen «alcatraz», ein portugiesisches Wort für große Seevögel, insbesondere für die ihnen vom Mittelmeer her vertrauten Pelikane. Englische Seeleute verballhornten den Namen in «Albatros», und so heißen die Beherrscher des ozeanischen Luftraumes noch heute.

Jeder Seemann kennt die Albatrosse, die seit den Zeiten Magellans den Schiffen folgen, denn mit Ausnahme des Nordatlantik und der vereisten arktischen Gewässer sind sie in jedem Meer zu Hause und gehören als fester Bestandteil zum echten Seemannsgarn. Der abergläubische Matrose sieht sie als Geister der über Bord gespülten Janmaate und als Vorboten von Sturm und Nebel an. Daß die Seeleute einst die Albatrosse mit Wind und Sturm in Verbindung brachten, überrascht uns nicht, denn das ist ja ihr Lebensraum, ohne den sie nicht existieren können.

Die wenigsten Seeleute kennen mehr als ein oder zwei der insgesamt 13 Arten Albatrosse, sondern unterscheiden einfach nach dem Aussehen weiße und schwarze; viele wissen noch nicht einmal die Bezeichnung «Albatros», denn im Englischen hat man diesen Vögeln allerlei andere volkstümliche Namen gegeben, die auf ihre angebliche Dummheit anspielen, und sogar die japanischen Fischer nennen sie «bakadori», also «Blödvögel».

Alle diese Namen beruhen vielleicht darauf, daß die Vögel auf See überhaupt keine Furcht kennen und mitunter auf die Heckreling eines Schiffes herabstoßen, dem sie gerade folgen. An Deck des Schiffes sind sie völlig hilflos und speien ängstlich ihr Magenöl aus, weil sie sich nicht über das Schanzkleid hinaus erheben können. Vielleicht aber bezeichnet man sie auch ihres feierlichen, nichtssagenden Gesichtsausdrucks wegen als dumm. An ihren Nistplätzen benehmen sie sich tatsächlich ungeschickt; da sie dort nie mit dem Menschen in Berührung gekommen sind, kennen sie auch keine Furcht vor ihm. Natürlich ist es ihnen nicht recht, wenn sie beim Brüten oder bei der Brutpflege gestört werden, und sie versuchen, den Eindringling mit harten Schnabelhieben zu vertreiben. Auf der Midway-Insel bauen sie ihre Nester auf dem Rasen neben den Gebäuden und brüten seelenruhig, ohne sich im geringsten vom Autoverkehr stören zu lassen.

Albatrosse sind Meister des Gleitfluges. Mit ihren langen, schmalen und spitz auslaufenden Schwingen können sie jeden Aufwind über den Wellen so ausnutzen, daß sie unter günstigen Verhältnissen nach allen Richtungen segeln, ohne überhaupt die Flügel zu rühren. Ich konnte beobachten, wie die Albatrosse Tag für Tag ohne einen Flügelschlag neben schnellen Ozeandampfern dahinschwebten; mal waren sie vorn, mal wieder hinten, dann zogen sie in 8- oder S-förmigen Kreisen über dem Kielwasser und warteten darauf, daß die Schiffsschraube einen Tintenfisch hochwirbelte oder Küchenabfälle ins Meer fielen. Da die glatte Gleitfläche des Albatrosflügels sich nicht für den Schwingenflug eignet, sind die Vögel bei Windstille praktisch flugunfähig. So halten sie sich gerade in den rauhesten, stürmischsten Meeresteilen auf und sind — wie die Seeleute früher ganz richtig bemerkten — um so zahlreicher anzutreffen, je stärker der Sturm weht.

Der Verbreitungsschwerpunkt der Albatrosse liegt heute in den südlichen Meeren zwischen dem Wendekreis des Steinbocks und dem Polarkreis; hier leben 9 der insgesamt 13 Arten. Vom 40. Breitengrad ab in den «Brüllenden Vierzigern» und den «Wilden Fünfzigern», wo eine ständige westöstliche Winddrift zwischen den Südspitzen der Kontinente und dem antarktischen Eisgebiet herrscht, liegt die eigentliche Heimat der Albatrosse. Hier haben sich einige Arten feste Standorte im Norden der einzelnen Meeresabschnitte gewählt, wie z. B. der Buller-Albatros in den neuseeländischen Gewässern. Andere wiederum, wie der Wander-, der Mollymauk- und die beiden Ruß-Albatrosse, sind rings um den Globus zu Hause. Hier, wo der Wind mit Geschwindigkeiten von 10 bis 50 Knoten braust, macht es diesen Gleitvögeln gar nichts aus, nach Belieben um die ganze Welt zu fliegen. Auf dem 40. südlichen Breitengrad beträgt diese Strecke etwa 30 000 km. Nehmen wir eine Windgeschwindigkeit von 10 Knoten an, also ein «leichtes Lüftchen» für diese Breiten, dann schafft der Vogel 380 km pro Tag. Auf diese Weise legt er die bekannte Reise um die Welt in 80 Tagen mit weit weniger Anstrengungen zurück als der Held des Romans von Jules Verne. Und das kommt tatsächlich vor, wie wir aus den Ergebnissen der Vogelberingung wissen.

Die windstillen äquatorialen Zonen über dem Atlantik und Pazifik bedeuten ein natürliches Hindernis für diese großen Segelflieger; nur wenigen gelingt es, darüber hinwegzukommen. In England hat man die fossilen Knochen eines Albatros aus dem Pliozän gefunden. Das beweist, daß diese Vögel vor der Eiszeit auch über dem Nordatlantik gesegelt sind. In historischen Zeiten ist dies allzu wenigen Tieren aus einer Art gelungen, als daß es ihnen möglich gewesen wäre, hier ein neues Verbreitungsgebiet zu erschließen. Nicht ganz ein Dutzend Tiere aus 4 verschiedenen Arten hat man im Verlaufe des letzten Jahrhunderts im nördlichen Atlantik festgestellt. Am bekanntesten davon ist der einsame Mollymauk, der im Jahre 1860 bei den Färöer-Inseln gesichtet wurde und wahrscheinlich einem Segelschiff bis in den Nordatlantik gefolgt war. Er schloß sich dann einer Kolonie von Tölpeln an und folgte ihr jeden Winter südwärts bis zu den Britischen Inseln, kehrte aber im Frühjahr wieder regelmäßig zu den Färöern zurück. Leider wurde er von einem übereifrigen Jäger im Jahre 1894 abgeschossen und befindet sich nun im Museum von Kopenhagen.

Im nördlichen Pazifik dagegen hat man in der Jetztzeit kein Exemplar einer südlichen Albatros-Art mehr nachgewiesen, wohl aber haben es die Vorfahren dreier Arten, die heute noch im Südpazifik heimisch sind, lange vor der Eiszeit verstanden, die Kalmenzone zu überwinden. Zwei davon, der schieferfarbene Schwarzfußalbatros und der weiße Laysanalbatros mit schwarzen Flügeln und schwarzem Schnabel, brüten auf den Leeward-Inseln westlich von Hawaii und anderen isolierten Inselchen im westlichen Pazifik. Wie ihre Vorfahren nisten sie noch immer vom Frühling bis zum Sommer, also von Oktober bis April, auf der südlichen Hemisphäre, durchsegeln aber in der übrigen Zeit den ganzen nördlichen Pazifik von Kalifornien bis China und nordwärts bis zum Beringmeer. Dabei folgen sie den pazifischen Windströmungen, die sich auch die Seeleute zur Zeit der Segelschifffahrt zunutze gemacht hatten.

Als dritte Art wäre der Kurzschwanzalbatros zu erwähnen, der 1740 von Steller entdeckt wurde, jenem unermüdlichen Naturforscher, der Vitus Bering auf seiner großen Reise durch Sibirien bis zum Pazifik begleitete. Diese Art ähnelt dem Laysanalbatros, wird aber nicht nur größer, sondern zeigt auch einen weißen Rücken statt eines schwarzen und einen gelben Schnabel statt eines dunklen. Einst brütete er in Scharen auf den Bonin- und anderen kleinen Inseln im Süden von Japan und folgte den pazifischen Windströmungen nordwärts bis zur Beringsee, östlich und südlich an Kalifornien vorbei und dann westwärts wieder in seine Heimat zurück. Zu Beginn dieses Jahrhunderts hatten die japanischen Federjäger diese Art so stark dezimiert, daß man schon fürchtete, sie sei ganz ausgestorben. Dann erschienen aber auf einmal im Jahre 1953, 20 Jahre nachdem man den letzten Kurzschwanzalbatros gesichtet hatte, ein kleinerer Schwarm irgendwoher aus den Weiten des ozeanischen Raumes, um wieder auf Torishima zu brüten, einer kleinen vulkanischen Insel etwa 650 km südlich von Tokio. Hier war früher der Sitz der größten Brutkolonie dieser Vögel; jetzt befindet sich dort eine japanische Wetterstation. Nun haben die Japaner die Albatrosse unter strengsten Schutz gestellt. 1959 wurden bereits etwa 50 Tiere gezählt, und es bleibt zu hoffen, daß ihre Zahl zunimmt.

Südlich des Äquators, in den großen Windgürteln des Pazifik, treten die Albatrosse am zahlreichsten auf. In nächster Nähe des Äquators lebt der Galapagosalbatros, der im Winter zu den ergiebigen Teilen des Humboldtstroms bei Ekuador und Peru zieht.

Als bekannteste Art der Albatrosse in den Südlichen Meeren zeigt der Wanderalbatros (auch «Kapschaf» genannt) eine Flügelspanne bis zu 3,3 m; das ist das Höchstmaß unter allen heutigen Vögeln. Die Erwachsenen sind bis auf die schwarzen Flügelspitzen rein weiß, doch brauchen sie einige Jahre, bis sie voll ausgefärbt sind. Einjährige Jungtiere sehen graubraun aus, bis sich nach mehrfachem Mausern das endgültige Farbkleid ausbildet. Daher sieht man häufig auf See die verschiedenen Zwischenstadien. Ähnlich wirken der kleinere Königsalbatros, dessen Flügel nur 2,7 m spannen, sowie die noch kleineren Gelbnasen-, Mollymauk- und Graukopfalbatrosse mit nur 1,8 bis 2,4 m Spannweite.

Die meisten Albatrosse brüten in Kolonien auf kleineren, dem Festland vorgelagerten oder ozeanischen Inseln. Mitunter besteht ihr Nest nur aus einer einfachen Bodenmulde, meist aber wird aus Schlamm oder Erde ein kleiner Hügel geformt und ganz kunstlos mit Federn oder Gras ausgepolstert. Die kleineren Arten, wie der Laysan- und der Schwarzfußalbatros, brauchen etwa 65 Tage, um das einzige weiße Ei auszubrüten; bei dem größeren Königs- und Wanderalbatros dauert es 77 bis 81 Tage. Beide Elternteile wechseln sich darin ab, die Jungen mit dem ausgewürgten Inhalt ihres Magens zu füttern. Zweieinhalb bis drei Monate brauchen die Jungen der kleineren Arten, bis sie flügge sind, die der größeren dagegen 8 bis 9 Monate. Beim Wanderalbatros dauert die Aufzucht der Jungvögel so lange, daß die Tiere nur jedes zweite Jahr brüten. Wie man beim Beringen herausgefunden hat, nistet der Laysanalbatros nicht vor dem 7. Lebensjahr.

Bekannt sind die Albatrosse für ihre eigenartigen Hochzeitszeremonien während der Brutzeit. Dazu gehören sonderbare Tänze mit Verbeugungen, Kratzfüßen, Schnabelklappen und langgezogenen nasalen Grunzlauten. Meist bringt nur das Hochzeitspaar diese Töne hervor, doch mischen sich mitunter auch andere Tiere ein.

Bevor der Mensch in ihren Bereich eindrang, hatten die Albatrosse kaum natürliche Feinde, aber selbst bis zum 19. Jahrhundert konnte ihnen der Mensch wenig anhaben. In den Tagen der Segelschiffahrt fingen die Matrosen die Albatrosse mit beköderten Haken, die sie am Heck des Schiffes ausspannten. Selbst der alte Seemannsaberglaube, nach dem das Töten dieser Vögel Unglück bringen soll, vermochte die hungrigen Matrosen nicht davon abzuhalten, denn frisches Fleisch — wie immer es auch schmeckte — war stets eine willkommene Abwechslung in der eintönigen Schiffskost mit ihrem ewigen Pökelfleisch.

Das große Morden der Albatrosse begann erst gegen Ende des 19. Jahrhunderts: Die Handschwingen wurden in der Putzmacherei verwendet und das Rumpfgefieder unter dem Namen «Schwanendaunen» als Füllmaterial für Matratzen und Kissen verkauft. Zuerst wurden die nordpazifischen Nistplätze durch die Japaner ausgebeutet, aber auch Amerikaner, Kanadier, Franzosen und andere beteiligten sich an dem Geschäft. Der größte und bekannteste Albatrosnistplatz lag damals auf der Insel Laysan, etwa 1600 km westlich von Hawaii. Statistiken über den geradezu unglaublichen Tiermord veranlaßten im Jahre 1909 den Präsidenten Theodore Roosevelt, diese und

GEWÖHNLICHER ALBATROS
Diomedea exulans.

andere Leeward-Inseln unter Naturschutz zu stellen. Aber selbst das konnte der Wilddieberei keinen Einhalt gebieten, sondern die nordpazifischen Albatrosvorkommen nahmen immer weiter ab, bis dann endlich das Nachlassen der Nachfrage dem ein Ende bereitete.

Im 2. Weltkrieg setzte eine noch nie dagewesene Einwanderung des Menschen auf die abgelegenen Inseln ein. Als die Japaner von Wake vertrieben wurden, war dieser berühmte Nistplatz leer, denn die hungernden Soldaten hatten die Vögel aufgegessen. Selbst jetzt nach 15 Jahren sind die Albatrosse nicht wieder zurückgekehrt. Besser erging es ihnen auf den Midway-Inseln, wo nach dem Ende der Feindseligkeiten noch eine ganz ansehnliche Kolonie übrigblieb.

Seit 1867 ist die Midway-Insel in amerikanischem Besitz, und hier haben sich die Menschen mit den Vögeln glänzend vertragen. Als 1935 Midway zum Stützpunkt der Transozean-Flüge wurde, freuten sich Hunderte von Passagieren über die Albatrosse. Während des letzten Krieges nahm die Flugtätigkeit auf Midway gewaltig zu, später übernahm dann die Marine die Insel, aber trotzdem ist das gute Einvernehmen mit den Vögeln niemals gestört worden.

Seit dem Bau der Rollbahnen auf Midway sind die Albatrosse im großen und ganzen glimpflich davongekommen; selbst in der Brutzeit kam tagsüber auf 6 Landungen oder Aufstiege doch nur ein Zusammenstoß mit einem Albatros, der für den Vogel zwar verhängnisvoll verlief, am Flugzeug aber nur verhältnismäßig wenig Schaden anrichtete und niemals zu einem Absturz führte. Mit Aufkommen der Düsenmaschinen nahm die Gefahr erheblich zu, denn wenn ein Vogel in den Sog des Triebwerkes gerät, kann das Flugzeug explodieren. 10 Jahre lang hat sich das US-Amt für Wild und Fischereiwesen mit diesem Problem befaßt. Alle Versuche, die Albatrosse auf andere Inseln umzusiedeln, mußten an der Ortstreue der Vögel scheitern, weil sie jedes Jahr wieder zu ihren alten Nistplätzen zurückkehren. Schließlich blieb der Marine nichts anderes übrig, als 30 000 Albatrosse zu töten, aber auch das hatte keinen Einfluß auf die Zahl der Zusammenstöße. Höchst unerfreulich klingt der Vorschlag, die ganze riesige Midway-Kolonie im Interesse der Luftfahrt und nationalen Sicherheit einfach auszurotten, denn hier nistet mindestens ein Drittel sämtlicher Laysanalbatrosse der Welt! Jetzt haben Planierraupen die Dünen an den Rollbahnen eingeebnet, die den Aufwind erzeugen, auf dem die Albatrosse in die Flugbahnen der Düsenflugzeuge segeln; dadurch konnte die Zahl der Unfälle um 70 % gesenkt werden.

Sturmvögel *Procellariidae*

Die 53 Arten, die zu dieser größten Familie der Röhrennasen gehören, findet man in sämtlichen eisfreien Meeren der Welt; alle gleichen sich im Bau der Nasenröhren und in anderen anatomischen Eigenheiten, und alle durchwandern sie enorme Strecken. Man nennt sie auch Wasserscherer, weil sie gern ganz dicht über der Wasseroberfläche dahinscheren oder mit fast reglosen Schwingen längs der Wellentäler entlanggleiten. Da sie jedoch nicht den Schiffen zu folgen pflegen, sind diese Vögel den Seeleuten nicht so vertraut.

Meist sind es nur mittelgroße, etwa 40 bis 65 cm lange Tiere mit einem stromlinienförmigen Rumpf und langen, schmalen, spitzen Flügeln, deren Spannweite 60 bis 75 cm beträgt. Das Gros der Familie bilden die Sturmtaucher der Gattungen *Pterodroma* (23 Arten) und *Puffinus* (17 Arten). Sie sehen ziemlich unscheinbar aus: oft schwarz, dunkelbraun oder -grau, meistens aber oberseits grau und unten heller; nur eine Art ist rein weiß.

Als charakteristisch für die Gattung *Puffinus* mag der Schwarzschnabelsturmvogel des europäischen Nordatlantik gelten, ein gut 35 cm großer Vogel mit einer Spannweite von 60 cm, mit dunklem Rücken und weißem Bauch, der auf den westeuropäischen und mediterranen Inseln nistet, nämlich den Azoren, Kanaren, den Britischen Inseln, Färöer-Inseln und Bermudas; den Winter verbringt er bei Brasilien und Argentinien. Wie wir durch die Vogelberingung wissen, finden diese Vögel mit bemerkenswerter Ortstreue aus den entlegensten Meeren immer wieder zu ihren Brutplätzen zurück. Einen Schwarzschnabelsturmvogel, der an der Küste von Wales aus dem Nest genommen und von einem Flugzeugpassagier über den Atlantik nach Boston überführt wurde, ließ man dort auf dem Flugplatz frei. Bereits 12½ Tage später hatte er die etwa 5500 km über den ihm völlig fremden Ozean bis zu seinem Nest zurückgelegt.

Nicht weniger erstaunlich sind die Leistungen des Kurzschwanz- oder Dünnschnabelsturmtauchers, der in riesigen Kolonien auf den Inseln der Bass-Straße zwischen Australien und Tasmanien nistet, denn er segelt in kleineren Trupps jedes Jahr rund um das gesamte Pazifikbecken (siehe nebenstehende Karte). Er ist nicht nur kleiner als die schwarzschnäbelige Art,

SCHWARZSCHNABEL-STURMVOGEL
Puffinus puffinus
Östlicher Nordatlantik
und Mittelmeer; 35 cm.

sondern auch einheitlich rußbraun bis auf den etwas helleren Bauch. Man bezeichnet diese und einige andere Arten in Australien und Neuseeland als «Hammelvögel», weil sie den früheren Siedlern häufig als Nahrung dienten, aber auch heute noch lebt eine Industrie hiervon. Man nimmt die Jungvögel aus ihren Nestern, konserviert sie in Büchsen und verkauft sie dann als «Tasmanisches Geflügel». Dank der Initiative der australischen Regierung haben sich jetzt Wissenschaftler der Angelegenheit angenommen und die jährliche Vogel«ernte» so weit eingeschränkt, daß der Nachwuchs gesichert ist.

Auf Grund der damit verbundenen Untersuchungen wissen wir über die Lebensgewohnheiten und die Verbreitung dieser Art mehr als bei anderen Sturmvögeln. Als Ergebnis 15jährigen Beringens dürfen wir annehmen, daß der Kurzschwanzsturmtaucher verhältnismäßig lange leben muß, denn es dauert unverhältnismäßig viele Jahre, bis er geschlechtsreif wird. Anscheinend beginnen die Weibchen erst mit 5 Jahren zu brüten, die Männchen sogar erst mit 7. Wie die meisten anderen Sturmvögel legt auch diese Art ihr einziges Ei im November in Höhlen ab. Beide Eltern brüten in langen, abwechselnden Schichten; die ersten 12 bis 14 Tage übernimmt das Männchen, die nächsten das Weibchen, bis dann nach 52 bis 55 Tagen die Jungen auskriechen. Während des Brutgeschäftes nimmt das «diensthabende» Elterntier keine Nahrung und kein Wasser zu sich.

Beide Eltern füttern auch die Jungen, indem sie halbverdaute Krebstiere auswürgen. Obwohl die Jungvögel nur alle 2 bis 3 Tage Nahrung bekommen, wachsen sie doch so schnell heran, daß sie ihre Eltern schon nach 4 bis 6 Wochen an Gewicht übertreffen. Wenn dann allmählich die Schwungfedern sprießen, füttern die Alten immer seltener und lassen schließlich ihre fetten, öligen Küken allein. Diese leben ungefähr eine Woche lang von ihrem Reservefett und verlieren an Größe, während das Gefieder weiterwächst. Schließlich verlassen sie eines Nachts ganz plötzlich die Bruthöhle, fliegen auf der üblichen Zugstrecke nach Norden und kehren dann erst nach 3 bis 4 Jahren in ihre Heimat zurück.

Gerade in der Zeit, wenn die besonders stark gemästeten Jungvögel von ihren Eltern im Stich gelassen werden, treten die Vogeljäger in Aktion. Die Tasmanier holen die Jungen aus den Bruthöhlen, töten sie schnell, hängen sie dann auf, um das wertvolle Magenöl zu gewinnen, und verarbeiten sie schließlich zu Büchsenfleisch. Früher wurden sie einfach eingesalzen. «Tasmanisches Geflügel» ist eine ausgesprochene Delikatesse, wie die Truppen feststellen konnten, die es während des letzten Krieges als Verpflegung erhielten. Ich habe mich selbst von dem gehaltvollen, überhaupt nicht tranigen Geschmack überzeugt. Glücklicherweise hat man jetzt die Vogeljagd so weit eingeschränkt, daß wenigstens die jährliche Sterblichkeitsrate wettgemacht wird, und so fliegen noch immer riesige Schwärme von Sturmvögeln über den Pazifik.

Einer der häufigsten Sturmvögel im Atlantik ist der Große Sturmtaucher, der in jedem Frühjahr in unermeßlichen Scharen auf den Neufundlandbänken und in der Belle-Isle-Straße zusammenkommt. Jahrelang wußte man nichts Genaues über diesen 50 cm großen, oberseits grauen und unten weißen Vogel, bis man dann 1920 seine Nistgründe auf den abgelegenen Inseln Tristan da Cunha und Gough im südlichen Atlantik entdeckte. Offenbar kreuzt diese Art genauso auf den großen Winddriften um den Atlantik wie sein naher Verwandter

DÜNNSCHNABELIGER STURMVOGEL
Puffinus tenuirostris
Nördlicher und südlicher Pazifik; 35 cm.

im Pazifik. Sie nistet im Sommer auf der Südlichen Halbkugel und «überwintert» im Norden während des dort herrschenden Sommers.

Zu den am weitesten verbreiteten Arten rechnet der gut 40 cm große Dunkle Sturmtaucher, der auf den kleinen Inseln der Südlichen Halbkugel brütet, aber auch in den Anden Nordchiles. In jedem Jahr zieht eine atlantische und eine pazifische Population nordwärts in die subarktischen Gewässer. Dort halten sie sich während unseres nördlichen Frühjahrs und Sommers auf, kehren aber im Herbst wieder zu ihren alten Brutplätzen unterhalb des Wendekreises des Steinbocks zurück.

In die nächste Verwandtschaft der Sturmtaucher gehören die beiden Arten der Gattung *Fulmarus*, der Eis- und der Silbermöwen-Sturmvogel. Sie zeichnen sich durch einen charakteristischen moderigen Geruch und die Angewohnheit aus, ein ebenso duftendes Öl auf einen Störenfried zu speien, der ihre Nistgründe betritt. Die nördliche Form, der Eissturmvogel, ist ein glatter, aber kompakter Vogel mit typischen schmalen, spitzen Flügeln, der mit Vorliebe zwischen die Wellen hinabzuschweben pflegt; seine Brutplätze liegen rings um den Norden der Nördlichen Halbkugel verteilt. Während der nordatlantische Eissturmvogel oben silbergrau und unten weiß aussieht, gibt es bei der nordpazifischen Form zwei Farbvariationen, von denen die eine der atlantischen gleicht, die andere aber oberseits rußbraun und unten etwas heller wirkt. Die atlantischen Eissturmvögel fliegen neben den Schiffen her und fressen Küchenabfälle und Fischreste. Während des letzten Jahrhunderts hat ihr Bestand merklich zugenommen, so daß sie nun zu den häufigsten pelagischen Vögeln gehören. Im Winter gehen sie nach Süden bis Frankreich und Massachusetts, die pazifischen Vögel dagegen überwintern südlich bis Kalifornien und Japan. Am anderen Ende der Welt brütet rings um das antarktische Polargebiet und auf den kleinen Inseln der Silbermöwensturmvogel, der bis auf seine etwas geringere Größe genauso aussieht wie sein nördlicher Verwandter. Im Winter zieht er in die nördlichen Gebiete der

Südhalbkugel nach St. Helena, Cap Frio in Afrika, Australien und Neuseeland.

Als größter Angehöriger der Familie lebt der Riesensturmvogel in den subantarktischen Gewässern; bei den Seeleuten und Fischern ist er allgemein unter dem Namen «Nelly» oder «Stinker» bekannt. Trotz seiner fliegerischen Gewandtheit wirkt er in seinem ganzen Erscheinungsbild und in seinen Lebensgewohnheiten wenig anziehend. Seine eigentliche Nahrung besteht zwar aus Krebstieren, Mollusken und Fischen, doch vergreift er sich im Sommer auch an jungen Pinguinen und anderen Vögeln. Bei einer Körperlänge von etwa 90 cm spannen seine Flügel bis 2,4 m und wirken auch etwas breiter als die der Albatrosse, denen er sonst recht ähnlich sieht. Das Farbkleid der Vögel besteht aus einem einheitlichen Dunkelbraun, gegen das der große, gelbe Schnabel kontrastreich absticht, doch kommt im Süden des Verbreitungsgebietes auch eine rein weiße Färbungsphase vor.

Der Riesensturmvogel ist einer der ganz wenigen Angehörigen seiner Familie, die nicht in Erdhöhlen nisten. Seine Nistplätze liegen überall auf den kleinen Inseln rings um das Südpolargebiet. Zahlreiche Vögel, die von den Engländern auf den Falkland-Inseln und von den Australiern auf den Macquarrie-Inseln beringt wurden, hat man später auf der anderen Seite der Erde wiedergefunden. Wie viele andere Seevögel in diesen Breiten, so macht sich auch der Riesensturmvogel die ständige Westwinddrift zunutze, um außerhalb der Brutzeit um die Welt zu segeln.

Unverwechselbar erkennt man den Kapsturmvogel, den man auch Kaptaube oder Pintado-Sturmvogel nennt, an seinem schwarzbraun-weiß gefleckten Farbkleid; er tritt ebenfalls häufig und weitverbreitet in den südlichen Meeren auf. Da er häufig den Schiffen nachzufolgen pflegt, kennen ihn alle Seeleute, die in den Gewässern um die Südkaps der Kontinente zu Hause sind. Seine Brutplätze liegen wieder auf den kleinen Inseln der Subantarktis, doch stoßen einzelne Tiere gelegentlich bis zum Äquator nach Norden vor. Häufig halten sich die Kaptauben in großen Schwärmen in der Nähe der Walfangboote auf, um die dort anfallenden tranigen Rückstände zu fressen.

Bei dieser arten- und formenreichen Familie dürfen wir den hübschen, taubenähnlichen Schneesturmvogel aus den antarktischen Gewässern nicht vergessen, eine einheitlich weiße, etwa 40 cm große Art mit schwarzem Schnabel und schwarzen Augen. Auch er nistet rings um das Südpolargebiet, geht aber selten nordwärts über die Packeisgrenze hinaus und bewohnt daher das am weitesten im Süden gelegene Verbreitungsgebiet aller flugfähigen Vögel. Hier lebt auch der etwa 42 cm große, oberseits braune und unten weiße Grauweiße Sturmvogel, der sich durch große weiße Flecken auf den Schwingen und dem Schwanz auszeichnet.

Eine einheitliche, aber wenig bekannte Gruppe bilden die Entensturmvögel der Gattung *Pachyptila*, 6 Arten kleiner, perlgrauer Vögel von 28 bis 30 cm Länge, die in großen Schwärmen über den antarktischen Meeren dahinsegeln. Gleich den anderen Sturmvögeln halten sie sich dicht über dem Wasser auf. Wie Gespenster erscheinen sie plötzlich aus dem Nichts bei den Schiffen und verschwinden dann ebenso unerwartet wieder im weiten Luftraum der Ozeane. Auch sie nisten in Höhlen und brüten auf den kleinen Inseln im Südpolargebiet.

WIEDERFÄNGE EINJÄHRIGER RIESENSTURMVÖGEL, DIE ALS NESTJUNGE BERINGT WURDEN (*Macronectes giganteus*).

Sturmschwalben *Hydrobatidae*

Die Sturmschwalben sind diejenigen Meeresvögel, mit denen sich die Seemannsgeschichten wohl am meisten befaßt haben. So verdanken sie auch ihren Namen dem alten Aberglauben, ihr Auftreten kündige einen Sturm an. Das trifft natürlich nicht zu, aber trotzdem sind sie beim Einsetzen windigen Wetters auf einmal da, und niemand weiß, woher sie kommen. Die englischsprachigen Seeleute nennen die Vögel «Mutter Careys Küken», und dieser Name leitet sich zweifellos von der «Mater cara» ab, der Mutter Gottes und Schutzpatronin der Seeleute.

Da sich die Vögel meist in der Nähe der Schiffe aufhalten, sind alle Fahrensleute mit den Sturmschwalben vertraut. Man kann diese kleinen, dunklen Vögel von der Größe einer Amsel oder Schwalbe kaum mit anderen verwechseln, wenn sie über die Wellen dahinflattern. Es sind die kleinsten der pelagisch lebenden Vögel; die größte ihrer 22 Arten mißt nur 25 cm.

Die meisten Sturmschwalben sind ober- und unterseits einheitlich schwarz oder dunkelbraun, tragen aber gewöhnlich einen auffallenden weißen Bauchfleck. Meist sehen sie sich derart ähnlich, daß es schwer fällt, sie auf See zu unterscheiden, zumal sie immer in Bewegung sind. Die 3 Arten Meerläufer auf den südlichen Meeren zeigen eine weiße Unterseite, während der Gabelschwanz-Wellenläufer ober- und unterseits perlgrau aussieht. Wie alle Röhrennasen halten sich die Sturmschwalben meistens auf hoher See auf und kommen nur zum Brüten an Land. Man trifft sie tagsüber genauso aktiv wie zur Nacht.

In der Regel kann man die Sturmschwalben mit unregelmäßigen, flatternden Flügelschlägen dicht über der Wasseroberfläche dahinfliegen sehen, manchmal vereinzelt, öfters in kleineren, lockeren Schwärmen. Wenn genügend Nahrung vorhanden ist, treten sie gelegentlich auch in unübersehbaren Scharen auf, insbesondere in der Nähe ihrer Brutplätze. Auf und ab flattern sie über die Heckwelle des Schiffs und suchen nach den Kleinlebewesen, die von der Schiffschraube an die Oberfläche gestrudelt werden. Mit Vorliebe schnappen sie nach den über Bord geworfenen Küchenabfällen und greifen besonders gern die fettigen Happen. Ihre gewöhnliche Kost aber besteht aus Garnelen, Krebschen und anderem Kleingetier, das als Plankton an der Meeresoberfläche treibt.

Im allgemeinen packen die Sturmschwalben ihre Beute, ohne sich auf dem Wasser niederzulassen. Beim Fressen schweben sie unmittelbar über dem Meeresspiegel und treten das Wasser abwechselnd oder zugleich mit beiden Füßen, so daß es aussieht, als spazierten sie auf den Wellen. Hin und wieder aber gehen sie auch auf dem Wasser nieder und tauchen für einen kurzen Augenblick unter. Dann treiben sie wie eine Boje hoch auf der Oberfläche, können aber nicht besonders gut schwimmen. Bei weniger starkem Wind trippeln sie eine ganze Strecke über das Wasser, bis sie die nötige Geschwindigkeit erreicht haben, um sich in die Luft zu erheben. Ihre Füße sind zu schwach, um die Vögel auf dem Lande zu tragen, und so schlurfen sie an ihren Niststätten mit dem ganzen Lauf über die Erde und nehmen noch die Flügel zu Hilfe.

Die einzelnen Arten der Sturmschwalben brüten, zumeist in Kolonien, auf den Inseln der Arktis bis hinunter zur Antarktis; einige bauen ihre Nester aber auch in den Höhlen der Küstengebirge. Das Gelege besteht immer aus einem einzigen, weißen Ei, und als Nest dient eine 60 bis 90 cm tiefe Grube unter der Grasnarbe, in Felsspalten oder zwischen lockerem Geröll, die von den Vögeln mit dem Schnabel und den Füßen angelegt wird. An ihren Nistplätzen führen die Tiere eine rein nächtliche Lebensweise. Tagsüber erscheint eine solche Brutkolonie mit Tausenden von Nestern völlig verlassen, denn die Sturmschwalben kommen nur zur Dunkelheit aus ihren Verstecken hervor. Wenn sie aber nach dem Dunkelwerden von der See zurückkehren, um ihren brütenden Partner abzulösen oder ihre Jungen zu füttern, dann ist die ganze Luft erfüllt von ihren zwitschernden Schreien und dem Geflatter der Flügel. Sobald dann die Morgendämmerung anbricht, verschwindet alles wieder in den Höhlen oder in den unendlichen Weiten hinter dem Horizont.

Die Brutzeit dauert für derart kleine Vögel erstaunlich lange, nämlich 5½ bis 7 Wochen. Beide Elterntiere wechseln sich alle 2 bis 4 Tage beim Brüten ab, und der gerade «Diensthabende» bleibt so lange ohne Nahrung in seiner Höhle, bis er vom Partner zur Nachtzeit abgelöst wird. Nach dem Schlüpfen tragen die Jungvögel ein dichtes, graues oder bräunliches Dunenkleid und werden von den Eltern anfangs mit deren klarem, tranig riechendem Magenöl gefüttert, später mit wieder ausgewürgten Krebstieren und Mollusken. Mit 7 bis 9 Wochen sind sie halbwegs erwachsen, doch bleiben sie so lange in den Höhlen, bis sie fliegen können. Dann machen sich auch die Eltern davon, und die Jungvögel beginnen nun eines Nachts, ihre eigenen Wege zu «gehen».

Von den nördlichen Sturmschwalben kennen wir am besten den Wellenläufer, obwohl er sich nicht bei den Schiffen aufhält; man erkennt ihn leicht an seinem tiefgegabelten Schwanz und dem leichten, jagenden Flug. Seine Brutstätten liegen im Norden des Nordatlantik, von England, den Färöer-Inseln, Island, Grönland bis Maine, und im Nord-Pazifik von Nieder-Kalifornien bis hinauf nach Alaska, und von dort nach Asien bis Japan und Korea. Während die atlantischen Populationen bis über den Äquator zu den beiden Seiten des Südatlantik ziehen, überschreiten die pazifischen Vögel diese Linie nicht, sondern verbringen den Winter anscheinend in der Nähe ihrer Nistplätze.

Dagegen schließt sich die Gewöhnliche Sturmschwalbe im östlichen Nordatlantik und im Mittelmeer gern den Schiffen an. Sie bleibt etwas kleiner als die vorige Art und zeigt einen abgestutzten Schwanz, kurze schwarze Beine und Füße sowie einen mehr flatterigen, fledermausähnlichen Flug. Ihre Nistplätze liegen von Island und Norwegen an längs der europäischen Atlantikküste bis zum Mittelmeer, die Winterquartiere südlich im Roten Meer und auch an der Südwestküste von Afrika.

Ein weiterer Begleiter der Schiffe ist die Buntfüßige Sturmschwalbe, die sich im Sommer über dem nördlichen Atlantik aufhält. Auch bei ihr wirkt der Schwanz abgestutzt, doch unterscheidet sie sich von der vorigen Art durch die viel längeren Beine, die beim Flug hinter dem Schwanz hervorragen. Die Art nistet auf zahlreichen kleinen Inseln rund um das ganze Südpolargebiet. Ihre Brutkolonien sind derart unübersehbar groß, daß allen Ernstes behauptet wurde, sie stelle überhaupt die am zahlreichsten vertretene Vogelart dar. Diese Sturmschwalbe bezieht zwar ihre Winterquartiere im nördlichen Atlantik auf den Britischen Inseln und Labrador, geht aber als Brutvogel im Pazifik nicht weiter nordwärts als bis zu den südlichsten ozeanischen Inseln.

Tauchsturmvögel *Pelecanoididae*

Die 4 Arten der Tauchsturmvögel, die man zu dieser Familie zusammenfaßt, fallen am weitesten aus dem Rahmen der anderen Röhrennasen. Wahrscheinlich sind sie Nachfahren einer Ahnengruppe, die auf der Südlichen Erdhalbkugel lebte und schon vor langer Zeit zu einem anderen Nahrungserwerb übergegangen war. Die Tauchsturmvögel segeln nämlich nicht über die Wasseroberfläche und suchen sich dort ihr Futter, sondern tauchen nach Fischen und anderem Wassergetier wie die Lummen der Nordmeere, mit denen sie jedoch nicht näher verwandt sind, obwohl man sie gelegentlich auch Lummensturmvögel nennt. Diese äußere Ähnlichkeit zwischen den beiden Vogelgruppen bietet ein gutes Beispiel für eine unabhängige Parallelentwicklung. Wie die Lummen können die Tauchsturmvögel ganz vortrefflich mit ihren Flügeln unter Wasser schwimmen, während sie in der Luft mit schnellen, schwirrenden Flügelschlägen daherflattern. Sie fliegen zur Meeresoberfläche herab, stoßen dann in einen Wellenberg und kommen auf der anderen Seite wieder herausgeflogen.

Alle 4 Arten sehen sich derart ähnlich, daß man die Tiere schon in die Hand nehmen muß, um sie unterscheiden zu können. Es sind kleinere, 18 bis 25 cm große, untersetzte Vögel mit dunklem Rücken und hellem Bauch sowie einem kurzen, an der Basis breiten und am Ende hakigen Schnabel, dessen Nasenröhren sich nach oben öffnen. Hals, Flügel und Schwanz sind kurz, und die kräftigen Beine setzen — wieder wie bei den Lummen — ziemlich weit hinten am Rumpf an.

Man trifft die Tauchsturmvögel am zahlreichsten in der Nähe der Brutküsten und -inseln. Sie unternehmen keine eigentlichen Wanderungen, doch sieht man vereinzelte Schwärme auch gelegentlich auf hoher See. Als weitest verbreitetes Mitglied der Familie kommt der Gewöhnliche Tauchsturmvogel von der Atlantikküste Argentiniens an nach Osten quer über den Südatlantik und den Indischen Ozean bis nach Australien und Neuseeland vor, während sich der Magellan-Tauchsturmvogel auf das Gebiet um Kap Hoorn beschränkt. Der Georgia-Tauchsturmvogel brütet in Süd-Georgia sowie auf den Macquarrie- und Auckland-Inseln. Am weitesten dringt der Peru-Tauchsturmvogel, die größte Art, nach Norden vor, denn er nistet auf den Inseln vor der Westküste Südamerikas von Chile bis Peru.

Die Brutgewohnheiten der Tauchsturmvögel unterscheiden sich kaum von denen der Sturmschwalben. Auch diese Vögel graben eine Grube in den weichen Erdboden, in die sie das einzige, weiße Ei hineinlegen, und sind an ihren Niststätten in der Nacht aktiv. Wieder erbrüten beide Elternteile die Jungvögel, deren Entwicklung ungewöhnlich lange Zeit benötigt; von der Eiablage an soll es angeblich 6 bis 8 Wochen dauern, bis die Jungen flügge sind. Ihre Lautäußerungen an den Nistplätzen hat man mit dem Miauen von Katzen oder dem Quaken von Fröschen verglichen.

Ruderfüßler *Pelecaniformes*

Zu den Ruderfüßlern rechnen wir 6 Familien großer, fischfressender Wasservögel, die man in der älteren Literatur auch unter dem Namen «Steganopoden» verzeichnet findet. Alle diese Familien bilden durchaus in sich geschlossene und gut gegeneinander abgegrenzte Einheiten, zeigen aber doch andererseits in ihrer Anatomie und in ihrem Verhalten derart viele Gemeinsamkeiten, daß wir sie mit Recht als eine natürliche Ordnung betrachten können. Dies gilt insbesondere für den Bau der Füße, denn wir haben hier die einzigen Vögel vor uns, bei denen alle 4 Zehen vollständig durch Schwimmhäute verbunden sind; die Hinterzehe ist etwas nach vorn gerichtet und schließt sich dadurch an die innere Vorderzehe an.

Zum äußeren Bild der Ruderfüßler gehören die kurzen Beine und die langen Flügel mit ihren 11 Handschwingen, deren äußere zumeist stark zurückgebildet sind. Alle Arten können vorzüglich fliegen und meistens auch gut schwimmen, laufen aber auf dem Lande wenig geschickt. Der große Schnabel erreicht mindestens die Länge des Kopfes oder übertrifft sie sogar. Bei allen Ruderfüßlern mit Ausnahme der tropischen Arten bleiben die äußeren Nasenöffnungen sehr klein oder fehlen gänzlich. Ein Kehlsack mit einer oft nackten, unbefiederten Haut ist immer vorhanden, am stärksten ausgebildet bei den Pelikanen. Alle Gruppen, mit Ausnahme der Kormorane und Schlangenhalsvögel, haben stark lufthaltige Knochen, und dazu treten oft noch Luftzellen unter der Haut.

Wenn die Jungvögel aus dem Ei schlüpfen, sind sie noch nackt und blind; sie werden von den Eltern im Nest mit ausgekröpfter Nahrung großgezogen. Das rohe, lockere Nest, das wir lediglich bei den Tropikvögeln vermissen, enthält gewöhnlich ein nur kleines Gelege aus 1 bis 6 kalkweißen Eiern, die von beiden Eltern etwa 3 bis 6 Wochen lang bebrütet werden; die Jungen verbleiben noch 5 bis 8 Wochen im Nest.

Daß die Ordnung der Ruderfüßler auf ein sehr hohes entwicklungsgeschichtliches Alter zurückblicken kann, wird durch einen der ältesten Fossilfunde bewiesen, den wir innerhalb einer der heutigen Vogelordnungen kennen, nämlich *Elopteryx*, einen kormoranähnlichen Vogel, dessen Knochen aus den Ablagerungen der Kreidezeit Ungarns stammen und deren Alter man auf etwa 100 Millionen Jahre schätzt; die heutigen Gattungen der Ruderfüßler lassen sich ungefähr 40 Millionen Jahre weit bis ins Oligozän zurückverfolgen.

Als nächste lebende Verwandte der Ruderfüßler kommen wohl die Röhrennasen in Betracht. Alle jetzigen Arten halten sich im oder am Wasser auf und verteilen sich auf die gemäßigten und tropischen Gebiete der ganzen Welt.

1 ROTSCHWANZ-TROPIKVOGEL
Phaëthon rubricauda
Tropischer Pazifischer
und Indischer Ozean; 48–89 cm.

2 WEISSSCHWANZ-TROPIKVOGEL
Phaëthon lepturus
Tropischer Pazifischer,
Atlantischer und Indischer Ozean;
40 bis 80 cm.

3 ROTSCHNABEL-TROPIKVOGEL
Phaëthon aëthereüs
Tropischer Pazifischer,
Atlantischer und Indischer Ozean;
60 bis 100 cm.

Tropikvögel *Phaëthontidae*

Mit Recht nennt man sie «Tropikvögel», denn nur selten trifft man sie fernab der tropischen Meere, wo sie die am stärksten an die Hochsee gebundene Lebensweise der ganzen Ordnung führen. Sie leben in den tropischen Breiten des Atlantik, Pazifik und des Indischen Ozeans, wo man sie oft Hunderte von Meilen vom nächsten Land entfernt über Meeren sieht, die nur wenige andere Vögel durchstreifen. Den Schiffen folgen sie nicht, kommen aber plötzlich mit anmutigen, steten Flügelschlägen 15 oder 30 m über das Wasser daher wie große, weiße Tauben, streichen mit schrillem Kreischen über das Schiff, umkreisen es ein- oder zweimal und verschwinden wieder ebenso schnell wie sie kamen.

Die ganze Familie enthält nur 3 Arten der einzigen Gattung *Phaëthon*. Alle sind mit Ausnahme einiger dunkler Stellen an Kopf und Flügeln weiß, zeigen aber gelegentlich beim näheren Betrachten einen schwach rosa oder roten Anflug. Ihre Länge schwankt zwischen 40 und 50 cm, nicht eingerechnet die beiden mittleren, nochmals etwa 30 cm langen Schwanzfedern. Bei den einjährigen Jungvögeln fehlt nicht nur der lange Schwanz, sondern zeigt auch der Rücken feine, dunkle Querwellen.

Nur beim Rotschnabel-Tropikvogel, der über dem tropischen westlichen Pazifik, dem mittleren Atlantik, dem Roten Meer und dem Persischen Golf zu Hause ist, bleibt das Jugendkleid auch im Alter erhalten. Er zeichnet sich durch einen kräftigen roten Schnabel und durch weiße Schwanzfedern aus. Am weitesten ist der Weißschwanz-Tropikvogel verbreitet, der ebenfalls einen weißen Schwanz, aber im Gegensatz zur vorigen Art einen leuchtend gelben Schnabel besitzt; seine Nistplätze liegen auf den kleinen ozeanischen Inseln über die ganze Welt verstreut. Der Rotschwanz-Tropikvogel, dessen mittlere Schwanzfedern ein kräftiges Zinnoberrot zeigen, nistet auf Inseln im Indischen Ozean und im mittleren Pazifik.

Tropikvögel gehen selten auf das Wasser nieder und schwimmen auch nicht gut, sondern treiben auf der Oberfläche. Ihre Nahrung besteht aus Fischen und Mollusken. Beim Fang verhalten sie einen Augenblick lang mit schnellen Flügelschlägen 15 m hoch in der Luft, als zielten sie, und stürzen dann mit halbgeschlossenen Flügeln senkrecht oder in einer Spirale herab. Mit einem Aufklatschen tauchen sie unter, kommen nach einer oder zwei Sekunden mit der Beute im Schnabel wieder nach oben, schütteln das Wasser aus dem Gefieder und erheben sich in die Luft.

Ein eigentliches Nest legen die Tropikvögel nicht an, sondern sie betten ihr einziges Ei auf einer Klippe oder unter dem Buschwerk. Ihre Brutperiode dauert etwa 3 Monate; davon entfallen 28 Tage auf das gemeinsame Brüten beider Eltern und weitere 60 bis 65 Tage bis zum Flüggewerden der Jungvögel, die dann, wie bei den Sturmvögeln, von den Alten verlassen werden. In einigen Teilen des Verbreitungsgebietes brüten die Vögel zweimal im Jahr.

Da die Tropikvögel keine Schwärme bilden, trifft man sie nur in der Nähe der Brutplätze in größerer Zahl an, auf See aber sieht man selten mehr als ein Paar beisammen. An ihren Brutstätten kümmern sie sich erstaunlich wenig um den Menschen. Sie zetern zwar ein wenig und hacken mit dem Schnabel nach ihm, bleiben aber so lange auf ihrem Ei sitzen, bis man sie herunternimmt. Die Eingeborenenstämme der Südseeinseln schätzen die Schwanzfedern des Rotschwanztropikvogels als Zierat und reißen sie den Jungvögeln aus.

Wieder einmal ist es der Mensch, der sich als Hauptfeind der Tropikvögel zeigt. So haben am anderen Ende der Welt Eiersammler auf den Bermuda-Inseln den Bestand an Weißschwanz-Tropikvögeln arg gelichtet, aber dank der strengen Naturschutzbestimmungen konnten sich die Vögel doch wieder kräftig vermehren und nisten jetzt in großen Scharen auf den Klippen. An den westindischen Nistplätzen dagegen haben die Ratten, die die Eier und die Brut fressen, ihnen schweren Schaden zugefügt.

Pelikane *Pelecanidae*

Die Pelikane sind eine uralte Vogelgruppe. Man hat im Oligozän (vor 30 bis 40 Millionen Jahren) Knochen von Pelikanen gefunden, die den rezenten Formen so stark ähneln, daß man sie bereits zur heutigen Gattung *Pelecanus* stellt. Im Pleistozän treten dann schon zahlreiche Reste jetziger Arten auf.

Dem Menschen sind die Pelikane seit langer Zeit vertraut. Die Griechen und die Römer nannten sie bereits Pelikane oder Pelekane, und so sagen auch alle Europäer, mit Ausnahme der Spanier und Portugiesen, die den Namen «Alcatraz» gebrauchen. Im Mittelalter ging die eigenartige Sage um, der Pelikan füttere seine Jungen mit seinem eigenen Blut, wozu er sich mit seinem Schnabel die eigene Brust aufreiße. Dieses angebliche Verhalten setzte man in Beziehung zur Leidensgeschichte Christi, der für die Menschheit sein Blut vergoß, und so ist der Pelikan in der mittelalterlichen Symbolik das Zeichen für Wohltätigkeit und Frömmigkeit.

Das Fassungsvermögen eines Pelikankehlsackes ist wahrhaft erstaunlich; es beträgt beim Rosapelikan bis 13 Liter, das ist das 2- bis 3fache seines Mageninhaltes. Allerdings dient der Kehlsack nicht als Vorratsbehälter; vielmehr benutzen ihn die Pelikane zum Fischefangen und lassen ihre Beute nur so lange darin, bis das Wasser abgelaufen ist.

Insgesamt gibt es 6 Pelikanarten, von denen 4 in der Alten und 2 in der Neuen Welt zu Hause sind; weitere 10 Arten kennt man aus Versteinerungen. Der braune Meerespelikan der neuweltlichen Küste brütet im südlichen Atlantik und an der Golfküste über Westindien bis nach Venezuela; längs des Pazifik geht er vom mittleren Kalifornien bis Chile und bildet noch eine weitere Population auf den Galapagos-Inseln. Die übrigen 5 Arten sehen hauptsächlich weiß aus mit schwarzen

ROSAPELIKAN
Pelecanus onocrotalus
Südost-Europa, Asien, Afrika; 1,65 m.

GEWÖHNLICHER KORMORAN
Phalacrocorax carbo
Europa, Asien; 91 cm.

OHRENSCHARBE
Phalacrocorax auritus
Nordamerikanisches Küstengebiet; 90 cm.

NEUSEELAND-SCHARBE
Phalacrocorax carunculatus
Neuseeland; 50 cm.

GUANO-KORMORAN
Phalacrocorax bougainvillei
Peru, Chile; 75 cm.

Flügelspitzen, manchmal mit einem Stich ins Rosafarbene oder Graue. Alle leben auf dem Festland und brüten an größeren Seen, doch ziehen einige im Winter zum Meer. Der weiße Nashornpelikan Amerikas nistet längs der Seenkette von Britisch-Columbien und Ontario südwärts bis Texas, während die 4 altweltlichen Arten im südlichen Europa und Asien, in Afrika und südwärts bis Australien zu Hause sind.

Die großen weißen Arten bringen es auf eine Spannweite bis zu 2,7 m, der Meerespelikan spannt knapp 2 m. Ein eigenartiges System von Lufträumen zieht sich durch die Knochen und den Körper der Pelikane, doch fällt es ihnen trotzdem schwer, sich in die Luft zu erheben. Wenn ihnen nicht der Wind zu Hilfe kommt, trippeln sie über den Boden, bis sie die nötige Abflugsgeschwindigkeit erreicht haben; sind sie aber erst in der Luft, so fliegen sie mit erstaunlicher Kraft, Gewandtheit, Ausdauer und Anmut. Bei Rückenwind gehen sie 15 bis 30 m hoch; hindert sie aber der Gegenwind, schweben sie dicht über den Wellen, wo die Reibung mit dem Was-

MEERESPELIKAN
Pelecanus occidentalis
Südliche USA,
Mittel- und Südamerika; 1,25 m.

SCHLANGENHALSVÖGEL
Anhinga anhinga
Südöstliche USA,
Mittel- und Südamerika; 90 cm.

ser die Windstärke mindert und der vom Wasser ausgehende Aufwind ihnen einen ausreichenden Auftrieb gibt, den sie hin und wieder mit ein oder zwei Flügelschlägen verstärken.

Pelikane sind bekannt für ihr Gemeinschaftsleben und ihr geradezu militärisches Reglement. Sie nisten nicht nur in Kolonien, sondern verlassen auch nur in Schwärmen die Nistplätze. Sie fressen gemeinsam und faulenzen gemeinsam; was der eine tut, das machen auch alle andern. Wenn sie sich auf dem Wasser oder auf dem Land niederlassen, halten sie alle den Kopf hoch in die Luft und strecken den Schnabel längs

MEERESPELIKAN
Pelecanus occidentalis
Südliche USA,
Mittel- und Südamerika; 1,25 m.

des Halses nach unten. Während des Fluges dagegen biegen sie den Hals so weit zu den Schultern zurück, daß die Schnabelbasis auf der Halsmitte ruht.

Pelikane fliegen immer in langen Ketten, manchmal in V-förmigem Verband, manchmal neben- oder hintereinander, meistens aber in einer Staffel, bei der jeder Vogel einseitig hinter dem anderen folgt. Dabei sind ihre Abstände und Flügelschläge genau aufeinander ausgerichtet, so daß sie entweder im gleichen Takt oder aber in einer regelmäßigen Reihenfolge schlagen.

Zum sozialen Leben des Rosapelikans gehört das gemeinschaftliche Fischen. Dazu bilden die Vögel vor dem Ufer eine halbmondförmige Kette im Wasser und schwimmen dann plötzlich wie auf ein Signal zusammen auf das Land zu, wobei sie mit aller Kraft die Flügel und Füße auf das Wasser schlagen, um die Fische ins Flache zu treiben, und sich allmählich zu einem Kreis zusammenschließen. Dann fahren sie wie lebende Tauchnetze zwischen den Fischschwarm und holen sich mit aufgerissenen Schnäbeln ihre Beute.

Der Meerespelikan fischt auf eine höchst merkwürdige Weise. Er schwebt 3 bis 10 m über dem Wasser und stößt mit halbgeöffneten Flügeln in der Windrichtung herab und klatscht hörbar aufs Wasser. Meist geht er gar nicht ganz unter, denn seine Luftsäcke unter der Haut, die den Aufprall mildern, lassen ihn gleich wieder mit dem Schwanz und Rükken voran an die Oberfläche treiben. Darauf schüttelt er sich das Wasser aus dem Gefieder, hebt den Kopf, um den nach unten gerichteten Schnabel trockenlaufen zu lassen, und schlingt dann seine Beute hinunter. Auf diesen Augenblick warten oft die Möwen, um ihm die Fische aus dem Kehlsack zu entreißen.

Gewöhnlich nisten die Pelikane auf Inseln oder in Sumpfgebieten, ohne bestimmte Plätze zu bevorzugen. Meist legen sie ihr Nest auf dem Boden als einfache Grube an und polstern sie mit Ästen und Pflanzenmaterial aus. Nisten sie über der Erde, so bauen sie auf kleineren Bäumen, im Gebüsch oder zwischen Mangroven eine Art Plattform aus Geäst und Schilf. Das Gelege besteht aus 1 bis 4 kalkschaligen, weißen Eiern, die von beiden Elterntieren abwechselnd 4 bis 5 Wochen lang bebrütet werden. Beim Schlüpfen sind die Jungen noch nackt und sehen ausgesprochen häßlich aus, aber schon nach einem oder zwei Tagen sprießen die weißen Dunen.

Die zarten, frisch geschlüpften Küken können kaum ihren Kopf hochhalten, und so ist es für die Alten gar nicht einfach, diese blinden, hilflosen, kaum 8 cm langen Küken mit dem riesigen Schnabel zu füttern. Und doch gelingt es ihnen, indem sie die halbverdaute Nahrung wieder in den Schnabel hochwürgen und sie dann den Jungen in ihren Kropf tröpfeln lassen. Bei dieser Kost wachsen die Jungvögel so schnell, daß sie bereits nach einer Woche den Schnabel in den Kehlsack der Alten stecken und nach zwei Monaten fliegen können.

Selbstverständlich brauchen Vögel von der Größe eines Pelikans auch die entsprechenden Futtermengen. Auf diese Weise beträgt die tägliche Ration eines ausgewachsenen Pelikans in der Tat nicht weniger als 4 Pfund. Ungefähr 150 Pfund Fische müssen herangeschafft werden, um einen jungen Pelikan bis zur Flugfähigkeit großzuziehen. Glücklicherweise fressen diese großen Vögel nur solche Fische, die für die Handels- und Sportfischerei nicht in Frage kommen; aber trotzdem ist der Futterverbrauch selbst einer mittelgroßen Pelikankolonie derart groß, daß die Nachschubfrage einen ernstzunehmenden Faktor für die Artausbreitung darstellt. In den großen, zum Teil brackigen Seen im östlichen Zentralafrika gibt es Futter im Überfluß, und dort nisten die Rosapelikane in unzähligen Tausenden. Ihre Vettern auf den kleinen Inseln im Großen Salzsee von Utah, in dem es keine Fische gibt, müssen jedoch täglich 50 bis 150 km weit zum Utah-See und anderen Süßwassern fliegen, um dann mit vollen Hauttaschen zu ihren Jungvögeln zurückzukehren.

Wenn sie erst einmal fliegen können, brauchen die jungen Pelikane 3 Jahre, bis sie ihr Jugendkleid ablegen und erwachsen sind; wahrscheinlich brüten sie nicht vor dem 3. oder 4. Sommer. Leider hat man noch zu wenige Tiere beringt, um etwas Genaueres über ihre Lebensdauer sagen zu können, doch nimmt man an, daß diese großen, schönen Vögel mindestens 30 Jahre alt werden.

Kormorane *Phalacrocoracidae*

Mit 30 Arten bilden die Kormorane oder Scharben die größte Familie der Ruderfüßler, doch stellen sie zusammen mit den ihnen eng verwandten Schlangenhalsvögeln die am wenigsten dem Meeresleben angepaßte Gruppe der ganzen Ordnung dar. Ihren Lebensraum bilden vielmehr die Küstengewässer, Binnenseen und Flüsse, so daß man sie selten in größerer Entfernung vom Lande antrifft. Sie sind als eine recht alte Gruppe anzusehen, denn man kennt etwa 21 ausgestorbene Arten, deren älteste einige 50 Millionen Jahre bis in das Tertiär zurückreicht. Die heutige Gattung *Phalacrocorax*, zu der die meisten lebenden Arten gehören, läßt sich 40 Millionen Jahre zurück bis ins Oligozän verfolgen. Heute kommen die Kormorane über die ganze Welt verstreut vor, mit Ausnahme der Inseln im mittleren Pazifik, der nördlichen Mitte von Kanada und Sibiriens.

Kormorane erinnern beim Flug entfernt an Gänse, aber an Seetaucher, wenn sie sich im Wasser aufhalten. Die Arten der Nördlichen Halbkugel gleichen sich in der einförmigen dunklen Färbung, dem langen, schmalen und am Ende hakenförmig gekrümmten Schnabel sowie dem nackten, häufig leuchtend gelb, orange oder blau gefärbten Fleck an Kopf und Kehle. Von ihrem dunklen Gefieder leitet sich auch der volkstümliche Name der Gruppe her, der nichts anderes darstellt als eine Verballhornung des lateinischen Namens «corvus marinus», d. h. «Seerabe», während der wissenschaftliche Name, der so viel wie «nackter Rabe» bedeutet, auf die kahle Stelle am Kopf anspielt.

Alle Kormorane sind Fischfresser und jagen ihre Beute unter Wasser. Ihnen fehlen nicht nur die luftgefüllten Zellen unter der Haut, die wir bei den Tölpeln, Tropikvögeln und Pelikanen antreffen, sondern es sind auch ihre Knochen weit weniger pneumatisch. Daher liegen sie ziemlich tief im Wasser; sie können, ebenso wie die Schwimm- und Lappentaucher, ihr spezifisches Gewicht willkürlich ändern, um allmählich unterzusinken oder nur mit dem Kopf und Rücken aufgetaucht an der Oberfläche zu treiben. Unter Wasser schwimmen sie hauptsächlich mit Hilfe der Füße, benutzen aber auch bis zu einem gewissen Grade ihre halbgeöffneten Flügel. So sollen sie zu recht beträchtlichen Tiefen hinabtauchen, hat man doch meeresbewohnende Arten mit Netzen aus 20 bis 30 m Tiefe heraufgeholt. Meist aber fischen die Kormorane in flacherem Wasser von weniger als 7 m Tiefe und bleiben auch kaum länger als eine Minute unten. Selten fressen sie ihre Beute unter Wasser, sondern tauchen auf und bringen mit ihrem Schnabel den Fisch erst in die richtige Lage.

Auf Grund der großen Gefräßigkeit werden die Kormorane von den Fischern wenig geschätzt, obwohl man nachgewiesen hat, daß die meisten Futterfische keinen großen Handelswert haben. Besonders gern fressen sie kleine Aale, leben aber in der Hauptsache von langsamen Arten, im Süßwasser von Karpfenfischen, während ihnen die schnellen Schwimmer meist entkommen.

Trotzdem sind die Kormorane in verschiedenen Ländern dem Menschen von großem Nutzen. An der Westküste von Südamerika stellt der Guano-Kormoran den Hauptproduzenten des stickstoffreichen Guanos dar, den man seit Beginn des 19. Jahrhunderts abbaut und als wertvollen Dünger in alle Welt verschifft. Das gleiche gilt für den Kapkormoran Südafrikas; für ihn hat man stellenweise künstliche Plattformen errichtet, um ihn zum Schlafen und Brüten einzuladen. Etwas Ähnliches hat man an der Westküste von Florida versucht. Auch die Japaner haben sich die Kotmengen zunutze gemacht, die sich seit Jahren auf den zum Rasten benutzten Inseln ansammeln: Sie streuen Stroh unter die Brutbäume der Binnenlandkolonien, um dann mit dem kostbaren Vogelkot ihre Reisfelder zu düngen.

Seit Jahrhunderten verwenden die Chinesen, Japaner und Inder die Kormorane zum Fischen, doch unterscheiden sich die Methoden in den einzelnen Gegenden etwas. Die japanischen Fischer führen gewöhnlich eine Gruppe von etwa einem Dutzend Kormoranen mit sich, von denen jeder an einem Lederriemen befestigt ist. Die Vögel sitzen am Bug des Schiffes, und darüber hängt ein offener Metallkorb, in dem brennende Reisigbündel Licht spenden. Der Fischer arbeitet nämlich nachts, während er mit seinen Vögeln stromab fährt. Nun stürzen sich die Kormorane auf die Fische, aber sie können sie nicht hinunterschlucken, weil sie ein enges Band um ihren Hals tragen. Hat ein Vogel seinen Fisch im Schlund, holt der Fischer ihn an Bord, nimmt ihm die Beute ab und entläßt ihn wieder ins Wasser. Am Schluß der Fahrt bekommt dann jeder Kormoran etwas Fisch als seinen Anteil am Fang, nachdem sein Halsband soweit gelockert worden ist, daß er den Happen verzehren kann. Sobald sich der Kormoran seinen Schlund mit Fischen vollgestopft hat, wird das Band *oberhalb* der Nahrung wieder festgezogen; das muß so sein, weil die Vögel zu sehr daran gewöhnt sind, daß man ihnen den Fang abnimmt, und daher ihre Nahrung auch nach Schluß der «Arbeit» wieder hergeben würden.

Die neuzeitliche Fischereitechnik hat den Kormoranfang selbstverständlich schon seit Jahren verdrängt, aber trotzdem läßt ihn das japanische Kaiserhaus auch heute noch aus traditionellen Gründen und als Attraktion für die Touristen ausüben. Das Kaiserhaus subventioniert eine alte Gilde von Kormoranfischern am Nagara-Fluß bei Gifu, die dieses mittelalterliche Geschäft noch weiterführt. Allerdings benutzen die Gifu-Fischer nicht den Gewöhnlichen Kormoran, der auf Honshu nistet und dessen sich die konkurrierenden Fischer am Tamagawa-Fluß bedienen, sondern sie ziehen den etwas größeren Japankormoran vor, den eine besondere Gilde von Vogelstellern eigens für sie auf den Meeresklippen des nordöstlichen Honshu fängt. Als Grund für diese Vorliebe geben die Gifu-Fischer an, der Seekormoran sei größer und könne deshalb auch größere Fische in seinen Schlund aufnehmen.

Die Größe der Kormorane schwankt zwischen der einer kleinen Ente bis zu der einer großen Gans. Exakte Längenangaben wären irreführend, denn die kleineren Arten haben einen viel längeren Schwanz als die großen. Die Arten auf der Nördlichen Halbkugel sehen dunkelbraun bis schwarz aus und zeigen einen bronzenen oder purpurfarbenen Schimmer auf ihrem Gefieder. Zur Brutzeit wachsen den meisten lange, weiße Schmuckfedern auf Kopf, Hals und Flanken, die aber ausgehen, sobald die Jungen schlüpfen.

Am größten wird der Gewöhnliche Kormoran, der von Neuschottland und Labrador an über Grönland und Island quer durch Europa und Asien bis hinunter nach Zentralafrika, Australien und Neuseeland nistet. In Nordamerika tritt die Ohrenscharbe am häufigsten auf, eine etwas kleinere Art, die ähnlich der vorigen Art gefärbt ist, zur Paarungszeit aber eine orangefarbene Gesichts- und Kehlhaut sowie zwei gekräuselte,

ALEUTEN-KORMORAN
Phalacrocorax urile
Beringsee und nördlichster Pazifik; 70 cm.

schwarz-weiße Federbüsche am Kopf zeigt. Vom südlichen Alaska und Neufundland an nistet sie an den Küsten des Pazifik und Atlantik sowie im Binnenland bis hinunter nach Florida und Niederkalifornien. Ungefähr ebenso groß, aber an der Pazifikküste häufiger vertreten ist der Doppelhaubenkormoran.

Etwa die Hälfte der Kormoranarten bewohnt die Südliche Halbkugel; davon sind einige Arten nicht vollständig dunkel, sondern haben einen hellen Bauch. Das gilt für den Guanokormoran im westlichen Südamerika und den Königskormoran von Patagonien, den Falkland-Inseln, Süd-Georgien und den Crozet-Inseln. Ferner gehören hierzu der Tüpfelkormoran, der Bunte Kormoran und der Schwarzgesichtskormoran von Australien und Neuseeland. Zu den kleinsten Arten zählt die Zwergscharbe, die vom südöstlichen Europa an über das südliche Asien bis nach Malaya vorkommt und nur 45 bis 50 cm groß wird.

Eine Art, die sich vermutlich von einer dunklen Ausgangsform herleitet, lebte so lange isoliert auf den Galapagos-Inseln, daß sie ihr Flugvermögen eingebüßt hat. Bei diesen ansehnlichen Vögeln, die zu den größten der ganzen Familie zählen, haben sich die Flügel ähnlich zurückgebildet wie bei den Pinguinen und taugen auch ebenso wenig zum Fliegen. Der flugunfähige Galapagoskormoran nistet an der Küste von Albemarle und Narborough in so geringer Anzahl, daß er durch irgendein eingeschlepptes Raubtier leicht vernichtet werden könnte.

So ist es vor nicht allzu langer Zeit einer anderen Art ergangen. Der einzige Naturforscher, der den Brillenkormoran je lebend gesehen hatte, war Georg Wilhelm Steller, als er zusammen mit Vitus Bering im Jahre 1741 die Kommandeurs-Inseln aufsuchte. Die Art war recht groß, konnte schlecht fliegen und zeigte sich ungemein zutraulich; ihr Vorkommen beschränkte sich auf diese kleine Inselgruppe. Bereits 100 Jahre später war sie vollständig ausgerottet; man hatte die Tiere zweifellos ihres Fleisches wegen abgeschlachtet. Jetzt gibt es nur noch 5 ausgestopfte Exemplare in europäischen Museen.

Abgesehen von den eben erwähnten beiden Arten können die Kormorane recht gut fliegen, und die nördlichen Arten wandern sogar. Im Flug halten sie ihren Hals ausgestreckt und schlagen regelmäßig mit den Flügeln. Auf langen Flügen halten sie oft den Schnabel etwas geöffnet, vermutlich, um besser atmen zu können, denn bei den erwachsenen Vögeln sind die in der Jugend noch vorhandenen Nasenlöcher vollständig geschlossen, so daß sie die Luft nur durch den Schnabel einatmen können.

Eine andere charakteristische Eigenart der Kormorane besteht darin, daß sie die Flügel zum Trocknen abspreizen, denn aus verschiedenen Gründen scheinen ihre Federn das Wasser nicht so abzustoßen, wie dies bei anderen Wasservögeln der Fall ist. Wenn sie eine Zeitlang im Wasser gewesen sind, kommen die Kormorane an Land, setzen sich am Ufer auf einen Stein, eine Boje oder eine Markierungsbake und ruhen sich mit halb abgespreizten Flügeln in der Sonne und im Wind aus. So gut wie niemals verbleiben sie zur Ruhe im Wasser, wie es die Enten, Steißfüße, Seetaucher, Pinguine, Pelikane und andere Schwimmvögel tun, sondern kommen stets an Land. Erst kürzlich hat man den Mechanismus des Kormoranskeletts und die Lage des Körperschwerpunktes untersucht und dabei herausgefunden, daß der Vogel bei seiner üblichen aufrechten Haltung mit angelegten Flügeln nicht ganz im Gleichgewicht ist, so daß er seinen Körper durch das Abspreizen der Flügel ausbalancieren muß. Der Verfasser teilt jedoch eher die Ansicht der Fischer, der Kormoran breite seine Flügel zum Trocknen aus.

Meist nisten die Kormorane in Kolonien, deren Größe mitunter, wie etwa beim Guanokormoran, ins Unermeßliche gehen kann. Die Strandbewohner legen ihr Nest auf dem Boden an und brüten auf Riffen, Felsinseln oder flachen Klippen. Das tut häufig auch der gewöhnliche Kormoran, aber ebenso oft findet man seine Brutstätte auch auf Bäumen. Die Bodenbrüter schichten Äste und Pflanzenmaterial zu einem lockeren Nest zusammen, das aber bald durch ihren Kot und Abfall verklebt; dort hinein legen sie ihre 2 bis 6 hellbläulichen bis -grünlichen Eier. Das Brutgeschäft wird von beiden Eltern ausgeübt und dauert 3 bis 5 Wochen. Wie auch bei den übrigen Angehörigen dieser Familie, schlüpfen die Jungen nackt und blind, so daß sie eher einem Reptil als einem Vogel gleichen; 5 bis 8 Wochen benötigen sie zur Aufzucht. Mit wenigen Ausnahmen brüten die Alten nur einmal im Jahr. Zu Anfang füttern sie auch, indem sie die ausgewürgte, halbverdaute Nahrung mit ihrem Schnabel in den Hals der Jungvögel träufeln, doch sobald die Jungen halbwegs herangewachsen sind, recken sie ihren Schnabel schon nach den am Nest landenden Eltern und nehmen sich selbst das Futter aus deren Kehlsack.

Ein Ästhet sollte die Nistplätze der Kormorane lieber nicht aufsuchen, denn ihr Kot und Abfall sowie die ausgewürgten Fischreste riechen nicht nur wenig erfreulich, sondern werden auch von unzähligen Fliegen umschwirrt. Dennoch, und trotz des geringen Schadens, den die Kormorane der Nutzfischerei antun, verdienen die letzten Brutkolonien Mitteleuropas strengen Schutz.

Kormorane leben ziemlich lange, wenn sie erst einmal das bei fast allen Vögeln so kritische erste Lebensjahr überstanden haben. Der älteste Gewöhnliche Kormoran, von dem wir wissen, wurde in England beringt und 18 Jahre später wiedergefunden, aber wir können wohl seine Lebenserwartungen doppelt so hoch veranschlagen.

Schlangenhalsvögel *Anhingidae*

Schlangenhalsvögel und Kormorane gleichen einander derart stark, daß man sie beide mitunter nur als zwei Unterfamilien auffaßt; aber trotz dieser äußerlichen Ähnlichkeit weisen sie doch eine ganze Reihe tiefgreifender Unterschiede auf. Die langen, schlanken, wasserbewohnenden Anhingiden halten sich an den Waldrändern tropischer und subtropischer Seen, Flüsse und Sümpfe auf und sind von allen Ruderfüßern am wenigsten dem Meeresleben angepaßt, so daß sie nur an ganz wenigen Stellen ihres weiten Verbreitungsgebietes gelegentlich einmal am Brackwasser angetroffen werden. In Amerika nisten sie von Oklahoma, Tennessee und Nord-Karolina an südwärts bis nach Argentinien.

Weitere Vorkommen von Schlangenhalsvögeln gibt es in Afrika südlich der Sahara sowie in Madagaskar, im südlichen Asien vom nördlichen Ostindien bis zu den Philippinen sowie auf Neuguinea und in Australien. Alle diese Populationen unterscheiden sich zwar deutlich in ihrer Färbung voneinander, gleichen sich aber andererseits derart stark in ihrer Größe von 80 bis 90 cm, in ihrer Zeichnung, im Bau und in den Lebensgewohnheiten, daß manche Ornithologen sie nur als geographische Rassen einer einzigen Art auffassen; andere machen zwei Arten daraus. Aber so lange wir nicht besser über die Verwandtschaftsverhältnisse unterrichtet sind, wollen wir sie lieber als 4 getrennte Arten behandeln.

Der Name «Anhinga» leitet sich aus der Sprache der Amazonas-Indianer ab; in den USA nennt man die Vögel jedoch «Wasserputen», obwohl sie nicht die geringste Ähnlichkeit mit einem Puter aufweisen. Ihr Kopf wirkt noch schmaler als bei den Kormoranen, der Schnabel länger, dünner und gerade ausgezogen anstatt an der Spitze hakig gekrümmt, der Hals gestreckter, dünner und anders angesetzt; das Gefieder ist dichter und geschlossener, und die Geschlechter unterscheiden sich in der Färbung. Darüber hinaus zeigen sie selbstverständlich die charakteristischen Merkmale ihrer Ordnung und einige äußere Ähnlichkeiten mit den Kormoranen, wie die verhältnismäßig starke Wasserdurchlässigkeit ihres Gefieders, so daß sie nach dem Schwimmen gleichfalls ihre Flügel zum Trocknen ausbreiten müssen. Auch hier handelt es sich, wie bei den verwandten Familien, um eine stammesgeschichtlich alte Gruppe, die sich bereits vor einigen 80 Millionen Jahren noch vor Beginn des Tertiärs entwickelt haben dürfte, wie wir nach Fossilfunden aus dem Eozän annehmen können.

Die Schlangenhalsvögel nisten in kleinen Kolonien, oft in Gemeinschaft mit Reihern und Ibissen. Das Nest errichten sie 1 bis 10 m hoch über dem Wasser auf Gebüsch und Bäumen; es besteht aus Ästen und wird mit grünen Blättern ausgekleidet. Die Eier sehen bläulichweiß aus und sind an einem Ende etwas zugespitzt. Beide Eltern brüten 25 bis 28 Tage und füttern dann die Jungen durch Auswürgen der Nahrung. Nach dem Schlüpfen sind die Jungvögel noch blind und nackt, spritzen aber schon nach kurzer Zeit ihr weißes Geschmeiß über den Nestrand und wachsen schnell heran. Schon nach zwei Wochen lassen sie sich bei einem Anzeichen von Gefahr über den Nestrand fallen und tauchen unter Wasser davon. Falls sie nicht gerade ein lauerndes Krokodil greift, arbeiten sie sich dann wieder mit Hilfe der Füße, der Flügel und auch des Halses kletternd ins Nest zurück und verbleiben dort so lange, bis sie nach 5 oder 8 Wochen flügge werden.

Alle Schlangenhalsvögel können vortrefflich fliegen; die im nördlicheren Nordamerika heimischen ziehen sogar im Winter nach Süden, wo man sie dann auch gelegentlich im Brackwasser fischen sieht. Wie die Kormorane fliegen sie mit kräftigen, schnellen Flügelschlägen, schweben und steigen aber häufiger. Wenn an sonnigen Tagen besonders günstige Luftströmungen herrschen, erheben sie sich manchmal in großen Kreisen einige hundert Meter hoch in die Lüfte und schweben mit reglosen Flügeln über ihren Nistgründen. Dabei ragt der schlanke Hals gerade ausgestreckt nach vorn und der Schwanz ebenso nach hinten, so daß sie wie ein Kreuz am Himmel wirken. Am Schluß des Ausfluges schließen sie ihre Flügel und kommen dann zu den Ruheplätzen herabgeschossen.

Das Wasser suchen die Schlangenhalsvögel nur zum Fressen und bei der Flucht auf, wobei sie sich dann mit angelegten Flügeln nur durch die Kraft ihrer Füße vorwärtsbewegen. Häufig schwimmen sie unter der Oberfläche und lassen nur ihren Kopf und den schlangenähnlichen Hals herausragen, der ihnen zu ihrem populären Namen verholfen hat. Die Engländer nennen sie auch «darter», d. h. so viel wie «Spießvögel», weil sie mit ihrem schwertartigen Schnabel auf die Beute zu stoßen pflegen. Bei der Jagd tragen sie ihren Hals S-förmig gegen die Schultern gekrümmt, um den langen Schnabel plötzlich gegen einen Beutefisch zu schnellen und ihn aufzuspießen. Dann taucht der Vogel wieder auf, schleudert den Fisch vom Schnabel, fängt ihn auf und schiebt ihn dann so im Schnabel zurecht, daß er mit dem Kopf voran in den Magen gleitet. Somit kann man die Schlangenhalsvögel als Vorbild der Unterwasser-Speerfischerei ansehen.

Fische bilden die Hauptnahrung der Schlangenhalsvögel, doch fressen sie außerdem auch Krebse, Frösche, Molche und Wasserinsekten. Meist geht der Fang auf die gleiche Weise vor sich, indem die Beute erst auf den Schnabel gespießt und dann vor dem Schlucken häufig zerbissen wird, bis sie nicht mehr zappelt.

Auch den Schlangenhalsvögeln fehlen ebenso wie den Kormoranen die Luftsäcke unter der Haut, und ihre Knochen sind verhältnismäßig schwer, so daß sich ihr spezifisches Gewicht zugunsten des Tauchvermögens erhöht. Mit dieser Funktion hängt wohl auch der vollständige Verschluß der Nasenlöcher bei den Erwachsenen zusammen. Der Magen der Vögel zeigt einen eigenartig gefalteten Abschnitt; seine Aufgabe ist nicht ganz klar, aber man darf wohl annehmen, daß er dazu dient, die Fischgräten auszuseihen, bis sie vollständig verdaut werden können.

SCHLANGENHALSVOGEL ♂
Anhinga anhinga
Südöstliche USA, Mittel- und Südamerika; 90 cm.

Tölpel *Sulidae*

Zu dieser Familie gehören 9 Arten gänsegroßer Seevögel mit massigem, stromlinienförmigem Körper, langen spitzen Flügeln, kräftigem, scharfem Schnabel, langem, keilförmigem Schwanz und kurzen Beinen. Alle tauchen nach ihrer Beute und verfolgen sie unter Wasser. Wie die Pelikane haben sie ein System von Luftzellen unter der Haut, das den Aufprall auf das Wasser mildert und den Auftrieb erhöht.

Als ersten Angehörigen dieser Familie lernten die Europäer den Baßtölpel kennen, einen Brutvogel der Küsten des Nordatlantik von der Bretagne und England bis Kanada. Die alte skandinavische Bezeichnung «sula» wurde als wissenschaftlicher Name der Gattung übernommen. Baßtölpel heißt der Vogel nach der Brutkolonie auf der Insel Baß vor der Ostküste Schottlands.

Nicht viel anders als der Baßtölpel sehen der südafrikanische Kaptölpel und der Australische Tölpel aus, der auch auf Neuseeland vorkommt. Bei ihnen sind die Erwachsenen rein weiß mit schwarzen Flügelspitzen und gelblichen Köpfen, die Jungtiere aber oberseits graubraun mit kleinen weißen Flecken und mit weißem Bauch. Hauptsächlich kann man die drei Arten an der Größe, an der Farbe der nackten Kehlhaut sowie an Farbton und Ausdehnung der dunklen Stellen an den Flügeln und am Schwanz erkennen. Da sie sich nur geringfügig unterscheiden, hält man diese drei Formen nur für geographische Rassen einer einzigen Art, obwohl ihre Verbreitungsgebiete weit auseinander liegen und man keine Bastarde kennt.

Tölpel sind die einzigen tatsächlich wandernden Mitglieder ihrer Familie. Während der Baßtölpel den Winter in dem Gebiet von England bis zu den Kanaren und Nordafrika sowie von Virginia bis zum Golf von Mexiko verbringt, zieht der Kaptölpel im südlichen Winter nach Norden längs der beiden afrikanischen Küsten. Die auf Neuseeland heimische Population des Australischen Tölpels wandert über das Tasmanische Meer westwärts, um zusammen mit seinem australischen Verwandten den Winter vor den Küsten Ost- und Südaustraliens zu überdauern.

Bei den Jungvögeln ist der Wandertrieb am stärksten ausgeprägt und scheint im Alter allmählich abzuklingen. Wie die Beringung ergeben hat, werden die längsten Flüge über Entfernungen bis zu 6500 km von den einjährigen Jungen zurückgelegt. Die älteren Tiere ziehen es ebenso wie die tropischen Arten vor, in der Nähe ihrer Brutplätze zu bleiben, statt im eigentlichen Sinne des Wortes zu wandern. Oft halten sich die jungen Vögel sogar zwei oder drei Jahre an den Überwinterungsplätzen auf und kehren erst im Alter von 3 Jahren in ihr eigentliches Heimatgebiet zurück; sie brüten auch nicht vor dem vierten Jahr. Der älteste beringte Tölpel war 16 Jahre alt, aber es sieht so aus, als könnte die Art ein noch höheres Alter erreichen.

Die Tölpel brüten auf Felsenklippen und bevorzugen als Nistplatz kleine Vorsprünge an den seewärts gelegenen Abhängen, wo sie sich auf jedem Fußbreit in großer Zahl zusammendrängen. Als Audubon im Jahre 1833 die Tölpelkolonie am Vogelfelsen im St.-Lorenz-Golf besuchte, sah er aus der Entfernung den steilen Gipfel über den Horizont ragen, der dicht mit Schnee bedeckt schien. Aus der Nähe aber stellte sich heraus, daß der vermeintliche Schnee aus unzähligen Tausenden nistender Tölpel bestand. Auf der flachen Bergspitze saßen mindestens 100000 Paare, weitere 50000 drängten sich seitlich auf jeder Felsenleiste zusammen. 1869 errichtete die kanadische Regierung auf dem Vogelberg einen Leuchtturm, so daß nun jeder vorbeifahrende Fischer diese Brutstätte betreten konnte, und diese gingen auch bald dazu über, regelmäßig die Insel anzulaufen und die wehrlosen Vögel zu erschlagen, um sie als Köder zu verwenden. Um die Jahrhundertwende war die gesamte Kolonie auf dem Gipfel ausgerottet, und von den Bewohnern der Felsvorsprünge waren nur noch wenige tausend Vögel übrig, die noch an den unzugänglichsten Stellen nisteten. Kurz darauf erließ die kanadische Regierung eine Schutzvorschrift, so daß nun die Zahl der Baßtölpel vom Lorenzstrom allmählich wieder zunimmt.

Das Nest wird ganz roh aus Erde, Tangen und Felsgewächsen angelegt und Jahr für Jahr weiter ausgebaut, bis es groß genug ist. Bei der Ablage sieht das einzige Ei kalkweiß aus, wird aber durch den Schmutz und den Kot bald fleckig. Wie den nachfolgenden Familien dieser Ordnung fehlt den Tölpeln ein Brutfleck, und so haben sie die merkwürdige Angewohnheit angenommen, ihr Ei mit den Füßen zu bedecken. Der brütende Vogel legt seine beiden Füße sorgfältig über das Ei, so daß sie sich in der Mitte etwas überdecken, und senkt dann den Rumpf so weit, bis die Brustfedern das Ganze einhüllen.

Beide Elterntiere lösen einander täglich beim Brutgeschäft ab, bis das Junge nach 42 Tagen schlüpft. Vorerst ist es noch blind und nackt, aber schon nach kurzer Zeit sprießt das weiße Dunenkleid. 10 bis 12 Wochen füttern die Alten mit dem ausgewürgten Mageninhalt, bis die Flugfedern entwikkelt sind, und lassen dann ihr Küken im Stich. Es bleibt vielleicht noch eine Woche im Nest, um seine Flugmuskeln zu stärken, und zehrt dabei von seinem Reservefett. Einige Jungvögel können jetzt schon bei günstigem Wind die Kolonie im Flug verlassen, doch die meisten treiben noch ein oder zwei Wochen auf dem Wasser, bis sie sich auf ihren Flügeln in die Luft erheben.

Außerhalb der Nistplätze trifft man die Tölpel gelegentlich einzeln, meist aber in kleinen Schwärmen von 10 bis 100 oder mehr Tieren an. Gewöhnlich kreuzen sie 2 oder 3 km vor der Küste, wo die Fischschwärme ziehen. Sie ernähren sich vor allem von Heringsfischen und stürzen sich aus 30 bis 100 m Höhe truppweise auf den Schwarm herab. Höchst merkwürdig sieht es aus, wenn die Vögel über den Fischen kreisen und dann wie ein Regen heruntergeklatscht kommen, daß das Wasser 3 m hoch aufspritzt. Sie fressen ihre Beute unter Wasser und tauchen sofort wieder auf, um sich auf den nächsten Fisch zu stürzen. Tölpel können mit Hilfe ihrer Füße und der halb geöffneten Flügel auch unter Wasser schwimmen und erreichen dabei Tiefen von fast 30 m, bleiben aber meist nur wenige Sekunden unten.

Masken-, Rotfuß- und Brauner (oder Weißbauch-) Tölpel bevölkern die Tropen und Subtropen aller Meere; der Guano- und der Blaufußtölpel leben nur an der Westküste beider Teile Amerikas, während sich der Abbott-Tölpel auf den Indischen Ozean beschränkt. Die zuletzt genannte Art, ein schwarz-weiß gefärbter Vogel, stellt auch die kleinste der tropischen Gruppe dar; sie soll auf Bäumen der Insel Assumption nördlich Madagaskar und auf der Weihnachtsinsel südlich Java nisten.

Tölpel nennt man die Vögel, weil sie nicht nur ziemlich dumm aussehen, sondern sich angeblich auch ebenso benehmen sollen. Sie können es einfach nicht lernen, daß der Mensch ihr Feind ist, und landeten schon immer seelenruhig auf der Takelage der Schiffe, so daß die hungrigen Matrosen nur zuzugreifen brauchten. Auch auf ihren Nistplätzen kümmern sie sich kaum um einen menschlichen Störenfried, und so konnten sie in dieser harten Welt nur dadurch überleben, daß sie ihre Nester auf kleinen Inseln und unzugänglichen Klippen anlegten, zu denen der Mensch nicht vordringt.

Unter den tropischen Arten wird der Maskentölpel am größten, ein weißer Vogel mit schwarzen Schwungfedern und rein weißem Kopf, dessen nackte Haut im Gesicht und an der Kehle blauschwarz wirkt. Die Farbe der Füße schwankt bei den einzelnen Kolonien zwischen orangegelb bis schieferblau, erreicht aber nie das satte Rot wie bei dem sonst sehr ähnlichen, nur etwas kleineren Rotfußtölpel, dessen Verbreitung dadurch etwas eingeschränkt wird, daß er nur auf Bäumen nistet.

Als vielleicht häufigste Art in den Tropen zeigt der Braune Tölpel oberseits ein dunkelschokoladebraunes Gefieder, von dem die weiße Brust- und Bauchfärbung scharf absticht; die Jungen sehen genauso aus wie die der anderen Arten. Seine Nistplätze liegen auf den Inseln im Golf von Mexiko, in der Karibischen See, im mittleren Atlantik, im Indischen und Pazifischen Ozean sowie an der amerikanischen Westküste von Niederkalifornien südwärts bis Panama und den Kokosinseln.

Der Blaufußtölpel mit blau-weiß geflecktem Kopf, ebensolchem Rücken, weißem Bauch und leuchtend blauen Füßen nistet von Niederkalifornien bis hinunter nach Peru sowie auf den Galapagos-Inseln. Der Guanotölpel oder Piquero, wie ihn die Lateinamerikaner nennen, wird nicht ganz so groß; er bewohnt die Inselwelt vor Peru bis Chile als einer der häufigsten Vögel im Bereich des kalten, aber nahrungsreichen Humboldtstroms und gehört zu den Seevögeln, aus deren Kot sich die großen Guanolager dieser Inseln aufbauen. Vom Blaufußtölpel unterscheiden ihn das weiße Kopf-, Hals- und Brustgefieder, vor allem aber die dunklen Füße.

Alle Tölpel fressen besonders gern Fliegende Fische und haben es gelernt, daß ihre Lieblingsbeute durch die Schiffe aufgescheucht wird, wie sich ja auch die Kuhstärlinge und Kuhreiher an den Insekten gütlich tun, die vor den Hufen der Rinder aus dem Gras auffliegen. So halten sich die Tölpel an die Schiffe, ohne ihnen allerdings wie die Albatrosse, Sturmvögel oder Möwen nachzufolgen, doch streichen sie hin und her über den Bug und lauern auf die Fische, die sich aus dem Wasser hochschnellen. Dann stürzen sie in schrägem Flug herab und packen den Fisch genau in dem Augenblick, in dem er wieder ins Wasser gleitet. Eine Sekunde später sind sie schon wieder oben, legen sich die Beute im Schnabel zurecht, um sie hinunterzuschlucken, und begeben sich dann auf ihren Beobachtungsposten.

Was die Tölpel für den Menschen so wichtig erscheinen läßt, ist ihre Eigenschaft als Guanoproduzent. Am Boden der Brutkolonien lagert sich der Kot der Vögel, vermischt mit Nahrungsresten und verwesenden Leichnamen, in dicken Schichten an und ergibt dank seines hohen Gehaltes an Stickstoff und Phosphorsäure in pulverisiertem Zustand ein vorzügliches Düngemittel, das säckeweise in alle Kulturländer verschifft wird.

BASSTÖLPEL
Sula bassana
Nordatlantisches Küstengebiet; 1 m.

Jungvogel

erwachsen

MASKENTÖLPEL
Sula dactylatra
Tropischer, Atlantischer, Pazifischer und Indischer Ozean; 80 cm.

BLAUFUSSTÖLPEL
Sula nebouxii
Tropischer östlicher Pazifik; von Mexiko bis Peru und Galapagos-Inseln; 80 cm.

BRAUNER TÖLPEL
Sula leucogaster
Alle tropischen und subtropischen Küsten und Inseln; 75 cm.

ROTFUSSTÖLPEL
Sula sula
Tropischer Atlantischer, Pazifischer und Indischer Ozean; 73 cm.

Fregattvögel *Fregatidae*

Diese gefiederten Freibeuter der tropischen Meere sind von allen Wasservögeln am meisten Tiere des Luftraums. Zwar tragen ihre Füße voll ausgebildete Schwimmhäute, zwar können sie wie ihre Verwandten vorzüglich schwimmen, zwar verbringen sie selbst ihr Leben über dem Wasser und holen ihre Nahrung aus dem Meer, doch gehen sie selten freiwillig ins Naß. Geraten sie aber doch einmal zufällig hinein, so saugt sich ihr Gefieder schnell voll, und sie haben die größte Mühe, sich wieder in die Lüfte zu erheben.

Ebenso unbeholfen sind sie auf dem Lande. Schwerfällig watscheln sie umher oder versuchen, irgendwo hochzuklettern, um abfliegen zu können, aber auch das geht nur, wenn sie ein günstiger Wind unterstützt. So rasten sie stets auf Bäumen, Gebüsch oder auch Bojen, wo sie die langen, spitzen Flügel

frei entfalten und schnell die nötige Abfluggeschwindigkeit erreichen können. Den größten Teil ihres Lebens kreuzen die Fregattvögel über den Wellen, halten sich aber meist in Küstennähe auf. In größerer Höhe segeln sie elegant ohne einen Flügelschlag am Himmel. Im Verhältnis zu dem nur 3 bis 4 Pfund schweren Körper haben ihre mehr als 2 m spannenden Flügel die größte Gleitfläche sämtlicher Vögel. So sind sie vollendete Segler, bessere als alle anderen Seevögel, denen sie blitzschnell zustoßend die Beute abjagen.

Alle Fregattvögel zeigen nämlich die Gewohnheit, Tölpel, Pelikane, Kormorane und Möwen so lange zu scheuchen und mit den Schnäbeln zu bearbeiten, bis sie ihre Beute hochwürgen und fallen lassen, um sich zu erleichtern und ihren Quälgeistern schneller zu entkommen. Dann stoßen die Fregattvögel abwärts und fangen den Futterbrocken auf, noch ehe er das Wasser erreicht. Sie holen sich aber auch selbst ihr Futter von der Wasseroberfläche. Dabei spielen Fische die Hauptrolle, insbesondere Fliegende Fische, die von Schiffen, Delphinen oder großen Raubfischen aufgescheucht und dann von den Vögeln gepackt werden; aber ihre Speisekarte reicht noch viel weiter und umfaßt alles, was die Wasseroberfläche zu bieten hat: Quallen, Tintenfische, selbst junge Meeresschildkröten und anderes Wassergetier.

Daneben aber vergreifen sich die Fregattvögel auch noch gelegentlich an den Nestjungen anderer Seevögel. Es gibt kaum eine Brutkolonie von Seeschwalben, Tölpeln, Kormoranen oder Pelikanen, über der nicht einige Fregattvögel schweben und Ausschau nach einem unbewachten Küken halten. Sobald sie es gefunden haben, stoßen sie blitzschnell herab und greifen sich das Tierchen. Nicht einmal ihre eigenen Jungvögel sind vor den kannibalischen Gelüsten und dem ständigen Hunger des Nachbarn sicher.

Die Fregattvögel nisten auf Meeresinseln, häufig zwischen den Brutkolonien anderer Meeresvögel, die sie dann entsprechend ihren Lebensgewohnheiten drangsalieren. Ihr Nest besteht aus einem ziemlich lockeren Gebilde von Zweigen und wird mitunter auf dem Boden, meist aber auf Steinen, im Gebüsch oder auf einem Baum angelegt. Das Männchen sucht den Platz aus, steckt ihn mit ein paar Zweigen ab und bläht dann seinen Kehlsack auf, um ein Weibchen anzulocken. In der Regel sieht dieser Kehlsack orangefarben aus, prangt aber zur Paarungszeit in einem leuchtenden Rot. Stundenlang bläst ihn das Männchen wie einen Kinderballon auf, während es im noch leeren Nest sitzt, weitere Zweige hinzufügt, die ihm das Weibchen bringt; streng wird darauf geachtet, daß keiner das Nistmaterial stiehlt. Hat das Weibchen sein einziges, ovales und kalkweißes Ei abgelegt, schwillt der Kehlsack des Männchens ab und verblaßt wieder zu einer orangefarbenen Tönung. Gemeinsam brüten beide Eltern 6 Wochen lang und füttern später zusammen das Junge. Niemals wird das Ei oder das Küken auch nur einen Augenblick allein gelassen, denn es könnte sich ja der Nachbar daran vergreifen. Beim Schlüpfen sind die Jungvögel noch nackt und blind, bedecken sich aber bald mit weißen Dunen. Sie haben einen weißen Kopf und brauchen 2 bis 3 Jahre, bis sie das dunkle Kleid der Erwachsenen anlegen. Außer durch den Kehlsack und seine etwas geringere Größe zeichnet sich das Männchen auch durch das dunklere Gefieder aus.

Der Prachtfregattvogel der Neuen Welt kommt von den Bahamas, der Golfküste und Niederkalifornien an südwärts bis Brasilien und Ekuador vor. Das Männchen trägt ein kräftiges, metallisches Purpurschwarz, das beim Weibchen durch weiße Stellen am Nacken und an der Kehle unterbrochen wird. Ähnlich gefärbt ist der über meterlange Große oder Bindenfregattvogel des Indischen, südwestlichen Atlantischen sowie des mittleren und westlichen Pazifischen Ozeans, nur tragen seine Flügel eine braune Querbinde. Der Adlerfregattvogel, bei dem auch die Weibchen ganz dunkel gefärbt sind, brütet nur auf der Boatswainbird-Insel nahe Ascension im tropischen Südatlantik. Der Indische Ozean ist die Heimat des Weihnachtsinsel- oder Weißbauchfregattvogels, dessen Bauch bei beiden Geschlechtern weiß gefärbt ist. Mit etwa 80 cm zeigt der Kleine Fregattvogel die geringste Größe; die Erwachsenen tragen auf dunklem Grunde auffallende weiße Flecken an den Seiten und unter den Flügeln. Seine Brutplätze liegen auf Süd-Trinidad vor der Küste Brasiliens, auf Inseln bei Madagaskar und im südlichen Pazifik von Neukaledonien bis nach Australien.

Stelzvögel *Ciconiiformes*

114 Arten, die sich auf 7 Familien verteilen, vereinigt man in dieser Ordnung, die dem Leben in Sümpfen und im flachen Wasser angepaßt ist, doch leben einige Arten auch auf dem trockenen Land. Ihre Größe reicht von der 30 cm hohen Zwergrohrdommel bis zum Adjutanten und zum Schuhschnabel, deren Höhe bis zu 1,5 m beträgt. Stets sind die Beine, der Hals und der Schnabel ungewöhnlich lang, die Flügel breit abgerundet und der Schwanz verhältnismäßig kurz. Die Füße tragen je 4 Zehen, deren 3 vordere bei einigen Familien am Grunde durch Schwimmhäute verbunden sein können; der untere Teil des Laufes trägt keine Federn. Auch im anatomischen Bau des Schädels stimmen sie überein, insbesondere des Gaumens. Das Federkleid ist nicht einheitlich ausgebildet, es zeigt aber gewöhnlich ziemlich einfache Muster und Farbtönungen, die sich auch bei den Geschlechtern kaum unterscheiden lassen.

Von einigen wenigen Inseln mitten im Ozean abgesehen, findet man diese weltweit verbreiteten Vögel in fast allen eisfreien Gebieten der Erde. Alle Arten leben von animalischer Nahrung, die zumeist aus dem Wasser kommt, wie von Fischen, Krebstieren und Lurchen, aber auch von Insekten und Reptilien; ein paar Arten sind zu Aasfressern geworden. Dank des vorzüglich entwickelten Flugvermögens, durch das sich die ganze Gruppe auszeichnet, unternehmen die Arten, die in der gemäßigten Zone beheimatet sind, ausgedehnte Wanderungen.

Als eine sehr alte Gruppe lassen sich die Stelzvögel etwa 100 Millionen Jahre zurück bis in die Kreidezeit verfolgen, aber auch die Verschiedenheit der hier zusammengefaßten Gestalten und deren unzusammenhängende Verbreitung sind ein Beweis für das hohe stammesgeschichtliche Alter dieser Einheit. 3 Familien enthalten überhaupt nur eine einzige Art, die zwar in ihren wichtigsten Merkmalen mit denen der ganzen Ordnung übereinstimmt, ohne sich jedoch enger an eine der anderen in dieser Ordnung zusammengefaßten Familien anschließen zu lassen, so daß wir sie so lange als selbständige Einheiten gelten lassen müssen, bis sich neuere Gesichtspunkte ergeben.

Reiher *Ardeïdae*

Mit etwa 62 Arten haben wir hier nicht nur die größte, sondern auch die am weitesten verbreitete Familie der Ordnung vor uns, deren Arten sich dadurch auszeichnen, daß ihr Kopf mit Ausnahme der nackten Schnabelbasis gefiedert und die Länge der Halswirbel verschieden ist. Daher müssen sie ihren Hals beim Flug, oft auch in der Ruhe, S-förmig zurückbiegen. Meistens erscheint der Schnabel gerade, manchmal ein wenig gekrümmt, und die Kralle der Mittelzehe trägt sägeartige Zähnchen, die zum Putzen des Gefieders dienen.

Zwar sind sich die Ornithologen noch nicht ganz über die Verwandtschaftsverhältnisse innerhalb dieser Familie im klaren, doch pflegt man sie allgemein in 5 Gruppen zu unterteilen. Dabei spielt der Besitz von Puderdunen eine wichtige Rolle, einer besonderen Art von Federn, die auch bei der Mauser nicht abgeworfen werden und während des ganzen Lebens von der Basis her nachwachsen. Ihre Spitze zerfällt allmählich zu einem Puder, den der Vogel zum Putzen verwendet. Auch bei verschiedenen anderen Vögeln finden sich solche Puderdunen, doch sind sie nirgends so gut entwickelt wie gerade bei den Reihern.

Der Puder dient zum Entfernen von Fett, Öl und Schleim aus dem Gefieder und wird meist mit dem Schnabel verteilt. Die Rohrdommeln, die gern Aale fressen, reiben ihren Kopf nach der Mahlzeit an den Puderdunen der Brust, bis er völlig eingestäubt ist. Dann lassen sie den Puder so lange einwirken, bis aller Schmutz aufgesogen ist, und kämmen ihn mit der ge-

ROTREIHER
Dichromanassa rufescens
Südöstliche USA, Westindien,
Mittelamerika; 73 cm.
SCHWARZREIHER
Melanophoyx ardesiaca
Tropisches Ostafrika; 60 cm.
KUHREIHER
Bubulcus ibis
Europa, Asien, Afrika
Australien, nordöstliches Südamerika,
südliche und mittlere USA; 50 cm.
AMERIKANISCHER SEIDENREIHER
Egretta thula
Mittlere USA
bis Argentinien; 63 cm.
GELBKOPF-NACHTREIHER
Nyctanassa violacea
USA bis Peru und Brasilien; 70 cm.
1.
GEWÖHNLICHER NACHTREIHER
Nycticorax nycticorax
Fast kosmopolitisch in allen
gemäßigten und tropischen
Ländern; 70 cm.
2.
SILBERREIHER
Casmerodius albus
Europa, Asien, Afrika
und Australien sowie
mittlere USA bis Argentinien
1. Europäische Unterart
C. a. *albus*; 95 cm.
2. Amerikanische Unterart
C. a. *egretta*; 1 m.
PURPURREIHER
Ardea purpurea
Europa, Asien, Afrika; 80 cm.
KLEINER BLAUREIHER
Hydranassa caerulea
Östliche USA bis Peru und Uruguay; 63 cm.

1 ZWERGROHRDOMMEL
Ixobrychus minutus
Östliche Erdhälfte: Europa, Asien, Afrika, Australien, Neuseeland; 35 cm.

2 GESTREIFTE TIGERROHRDOMMEL
Tigrisoma lineatum
Mittel- und nördliches Südamerika; 75 cm.

3 NORDAMERIKANISCHE ROHRDOMMEL
Botaurus lentiginosus
Nordamerika; 86 cm.

sägten mittleren Vorderzehe heraus. Ist das Gefieder wieder sauber, wird es mit dem Sekret der Bürzeldrüse eingeölt.

Innerhalb ihrer Familie bilden die 12 Rohrdommel-Arten, die sich durch den Besitz von nur zwei Paar Felder von Puderdunen auszeichnen, eine der einheitlichsten Gruppen. Ihre Beine und Schnäbel sind kürzer als bei den anderen Verwandten, alle leben im Uferbewuchs der Seen und nisten einzeln auf dem Boden; niemals bilden sie Kolonien im eigentlichen Sinne. Die weichen Bauchfedern tragen auf bräunlichem Grunde zahlreiche Strichel und Sprenkel, so daß sie sich kaum vom Binsen- und Schilfgrund ihrer Umwelt abheben.

Im Gegensatz zu ihren Verwandten fliegen die Rohrdommeln bei Gefahr nicht davon, sondern verlassen sich auf ihre Tarnung, indem sie plötzlich bewegungslos in «Pfahlstellung» erstarren, wobei sie Rumpf, Hals und Schnabel steil zum Himmel recken und dadurch selbst wie ein Schilfbüschel aussehen, so daß man schon sehr gute Augen haben muß, um sie in ihrer Umgebung zu bemerken. Als ob sie wüßten, welche Körperseite am besten ihrer Umwelt angepaßt ist, wenden sie ganz langsam ihren längsgestreiften Bauch dem Störenfried zu. Bewegt der Wind das Schilf, schwanken sie im gleichen Takt.

Die 4 Rohrdommeln der Gattung *Botaurus* sind ziemlich große, 65 bis 75 cm messende Vögel, die sich auch zu gleicher Höhe aufrichten können. Eine Art kommt über das ganze gemäßigte Nordamerika vor, eine zweite von Mexiko bis Brasilien, die dritte über Europa und Asien bis Südafrika, die vierte in Australien und Neuseeland. Obwohl sich ihre Verbreitungsgebiete nicht überschneiden, ähneln sie sich doch derart im Aussehen und in ihren Lebensgewohnheiten, daß manche Ornithologen sie nur als Rassen einer einzigen Art ansehen.

Bemerkenswert erscheint der seltsame Paarungsruf der Rohrdommelmännchen, den man unterschiedlich als kehliges Schlucksen, Rülpsen, Dröhnen oder Brummen beschrieben hat; daher kommen auch die deutschen Bezeichnungen «Rohrdommel» oder «Moorochs». Die zwei- oder dreiteiligen Paarungsrufe klingen nicht einmal laut, aber äußerst durchdringend. Dabei bläht sich die Kehle zu einem Resonanzboden auf, während das Tier eine Reihe krampfartiger Bewegungen ausführt. Für den Menschen ist es unmöglich, diesen Ton mit seinem eigenen Stimmapparat nachzuahmen.

Die Große Rohrdommel lebt und nistet im Schilfdickicht von Sümpfen, Seen und Flüssen. Nur das Weibchen baut das Nest, ein kunstlos zusammengefügtes Gebilde aus Schilf und Binsen, und legt dort die 3 bis 6 bräunlichen Eier hinein, die ungefähr 25 bis 28 Tage lang bebrütet werden. 2 bis 3 Wochen füttert das Weibchen die Jungen im Nest und reicht ihnen mit dem Schnabel die halbverdaute und wieder ausgewürgte Nahrung. Nach 8 Wochen können die Jungen fliegen.

Etwas mehr Abwechslung als ihre großen Verwandten bieten die 8 Zwergrohrdommel-Arten der Gattung *Ixobrychus*, die kaum größer werden als eine Taube und nicht einmal 30 cm Höhe erreichen. Sie stellen damit nicht nur die kleinsten Vögel ihrer Familie, sondern auch der ganzen Ordnung dar. Ihre Tarnzeichnung entspricht etwa der ihrer eben behandelten Vettern, wirkt jedoch etwas einheitlicher und besteht im wesentlichen aus dunklen und hellen Flecken. Die Weibchen sind heller, kontrastärmer und stärker gefleckt als die Männchen, doch haben wir trotz dieser geringfügigen Unterschiede die einzigen Reiherverwandten vor uns, bei denen sich die Geschlechter überhaupt in der Färbung unterscheiden. Selten bekommt man diese scheuen, zurückgezogenen Vögel zu Gesicht, wie es auch schwerfällt, sie aus ihrem sumpfigen Lebensraum aufzuscheuchen.

Das Verbreitungsgebiet der Zwergrohrdommeln reicht weit über die Tropen und gemäßigten Zonen der Erde. Unsere einheimische Zwergrohrdommel brütet von Europa und Asien bis Afrika, Madagaskar, Australien und Neuseeland. Ihr ähnelt die Amerikanische Zwergrohrdommel, die von Südkanada bis Mittelamerika nistet und im Winter in den Süden ihres Verbreitungsgebietes zieht. Weitere Arten kommen in Südamerika, Ostasien und Ostindien vor. Eine andere, die Schwarze Mangrovenrohrdommel, wird etwa einhalbmal größer als die anderen und gehört zur Gattung *Dupator*.

Die Zwergrohrdommeln nisten nur 30 bis 60 cm oberhalb des Bodens in lockeren Schilfbüscheln und anderen Sumpfpflanzen. Ihr Gelege besteht aus 4 bis 6 kalkweißen Eiern, aus denen nach 16 bis 19 Tagen die Jungvögel auskriechen. Beide Elternvögel brüten und füttern die Jungen mit der ausgewürgten Nahrung. Nur etwa eine Woche lang verbleiben die Kleinen im Nest, bis sie dann ihre nähere Umgebung erkunden; im Alter von etwa einem Monat starten sie zum ersten Flug. Ihre Nahrung besteht zum größten Teil aus Wasserinsekten und allem möglichen Kleingetier.

Als urtümlichste Gruppe der Reiherverwandten haben wir die Tigerrohrdommeln anzusehen, die sich in 6 Arten auf

4 Gattungen verteilen. In ihrem Tarnkleid, ihrem Einzelgängertum, der Pfahlstellung bei Gefahr und dem lauten, dröhnenden Paarungsruf gleichen sie den eigentlichen Rohrdommeln, aber da sie alle 3 Paar Puderdunenflecken haben und 2 Arten sogar die Spuren eines vierten Paares, gehören sie in die Nähe der eigentlichen Reiher. Ihre Verbreitungsgebiete liegen ziemlich weit verstreut: eines auf Neuguinea, das andere in Zentralafrika, und die übrigen vier in Mittel- und Südamerika. Danach können wir wohl annehmen, daß es sich hier um die Nachfahren einer einst weltweit verbreiteten Gruppe handelt, deren Zwischenformen jetzt ausgestorben sind. Als Beispiel sei die Gestreifte Tigerrohrdommel aus Mittel- und Südamerika genannt, ein weit verbreiteter Vogel der bewaldeten Fluß- und Sumpfufer.

Als dritte Gruppe betrachten wir die Nachtreiher, die ihren Namen mit Recht tragen, weil sie meist nachts tätig sind und ihre Beute jagen, doch sieht man sie manchmal auch am Tage. Man kann die Nachtreiher in zwei Gruppen unterteilen, deren ältere und urtümlichere durch die 4 Arten der orientalischen Gattung *Gorsachius* gebildet wird. Drei davon leben im östlichen Asien von Japan und den Philippinen an über Malaya bis zu den ostindischen Inseln, die vierte in Zentralafrika. Als Beispiel mag der Japanische Nachtreiher dienen, ein rohrdommelgroßer und -ähnlicher Vogel mit braunem Gefieder, dunklen Streifen und Schnörkeln und einem verlängerten Nackenschopf, der scheu und zurückgezogen in den Wäldern lebt. Eintönig schallt sein tiefes Quaken durch die Nacht.

Die Nahrung des Vogels besteht aus Krabben und anderen Krebstieren, Insekten und kleinen Fischen. Am hellen Tage sitzt er ruhig in den Wipfeln der Bäume, kommt aber bei wolkigem und regnerischem Wetter auch tagsüber hervor, um sich an den waldigen Flußufern seine Beute zu holen. Als Nest baut er 6 bis 15 m hoch in den Bäumen eine lockere Plattform aus Zweigen. Er nistet nicht in Kolonien, doch können sich in günstigem Gelände bis zu einem Dutzend Paare dicht beieinander niederlassen. Das Weibchen legt 3 bis 4 weiße Eier, deren Zeitigungsdauer 17 bis 20 Tage beträgt; die Jungvögel bleiben 35 bis 37 Tage im Nest, bis sie fliegen können. Wie die Rohrdommeln halten auch die brütenden Nachtreiher ihren Kopf und Hals senkrecht nach oben gestreckt, als wollten sie einen aufragenden Zweig nachahmen.

5 weitere Arten Nachtreiher gehören der Gattung *Nycticorax* an, von denen der Gewöhnliche Nachtreiher am weitesten verbreitet ist. Seine Brutplätze erstrecken sich über Nord- und Südamerika, durch Europa und Asien südwärts bis nach Afrika und Ostindien. Dieser hellgrau und weiß gefärbte Vogel hat eine schwarze Kopfplatte und Rückseite, leuchtend rote Augen und 2 bis 4 lange, dünne weiße Schmuckfedern im Nacken. Wie bei den orientalischen Formen sind seine Beine und der Hals verhältnismäßig kurz, der Schnabel aber ziemlich dick. Etwas größer wird der Rötliche Nachtreiher der westpazifischen Inseln und Australiens mit seinem kastanienbraunen Rücken und der rötlichgelben Bauchseite. Drei weitere Arten, darunter der Gelbkopf-Nachtreiher in Nord- und Südamerika, leben ausschließlich in der Neuen Welt.

Wie alle Reiher es tun, tragen auch die Nachtreiher im Flug den Kopf bei S-förmig gekrümmtem Hals «zwischen den Schultern». Der Gewöhnliche Nachtreiher genießt in Japan, wo er ziemlich häufig ist, den Vorzug, als einziger Vogel in den Adelsstand erhoben worden zu sein. Einer Sage zufolge soll der Tenno Daigo im 10. Jahrhundert so von der Schönheit und Zahmheit des Reihers, der seinen Tierpark in der Hauptstadt Kyoto zierte, erbaut gewesen sein, daß er ihn in den 5. Hofrang eines «go-i» erhob, und seit dieser Zeit führt der Vogel in Japan den Namen «Goi-Reiher».

Der Gewöhnliche Nachtreiher brütet in kleinen Kolonien, die oft nur ein Dutzend Paare umfassen, doch findet man auf kleinen Waldflächen manchmal Hunderte von Paaren beisammen, häufig auch in Gesellschaft von anderen Reihern und Ibissen. Sie bauen sich ihr Nest aus Zweigen auf Bäumen oder Gebüsch und legen 3 bis 5 bläulichgrüne Eier, die von beiden Eltern bebrütet werden. Da die Eier in Abständen von 48 Stunden gelegt werden und die Brutzeit bereits bei der Ablage des ersten Eies beginnt, muß die 21 Tage währende Brutdauer um weitere 6 bis 8 Tage ausgedehnt werden, bis alle Jungvögel auskriechen. In der Hauptsache bekommen die Jungen Fisch zu fressen; schon einen Monat nach dem Schlüpfen verlassen sie ihr Nest, können aber erst mit 6 Wochen richtig fliegen.

Im größten Teil ihres Verbreitungsgebietes leben die Nachtreiher als Zugvögel, wobei die am weitesten nördlich nistenden Arten auch am weitesten nach Süden gehen. Wie die Vogelberingung zeigt, ziehen die jungen Nachtreiher nicht gleich nach dem Verlassen der Nistgründe nach Süden, sondern fliegen erst nach allen Richtungen auseinander, wie Splitter einer explodierenden Bombe, um sich ein eigenes Heimatrevier zu schaffen; man nennt diese Erscheinung im Englischen «Granateneffekt». Sie findet sich bei einer ganzen Anzahl anderer Reiher wieder, deren Junge sich erst in ziemlich weitem Umkreis verstreuen, bis sie nach Süden ziehen.

Die größte Gruppe dieser Familie aber bilden die 35 Arten der Eigentlichen Reiher oder Tagreiher, die von den Systematikern auf 6, 10 oder noch mehr Gattungen verteilt werden. Hierzu gehören die größten, die prächtigsten und zugleich auch die am höchsten entwickelten Mitglieder der ganzen Ordnung. Am unscheinbarsten bleiben noch die drei kleinen Grünreiher der Gattung *Butorides* und die 7 Angehörigen der Gattung *Ardeola*. Davon bewohnen zwei Grünreiher fast alle gemäßigten und tropischen Zonen der ganzen Welt mit Ausnahme von Europa, West- und Zentralasien. Diese beiden Arten unterscheiden sich eigentlich nur in der Nackenfärbung, so daß sie vielleicht als geographische Rassen einer einzigen Art aufzufassen sind. Der dritte Grünreiher gleicht seinen beiden Verwandten in der Gestalt und den Lebensgewohnheiten, ist aber vollkommen schwarz; sein Vorkommen beschränkt sich auf die Galapagos-Inseln.

Im ganzen gemäßigten Amerika hält sich der Amerikanische Grünreiher an den Ufern der Seen und Flüsse auf und läßt sein «skiuh» ertönen. Mitunter nistet er einzeln, meist aber in kleineren Kolonien, und baut sein aus Zweigen bestehendes Nest 1,5 bis 6 m hoch auf Bäumen oder im Gesträuch in der Nähe des Wassers. In den Tropen und Subtropen läßt er sich besonders gern in den Mangroven nieder. Sein Gelege besteht aus 3 bis 5 grünlichen Eiern, aus denen die Jungvögel nach 20 Tagen schlüpfen.

Die Rallenreiher der Gattung *Ardeola* bilden eine altweltliche Gruppe kleinerer, heller gefärbter oder mitunter auch rein weißer Reihervögel mit verhältnismäßig kurzen Beinen, Hals und Schnabel sowie recht massigem Rumpf. Sie bewohnen Südeuropa, das westliche Asien und Afrika, leben gesellig und sind wenig scheu, so daß sie sich häufig in der Nähe von Ortschaften und auf Weiden aufhalten.

Zur Gattung *Bubulcus* gehört der Kuhreiher. Ursprünglich beschränkte sich sein Vorkommen auf Südeuropa und Nordafrika, doch hat sich die Art innerhalb des letzten halben Jahrhunderts geradezu explosionsartig ausgebreitet. Zwischen beiden Kriegen tauchte der Kuhreiher plötzlich in Britisch-Guayana auf, als offenbar eine genügend große Anzahl dieser Vögel aktiv oder vom Wind verweht über den südlichen Atlantik kam und dort in den Mangrovenwäldern eine neue Kolonie bildete, die nicht nur florierte, sondern sich weiter ausbreitete. Von dort wanderten die Kuhreiher über Westindien und ließen sich um 1950 in Florida nieder, wo sie auf den kleinen Inseln des Lake Okeechobee brüten. Jetzt nisten die Kuhreiher bereits bis New Jersey im Norden und bis Texas nach Westen, wurden auf ihren Wanderungen aber schon in den östlichen Staaten nordwärts bis Maine und westwärts bis nach Minnesota und Kansas festgestellt. Auf ähnliche Weise hat sich die Art in neuester Zeit auch Australien erobert.

Wo immer er auftaucht, behält der Kuhreiher seine Angewohnheit, sich mit Großwild zusammenzutun; daher rührt ja auch sein volkstümlicher Name. Er hält sich nämlich ohne Scheu zwischen den Füßen der Rinder auf und frißt die Insekten, die beim Weiden hochgescheucht werden; hin und wieder läßt er sich auch auf dem Rücken der Kühe nieder. Im Brutgefieder erkennt man den Kuhreiher leicht an den braunen Flecken an Kopf, Brust und Rücken, an dem kurzen, leicht gebogenen Schnabel und an den gelblichen Beinen.

Die 5 *Hydranassa*-Arten bilden eine Gruppe kleiner bis mittelgroßer Vögel, die ungefähr zwischen den Grün- und Rallenreihern sowie den *Egretta*-Arten stehen. Hier wären der Kleine Blaureiher, der Louisiana-Reiher und der Rotreiher zu nennen, der jedoch zu einer eigenen Gattung *(Dichromanassa)* gehört. Als etwas abweichende Formen, die man auch häufig zu anderen Gattungen stellt, schließen sich hier der australische Buntreiher und der afrikanische Schwarzreiher an.

Eine wichtige Rolle spielen die 8 Weißreiher der Gattung *Egretta* aus den Tropen und gemäßigten Klimaten. Alle sehen sie weiß aus oder zeigen doch wenigstens eine weiße Färbungsphase, vor allem aber zeichnen sie sich zur Brutzeit durch die herrlichen Schmuckfedern auf dem Rücken aus. Dieses bildschöne Hochzeitskleid hätte fast ihren Untergang bedeutet, denn um die Jahrhundertwende schlachtete man diese Vögel zu Hunderten und Tausenden in ihren Nestern ab, um den Bedarf der Modeschöpfer an Reiherfedern zu decken. Es bedurfte erst langer Kämpfe der Naturschutzvereinigungen, um das öffentliche Interesse so weit zu wecken, daß diesem Vernichtungsfeldzug ein Ende gesetzt werden konnte. Dank dieser Bemühungen haben sich der Silberreiher und der Amerikanische Seidenreiher wieder erfreulich vermehrt. Leider gibt es aber noch immer in den Ländern, in denen die Naturschutzbestimmungen weniger genau genommen werden, einen Schwarzen Markt für Reiherfedern; insbesondere im nördlichen Südamerika stellt man den Reihern ihres Gefieders wegen nach. Ganz ähnlich wie der Amerikanische Seidenreiher sieht der Europäische Seidenreiher aus, der das südliche Europa und Asien, Afrika und Australien bewohnt, während der Silberreiher fast in der ganzen Welt zu Hause ist.

SPEERREIHER
Agamia agami
Mexiko bis Peru und Brasilien; 75 cm.

In die nähere Verwandtschaft der eben behandelten Arten gehören die beiden Felsenreiher aus den Gebieten am Indischen und westlichen Pazifischen Ozean sowie von den dort gelegenen Inseln, doch sind ihre Schmuckfedern weder so lang noch so ansehnlich wie bei den eigentlichen Reihern. Bei diesen Vögeln, die sich an den Meeresküsten aufhalten, gibt es zwei Färbungsphasen, eine weiße und eine blaue. Einige Populationen sind rein weiß, während bei den anderen der höheren Breitengrade das Blau überwiegt. In einigen Teilen des Verbreitungsgebietes kommen Zwischenformen vor, bei denen die Farbtönungen und Häufigkeit des Auftretens den Mendelschen Gesetzen entsprechen.

Die eindrucksvollsten Vertreter ihrer Familie aber stellen die Arten der Gattung *Ardea* vor, wie der Fisch- oder Graureiher von Europa, Asien, Afrika und Madagaskar sowie der ihm sehr ähnliche Amerikanische Graureiher von Nord- und Mittelamerika sowie Westindien. Hierher gehören ferner der Kaiser- und Riesenreiher aus Indien und Afrika, ferner der Sumatrareiher aus dem südöstlichen Asien und Ostindien. Alle sind stattliche Vögel mit einer Höhe von 1,2 bis 1,5 m. Etwas kleiner bleibt der hübsche Purpurreiher in Europa, Asien, Afrika und auf Madagaskar.

Der Amerikanische Graureiher nistet ebenso wie unser einheimischer Graureiher in Kolonien und baut sein Nest aus Zweigen 15 bis 30 m hoch in den Bäumen. Beide Eltern bebrüten das Gelege, das aus 4 bis 6 hellgrünlichen Eiern besteht, ungefähr 25 bis 28 Tage lang und füttern auch gemeinsam ihre Jungen, anfangs mit ausgewürgter Nahrung, später mit ganzen Fischen.

Einen wundervollen Anblick bietet eine große Reiherkolonie, insbesondere bei den weißen Formen, die sich anmutig gegen das Grün der Bäume abheben. An günstigen Stellen findet man häufiger 5 oder noch mehr verschiedene Arten an einem Brutplatz vor. In Japan erstrecken sich manche große Reiherkolonien kilometerweit, wobei jeder Baum mindestens ein Nest, mitunter aber auch Dutzende trägt.

Die Sterblichkeit liegt bei den Jungvögeln am höchsten an den Nistplätzen und bleibt auch später noch einige Zeit lang ziemlich hoch; sie beträgt im ersten Lebensjahr etwa 70 Prozent. Haben die Jungvögel aber erst einmal die ersten 6 Monate ihres Lebens hinter sich gebracht, so steht ihnen im allgemeinen ein recht langes Leben bevor, denn bei den Erwachsenen beträgt die Sterblichkeit nur noch etwa 30 Prozent im Jahr. Die höchste bekannte Lebensdauer erreichte ein Fischreiher, der von Rossitten, der berühmten ostpreußischen Vogelwarte, beringt wurde, mit einem Alter von $24^1/_2$ Jahren.

Zum Abschluß bleibt nur noch der Speerreiher aus Mittel- und dem nördlichen Südamerika zu erwähnen, zweifellos eine der schönsten Arten. Er kommt nicht nur den eigentlichen Reihern, sondern auch den Weißreihern und Rohrdommeln nahe, ohne sich jedoch einer dieser Gruppen anschließen zu lassen. Dennoch gehört er einwandfrei in die Familie der Reihervögel und stellt anscheinend einen vereinzelten Abkömmling einer alten Stammgruppe dar. Da er drei Paar Puderdunen-Flecken besitzt, ist er definitionsgemäß ein Reiher, und zwar ein sehr ansprechender und interessanter.

Kahnschnäbel *Cochleariidae*
Schuhschnäbel *Balaenicipitidae*
Schattenvögel *Scopidae*

Jede der hier gemeinsam behandelten 3 Familien zeigt eine Anzahl von Merkmalen, wie sie in keiner der anderen 4 Familien dieser Ordnung vereinigt sind. Der Kahnschnabel ist am nächsten mit den Reihern verwandt, der Schuhschnabel anscheinend mit den Störchen, und der Schattenvogel läßt Beziehungen zu beiden Familien erkennen. Alle 3 Formen weichen jedoch derart stark vom allgemeinen Bauplan der übrigen Gruppen ab, daß wir jeder am besten den Rang einer eigenen Familie zuerkennen.

Am wenigstens fällt noch der Kahnschnabel aus dem allgemeinen Rahmen, ein ruhiger Vogel der Süßwasser-Mangrovensümpfe vom mittleren Mexiko bis nach Brasilien, der in Größe und Färbung den Nachtreihern der Gattung *Nycticorax* ähnelt. Seine Oberseite ist meist grau und zeigt dunkle Flecke am Kopf, Rücken und an den Weichen, die Bauchseite wirkt aber bräunlich, und statt zwei langer, feiner, weißer Federn finden wir als Schopf ein kürzeres, breites, dunkles Gefieder. Die Ähnlichkeit mit den Reihern wird durch die kammartig gezähnte Kralle der mittleren Vorderzehe und 4 Paar Puderdunen-Flecken vertieft, doch erinnern die zum Teil nackte Kehle und der aufblähbare Kehlsack an die Störche.

Das auffallendste Merkmal stellt der fast 8 cm lange und 5 cm breite, schaufelähnliche Schnabel der Art dar, und hiermit hängt wohl auch die auffallende Breite der Gaumenknochen zusammen, die bei den Reihern sehr schmal erscheinen. Der Kahnschnabel soll Würmer, Krebse, Fische, Lurche und selbst kleine Säuger fressen, aber nach seinem Schnabel möchte man vielmehr annehmen, er grabe damit im Schlamm nach weniger flüchtiger Nahrung.

Was der Kahnschnabel eigentlich treibt, ist nicht recht bekannt, weil er sich tagsüber im Mangrovendickicht versteckt und erst zur Nacht herauskommt. Im Zusammenhang mit dieser Lebensweise steht auch die beträchtliche Größe seiner Augen. Die Stimme soll wie rauhes, froschähnliches Quaken oder Bellen klingen, während andrerseits von einem storchähnlichen Schnabelklappern berichtet wird. Teils nistet der Kahnschnabel allein, teils in kleinen Kolonien, auch in Gesellschaft mit Nachtreihern. Ebenso wie sie baut er ein flaches Nest aus Zweigen in den Mangroven und legt dort 2 bis 4 bläulichweiße Eier hinein, die beide Eltern bebrüten.

Den grotesken Schuhschnabel mit seinem über 20 cm langen und fast ebenso breiten Schnabel findet man nur in den Papyrussümpfen des oberen Weißen Nil und einigen anderen Flüssen im mittleren Ostafrika. Dieser grämlich blickende, 1 bis 1,2 m hohe Vogel ist sehr scheu und geht dem Menschen aus dem Wege. In seiner Heimat sieht man den «Abu Markub» einzeln oder paarweise im flachen Wasser waten oder auch ruhig dastehen, den Schnabel auf die Brust gesenkt; hin und wieder segelt er hoch über den Tropensümpfen von Uganda, des Sudan- und Kongogebietes, wobei er Kopf und Hals wie ein Reiher nach hinten einbiegt. An die Reiher erinnern ferner die Kammsäge unter der Kralle des mittleren Vorderzehs und die Tatsache, daß die Hinterzehe in der gleichen Ebene ansetzt wie die 3 Vorderzehen, die übrigens keine Schwimmhäute tragen. Er besitzt auch ein Paar Puderdunen-Flecken am Rumpf, doch erscheint es nicht ganz klar, wie er

KAHNSCHNABEL
Cochlearius cochlearius
Südliches Mexiko bis Peru und Südbrasilien; 56 cm.

sich mit seinem ungeschlachten Schnabel einzupudern vermag. Andere anatomische Eigenarten erinnern jedoch mehr an die Störche als an die Reiher. Nach den Aussagen der Eingeborenen soll der Schuhschnabel im Flug einen lauten, schrillen Schrei ausstoßen, was aber noch nicht bestätigt ist, doch steht fest, daß er wie ein Storch klappern kann.

Offensichtlich eignet sich der massige Schnabel dieses Vogels ganz ausgezeichnet dazu, im Schlamm der Gewässer nach Lungenfischen zu wühlen, die er besonders gern frißt; außerdem nimmt er auch Frösche, junge Schildkröten, Krokodile und Säugetiere, wie er auch auf dem Wasser treibendes Aas nicht verschmähen soll. Als Bodennister legt er seine beiden Eier in flache Grasbüschel an den trockenen Stellen des Sumpfes. Anfangs sieht das Gelege kalkweiß aus, nimmt aber bald eine schmutzigbraune Farbe an.

Der Schattenvogel oder Hammerkopf, wie er in Afrika heißt, ist ein merkwürdiger Vogel, den man nicht richtig im zoologischen System unterbringen kann. Er hat Puderdunen und fliegt mit ausgestrecktem Hals wie ein Storch oder Ibis, ähnelt aber in seinem Stimmapparat und seinen Lautäußerungen einem Reiher, wie auch seine Vorder- und Hinterzehen in der gleichen Ebene liegen und die Kralle der mittleren Vorderzehe nach Reiherart kleine Zähne aufweist. Sein breiter, flacher Schnabel steht in der ganzen Vogelordnung ohne Beispiel da, und die parasitischen Insekten, mit denen das Tier behaftet ist, sind eng verwandt mit denen gewisser Regenpfeifer.

Dieser gut 50 cm lange Vogel zeigt eine bräunliche Grundfärbung mit purpurschimmernden Farbtönen am Rücken und auf den Flügeln. Seine Beine wirken ziemlich kurz, und sein großer Kopf sitzt auf einem kurzen, dicken Hals. Hammerkopf nennt man ihn seines langen waagerechten Schopfes wegen, der dem Hinterende eines Hammers ähnelt.

Wo der Schattenvogel in seinem weiten Verbreitungsgebiet auftritt, das sich vom südwestlichen Arabien über das ganze tropische Afrika und Madagaskar erstreckt, sieht man ihn als bösen Vorboten an und fürchtet sich aus Angst vor einem bevorstehenden Unglück, ihm zu nahezutreten; dadurch genießt der Vogel einen wirksamen Naturschutz. Wo es offene Wasserstellen gibt, wie Straßengräben oder an den Flußufern, kann man ihn einzeln, paarweise oder in kleinen Trupps treffen. Dann führen die Tiere ein ganz merkwürdiges Zeremoniell auf: Wenn sich zwei oder mehr Schattenvögel begeg-

SCHUHSCHNABEL
Balaeniceps rex
Afrika: oberer Weißer Nil südwärts bis Katanga und Uganda; 120 cm.

SCHATTENVOGEL ODER HAMMERKOPF
Scopus umbretta
Südwest-Arabien, Afrika und Madagaskar; 50 cm.

nen, fangen sie ohne jeden erkennbaren Anlaß an, in die Luft zu springen und um einander zu tanzen. Auf einmal aber verbeugen sie sich gegenseitig, stecken ihren Kopf zwischen die Schultern und verfallen in eine feierliche Ruhe. Ihre Nahrung ist ziemlich abwechslungsreich und besteht größtenteils aus Wasserinsekten, Würmern, Schnecken, Grashüpfern, kleinen Fischen und Lurchen. Die größte Aktivität zeigen die Vögel gegen Abend und wohl auch zur Nacht.

Das Nest des Schattenvogels besteht aus einem riesigen Gebilde, das manchmal einen Durchmesser von 1,8 m und mehr aufweist, mit einem aufgeteilten Innenraum und ziemlich kleinem, an der unzugänglichsten Stelle gelegenen Eingang. Als Baumaterial dienen Zweige, die mit Schlamm verklebt und an der Außenwand mit allerlei farbigen Gegenständen verputzt werden, wie Stoff-Fetzen, Scherben, Knochen und ähnlichem Plunder. Manchmal legen die Vögel ihre Nester in Felsspalten an, häufiger aber auf höheren Bäumen, wo man sie manchmal zu 5 oder 6 ganz nahe beieinander antrifft. Wenn auch die Eingeborenen glauben, daß alle möglichen anderen Vögel beim Nestbau helfen, indem sie das Material herbeischleppen, ist dieser Bau doch das Werk eines einzigen Schattenvogelpaares; es baut zwar einige Monate daran, hält sich aber mehrere Jahre darin auf, fügt neues Material hinzu und repariert auftretende Schäden. Im Innenraum dieses «Luxusappartements» befindet sich auch das Gelege aus 3 bis 6 kleinen weißen Eiern, die von beiden Elternvögeln bebrütet werden.

Störche und Marabus *Ciconiidae*

Die 17 Arten dieser Familie sind fast über die ganze Welt verbreitet und kommen in allen wärmeren Ländern vor, mit Ausnahme von Neuseeland, Ozeanien und dem nördlichen Nordamerika. Im Gegensatz zu den bisher behandelten Angehörigen ihrer Ordnung fehlen die Puderdunen und die Sägezähne der mittleren Vorderzehe, die Zehen sind ziemlich kurz und oft am Grunde mit Schwimmhäuten verbunden; ihr Stimmapparat besitzt keine Muskulatur. Erwachsene Störche können daher nur zischen; ihre wichtigste Lautäußerung ist das bekannte Klappern mit dem Schnabel. Die Hinterzehe setzt etwas höher an als die vorderen.

Daß es sich bei dieser Familie um eine recht alte Gruppe handelt, ersieht man aus den 20 oder mehr bekannten fossilen Arten, die bis 50 Millionen Jahre zurück ins Oligozän reichen. Alle Storchvögel haben kräftige Flügel, mit denen sie abwechselnd eine Strecke lang schlagen und dann wieder segeln. Dabei wird der Hals gerade nach vorn gestreckt, und die langen Beine sind nach hinten genommen. Die nördlichen Arten sind Zugvögel, die gewöhnlich in großen Scharen zu wandern pflegen.

Mit dem Klapperstorch, der die Babys bringt, ist der altweltliche Weiße Storch gemeint, der schon im frühen Mittelalter als Glücksbringer galt, besonders bei den germanischen Völkern. Dank seiner Beliebtheit konnte sich der große Vogel in seinem dicht besiedelten Verbreitungsgebiet bis jetzt halten.

In Frankreich dagegen ist der Storch nicht so populär, und so brütet er dort — vom Elsaß ausgenommen — nicht mehr, obwohl er früher ebenso häufig war wie jetzt noch in Deutschland, vor allem aber in Polen, wo in manchen Dörfern beinahe jedes Haus ein Storchennest auf seinem Dach trägt. Einst nistete die Art wohl auf Felsenhängen und Bäumen, wie seine Verwandten noch heute, hat sich dann aber darauf verlegt, seine Nester auf den menschlichen Behausungen anzulegen. Das wird sogar von den Hausbesitzern gefördert, die in den Störchen Glücksboten sehen und ihnen Wagenräder und Körbe auf das Dach stellen.

Der Weiße Storch brütet von Westeuropa an ostwärts bis ins Baltikum und zum Kaukasus, ferner in Nordwestafrika sowie in Kleinasien bis Westpersien und Turkestan. Von der schwarzschnäbligen Rasse leben in Japan nur noch wenige Stück.

Schon in biblischen Zeiten wußte man, daß der Storch in langen Wanderungen nach Afrika zieht, aber erst in den letzten Jahrzehnten war es dank der Vogelberingung möglich, seine Zugstrecken genau kennenzulernen. Nachdem man zahlreiche junge Störche beringt hatte, stellte sich heraus, daß sich die Art bei ihren Wanderungen von Europa ins Winterquartier in zwei Gruppen teilt: Die westlichen Populationen ziehen über Spanien und die Straße von Gibraltar

WEISSER STORCH
Ciconia ciconia
Europa und Asien; 100 cm.

SCHWARZER STORCH
Ciconia nigra
Europa und Asien; 96 cm.

SATTELSTORCH
Ephippiorhynchus senegalensis
Tropisches Afrika; 1,3 m.

JABIRÚ
Jabiru mycterica
Südliches Mexiko bis Argentinien; 1,4 m.

MARABU
Leptoptilos crumeniferus
Tropisches Afrika; 1,5 m.

WALDIBIS
Mycteria americana
Südöstliche USA bis Peru und Argentinien; 1,2 m.

ZUGSTRECKEN DES EUROPÄISCHEN WEISSEN STORCHES

nach Afrika, die östlichen wählen den Weg über die östlichen Mittelmeerländer, Israel und Ägypten. Nur wenige benutzen die kurze Straße über Italien, Sizilien und das Mittelmeer bis nach Nordafrika.

Die Störche zeigen eine bemerkenswerte Ortstreue zu ihrer Niststätte. Oft finden sich die Partner Jahr für Jahr am alten Nest, und auch die Jungtiere kehren in ihre Brutheimat zurück, um sich in nächster Nähe einen eigenen Nistplatz zu suchen. Auf Grund der Beringung hat sich ergeben, daß freilebende Störche mindestens 20 Jahre alt werden können, aber da erst seit verhältnismäßig kurzer Zeit beringt wird, sind sicher höhere Alterswerte zu erwarten, zumal gefangengehaltene Störche im Zoo noch länger leben.

An ihren Wohnplätzen suchen sich die Störche ihr Futter an den Ufern der Seen und Flüsse, in Sümpfen und auch im Kulturland. Beide Partner beteiligen sich am Nestbau und bessern gemeinsam Schäden an ihrer Brutstätte aus. Beide Partner schleppen Gras, Stöcke, Zweige, Lehmklumpen, selbst Steine und Papier als Nistmaterial herbei und fügen daraus das Nest zusammen, das Weibchen legt seine 3 bis 6 Eier hinein. Tagsüber hilft das Männchen beim Brüten, das Weibchen sitzt hauptsächlich nachts auf den Eiern. Nach 33 bis 34 Tagen kriechen die Jungvögel aus und werden von beiden Eltern anfangs hauptsächlich mit Regenwürmern gefüttert, später bekommen sie Frösche, Fische, kleine Vögel, Schlangen, große Insekten und Kleinsäuger. Etwa 8 Wochen lang verbleiben die Jungvögel im Nest, bis sie fliegen können. Wenn ein Storch sich vom Boden in die Luft erheben will, führt er ein paar kurze Sprünge aus, bevor er losfliegt. Oft sieht man im Frühling das Storchenpaar mit fast bewegungslosen Flügeln hoch oben in der Luft segeln und dann in spiraligen Kreisen am Horizont verschwinden. Im Herbst ziehen die Vögel oft in großen, geschlossenen Schwärmen ohne Flugordnung nach Süden.

Etwas kleiner als die vorige Art bleibt der Schwarze Storch, der von Mitteleuropa an nach Osten bis China und Korea zu Hause ist. Er meidet die Nähe menschlicher Siedlungen, nistet vielmehr auf Felsenhängen oder baut sein großes Nest in den Wipfeln hoher Bäume. In West- und Südeuropa ist er ausgerottet, aber auch die Bestände in China und Korea haben infolge der Kriege dort stark gelitten.

Einer der größten und zugleich auch gewiß einer der schönsten Störche ist der zentralafrikanische Sattelstorch, der seinen Namen nach einem sattelähnlichen Schild auf dem Rücken seines riesigen Schnabels trägt. Sehr große Storchenvögel stellen auch die drei Marabu-Arten im südlichen Asien und im tropischen Afrika dar. Das groteske Erscheinungsbild dieser Vögel wird durch ihren 30 cm oder noch tiefer herunterhängenden nackten Kehlsack noch besonders hervorgehoben. Wahrscheinlich steht dieses Anhangsgebilde irgendwie mit der Atmung im Zusammenhang. Die indische Art wird auch Adjutant genannt, weil sich die englischen Kolonialtruppen beim Anblick der würdevollen, unnahbaren Haltung des Vogels an diese wenig beliebten Offiziere erinnert fühlten.

Die Marabus fressen zum großen Teil Aas und leben daher auch in trockenen Gegenden weitab vom Wasser. Trotz ihrer Größe will der Mensch doch ihrer Freßgewohnheiten wegen wenig mit diesen Vögeln zu tun haben, und so kommen sie auch heute noch an bewohnten Stellen vor. Kein anderer Aasjäger verspürt Lust, sich mit den kräftigen Marabus anzulegen, denn ihr gewaltiger, harter Schnabel stellt eine wirksame Waffe dar. Daher machen sie sich mit den besten Bissen davon, ohne von den Geiern belästigt zu werden. In manchen Gebieten stehen sie sogar unter Naturschutz, insbesondere in Indien, wo nicht einmal die Hunde sich mit ihnen einlassen.

Als größter neuweltlicher Storchenvogel und zugleich als einer der größten flugfähigen Vögel Amerikas lebt der Jabirú von Mexiko bis nach Argentinien. «Jabirú» ist eine alte indianische Bezeichnung für diesen schwarz-weißen Vogel, dessen nackter Kopf schwarz gefärbt ist. Im Gegensatz zu dem Marabu, dem er sonst im ganzen sehr ähnlich sieht, frißt der Jabirú kein Aas, sondern lebt von Fischen, Lurchen und anderem Getier der flachen Tropensümpfe, wo er hauptsächlich im Süßwasser, gelegentlich auch im Brackwasser vorkommt.

Die am besten bekannte Art Amerikas aber ist der Waldstorch, den man früher als Waldibis bezeichnete, ein ziemlich häufiger Vogel in Südflorida, wo seine Nistplätze seit einer Reihe von Jahren von der Audubon-Gesellschaft unter Naturschutz gestellt wurden. Die Art brütet in großen Kolonien und baut ihre riesigen Nester in den Zypressen der Sumpfgebiete. Häufig findet man auf einer kleinen Fläche vier- oder fünftausend Vögel versammelt; sie bauen ihre Nester so dicht, daß man Hunderte von Quadratmetern weit auf vielen Bäumen 12 bis 50 davon findet. In der Hauptsache holt sich der Waldstorch seine Nahrung aus dem Süßwasser, fischt aber unter besonders günstigen Umständen auch in der Gezeitenzone. Gewöhnlich suchen sich die Vögel in kleineren Trupps ihre Nahrung im 30 cm tiefen Wasser der Everglades, wobei sie sich zu Ketten formieren und bis zu einem gewissen Grad zusammenarbeiten. Jeder Vogel rührt mit einem Fuß das Wasser auf, damit die Nahrungstiere aufgestöbert werden, und greift sich dann die fliehende Beute mit dem Schnabel.

Sichler und Löffler *Threskiornithidae*

In dieser Familie vereinigen wir 28 Arten mittelgroßer, 50 bis 100 cm langer Watvögel, die in allen wärmeren und tropischen Ländern der ganzen Welt mit Ausnahme von Ozeanien vorkommen. Typisch für sie ist ihr federfreies Gesicht, und in einer Gruppe bleibt sogar der ganze Kopf und Hals nackt. Wie bei den Störchen fehlen hier Puderdunen und Stimmapparat außer bei einigen Arten, die aber auch nur ein heiseres Krächzen hervorbringen können. Die Zehen allerdings sind länger als bei den Störchen, die Hinterzehe setzt etwas höher an, und die mittlere Vorderkralle zeigt kleine Kammzähnchen, wie wir sie bei den Reihern fanden.

Man gliedert die Familie in zwei natürliche Einheiten, nämlich die Sichler, mit einem langen, schmalen und stark abwärts gekrümmten Schnabel, und die Löffler, deren Schnabel flach und verbreitert erscheint. Alle leben gesellig, wandern und brüten in Schwärmen. Beim Fliegen strecken sie ihren Hals gerade nach vorn und ziehen die Beine nach. Während sich die Löffler mit steten Flügelschlägen fortbewegen, fliegen die Sichler, manchmal sogar in ganz einheitlicher Weise innerhalb des Schwarms, unter abwechselndem Schlagen und Gleiten.

Für das hohe Alter der Sichler sprechen die Funde fossiler Arten, die sich bis 60 Millionen Jahre ins Eozän hinein zurückverfolgen lassen, aber auch in der menschlichen Kulturgeschichte finden wir sie schon vor 5000 Jahren erwähnt. Bei den alten Ägyptern wurde der Ibis als heiliger Vogel verehrt und stellte einen festen Bestandteil ihrer Religion und auch ihrer hieroglyphischen Schriftzeichen dar. Für sie war der Ibis die Verkörperung des Gottes Toth, des Schreibers der Götter, dessen Aufgabe darin bestand, die Lebensgeschichte eines jeden Menschen aufzuschreiben. Auf den ägyptischen Bilderleisten wurde Toth mit einem Ibiskopf dargestellt. Auf vielen ägyptischen Bauwerken findet man Skulpturen des Ibis, und die Bälge der Vögel wurden den Pharaonen mit ins Grab gegeben. Heute allerdings ist der Ibis in Ägypten recht selten geworden und kommt in Afrika nur noch südlich der Sahara häufiger vor. Nahe verwandte Arten gibt es weiterhin im südlichen Asien, in Ostindien, auf Madagaskar und in Australien. Alle leben an Ufern und in Sümpfen und fressen Lurche, Insekten und deren Larven sowie andere kleine Wassertiere.

Zu den am weitest verbreiteten Arten gehört der hübsche Braune Sichler, eine kleine, nur 50 cm große Art mit dunklem, bronze- und purpurschimmerndem Gefieder. Er nistet im südlichen Europa und Asien, Afrika, Madagaskar, Ostindien und Australien sowie in Nordamerika von New Jersey längs der Atlantikküste bis Florida und von der Golfküste südwärts bis Westindien und Mexiko. Eine nahe verwandte Art brütet von den westlichen USA über Mittelamerika und das westliche Südamerika bis Chile und Argentinien. Weitere Formen leben in den Hochanden von Peru und Bolivien.

Etwas größer als der Braune Sichler ist der Weiße Sichler. Seine Brutkolonien liegen im Bereich der feuchten Waldgebiete, in den brackigen Küstengewässern oder an den Ufern der Süßwasserseen von Süd-Carolina und Niederkalifornien bis Venezuela und Brasilien. Die Weißen Sichler errichten ein lockeres, rundliches Nest von etwa 60 cm Durchmesser aus Ästen, in das die 3 bis 5 weißen, unregelmäßig braun gesprenkelten und getüpfelten Eier gelegt werden. Beide Geschlechter brüten abwechselnd etwa 21 Tage lang. Am liebsten fressen die Jungvögel Krabben, nehmen aber außerdem auch große Insekten, Schnecken und selbst Schlangen. Schon eine Woche oder zwei nach dem Auskriechen verlassen die Jungen das Nest und krabbeln auf den benachbarten Zweigen herum. Häufig kommt es dabei vor, daß sie ins Wasser fallen, aber dann schwimmen sie an Land und klettern wieder zum Nest empor. Im Gegensatz zu den Erwachsenen sieht ihr Gefieder noch dunkel-graubraun und weiß aus; erst im zweiten Lebensjahr nehmen sie das reine Weiß mit den schwarzen Flügelspitzen an, das die Alten kennzeichnet.

Einer der hübschesten Vögel überhaupt ist der Rote Sichler, dessen Heimat sich von Venezuela bis nach Brasilien erstreckt; gelegentlich geht er auch nordwärts bis Westindien oder sogar bis zur Südküste der USA (Einige Forscher halten diese Form

1 HEILIGER IBIS
Threskiornis aethiopica
Afrika und Madagaskar; 75 cm.

2 BRAUNER SICHLER
Plegadis falcinellus
Südöstliches Eurasien, Afrika, Madagaskar, Australien, Golfstaaten der USA, Kuba, Hispaniola, Puerto Rico; 50 cm.

3 ROTER SICHLER
Eudocimus ruber
Tropisches Südamerika: nordwestliches Venezuela bis Brasilien; 60 cm.

4 WEISSER SICHLER
Eudocimus albus
Südliche USA, Westindien, Mittel- und nördliches Südamerika; 68 cm.

nur für eine Farbvariante des Weißen Sichlers). Der einzigartigen Schönheit seines Gefieders wegen hat man die Tiere unbarmherzig abgeschlachtet, aber auch ihr Fleisch wird trotz des ranzigen und öligen Geschmacks von den Eingeborenen gegessen. Wie die anderen Sichler brütet er in großen Kolonien in den küstennahen Mangrovensümpfen, aber die nach Tausenden zählenden Schwärme, die es noch vor 100 Jahren gab, sieht man längst nicht mehr. Wenn nicht irgendwelche Wege gefunden werden, die Art zu schützen, wird es ihr bald genauso ergehen wie den anderen großen und eßbaren Vögeln, mit denen der Mensch in Berührung kam.

Die Löffler sind durch 4 Arten vertreten; die meisten davon sehen weiß aus und leben in der Alten Welt. Am besten sind wir mit dem Gewöhnlichen Löffler vertraut, dessen Brutplätze vom westlichen Europa an bis nach Indien reichen. Im Osten wird er durch eng verwandte Formen bis China und Japan, Australien und Neuseeland vertreten. Der europäische Löffler überwintert in Afrika. Er nistet in Kolonien, hauptsächlich in Sümpfen oder auf Inseln küstennaher Lagunen. Wie die Sichler legt er 3 bis 5 mattweiße, braungesprenkelte Eier, die beide Geschlechter etwa 21 Tage gemeinsam bebrüten. Anfangs werden die Jungen mit wiederausgewürgter Nahrung gefüttert, stecken aber später von selbst ihren breiten Schnabel in den Rachen der Eltern. Die anderen weißen Arten der Löffler pflegen ihre Nester auf Bäumen zu errichten.

Die Löffler fliegen ziemlich schnell mit gerade nach vorn gestrecktem Hals und kräftigen, gleichmäßigen und schnellen Flügelschlägen, gleiten aber nur gelegentlich; wie die Störche und manche Reiher schwingen sie sich mitunter in beträchtliche Höhen auf. Ihr Futter suchen sie sich in den flachen Gewässern offener Landschaften und in den Sümpfen. Sie waten durchs Wasser, tauchen dabei ihre halbgeöffneten Schnäbel etwas ein und wenden den Kopf in ganz charakteristischer Weise hin und her, bis sie etwas Eßbares gefunden haben, wie zum Beispiel kleine Krebstiere, Insekten, Fische, Lurche oder Würmer, aber auch pflanzliche Stoffe.

Der prächtige Rosalöffler, der früher einmal zu Tausenden von der Golfküste der USA südwärts bis Argentinien und Chile nistete, gehört leider zu den Vögeln, die der Mensch fast ausgerottet hat. Glücklicherweise wurden noch im letzten Augenblick Naturschutzgesetze und -gebiete für die noch verbliebenen paar Brutplätze in Florida geschaffen, um wenigstens die Reste der Art am Leben zu erhalten. Wenn die Vögel jetzt auch in den USA unter Schutz stehen, so wandern sie doch im Winter nach Süden in Länder, in denen man keine so wirksame Maßnahmen kennt; die Art hat sich daher noch nicht so weit erholen können wie andere geschützte Vögel. Im Gegensatz zu den altweltlichen weißen Löfflern, die selten in Gemeinschaft anderer Vögel nisten, brütet der Rosalöffler zusammen mit Waldstörchen und Reihern. Er legt 3 bis 5 schmutzigweiße Eier, die mit braunen Sprenkeln der verschiedensten Schattierungen verziert sind. Soweit man weiß, geht der Nestbau und die Aufzucht der Jungen ebenso wie bei den altweltlichen weißen Arten vor sich.

Im Flug bilden die Sichler und Löffler schräge oder gelegentlich auch V-förmige Ketten. Im übrigen sind es ziemlich ruhige Vögel, an deren Nistplätzen man höchstens einmal ein leises Grunzen oder einen Krächzlaut hört. In letzter Zeit haben die Löffler in Florida darunter zu leiden, daß man im Zuge der Küsten-Meliorisation die letzten Sumpfgebiete, aus denen sie sich ihre Nahrung holen, mit Planierraupen zuschüttet.

GROSSER FLAMINGO
Phoenicopterus ruber
Westindien, Südamerika, Eurasien, Afrika (siehe Verbreitungskarte); 115 bis 127 cm.

Flamingos *Phoenicopteridae*

Als eine der wohl malerischsten und schönsten Vogelgruppen haben die Flamingos dem Systematiker so manches Rätsel aufgegeben. Man hat sie früher zu den Enten- oder sogar zu den Hühnervögeln gestellt, denen sie tatsächlich in mancher Hinsicht ähneln, doch dürften sie vielmehr am nächsten mit den Störchen und Sichlern verwandt sein.

Hals und Beine sind bei den Flamingos im Verhältnis zum Rumpf länger als bei irgendeinem anderen Vogel. Die drei Vorderzehen sind vollständig durch Schwimmhäute verbunden, die Hinterzehe setzt bei zwei Arten höher an, fehlt aber bei den zwei anderen. Die flaumigen Jungvögel erinnern etwas an junge Gänse. Flamingos fliegen in langen Ketten mit ausgestrecktem Hals und nachschleppenden Beinen und geben dabei Töne von sich, die denen der Gänse ähneln. Einen wichtigen Hinweis auf die stammesgeschichtlichen Beziehungen verdanken wir ihren parasitischen Mallophagen oder Federlingen, die sich mit keinen anderen Vogelparasiten vergleichen lassen als mit denen der Schwimmvögel. Anscheinend haben sich die Flamingos schon in sehr frühen geologischen Epochen zu ihrer heutigen Form entwickelt, wahrscheinlich noch vor dem Beginn des Tertiärs. *Scaniornis* aus der Oberen Kreide von Schweden wird als ein Vorläufer der Flamingos angesehen. Spätere Fossilfunde aus dem europäischen Oligozän lassen sich bereits mit den noch heute existierenden Gattungen identifizieren.

Das Verbreitungsgebiet der 4 heutigen Flamingoarten ist unzusammenhängend und schließt das südliche Europa, Afrika, Madagaskar, das Karibische Gebiet und das südliche Südamerika ein. Am besten bekannt und am weitesten ver-

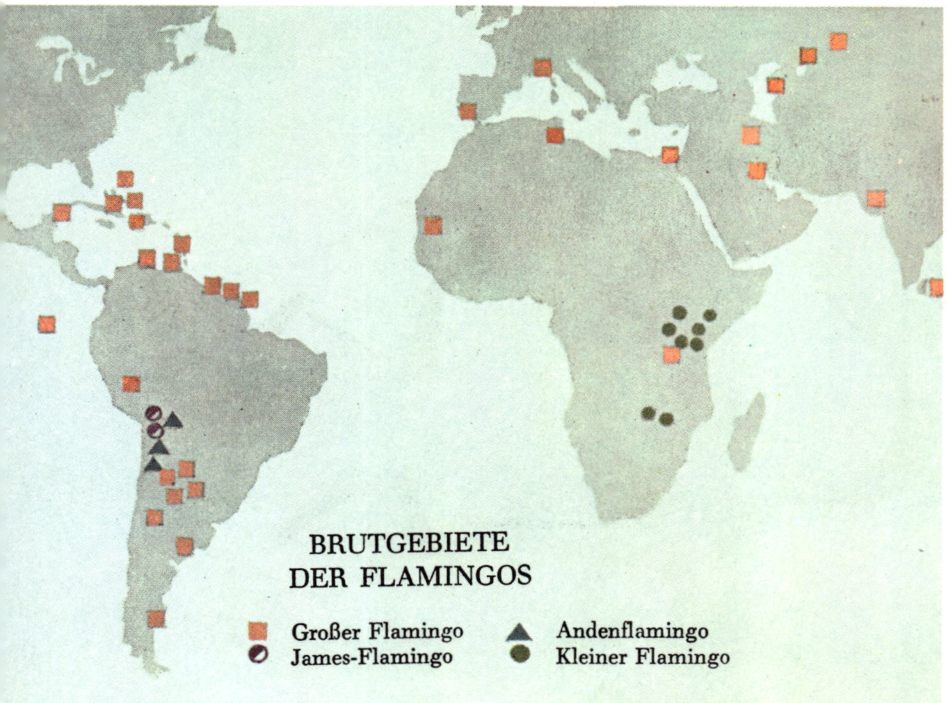

breitet ist der Große oder Gewöhnliche Flamingo, ein weißer Vogel mit rosa Flügeln, der mit einer Unterart von den mediterranen Küstengebieten ostwärts bis zu den Kirgisensteppen, dem westlichen Indien und früher auch Ceylon sowie in Ostafrika (Kenia) nistet. Eine weitere Unterart, der Rote Flamingo, brütet auf Westindien und auf den Galapagos, ist aber in ihrem Bestand stark zurückgegangen. Eine dritte Rasse, der kleinere und heller gefärbte Chilenische Flamingo, lebt im gemäßigten Südamerika von Peru südwärts über Uruguay bis zum Feuerland. Eine Art für sich bildet der Kleine Flamingo Afrikas und Nordwest-Indiens, der durch einen dunkelroten Schnabel ausgezeichnet ist. Zwei weitere kleine Arten, der Anden- und der James-Flamingo, beschränken sich auf die Hochanden im südlichen Peru, Bolivien und Chile.

Die Flamingos besitzen eine Vorliebe für Brack- und Salzwasser; selbst die im Binnenland heimischen afrikanischen und andinen Arten brüten in schlammigen, flachen, salzhaltigen Gewässern. In der Regel bauen alle Flamingos ihr Nest in der gleichen Weise als abgeflachte, konische Gebilde von 12 bis 45 cm Höhe und 40 bis 75 cm Durchmesser am Grunde, die ungefähr so aussehen wie der Fuß einer Suppenterrine oder Punschbowle. Oben sind sie nur noch 30 cm breit und wie ein Teller ausgehöhlt. Das Ganze ist aus weichem Schlamm gebaut, trocknet aber schnell in der heißen Sonne. In die obere Mulde legt das Weibchen sein einziges, weißes Ei hinein, das 28 bis 32 Tage lang abwechselnd von beiden Eltern bebrütet wird. Das brütende Tier sitzt oben auf dem Nest und legt dabei seine Beine so unter dem Rumpf zusammen, daß die Gelenke hinten am Schwanz weit herausschauen.

Schon 3 oder 4 Tage nach dem Auskriechen sind die jungen Flamingos kräftig genug, um ihr Nest zu verlassen, im Wasser herumzuwaten und sich mit anderen Jungvögeln ihres Alters zu vergesellschaften. Sie können auch bereits gut schwimmen und hervorragend laufen, so daß es schwerfällt, sie einzufangen. Das haben die Wissenschaftler, die solche Jungvögel beringen wollten, oft genug erfahren müssen. Nach 3 Wochen sind die Jungen schon in der Lage, sich selbst zu ernähren, doch fahren manche Elterntiere noch weiter mit der Brutpflege fort, bis die Kleinen selbständig fliegen können.

Wie ihre Freßmethode ist auch der Schnabel der Flamingos etwas Einmaliges im Vogelreich. Beim Fressen halten die Vögel den Oberschnabel nach unten, den Unterschnabel aber nach oben und seihen durch pumpende Bewegungen des Halses Schlamm und Wasser durch die Lamellen des Oberschnabels und ähnliche zahnartige Vorsprünge der Zunge, die wie ein Sieb wirken. Die Speisekarte der Vögel reicht von Kleintieren bis zu Pflanzenstoffen; in manchen Gegenden scheint ihre eigentliche Nahrung überhaupt nur aus dem Schlamm zu bestehen, der allerdings eine reichhaltige Mischung aus Algen und Diatomeen, Urtierchen, kleinen Würmern, Wasserpflanzen, Insektenlarven, winzigen Mollusken und Krebstieren enthält. Im Vergleich mit den Schwimmvögeln und Reihern erscheint die Flamingozunge sehr groß; sie soll wohl verhindern, daß die Vögel allzu große Futterbrocken herunterschlucken.

Bei den alten Römern galt Flamingozunge als große Delikatesse und wurde oft bei den kaiserlichen Gastmählern gereicht. Seither aber haben nur wenige Flamingofleisch als schmackhaft empfunden, und der Vogel wurde eigentlich nur seines schönen Gefieders wegen verfolgt.

In letzter Zeit hat man eine große Anzahl Flamingos aus der berühmten Kolonie in der südfranzösischen Camargue beringt und dann nach Wiederfunden festgestellt, daß der europäische Flamingo über das Mittelmeer zu seinen afrikanischen Winterquartieren zieht und sich dort zu den riesigen Kolonien des Kleinen Flamingos gesellt, der dort in den Brackwasserseen der Felstäler vorkommt.

Übel ist es den neuweltlichen Kolonien des Flamingos im letzten Jahrhundert ergangen, den sie wurden ihres Fleisches und Gefieders wegen oder zu «Sportzwecken» gejagt. Nur den Bemühungen der Naturschützler ist es zu verdanken, daß ein kleiner Rest der riesigen Kolonien erhalten geblieben ist, die einst auf den Bahamas nisteten. Diese Bestrebungen hatten so lange Erfolg, bis dann im letzten Krieg das Flugzeug als ein neuer Feind auftrat. Flamingos sind so empfindlich, daß sie beim Erscheinen eines Flugzeugs in eine Panik verfallen und in wahnsinniger Flucht ihre Nistplätze verlassen; das wirkt sich selbstverständlich verheerend auf die Gelege und die Jungvögel aus. Jetzt hat man Schritte unternommen, einen Ausweg aus dieser Situation zu finden, die dadurch noch bedrohlicher wird, daß immer mehr und immer größere Flugplätze auf den Bahamas angelegt werden.

Am besten sind heute die Kolonien der ostafrikanischen Salzseen gestellt, wo der Kleine Flamingo in Gesellschaft des Gewöhnlichen Flamingos in unzähligen Tausenden nistet. Es gibt keinen schöneren Anblick in der Natur als eine große Schar Flamingos in der Luft, und es wäre ein schwerer Schlag für die Menschheit, wenn diese merkwürdigen, schönen Vögel verschwinden würden. In die Gefangenschaft leben sich Flamingos übrigens gut ein. Man hat einige Paare der westindischen Unterart auf den Rennbahnen von Hialeah im südlichen Florida angesiedelt, wo sie sich nicht nur gehalten haben, sondern auch brüten, so daß dort die einzige Brutkolonie der Flamingos in den Vereinigten Staaten entstanden ist. Manchmal bricht ein Vogel aus und gibt dann Anlaß zu Meldungen, daß Flamingos auch in den Everglades vorkämen.

Schwimmvögel *Anseriformes*

Diese stammesgeschichtlich recht alte und in sich abgeschlossene Vogelgruppe läßt sich in zwei Unterordnungen gliedern, von denen jede eine ebenso gut charakterisierte Familie enthält. Die eine umfaßt lediglich die 3 Arten der südamerikanischen Wehrvögel, die andere 145 Arten der Schwäne, Gänse und Enten, deren Verbreitungsgebiet sich praktisch über die ganze Welt erstreckt. Obwohl sich die beiden Gruppen äußerlich nicht allzu ähnlich sehen, zeigen sie doch eine ganze Reihe anatomischer Gemeinsamkeiten, die darauf schließen lassen, daß es sich hier offenbar um zwei Schwestergruppen handeln dürfte.

Alle Schwimmvögel sind ziemlich untersetzte, langhalsige und kurzbeinige, mehr oder weniger an das Leben im oder am Wasser gebundene Tiere. Als gemeinsame Verwandtschaftsmerkmale wären die 11 Handschwingen zu nennen, deren erste etwas kleiner bleibt, die befiederte Bürzeldrüse, die rundlichen, offenen Nasenlöcher und einige Eigenarten des Skeletts und der Muskulatur, die aber mehr den Fachmann interessieren dürften. Die meisten Arten können hervorragend fliegen. Bei den Erwachsenen findet sich eine untere Schicht Dunenfedern, und es fehlt der Brutfleck. Niemals sind die Eier braun gefleckt, und die flaumigen Jungvögel sind bereits kurze Zeit, nachdem sie die Eihüllen gesprengt haben, in der Lage, das elterliche Nest zu verlassen.

Wehrvögel *Anhimidae*

Die drei südamerikanischen Wehrvögel sind ziemlich langbeinige Wat- oder Schwimmvögel von der Größe eines kleinen Truthahns. Trotz ihrer Verwandtschaft mit den Entenvögeln ähneln sie ihnen äußerlich nicht allzu sehr. Ihr Schnabel ist recht kurz, gebogen, und sieht eher wie der eines Huhns aus. Kopf und Hals tragen kurze, weiche, dunige Federn. Der untere Teil des Fußes bleibt unbefiedert, zwischen den Vorderzehen findet sich nur eine Spur von Schwimmhäuten. Vorn am Flügel aber sitzen zwei große, scharfe Dornen, die den Anlaß zu ihrem Namen gegeben haben.

Außerdem zeigen die Wehrvögel noch andere Merkwürdigkeiten. Ihre Federn wachsen gleichmäßig über den ganzen Körper, ohne daß sich dazwischen kahle Zonen erstrecken; derartiges findet man sonst nur noch bei den Straußen, den Pinguinen und den Mausvögeln. Ferner fehlen ihnen die kleinen Hakenfortsätze an den Rippen, die bei allen anderen Vögeln mit Ausnahme von *Archaeopteryx* den Brustkorb stabilisieren. Dagegen ist bei den Wehrvögeln die Pneumatizität höher entwickelt als bei jeder anderen Gruppe: Fast alle Knochen sind mit Lufträumen durchsetzt, selbst die Wirbelsäule und die Endglieder der Flügel und Zehen. Wie bei den Pelikanen liegt auch hier unter der Haut ein kompliziertes System von Luftsäcken, das hörbar knistert, wenn man darauf drückt.

Den Lebensraum der Wehrvögel bilden Sümpfe, feuchtes Grasland und Waldseen. Dort sieht man sie, getragen von ihren langen Zehen, auf der Pflanzendecke der Wasseroberfläche umherlaufen. Sie können kräftig fliegen, haben aber Mühe, sich vom Boden oder aus dem Wasser zu erheben, und dann hört man die Luft bei ihren Flügelschlägen deutlich zischen. Stundenlang können sie in beträchtlichen Höhen umherfliegen. Wenn sie sich gestört fühlen, flattern sie auf die Baumwipfel und halten Ausschau, von wo die Gefahr kommt. Den Jäger ärgern sie dadurch, daß sie mit ihrem kräftigen, gänseähnlichen Geschrei alles jagdbare Wild in der Gegend verscheuchen. Das ganze Jahr über lassen sie Tag und Nacht ihre laute, weittragende Trompetenstimme erschallen; die brütenden Paare unterhalten sich auf diese Weise, und wenn sich die Tiere nach der Brutzeit zu Schwärmen zusammentun, «singen» sie sogar im «Chor».

Die Wehrvögel fressen nur Pflanzenstoffe und leben hauptsächlich von fetten Gräsern und Samen, vor allem von Wasserpflanzen, zeigen in landwirtschaftlich genutzten Gebieten aber auch eine besondere Vorliebe für die vom Menschen angebauten Nutzpflanzen.

Das flache Nest wird gewöhnlich in grasbewachsenen Sümpfen am Boden angelegt und besteht aus Binsen und Schilf. Dort hinein legt das Weibchen 2 bis 6 große, weiße Eier und bebrütet sie 42 bis 44 Tage lang gemeinsam mit dem Männchen. Die Jungvögel sind beim Ausschlüpfen mit rötlichgelben Dunen bedeckt und sehen ungefähr so aus wie kleine Schwäne. Schon nach kurzer Zeit verlassen sie ihr Nest und folgen den Elterntieren, wie es bei den Schwimmvögeln üblich ist.

Der Hornwehrvogel kommt fast über das ganze nördliche Südamerika vor. Auf seinem Kopf sitzt ein merkwürdiges, 15 cm langes Horn, das sich leicht über den Schnabel herabkrümmt. An Stelle eines Stirnhorns tragen die Tschaja und die Weißwangentschaja einen Federschopf an ihrem Hinterkopf. «Tschaja» nennen die Eingeborenen diese in den Pampasgebieten von Südbrasilien, Argentinien, Paraguay und Uruguay verbreitete Art nach dem immer wieder ausgestoßenen Schrei der Vögel. Als kleinste Art beschränkt sich die Weißwangentschaja auf das nördliche Kolumbien und Venezuela. Alle 3 Wehrvögel halten sich gut in Gefangenschaft und sind daher häufig in Zoologischen Gärten zu sehen, wo sie leicht zahm werden und sich sogar fortpflanzen.

WEISSWANGENTSCHAJA
Chauna chavaria
Nördliches Kolumbien und Venezuela; 70 cm.

HORNWEHRVOGEL
Anhima cornuta
Nördliches
tropisches Südamerika; 84 cm.

Entenvögel *Anatidae*

Mit den Entenvögeln ist das Menschengeschlecht seit uralten Zeiten aufs engste verbunden, denn zu ihnen gehören Vögel, die als erste zu Haustieren wurden. Mit etwa 145 Arten bieten die Entenvögel ein derart einheitliches Bild, daß es kaum Mühe macht, ihre Familienzugehörigkeit zu erkennen. Sie alle sind Schwimmvögel mit verhältnismäßig kurzen Beinen und Schwimmhäuten zwischen den Vorderzehen, mit langen Hälsen und mehr oder minder breitem «Entenschnabel»; alle tragen ein dichtes Gefieder und können, von wenigen Ausnahmen abgesehen, hervorragend fliegen. Nur wenige leben als Einzelgänger, die meisten schließen sich zu großen Schwärmen zusammen. Sie ziehen in Schwärmen und fressen in Schwärmen; einige brüten sogar in Kolonien.

Wenn auch die Entenvögel, im ganzen gesehen, eine recht einheitliche Gruppe darstellen, so zeigen sie doch in den untergeordneten Merkmalen so viele Verschiedenheiten, daß es die Systematiker keine geringe Mühe gekostet hat, sie in natürliche Untergruppen zu gliedern. Jedenfalls handelt es sich um eine sehr alte Familie, deren fossile Vorläufer sich ungefähr 80 Millionen Jahre weit bis ins Mesozoikum zurückverfolgen lassen.

Heute geht man bei der Einteilung nicht mehr allein von anatomischen und tiergeographischen Gesichtspunkten aus, sondern berücksichtigt daneben auch die Lebensweise der Tiere und ihr Verhalten. Alles das spricht dafür, die Entenvögel als eine einzige Familie aufzufassen und dabei 3 Unterfamilien zu unterscheiden, von denen zwei in eine ganze Anzahl von Triben zerfallen.

Dank ihrer allgemeinen Popularität unterscheidet auch der Laie schon einzelne Entenvogelgruppen. Jeder kennt die Schwäne als große, meist weiße Vögel, und viele wissen, daß es auch einen Schwarzen und einen Schwarzhalsschwan gibt. Dabei erinnert man sich, daß die Schwäne die größten Schwimmvögel sind und ihr Hals länger wird als der Rumpf. Auch mit dem Namen «Gans» verbinden die meisten Leute eine sehr bestimmte Vorstellung von Vögeln, die zwar nicht so groß wie die Schwäne, aber doch größer als Enten werden und deren Hals zwar lang, im Verhältnis zur Rumpflänge aber kürzer als der eines Schwans erscheint. Was noch kleiner ist, bezeichnen wir dann als Enten. Wer tiefer in die Materie eingedrungen ist, unterscheidet noch Süßwasser- und Meeresenten, Schwimm- und Tauchenten sowie Arten, die hauptsächlich Fisch fressen, und andere, die sich von Samen und anderen Pflanzenstoffen ernähren.

Bis zu einem gewissen Grade erweisen sich diese Gruppen auch als durchaus haltbar, wenn man die Tiere auf Grund ihrer Anatomie und ihres Verhaltens nach wissenschaftlichen Gesichtspunkten klassifiziert. Tatsächlich bilden die Schwäne eine eigene Einheit, eine andere die Enten, und zwischen diesen beiden vermitteln die Gänse. Betrachten wir die Gruppen genauer, so erweisen sich jedoch manche Vögel, die wir allgemein als Gänse anzusprechen pflegen, in Wirklichkeit als Angehörige der Entengruppe oder umgekehrt, und außerdem gibt es noch eine ganze Anzahl von Arten, bei denen es trotz neuerer Untersuchungen schwerfällt, sie mit Sicherheit einer dieser Kategorien zuzuteilen. Die Entenvögel sind eben eine so alte Familie mit derart vielen Reliktformen unbekannter Vorfahren, daß wir noch viel mehr über sie wissen müssen, bevor die Ornithologen zu einem allgemein anerkannten System kommen können. Die Schwäne, Gänse und Baumenten faßt man zur Unterfamilie *Anserinae* zusammen und stellt ihnen gleichberechtigt die Gesamtheit der übrigen Arten als *Anatinae* gegenüber; jede der beiden Unterfamilien gliedert sich wieder in eine Anzahl von Triben.

Bei den Anserinen unterscheidet man die 3 Triben der Schwäne, Gänse und Baumenten, bei den Anatinen aber 5 bis 8 oder sogar 9 Triben, von denen man meist 7 anzuerkennen pflegt, nämlich die Kasarkas, Schwimmenten, Tauchenten, Meeresenten und Eiderenten (als eine oder zwei Gruppen), Ruderenten, Glanzenten und vielleicht auch noch die Sturzbachenten, wenn man sie als eine eigene Gruppe auffassen will. Man ist sich auch einig über die Zugehörigkeit der bekannteren Gattungen zu diesen Triben, nur macht es

SPORENGANS
Plectropterus gambensis
Tropisches Afrika; 75 bis 81 cm.

HÜHNERGANS
Cereopsis novaehollandiae
Inseln vor dem südlichen Australien; 75 cm.

BLESSGANS
Anser albifrons
Nördliches Europa und Asien, Nordamerika, Grönland; 65 cm.

Schwierigkeiten, einige untypische Reliktformen von meist eng begrenzter Verbreitung hier einzuordnen; sie werden daher von den verschiedenen Forschern einmal hierher, einmal dorthin gestellt.

Zu diesen ornithologischen Sorgenkindern gehört beispielsweise die Hühnergans *(Cereopsis)* aus Australien, die man oft mit den Kasarkas vereinigt. Neuere Untersuchungen haben aber ergeben, daß sie vielmehr zu den Schwimmenten gehört. Ferner sind sich die Forscher noch nicht klar darüber, ob die Dampfschiffenten zu den Kasarkas oder zu den Schwimmenten zu rechnen sind.

Einst teilte man die äußerst seltene Rosenkopfente *(Rhodonessa)* aus Indien, von der es höchstens noch ein paar Exemplare gibt, den Schwimmenten zu, doch zeigten neuere Untersuchungen ihres Skeletts, daß es sich wahrscheinlich um eine urtümliche Tauchente handelt. Ähnliche Rätsel hat uns die afrikanische Sporengans *(Plectropterus)* aufgegeben, ein schwarz-weiß gezeichneter Vogel mit leuchtend bronzegrünen Tönen auf der Oberseite und einem merkwürdigen Sporn an der Vorderseite der Flügel, der etwas an die Verhältnisse bei den Wehrvögeln erinnert. Trotz ihrer beachtlichen Größe und ihrer Eigenschaft als Bodenbrüter, derenwegen wir sie als eine Gans bezeichnen möchten, sitzt und nistet sie mitunter auf Bäumen; auch stößt sie einen Pfeiflaut aus, der gar nicht gänseähnlich klingt. Manche halten sie daher für entfernt verwandt mit den Baumenten, andere wieder mit den Glanzenten.

Die erste, deutlich abgegrenzte Unterfamilie, die *Anserinae*, umfaßt Schwäne, Gänse und Baumenten, und unter ihnen machen uns die 7 Arten der Schwäne die wenigsten Schwierigkeiten. Schwäne sind nicht nur die größten Schwimmvögel, sondern sie gehören trotz ihrer Größe sogar zu den anmutigsten Vertreter der Familie. 5 Arten, nämlich der Singschwan, der Zwergschwan, der Pfeifschwan, der Trompeter- und der Höckerschwan, sind rein weiß und bewohnen die höheren Breiten der Nördlichen Halbkugel; sie brüten hoch im Norden, ziehen aber im Winter südwärts zu den nördlichen Gewässern der gemäßigten Klimate. Der Singschwan und der Zwergschwan nisten im eurasischen Tundrengebiet und ziehen im Winter nach England, Nordeuropa oder in den pazifischen Raum nach Japan und China. Ähnlich nistet der Pfeifschwan im Moor- und Tundrengebiet zwischen Alaska und der Hudson-Bay, zieht aber im Winter nach Kalifornien und südöstlich zur Chesapeake-Bay und Currituck-Bay.

Etwas weiter südlich liegt das Verbreitungsgebiet des großen schwarzschnäbligen Trompeterschwans, der in den westlichen Ebenen von Alaska bis zur James-Bay und südwärts bis Idaho und Indiana brütet oder zumindest brütete; seine Winterquartiere reichen im Süden bis nach Südkalifornien und Texas. Leider hat diese Art dermaßen unter dem Vordringen der Landwirtschaft zu seinen Nistplätzen und durch die Jagd zu leiden gehabt, daß plötzlich ihre Bevölkerungsdichte zu einer alarmierend niederen Höhe absank. Ein strenger Naturschutz, die vorbildliche Zusammenarbeit mit der Öffentlichkeit und die Einrichtung von Schutzgebieten ließen glücklicherweise die Individuenzahl so weit ansteigen, daß nun keine Gefahr mehr besteht, und jetzt gehören die Trompeterschwäne wieder zum gewohnten Bild einiger der westlichen Nationalparks.

Der allbekannte Höckerschwan mit dem Buckel auf der Schnabelbasis war ursprünglich nur im Norden heimisch, wurde aber bald als Haustier übernommen und zuerst seines Fleisches wegen, dann aber aus rein ästhetischen Gründen gehalten. So wurden die Tiere auch nach Nordamerika und Australien eingeführt, wo sie später verwilderten. Jetzt gibt es auf beiden Kontinenten kleinere Schwanenkolonien, die dort halb verwildert leben und sich auch fortpflanzen.

Wie wir aus mittelalterlichen Dokumenten wissen, war der Höckerschwan in England schon vor dem 12. Jahrhundert domestiziert worden. Die Schwäne galten als Eigentum des Königshauses und konnten nur mit königlicher Erlaubnis gepflegt und verkauft werden; darüber wachte ein königlicher Schwanenmeister mit seinen Gehilfen. Wahrscheinlich reichten die Brutplätze der Höckerschwäne früher weiter nach Süden als bei den anderen Schwänen, so daß es diese Art sicherlich nur den heutigen Schutzbestimmungen zu verdanken hat, daß sie überhaupt noch existiert, während ihre früheren Nistgründe schon längst der menschlichen Nutzung zum Opfer gefallen sind.

Auf der südlichen Erdhalbkugel gibt es zwei Schwanenarten. Davon lebt der Schwarzhalsschwan im südlichen Südamerika von Südbrasilien südwärts über Argentinien und Chile bis Patagonien, brütet aber auch auf den Falklandinseln. Eine noch ansprechendere Art ist der Schwarze Schwan oder Trauerschwan Australiens und Tasmaniens mit seinem gekräuselten Gefieder, dem leuchtend roten Schnabel und den weißen Flügelfedern, die man aber nur beim Flug sieht. Schon 1697, als ihn die Holländer entdeckten, wurde er als Wappentier in das Heeresbanner aufgenommen und dann nach Batavia, schließlich sogar nach Europa eingeführt, wo seine Erscheinung ein ausgesprochenes Entzücken auslöste. Wie der Höckerschwan wurde er zum Haustier und pflanzte sich auch in Gefangenschaft fort. Auf Neuseeland haben sich gleichfalls einige Populationen akklimatisiert und leben nun dort in halbverwildertem Zustand.

Die 14 Gänsearten bilden eine ebenso deutlich charakterisierte Gruppe wie die Schwäne, bieten aber doch etwas mehr Abwechslung. Als typisch können die 5 einander ähnlichen Formen der Graugans-Gruppe angesehen werden. Nur eine Art ist auch ein echter Einwohner Nordamerikas, nämlich die Bleßgans; in verschiedenen Rassen nistet sie in den subarktischen Tundren der ganzen nördlichen Erdhälfte mit Ausnahme der Gebiete westlich von Grönland bis zum Westen der Hudson-Bay. Die 4 anderen, nämlich die Graugans, die stimmgewaltige Zwerggans, die Saatgans, zu der auch die Kurzschnabelgans als geographische Rasse gehört, und die Schwanengans, beschränken sich auf Eurasien. Alle diese ansehnlichen Jagdvögel verdanken ihre Fortexistenz allein der Tatsache, daß der Mensch noch nicht allzu weit in ihre arktischen Brutplätze eingedrungen ist. Einen wesentlichen Vorteil bedeutete selbstverständlich auch die Einrichtung von Schutzgebieten an den südlich gelegenen Überwinterungsstätten, so daß die Vögel jetzt in riesigen Kolonien ungestört in Europa, Nordamerika und Japan überwintern können, bevor sie ihre lange Rückreise zu ihren zirkumpolaren Nistgründen antreten.

Eng mit den Graugänsen verwandt sind die 3 weißen Gänse. Mit Ausnahme von Europa brütet die Große Schneegans im hohen Norden des gesamten Polargebietes und zieht wie ihre Gattungsverwandten im Winter nach Süden. Die anderen beiden Arten trifft man nur in der Nearktis. Bei der Blauen Schneegans, die im Bereich der Baffininseln brütet, gibt es eine bläuliche und eine weiße Farbvariante, deren zweite man viele Jahre lang als «Kleine Schneegans» bezeichnet hatte. Als dritte Art stellt die seltene Ross-Schneegans oder Zwergschneegans eine der kleinsten der ganzen Tribus dar. Ihre Nistplätze liegen in einem begrenzten Tundrengebiet längs des Perry River im nordöstlichen Mackenzie; im Winter aber zieht sie südwestwärts über die Rocky Mountains, um in einem gleichfalls eng abgegrenzten Raum in den Tälern des Sacramento und San Joaquin zu überwintern.

Am bekanntesten und am weitesten verbreitet ist unter den nordamerikanischen Gänsen die Kanadagans, die man sofort an ihrem schwarzen Kopf und Hals sowie den weißen Wangen erkennt. Man unterscheidet etwa ein Dutzend geographischer Rassen, die alle die im wesentlichen gleichen Farbmuster und Lebensgewohnheiten zeigen und nur in untergeordneten Merkmalen differieren, insbesondere in der Größe. Ihre Länge reicht von 60 bis 100 cm und ihr Gewicht von $2^1/_2$ bis zu den $13^1/_2$ Pfund eines ausgewachsenen Kanadaganters. Die Art brütet von Labrador an westwärts über Kanada bis Alaska, an der Ostküste Sibiriens und auf den Kommandeurs-Inseln, doch ist das asiatische Vorkommen wohl inzwischen erloschen.

Als bevorzugtes Objekt der amerikanischen Vogelzüchter hat sich die Kanadagans ebenso leicht zähmen lassen wie ihre europäischen Verwandten und pflanzt sich generationenlang in der Gefangenschaft fort. In den USA sind dann einige Tiere entwichen und haben weit im Süden außerhalb des eigentlichen Verbreitungsgebietes verschiedene Kolonien gebildet, die aber nicht mehr wandern. Auch auf den Britischen Inseln hat sich das gleiche abgespielt.

GRAUGANS
Anser anser
Europa, Asien, Island; 89 cm.

ROTHALSGANS
Branta ruficollis
Nördliches Mittel-Sibirien; 56 cm.

STREIFENGANS
Anser indicus
Zentralasiatisches Hochland; 75 cm.

NILGANS
Alopochen aegyptiaca
Nilgebiet bis Südafrika; 70 cm.

MAGELLAN-GANS
Chloëphaga magellanica
Südliches Südamerika, Falkland-Inseln; 75 cm.

WEISSWANGENGANS
Branta leucopsis
Grönland, Spitzbergen
Nowaja Semlja; 63 cm.

KAISERGANS
Philacte canagica
Alaska und östliches Sibirien; 65 cm.

SCHNEEGANS
Chen caerulescens
Nördliches Nordamerika; 70 cm.

KANADAGANS
Branta canadensis
Nördliches Nordamerika; 56–110 cm.

Nahe mit der Kanadagans verwandt ist die Ringelgans, ein Bewohner der zirkumpolaren Tundrengebiete höherer Breiten. Sie bleibt etwas kleiner als die Kanadagans und trägt auch keinen weißen Wangenfleck am dunklen Kopf, sondern nur eine kleine weiße Stelle am Hals. Ihre Winterquartiere liegen in den Salzgewässern an der atlantischen und pazifischen Küste.

Noch zwei weitere Arten gehören zur gleichen Gattung *Branta*, darunter die Weißwangen- oder Nonnengans, die etwas größer als die vorige Art wird und sich durch das weiße Gesicht mit der schwarzen «Brille» unterscheidet. Die auch in Deutschland beobachtete Ringelgans brütet nur im östlichen Grönland sowie auf Spitzbergen und überwintert in der Hauptsache auf den Britischen Inseln sowie vom nordwestlichen Deutschland an längs der Nord- und Ostseeküste, seltener in Nordamerika. Ihr englischer Name «Barnaclegans» geht auf das Mittelalter zurück, als die Europäer noch nichts von den Ländern im Norden des Kontinents wußten, wo diese Vögel brüten. Man glaubte damals, die Gänse, die jedes Jahr über das Meer von Norden daherkamen, würden von den Rankenfußkrebsen (englisch: barnacles) ausgebrütet. Die Rothalsgans, eine andere *Branta*-Art, brütet in den sibirischen Tundren und überwintert südlich am Kaspischen Meer und Aralsee.

Die Streifengans, deren weißer Kopf zwei dunkle Querbänder auf der Oberseite trägt, nistet im Himalajagebiet und zieht im Winter südwärts nach Indien. Die seltenste Gans ist die Hawaiigans oder Nene, eine auf das Inselgebiet von Hawaii beschränkte und in der Natur fast ausgestorbene Art. Diese grau und gelblich gefärbten Vögel mit charakteristischen Längsstreifen am Hals werden 4 bis 5 Pfund schwer und 60 bis 70 cm lang; ihr Schrei klingt typisch gänseartig. Bevor der Weiße nach Hawaii kam, lebten dort ungefähr 25000 dieser Tiere, doch dann fielen sie dem sinnlosen Abknallen, den verwilderten Hunden und Schweinen sowie den Mungos zum Opfer.

Vor 10 Jahren zählte man noch ganze 30 freilebende Hawaiigänse, so daß man fest mit dem baldigen Aussterben der Art rechnen mußte. Jetzt leben etwa 50 Exemplare frei in dem abgelegenen Lavagebiet zwischen Mauna Kea und Mauna Loa im Schutz eines Naturreservates, wo sie aber immer noch unter den Mungos zu leiden haben; außerdem werden weitere 150 Tiere auf Hawaii, in Europa und in den USA in Gefangenschaft gehalten. In den letzten 10 Jahren wurden einige Zuchtpaare von Hawaii nach England versandt, und nun tummelt sich eine ganz ansehnliche Schar von Hawaiigänsen auf den Seen des British Wildfowl Trust bei Slimbridge.

Zu den merkwürdigsten und primitivsten Entenvögeln zählt die schwarz-weiße Spaltfußgans Australiens, die sich so stark von allen anderen Angehörigen dieser Familie unterscheidet, daß ihr die Ornithologen eine eigene Unterfamilie *Anseranatinae* einrichten wollen. Ihre Beine sind auffallend lang, die Zehen nur zum Teil durch Schwimmhäute verbunden, die Hinterzehe erscheint länger als bei den meisten anderen Anatiden und setzt in gleicher Höhe wie die Vorderzehen an. Auch lassen sich diese Vögel oft hoch in den Bäumen nieder, und ihre laute Stimme klingt überhaupt nicht wie die einer Gans. Im Gegensatz zu allen anderen Entenvögeln mausern sie ihre Schwingen nacheinander und nicht mit einem Male. Ihr massiges Nest bauen sie auf dem Boden der Sumpfgebiete. Als dritte Tribus der Gänsevögel wären die Baumenten

STURZBACHENTE ♂
Merganetta armata
Hochanden von Kolumbien bis Chile; 43 cm.

STOCKENTE ♂
Anas platyrhynchos
Nördliche Halbkugel; 70 cm.

FORMOSA-ENTE ♂
Anas formosa
Östliches Sibirien; 40 cm.

SPIESSENTE ♂
Anas acuta
Nördliche Halbkugel; 75 cm.

FEUERLAND-DAMPFSCHIFFENTE ♂
Tachyeres pteneres
Feuerland; 73 cm.

ZIMTENTE ♂
Anas cyanoptera
Nord- und Südamerika, Falkland-Inseln; 43 cm.

KRICKENTE ♂
Anas crecca
Europa, Asien; 38 cm.

PFEIFENTE ♂
Anas penelope
Europa, Asien; 50 cm.

MOSCHUSENTE ♂
Cairina moschata
Mexiko bis Peru und Argentinien; 71–76 cm.

WITWENENTE ♂
Dendrocygna viduata
Tropisches Südamerika,
Afrika und Madagaskar; 43–45 cm.

KNÄKENTE ♂
Anas querquedula
Europa, Asien; 38 cm.

LÖFFELENTE ♂
Anas clypeata
Nördliche Halbkugel; 51 cm.

(Dendrocygnini) zu behandeln, eine Gruppe mit 8 Arten ziemlich langbeiniger Wasservögel aus allen wärmeren und tropischen Teilen der Welt, die nach ihrem Aussehen und Verhalten durchaus in die Verwandtschaft der Schwäne und Gänse gehören. Als ein typischer Vertreter sei die Gelbe Baumente genannt, die in 5 isolierten Gebieten in den südlichen USA und Mexiko, im nordöstlichen Südamerika, in Ostafrika und in Indien vorkommt. Der Name «Baumente» ist nicht gerade sehr glücklich gewählt, weil die Tiere nur gelegentlich auf Bäumen sitzen und ganz wenige Arten dort nisten. Weil sie beim Fliegen pfeifende Laute von sich geben, werden sie im angelsächsischen Sprachgebiet mißverständlicherweise auch «Pfeifenten» genannt. Im übrigen sind es recht scheue Vögel, die zumeist nachts auf Futtersuche gehen und über deren sonstige Lebensgewohnheiten man nicht allzu viel weiß.

Die Unterfamilie der *Anatinae* umfaßt das Gros der Entenvögel und zerfällt in 6 oder 7 Triben, je nachdem man die Meeres- und Eiderenten trennen oder als eine einzige Gruppe auffassen will. Die urtümlichste Einheit stellen die Kasarkas *(Tadornini)* dar, auch Halbgänse genannt. Hierzu gehören einige der größten Arten, die man deswegen – trotz ihrer Zugehörigkeit zu den eigentlichen Enten – als «Gänse» zu bezeichnen pflegt, wie etwa die Nilgans, die Orinokogans und die abessinische Blauflügelgans. Aus Südamerika kennen wir die Magellangans von Chile bis Feuerland, die Kelpgans aus dem äußersten Süden des Kontinents und die Andengans.

Die charakteristischen Vertreter dieser Gruppe aber leben in der Alten Welt, wie die große, auffallend schwarz, weiß und rotbraun gezeichnete Brandgans, deren Männchen sich durch einen merkwürdigen Höcker auf dem leuchtend roten Schnabel auszeichnen; verwandte Arten kommen in Afrika, Südasien und Australien vor. Von Südspanien an bis zur Mongolei brütet die Rote Kasarka oder Rostgans und zieht im Winter nur eine kurze Strecke weit nach Süden. Hierunter fällt auch die seltene Schopfkasarka, die aber wohl bereits ausgestorben sein dürfte. Von dieser Art kennt man überhaupt nur 3 Exemplare, deren letztes im Jahre 1916 erbeutet wurde.

Alle Kasarkas haben einen ziemlich kurzen, dicken Schnabel und sind auffallend leuchtend gefärbt. Als recht zänkische Vögel leben sie nicht so gesellig wie die anderen Enten, auch zeigt das Männchen nicht das sonst übliche Balzverhalten, sondern die Werbung geht vielmehr vom Weibchen aus, das die Männchen zu Rivalitätskämpfen aufhetzt und sich dann den Sieger zum Partner wählt. Die Eier der Kasarkas sind glatt und ähneln dadurch mehr den Gelegen der Enten als denen der Gänse, bei denen die Schale rauh wirkt. Auch brütet das Weibchen wie bei den Enten allein, während bei den Schwänen und Gänsen beide Partner das Nest hüten.

Die artenreichste Tribus aber bilden die Schwimm- oder Gründelenten *(Anatini)* mit der allbekannten Stockente der Gattung *Anas* als typischem Vertreter; alle hierhergehörigen Arten zeichnen sich durch den charakteristischen flachen Entenschnabel und die kurzen Beine aus. In der Regel unterscheiden sich beide Geschlechter in der Färbung, auch wird das Männchen etwas größer. Fast immer treffen wir einen metallisch glänzenden Spiegel, das Speculum, mitten auf den Flügeln an.

Von den meisten Angehörigen anderer Triben unterscheiden sich die Schwimmenten durch die einfach gebaute Hinterzehe, die keine Lappen trägt. Ein großer Teil der Arten lebt im Süßwasser, andere suchen zum Fressen das Salzwasser auf, insbesondere im Winter. Nur gelegentlich finden sie ihre Nahrung an Land, gewöhnlich aber im flachen Wasser, wobei sie nicht tauchen, sondern in der bekannten Weise gründelnd den Kopf und den Hals senkrecht unter die Wasseroberfläche nehmen und die Beine nach oben strecken.

Die Schwimmenten sind auf der gesamten Nördlichen Halbkugel zu Hause. Hierzu gehören die uns am meisten

BRANDENTE ♂
Tadorna tadorna
Gemäßigtes Europa und Asien; 60 cm.

BERGENTE ♂
Aythya marila
Nördliche Halbkugel; 50 cm.

EISENTE ♂
Clangula hyemalis
Im gesamten arktischen und subarktischen Raum; 53 cm.

JAMAIKA-RUDERENTE ♂
Oxyura jamaicensis
Nordamerika, Westindien, nördliches Südamerika; 43 cm.

ROTE KASARKA ♂
Casarca ferruginea
Gemäßigtes Europa und Asien, Nordost-Afrika; 63 cm.

SPATELENTE ♂
Bucephala islandica
Nordwestliches Nordamerika, Grönland, Island; 58 cm.

KRAGENENTE ♂
Histrionicus histrionicus
Nordost-Sibirien, nordwestliches Nordamerika, Labrador, Grönland, Island; 43 cm.

ZWERGSÄGER ♂
Mergellus albellus
Nördliches Europa und Asien; 40 cm.

CANVASBACK ♂
Aythya valisneria
Nordamerika; 60 cm.

SCHECKENTE ♂
Polysticta stelleri
Nordöstliches Sibirien, nordwestliches Nordamerika; 45 cm.

BRILLENENTE ♂
Melanitta perspicillata
Nördliches Nordamerika; 48 cm.

HAUBENSÄGER ♂
Lophodytes cucullatus
Gemäßigtes Nordamerika; 45 cm.

vertrauten Arten, wie die grünköpfige Stockente, die in allen gemäßigten Zonen des Nordens vorkommt, sowie ihre Verwandten in den südlichen Teilen des Verbreitungsgebietes, wie die Rotfuß- oder Dunkelente im östlichen Nordamerika oder die Fleckschnabelente in Ostasien.

Alle diese Enten lassen sich gut in Gefangenschaft halten und auch domestizieren. Besonders leicht ging das bei der Stockente, aber auch bei der Rotfußente und anderen dunklen Arten. Dabei gaben die Vögel allerdings verschiedene charakteristische Artmerkmale auf, wie ihre ursprünglich schlanke Gestalt, und zeigen nun als Haustiere einen viel fetteren Körper, einen kürzeren Hals und einen dickeren Kopf; auch haben sich verschiedene Farbschläge herausgebildet.

Zu den Schwimmenten zählen wir ferner einige etwas abseits stehende Arten, darunter vor allem die 3 Dampfschiffenten aus dem äußersten Süden von Südamerika, von denen zwei ihr Flugvermögen eingebüßt haben. Zwar sind die Flügel bei allen 3 Arten ungefähr gleich groß, doch erscheint der Rumpf bei den beiden flugunfähigen Arten bald doppelt so massig wie bei der dritten. Ihren Namen tragen die Vögel nach der Angewohnheit, über die Wasseroberfläche zu rennen und sich dabei mit beiden Füßen und Flügeln vorwärtszutreiben wie ein alter Raddampfer. Verschiedene Ornithologen stellen übrigens die Dampfschiffenten zu den Kasarkas; ähnlich ergeht es in systematischer Hinsicht den Sturzbachenten der Hochanden, die mitunter als eine eigene Tribus aufgefaßt werden. Diese wenig bekannten Vögel halten sich an den Ufern der reißenden Bergflüsse auf, tauchen vorzüglich und nisten in Felsspalten.

Als dritte Tribus umfassen die Tauchenten *(Aythini)* 14 Arten gesellig lebender Süßwasservögel, die sich durch einen ziemlich kurzen, kräftigen Rumpf, lange, weit auseinanderstehende und ungewöhnlich weit hinten ansetzende Beine sowie durch kräftig entwickelte Lappen an der Hinterzehe auszeichnen. Wenn sie auch praktisch auf der ganzen Welt zu Hause sind, beschränken sie sich doch vorwiegend auf die Nördliche Halbkugel und gehören dort zu den beliebtesten Jagdvögeln.

Der metallische Spiegel der Schwimmenten fehlt hier ganz oder wird meist durch eine hellere, auch weiße Flügelbinde ersetzt. Gewöhnlich nisten die Tauchenten am Süßwasser und ziehen im Winter in ungeheuren Scharen nach Süden, wo man sie dann häufig auch im Brack- und Meerwasser antrifft.

Von heimischen Arten seien genannt die Tafelente, deren Erpel zum rotbraunen Kopf einen zartgrauen Rücken zeigt, sowie die schwarz-weiße Reiherente. In Nordamerika lebt die Valisneria-Ente, auch Canvasback genannt.

Die vierte Tribus, die Glanzenten *(Cairinini)*, bildet eine ziemlich zusammengewürfelte Gruppe von Entenvögeln, die ihr Leben mehr auf Bäumen verbringen als andere Enten. Die Krallen sind lang, scharf und kräftig, und die gut entwickelte Hinterzehe trägt keine Lappen. Hierzu rechnen zwei der am auffälligsten gefärbten Wasservögel, nämlich die Brautente aus Nordamerika und die ihr nahe verwandte Mandarinente aus dem östlichen Asien, die sich beide größter Beliebtheit bei den Entenzüchtern erfreuen und daher häufig in Gefangenschaft gehalten werden. Die Männchen sehen so grundverschieden aus, daß man sie schon von weitem mühelos unterscheiden kann, was aber bei den Weibchen erheblich schwerer fällt. In ihren Brut- und sonstigen Lebensgewohnheiten stimmen beide Arten fast völlig überein: Sie bewohnen kleine Süßwasserseen, Teiche und Flüsse des Binnenlandes, nisten in Baumhöhlen und geben ganz charakteristische Pfeiflaute von sich. Obwohl gerade die Arten der Entenvögel ganz besonders stark dazu neigen, sich zu verbastardieren, kreuzt sich die Mandarinente niemals mit einer anderen Art, nicht einmal mit der so eng verwandten Brautente. Hier haben die Männchen anscheinend weniger Mühe, die beiden Weibchen auseinanderzuhalten, als die Ornithologen. Die Brautente dagegen hat schon öfters Bastarde mit anderen Arten geliefert, jedoch niemals mit der Mandarinente; der Grund liegt wahrscheinlich in der besonderen Chromosomenstruktur der zweiten Art.

Zur gleichen Tribus gehört die mittel- und südamerikanische Moschusente, die schon von den Indianern der vorkolumbischen Zeit domestiziert wurde. Es seien noch die Tropischen Zwerggänse erwähnt, die kleinsten Angehörigen dieser Gruppe, die als Waldvögel in Afrika und auf Madagaskar vorkommen, aber auch die wenig bekannte, grüne Australische Zwerggans und die Indische Zwerggans.

Als eine fünfte Tribus kann man die Eiderenten *(Somateriini)* ansehen, wenn man es nicht vorzieht, sie mit der nachfolgenden Gruppe zu vereinigen. Am bekanntesten ist wohl die zirkumpolar verbreitete Eiderente der arktischen Inseln, die 4 oder 5 geographische Rassen ausbildet. Zu nennen sind außerdem die Pracht- und die Plüschkopfeiderente, die noch weiter nach Norden gehen und auch den Winter knapp südlich der Eisgrenze verbringen, sowie die seltsam bunte Scheckente von der Nordküste Sibiriens, die ganz gelegentlich auch einmal nach Alaska kommt.

Die Weibchen der Eiderenten polstern das Nest mit ihren Brustdunen aus, wie es auch die anderen Enten tun; das sind dann die bekannten Eiderdaunen. In einigen Teilen des Verbreitungsgebietes, vor allem auf Island, sammelt man regelmäßig große Mengen der Eiderdaunen ein und verwendet sie zum Stopfen von Kissen und Bettbezügen. Das ist auf Island ein sehr einträgliches Geschäft, wo die Art eigens für diesen Zweck geschützt ist. Die Daunensammler wissen ganz genau, daß die Dunen des Weibchens gerade ausreichen, um anderthalb Nester zu polstern. Daher nehmen sie bei Beginn des Nestbauens einen Teil der Federn fort und ernten den Rest, wenn die Jungvögel das Nest verlassen haben. Da die Eiderenten in großen Kolonien brüten, findet man ihre Nester in Mengen beieinander. Alle Arten tauchen ausgezeichnet und ernähren sich vorwiegend von Fischen und Mollusken.

Die 5. bzw. 6. Tribus, die Meeresenten und Säger *(Mergini)*, setzt sich aus 16 vor allem auf der Nördlichen Halbkugel heimischen Arten kräftiger Schwimm- und Tauchvögel zusammen, die zum Teil im Süßwasser, zum Teil auch im Meer leben; durch ihre Gemeinsamkeiten im Verhalten und in den Lebensgewohnheiten, der Färbungsmuster und verschiedener anatomischer Merkmale weisen sie sich als eine natürliche Einheit aus. Es sind ziemlich ruhige Vögel, die ihre Stimme nur wenig hören lassen. Ihre ausgeprägten Balzspiele haben nur wenig Ähnlichkeit mit denen anderer Entenvögel. Das Wohngebiet liegt auf der Nördlichen Halbkugel, ausgenommen zwei Säger, von denen einer in Südbrasilien und Nordargentinien lebt und der andere, falls nicht inzwischen ausgestorben, auf den Aucklandinseln südlich von Neuseeland.

Die Säger sind nicht nur in ihrer Nahrung stärker auf Fisch angewiesen als andere Enten, sondern haben auch die schmalsten Flügel von allen Arten innerhalb dieser Gruppe. Ihren Namen tragen sie nach den gesägten Schnabelrändern, mit denen sie ihre Beute hervorragend zu packen vermögen. Der Gänsesäger brütet im Binnenland des nördlichen Eurasiens von Island, den Britischen Inseln, der Schweiz und dem Balkan bis Kamtschatka sowie in Nordamerika, der Mittelsäger

BRAUTENTE ♂
Aix sponsa
Gemäßigtes Nordamerika; 50 cm.

MANDARINENTE
Aix galericulata
Östliches Asien und Japan; 50 cm.

HERBSTENTE
Dendrocygna autumnalis
Südliches Texas bis Brasilien und nördliches Argentinien; 50 cm.

an den Küsten des nördlichen Eurasiens, im Binnenland Nordrußlands und Sibiriens sowie in Nordamerika. Beide Arten ziehen im Winter nur wenig nach Süden. Ebenso macht es im nordamerikanischen Binnenland der kleine Kappensäger. Ihm entspricht in der Alten Welt der hübsche weiße Zwergsäger mit seinem auffallend kurzen Schnabel.

In die Verwandtschaft der Säger gehören auch die drei Trauerenten, nämlich die eigentliche Trauerente, die Samtente und die Brillenente. Trauer- und Samtente sind zirkumpolar verbreitet, die Brillenente beschränkt sich auf die Nearktis. Alle nisten an den Küsten und Seen, selbst auf den Inseln in der hohen Arktis; im Winter ziehen sie an beiden Küsten des Atlantik und Pazifik nach Süden.

Ferner schließt sich hier die Schellente an, die gleichfalls im gesamten nördlichen Waldgürtel Eurasiens und von dort hinab bis nach Holstein und zur Mark Brandenburg sowie in den entsprechenden Gebieten Nordamerikas beheimatet ist und deren Gefieder beim Fliegen ein eigenartiges Pfeifen hören läßt; sie nistet bis zur nördlichen Baumgrenze und legt ihre Nester in Baumhöhlen an. Ganz ähnlich sieht die Spatelente aus, hat aber keinen runden, sondern einen halbmondförmigen weißen Fleck vor dem Auge. Ihre Nistplätze liegen im nordwestlichen Nordamerika, im südwestlichen Grönland und auf Island. Etwas kleiner bleibt die Büffelkopfente, eine weiß und purpurglänzend gefärbte Art, die vom mittleren Alaska bis zur Hudson-Bay brütet und südwärts in den USA überwintert.

Die eigenartig gezeichnete Kragenente, die man in Amerika auch «Harlekinente» nennt, zeigt eine bläuliche Grundfärbung mit auffallendem, braunem, weißem und schwarzem Muster. Sie nistet an den Flüssen, die in das arktische Meer, den nördlichen Atlantik und Pazifik münden, und zieht im Winter zu den Küsten des Nordmeeres, wo sie sich in der Brandung zwischen den Eisschollen aufhält und sich von Napfschnecken ernährt, die sie sich von den veralgten Felsen holt.

Am weitesten nach Norden geht die Eisente und nistet so hoch im Tundrengebiet, wie es einem Vogel nur möglich ist. Auch diese Art kommt rings um den Nordpol vor und überwintert an beiden Küsten des Atlantik und Pazifik. Sie ist auch die stimmfreudigste Art der Entenvögel; wenn sie in der Brandung herumschwimmt, übertönen die klingenden, nasalen Schreie noch das Tosen der Wellen an den sturmgepeitschten Küsten, an denen sie sich im Winter aufhält.

Eine Art der Meeresenten ist erst kürzlich ausgestorben: die Labradorente, über die wir allerdings nicht viel wissen. Anscheinend brütete sie im Gebiet oder nördlich des St.-Lawrence-Golf und überwinterte längs der Atlantikküste von Neu-Braunschweig bis zur Chesapeake-Bay. Noch um die Mitte des 19. Jahrhunderts kam sie gelegentlich auf den Wildmarkt, doch ist sie dann zwischen 1850 und 1870 allmählich verschwunden. Das letzte bekanntgewordene Exemplar wurde 1875 auf Long Island erlegt, und nun gibt es nur noch 50 bis 60 Bälge. Warum sie eigentlich verschwunden ist, wissen wir nicht. Offenbar war sie nie allzu zahlreich vertreten, so daß an ihrem Verlust nicht einmal der Mensch schuld zu sein braucht. Vielleicht lag es an der eigenartigen Konstruktion ihres Schnabels, der für eine ganz besondere Art der Nahrungsaufnahme gebaut war.

Als letzte Tribus bleiben die Ruderenten *(Oxyurini)* zu behandeln, kleine Vögel mit kurzem, dickem Hals und so weit zurückgesetzten Beinen, daß sie nur unbeholfen auf dem Lande zu watscheln vermögen. Infolge ihrer kleinen Flügel können die Vögel nur mühsam fliegen, doch tauchen und schwimmen sie ganz vortrefflich, wobei sie im allgemeinen ihre langen, steifen Schwanzfedern steil in die Luft gereckt halten. Ihre Eier sind nicht nur im Vergleich zur Körpergröße ungewöhnlich groß, sondern überhaupt die größten bei allen Entenvögeln. Das Nest wird in Sumpfgebieten kunstvoll am Boden angelegt; das Männchen hilft bei der Aufzucht der Jungen mit. Eine Art, die Schwarzkopf- oder Kuckucksente aus Paraguay, Argentinien und Chile, legt als Brutparasit ihre Eier in die Nester anderer Wasservögel.

Die nordamerikanische Jamaika-Ruderente brütet in den Ebenen vom Großen Sklavensee an südwärts bis zu den nördlichen USA, überwintert aber ganz weit unten im Süden in Mexiko und in den Golfstaaten. Ihr ähnelt die etwas dunklere Europäische Ruderente oder Weißkopfruderente der Mittelmeerländer und Zentralasiens, die im Winter südwärts nach Nordafrika und Indien zieht.

Einige im Süden heimische Ruderenten pflegen an ihren Brutplätzen zu verbleiben. Eine Art findet sich verstreut über die südlichen Länder der Südhalbkugel in Argentinien, Südafrika, Australien und Tasmanien. Die merkwürdigste Form aber stellt die Südaustralische Moschusruderente dar; sie ist zugleich auch die größte Art ihrer Tribus, denn sie wird 60 bis 75 cm lang und bis 5 Pfund schwer. Das Männchen trägt am Schnabel und Hals einen schwarzen Hautlappen. Früher glaubte man, Moschusruderenten könnten nicht fliegen, aber das trifft nicht zu. Sie fliegen fast ausschließlich nachts und laufen statt dessen tagsüber kleinere Strecken zwischen den Sümpfen und Seen herum. Als ausgezeichnete Schwimmer verschwinden sie wie die Steißhühner mit einem Plumps unter Wasser. Beim Balzspiel schlägt das Männchen im Wasser kräftig mit den Flügeln, daß die Spritzer weit davonfliegen.

Greifvögel *Falconiformes*

Die in dieser Ordnung vereinigten Greifvögel erkennt man an ihrem stark abwärts gekrümmten, an der Spitze hakigen Schnabel und der fleischigen Wachshaut an dessen Basis, die von den Nasenlöchern durchbrochen wird. Alle Falken, Habichte, Adler, Geier und wie sie alle heißen, besitzen kräftige Beine mit einer opponierbaren Hinterzehe und langen Krallen. Diese Merkmale treffen allerdings auch für die «Nachtraubvögel» zu, die man früher zur gleichen Ordnung stellte, doch handelt es sich bei diesen Eulenvögeln um nächtlich lebende Arten mit weichem Gefieder und abweichendem Skelettbau.

Greifvögel gibt es in den meisten Ländern mit Ausnahme der Antarktis; alle fressen fast ausschließlich Fleisch, manche sogar Aas. Die Flugfähigkeit ist hervorragend entwickelt, auch vermögen einige Arten zu segeln. Immer ist das Gelege wenig umfangreich und die Nachkommenzahl daher gering; auch dauert die Brutzeit bemerkenswert lange, und die Jungen werden in ihrem Nest großgezogen. Wir unterscheiden insgesamt 5 Familien der Greifvögel.

KONDOR
Vultur gryphus
Andengebiet, von Venezuela und Kolum
bis zur Magellanstraße; 1,3 m.

KALIFORNISCHER KONDOR
Gymnogyps californianus
Küstengebiet von Kalifornien; 1,27 m.

KÖNIGSGEIER
Sarcorhamphus papa
Südliches Mexiko
bis Nord-Argentinien; 80 cm.

TRUTHAHNGEIER
Cathartes aura
Südliches Kanada bis zur Magellanstraße; 73 cm.

RABENGEIER
Coragyps atrata
Mittlere USA bis Argentinien
und Chile; 63 cm.

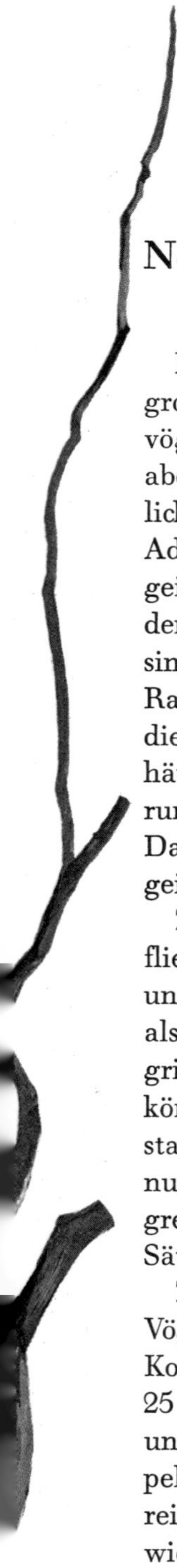

Neuweltgeier *Cathartidae*

Neuwelt- und Altweltgeier ähneln sich zwar äußerlich als große, auch segelfliegende und zum Teil aasfressende Raubvögel mit eigenartigen, nackten Köpfen, unterscheiden sich aber in systematischer Hinsicht so stark, daß man die altweltlichen Formen als eigene Familie aufzufassen hat, die den Adlern näher steht. Stammesgeschichtlich sind die Neuweltgeier etwas älter und zeigen bemerkenswerte Beziehungen zu den Störchen und Kormoranen. Ihre ziemlich langen Zehen sind nicht so zum Greifen eingerichtet wie bei den anderen Raubvögeln, auch setzt ihre Hinterzehe etwas höher an als die Vorderzehen, die am Grunde durch Reste von Schwimmhäuten verbunden sind. Stets sind die Nasenlöcher oval statt rund und die Nasengänge im Schnabel nur teilweise getrennt. Da ein Stimmapparat (Syrinx) fehlt, können die Neuweltgeier nur schwach zischen.

Zweifellos rechnen die Neuweltgeier zu den besten Segelfliegern unter den Landvögeln. Als gierige Fresser von Aas und tierischem Abfall bieten sie beim Mahl alles andere als einen anziehenden Anblick, aber es fehlt ihnen die Angriffslust und auch die Kraft anderer Raubvögel, und daher können sie gar nicht mit einer Beute fertig werden, die Widerstand zu leisten vermag. Zudem kann ihr weicher Schnabel nur solches Fleisch zerfetzen, das schon angefault ist. Zwar greifen sie gelegentlich auch die noch wehrlosen Jungen von Säugetieren an, aber ihre eigentliche Nahrung bildet Aas.

Zu dieser Familie gehören zwei der größten flugfähigen Vögel der Jetztzeit, nämlich der Anden- und der Kalifornien-Kondor, deren Spannweite fast 3 m und deren Gewicht 20 bis 25 Pfund beträgt. Dabei erscheinen ihre Flügel relativ breit und bieten somit eine größere Gleitfläche als etwa bei den pelagischen Albatrossen, an deren Spannweite sie zwar heranreichen, die sie aber in der Flügeloberfläche und auch im Gewicht übertreffen. Außerdem aber enthält die Familie den größten flugfähigen Vogel, der je existierte, nämlich *Teratornis incredibilis*, einen fossilen Geier aus dem Pleistozän von Nevada, dessen Flügel ungefähr 4,80 bis 5,10 m gespannt haben müssen. Der etwas kleinere *Teratornis merriami* mit einer Spannweite von «nur» 3,30 bis 3,60 m lebte während der Eiszeit von Florida bis Kalifornien.

Daß es sich bei den Neuweltgeiern um eine sehr alte Gruppe handelt, ersieht man aus den zahlreichen Fossilfunden. Außer den 6 lebenden Arten kennen wir etwa 20 ausgestorbene Arten, die sich auf die Neue Welt beschränken, aber außerdem auch noch fossile Reste aus dem französischen Oligozän und dem deutschen Eozän, die erkennen lassen, daß die Neuweltgeier vor 40 bis 50 Millionen Jahren auch in der Alten Welt zu Hause waren; später allerdings sind sie dort ausgestorben. Aus Amerika hat man etwa 8 fossile Gattungen beschrieben, deren älteste 55 Millionen Jahre zurück bis ins mittlere Eozän reicht, aber auch von den drei noch lebenden nordamerikanischen Arten kennen wir derart viele Reste aus dem Pleistozän, daß wir hieraus auf eine einstmals viel zahlreichere Verbreitung dieser Vögel schließen können.

Leider gehört der Kalifornische Kondor, der größte Vogel Nordamerikas, heute bereits zu den seltensten Arten; nach der Eiszeit hat er sich offenbar in das westliche Hochland zurückgezogen. Als die ersten Siedler in den amerikanischen Westen vordrangen, lebte der Kondor noch recht zahlreich in den kalifornischen Bergen. Heute aber gibt es nur noch ein paar wenige Brutpaare im Küstengebiet des südlichen Mittelkalifornien bis zum nördlichen Niederkalifornien. Sorgfältige Zählungen in den Jahren 1940 und 1950 ergaben etwa 60 Brutpaare, aber anscheinend nimmt ihre Zahl nicht zu.

Wieder war es der Mensch, der als ärgster Feind dieser Kondore auftrat, denn kaum ein anderes Wesen kann ihnen etwas anhaben. Zwar gab es niemals eine Sportjagd auf Kondore, aber doch fällt es manchem Jäger schwer, nicht auf eine derart große Beute zu schießen. Der Abschuß allein war wohl auch kaum der Grund für den Rückgang dieser verhältnismäßig scheuen Vögel, die man nicht allzu leicht ins Schußfeld bekommt; viele Tiere wurden durch die Farmer mit Strychnin vergiftet, mit dem man die Rinderkadaver zu präparieren pflegt, um die Wölfe und Coyoten zu töten. Weiterhin mag der Rückgang der Nahrungstiere eine Rolle spielen, aber auch die geringe Vermehrungsquote der Vögel. Der Kalifornische Kondor legt nämlich nur ein einziges Ei und brütet auch nicht vor dem sechsten Lebensjahr. Einen Ausgleich dazu stellt allerdings das hohe Lebensalter dar, das die Erwachsenen erreichen können, hat man doch diese Kondore bis 50 Jahre lang in Zoologischen Gärten halten können! Wieweit derartig hohe Lebenserwartungen auch in der Freiheit gelten, wissen wir nicht.

Im Gegensatz zu seinem nördlichen Verwandten scheint der große Kondor der Anden noch nicht so stark vom Aussterben bedroht, wenn auch er nicht gerade als allzu häufig gelten darf. Seinen Lebensraum bilden die Hochanden von Venezuela und Columbien bis nach Patagonien hinunter, also ein derart weites und spärlich besiedeltes Gebiet, daß er die besten Aussichten hat, weiter erhalten zu bleiben.

Der drittgrößte Neuweltgeier und sicherlich auch der schönste, wenn man einen Geier überhaupt so nennen darf, ist der schwarz-weiße Königsgeier, der vom südlichen Mexiko in den tropischen Regenwäldern bis Argentinien vorkommt. Sein nackter Kopf zeigt eine überraschende Farbenpracht von Rot, Grün und Gelb, die sich aber erst im 3. oder 4. Lebensjahr einstellt, wenn sich das Alterskleid ausbildet. Häufig taucht sein lappiger, knotiger Kopf als Motiv in der Eingeborenenkunst der Indianer auf.

Am bekanntesten und am weitesten verbreitet sind der Raben- und der Truthahngeier, die beide von den nördlichen USA an bis hinunter zum südlichen Südamerika vorkommen. Sie gehören geradezu zum allgemeinen Erscheinungsbild der südlichen Staaten; man pflegt sie als «Bussarde» zu bezeichnen, also mit einem Namen, der eigentlich der Gattung *Buteo* vorbehalten bleiben sollte. Der Truthahngeier bildet mehrere geographische Rassen aus, deren nördlichste und südlichste periodische Züge unternehmen.

Jeder kennt das berühmte scharfe Auge der Geier. Von Baumwipfelhöhe bis zu Hunderten von Metern über der Erde segeln sie mit bewegungslosen Schwingen in der Luft und spähen nach Beute, indem sie geschickt die Aufwinde ausnutzen. Obwohl die Geier nicht im eigentlichen Sinne gesellig leben, finden sie sich doch zur Nachtruhe zusammen und versammeln sich vor allem in großen Scharen am Futter. Wenn ein Geier in der Luft schwebt, erkennt er schon kilometerweit, wie sich ein anderer auf eine Beute niedersenkt. Folgt er dann und schickt sich gleichfalls zum Fressen an, bemerkt dies wieder ein dritter Vogel, und so sammeln sich allmählich ganze Scharen von Geiern am Aas.

Über das Geruchsvermögen der Geier hat man viel diskutiert; man glaubte, die Vögel würden mit Hilfe des Geruchssinnes die Beute mit der erstaunlichen Sicherheit finden, die immer wieder verblüfft, obwohl gerade dieser Sinn bei den Vögeln im allgemeinen nicht sehr gut entwickelt erscheint. Die angestellten Versuche haben jedoch ergeben, daß Geier vielleicht einen etwas besseren Geruchssinn haben als andere Vögel und auch durchaus ihre Nahrung auf diesem Wege finden können, daß aber doch das Gesicht dabei die Hauptrolle spielt. Nachdem die Geier herausgefunden haben, daß immer wieder auf den Autobahnen kleine Tiere von den dahinrasenden Autos überfahren werden, kontrollieren sie regelmäßig wie eine Straßenpolizei die südlichen Strecken und fallen oft selbst den «Nahrungslieferanten» zum Opfer.

Truthahn- und Rabengeier nisten am Boden, manchmal unter überhängenden Felsen, gelegentlich in Stein- und Baumhöhlen, und legen meist 2, seltener 3 Eier. Nach einer Brutzeit von etwa 6 Wochen kriechen die Jungvögel aus, deren Köpfe noch mit Dunenfedern bedeckt sind; sie verschwinden erst, wenn die Tiere nach weiteren 10 Wochen erwachsen werden. Wahrscheinlich hängt die Kahlköpfigkeit erwachsener Geier mit ihren Freßgewohnheiten zusammen, denn das Aas, in das sie ihren Kopf hineinstecken, würde ein Kopfgefieder bald verkleben.

Da die Geier auf Grund ihrer unappetitlichen Lebensweise nicht eben erfreulich riechen, möchte man nicht allzu viel mit ihnen zu tun haben und hat sie deshalb auch nur selten beringt. Neuerdings stellen die Rinderzüchter ihnen nach, weil sie angeblich Viehkrankheiten übertragen sollen, doch leisten sie andererseits dank ihrer Aasfresserei einen derart wichtigen Dienst beim Beseitigen anderer Infektionsquellen, daß sie in den meisten Staaten der USA unter gesetzlichem Schutz stehen.

Die sechste Art dieser Familie, der Gelbkopfgeier, gehört in die gleiche Gattung wie der Truthahngeier und zeigt auch ungefähr die gleichen Lebensgewohnheiten. Sein Verbreitungsgebiet reicht von Veracruz in Mexiko südwärts bis zum nördlichen Argentinien und Uruguay.

Sekretäre *Sagittariidae*

Der lange Federschopf am Hinterkopf, der wie ein Bündel Schreibfedern hinter dem Ohr eines früheren Gerichtsschreibers hervorragt, hat dem Sekretär zu seinem Namen verholfen. Dieser langbeinige afrikanische Raubvogel kann zwar gut fliegen, lebt aber vorwiegend als Laufvogel und fällt auch sonst so stark aus dem Bild seiner Ordnung heraus, daß man ihm eine eigene Familie einräumen muß.

Man kennt den Sekretär als Schlangenvertilger, doch frißt er auch andere Reptilien, Kleinsäuger, große Insekten, hauptsächlich Heuschrecken, und vergreift sich selbst an Jungvögeln und Eiern. Da man ihn als nützlich ansieht, steht er überall in Afrika unter Jagdschutz. In den südafrikanischen Landwirtschaftsgebieten halten die Farmer mitunter zahme Sekretäre in Gefangenschaft, damit sie ihnen die Felder von Schlangen und Ratten säubern; allerdings darf man sie nicht in die Nähe von Küken und anderem Nutzgeflügel lassen.

Ganz im Gegensatz zu den übrigen Raubvögeln jagt der Sekretär seine Beute am Boden und rennt im Zickzack hinter ihr her, wobei er mit seinen Flügeln flattert, jedoch weniger zur eigenen Fortbewegung, als vielmehr, um die Beute zu scheuchen und zu irritieren.

Wird er von einer Schlange angegriffen, so hält ihr der Vogel die Schwungfedern seines Flügels vor, denen das Reptil nichts anhaben kann. Dann drückt der Sekretär die Schlange hinter dem Kopf mit einem Fuß zu Boden und bearbeitet sie mit seinen Flügeln. Ist die Schlange zu groß oder kann er sonst nicht mir ihr fertigwerden, so trägt er sie hoch in die Luft und läßt sie dann auf den harten Boden herabfallen, wie es Möwen mit hartschaligen Muscheln zu tun pflegen.

Die Heimat des Sekretärs erstreckt sich über das ganze Afrika südlich der Sahara mit Ausnahme der äquatorialen Waldgebiete. Als Bewohner der offenen Ebenen und der Savannen unternimmt er weite Wanderungen auf der Suche nach Futter; teilweise soll er auch ziehen. Zwar lebt er nicht gesellig, doch versammeln sich die Sekretäre bei Buschbränden zu größeren Trupps, um sich die versengten Kleintiere als leichte Beute zu holen. Häufig trifft man die Sekretäre paarweise an, wobei die beiden Vögel bis zu einem Kilometer voneinander entfernt ihr Futter suchen, aber doch noch mit ihren volltönenden, dreisilbigen, schnarrenden und weittragenden Stimmen in Rufverbindung stehen.

Die Sekretäre sollen eine lebenslängliche Einehe führen. Entgegen anderen Raubvögeln bleibt das Weibchen etwas kleiner als das Männchen. Jedes Paar baut sich sein einfaches Nest aus Astwerk auf Büschen oder Bäumen, kaum mehr als 6 m über der Erde, und benutzt es auch jedes Jahr wieder, wobei es sein Heim bis auf einen Durchmesser von etwa 1,8 m erweitert. Beide Elterntiere brüten ihre 2 Eier aus und füttern die Jungen, indem sie die halbverdaute Nahrung auswürgen; anscheinend bevorzugen sie dabei Kleinsäuger als Kost. Die frisch geschlüpften Jungvögel in ihrem weißen Dunenkleid sind hilflos und brauchen einige Wochen, bis sie stehen können, und 2 Monate, bis sie flügge sind.

SEKRETÄR
Sagittarius serpentarius
Afrika südlich der Sahara; 1,2 m.

Habichtartige *Accipitridae*

Die «Greife» bilden die größte Familie der Ordnung, aber zugleich auch die am wenigsten einheitliche. Ihre 205 Arten, die sich auf 70 oder mehr Gattungen verteilen, bieten ein buntes Bild verschiedenartigster Raubvögel. Ihre Größe reicht von der eines schneidigen kleinen Streifensperbers, der nicht viel größer wird als seine aus Wachteln und Tauben bestehende Beute, bis zu der einer riesigen Harpyie aus den Urwäldern des Amazonas. Hier finden wir die großen altweltlichen Aasfresser ebenso vertreten wie die gewandte, anmutige Schwalbenweihe der Neuen Welt.

Von den Falken unterscheidet sich die Gruppe durch den Bau ihres Oberschnabels und die breiteren Flügel mit den meist verrundeten Spitzen. Diese äußeren Merkmale sind selbstverständlich nicht ausschlaggebend, und so beruht ihre Systematik vor allem auf anatomischen Merkmalen. Die 9 Unterfamilien, in die man diese Gruppe gliedert, sind zwar in sich einigermaßen abgeschlossen, überschneiden sich aber doch in einigen Zwischenformen, die man nur schwer unterbringen kann. So gibt es noch kein allgemein anerkanntes System dieser Familie. Eine weitere Schwierigkeit ergibt sich daraus, daß keine volkstümlichen Namen existieren, die sich mit den systematischen Gruppen decken. Die großen Raubvögel, die wir Adler nennen, gehören zu zwei getrennten Unterfamilien, während die Amerikaner ganz verschiedene Raubvogelgruppen als «Hawks» ansprechen.

Noch am deutlichsten heben sich die Altweltgeier *(Aegypiinae)* heraus. Äußerlich ähneln sie ihren neuweltlichen Namensvettern, doch beweisen die starken Krallen, die runden Nasenlöcher und der entwickelte Stimmapparat (Syrinx), daß sie auf eine entwicklungsgeschichtlich jüngere Vergangenheit zurückblicken und sich vermutlich von Vorfahren ableiten, die den Adlern nahestanden. Ebenso wie die Neuweltgeier, aber unabhängig von ihnen, haben auch sie im Zusammenhang mit ihrer aasfressenden Lebensweise das Kopfgefieder eingebüßt, doch erscheint bei der kleinsten und am wenigsten spezialisierten Art, dem grauweißen Schmutzgeier, nur das Gesicht nackt, der Kopf und Hals aber mit Federn besetzt.

In seinem riesigen Verbreitungsgebiet, das sich über Afrika ostwärts nach Arabien und Indien erstreckt, steht der Schmutzgeier in engster Beziehung zum Menschen, so daß ihn die Engländer sogar als «Pharaonenküken» bezeichnen, denn schon auf den Mauern der ägyptischen Grabstätten findet sich sein Bild. Seine Nahrung besteht aus Kadavern und Exkrementen, doch gibt er sich im allgemeinen mit dem zufrieden, was die großen Geier nach ihrer Mahlzeit übriggelassen haben. Obwohl er damit eine wichtige Aufgabe als «Gesundheitspolizei» erfüllt, hat der Schmutzgeier doch unter den blindwütigen Vergiftungsaktionen zu leiden gehabt und ist daher längst nicht mehr so häufig wie früher. Er nistet an Felsen oder in kleinen Höhlen, benutzt aber mitunter auch die verlassenen Baumnester anderer Arten. Sein Gelege besteht in der Regel aus 2 Eiern, die 43 Tage lang von beiden Eltern bebrütet werden.

Vertrauter sind wir mit dem riesigen Gänsegeier, der seinen Kopf fast ganz in seine weiße Halskrause zurückziehen kann. In seiner Heimat, die von Südeuropa und Nordafrika bis nach Indien reicht, sieht man ihn häufig über den Gebirgen segeln, um unablässig nach Aas auszuspähen. Trotz seiner Körpergröße und Kraft tötet er doch niemals seine Beute und rührt sie auch nicht an, solange sie noch Leben zeigt. In Indien hält er sich in der Nähe der Verbrennungsstätten auf und wartet darauf, daß ein noch nicht völlig vom Feuer verzehrter Leichnam in den Fluß geworfen wird.

Der Gänsegeier gehört zu den ganz wenigen Raubvögeln, die manchmal kolonieweise nisten, gewöhnlich an steilen Felswänden, in Klüften oder in irgendwelchen Winkeln zwischen den Felsspalten. Jedes Weibchen legt nur ein einziges Ei, aus dem nach 48 bis 52 Tagen die Jungen auskriechen; es brütet nicht nur gemeinsam das Küken aus, sondern füttert es auch zusammen mit halbverdautem Aas, das wieder ausgewürgt wird. Ungefähr 3 Monate verbleiben die Jungvögel im Nest, bevor sie flügge werden.

Nicht viel anders sieht der Kappengeier aus, wirkt aber etwas dunkler als die vorige Art. Er gehört zu den häufigsten ostafrikanischen Geiern und kommt vom südlichen Ägypten an südwärts bis Kapstadt vor. Wie seine Verwandten frißt er

so ziemlich alles und lungert meist in der Nähe der Städte und Eingeborenensiedlungen herum oder hält sich in größeren Scharen bei seinen Nahrungsquellen auf, doch trifft man ihn im Küstengebiet auch auf der Suche nach toten Fischen.

Weit angriffslustiger zeigt sich der über ganz Zentralafrika verbreitete Wollkopfgeier. Auch seine Kost besteht in der Hauptsache aus Aas, zu dem er sich wie alle anderen Geier gesellt, doch greift er gelegentlich auch andere Vögel und selbst kleinere Antilopen an und tötet sie.

Zweifellos bilden die Geier, vom wissenschaftlichen Standpunkt aus gesehen, eine recht fesselnde Gruppe und spielen auch in abgelegenen Gegenden mit unzureichenden sanitären Verhältnissen eine wichtige Rolle als «Müllabfuhr», doch wirken sie in ästhetischer Hinsicht wenig anziehend.

Die 7 Arten der weißschwänzigen Gleitaare aus der Unterfamilie *Elaninae* sind ziemlich primitive und verhältnismäßig wenig spezialisierte Raubvögel. Vom äußersten Süden der USA, dem südlichen Europa und dem asiatischen Raum südlich des Himalaja an kommen sie überall in der Welt bis hinunter nach Südamerika, Afrika und Australien vor. Es sind meist recht helle, nach menschlichen Begriffen wohlgestaltete Vögel mit einem leichten, eleganten Flug. Alle nisten auf Bäumen und legen 2 bis 5 weiße, kräftig braun und rot gefleckte Eier. Wie bei den meisten Raubvögeln dauert die Brutzeit ziemlich lange, 4 oder noch mehr Wochen. Langsam fliegend und gelegentlich rüttelnd suchen die Gleitaare ihre Beute, kleine Nager, Schlangen, Echsen, Frösche, Heuschrekken, Käfer und andere Insekten, aber auch Vögel. Eine afrikanische Art, der Fledermaushabicht, hält sich tagsüber im Laubdach der Wälder verborgen und kommt erst gegen Abend heraus, um Fledermäuse oder spät fliegende Vögel zu jagen, indem er sie beim Flügel packt; noch im Flug verzehrt er die Beute. Der amerikanische Weißschwanzhabicht ist im Süden der USA bereits recht selten geworden, kommt aber an verschiedenen Stellen Mittel- und Südamerikas noch immer ziemlich häufig vor.

Die Unterfamilie der Wespenbussarde *(Perninae)* mit dem altweltlichen Wespenbussard wird in der Neuen Welt durch die Schwalbenschwanzweihe und die Hakenschnabelweihe vertreten.

HABICHT
Accipiter gentilis
Nördliche gemäßigte Zone; 60 cm.

Der Wespenbussard brütet im gesamten gemäßigten Europa und Asien; im Winter zieht er in den Süden seines Verbreitungsgebietes. Er fliegt vorzüglich, segelt aber auch zuweilen; mitunter läßt er sich auf Bäumen oder auf dem Boden nieder und bewegt sich dort schnell und geschickt. Man nennt ihn Wespenbussard, weil er gern die Nester der Wespen und Bienen heimsucht, wobei es ihm allerdings nicht um den Honig geht, sondern um die Insekten und deren Larven. Damit er nicht gestochen wird, kneift er vor dem Fressen den Wespen den Hinterleib mit dem Stachel ab.

Die Schwalbenschwanzweihe, die nahe Verwandte unseres Wespenbussards, gehört zu den anmutigsten und zierlichsten Raubvögeln überhaupt. Auch sie frißt hauptsächlich Insekten,

SCHWALBENSCHWANZWEIHE
Elanoïdes forficatus
Südliche USA bis nördliches Argentinien; 61 cm.

SCHNECKENMILAN ♂
Rostrhamus sociabilis
Florida, Kuba sowie vom südlichen Mexiko bis zum östlichen Argentinien; 45 cm.

BRAHMINENMILAN
Haliastur indus
Von Indien bis zu den Salomonen und Australien; 45 cm.

außerdem kleine Reptilien und Amphibien. Früher war sie im größten Teil der USA zu Hause, beschränkt sich aber heute auf die südlichsten Golfstaaten von Florida bis Texas. Im Winter zieht sie bis hinunter zum nördlichen Südamerika. Es ist ein wunderschöner Anblick, eine Schwalbenschwanzweihe zu beobachten: Wie eine riesengroße Schwalbe zieht sie hoch oben in den Lüften ihre Kreise und schraubt sich dann auf der Suche nach Futter hinunter bis zum Boden. Unverständlich bleibt nur, warum sie jetzt so selten geworden ist. Ihre 2 oder gelegentlich 3 Eier legt sie in das hoch in den Bäumen errichtete Nest; beide Eltern besorgen nicht nur das Brutgeschäft, sondern auch die Aufzucht der Jungen. Offenbar reicht die Vermehrungsquote nicht aus, um die Sterblichkeit der Tiere auszugleichen.

Als 4. Unterfamilie der Greifvögel wenden wir uns nun den Milanen *(Milvinae)* zu, einer wenig scharf abgegrenzten Gruppe, die einerseits verwandtschaftliche Bindungen zu den eben behandelten beiden Unterfamilien erkennen läßt, andererseits aber zu der nachfolgenden Gruppe überleitet. Zu den altweltlichen Milanen gehören als heimische Arten der Rote Milan mit dem tiefgegabelten Schwanz und der Schwarze Milan, der besonders gern in Flußtälern lebt. Der Rote Milan bewohnt Europa, Nordwestafrika und Kleinasien, während das Verbreitungsgebiet des Schwarzen Milan sehr viel größer ist: Es reicht von Südschweden bis Kapstadt und von Portugal bis Australien. Der anmutige Brahminenmilan mit rotbraunem Rücken und weißem Kopf ist von Indien ostwärts bis zu den Salomonen und Australien verbreitet. In Nord- und Mittelamerika gehören hierher die Mississippiweihe, die Grauweihe und als seltenste Art der Schneckenmilan, der in Nordamerika nur im Tiefland der Everglades von Florida vorkommt und sich dort fast ausschließlich von den im Süßwasser heimischen Apfelschnecken der Gattung *Pomacea* ernährt. Zweifellos hängt die eng begrenzte Verbreitung der Art mit ihrer einseitigen Ernährung zusammen. Auch der ungewöhnlich lange, hakenförmig gekrümmte Schnabel stellt eine Anpassung an die besondere Art des Fressens dar: Der Vogel hält die Schnecke in seinen Krallen, bis sie aus dem Gehäuse herauskommt, packt sie dann mit der Schnabelspitze und zieht sie vollends heraus. Zudem fressen die Milane auch Aas.

Als größtes Mitglied dieser Gruppe erreicht der Lämmergeier eine Größe von 1,2 m und eine Flügel-Spannweite von 2,4 bis 3 m. Man bezeichnet diesen herrlichen Hochgebirgsvogel Südeuropas, Zentralasiens und Afrikas auch als Bartgeier, weil er ein auffallendes Büschel schwarzer Federn unter seinem Schnabel trägt. Er ist Aasfresser, schlägt aber auch lebende Beute. Besonders gern hält er sich an die Knochen. Kleinere Knochen schlingt er im ganzen herunter, größere aber trägt er im Schnabel in die Luft und läßt sie dann auf dem steinigen Boden zerschellen.

Die Unterfamilie der Habichte *(Accipitrinae)* bilden eine ziemlich große und einigermaßen gut abgegrenzte Gruppe. Zum Genus *Accipiter,* einer der umfangreichsten und am weitesten verbreiteten Raubvogelgattungen, gehören etwa 40 Arten, die in sämtlichen gemäßigten und tropischen Gegenden der Welt zu Hause sind, mit Ausnahme Ozeaniens und Neuseelands. Sie sind Jäger, vor allem auf kleine Säuger und Vögel. Allen sind die scharfen Krallen, der lange Lauf, der schnelle, elegante Flug und die auffallend verrundeten Flügelspitzen gemeinsam. Dank ihrer breiten Flügel und des langen Schwanzes können sie flink und überaus gewandt da-

ROTSCHWANZBUSSARD
Buteo jamaicensis
Nord- und Mittelamerika, Westindien; 63 cm.

hinjagen, blitzschnell Haken schlagen und ihre Richtung ändern, wie es sich gerade beim Verfolgen einer Beute ergibt.

Als hauptsächlichster Vertreter sei unser kräftiger Habicht genannt, eine 50 bis 60 cm große Art, die im gesamten gemäßigten Norden brütet und den Winter etwas weiter südlich verbringt. In Nordamerika ist sein Bestand ziemlich zurückgegangen; er gehört dort bereits zu den ausgesprochen seltenen Raubvögeln. In verschiedenen Teilen Europas und Asiens dagegen trifft man ihn noch durchaus häufig an. Früher verwendete man den Habicht allgemein in der Falknerei, nicht nur in Europa, sondern auch in Japan, wo man ihn zur Jagd auf Kaninchen und Sumpfvögel heranzog. Selbst zur Jagd auf Kraniche benutzten die vornehmen Japaner in früherer Zeit den Habicht. Kein Jagdhabicht durfte die königlichen Purpurfesseln tragen, bevor er nicht den vornehmsten der Jagdvögel zur Strecke gebracht hatte, den großen Mandschurenkranich. Obwohl der Kranich die mehrfache Größe eines Habichts erreicht, kann er es in der Luft nicht mit ihm aufnehmen.

Außer dem Habicht umfaßt die Gattung *Accipiter* noch verschiedene andere, kleinere und zahlreicher vertretene Arten, wie den Streifensperber Nord- und Mittelamerikas als einen der kleinsten Familienangehörigen und den ihm recht ähnlichen europäischen Sperber, der im männlichen Geschlecht etwa 28 cm und im weiblichen 35 bis 40 cm Länge erreicht. Überhaupt werden die Weibchen der *Accipiter*-Arten merklich größer als die Männchen.

Die Nester der Habichte sind ziemlich solide aus Ästen und Zweigen zusammengefügt und tragen meist in der Mitte eine Vertiefung, die mit Nadelholzsprossen ausgekleidet wird. In der Regel sehen die Eier weiß aus und tragen kräftige braune Tupfen und Flecke. Üblicherweise enthält das Gelege 3 bis

6 Eier, die 4 bis 5 Wochen bebrütet werden. Meist übt das Weibchen allein das Brutgeschäft aus, wird aber vom Männchen mit Futter versorgt, solange es auf den Eiern sitzt. Bis die Jungen flügge werden, vergehen je nach Art 4 bis 6 Wochen.

Die umfangreichste und auch am buntesten zusammengewürfelte Unterfamilie aber bilden die Bussarde *(Buteoninae)*, deren etwa 90 Arten, aufgegliedert in 29 Gattungen, sich über die ganze Welt verteilen. Es sind im allgemeinen mittel- bis sehr große Raubvögel mit kürzeren Läufen und Schwänzen als die Habichte und etwas längeren, breiteren und stärker verrundeten Flügeln. Die etwa 26 Arten der größ-

STEINADLER
Aquila chrysaëtos
Norden der nördlichen Halbkugel; 84 cm.

ten Gattung *Buteo* kann man vielleicht als charakteristisch für die ganze Gruppe ansehen; sie sind es, denen von Rechts wegen der Name «Bussard» zusteht, den man leider vielfach auch anderen Arten beilegt. Zu den Bussarden rechnen die am meisten vertrauten Arten, wie der europäische Mäusebussard und der ihm recht ähnliche amerikanische Rotschwanzbussard, den man leicht an den breiten, roten Schwanzfedern erkennt. Wie unseren «Mauser» sieht man ihn häufig, oft paarweise, über den Waldgebieten seine Kreise ziehen. Insgesamt gibt es in Nordamerika 9 Bussarde, darunter auch den Rotschulterbussard, doch kennen wir in Europa nur noch eine zweite Art, den hochnordischen Rauhfußbussard mit seinen befiederten Läufen, der allerdings auch in Nordamerika beheimatet ist.

Alle Bussarde sind echte Raubvögel, aber doch nicht so schneidige und gewandte Jäger wie die Habichte und die Falken. Meist schlagen sie Reptilien, Amphibien und kleinere Säuger bis zur Größe eines Kaninchens, seltener andere Vögel. Da sie ungeheure Mengen von schädlichen Nagern fortfangen, erscheinen sie geradezu als Wohltäter der Landwirte. Trotzdem werden sie von verständnislosen Jägern als besonders «sportliches» Jagdwild angesehen und immer wieder abgeschossen. Häufig wandern die Bussarde in großen Scharen Jahr für Jahr auf den gleichen Zugstrecken, und zwar gern längs der Gebirgsketten, wo sie sich mit Hilfe der Aufwinde unter verhältnismäßig geringem eigenen Kraftaufwand segelnd fortbewegen können. Gerade dort fielen sie den sinnlosen Abknallereien der Jäger zum Opfer, doch haben jetzt Aufklärung und örtliche Schutzbestimmungen viel dazu beigetragen, dem ein Ende zu setzen.

Zur gleichen Unterfamilie zählen wir auch die meisten jener großen Raubvögel, die wir als Adler zu bezeichnen pflegen. Die imposanteste Erscheinung ist wohl der königliche, über das ganze holarktische Gebiet verbreitete Steinadler, der einst ganz Europa, Asien bis zum Himalaja, Nordafrika und Nordamerika bewohnte. Daß er heutzutage im größten Teil seines Verbreitungsgebietes als in die Bergwelt abgedrängte Seltenheit gilt, verdankt er zum größten Teil dem Jagd-«sport». Aber auch der Steinadler selbst ist ein gewaltiger Jäger; er schlägt seine Beute — vom Rehkitz bis zum Kaninchen, vom Iltis bis zum Schneehuhn — meist am Boden. In Asien hat man ihn ebenso zur Jagd auf große Beute abge-

WEISSKOPFSEEADLER
Haliaeëtus leucocephalus
Nordamerika, nordöstliches Sibirien; 86 cm.

HARPYIE
Harpia harpyja
Südliches Mexiko
bis nördliches Argentinien; 95 cm.

GAUKLER
Terathopius ecaudatus
Arabien sowie Afrika südwärts des Senegal und Sudan mit Ausnahme der westafrikanischen Waldgebiete; 60 cm.

PRACHTHAUBENADLER
Spizaëtus ornatus
Südliches Mexiko bis nördliches Argentinien; 60 cm.

richtet wie anderswo Falk und Habicht. Als Symbol für die Stärke des alten Rom zierte sein Bild die Standarten der römischen Legionen, und seine lateinische Bezeichnung *Aquila* gilt auch heute noch als sein wissenschaftlicher Gattungsname.

Als ortstreuer und auch recht langlebiger Vogel kommt der Steinadler jedes Jahr wieder zu seinem alten Nistplatz zurück. Hin und wieder nistet er auch heute noch auf Bäumen, doch schlägt er sein Nest mit Vorliebe auf unzugänglichen Felsklippen auf. Dieser gewaltige, feste Bau wird aus Ästen errichtet und in jedem Jahr weiter ausgebaut. Das Gelege enthält meist 2 Eier, mitunter aber auch nur eines; die Schale zeigt, wie bei den anderen Raubvögeln, Tupfen und Flecken verschiedenster Brauntönungen. Den Hauptanteil der etwa 6wöchigen Brutzeit übernimmt das Weibchen, doch wird es vom Männchen für kürzere Dauer abgelöst. Gefüttert wird von beiden Eltern, aber hier scheint das Männchen mehr beteiligt zu sein; auch hudert es gelegentlich die Nestjungen. Mindestens 11 Wochen müssen die jungen Adler im Nest verbleiben, bis sie flügge sind.

Dagegen wirkt der Weißkopfseeadler, der amerikanische Wappenvogel, in seiner Lebensweise und vielleicht auch in seiner ganzen Erscheinung weit weniger «vornehm». Er jagt zwar auch Wasservögel oder Kaninchen und vergreift sich an den Jungtieren von größerem Wild, wo er sie fangen kann, doch besteht seine Nahrung hauptsächlich aus Fischen. Er fängt sie zwar auch lebend, sammelt aber meist ihre Kadaver am Strande auf. Mit Vorliebe hetzt er den Fischadler, einen ausgezeichneten Fischfänger, bis er seine Nahrung wieder hergibt, die der Weißkopfseeadler dann im Fluge auffängt, noch bevor sie ins Wasser fällt.

Obwohl der Weißkopfseeadler im gesamten Nordamerika brütet, ist er doch in den meisten Ländern ziemlich selten geworden und kommt nur noch in Alaska und Florida einigermaßen häufig vor. Aber auch in Florida ist sein Bestand in den letzten 20 Jahren merklich zurückgegangen, nur weiß man nicht warum, denn er steht unter Naturschutz und wird nur selten geschossen. Wenn er auch recht lange lebt und seine Gelege 2 Eier enthalten, reicht doch seine Nachkommenschaft nicht mehr aus, die jährliche Sterblichkeitsrate wettzumachen. Die Paare bauen ihr geräumiges Nest in Baumwipfeln und kehren regelmäßig in jedem Jahr dorthin zurück. Zum Teil wenigstens dürfte am Rückgang der Art das Abholzen der Nistbäume im Zuge der fortschreitenden Kultivierung schuld sein, vielleicht auch — aber das ist noch nicht bewiesen — das Vergiften ganzer Landstriche durch DDT, das auf dem Umweg über die Insekten und Fische in den Magen der Adler gelangt. Wie man an beringten Jungadlern in Florida festgestellt hat, wandern sie nach dem Verlassen des Nestes bis Kanada.

Zur gleichen Gattung *Haliaeëtus*, der die eben behandelte Art angehört, zählen noch eine ganze Anzahl weiterer Seeadler, die alle ziemlich ähnlich aussehen und sich im wesentlichen nur nach dem Weiß am Kopf oder Schwanz unterscheiden: Manchen fehlt das Weiß am Kopf und Schwanz, bei anderen sieht nur der Schwanz weiß aus. Eine ebenfalls weißköpfige Art lebt in Afrika, andere Seeadler-Arten auf Madagaskar, in Ostasien, im malaiischen Raum, auf den Salomonen. Der eigentliche Seeadler schließlich, der von Grönland und Island an ostwärts bis ins nördliche Sibirien beheimatet ist, brütet bei uns bis Schleswig-Holstein. Seine Hauptbeute bilden Wasservögel. Der Schwanz ist im Alter weiß.

Die Harpyie ist ein riesiger Raubvogel aus den Urwäldern vom südlichen Mexiko über das Amazonasgebiet bis nach Südbrasilien. Von allen Mitgliedern seiner Familie hat dieser mit einem Federschopf geschmückte Vogel die gewaltigsten Krallen. Er ernährt sich von Affen und Faultieren.

Als 8. Unterfamilie betrachten wir jetzt die Weihen *(Circinae)*, deren insgesamt 17 Arten zum größten Teil der Gattung *Circus* angehören. Es sind Raubvögel mit ziemlich langen Läufen, langem Schwanz, mit langen, spitzen Flügeln und einem auffallend eulenähnlichen Gesicht. Ihren Lebensraum bilden offene Landschaften, Sümpfe und Steppen, die so recht geschaffen sind, um darüber hin und her zu streichen und auf kleine Säugetiere, Vögel, Reptilien und Lurche zu jagen. Man findet die Vögel fast in allen Ländern der Welt,

KORNWEIHE
Circus cyanëus
Gemäßigte Gebiete der nördlichen Erdhalbkugel; 60 cm.

mit Ausnahme von Ozeanien, Neuseeland und den Polargebieten. Als Beispiel mag die heimische Kornweihe dienen, die in Europa sowie im nördlichen und gemäßigten Asien und Nordamerika zu Hause ist. Die Kornweihe und die ihr nahe verwandte Wiesenweihe zeigen in ihrer Färbung einen deutlichen Geschlechtsunterschied, wie er sonst kaum bei Raubvögeln vorkommt: das Weibchen sieht braun aus, das Männchen grau. Junge Männchen gleichen mehr dem Weibchen, bis sie das Federkleid der Erwachsenen anlegen. Die meisten Weihen nisten am Boden, Korn- und Wiesenweihen im feuchten Gelände, wo zumeist das Weibchen ein flaches Gebilde aus Gras und Kraut errichtet und auch allein das aus 3 bis 8 Eiern bestehende Gelege bebrütet; das Männchen trägt ihr hin und wieder Futter zu. Etwa 4 bis 5 Wochen dauert die Brutzeit, und weitere 5 bis 6 Wochen brauchen die Jungen zum Flüggewerden. Anfangs füttert allein das Männchen, doch beteiligt sich später auch das Weibchen daran.

Als letzte Unterfamilie bleiben noch die Schlangenadler *(Circaëtinae)* zu behandeln, ziemlich große, breitflüglige Raubvögel, die sich besonders gern über Sumpf- und Moorlandschaften aufhalten und vorwiegend Reptilien und Amphibien fressen. Als Beispiel mag der 2 kg schwere eigentliche Schlangenadler gelten, der in Mitteleuropa bereits sehr selten geworden ist, aber bis nach Nordafrika und zur Mongolei vorkommt. In Ostafrika lebt der Gaukler als eine merkwürdige Art mit langen, schmalen Flügeln und ziemlich kurzem Schwanz. Sein nacktes, rotes Gesicht steht vielleicht in Zusammenhang mit der Tatsache, daß er manchmal an Aas geht, doch tötet er seine Beute in der Regel selbst, nämlich alle nur in Frage kommenden Kleintiere, insbesondere aber Kriechtiere, wie es alle übrigen Angehörigen dieser Gruppe tun. Fast ständig sieht man den Gaukler mit beachtlicher Geschwindigkeit dahinfliegen und schweben, und manchmal rüttelt er auch im Flug. Durch seine Flugkünste hat er sich geradezu den Ruf eines Luftakrobaten verdient, denn manchmal schießt er wie eine Tümmlertaube regelrechte Purzelbäume in den Lüften.

FISCHADLER
Pandion haliaëtus
Kosmopolitisch; fehlt nur im Polargebiet, auf Neuseeland und im südlichen Südamerika; 60 cm.

Fischadler *Pandionidae*

Der Fischadler gehört als Kosmopolit zu den weitestverbreiteten Vögeln; er kommt an allen Küsten und an den Ufern der größeren Binnenflüsse und -seen vor. So besiedelte er mit Erfolg auch solche Meeresinseln, auf denen sich sonst kein anderer Raubvogel halten konnte. Die einzigen eisfreien Inseln, auf denen er nicht heimisch geworden ist, sind Neuseeland, wo er niemals vorkam, und Hawaii, wo er nur gelegentlich auftaucht. Man unterteilt die Art in 5 geographische Rassen, die sich nur geringfügig in der Färbung und Größe unterscheiden.

Äußerlich sieht der Fischadler recht ähnlich aus wie die Habichte und Adler, denn auch er ist ein großer, kräftiger Raubvogel von 50 bis 60 cm Länge und breiten, etwas zugespitzten Flügeln; auch bei ihm werden die Weibchen etwas größer. Seinem anatomischen Bau nach steht er den Habichten am nächsten, in der Anordnung des Gefieders den Neuweltgeiern; der abweichende Bau der Füße aber erfordert es, ihm den Status einer eigenen Familie zuzuerkennen. Die Schenkel sind dicht befiedert, die Läufe nackt. Im Gegensatz zu allen anderen Raubvögeln zeigen Vorder- und Hinterzehen die gleiche Länge. Wie bei den Eulenvögeln kann die äußere Zehe den anderen beiden Vorderzehen entgegengestellt werden, so daß der Vogel seine Beute von vorn und hinten mit je zwei Zehen greift. Jede Zehe endet mit einer langen, scharfen, gebogenen Kralle und ist an der Unterseite rauh gekörnt — ein gutes Hilfsmittel, die schlüpfrigen Fische sicher fassen zu können.

Wenn ihn der Hunger zwingt, begnügt sich der Fischadler mit anderer Nahrung, lebt aber sonst nur von Fischen, die er lebend fängt. In weiten Kreisen zieht er 15 bis 60 m hoch über dem Wasser dahin, bis er seine Beute erspäht. Dann verharrt er einen Augenblick und stürzt sich mit halbgeschlossenen Flügeln aufs Wasser, mit den Beinen voran, bis er aufklatschend unter der Oberfläche verschwindet, aber schon nach wenigen Sekunden wieder mit dem Fisch in den Fängen auftaucht. Sofort schüttelt er das Wasser aus dem Gefieder und fliegt, den Fisch in den Fängen, auf einen Baum, eine Klippe oder zu seinem Nest, um ihn dort zu verspeisen. Oft wird er von anderen Raubvögeln verfolgt, die ihm die Beute wieder abnehmen wollen, wie etwa vom Weißkopfseeadler. Wenn der Fischadler auch lebende Fische vorzieht, verschmäht er doch eine frischtote Beute nicht; nur rührt er sie im Gegensatz zum Weißkopfseeadler nicht an, sobald sie in Fäulnis übergeht.

Sein ungewöhnlich großes Nest baut der Fischadler aus Ästen, die bis zu 1,5 m lang sein können, und polstert die Mitte mit Seegras und anderen Pflanzenstoffen aus. Meist legt er es in hohen, abgestorbenen Bäumen an, nimmt aber an den baumarmen Küstengebieten auch mit Telegraphenmasten vorlieb. Da solche Nester häufig die Strom- und Telephonnetze durch Kurzschlüsse stören, ziehen es manche Elektrizitäts-Gesellschaften vor, den Fischadlern bessere Nistplätze zu schaffen, indem sie Wagenräder horizontal an Stangen befestigen und sie auf die Spitzen der Telegraphenmasten setzen lassen. In Europa nistet der Fischadler vorwiegend auf Kiefern, mitunter auch auf Meeresklippen; auf kleinen Inseln aber, wo es keine größeren Erhöhungen und auch keine Raubtiere gibt, brütet er auf dem Boden. Jahr für Jahr kehrt er

zum gleichen Nest zurück und baut es weiter aus. Einige Nester sind 40 Jahre nacheinander benutzt worden, vielleicht sogar vom selben Brutpaar. Als Höchstalter hat man bei beringten Fischadlern 21 Jahre festgestellt.

Meistens enthält das Gelege 3 rötlichgrau bis braun gesprenkelte weiße Eier, einst ein begehrtes Objekt der Eiersammler. Es brütet das Weibchen, wird aber vom Partner abgelöst, wenn es auf Futtersuche geht. Ungefähr 5 Wochen dauert die Brutzeit, und weitere 8 bis 10 Wochen vergehen, bis die Jungen flügge werden.

Bei uns ist der Fischadler sehr selten geworden, man sieht ihn aber immer wieder, wenn er auf dem Zug von und nach Südafrika an Flüssen und Seen erscheint. In Nordamerika brütet der Fischadler an den Küsten und größeren Binnenseen von Labrador bis Florida und von Alaska bis Mexiko. Im Winter zieht er dort bis zum nördlichen Südamerika.

Die Fische, die er frißt, haben kaum wirtschaftlichen Wert, auch tritt er nirgends so häufig auf, als daß er irgendwelchen spürbaren Schaden anrichten könnte. Trotzdem wurde er einst von den schottischen Jagdpächtern so lange verfolgt, bis er restlos von den Britischen Inseln vertrieben war. Jede spätere Bemühung, ihn wieder einzubürgern, wurde von unverantwortlichen Eiersammlern zunichte gemacht. Trotzdem haben im Jahre 1958 die Vogelfreunde den Versuch unternommen, ein zufälligerweise nach Schottland verschlagenes und dort nistendes Brutpaar so lange durch ständige Wachen zu schützen, bis die Jungen auskamen und flügge wurden. Da man Erfolg hatte, wurde das gleiche im nächsten Jahr nochmals probiert, und so darf man hoffen, daß nach diesem Erfolg und dank verstärkter Schutzbestimmungen die Art in Zukunft wieder zu den Brutvögeln der nördlichen Britischen Inseln zählen wird.

Falkenartige *Falconidae*

Eine andere abwechslungsreiche Familie bilden die Falken; sie enthält sowohl die kleinen, nur 16 cm großen Zwergfalken als auch den bis 60 cm langen Gerfalken sowie den Wander- und Merlinfalken und andere gewandte Jäger, aber auch die ziemlich schwerfälligen aasfressenden Caracaras. Abgesehen von den anatomischen Merkmalen, in denen sich die Falken von den anderen Raubvögeln unterscheiden, kennzeichnen sie die verhältnismäßig langen, spitzen Flügel, die nackten Läufe und Füße, das lockere, hosenähnliche Gefieder an den Schenkeln und die Hornzähne des oberen Schnabelrandes. Man unterscheidet 58 Arten und gliedert sie in 4 einigermaßen gut abgegrenzte Unterfamilien.

Die Unterfamilie *Herpetotherinae* umfaßt neben dem recht primitiven Lachfalken noch die 4 Waldfalken des mittel- und südamerikanischen Festlandes. Während die erste Art hauptsächlich Schlangen frißt, leben die anderen von kleinen Vögeln und Säugern.

Die Caracaras bilden mit 9 Arten die Unterfamilie *Polyborinae*, deren Verbreitungsschwerpunkt in Südamerika liegt. Nur eine Art, der eigentliche Caracara, geht über Mittelamerika nordwärts bis zu den Golfstaaten und findet sich regelmäßig im Gebiet der floridanischen Prärien; Mexiko hat diesen auffallenden Vogel mit seinem schwarzen Schopf als Wappentier gewählt. Seine Nistplätze im mittleren Florida liegen vor allem im Bereich der Kissemmee-Prärie und des Okeechobee-Sees, wo er sein Nest besonders gern auf den Cabbagepalmen anlegt. Die 2 Eier des Geleges werden von beiden Eltern bebrütet und brauchen 4 bis 5 Wochen bis zum Schlüpfen der Jungen, die dann nochmals etwa 10 Wochen im Nest bleiben, bis sie fliegen können.

Die Caracaras haben lange, kräftige Läufe und können sich damit auch geschickt am Boden fortbewegen. Als Aasfresser halten sie sich auch viel auf der Erde auf und streiten sich wütend mit den Geiern um die besten Bissen, so daß sie in der Hackordnung unter den neuweltlichen Raubvögeln geradezu den ersten Platz verdienen. Häufig vertreiben sie einfach die Geier von dem Kadaver, fressen sich hinein und nehmen sich, was ihnen gefällt. Wie die Geier wissen sie, daß auf den Autobahnen immer wieder Nahrung für sie abfällt, und so patrouillieren sie in der Luft über den Straßen und warten darauf, daß ein Tier überfahren wird.

Die Zwergfalken der Unterfamilie *Poliohieracinae* kommen in Südamerika, Malaya, auf den Philippinen und in Afrika vor. Wir unterscheiden etwa 9 Arten, alle von ziemlich kleinem Wuchs. Am kleinsten ist der Philippinenzwergfalk mit einer Länge von nur 16 cm. Die meisten Arten fressen Insekten, einige auch kleinere Reptilien. Wie die Fliegenschnäpper jagen die Vögel den Insekten nach; dann aber sitzen sie wieder auf den Wipfeln abgestorbener Bäume, von denen aus sie zu ihren Raubzügen starten. Ihr Nest legen sie in verlassenen Spechtbauten an.

Zur Unterfamilie *Falconinae* werden die eigentlichen Falken zusammengeschlossen, deren 35 Arten alle zur Gattung *Falco* gehören. Am bekanntesten ist der Wanderfalk, ein edler Vogel, der jahrhundertelang neben dem Gerfalken die wichtigste Rolle bei der Beizjagd spielte. Der Wanderfalk kann sich mit dem Fischadler den Ruhm teilen, zu den am weitesten verbreiteten Vogelarten zu gehören, denn er brütet von den arktischen Tundren an bis zum äußersten Süden von Südamerika, Afrika und Australien in allen größeren Landgebieten. Zwar fehlt er auf Neuseeland, wurde aber selbst auf derart abgelegenen Eilanden, wie den Bonin-Inseln und Vulcano, künstlich angesiedelt. In seinem riesigen Verbreitungs-

CARACARA
Caracara cheriway
Vom äußersten Süden der USA
bis Venezuela, Kolumbien und Peru; 60 cm.

WANDERFALK ♂
Falco peregrinus
Gesamte nördliche Halbkugel, Australien, Südafrika, Patagonien, Falkland-Inseln; 45 cm.

HEUSCHRECKENFALK ♂
Falco sparverius
Westliche Erdhälfte, von der Baumgrenze südwärts bis Feuerland; 30 cm.

raum bildet er 16 geographische Rassen aus, von denen die nordamerikanische als «Entenhabicht» (duck hawk) bezeichnet wird.

Es gehört zu den aufregendsten Naturerlebnissen, einen Falken bei der Jagd zu beobachten. Mit einer unvorstellbaren Geschwindigkeit stürzt er sich Hunderte von Metern hoch aus der Luft auf seine Beute. Man hat von einem danebenfliegenden Flugzeug aus seine Geschwindigkeit mit 280 km pro Stunde ermittelt! Geschickt tötet er seine Beute: Mit einem Griff packt er das Opfer mit den Fängen und bricht ihm mit einem Schnabelbiß das Genick. Dann fliegt er mit dem toten Beutetier zum Freßplatz, wo er sich zum Schmaus niederläßt. Viel kleiner bleibt unser Baumfalk, ein ebenfalls äußerst gewandter Flieger, der gleichfalls Kleinvögel, aber auch Insekten jagt und gern in alten Krähennestern brütet.

Am größten wird der Gerfalk oder Jagdfalk der holarktischen Tundren, dessen zahlreiche Unterarten von einem reinen Weiß bis zu dunkelgrau variieren. Auch diese Art wurde von den Falknern hoch geschätzt, blieb aber allein der königlichen Jagd vorbehalten. Selbst der Wanderfalk war nur den Edelleuten gestattet, und die jagende Geistlichkeit durfte sich mit dem kleineren Merlinfalken begnügen; dem niederen Volk dagegen war die Falkenjagd verboten.

Eine ähnliche Rangordnung herrschte in Japan, wo man im Jahre 355 die ersten abgerichteten Beizfalken aus Korea einführte und dem Kaiserhaus übereignete. Kurz darauf wurde die Falknerei zu einem derart weit verbreiteten Sport der Aristokratie, daß man eigens Schutzgebiete für das Jagdwild anlegen mußte, um es nicht zu sehr zu dezimieren. Überhaupt spielte die Falkenjagd eine der Hauptrollen bei der Einrichtung von Wildreservaten bis zum Ende der Tokugawa-Dynastie vor etwa 100 Jahren. Selbst im heutigen Japan wird die Jagd mit dem Falken noch vom Kaiserhaus ihres kulturellen Wertes und Interesses wegen betrieben, obwohl der Falk und seine Beutetiere immer seltener werden. Bis zum zweiten Weltkrieg wurden auf den kaiserlichen Jagdgründen von Saitama 20 Beizfalken gehalten.

In der Shogunat-Zeit war die Falkenjagd geradezu zu einem zeremoniellen Ereignis geworden. Man trug dazu die traditionellen Gewänder und beobachtete ein ganz genaues Ritual, wobei die Fesseln an den Beinen der Falken in Farben gehalten waren, die den Rang der Tiere erkennen ließen. Der hing wieder davon ab, was die Falken bereits geschlagen hatten. Nur wenn sie den großen Mandschurenkranich zur Strecke gebracht hatten, der ihre Größe um das Mehrfache übertraf, durften sie das kaiserliche Purpurrot tragen; sonst bekamen sie rote, blaue, gelbe oder braune Farben, die ihre jagdlichen Fähigkeiten und Erfolge kundtaten.

Zu den häufigsten nordamerikanischen Arten zählt der weitverbreitete Heuschreckenfalk, den man oft auf den Telegraphendrähten längs der Landstraßen sitzen sehen kann. Er ist nicht nur nahe mit dem noch immer sehr häufigen europäischen Turmfalken verwandt, sondern jagt auch in gleicher Weise, indem er über Weiden und Feldern kreist und nach Mäusen oder Heuschrecken Ausschau hält. Im Englischen nennt man die Art «Sperlingsfalk», aber der Name ist nicht glücklich gewählt, weil die Tiere nur ganz gelegentlich einmal einen kleineren Vogel fangen; sie müssen daher geradezu als nützlich angesehen werden. Auch den Heuschreckenfalken kann man ohne weiteres zur Jagd abrichten, denn er wird leicht zahm und läßt sich gut in Gefangenschaft halten.

Falken bauen keine eigenen Nester. Manchmal brüten sie auf dem Boden, häufiger aber an Felshängen, wie der Ger- und Wanderfalk, indem sie ihre Eier einfach auf den Grund ablegen. Sehr häufig benutzen sie aber auch die verlassenen Nester anderer Vogelarten, meist von Habichten oder Krähen. Der Merlinfalk brütet am Boden und kratzt sich nur eine freie Stelle in dem offenen Moorland; der Heuschreckenfalk bevorzugt Baumhöhlen oder sogar Nistkästen. Bei den größeren Falken enthält das Gelege 2 bis 4 Eier, bei den kleineren 3 bis 5, aber stets dauert die Brutzeit etwa 4 Wochen. In der Regel brütet das Weibchen allein, doch wird es gelegentlich für kürzere Zeit vom Männchen abgelöst. Nach etwa 4 bis 6 Wochen sind die Jungen flügge, kehren aber auch später noch zu den Eltern zurück, um sich füttern zu lassen, bis ihr eigener Jagdinstinkt genügend weit entwickelt ist.

ROTSCHENKEL-ZWERGFALK
Microhierax caerulescens
Südöstliches Asien, Indien bis Indochina; 15–18 cm.

Hühnervögel *Galliformes*

Unter diesem Namen verstehen wir eine recht große Ordnung mit insgesamt etwa 240 Arten, die sich auf 6 verschiedene und gegeneinander sehr wohl abgegrenzte Familien verteilen. Meist sind es Bodenbrüter mit kurzen, kräftigen und etwas gebogenen Schnäbeln, mit großen, starken Beinen, die mit 3 vorderen Zehen und einer Hinterzehe enden. Alle Hühnervögel vermögen ausgezeichnet zu laufen; sie fliegen auch ganz gut, zumindest über kürzere Entfernungen, sind aber keineswegs in der Lage zu schwimmen. Ihre Flügel sind kurz, am Ende abgerundet und so gebogen, daß sie dem Körper völlig anliegen. Fast alle Arten verbleiben das ganze Jahr über an ihren Nistplätzen, nur 4 unternehmen regelmäßige Wanderungen.

Die Ordnung ist über die ganze Welt verbreitet; sie fehlt nur in Polynesien und auf der Antarktis. Wie wir aus den Funden fossiler Formen wissen, gab es die Hühnervögel schon im Tertiär, das heißt vor 60 oder noch mehr Millionen Jahren, als eine in sich geschlossene Einheit. Allerdings fällt es schwer, sie von anderen Vogelgruppen abzuleiten, denn sie sind nicht allzu stark spezialisiert, und ihre Herkunft muß daher wahrscheinlich ziemlich weit unten am Vogelstammbaum angesetzt werden. Wir dürfen wohl mit einigem Recht vermuten, daß ihre Wurzeln auf die alte Stammgruppe zurückreichen, aus der sich im erdgeschichtlichen Mittelalter die meisten Vögel entwickelt haben.

Die allerjüngste Entwicklung der Hühnervögel hängt übrigens ganz eng mit der menschlichen Kulturgeschichte zusammen, denn verschiedene Arten gehörten mit zu den ersten Vögeln (oder waren vielleicht sogar die ersten), die zu Haustieren wurden, gleich geschätzt wegen ihrer Eier und ihres zarten Brustfleisches. Viele Hühnervögel sehen so berückend schön aus, daß unter den Haustieren nur noch einige Entenvögel mit ihnen konkurrieren können. Dank aller dieser Vorzüge hat der Mensch eine ganze Reihe von Hühnervogelarten in Gefangenschaft gehalten und auch gezüchtet, was dann dazu führte, daß sich die Verbreitungsgebiete dieser Arten weit über ihre ursprüngliche Heimat ausdehnten.

Großfußhühner *Megapodiidae*

In den eigenartigen Großfußhühnern oder Tallegallas haben wir die einzigen Tiere vor uns, die, stammesgeschichtlich oberhalb der Reptilien stehend, ihre Nachkommenschaft nicht mit Hilfe der eigenen Körperwärme ausbrüten. Es sind typische Hühnervögel, deren Größe von der eines Zwerghuhns bis zu den Ausmaßen eines kleinen Truthahns reicht. Das Verbreitungsgebiet der insgesamt bekannten 10 Arten, die sich auf 6 Gattungen verteilen, erstreckt sich von Australien bis zu den Philippinen, Samoa und Nikobaren.

Sie alle sind scheue Bodenvögel, die sich nicht ungeschickt auf dem Boden fortbewegen, meist aber nur in höchster Not fliegen, um sich auf den untersten Zweigen des nächstgelegenen Baumes in Sicherheit zu bringen; einige Arten jedoch unternehmen weite Flüge über das Meer bis zu den vorgelagerten Inseln. Bei manchen Großfußhühnern erscheinen Kopf und Hals teilweise oder auch ganz nackt, mitunter findet man Kehllappen; eine Art trägt einen Helm auf dem Kopf, eine andere einen Schopf. Immer sind die Beine, Zehen und Krallen groß und kräftig entwickelt – danach heißen die Vögel ja auch Großfußhühner. Bis auf die etwas größere Gestalt und die dunklere Färbung des Männchens gleichen sich die beiden Geschlechter äußerlich weitgehend. Die Lautäußerungen bestehen aus einem rauhen Glucksen oder mauzenden bis laut kakelnden Tönen in der Nacht. Zum großen Teil fressen die Vögel am Boden liegende Früchte und Samen, aber auch allerlei Kleintiere, einschließlich Krabben. Ihren bevorzugten Lebensraum bilden die Wälder und Pflanzendickichte der Ufer; einige Arten leben im Buschland. Regelmäßige Wanderungen werden nie unternommen.

Am weitesten verbreitet und wohl auch am besten bekannt sind die Angehörigen der Gattung *Megapodius*, 3 hühnergroße Arten, deren Heimat im Norden bis zu den Philippinen, Marianen und Nikobaren, ostwärts bis Samoa und im Süden bis Neuguinea und zu den Neuen Hebriden reicht. Sie bringen das Kunststück fertig, die von faulenden Pflanzenstoffen

TALLEGALLAHUHN
Alectura lathami
Östliches Australien; 75 cm.

WALLNISTER
Leipoa ocellata
Mittleres und südliches Australien; 60 cm.

ausgehende Wärme zum Bebrüten ihrer Eier auszunutzen. Auf einem Fuß stehend und mit dem anderen kratzend, harken sie einen großen, 1,5 bis 2 m hohen und bis 6 oder mehr Meter breiten Laubhügel auf dem Waldboden zusammen, wobei sie oft das ganze abgefallene Laub aus 100 m Umkreis zusammenscharren. Meist wird der Hügel von einem einzigen Brutpaar errichtet, doch können sich auch mehrere Paare zu einem Gemeinschaftswerk zusammentun. Wenn das Ganze genügend mit Erde durchmischt ist und die Fäulnis eine Wärme von etwa 50° C entwickelt, ist die Brutstätte fertig. Nun klettert das Weibchen auf den Hügel hinauf, scharrt eine bis metertiefe Grube aus und legt dort ein einziges Ei hinein, das wieder zugedeckt wird. Am nächsten Tag wiederholt sich das gleiche, bis schließlich alle 5 bis 8, ja 10 bis 13 weißlichen oder lachsfarbenen Eier abgelegt sind, die allerdings später ins Bräunliche nachdunkeln.

Etwa 8 bis 9 Wochen bleiben die Eier in der natürlichen Brutmaschine, für Hühnervögel eine ungewöhnlich lange Zeit, die nur noch von der Brutdauer der größten Albatrosse, des Kaiserpinguins und des Kiwis übertroffen wird. Die ganze Zeit über halten sich die Elternvögel am Bruthügel auf und kontrollieren ihn, ob er auch die richtige Wärme erzeugt: sinkt sie ab, wird das Gelege tiefer gebettet, steigt sie an, so wird es etwas gelüftet. Ohne fremde Hilfe kriechen die Jungvögel aus; da sie bereits das endgültige Federkleid tragen und auch fliegen können, gehen sie sofort ihre eigenen Wege.

Auch das Brutverhalten des Wallnisters hat man eingehender untersucht, eines Bewohners der trockenen Eukalyptuswälder aus dem südlichen Australien, wo nur geringe Regenfälle und extreme Temperaturen herrschen. Diese Vögel verwenden noch mehr Sorgfalt auf den Bau des Nisthügels, indem sie eine bis 3 m breite und fast 1 m tiefe Grube ausscharren und mit einer Mischung aus Pflanzenstoffen und Erde so weit auffüllen, daß ein 1,8 bis 6 m breiter und 60 bis 90 cm hoher Hügel entsteht. Dort hinein legen sie ihre Eier gleich zu Beginn des Frühjahrs ab, wenn noch genügend Regen fällt, um den Fäulnisprozeß und die Wärmeentwicklung in Gang zu bringen. Steht dann gegen Ende der Brutzeit nicht mehr genügend Feuchtigkeit zur Verfügung, so wird die notwendige Wärme durch die verstärkte Sonnenbestrahlung geliefert. Auch hier wachen beide Eltern wieder sorgfältig darüber, daß eine gleichbleibende Wärme herrscht, und regulieren in gleicher Weise ihren eigenartigen Brutapparat durch Freischarren oder Zudecken des Geleges. Angeblich soll hierbei das Männchen den Hauptanteil haben und sogar die Wärme mit Hilfe seiner Zunge kontrollieren. Anfangs scheinen die Vögel hauptsächlich darauf bedacht zu sein, das Gelege nicht überhitzen zu lassen, während sie später, wenn sie auf die Sonnenwärme angewiesen sind, die Temperatur dadurch noch erhöhen, daß sie den Sand über ihren Eiern beiseitekratzen.

Das Hammerhuhn von Celebes legt seine Eier in den dunklen vulkanischen Sand einiger Uferstriche, der die Sonnenwärme am besten speichert, soll aber auch mitunter sein Gelege zu diesem Zweck dem Dampf der heißen Quellen an den Vulkanhängen aussetzen. Am größten aber sind die Bruthügel des eigentlichen Tallegallahuhns aus dem nördlichen Australien, denn sie erreichen Höhen bis zu 3 m und einen Durchmesser bis zu 15 m; hier werden die Eier allein durch die Fäulniswärme ausgebrütet.

Häufig benutzen die Großfußhühner in jedem Jahr wieder ihre alten Bruthügel und kratzen nur neue Pflanzenstoffe darüber zusammen. Der Wallnister aber baut sich seine Anlagen oft in jedem Frühling neu.

Hockos und Schakuhühner *Cracidae*

Heute umfaßt das Verbreitungsgebiet dieser mit 38 Arten vertretenen Familie das tropische und subtropische Amerika, von Texas südwärts bis Argentinien, doch reichte es früher viel weiter nach Nordamerika. Fossile Reste kennen wir aus dem Miozän von Florida und aus dem Oligozän von Süddakota.

Diese 50 bis 100 cm großen Vögel sind bemerkenswert stark an das Leben auf Bäumen gebunden. Ihre Nahrung, die aus allerlei Pflanzenstoffen, Früchten, Insekten und Würmern besteht, nehmen sie zwar zum größten Teil auf dem Boden zu sich, flüchten sich aber auf die Bäume, wenn sie sich beunruhigt fühlen. Sie verbringen die Nacht auf Bäumen und bauen auch, wie wenige Hühnervögel, dort ihre Nester. Zwar sind ihre Läufe und Füße nicht so kräftig entwickelt wie bei der eben behandelten Gruppe, doch setzt die große Hinterzehe ebenfalls in der gleichen Höhe an wie die vorderen Zehen. In diesem Merkmal unterscheiden sich beide Familien von allen übrigen Hühnervögeln. Eine weitere Besonderheit stellt das Gelege dar, das nur aus 2 oder 3 Eiern besteht, die allerdings im Verhältnis zum Körper der Vögel überraschend groß erscheinen; ihre rauhe, gekörnte Schale zeigt eine grauweiße Farbe und eine ganz eigenartige Form.

Die größten und zugleich die schönsten Vögel dieser Familie stellen die 7 Arten der Hockos dar; sie alle sind Waldbewohner und werden etwa so groß wie ein Truthahn, wenn auch nicht so massig. Ihren Kopf ziert eine Holle aus gekrümmten, aufrichtbaren Federn sowie ein gelber oder orangefarbener Schnabel, der oft eine gelbe oder blaue Wachshaut oder einen Höcker trägt. Gewöhnlich sehen die Männchen schwarz aus und zeigen eine helle Bauchseite, während die Weibchen mehr braun und unauffälliger erscheinen. Ihr Fleisch schmeckt etwa so gut wie Truthahn, ist jedoch fetter und würziger.

JACUTINGA ODER WEISSBRUSTGUAN
Pipile cumanensis
Venezuela und Ekuador
bis Paraguay und Argentinien; 90 cm.

WAGLER-GUAN
Ortalis wagleri
Westliches Mexiko; 60 cm.

Bei den englischsprachigen Völkern heißen die Hockos «Kurassos» nach der Insel Curaçao in Niederländisch-Westindien, wo sie überhaupt nicht vorkommen; besser paßt daher der spanische Name «Pavo del Monte», also Bergpfauen. Es sind wirklich liebenswürdige und leicht zu zähmende Tiere, wenn sie sich auch nicht allzu leicht in Gefangenschaft fortpflanzen.

Etwas kleiner bleiben die Schakuhühner, deren Name sich aus dem Indianischen herleitet. Sie sind immer noch recht ansehnliche Tiere von bräunlicher bis olivgrünlicher Farbe; die Geschlechter unterscheiden sich kaum. In der Regel bleiben das Gesicht und auch Teile des Halses frei von Federn, während das Rückengefieder häufig bronzene oder kupferfarbene Töne zeigt; mitunter finden sich fleischige Kehllappen. Die meisten Schakus gehören der Gattung *Penelope* an, in der wir 11 Arten unterscheiden; zum größten Teil halten sie sich in den Wipfeln der Wälder auf und leben von Früchten. Als ausgesprochen gesellige Vögel sieht man sie auch außerhalb der Fortpflanzungszeit in größeren Scharen beieinander.

Als kleinste Angehörige dieser Familie werden die 13 Arten der Chakalakas, die man alle zur Gattung *Ortalis* zusammenfaßt, nur bis 60 cm lang. Diese schlanken, langschwänzigen und recht hübschen Vögel leben in kleineren Waldungen, am Rande der Urwälder oder auch auf offenem Gelände und auf Grassteppen. Ihre Färbung wirkt meist bräunlichgrün bis oliv. Bei vielen Arten zeigt die nackte Kehlhaut ein leuchtendes Rot, während sich um das Auge ein grauer Streifen zieht. Diese recht geräuschvollen Vögel vollführen in der Morgen- und Abenddämmerung einen ziemlichen Lärm, wenn sie sich scharenweise kakelnd unterhalten. Der Klang ihrer Stimme wird am besten durch den Namen der Gruppe «Chakalaka» ausgedrückt, mit dem die karibischen Indianer diese Vögel so klangmalend bezeichnen.

Rauhfußhühner *Tetraonidae*

AUERHAHN ♂
Tetrao urogallus
Waldgebiete Europas bis Sibirien; 85 cm.

KRAGENHUHN ♂
Bonasa umbellus
Nördliches gemäßigtes Nordamerika; 45 cm.

WERMUTHUHN ♂
Centrocercus urophasianus
Westen des mittleren Nordamerikas; 70 cm.

BIRKHUHN ♂
Lyrurus tetrix
Waldgebiete Mitteleuropas und -asiens; 55 cm.

Zu dieser Familie, die auf der gesamten Nördlichen Halbkugel zu Hause ist, gehören 18 Arten edelsten Jagdwildes; 4 Gattungen mit 6 Arten bewohnen den gemäßigten europäisch-asiatischen Raum, 6 Gattungen mit 8 Arten beschränken sich auf den gemäßigten Norden der Neuen Welt. Die Gattung der Schneehühner *(Lagopus)* mit 4 Arten lebt in den Nordgebieten beider Erdhälften.

Von den übrigen Hühnervögeln unterscheidet sich die Familie durch den Besitz von zumindest teilweise befiederten Läufen und auch Füßen, von kurzen, abwärts gebogenen Schnäbeln, von befiederten Nasenlöchern und häufig auch von «Rosen», leuchtend gefärbten, nackten Hautpartien über den Augen. Stets bleibt die hintere Zehe deutlich kürzer als die vorderen und setzt auch etwas höher an. Bei den meisten Gattungen treten im Winter fransenähnliche Fortsätze an den Seitenrändern der Zehen auf, die wie Zähne eines Kammes wirken, doch verlieren sie sich während der Frühjahrsmauser. Ihr Hals wirkt ziemlich kurz und trägt in der Regel entweder Büschel aufrichtbarer Federn oder kann an einer unbefiederten Stelle aufgeblasen werden. Mitunter weichen die Geschlechter in der Färbung voneinander ab; im allgemeinen wird das Männchen etwas größer als das Weibchen, bei einigen Arten sogar ganz beträchtlich.

Am größten ist das in Europa und Asien verbreitete Auerhuhn, ein Nadelwaldbewohner von der Größe eines Truthahns, das im männlichen Geschlecht eine Länge von etwa 90 cm erreicht, ein herrliches, schwarzes Gefieder besitzt sowie einen großen Schwanz, der bei der Balz fächerförmig auseinandergespreizt wird. Die Henne bleibt um ein ganzes Drittel kleiner und zeigt unauffällige, bräunliche Farbtöne. Während des ganzen Jahres fressen die Vögel in der Hauptsache Sprosse und Knospen der Nadelhölzer, daneben aber auch noch andere Pflanzenstoffe und Beeren. Zur Brutzeit aber decken die Weibchen und die Jungtiere ihren Eiweißbedarf durch Insekten und deren Larven. Da die Auerhühner auf große Kiefer- und Fichtenwälder mit beerentragendem Unterwuchs angewiesen sind, ist der Bestand dieser Vögel in gleichem Maße zurückgegangen, wie die Wälder der menschlichen Zivilisation weichen mußten. In verschiedenen Teilen von Skandinavien und der sibirischen Tundra kommt die Art noch einigermaßen zahlreich vor, beschränkt sich aber im überwiegenden Teil des europäischen Gebietes auf Gebirgswälder und private oder staatliche Schutzgebiete, zumal man den Tieren, die zur Hohen Jagd gehören, vor allem früher stark nachgestellt hat. Nur ihrer scheuen, zurückgezogenen Lebensweise ist es zu verdanken, daß sie doch trotz aller Verfolgungen seitens der Jäger bis jetzt überleben konnten.

Gewöhnlich lebt der Auerhahn vereinzelt, seltener in kleineren Scharen. Er ist ein ausgesprochen polygamer Vogel, der sich immer mit einem Harem von zwei bis zu einem Dutzend Hennen umgibt und zusammen mit ihnen ein eigenes Brutrevier besetzt. Häufig kehren die alten Hähne Jahr für Jahr wieder zu ihrem angestammten Platz zurück. Im ersten Frühling begibt sich der Hahn zu seinem Balzplatz, gewöhnlich einem etwas erhöht liegenden Stück Nadelwald, von dem aus er die Umwelt überwachen kann. Hier läßt er sich auf einem Zweig nieder und beginnt dann kurz vor Morgengrauen mit hochgerecktem Kopf seinen eigentümlich schnalzenden Balzgesang, wobei er hin und her tritt und seinen Schwanz wie ein Truthahn entfaltet. Mit aller Kraft verteidigt er sein Balzrevier und seinen Harem gegen alle anderen Rivalen.

Im gleichen Gebiet und in unmittelbarer Nähe des Balzplatzes legt das Weibchen sein Nest an. Dazu scharrt es einfach eine kunstlose Grube in den Boden, oft in unmittelbarer Nähe eines Baumes, ohne daß es dabei allzu viel Mühe auf das Auspolstern verwendet. Das Weibchen bebrütet das Gelege, das gewöhnlich 5 bis 8 Eier umfaßt, und pflegt auch die daraus hervorgehenden Jungvögel ganz allein; häufig verbleiben die Tiere während des ganzen Sommers so im Familienverband beisammen.

Ganz ähnlich in seiner Lebensweise und auch in der Polygamie ist das Birkhuhn, ein Bewohner lichter Mischwälder und Buschlandschaften, der sich mit Vorliebe im Birkenwald am Rande der Moore, auf Heiden und in Sumpfgebieten bis hinauf ins Hochgebirge aufhält. Unschwer erkennt man den haushuhngroßen Hahn an seinem dunklen Gefieder, an den sichelförmig gebogenen äußeren Schwanzfedern und den weißen Flügelstreifen; zur Brunstzeit fallen die roten «Rosen» besonders auf. Das Weibchen bleibt etwa 12 cm kleiner und trägt ein bräunliches Gefieder mit schwarzen Stricheln.

Birkhühner leben weit geselliger als die Auerhühner. Im Frühling beziehen die Hähne einen gemeinsamen Turnierplatz, auf dem jeder sein eigenes Balzrevier besetzt. Hier zeigt der Hahn sein kompliziertes Balzverhalten, um die Weibchen anzulocken, verneigt sich und scharrt mit abgespreizten Flügeln, bläht den Hals auf und reckt den Schwanz hoch in die Luft. Dazu stößt er, auf dem Boden oder auf einem Zweig sitzend, seine eigentümlich kollernden Rufe aus. Wieder übernimmt das Weibchen, wie beim Auerhahn, das ganze Brutgeschäft, indem es im lichten Waldgelände, im Gras- oder Moorland eine Grube in die Erde scharrt, meist im Schutz des Gras- oder Heidekrautbewuchses, und dort seine 6 bis 10 Eier hineinlegt, aus denen die Jungen nach 24 bis 26 Tagen auskriechen. Etwa 3 Wochen lang bleiben die Jungvögel bei der Henne, bis sie sich dann zu zerstreuen beginnen, doch halten sie ebenso wie beim Auerhahn noch den ganzen Sommer hindurch in lockerem Familienverband zusammen und bilden auch noch während des Herbstes kleinere Gruppen von 10 bis 25 Vögeln. Im allgemeinen leben auch die Elterntiere noch in Gemeinschaften, bis sich die Männchen dann im nächsten Frühjahr wieder zu ihren alten Balzplätzen begeben.

Ebenfalls polygam leben die 3 nordamerikanischen Arten, das Wermuthuhn, das Präriehuhn und das Spitzschwanzhuhn, die auch in ihrer sonstigen Lebensweise an Auer- und Birkhuhn erinnern. Bei allen Arten finden sich seitlich am Hals nackte, aufblasbare Stellen, die dann während der Balzzeit wie kleine Orangen hervortreten und die brummenden Balzlaute der Vögel verstärken helfen. Am eindrucksvollsten erscheint das Wermuthuhn, dessen Verbreitung sich fast genau mit den Grenzen der Krautsteppen in den westlichen Ebenen der USA deckt. Als stattlichster nordamerikanischer Vertreter seiner Familie bleibt es in der Größe nur wenig hinter dem Auerhahn zurück, denn die erwachsenen Hähne erreichen eine Länge bis zu 75 cm und ein Gewicht bis 8 Pfund; die Weibchen bleiben allerdings weit kleiner. Die «Rosen» sind gelb. Bei der Balz sträubt das Männchen seine weißen Hals- und Brustfedern wie eine herrliche Halskrause.

KANADAWALDHUHN ♂
Canachites canadensis
Nadelholzwälder von Alaska bis Labrador, Oregon und Maine; 40 cm.

Beim Prärie- und Spitzschwanzhuhn treten nicht nur aufblasbare Luftsäcke, sondern auch Büschel aufrichtbarer Federn seitlich am Hals auf, die während der Balztänze abgespreizt werden. Früher lebte das Präriehuhn weitverbreitet im gesamten nordamerikanischen Flachland ostwärts bis zu den Neuengland-Staaten und südwärts bis Washington. Gegen 1835 verschwand dann die atlantische Form, die man als Heidehuhn (heath hen) bezeichnet, restlos vom Kontinent; nur auf Marthas Vineyard in der Buzzard-Bay konnte sich schließlich eine kleine Kolonie noch bis 1932 halten.

Zu Beginn des Frühjahrs suchen die Hähne des Präriehuhns in jedem Jahr wieder ihre alten Balzplätze auf, die meistens auf einer kleinen Anhöhe oder an einer offenen Stelle der Prärie gelegen sind. Hier führen sie zur Morgen- und Abenddämmerung ihre eigentümlichen Balztänze auf, wobei sie sich mit halbausgebreiteten Flügeln verbeugen und auf dem Boden scharren. Wieder nimmt jedes Männchen sein eigenes Revier in Anspruch und läßt seinen brummenden Balzruf ertönen, der aus einer dreiteiligen, ansteigenden Tonfolge besteht. Wenn 5 oder mehr Hähne am gleichen Ort balzen, so ergibt dies ein gleichmäßiges, gewaltiges Dröhnen. Einen ganz eigentümlichen Anblick bietet der Balztanz, den die Tiere dabei aufführen. Die Hähne laufen ein paar Schritte und stampfen dann so kräftig auf den Boden, daß man es 30 m weiter hören kann, und drehen sich im Kreise herum, wobei sie ihre leuchtend orangefarbenen Kehlsäcke aufblähen und ihre langen Halsfedern bis über den Kopf sträuben, während die Rosen über den Augen in kräftigen, fleischfarbenen Tönen erstrahlen. Nun spreizt der Hahn seine Schwanzfedern wie einen Fächer, faltet sie mit einem deutlich hörbaren Knacken wieder zusammen und beginnt mit seinem Gesang.

Monatelang treibt der Hahn im Morgengrauen dieses Balzspiel, bis endlich gegen Ende März oder Anfang April die Hennen erscheinen. Zugleich steigert er die Intensität der Handlung und des Gesanges immer mehr, und schließlich paaren sich die Tiere auf dem Balzplatz. Danach bauen die Weibchen ihr lockeres, aus trockenem Gras zusammengefügtes Nest in der offenen Prärie oder auch unter einem Busch. Meist enthält

MOORSCHNEEHUHN
(links Winter-, rechts Sommertracht)
Lagopus lagopus
Überall im Norden
der Nördlichen Erdhalbkugel; 38 cm.

PRÄRIEHUHN ♂ ♀
Tympanuchus cupido
Westen des mittleren Nordamerikas; 42 cm.

das Gelege 12 bis 16 gelbliche Eier mit kleinen braunen oder roten Tupfen. Wenn dann nach 23 Tagen die Küken auskriechen, sind sie schon so weit entwickelt, daß sie nach wenigen Stunden ihr Nest verlassen können.

Nicht viel anders als das Präriehuhn sieht das Spitzschwanzhuhn aus, kommt aber weiter nördlich vor. Es lebt ebenfalls in der Prärie, bevorzugt jedoch Buschland und die Lichtungen lockerer Waldbestände. Am Schwanz überragen die beiden mittleren, spitzen Federn die anderen in der Länge.

Zu den beliebtesten Jagdvögeln in Nordamerika zählt das Kragenhuhn, das seinen Namen nach den kragenähnlichen Federbüschen an beiden Seiten des Halses trägt und die offenen Laub-, Mischwälder und Buschlandschaften bewohnt. Im Gegensatz zu den Verwandten des Präriehuhns lebt hier der Hahn in Einehe. Jedermann im Verbreitungsgebiet der Art kennt den dumpfen, hohlen Ruf, der ganz langsam beginnt und sich dann zu einem Rollen steigert, das wie ein ferner Donner klingt. Lange Zeit wußte man nicht, wie der Vogel dieses Geräusch zustande bringt. Ursprünglich nahm man an, er täte es mit den Flügeln, die er gegen einen Klotz, seine Flanken oder gegeneinander schlage. Im Zeitlupenfilm aber stellte sich heraus, daß der Hahn den Laut dadurch erzeugt, daß er in steifer Haltung mit nach hinten gebogenem Körper schnell seine Flügel nach unten, vorn und oben schlägt. Wie seine Verwandten bringt auch das Kragenhuhn nur eine Brut im Jahr hervor. Gewöhnlich wird das Nest am Grunde eines Baumes angelegt und enthält 9 bis 14 Eier, in der Regel 12. Das Brutgeschäft dauert 24 Tage und wird ebenso wie die Aufzucht der Jungvögel allein vom Weibchen ausgeübt.

Im Nadelholzgebiet, das sich von der Baumgrenze bis zu den nördlichen USA über Nordamerika zieht, lebt das dunklere, graue Kanadawaldhuhn oder Tannenhuhn (spruce grouse), das man oft auch Blödhuhn (fool hen) nennt, weil es so ungemein zutraulich ist und den Menschen überhaupt nicht als einen möglichen Feind erkennt. Infolgedessen ist es auch in der Nähe menschlicher Ansiedlungen bereits ausgerottet, sofern es nicht gerade unter strengem Schutz steht, und lebt nur noch im hohen Norden in Gegenden, in die der Mensch nicht vordringt. Zusammen mit dem Baumstachler gehört das Tannenhuhn zu den wenigen Tieren, die ein hungriger Reisender ohne den Gebrauch von Feuerwaffen töten kann. Scheucht man es vom Boden auf, so fliegt es nur zum nächsten Baum und setzt sich dort auf einen unteren Ast, und von dort kann man es mit einer Draht- oder Bindfadenschlinge ohne weiteres herunterholen. Im Sommer und im Herbst, wenn sich diese Vögel hauptsächlich von Beeren ernähren, schmeckt ihr Fleisch ganz vorzüglich, doch nimmt es im Winter und im Vorfrühling, wenn die Kost vorwiegend aus Tannenknospen besteht, einen unangenehmen, terpentinähnlichen Geruch an.

Ähnlich wie das Kragenhuhn lebt auch diese Art in Einehe, doch ist das Ritual der Balz hier nicht ganz so stark ausgeprägt wie bei den übrigen Verwandten; oft läßt der Hahn seinen Balzruf ertönen, wenn er in der Luft seine Kreise über dem Weibchen zieht. Auch hier nistet die Henne auf dem Boden und besorgt ganz allein die Aufzucht der Jungen.

Nicht viel anders als die eben behandelten Arten sieht das Felsengebirgshuhn der Gebirge des Westens aus, dessen verschiedene Rassen zum Teil kürzere periodische Wanderungen ausführen. Sie nisten im Frühling und Sommer im Nadelwald nahe der Baumgrenze und ziehen sich zum Winter in die Bergwelt zurück, wenn der Schnee ihre Futterplätze bedeckt. In den menschenleeren, abgelegenen Gegenden ist das Felsengebirgshuhn ebenso zahm wie das Tannenhuhn, wird aber bei der Berührung mit dem Menschen viel vorsichtiger.

Sein Gegenstück stellt in Europa und Asien das Haselhuhn dar, das in den Misch- und Nadelwäldern von Europa und Nordasien lebt, in Mitteleuropa jedoch sehr selten geworden ist. Es lebt in Einehe und legt sein Nest auf dem Boden an. Die 6 bis 15 Eier werden in etwa 3 Wochen ausgebrütet. Diese bräunliche, hell und dunkel gefleckte Art, die nur ein Gewicht bis zu etwa einem Pfund erreicht, läßt sich von den anderen in Europa heimischen Rauhfußhühnern leicht an seiner geringen Größe und beim Hahn an dem schwarzen, weiß eingefaßten Kehlfleck erkennen.

Die 4 kleinen und ziemlich primitiven Schneehuhnarten beschränken sich auf den Norden; zwei davon, das Alpen- und das Moorschneehuhn, kommen auf beiden Erdhälften vor. Das Amerikanische Alpenschneehuhn lebt in den Hochgebieten der Kordilleren von Alaska bis zu den nördlichen USA, während die vierte Art, das Schottische Moorschneehuhn, im Norden und Westen der Britischen Inseln beheimatet ist; in der Eifel und im Hohen Venn hat man es mit Erfolg eingebürgert.

Am weitesten nach Norden geht das Moorschneehuhn, das überall von der gesamten arktischen Inselwelt an bis zu den subarktischen Heide- und Moorgebieten zu Hause ist beziehungsweise war. Ihm sieht das Alpenschneehuhn in der Größe und Gestalt sehr ähnlich; sein Schnabel ist aber kleiner und zeigt beim Hahn einen schwarzen Zügelstreifen, der sich auch bei der Mauser nicht verliert und selbst am reinweißen Winterkleid verbleibt. Das Verbreitungsgebiet dieser Art reicht beträchtlich weiter nach Süden, wo einzelne Kolonien noch im Hochgebirge der Pyrenäen, Alpen, Zentralasiens und der größeren japanischen Inseln bestehen. In der Neuen Welt geht das Alpenschneehuhn im Osten bis Labrador und Neufundland sowie bis zum nördlichen Britisch-Columbia in den Rocky Mountains.

Das auffallendste Merkmal der Schneehühner ist die Tatsache, daß ihre Läufe und Zehen vollständig befiedert sind; das hängt wohl damit zusammen, daß die Tiere dadurch nicht so leicht einsinken, wenn sie auf dem weichen Schnee herumlaufen. Von allen Angehörigen der gleichen Familie ist bei ihnen die Einehe am stärksten ausgeprägt. Während das Weibchen das Brutgeschäft ausübt, bleibt das Männchen in der Nähe und hilft bei der Aufzucht der Jungen. Die Jungvögel sind außerordentlich früh entwickelt und können schon 1 oder 2 Stunden nach dem Schlüpfen herumrennen. Es trifft zwar nicht zu, daß sie schon zu fliegen beginnen, wenn ihnen noch die Reste der Eischalen am Hinterteil kleben, doch sprießen ihre Schwingen tatsächlich so schnell, daß sie schon am 10. bis 12. Tag flügge werden.

In engem Zusammenhang mit ihrer arktischen und subarktischen Heimat steht das so unterschiedlich ausgebildete Sommer- und Winterkleid. Nur das Schottische Schneehuhn aus den Mooren der Britischen Inseln, wo nur selten Schnee fällt, bildet insofern eine Ausnahme, als es sein farbenfrohes, braunes Gefieder das ganze Jahr über behält. Seine Verwandten aber tragen im Winter eine reinweiße Tarntracht, die sich bei der Herbstmauser einstellt. Wenn dann im Frühling das braune Erdreich durch den schmelzenden Schnee hervortritt, mausern sich die Schneehühner wieder und bekommen ein bräunliches Gefieder. Das Alpenschneehuhn behält stets seine weißen Schwingen und zeigt auch insofern eine Besonderheit, als es im Spätherbst eine dritte Mauser einschiebt und ein graues Gefieder bekommt, das gut zu dem Grau der felsigen Tundra paßt, auf der die Art lebt. Während der Frühjahrs- und Herbstmauser sehen die Schneehühner weiß und braun gefleckt aus, so daß sie dann durchaus mit der nur zum Teil verschneiten Landschaft übereinstimmen. Mitunter mausern die Weibchen im Frühling etwas früher als die Männchen und verlieren ihr weißes Gefieder eher; dadurch sind sie während der Brutzeit besser geschützt. Bei allen Arten dieser Familie beobachten wir einen merkwürdigen Wechsel in der Häufigkeit ihres Auftretens: Fast wie bei den Lemmingen sinkt der Artbestand in einem 7- bis 10jährigen Zyklus nach einem Höhepunkt ganz schnell ab. Hierbei scheinen derart viele, aufs engste miteinander verknüpfte Faktoren eine Rolle zu spielen, daß es bisher unmöglich ist, sie in ihrem Zusammenhang zu analysieren oder gar einen einzelnen verantwortlich zu machen.

ROTHUHN ♂
Alectoris rufa
Westeuropa von England bis Spanien sowie Kanarische Inseln; 35 cm.

VIRGINISCHE BAUMWACHTEL ♂
Colinus virginianus
Östliche und mittlere USA bis zum südlichen Mexiko; 25 cm.

KALIFORNISCHE SCHOPFWACHTEL ♂
Lophortyx californicus
Oregon bis Niederkalifornien; 23 cm.

CHINESISCHER FRANKOLIN ♂
Francolinus pintadeanus
Südöstliches Asien; 33 cm.

BERGWACHTEL ♂
Oreortyx pictus
Washington und Idaho bis Niederkalifornien; 28 cm

CHINESISCHE ZWERGWACHTEL ♂
Excalfactoria chinensis
Südöstliches Asien, Ostindien, nördliches Australien; 15 cm.

Fasanen *Phasianidae*

Unter allen Hühnervögeln bilden die Fasanen die bei weitem größte und abwechslungsreichste Familie. Sie setzen sich aus 178 Arten zusammen, deren Größe von der einer etwa sperlingsgroßen Chinesischen Zwergwachtel bis zu der eines riesigen Argusfasans reicht; auch die herrlichen Pfauen gehören hierher. Ein großer Teil der Wachteln zeigt ein mehr oder minder einfarbiges graues und braunes, unauffälliges Muster, doch finden sich gerade unter den Fasanen derart berückende Farbzusammenstellungen, daß sie nur noch von der Schönheit der Paradiesvögel und Kolibris übertroffen werden. Die Kolibris sind seltene Juwelen der Vogelwelt, aber die Fasanen zeigen ihre herrlichen Farbenmuster sozusagen «in aller Öffentlichkeit», daß sie jeden Vogelfreund begeistern müssen.

Als Kennzeichen der Familie seien die unbefiederten Nasenlöcher, der nicht aufblähbare Hals, die nackten, glatten Füße und der gleichfalls nackte, nur bei einigen wenigen Arten oben zum Teil mit Federn besetzte Lauf zu nennen. Bei verschiedenen Arten finden sich oberhalb der Hinterzehen kräftige Sporen an der Rückseite des Laufes. Vorwiegend leben die Fasanenvögel in den gemäßigten bis tropischen Zonen, fehlen aber im Polargebiet, in Ozeanien, im nördlichen Nordamerika, im südlichen Südamerika und Nordostasien.

Auf Grund der großen Mannigfaltigkeit innerhalb der Familie fällt es schwer, sie in natürliche Einheiten zu gliedern, doch heben sich ziemlich deutlich 3 Unterfamilien heraus: die Zahnwachteln *(Odontophorinae)* der Neuen Welt, die echten Wachteln *(Perdicinae)* der Alten Welt und die Fasanenvögel *(Phasianinae)* mit den Fasanen, Pfauen und Hühnern.

Die altweltlichen Wachteln, Rebhühner und ihre Verwandten umfassen etwa 30 Gattungen und 95 Arten. Sie bieten ein so formenreiches Bild, daß es schwerfällt, sie als Gruppe zu charakterisieren. Größtenteils sind es unscheinbar gefärbte,

RINGFASAN ♂
Phasianus colchicus
Gemäßigtes Asien; 90 cm.

GOLDFASAN ♂
Chrysolophus pictus
Zentralchinesisches Hochland; 90 cm.

LADY-AMHERST-FASAN ♂
Chrysolophus amherstiae
Südöstliches Tibet bis Oberburma; 1,25 m.

GLANZFASAN ♂
Lophophorus impejanus
Himalajagebiet; 60 cm.

SILBERFASAN ♂
Gennaeus nycthemerus
Südostasiatisches Hochland; 1 m

TEMMINCK-TRAGOPAN ♂
Tragopan temminckii
Südöstliches Tibet bis Tonkin; 60 cm.

kleine bis mittelgroße Tiere, die im ganzen etwas untersetzter gebaut sind als die neuweltlichen Zahnwachteln; auch fehlt ihnen deren zahnartige Kerbung hinter der Spitze des Oberschnabels. Bei den meisten Arten, aber nicht bei allen, findet sich ein Sporn an der Hinterseite des Laufes. Zu dieser weit über den größten Teil von Europa, Asien, Afrika und der indo-australischen Region verbreiteten Gruppe gehören ferner die Frankoline.

Als kleinste Arten der echten Wachteln begegnen uns die Zwergwachteln der Gattung *Excalfactoria.* Eine Art kommt in ganz Südafrika vor, eine andere im südlichen Asien von Indien an bis China, Okinawa, zu den Philippinen und südwärts über Ostindien bis nach Australien. Sie werden kaum größer als ein Sperling und leben im offenen Flachland und auf Grassteppen, wo sie in kleinen Verbänden durch das Gras und Buschwerk huschen und sich nur schwer aufscheuchen lassen; trotzdem können sie kräftig und schnell fliegen. Viele wandern auf der Suche nach Futter über recht beträchtliche Strecken.

Als einzige wirkliche Zugvögel unter allen Hühnervögeln können wir nur die 4 Arten der Eigentlichen Wachteln *(Coturnix)* ansehen, zu denen unsere in Europa und Asien heimische Wachtel gehört, ein kleiner, bräunlicher und hell-dunkel gesprenkelter, fetter Vogel. Die Wachteln, die in Europa und im westlichen Asien brüten, ziehen im Winter über das Mittelmeer nach Nordafrika. Früher umfaßten diese Züge geradezu unglaubliche Mengen von Vögeln. Davon berichtet schon die Bibel (2. Buch Mose, 16, 13), daß die Kinder Israel zwei Tage und eine Nacht in der Sinaiwüste nur von Wachteln gelebt haben. Wie ein scharfsinniger Forscher ausgerechnet hat, sollen die Wüstenpilger dabei etwa 9 Millionen Wachteln erlegt haben.

Noch im 19. und zu Beginn des 20. Jahrhunderts waren solche unabsehbaren Wachtelzüge nichts Ungewöhnliches, doch dann ging der Artbestand durch das Fehlen wirksamer Schutzbestimmungen und die intensive Feldbewirtschaftung, die die schützenden Feldraine verschwinden ließ, stark zu-

KÖNIGSFASAN
Syrmaticus reevesii
Nord- und zentralchinesisches Hochland; 1,5 m.

PRÄLATFASAN ♂
Lophura diardi
Thailand und Indochina; 65 cm.

SÖMMERING-FASAN ♂
Syrmaticus soemmeringii
Japanisches Hochland; 1 m.

SWINHOE-FASAN ♂
Gennaeus swinhoii
Hochland von Formosa; 75 cm.

BRAUNER OHRFASAN
Crossoptilon mantchuricum
Gebirge im nordöstlichen China; 95 cm.

rück. Noch im Jahre 1920 wurden von Ägypten mehr als 3 Millionen exportiert, bis dann um das Jahr 1930 die riesigen Schwärme verschwanden. Nicht viel anders sah es in den übrigen Teilen des Artgebietes aus, wo noch um 1920 Millionen von Wachteln bei Port Arthur beim Überqueren des Gelben Meeres getötet und auf den Markt gebracht wurden.

Den Japanern ist es gelungen, die Wachteln zu zähmen und sie in großen Mengen als Eierproduzenten zu züchten. Sie halten die Vögel einzeln in kleinen Käfigen, die nicht viel größer sind als das Tier selbst, und ernten auf diese Weise bis 200 Eier von jeder Henne. So trifft man diese winzig kleinen Leckerbissen mit den dunkelrötlichgrauen Tupfen auf den Märkten von Tokio mitunter häufiger als Hühnereier an.

Da man die Wachteln verhältnismäßig leicht in Gefangenschaft halten kann, hat man den Versuch unternommen, sie in Nordamerika als jagdbares Wild einzuführen. Um das Jahr 1955 ließ man Tausende dieser Vögel in den Südstaaten der USA frei. Tatsächlich brüteten ein paar Vögel im gleichen Jahr im Freien, doch blieb dem Versuch der Erfolg versagt: Im Herbst wanderten die Vögel ab und kehrten niemals wieder zurück. Die Tiere aus den Golfstaaten endeten wahrscheinlich im Golf von Mexiko.

Nahe verwandt mit unserer europäischen Wachtel ist die südafrikanische Harlekinwachtel, deren Kopf, Kehle und Brust prächtig mit schwarzen, weißen und schokoladenbraunen Tönen gestreift erscheint. Diese Vögel zigeunern überall in ihrem Gebiet herum; sie treten in einer Gegend plötzlich in großen Scharen auf, brüten irgendwo anders und verschwinden dann wieder nach ein paar Wochen. Anscheinend hängen ihre Wanderzüge zu einem großen Teil vom Ausmaß der Regenfälle ab. Eine verwandte Art tritt in Australien ziemlich häufig auf, eine weitere kam früher auf Neuseeland vor, ist aber ungefähr seit 1870 dort ausgestorben.

Etwas größer werden die Rebhühner und Frankoline, die aber keine Wanderzüge unternehmen. Unser bekanntes Rebhuhn wird etwa 30 cm lang und bis 400 g schwer; es liebt offenes, steppiges Gelände, ist aber auch in die Kulturlandschaft vorgedrungen. Weit über Westeuropa verbreitet lebt das Rothuhn, das früher noch am Mittelrhein vorkam. Beide Arten wurden mit recht gutem Erfolg in den USA angesiedelt und stellen jetzt im dortigen mittleren Westen ein beliebtes Jagdwild dar.

Mit am größten von allen Angehörigen dieser Unterfamilie werden die Frankoline Südasiens und Afrikas, die bis 45 cm Länge und 3½ Pfund Gewicht erreichen. Sie zeigen ungefähr die gleiche Gestalt, Lebensgewohnheiten und auch eine ähnliche, unauffällige Tarntracht und sind im offenen Busch- und Grasland zu Hause. Noch stattlicher sind die bis 60 cm großen Felsenhühner der Hochgebirge Asiens.

Einen etwas einheitlicheren Eindruck machen die neuweltlichen Zahnwachteln, kleine bis mittelgroße Vögel, die kaum größer als ein Zwerghuhn werden. Ihnen fehlen die Sporen der Altweltwachteln und Fasane, doch zeigen sie im Gegensatz zu ihnen Auszahnungen an der Schneide des Oberschnabels. Ihre 10 Gattungen mit insgesamt 33 Arten kommen vom südlichen Kanada an bis zum nördlichen Argentinien vor.

Typische Vertreter dieser Gruppe sind die in ihrer Heimat «Bobwhite» genannte Virginische Baumwachtel, die das östliche und südliche Feld- und Buschland bewohnt, sowie die Kalifornische Schopfwachtel der Niederungen an der Pazifikküste. Glücklicherweise haben sich diese Vögel an den Menschen angepaßt, als ihr Lebensraum immer stärker von der Zivilisation erfaßt wurde. Selbst in den weniger dicht besiedelten Vorstädten oder sogar in den Großstadtparks haben sie eine neue Heimat gefunden und leben dort wie die Singvögel. Nun hört man bereits in den großen Städten des amerikanischen Ostens und Südens überall den fröhlichen Ruf des Bobwhites, der ungefähr so klingt wie sein amerikanischer Name, zumal die Vögel an diesen dicht besiedelten Stellen nicht gejagt werden können. Ebenso gehören auch die großen Schwärme halbzahmer Kalifornien-Schopfwachteln zum gewohnten Erscheinungsbild der Parks von San Francisco und anderer Städte an der amerikanischen Westküste.

Beide Arten hat man auf Neuseeland anzusiedeln versucht, aber mit einem sehr unterschiedlichen Erfolg. Zum ersten Male wurde die Kalifornische Schopfwachtel im Jahre 1865 auf die Nordinsel eingeführt, weitere Importe folgten in den nächsten Jahren. Die Vögel fühlten sich bald heimisch, breiteten sich weiter aus und traten dann um die Jahrhundertwende derart zahlreich auf, daß man sie massenhaft abschoß und in gefrorenem Zustand bis nach England exportierte. Noch immer gehört die Schopfwachtel dort zu den häufigsten Bodenvögeln; sie findet sich weitverbreitet auf den Schafweiden und Ginsterhalden der Nordinsel. Wie im Golden-Gate-Park von San Francisco, fliegen ihre Schwärme über die Grünflächen von Auckland. Den Bobwhite hat man gleichfalls zwischen 1898 und 1905 auf der Nordinsel anzusiedeln

BLAUER PFAU ♂
Pavo cristatus
Indien und Ceylon.
Einschließlich Schwanzschleppe 2–2,3 m.

ARGUSFASAN ♂
Argusianus argus
Indochina und Malayische Halbinsel; 1,85 m.

versucht, aber die Vögel faßten hier keinen Fuß und verschwanden allmählich im Laufe der nächsten 10 Jahre, wenn sich auch an einigen verstreuten Stellen immer noch kleinere Kolonien halten sollen.

Als eigentlichen Zugvogel kann man keine der neuweltlichen Zahnwachteln ansehen, denn sie verbleiben stets in ihrem Heimatrevier, ausgenommen einige gebirgsbewohnende Formen des Westens, die jahreszeitlich bedingte Höhenwanderungen unternehmen. Da nur ganz wenige Zahnwachteln über größere Entfernungen als ein paar Kilometer wandern, wird der Gen-Austausch innerhalb des gesamten Verbreitungsgebietes erschwert, so daß die Arten dazu neigen, lokale Größen- und Farbvarianten auszubilden. Setzen sich diese Variationen deutlich genug durch, sprechen wir von geographischen Rassen oder Unterarten. So unterscheidet man allein in den USA beim Bobwhite 5 Rassen und 14 weitere auf Kuba, in Mexiko und in Guatemala. Von Mexiko an über Mittel- und Südamerika bis nach Argentinien gibt es noch 3 weitere Arten der gleichen Gattung *Colinus*, von denen der Schwarzkehl-Bobwhite eine dunkle Brust statt einer hellen zeigt, während der Schopf-Bobwhite einen größeren Schopf besitzt. Beim Weißbrust-Bobwhite sieht das ganze Gesicht und die obere Partie des Halses weiß aus.

Die abwechslungsreichen Landschaften der westlichen Ebenen und Höhenzüge bilden die Heimat der grauen Kalifornischen Schopfwachtel und ihrer Verwandten, die alle Federbüsche am Kopf und dunkle Kopfzeichnung tragen. Als größte und wohl auch als eine der schönsten Arten lebt die Bergwachtel weit verbreitet in den mittleren Höhenlagen der südlichen Rocky Mountains; ihr ähnelt die Gambel- oder Helmwachtel in den trockenen Arroyos am Fuße der östlichen Rocky Mountains und im Flachland von Colorado und Nevada sowie die Montezuma-Wachtel, eine auffällig braun, weiß und schwarz auf der Vorderseite und an den Flanken gezeichnete Art, die von Arizona bis zum mittleren Texas und weiter südwärts bis zum mittleren Mexiko die Höhenlagen zwischen 1200 und 2700 m bewohnt.

Alle Zahnwachteln leben in Einehe und nisten auf dem Boden, wobei ihre Gelege den beachtlichen Umfang von 12 bis 15 Eiern erreichen. In den wärmeren Teilen des Verbreitungsgebietes bringen es einige Formen sogar auf 3 Bruten im Jahr, während die im Norden heimischen Zahnwachteln nur einmal im Jahr zu brüten pflegen. Das Nest wirkt durchaus stabil und wird meist im Schutze der Vegetation angelegt. Den Hauptanteil beim Nestbau und bei der Aufzucht der Jungvögel übernimmt das Weibchen, wird aber dabei häufig vom Hahn unterstützt. Nach 21 bis 25 Tagen, je nach Artzugehörigkeit, schlüpfen die Jungen und sind bereits so weit selbständig, daß sie bald das Nest verlassen und sich allein ihr Futter suchen können; schon nach einer Woche sind ihre Schwingen so weit entwickelt, daß die Jungvögel über kürzere Entfernungen zu fliegen vermögen.

Meistens halten die Zahnwachteln in Familienverbänden zusammen, die sich vereinigen, wenn die Jungen herangewachsen sind, so daß auf diese Weise größere Schwärme bis zu 100 Tieren gebildet werden, die den ganzen Herbst über bis zum Winter beieinander verbleiben. Sie drängen sich auch zur Nachtruhe auf dem Boden in kreisförmigen Gruppen eng aneinander, wobei die Schwänze nach innen und die Köpfe nach außen zeigen. Die meisten westlichen Zahnwachteln dagegen pflegen die Nacht auf Büschen und niedrigen Bäumen zu verbringen. Früher hat man den Zahnwachteln oft mit Ködern und Fallen nachgestellt, um sie auf dem Markt zu verkaufen, bis dies durch Naturschutzbestimmungen unterbunden wurde.

Die gegen 50 bekannten Arten der *Phasianinae* bilden eine der anziehendsten Gruppen der gesamten Vogelwelt, doch tragen nur die Hähne diesen prächtigen Federschmuck, während die Hennen recht unauffällig gekleidet sind. Bei den echten Fasanen bleiben die Beine unbefiedert; ein Sporn fehlt nur wenigen Gattungen, und immer ist ein auffallend langer und schöner Schwanz vorhanden, der dachförmig zusammengelegt wird.

Als eigentliche Urheimat der Fasanenvögel haben wir das mittlere und südliche Asien bis zum Indomalaiischen Archipel anzusehen; nur einer einzigen Art, dem Kongopfau, ist es gelungen, sich bis vor wenigen Jahrzehnten vom Menschen unbemerkt im afrikanischen Regenwald zu behaupten. Schon von frühesten Zeiten an war der Mensch so von der Schönheit, aber auch der Nützlichkeit der Fasanenvögel beeindruckt, daß er die einstigen Artverbreitungsgrenzen oft vollständig verwischte. Daher gehören die Fasanen nun zu den am weitesten verbreiteten Vögeln der ganzen Welt, zumal ja auch die Haushühner zu dieser Gruppe zählen.

Als besonders typisch für die Fasanen könen wir wohl die am weitesten verbreitete und am besten bekannte Art ansehen, den Jagdfasan, dem Carolus Linnaeus, der Vater der heutigen Taxionomie, den Namen *Phasianus colchicus* gegeben hat: Fasan der Kolchis, der Ostküste des Schwarzen Meeres. Bevor der Mensch seine natürlichen Verbreitungsgrenzen aufhob, reichte seine Heimat von Kleinasien über das südliche und mittlere Asien bis Südchina, Korea und Ussuriland. Einer ganz einleuchtenden Sage zufolge sollen einige westliche Artvertreter, bei denen der weiße Halsring fehlt, durch die Argonauten von der Kolchis nach Griechenland gebracht worden sein — sie sind vielleicht mit dem «Goldenen Vlies» der Jasonsage gleichzusetzen. Der Name «Fasan» geht auf das lateinische Wort «phasianus» zurück, das sich wieder vom griechischen «phasianornis» herleitet, «Vogel des Phasis». Phasis war ein Fluß in der Kolchis, wo die Argonauten tatsächlich einige dieser Vögel erbeutet und mit in ihre griechische Heimat genommen haben mögen. Die jetzige Artverbreitung scheint das zu bestätigen oder zumindest nicht zu widerlegen. Schon durch die Römer sollen dann Fasanen nach England gelangt sein; um 1000 n. Chr. ist der Jagdfasan in Mitteleuropa verbürgt.

Etwa 40 verschiedene Unterarten hat man vom Jagdfasan beschrieben. Um das Jahr 1790 wurden von England erstmals Fasanen in die USA eingeführt. Seit dieser Zeit ist die Art allmählich in einem breiten Gebiet über das südliche Kanada und die nördlichen USA heimisch geworden und wurde mit Ausnahme von drei Staaten überall als Jagdwild freigegeben. So stellt nun der amerikanische Jagdfasan eine Mischung aus verschiedenen Rassen dar, wobei aber die Form mit dem weißen Halsring über die dunkelhalsige dominierte, die dort praktisch verschwunden ist, während sie in Europa stellenweise am häufigsten auftritt. Mit gleichem Erfolg wurde die Art auch auf Neuseeland, den Hawaii-Inseln, Samoa und Sankt Helena angesiedelt.

Hoch im Bergland des Himalaja und ostwärts über China bis Japan, Formosa und Indochina lebt eine Anzahl überaus prächtiger Fasanen, denen man in den Zoologischen Gärten häufig begegnet. Zu den eindrucksvollsten gehören der Gold-, der Silber- und der Lady-Amherst-Fasan. Beim Männchen des herrlichen Königsfasans finden wir einen unglaublich langen Schwanz, so daß wir die Länge des Tieres von der Schnabel- bis zur Schwanzspitze mit 2,1 m angeben müssen. Selten trifft man dagegen den scheuen Kupfer- oder Sömmering-Fasan, der im japanischen Bergland zu Hause ist, in der Gefangenschaft an. Die Heimat dieses kupferbraunen Fasans sind die rauhen Gebirgslandschaften am Rande der Zypressenwälder, wo er noch ziemlich häufig zu finden ist. Er lebt sich nicht leicht in der Gefangenschaft ein und konnte erst in allerletzter Zeit nachgezüchtet werden.

WACHTEL ♂
Coturnix coturnix
Gemäßigtes Europa und Asien, Afrika, Madagaskar; 20 cm.

Verschiedene Fasanen sind so scheu oder leben in derart unzugänglichem Gelände, daß der Mensch sie erst vor kurzem entdeckte. Um das Jahr 1900 erhielt ein britischer Sammler von den Eingeborenen der Berge von Formosa zwei lange, schwarze Federn, die er noch nicht kannte. Erst Jahre danach gelang es, in den Besitz eines vollständigen Exemplares zu kommen und einige dieser Vögel wenigstens für kurze Zeit in der Gefangenschaft zu halten. Es war der höchst eigenartige, schwarz bis violett schillernde und auffällig gezeichnete Mikadofasan, der so gar nicht den übrigen Fasanen ähnelt.

Eine noch größere Überraschung aber bedeutete es, als man im Jahre 1936 den ersten echten Fasan aus dem afrikanischen Urwald entdeckte – in einem Abstellraum des Kongomuseums in Tervuren bei Brüssel! Über 20 Jahre lang hatte man nur zwei Federn dieses Tieres gekannt, doch dann fand endlich Dr. James Chapin nach einer geradezu detektivähnlichen Sucharbeit den grün und blauschwarz gefiederten Kongopfau in den Tiefen der Urwälder des Kongo, wo er sich bis dahin vor dem forschenden Auge der Wissenschaftler versteckt gehalten hatte.

In den Höhen des Himalaja und der benachbarten Gebirgszüge in Indien und China leben untersetzte, kurzschwänzige Fasanen, der Glanzfasan sowie die Tragopane oder Satyrhühner. Die Tragopane haben ziemlich kurze, abgerundete Schwänze, deren Federn ganz im Gegensatz zu den übrigen Fasanen in einer Ebene liegen und nicht dachförmig gefaltet sind. Bei ihnen treffen wir eher schöne Zeichnungen an als auffallende Farben. Als Ausnahme zu den übrigen Fasanen leben die Tragopane nicht nur auf Bäumen, sondern nisten auch dort. Häufig findet man am Kopf dieser Vögel fleischige Hörner oder Lappen. Der Glanzfasan lebt nahe der Schneegrenze in den höchsten Berglagen und gehört zu den schillerndsten und am schönsten gefärbten Fasanenarten.

Tief in den Urwäldern der Malaiischen Halbinsel, auf Sumatra und Borneo liegt die Heimat des großen Argusfasans, der einschließlich seiner Schwanzfedern eine Länge von 1,8 bis 2,1 m erreicht. Seine Armschwingen sind stark verlängert, verbreitert und längs der Mitte mit einer Reihe augenförmiger Flecke besetzt, nach denen die Art ihren Namen trägt. Im Gegensatz zu den übrigen Fasanen finden wir hier keine glänzenden, sondern mehr braune und graue Farben, die aber ansprechende schwarze Strichzeichnungen tragen. Leider sind die Argusfasanen derart scheu, daß man über ihre Lebensgewohnheiten nicht allzu viel weiß. Mitunter wird die Meinung vertreten, der Argusfasan oder sein Verwandter, der Rheinhardtsfasan oder Perlenpfau aus Indochina und Malakka, hätten die Vorbilder der alten Sage vom Vogel Phönix abgegeben; eine ähnliche Geschichte erzählte man sich auch im alten China. Allein die Schwanzfedern des Rheinhardtsfasans werden bis 1,7 m lang!

Besser belegt ist dagegen die Geschichte von der Begegnung der Pfauen mit dem Menschen. Den Blauen Pfau, einen Stammgast in sämtlichen Zoologischen Gärten, züchtet man seit ältesten Zeiten im halbzahmen Zustand. Obwohl seine eigentliche Heimat im südlichen Indien und auf Ceylon liegt, war er doch schon den alten Ägyptern sowie den Griechen und Römern bekannt, die ihn in ihren Sagen zum Lieblingsvogel der Göttin Juno oder Hera erhoben. Auch in der Bibel wird an

BANKIVAHUHN ♂ ♀
Gallus gallus
Südöstliches Asien; 75 cm.

mehreren Stellen erwähnt, daß König Salomo schon um das Jahr 1000 v. Chr. Pfauen in das gelobte Land eingeführt habe.

Pfauen werden zwar überall in Europa und in Amerika in Gefangenschaft gehalten, erweisen sich aber als ziemlich streitsüchtig und vertragen sich nicht recht mit dem übrigen Hausgeflügel. Was der Pfauenhahn in einem so großartigen Rad vor seiner Henne auszubreiten pflegt, sind nicht die eigentlichen Schwanzfedern, sondern die Federn des Unterrückens.

In Größe, Gestalt und Färbung sieht der Ährenträgerpfau, der in den Wäldern von Burma und Indochina bis Java vorkommt, der vorigen Art recht ähnlich, doch zeigt sein Gefieder mehr grünschillernde Farbtöne; die Schäfte seiner Haube tragen eine vollständige Fahne. In der Natur leben die Pfauen in lichten, trockenen Wäldern und bilden kleine Trupps; ihre Nahrung suchen sie auf dem Boden. Sie fliegen kraftvoll, aber nicht gerade anmutig, und ruhen des Nachts auf Bäumen aus. Ihre Stimme besteht in einem rauhen Kreischen, das gar nicht recht zu der Schönheit ihres Gefieders paßt.

Der für den Menschen wohl wichtigste und daher von ihm am weitesten verbreitete und zudem am zahlreichsten gezüchtete Vogel ist das gewöhnliche Haushuhn. Man hat im Laufe der Zeiten so unendlich viele Schläge von Haushühnern herausgekreuzt, daß deren Ähnlichkeit mit den freilebenden Vorfahren vollständig verlorengegangen ist. Trotz alledem bleiben auch die Haushühner noch immer Angehörige der Fasanenvogel-Familie; ihre Ahnenform ist das Bankivahuhn, eine der 4 Arten von Wildhühnern, die von Indien und Ceylon an ostwärts bis Indochina und Java vorkommen. Von den übrigen Fasanen unterscheiden sie sich durch den Besitz eines Kammes, fleischiger Kopfanhänge und eines stärker gebogenen Schwanzes. Das Bankivahuhn ist in seiner Heimat — von Kaschmir bis Java — schon um etwa 3200 v. Chr. zum Haustier geworden. Im gesamten Mittelmeerraum hat man dann seit etwa 700 v. Chr. diese Tiere weitergezüchtet; die Römer verwandten sie als Opfertiere und zum Ergründen der Zukunft. In China ist das Haushuhn seit 1400 v. Chr. bekannt. Asiatische Seefahrer brachten es zu den Philippinen und zu den polynesischen Inseln. Bis jetzt nahm man an, daß es die Europäer waren, die nach der Entdeckung Amerikas durch Kolumbus die ersten Haushühner in der Neuen Welt ansiedelten. Neuere Untersuchungen aber haben ergeben, daß die mittel- und südamerikanischen Indianer schon längst ihre eigenen Haushühner hatten, als sie mit den Spaniern in Berührung kamen. Die Tiere müssen daher schon vor Kolumbus von polynesischen Seefahrern nach dort eingeführt worden sein.

Vielleicht hat sogar das Halten der Hühner durch Naturvölker zum Zweck der Hahnenkämpfe mehr dazu beigetragen, die Tiere ans Haus zu gewöhnen und zu züchten, als ihre Eigenschaft als Fleisch- und Eierlieferanten, denn noch heute haben die Kampfhähne die meiste Ähnlichkeit mit dem Bankivahuhn. Die stärksten Abweichungen von dieser Ausgangsform ergaben sich bei der Zucht zu Nahrungs- und Schmuckzwecken. Am eigenartigsten berühren die von den Japanern entwickelten langschwänzigen Yokohamahühner, bei denen die mittleren Schwanzfedern nicht periodisch gemausert werden, sondern das ganze Leben lang nachwachsen, bis sie eine Länge von 6 m und mehr erreichen.

Perlhühner *Numididae*

Perlhühner gibt es in freier Wildbahn nur in Afrika südlich der Sahara und auf Madagaskar in 7 Arten, die sich auf 5 Gattungen verteilen. Alle sehen sie dem Hausperlhuhn ähnlich; sie besitzen einen nackten unbefiederten Kopf und Hals, einen schlanken Rumpf, glattes, schwarzes Gefieder mit weißen Flecken und einen kurzen Schwanz, der bei den meisten Arten fast vollständig unter den Oberschwanzdecken verborgen bleibt.

Die größte und auffallendste Art ist das Geierperlhuhn, das seinen Namen dem nackten, geierähnlichen Kopf verdankt. Dieser Bewohner der ostafrikanischen Dornensteppen stellt die einzige Art dar, bei der die Schwanzfedern aus den Oberschwanzdecken hervorragen. In den bewaldeten Tälern und im Buschland Südafrikas gibt es die 3 Arten der Haubenperlhühner, bei denen der sonst völlig nackte Kopf einen Schopf spitzer oder gelockter Federn trägt. Ein von Knochenzapfen gestütztes «Horn» auf dem Kopf besitzt das Helmperlhuhn, das in den Steppen und Savannen fast ganz Afrikas zu Hause ist; von ihm stammen unsere Hausperlhühner ab. Von Südkamerun bis zum Iturigebiet lebt das ziemlich seltene und wenig bekannte schwarze Waldperlhuhn, im westafrikanischen Urwald das völlig nacktköpfige Weißbrustperlhuhn. Beide tragen als Zeichen entfernter Verwandtschaft zu den Fasanenvögeln noch Reste von Sporen an den Läufen.

Die Perlhühner wurden zuerst von den Karthagern und Ägyptern domestiziert und dann von den Griechen und Römern übernommen, die sie als «numidische Vögel» bezeichneten; daher rührt auch der wissenschaftliche Name dieser Familie. Zu Beginn unserer Zeitrechnung verschwanden jedoch diese Zuchtstämme, so daß die Perlhühner während des ganzen Mittelalters offenbar in Europa unbekannt waren, bis dann im 15. Jahrhundert die portugiesischen Seefahrer bis zur afrikanischen Westküste vordrangen und einige Zuchtpaare von Helmperlhühnern von der Guineaküste nach Hause mitbrachten.

Zwar werden die Hausperlhühner größer und schwerer als ihre freilebenden Verwandten, doch zeigen sie im übrigen trotz aller Züchtungen kaum irgendwelche tieferen Unterschiede gegenüber der ursprünglichen Stammform. Man hat einfarbig weiße und andere Farbschläge herangezüchtet, ohne jedoch die allgemeine Körpergestalt und die Lebensgewohnheiten wesentlich zu verändern. Dies mag einerseits an einem gewissen arteigenen Mangel an genetischer Plastizität liegen, andererseits aber auch daran, daß man diesen Vögeln niemals die gleiche Beachtung geschenkt hat wie den eigentlichen Haushühnern.

Vom Standpunkt des Hühnerzüchters kann man die Perlhühner weder als produktiv noch als ausgesprochen gewinnbringend ansehen; sie legen verhältnismäßig wenige Eier und lassen sich auch nicht allzu leicht züchten. Ihr Fleisch schmeckt jedoch ganz ausgezeichnet, so daß sich die Zucht eigentlich nur aus diesem Grunde lohnt. Außerdem aber stellen sie sozusagen die Wachhunde des Geflügelhofes dar, denn beim geringsten Anzeichen einer Gefahr machen sie den Geflügelbesitzer durch ihren metallenen Ruf auf den Störenfried aufmerksam, sei es ein Hühnerdieb, ein Raubvogel, eine streunende Katze oder ein Wiesel. Dieses unangenehme Geschrei, das sie bei der geringsten Behelligung hören lassen, kann im Umkreis eines Geflügelhofes zu einer wahren Plage werden; daß sie vor Beginn der Nachtruhe besonders laut herumlärmen, hat ebenfalls nicht gerade dazu beigetragen, ihre allgemeine Beliebtheit zu erhöhen.

In der Natur leben die Perlhühner gesellig und halten sich in Trupps von einem Dutzend bis mehreren hundert Tieren zusammen. Erst zur Paarungszeit lösen sich diese Verbände auf, bilden sich aber sofort wieder aufs neue, wenn die Jungen soweit herangewachsen sind, daß sie für sich selbst sorgen können. Da die Perlhühner vorzüglich zu laufen vermögen, entkommen sie ihren Feinden fast besser auf dem Boden als in der Luft. Bis zu 35 km kann ein Trupp an einem einzigen Tage zu Fuß zurücklegen. Wenn sie auch vorwiegend als Bodenvögel leben, können die Perlhühner doch ganz vortrefflich fliegen. Zur Nacht lassen sie sich stets auf den Bäumen nieder, wie es ihre domestizierten Verwandten auch in der Gefangenschaft tun. Im östlichen Kuba und auf Haiti sind die zahmen Perlhühner wieder verwildert; auch in den Gras- und Buschsteppen der Neuen Welt hat man sie aus jagdsportlichen Gründen anzusiedeln versucht, doch widerspricht ihre Angewohnheit, vor der Gefahr davonzulaufen, den Erfordernissen einer sportgerechten Jagd.

Truthühner *Meleagrididae*

Obwohl die Truthühner in mancher Hinsicht den Fasanen recht ähnlich sehen, gibt es doch genügend unterschiedliche Merkmale, um sie als eine eigene Familie aufzufassen. Die Männchen besitzen Sporen. Mit ihrem nackten Kopf und Hals erinnern sie oberflächlich an die Perlhühner, zu denen sie früher auch gestellt wurden. Ihr Gattungsname *Meleagris*, der sich von dem mythischen Helden der Kaledonischen Eberjagd herleitet, bezeichnete das Helmperlhuhn, bis ihn Linné irrigerweise auf das Truthuhn übertrug.

Wie allerdings der englische Name «turkey» zustandegekommen ist, bleibt rätselhaft. Vielleicht liegt auch hier eine Verwechslung mit dem Perlhuhn vor, das aus Afrika stammt, also einem Gebiet, das wie alle moslemitischen Länder im 15. und 16. Jahrhundert von den Engländern schlechthin als «Türkei» bezeichnet wurde, vielleicht war auch der gluckernde Ruf «turk-turk-turk» des Vogels die Ursache dafür. Jedenfalls kannten die Engländer sie schon im 15. Jahrhundert als «Türkeihühner», als sie auf den Tisch Heinrichs VIII. kamen. Als Festmahl dienten sie auch den Pilgervätern, die nach Nordamerika auswanderten und die «turkeys» mitnahmen – und dort zu ihrer Überraschung der Wildform begegneten.

Trotz ihres irreführenden englischen Namens entstammen die Truthühner der Neuen Welt; sie wurden erst durch die spanischen Eroberer, die sie zu Beginn des 16. Jahrhunderts als Haustiere bei den Azteken Mexikos antrafen, nach Europa eingeführt. Ursprünglich erstreckte sich das Verbreitungsgebiet der beiden in dieser Familie vereinigten Arten von Maine bis Süd-Dakota und nach Süden über Mexiko bis nach Guatemala und Britisch Honduras. Da man zudem noch 7 fossile Arten aus den 40 Millionen Jahre alten oligozänen Ablagerungen aus Amerika kennt, dürfte es keinen Zweifel an der neuweltlichen Heimat dieser Tiere geben. Somit hatte Benjamin Franklin guten Grund, den nützlichen und schönen Truthahn als nationales Symbol dem fisch- und aasfressenden

Weißkopfseeadler vorzuziehen, der auch in Kanada und im nordöstlichen Asien beheimatet ist.

Das gewöhnliche Wildtruthuhn kommt heute von den östlichen USA an bis zum südlichen Mexiko vor. In den verschiedenen Teilen seines Verbreitungsgebietes variiert es etwas in Färbung und Größe, so daß man insgesamt 7 geographische Rassen unterscheidet. Die Tiere aus dem nördlichen und östlichen Mexiko, von denen die spanischen Eroberer einige Exemplare mit nach Europa brachten, sind als Stammform der Hauspute anzusehen. Sie unterscheiden sich von den wildlebenden Formen der östlichen USA vor allem in der helleren Färbung ihrer Schwanzfeder-Spitzen.

Das Pfauentruthuhn von der Halbinsel Yucatan, Britisch-Honduras und Guatemala, ein Bewohner des subtropischen Flachlandes, sieht ähnlich wie die Wildpute aus, bleibt aber etwas kleiner und dunkler. Der Hahn trägt auch kein Büschel starrer Federn auf der Brust wie der Wildputer. Außerdem ist die nackte Haut am Kopf nicht rot, sondern blau mit gelbroten Warzen. Am deutlichsten aber unterscheidet er sich durch die langen, abgerundeten Schwanzfedern, von denen jede am Ende einen auffälligen Augenfleck trägt, der dieser Art zu ihrem Namen verholfen hat.

Die Truthühner leben im lichten Mischwald, streifen auf der Nahrungssuche in kleineren Trupps auf dem Boden umher und verbringen die Nacht auf Bäumen. Sie können sehr gut fliegen, bewältigen aber keine allzu weiten Strecken und unternehmen auch keine regelmäßigen Züge. Ebenso wie auf dem Hühnerhof leben sie in der Natur in Vielehe; ihr Balzgehabe ist viel zu gut bekannt, als daß es einer genaueren Beschreibung bedürfte. Nach der Paarung bauen die Hennen ihr Nest auf dem Boden und belegen es mit 8 bis 15 Eiern, die sie allein bebrüten und aus denen nach 28 Tagen die Jungen auskommen.

Die Wildtruthühner, die den Einwanderern in Neuengland begegneten, waren bis zum Unabhängigkeitskrieg derart häufig vertreten, daß ihr Fleisch auf den Märkten mit einem oder zwei Cent pro Pfund gehandelt wurde. Dann aber geschah wieder einmal das Übliche: Die menschliche Zivilisation drängte vorwärts, die Wälder gingen zurück, und die Jäger schossen hemmungslos. Schon vor mehr als einem Jahrhundert verschwand schließlich der letzte Wildtruthahn aus den Wäldern Neuenglands. Dank der wirksamen Jagdgesetze gibt es jedoch noch heute genügend Truthühner in den Waldgebieten von Pennsylvanien südwärts bis nach Florida, so daß sie jedes Jahr für eine kurze Zeit zur Jagd freigegeben werden können.

Obwohl man die Truthühner seit etwa 4 Jahrhunderten in der Gefangenschaft hält, ist es den Geflügelzüchtern doch erst in den letzten Jahrzehnten gelungen, bestimmte Schläge herauszuzüchten. Das bekannteste Ergebnis dieser Bemühungen ist die kleine weiße Pute, die sich leichter züchten läßt als die bronzefarbene Form, schneller heranwächst und eine größere Menge weißes Brustfleisch liefert. Zudem ist der Bratofen in der Küche eines normalen Haushaltes selten groß genug, eine 30 Pfund schwere Pute «alter Art» aufzunehmen; die kleineren Weißputen sind auch viel zarter im Fleisch und vielleicht sogar noch schmackhafter.

WILDTRUTHAHN ♂
Meleagris gallopavo
Südöstliche USA und Mexiko; 1,25 m.

PFAUENTRUTHAHN ♂
Agriocharis ocellata
Yukatan, Britisch-Honduras, Guatemala; 90 cm.

GEIERPERLHUHN ♂
Acryllium vulturinum
Tropisches Ostafrika; 60 cm.

Schopfhühner *Opisthocomidae*

Die Schopfhühner (es gibt nur eine Art) passen in manchem so wenig zum übrigen Bild der heutigen Vogelwelt, daß sie den Ornithologen einige Rätsel aufgegeben haben, seit man mit dem Beginn des 19. Jahrhunderts auf ihre Besonderheiten aufmerksam wurde. Sie zeigen derart viele Eigentümlichkeiten in ihrer Anatomie und in ihrem Verhalten, daß man ihnen sogar eine eigene Ordnung einräumen möchte. Zum Teil lassen sie gewisse Ähnlichkeiten mit den Kuckucksvögeln erkennen, scheinen aber andererseits noch am ehesten mit den Hühnervögeln verwandt zu sein.

Man nennt die Schopfhühner auch Hoatzins, ein Name, der sich vom aztekischen Wort Nahuatl herleitet. Es sind schlanke, fasanenähnliche, braune Vögel von etwa 60 cm Länge, mit einem lockeren Schopf aus ziemlich steifen Federn. Ihr Schnabel ist kurz und kräftig, der Hals lang und dünn, der Kopf verhältnismäßig klein. Die untersetzten Beine sind mittellang, die Zehen groß und stark, Flügel und Schwanz lang und abgerundet. Ihre Lautäußerungen beschränken sich auf ein heiseres Kreischen und ein eintöniges, kehliges Schnattern.

Der Hoatzin lebt nur auf den niedrigen Bäumen an den Ufern der Flüsse im nordöstlichen Südamerika vom östlichen Kolumbien, Venezuela und den Guayana-Staaten an bis zum Amazonasgebiet und bildet kleinere Trupps von 10 bis 50 Tieren. Im Ufergebüsch, etwa 1,5 bis 6 m über dem Wasser, baut das Paar sein Nest als eine einfache Unterlage aus Ästen und Zweigen und legt dort seine 2 bis 3 weißen, braun gesprenkelten Eier hinein, die denen der Rallen ähnlich sehen.

Wie lange die Brutzeit dauert und inwieweit sich die Eltern in die Pflichten bei der Aufzucht der Jungen teilen, wissen wir nicht. Beim Schlüpfen sind die Jungvögel fast völlig unbefiedert und zeigen so recht die bemerkenswert niedrige Entwicklungsstufe ihrer Art; insbesondere tragen sie am Flügelbug je zwei wohlentwickelte, funktionsfähige Krallen. Sobald sie die Eihüllen gesprengt haben, fangen die Jungvögel sofort an, wie die Reptilien mit allen vier Extremitäten auf den Zweigen herumzukriechen, wobei sie sich kräftig mit ihren Flügelkrallen festklammern. Erst nach 2 oder 3 Wochen verschwinden diese altertümlichen Reste früherer Entwicklungsstufen spurlos. Jedenfalls können wir hieraus ersehen, wie sich einst auch *Archaeopteryx* auf den Bäumen fortbewegt haben mag.

Eine weitere Eigenart der Jungvögel besteht darin, daß sie ganz ausgezeichnet schwimmen, wenn sie ins Wasser fallen, um ans Ufer zu gelangen und wieder auf ihren Baum zu klettern. Außerdem haftet den Jungvögeln ein derart strenger Modergeruch an, daß sie von den englischen Ansiedlern Guayanas als «Stinkvögel» bezeichnet werden.

Als eine weitere Besonderheit besitzen die Hoatzins einen riesigen, zweiteiligen, stark muskulösen Kropf, der wahrscheinlich wie eine Art Vormagen wirkt. Hierin werden die Arum-Blätter, von denen sich die Tiere hauptsächlich ernähren, nicht nur gespeichert, sondern auch vorverdaut. Der Kropf ist so groß, daß er ungefähr ein Drittel des ganzen Vorderkörpers einnimmt und selbst den Schultergürtel und das Brustbein aus ihrer Lage verdrängt. Dadurch hat sich sowohl der Kamm des Brustbeins als auch die Flugmuskulatur weitgehend zurückgebildet, so daß der Kamm nur noch in seinem hinteren Drittel besteht und der Vogel höchst mangelhaft fliegen kann; seine Flugleistungen reichen gerade noch aus, um von der Spitze seines Wohnbaumes quer über den Fluß auf die niedersten Äste der anderen Uferseite zu schweben. Dadurch wird selbstverständlich die Art bei ihrer Ausbreitung stark behindert, und so leben verschiedene Populationen seit vielen Generationen völlig isoliert im Bereich der vielen kleinen Flußtäler.

Selbstverständlich liegt es sehr nahe, Betrachtungen über die Stammesgeschichte der Hoatzins anzustellen, denn sie zeigen eine derart eigentümliche Verbindung einerseits primitiver, andererseits höchst spezialisierter Merkmale, daß es überaus schwerfällt, sie in ein lineares System einzuordnen. Sie sind eben eine jener merkwürdigen Reliktformen, die an irgendwelchen abgelegenen Stellen an der viele Jahrtausende währenden Fortentwicklung vorbeigelebt haben.

HOATZIN
Opisthocomus hoazin
Waldgebiet des Amazonas; 60 cm.

Rallenvögel *Gruiformes*

Zu den Rallenvögeln rechnen heute 11 ziemlich unterschiedliche Familien, von denen 7 nur 3 oder noch weniger Arten enthalten; weitere 10 Familien kennt man nur aus ihren fossilen Überresten. Sie alle gleichen sich hauptsächlich in anatomischen Merkmalen des Skeletts und der Muskulatur, die dafür sprechen, daß wir es hier bei den insgesamt 199 lebenden oder erst in letzter Zeit ausgestorbenen Arten mit einer gänzlich abgesonderten Gruppe zu tun haben. Am nächsten scheinen sie noch mit den Hühnervögeln und mit den Sumpf- und Strandvögeln verwandt zu sein. Ihr Verbreitungsgebiet umfaßt die ganze Welt mit Ausnahme der Polargebiete.

Die Rallenvögel sind eine sehr alte Ordnung, denn ihre Stammesgeschichte läßt sich bis in das früheste Tertiär zurückverfolgen. Dafür spricht auch die Tatsache, daß wir eine große Anzahl kleiner Familien mit eng begrenzten, aber weit voneinander getrennten Verbreitungsgebieten unterscheiden. Leider scheint diese Ordnung auf dem Aussterbe-Etat zu stehen, denn der Prozentsatz der erst kürzlich ausgestorbenen und im Aussterben begriffenen Arten liegt bei ihr höher als bei jeder anderen Vogelgruppe.

Es fällt nicht gerade allzu leicht, die verbindenden Merkmale der verschiedenen Familien ohne Gebrauch komplizierter Fachworte darzustellen, doch mag hier genügen, daß es sich um Vögel handelt, die mehr oder weniger an das Leben im oder am Wasser gebunden sind und häufig Sumpfgebiete bewohnen; nur wenige kommen auf dem trockenen Lande oder gar in der Wüste vor. Ihre Schnäbel sind unterschiedlich lang. Die Länge der Zehen schwankt, kann aber mitunter ganz beträchtliche Ausmaße erreichen. Wenn überhaupt eine Hinterzehe ausgebildet ist, setzt sie mitunter etwas höher, meist aber in der gleichen Ebene wie die Vorderzehen an, die niemals durch Schwimmhäute miteinander verbunden sind. Nur bei den Bleß- und Binsenhühnern trägt jede Zehe einen eigenen, häutigen Lappen. Das Farbkleid erscheint wenig einheitlich, doch fehlen zumeist leuchtende Farben. Mit Ausnahme der Trappen, bei denen die Tarnfärbung bei den Weibchen wirksamer ausgebildet ist, unterscheiden sich die Geschlechter nur geringfügig.

Unter den Rallenvögeln finden wir entweder große Vögel mit gutem Flugvermögen oder kleine bis mittelgroße, wenig flugbegabte Arten. Beim Flug halten alle Familienangehörigen den Kopf und Hals gerade nach vorn gestreckt und schleppen die Beine nach. Die Jungvögel tragen beim Ausschlüpfen aus dem Ei ein Dunenkleid und verlassen schon nach kurzer Zeit das elterliche Nest. Bei den meisten Familien wird das Brutgeschäft durch beide Elternteile besorgt, nur bei den Trappen übernimmt allein das Weibchen das Ausbrüten und Großziehen der Jungen. In einigen der urtümlicheren Familien obliegt die Fürsorge für den Nachwuchs sogar zum größten Teil dem Hahn.

Madagaskar-Rallen *Mesoenatidae*

Hier haben wir wieder eine jener Familien vor uns, die anscheinend nur deshalb existieren, um den Ornithologen zu ärgern. Ihre drei Arten beschränken sich auf den Waldboden und das Buschland von Madagaskar, dieser auch an anderen Merkwürdigkeiten so reichen Rieseninsel. Die Madagassen nennen die Vögel «Roatelos», was unerklärlicherweise soviel wie «zwei-drei» heißt, und die Vogelforscher gebrauchen das griechische Wort *«mesites»*, das, gleichfalls nicht viel verständlicher, in der Übersetzung «Vermittler» bedeutet.

Die Madagaskar-Rallen sind dunkelgraubraune bis rötlichbraune oder olivfarbene Vögel von 25 bis 28 cm Länge. Auf dem Boden laufen sie äußerst flink und gewandt, können aber nur wenig fliegen. Im Zusammenhang mit ihrer Fluguntüchtigkeit haben sich ihre Schlüsselbeine bis auf ganz kleine Reste zurückgebildet. Ausgesprochen rätselhaft erscheint die Tatsache, daß die Madagaskar-Rallen 5 Gruppen Puderdunen besitzen, also mehr als jede andere Art, während dieses Merkmal bei allen anderen Angehörigen der gleichen Ordnung vollständig fehlt.

Eine Art, die Monias-Stelzenralle *(Monias benschi)*, soll nicht nur flugunfähig sein, sondern auch polyandrisch leben, das heißt, das Weibchen paart sich mit mehreren Hähnen. Hier unterscheiden sich die Geschlechter äußerlich, auch baut der Hahn das Nest und brütet die Jungen aus. Bei den anderen beiden Arten, die zur Gattung *Mesoenas* gehören, übernimmt das Weibchen die Aufzucht der Jungen und unterscheidet sich nicht vom Hahn.

Als Nest bauen die Tiere etwa 1 m hoch über dem Boden eine lockere Unterlage aus Zweigen und Blättern auf einem niedrigen Baum oder Strauch, wobei sie ihren Nistplatz nicht im Flug, sondern kletternd erreichen. Meist enthält das Gelege nur ein einziges, braungraues Ei, mitunter aber auch drei. Wie bei den Rallen bedecken meist dunkle Dunen den Körper der frisch geschlüpften Jungvögel. Alle drei Arten ernähren sich während der Brutzeit vorwiegend von Insekten, sonst aber auch von Samen und kleinen Früchten. Leider können wir über die Lebensgewohnheiten dieser eigenartigen Vögel so gut wie überhaupt nichts aussagen, weil sie noch nicht ausreichend in ihrer natürlichen Umwelt beobachtet worden sind und auch noch nicht lebend in die Zoologischen Gärten gelangten.

BRAUNE MADAGASKAR-RALLE
Mesoenas unicolor
Östliches Madagaskar; 25 cm.

Laufhühnchen *Turnicidae*

Laufhühnchen – man nennt sie auch Kampfwachteln – kommen vorwiegend im Süden der östlichen Erdhälfte vor, vom südlichen Spanien an über Afrika bis nach Madagaskar, sowie von Indien und China südostwärts über die Philippinen, Malaya und Neuguinea bis nach Australien, Neukaledonien und zu den Salomonen. Ihrer Anatomie nach stehen sie den Trappen recht nahe und sind auch ebenso im Gras- und Buschland zu Hause. Die Familie der Laufhühnchen enthält insgesamt 16 Arten.

Es sind kleine, 12 bis 20 cm lange Vögel mit ungefähr gleichem Tarnmuster. Wie Nagetiere huschen sie auf dem Boden herum und erheben sich nur unter Zwang in die Luft, denn sie fliegen schlecht und bewältigen auch nur kurze Strecken. Im Gegensatz zu den Wachteln leben sie nicht in Trupps, sondern einzeln oder in Paaren. Abgesehen davon, daß das Weibchen etwas größer wird und ein wenig bunter gefärbt ist, unterscheiden sich die Geschlechter kaum. Das auffallendere Farbkleid der Henne hängt wohl mit ihrer polyandrischen Lebensweise zusammen, denn sie übernimmt die Werbung und paart sich bei manchen Arten mit mehreren Hähnen. Danach baut das Weibchen, meist im Schutze des Grasbewuchses, ein einfaches Nest und legt dort 3 bis 5 Eier hinein; das Ausbrüten und die Aufzucht der Jungen obliegt dem Männchen. Wenn die Jungvögel ausschlüpfen, können sie schon aus dem Nest laufen, sobald sie die Eierschalen gesprengt haben. Bei den südafrikanischen Arten beträgt die Brutzeit nur 13 Tage; das ist wahrscheinlich die kürzeste Zeit, die wir bei allen Vögeln kennen. Noch 10 Tage nach dem Auskriechen werden die Jungtiere vom Hahn gehudert und zur Futtersuche angeleitet.

Die Gattung *Turnix* enthält 14 Arten, die sich trotz des weit ausgedehnten Gesamtverbreitungsgebietes in ihrer Größe, Färbung und ihren Lebensgewohnheiten bemerkenswert stark ähneln. Etwas abseits steht das Lerchenlaufhühnchen *(Ortyxelos)*, das in den trockenen, sandigen Steppengebieten des nördlichen Zentralafrika bis zum Südrand der Sahara vorkommt. Im Flug sieht es eher wie eine Lerche aus; seine weißen Schulterflecken und die weißen Spitzen der sonst schwarzen Flügel ergeben eine auffällige Kontrastwirkung. Abgesehen davon, daß diese Art nur 2 Eier legt, gleicht sie doch in ihren sonstigen Lebensgewohnheiten durchaus ihren übrigen Verwandten.

Am stärksten fällt der Steppenläufer (auch Trappenkampfwachtel genannt) der Trockengrasländer Australiens aus dem Rahmen. Zwar unterscheiden sich seine Lebensgewohnheiten nicht wesentlich von denen der übrigen Laufhühnchen, doch bietet er so viele anatomische Besonderheiten, daß manche Ornithologen ihm eine eigene Familie einzuräumen geneigt sind. Bemerkenswert erscheint der Besitz einer noch wohlentwickelten Hinterzehe, paariger an Stelle einfacher Halsschlagadern und die Birnenform der Eier. Wie die anderen Laufhühnchen ist auch der Steppenläufer ein scheuer Bodenbewohner, der bei Gefahr nur selten davonfliegt, sondern sich meist im Gras zu verstecken versucht. Nach den Gefangenschaftsbeobachtungen scheint er vorwiegend nächtlich tätig zu sein. Auffallend wirkt seine Angewohnheit, sich öfters auf seinen Zehenspitzen zu erheben, um die Umgebung aufmerksam zu mustern.

SCHWARZBRUST-LAUFHÜHNCHEN
Turnix suscitator
Südöstliches Asien; 15–18 cm.

STEPPENLÄUFER
Pedionomus torquatus
Südöstliches Australien; 15 cm.

Kraniche *Gruidae*

Die 14 Arten Kraniche bilden eine Gruppe besonders schöner Vögel, und keine andere Familie verdient es mehr, unter strengsten Schutz gestellt zu werden. Ihr Individuenbestand ist gerade innerhalb des letzten Jahrhunderts erschreckend stark zurückgegangen und bei verschiedenen Arten aufs schwerste gefährdet.

Alle Kraniche sind große, stattliche Bewohner des offenen Sumpflandes, feuchter Niederungen und Steppen. Überall in der Welt sind sie zu Hause, mit Ausnahme von Südamerika, dem Indomalaiischen Archipel, den Pazifischen Inseln und Neuseeland. Stets sind die Beine und der Hals sehr lang ausgebildet, der Kopf bleibt bei den Erwachsenen meistens an einigen Stellen nackt, der Schwanz wirkt kurz und breit, und die Flügel bilden eine breite Tragfläche. Die Hinterzehe steht weit oberhalb der Vorderzehen und vermag kaum das Körpergewicht des Vogels tragen zu helfen. Alle Kraniche halten beim Flug ihren Kopf und Hals weit nach vorn gestreckt.

Ein auffallendes anatomisches Erkennungsmerkmal ist die Luftröhre, die bei jeder Art anders aussieht, aber doch grundsätzlich wie die Windungen einer Trompete gebogen ist. Bei einigen Arten ist sie sogar in Hohlräume des Brustbeins eingelagert. Diesem Organ verdanken die Kraniche ihre schmetternd laute, weittragende Stimme, die man über Kilometer hören kann. Wie Trompetenstöße klingt ihr Rufen, das sie auch während des Fluges ausstoßen, um den Schwarm zusammenzuhalten. Auf dem Boden geben sie noch andere, mitunter recht angenehm klingende Töne von sich.

Die meisten Kraniche leben außerhalb der Brutzeit gesellig in Scharen und ziehen im Winter in umfangreichen Schwärmen in großen Höhen, wobei sie sich zu V- oder staffelförmigen Verbänden formieren. Wenn sie auf ihren ausgedehnten Zügen lange Strecken durchwandern, fliegen sie bis 3000 m hoch. In regelmäßigen Schlägen heben und senken sich dabei ihre Flügel; nur wenn die Tiere sich auf dem Land niederlassen wollen, pflegen sie ein Stück weit durch die Luft zu segeln.

KRONENKRANICH
Balearica pavonina
Afrika südlich des Niltales; 95 cm.
SCHREIKRANICH
Grus americana
Norden des mittleren Nordamerika; 1,25 m.
KANADA-KRANICH
Grus canadensis
Nordwestliches und südöstliches
Nordamerika; 1,1 m.
JUNGFERNKRANICH
Anthropoides virgo
Südliches Mitteleuropa; 95 cm.

SARUSKRANICH
Grus antigone
Indien, Burma, Thailand; 1,5 m.

WEISSNACKENKRANICH
Grus vipio
Östliches Sibirien; 1,25 m.

Ihre Nahrung setzt sich aus den verschiedensten tierischen und pflanzlichen Stoffen zusammen, die sie im Flachland oder im Sumpf erbeuten. Vor allem lieben sie Körner, Beeren, kleine Früchte und zarte Wurzeln, nehmen aber auch Insekten und deren Larven, Würmer, Schnecken, Amphibien und Reptilien sowie kleine Säugetiere, jedoch kaum Fische. Häufig sieht man sie mit ihren langen Schnäbeln im Sumpf herumwühlen, um schmackhafte Wurzeln oder Gewürm auszugraben. Halten sich die Kraniche aber im trockenen Gelände auf, so fliegen sie in Trupps regelmäßig ein- bis zweimal am Tage zum nächstgelegenen Gewässer. Dort trinken sie, indem sie ihren Schnabel bis zu den Nasenlöchern ins Wasser tauchen und dann den Kopf hochheben, damit die Flüssigkeit in die Kehle hinabrinnt. Auch die Nacht verbringen sie in der Sicherheit des Sumpfes oder Flachwassers.

Eine sehr auffällige und für die gesamte Familie höchst charakteristische Eigenart sind die bekannten Kranichtänze, bei denen die Tiere in steifer Haltung, mit halb gespreizten Flügeln und mit schnellen Schritten umeinander stolzieren. Dann springen sie auf einmal hoch in die Luft, ohne die Flügel voll zu entfalten, oder strecken und verbeugen sich zeremoniell vor ihrem Nachbarn. Manchmal heben sie mit dem Schnabel Stöcke oder Grasplacken auf, nehmen sie mit in die Luft und lassen sie dann fallen, um beim Landen nach ihnen zu picken. An diesen Tänzen vergnügen sich beide Geschlechter; auch die Jungvögel beteiligen sich ebenso oft und aktiv daran wie die Erwachsenen.

Zur Fortpflanzungszeit bilden die Tänze einen Teil des Hochzeitszeremoniells, doch führen die Kraniche sie auch zu allen möglichen anderen Jahreszeiten aus, so daß manche Beobachter dieses Ritual eher für einen Ausdruck reiner Lebensfreude ansehen, der keineswegs nur im Dienste der Fortpflanzung zu stehen braucht. Der Kanadakranich soll bei diesen Zeremonien Luftsprünge bis 4 oder gar 5 m Höhe ausführen. Manchmal fangen ganze Schwärme in den Winterquartieren oder auf den Rastplätzen während des Zuges miteinander zu tanzen an. Vielleicht handelt es sich hier bei den Tänzen wirklich nur um einen Ausdruck der Erregung oder ein spielerisches Abreagieren eines Energieüberschusses.

Sämtliche Kraniche nisten auf dem Boden und bauen im Sumpf ziemlich umfangreiche Nester aus Pflanzenstoffen, häufig an einer erhöhten Stelle mitten im Feuchten. Meist werden 2 Eier abgelegt, seltener nur eines oder 3; sie sehen schmutzigweiß oder braun aus und lassen dunklere, braune Schattierungen erkennen; nur das Ei des Kronenkranichs zeigt ein einfarbiges Hellblau. Gewöhnlich werden die beiden Eier in einem Abstand von 2 Tagen abgelegt, und da die Vögel schon beim ersten Ei zu brüten beginnen, schlüpft auch das zweite Junge erst 48 Stunden nach dem ersten. Je nach der Artzugehörigkeit schwankt die Brutzeit zwischen 28 und 35 Tagen. Beide Eltern beteiligen sich nicht nur gemeinsam am Nestbau, sondern erbrüten und pflegen auch die Jungen, die beim Schlüpfen ein dichtes, rötlichbraunes bis graues Dunenkleid tragen und sofort herumzulaufen beginnen. Sie wachsen zwar sehr schnell heran, benötigen aber doch etwa 10 Wochen, bis sie flügge werden.

Kraniche sind außerordentlich langlebig und gelten bei den Japanern geradezu als Symbol hoher Alterserwartung; man sagt dort, der Kranich würde 1000 Jahre, die Schildkröte aber 10000 Jahre alt. Beide Tiere zieht man bei Geburts- und Hochzeitsfeiern als Sinnbilder eines langen und glücklichen Lebens heran, wobei der Kranich oft auf dem Rückenpanzer der Schildkröte stehend abgebildet wird. In Wirklichkeit aber wird ein Kranich bei weitem nicht einmal hundert Jahre alt; das älteste bekannte Tier konnte vor kurzem gerade seinen 55. Geburtstag im Zoologischen Garten von Washington feiern. Da die Kraniche nur einmal im Jahr brüten und sehr wenige Eier legen, ist ihre Fortpflanzungsziffer auch entsprechend gering, zumal es ziemlich lange dauert, bis sie geschlechtsreif werden. Zu diesen Behinderungen kommt auch noch das Vordringen der Zivilisation hinzu, das ihre Brut- und Überwinterungsplätze zerstört, ferner allerlei Krankheiten, verheerend wirkende Stürme während ihrer weiten Züge, ausnehmend kalte Winter, Schlechtwetterperioden während der Brutzeit und vor allem der Abschuß mit neuzeitlichen Feuerwaffen, so daß der Fortbestand vieler Arten ernsthaft in Frage gestellt ist.

Am besten sind wir mit der Gattung *Grus* vertraut, die vor allem in Europa und Asien zu Hause ist, wo allein 7 der insgesamt 10 Arten vorkommen. Die bekannteste davon ist der gewöhnliche, in Europa und im nördlichen Asien brütende Kranich, der im Winter südwärts bis Afrika beziehungsweise Südasien zieht. In West- und Mitteleuropa ist er leider fast ausgerottet, doch hat man immerhin bereits eine ganze Reihe geschützter Brutplätze geschaffen. Zu den übrigen paläarktischen Formen rechnet der Schwarzhalskranich im mittleren Sibirien, der Mönchskranich Ostasiens, der Mandschurenkranich aus der Mandschurei und dem nördlichen Japan, der Nonnen- und der Weißnackenkranich, die gleichfalls im östlichen Asien zu Hause sind. Der mächtige Saruskranich brütet im südöstlichen Asien von Indien an bis zu den Philippinen. Sein nächster Verwandter ist der Brolgakranich, ein großer, silbergrauer Vogel mit dunkelbraunen Flügeln und einer nackten, roten Haut an den Kopfseiten und am Nacken, der Australien und das südliche Neuguinea bewohnt. Zur gleichen Gattung gehören auch die beiden einzigen neuweltlichen Mitglieder dieser Familie, nämlich der weiße Schreikranich und der Kanadakranich in Nordamerika.

Am kleinsten bleiben die beiden Jungfernkraniche, die nur knapp 90 cm hoch werden. Sie sehen vorwiegend grau aus, die langen Ellbogenfedern bilden eine «Schleppe»; hinter jedem Auge biegt sich ein weißer Federbusch bis zum Nackenansatz. Den eigentlichen Jungfernkranich sieht man häufig in den Zoologischen Gärten. Seine Brutplätze reichen vom südöstlichen Europa und Nordwestafrika über das ganze Zentralasien, während seine Winterquartiere im nördlichen Afrika, Saudi-Arabien, Indien und China liegen. Sein naher Verwandter, der Paradieskranich, ist in der südafrikanischen Steppenlandschaft zu Hause.

In Afrika leben zwei weitere Angehörige der gleichen Familie, die sich aber von den bisher erwähnten Arten ziemlich stark unterscheiden. Die eine Art ist der majestätische Kronenkranich mit seiner eigenartigen Kopfkrone aus steifen Federn, die etwas an einen Rasierpinsel erinnert. Häufig wird er als eine Art Haustier in Gefangenschaft gehalten und soll sich auch in den Gärten als ganz nützlich erweisen, weil er dort die Insekten und Reptilien fortfrißt. Er hat die merkwürdige Angewohnheit, beim Laufen durch das Grasland mit seinen Beinen auf die Erde zu stampfen, um dadurch die Insekten vom Boden aufzuscheuchen.

Der Klunkerkranich aus Süd- und Ostafrika trägt seinen Namen nach den beiden befiederten Hautlappen an den Wangen, während sein Gesicht mit auffälligen roten Warzen besetzt ist. Der übrige Kopf, der Hals und die obere Brust sind weiß, die Bauchseite schwarz und der Rücken sowie die Flügeldecken grau.

In biologischer Hinsicht deutet alles darauf hin, daß die Kraniche eine sehr alte Gruppe darstellen, deren Uhr leider anscheinend bereits im Ablaufen begriffen ist. Nirgends treten sie heute noch in größerer Anzahl auf, mit Ausnahme einiger Länder buddhistischen Glaubens, wo sie aus religiösen Gründen unter einem besonderen Schutz der Bevölkerung stehen. Bekannt ist die traurige Geschichte des amerikanischen Schreikranichs, dessen früher so ausgedehnte Kolonien im Jahre 1941 bis auf einen Bestand von 23 lebenden Tieren abgesunken waren. Trotz aller Bemühungen seitens der Audubon-Gesellschaft ergab eine Zählung im Jahre 1960 noch immer nicht mehr als insgesamt 42 Tiere, von denen 36 in der Natur und die übrigen 6 in der Gefangenschaft lebten, 3 davon im Zoo von New Orleans. Etwas glücklicher war der Kanada-Kranich daran, dessen Schutz gerade eben zurechtkommen dürfte, um die Art vor dem drohenden Aussterben zu bewahren.

In Korea und Japan haben sich die Kraniche immer einer großen Sympathie erfreut; sie sind dort bereits ein halbes Jahrhundert lang wirksam geschützt. Durch unkontrollierbare Wildereien während der Besatzungszeit nach dem zweiten Weltkrieg aber wurden die Tiere aus vielen Schutzgebieten vertrieben; der Bestand ging sehr stark zurück. Der Koreakrieg wurde gleichfalls unglücklicherweise gerade auf den uralten Winterplätzen einiger der schönsten asiatischen Kranicharten ausgetragen — übrig blieben nur noch ganz kümmerliche Reste der einstigen großen Schwärme, die sich dort zum Entzücken der einheimischen Bevölkerung auf den Reisfeldern einzufinden pflegten.

In der Gefangenschaft werden Kraniche bald zahm und lassen sich auch gut nachzüchten. Vielleicht liegt darin ihre einzige Chance, sich als exotische Zoobewohner überhaupt noch vor dem immer weiteren Vordringen der menschlichen Zivilisation zu retten. Denn es wäre ein Verbrechen, wenn diese herrlichen Vögel aus der Natur verschwänden.

Riesenrallen *Aramidae*

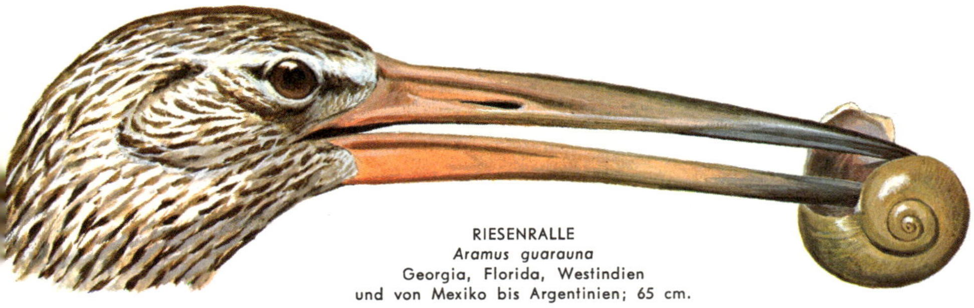

RIESENRALLE
Aramus guarauna
Georgia, Florida, Westindien
und von Mexiko bis Argentinien; 65 cm.

Die Riesenralle ist ein großer, graubrauner Sumpfvogel, dessen Verbreitungsgebiet von Südkarolina und Florida über Westindien, Mittel- und Südamerika bis nach Paraguay, Uruguay und Argentinien reicht. Es gibt nur diese einzige, in 5 geographische Rassen gegliederte Art in der ganzen Familie.

In systematischer Hinsicht stellt die Riesenralle die Verbindung zwischen den Kranichen und den Rallen her. Ihr Skelettbau und die Art der Befiederung kommen denen der Kraniche gleich, doch nähert sie sich in ihren äußeren Merkmalen, im ganzen Verhalten, im Nestbau und auch hinsichtlich ihres Verdauungssystems mehr den Rallen. Wie bei den Rallen ist auch bei ihr die Hinterzehe lang ausgebildet und setzt in der gleichen Höhe an wie die Vorderzehen, der Kopf ist vollständig mit Federn besetzt, die Flügel wirken verhältnismäßig klein und sind an den Spitzen verrundet. Daß es sich um eine recht alte Gruppe handelt, geht daraus hervor, daß man die Reste der jetzt noch lebenden Art bereits aus dem Pleistozän kennt und die Fossilien dreier weiterer, aber zu anderen Gattungen gehörender Arten sogar 60 Millionen Jahre weit bis ins Eozän zurückverfolgen kann.

Aus Florida stammt der im Englischen übliche Name «Limpkin», der soviel wie «Hinkebein» bedeutet und sich auf den eigenartig schwankenden, bedächtigen Gang des Vogels bezieht; in den südöstlichen USA nennt man die Tiere auch «Schreivögel», da man häufig ihren lauten, kreischenden, dreisilbigen Klageruf am frühen Abend oder zur Nacht vernimmt.

WEISSRÜCKEN-TROMPETERVOGEL
Psophia leucoptera
Amazonas-Urwaldgebiet von Brasilien; 45 cm.

Die Riesenrallen unternehmen keine Züge. Sie leben in schilfbewachsenen Sümpfen oder in feuchten Wäldern, können aber auch aufbaumen und zwischen den Zweigen herumspazieren. Die Nacht verbringen sie regelmäßig auf Bäumen. Im Wasser können sie ausgezeichnet schwimmen und treiben dann wie die Bleßhühner auf der Oberfläche. Das Fliegen ist nicht gerade ihre Stärke, und so durchmessen sie in der Luft nur ganz kurze Strecken. Ihre langen Zehen mit den langen, scharfen Krallen eignen sich vorzüglich zum Laufen über die Sumpfpflanzen.

Als Hauptnahrung nehmen die Riesenrallen Schnecken und Muscheln, die sie geschickt mit dem kräftigen Schnabel aus ihrer Schale herausziehen. Außerdem fressen sie noch kleine Reptilien, Insekten, Krebschen, Amphibien und Würmer, doch trifft man diese Vögel eigentlich niemals allzu weit von einer Stelle, an der es die von ihnen so bevorzugten Mollusken gibt.

Ihr geräumiges Nest legen die Riesenrallen aus Binsen und Gräsern und anderen Pflanzenstoffen im hohen Gras oder auch auf niederem Gebüsch und Bäumen bis 4,5 m über dem Boden an. Das Gelege enthält 4 bis 8 meist rötlichbraune, gesprenkelte und am breiten Ende dunkler braun gefleckte Eier. Beide Geschlechter brüten – wir wissen allerdings nicht, wie lange – und sorgen auch später für die Jungvögel, die beim Auskriechen aus dem Ei ein Dunengefieder tragen, das aber nicht schwarz aussieht wie bei den jungen Rallen, sondern tief dunkelbraun. Den Herbst und Winter hindurch verbleiben die Eltern mit ihren Jungen im Familienverband.

Früher gab es die Riesenrallen in großen Mengen in den Sumpfgebieten von Florida und Georgia. Leider waren sie derart zahm und zutraulich und schmeckten auch so gut, daß sie von den Jägern fast ausgerottet wurden, ehe man sie vollständig unter Naturschutz stellte. Dank der wirksamen Maßnahmen und der Schutzgebiete im Okeefenokee-Sumpf, am Okeechobee-See und im Everglades-Nationalpark sind sie jedoch wieder häufiger geworden.

Trompetervögel *Psophiidae*

Im Urwald des nordöstlichen Südamerika leben die 3 Arten der Trompetervögel, die ihrem Bau und ihren Lebensgewohnheiten nach gleichfalls zwischen den Kranichen und Rallen vermitteln. Ihr Name ist irreführend, denn das Männchen stößt dumpfe, eher trommelnde Laute aus. Beine und Hals sind lang, der Schnabel aber kurz wie der eines Huhns. Ihr dunkles Gefieder wirkt weich, auf dem Kopf und Hals sogar samtig.

Als gesellige, wenig scheue Tiere tummeln sich die Trompetervögel in Trupps zu hundert oder mehr auf dem Urwaldboden. Da sie mit einem Male nur ein paar hundert Meter weit fliegen können, versuchen sie, einer Gefahr lieber zu Fuß auszuweichen, doch schwimmen sie ganz gut, wenn es gilt, einen Wasserlauf zu überqueren. Über ihre Lebensweise ist nicht viel bekannt, doch wissen wir, daß sie bei den Paarungszeremonien wie die Kraniche Tänze mit hohen Luftsprüngen ausführen. Sie nisten auf dem Boden und legen 6 bis 10 reinweiße oder grüne Eier. In die Gefangenschaft lassen sie sich leicht eingewöhnen, so daß sie von den Indianern mitunter als Wächter auf dem Geflügelhof gehalten werden, doch hat man noch niemals Nachzucht von ihnen erhalten.

Rallen *Rallidae*

Die Familie der Rallen ist bei weitem die größte und mannigfaltigste der Ordnung und setzt sich aus 132 Arten kleiner bis mittelgroßer Boden-, Wat- oder Schwimmvögel zusammen. Die meisten sind ziemlich unscheinbar gefärbt, nur wenige tragen auffallende Farbmuster. Zum größten Teil leben die Rallen als Sumpfbewohner, selten in Wäldern oder gar auf dem trockenen, flachen Land. Häufig sehen sie so hühnerähnlich aus, daß man sie als Teichhühner oder Wasserhühner bezeichnet.

Geologisch ist die Familie sehr alt, denn sie reicht 70 Millionen Jahre weit bis ins früheste Tertiär zurück. Heute bilden die Rallen eine der am weitesten verbreiteten Vogelfamilien und bewohnen praktisch alle Länder der Welt mit Ausnahme der Polargebiete. Obwohl sie nicht allzu gut fliegen, unternehmen einige Arten doch lange Wanderungen über das Land oder das Meer. So haben sich Rallen auch auf allen größeren Meeresinseln angesiedelt, außerdem selbst auch auf winzig kleinen Eilanden in oft erstaunlich großer Zahl. Dort lebten manche Arten so lange Zeit isoliert, daß sie sich allmählich zu eigenen, oft flugunfähigen Gattungen entwickelten.

Alle Rallen fressen gemischte Kost, können sich also sowohl von pflanzlichen wie auch von tierischen Stoffen ernähren. Das mag vielleicht einer der Gründe für ihre derart weite Verbreitung und ihre Fähigkeit sein, an allen Stellen der Welt Fuß zu fassen. Man kann 3 deutlich umrissene Gruppen innerhalb der Familie unterscheiden, doch sind sie zu nahe miteinander verbunden, als daß wir hier von Unterfamilien oder Triben reden können.

Auffällig wirkt bei den Rallen der schlanke, seitlich zusammengedrückte Rumpf, dessen Bau sicherlich damit zusammenhängt, daß die Tiere geschickt durch dichtes Schilf, Binsenkraut und Unterholz zu schlüpfen vermögen. Viele Rallen tragen ein unauffälliges, aber doch recht ansprechendes Tarnkleid, das sie in ihrer Umgebung ausgezeichnet schützt. Meistens sehen sie bräunlich oder rötlich aus; einige graue Formen lassen hübsche dunkelbraune, schwarze oder gelegentlich auch weiße Streifen erkennen. Die kräftigen Beine enden mit langen Zehen, die vortrefflich dazu geeignet sind, über weichen Morast und auf dem Gras zu laufen. Man hört die Rallen weit mehr als man sie sieht, und ihre ziemlich schrillen Stimmen, die sie meist in der Dämmerung und zur Nacht ertönen lassen, gehören mit zu den charakteristischen Geräuschen des Lebens in Sumpf und Moor.

Die Rallen können wir in zwei Hauptgruppen einteilen, nämlich die langschnabeligen Arten der Gattung *Rallus*, wie die Wasser-, Virginia-, Königs- und Klapperralle, und Arten mit kurzem, ungefähr kegelförmigem Schnabel, zu denen wir die Wachtelkönige und Sumpfhühner zu rechnen haben, darunter auch das Tüpfel- und Karolina-Sumpfhuhn, die Jamaika-Zwergralle und andere. Alle diese Rallenvögel bauen ein umfangreiches Nest aus Pflanzenstoffen, auf dem Boden oder in Bodennähe und vom Pflanzenbewuchs verdeckt, und legen im Durchschnitt etwa 6 bis 16 weiße oder gelbliche, rot oder braun gesprenkelte Eier. Das Ausbrüten und die Aufzucht der Jungen besorgen beide Elternteile. Wenn die Jungvögel schlüpfen, tragen sie ein einfarbiges, nicht gemustertes, dunkles Dunenkleid und verlassen sofort das Nest.

Den Rest der Familie bilden die Bleß- und Teichhühner; bei der zuerst genannten Gruppe trägt jede Zehe einen häutigen Lappen, wie wir sie bereits von den Steißfüßen und Binsenhühnern kennen, mit denen die Rallen aber verwandtschaftlich nichts näher zu tun haben. Alle diese Arten schwimmen und tauchen vorzüglich und verbringen wie die Enten den größten Teil ihres Lebens auf dem freien Wasser. Vor allem lieben sie flache, etwas moderige Seen mit schilfbewachsenen Ufern, wohin sie sich bei Gefahr zurückziehen und wo sie auch ihr auf dem Wasser treibendes Nest aus Pflanzenmaterial anlegen können. Abgesehen von der Brutzeit leben die Bleßhuhnverwandten höchst gesellig, so daß man sie oft in Scharen zu mehreren Tausenden an ihren Winterquartieren im Süß- oder Brackwasser antrifft. Ebenso wie die Rallen machen sie einen ziemlichen Lärm. Werden sie gestört, so trippeln sie beim Abflug mit hörbarem Klatschen eine ganze Strecke über die Wasseroberfläche, bis sie auffliegen.

YPACAHA
Aramides ypecaha
Südöstliches Brasilien, Paraguay, Uruguay, Argentinien; 45 cm.

TÜPFELSUMPFHUHN
Porzana porzana
Gemäßigtes Europa und westliches Asien; 23 cm.

ROTES SUMPFHUHN
Porzana fusca
Südöstliches Asien: Indien bis Japan, Philippinen, Ostindien; 23 cm.

Unser bekanntes einheimisches Bleßhuhn erkennt man leicht an dem schieferfarbenen Gefieder und an dem weißen Stirnfleck, der Blesse. Außer in Europa kommt es auch in Nordafrika, Asien und Australien vor. Seine 4 bis 12 Eier tragen auf weißlichem Grunde schwarze Punkte und benötigen 22 bis 24 Tage bis zum Schlüpfen der mit schwarzen Dunen bedeckten Jungen, die am Vorderkopf rote Papillen, an Kopf und Hals gelbe und rote Flecken tragen. Viele unserer Bleßhühner pflegen im Winter südwärts zu ziehen. Sehr nahe verwandt ist das Amerikanische Bleßhuhn, das von Kanada an bis zum nördlichen Südamerika vorkommt, im Gegensatz zur einheimischen Art aber mehr grau gefärbt ist. Eine dritte Art, das Kammbleßhuhn, trägt rote, hornige Höcker auf seiner Stirnblesse; es bewohnt den größten Teil Afrikas, brütet aber auch schon in Südspanien. Am stärksten ist die Gruppe in Südamerika mit 7 Arten vertreten, wo sie als typische Schwimmvögel die offenen Seen und Sümpfe bewohnen. Eine Art, das Höcker- oder Tuberkelbleßhuhn aus dem Andengebiet, trägt einen hornigen Höcker auf seinem Stirnfleck und lebt nur in einigen abgelegenen, öden Gebirgsseen oberhalb der 4000-Meter-Grenze.

Ihrem anatomischen Bau nach nehmen die Teichhühner eine Mittelstellung zwischen den Bleßhühnern und den eigentlichen Rallen ein. Meistens tritt das Stirnschild hier noch mehr hervor als bei den Bleßhühnern und prangt ebenso wie der Schnabel in leuchtend roten oder gelben Farben. Ihre Zehen tragen keine Schwimmlappen und sind stark verlängert, so daß die Tiere vorzüglich auf der Pflanzendecke der Seen und Sümpfe laufen können, in denen sie zu Hause sind. Wie die Rallen bewohnen sie fast sämtliche gemäßigten und

AMERIKANISCHES ZWERGSULTANSHUHN
Porphyrula martinica
Südliche USA und Westindien bis Uruguay
und nördliches Argentinien; 33 cm.

tropischen Gegenden der Welt und haben sich auch auf verschiedenen ozeanischen Inseln niedergelassen. Das europäisch-asiatische aber ebenso auch in Nordamerika vertretene Teichhuhn zeigt ein einfarbiges, auf dem Rücken bräunliches und am Bauch dunkelgraues Gefieder; andere Arten dagegen, wie die Purpurhühner aus den warmen Gebieten der Alten Welt und die Sultanshühnchen Afrikas und Amerikas, tragen leuchtend blaue oder blaugrüne Farben, die sich kontrastreich von den gelben Beinen abheben. Auch die Teichhühner bauen mitunter ein Schwimmnest aus Pflanzen, können aber auch wie die Rallen auf dem Boden nisten. Im übrigen Fortpflanzungsverhalten unterscheiden sie sich kaum von den Bleßhühnern, denn auch bei ihnen schlüpfen die Jungvögel, wie bei allen Angehörigen der gleichen Familie, mit schwarzen Dunen und zeigen sich bereits sehr weit entwickelt.

Eigenartigerweise finden wir gerade bei den Rallenvögeln eine beträchtliche Anzahl von Arten, die ihr Flugvermögen eingebüßt haben und sich zumeist in ihrem Vorkommen auf Inseln beschränken. In einem derart begrenzten Lebensraum, in dem es ja keine Feinde für sie gibt, haben sie überhaupt nicht mehr nötig zu fliegen, doch wenn der Mensch zu ihrer Heimat vordringt, und mit ihm das übliche Gefolge von Ratten, Katzen und Hunden, sind diese überspezialisierten Vögel leider zum Aussterben verurteilt. Eine höchst traurige Bilanz läßt uns erkennen, daß im Verlaufe der letzten 100 Jahre mindestens 15 verschiedene Rallen und Teichhühner für immer verschwunden sind; viele davon kennt die Wissenschaft lediglich aus einem oder zwei Bälgen. Dazu gehören die Rallen der Auckland- und Chatham-Inseln bei Neuseeland, von Tahiti, Fidji, Wake, Neukaledonien, Laysan, Hawaii, Kusaie, Iwo Jima und Samoa im Pazifischen Ozean, von Jamaika aus Westindien und von der isolierten Insel Tristan da Cunha im mittleren Südatlantik. Die Regierung der USA hatte viele Mühen darauf verwendet, die kleine, flugunfähige Ralle von Laysan zu erhalten, und bis zum letzten Weltkrieg schien diese Kolonie auch recht gut zu florieren. Dann aber kamen die Ratten von einem dort ankernden Schiff auf die Insel und machten den Tieren den Garaus. Ein weiteres Opfer dieses Krieges war die Ralle der Insel Wake, die einzige Art ihrer Gattung, deren gesamter Bestand von den hungernden japanischen Soldaten restlos aufgegessen wurde.

Alle diese flugunfähigen Rallen haben einen langen Entwicklungsweg zurückgelegt, bis der Mensch als Störenfried in ihre Heimat vordrang. Erst kürzlich stieß auf den Bermuda-Inseln ein Muschelsammler bei seinen Ausgrabungsarbeiten in einer Höhle auf eine einzigartige Fundstelle pleistozäner Vogelknochen, die nicht weniger als 4, vielleicht 5 verschiedene Arten von Rallen enthielt. Sie wurden von Dr. Pierce Brodkorb an der Universität von Florida untersucht und ergaben, daß diese Tiere Ausmaße von denen einer Zwergralle bis zur Größe einer Königsralle erreichten, also 15 bis 40 cm lang wurden. Ganz deutlich unterscheiden sich die gefundenen Knochen von denen der heute lebenden Arten, denn der Kiel des Brustbeines und die Flügelknochen waren stark zurückgebildet, so daß diese fossilen Arten zweifellos nicht fliegen konnten. Ihre Vorfahren müssen noch vom Festland aus über den Atlantik zu den Bermudas geflogen sein, wo die Art

RIESENRALLE
Aramus guarauna
Georgia, Florida, Westindien, Mexiko bis Argentinien; 65 cm.

TEICHHUHN
Gallinula chloropus
Sumpf- und Wassergebiete aller gemäßigten Länder mit Ausnahme von Australien, Neuseeland und Papuasien; 35 cm.

VIRGINIA-RALLE
Rallus limicola
Westliche Erdhälfte: südliches Kanada bis Magellanstraße; 25 cm.

KAROLINA-SUMPFHUHN
Porzana carolina
Gemäßigtes Nordamerika; 23 cm.

dann später ihr Flugvermögen einbüßte, bis sie aus irgendeinem unbekannten Grunde schließlich ausstarb.

Trotz dieser trüben Aussichten für die Rallen und viele andere Arten, deren Bestand immer mehr schwindet oder gar erlischt, hegen die Ornithologen doch unentwegt die leise Hoffnung, daß alle die Arten, die wir heute nur noch nach ein paar wenigen Bälgen oder vereinzelten Knochen kennen, vielleicht eines Tages an irgendeiner abgelegenen Stelle lebend gefunden werden, denn dieser Wunschtraum wurde tatsächlich vor nicht allzu langer Zeit auf Neuseeland wahr.

Unter der aussterbenden und bereits ausgestorbenen Tierwelt dieser isolierten Insel gab es auch einen Teichhuhn-Verwandten der Gattung *Notornis*, der von den Maoris «Takahe» genannt wurde. Er war ungefähr so groß wie ein kleiner Truthahn, trug ein glänzend grünblaues Gefieder und ein auffallendes, rotes Stirnschild. Man kannte wohl eine ganze Menge seiner Knochen, die mit denen des Riesenmoas in den pleistozänen Ablagerungen gefunden wurden, aber nicht mehr als 3 vollständige Exemplare, deren letztes aus dem Jahre 1885 stammte. Im Jahre 1948 aber, fast 100 Jahre nach dem vermeintlichen Aussterben der Art, fand man im Gebiet von Murchison auf der Südinsel, einen guten Wochenmarsch von der nächsten Ansiedelung entfernt, eine kleine Kolonie lebender Takahes in einem etwa 600 m über dem Meeresspiegel gelegenen Tal. Jetzt kennt man ungefähr noch 100 lebende Tiere dieser Art, die sich auf ein oder zwei Täler beschränken. Wie es allerdings diese flugunfähigen Vögel fertigbekommen haben, trotz aller eingeführter Wiesel und anderer Raubtiere am Leben zu bleiben, ist für uns ein großes Rätsel. Die Regierung von Neuseeland tut jetzt alles Menschenmögliche, um die Überlebenden zu schützen und der Nachwelt zu erhalten. Leider legen die Tiere nur 4 Eier, und auch hiervon sind manche noch unfruchtbar. Abgesehen von der niedrigen Fortpflanzungszahl zeigt die Art auch noch weitere Anzeichen eines sehr hohen entwicklungsgeschichtlichen Alters und einer fortschreitenden Degeneration. Es sind dies fast die gleichen Erscheinungen, die wir bei der einst ebenfalls auf Neuseeland, heute aber nur noch auf einigen vorgelagerten Inseln heimischen Brückenechse wiederfinden.

Die waldbewohnende Wekaralle Neuseelands, ein bräunlicher Vogel etwa von der Größe eines Haushuhns, gehört zu den ganz wenigen Rallen auf der Welt, denen die vom Menschen eingeschleppten Raubtiere überhaupt nichts anhaben konnten. Da sie selbst räuberisch lebt, stellten die eingeschleppten Mäuse und Ratten lediglich eine erfreuliche Bereicherung ihrer bisherigen Speisekarte dar.

AMERIKANISCHES BLESSHUHN
Fulica americana
Mittleres Kanada bis Kolumbien und Ekuador sowie Hawaii; 40 cm.

WEKA-RALLE
Gallirallus australis
Neuseeland; 50 cm.

Binsenhühner *Heliornithidae*

Wir kennen 3 Arten von Binsenhühnern als scheue, zurückgezogen lebende Sumpfvögel, die zwar eng mit den Rallen verwandt sind, sich aber doch deutlich von ihnen unterscheiden und an ganz verschiedenen Stellen der Welt vorkommen. Die eine Art lebt in Mittel- und Südamerika, die zweite im tropischen Afrika, und die dritte kommt von Bengalen bis Sumatra vor. Nirgends treten die Binsenhühner häufig auf, nicht einmal in den Sammlungen größerer Museen, und sie leben derart versteckt, daß unsere Kenntnisse von ihrer Fortpflanzung, Ernährung und sonstigen Lebensweise bisher noch recht unvollständig geblieben sind.

Binsenhühner haben einen langgestreckten Rumpf, Hals und Schnabel; auch ihr Schwanz wirkt lang, am Ende verrundet, und steht steif ab. Die Füße bleiben dagegen kurz, und ihre Zehen tragen Schwimmlappen, die wir bei den Steißfüßen und Bleßhühnern wiederfinden, doch sind die hier behandelten Tieren mit der zuerst genannten Familie überhaupt nicht näher, mit der zweiten aber, der verhältnismäßig noch am nächsten stehenden Gruppe, nur entfernt verwandt. Ihr langer, steifer Schwanz und ihre Angewohnheit, aufzubaumen und zum Teil unter Wasser zu schwimmen, läßt an die Schlangenhalsvögel denken, doch wirkt ihr Gefieder dicht und fest wie das einer Ente, allerdings mit Ausnahme der kurzen, weichen Kopf- und Halsfedern, die eher an die Rallen erinnern. Vorwiegend fressen die Binsenhühner Fische und allerlei Wassergetier, doch sollen sie auch Samen und andere Pflanzenstoffe verzehren.

Am kleinsten bleibt das Amerikanische Binsenhuhn, ein etwa 30 cm langer Vogel, der von Mexiko an südwärts bis Paraguay und Nordargentinien vorkommt und einzeln oder in Paaren an den bewaldeten Ufern langsam fließender Wasserläufe lebt. Sein Rücken ist satt olivbraun gefärbt, der Bauch weißlich, und hinter dem Auge zieht ein weißer Streifen über die Schläfe.

Ähnlich sieht das Afrikanische Binsenhuhn aus, wird aber doppelt so groß. Es hält sich gleichfalls in den dichten Wäldern an den Flußufern auf und schwimmt häufig flach im Wasser. Wenn es sich gestört fühlt, strampelt es nach Art der Bleßhühner über den Wasserspiegel, versteckt sich aber meist auf dem Lande im Uferbewuchs. Sein asiatischer Verwandter bleibt etwas kleiner. Leider haben sich die Vogelfreunde bisher noch sehr wenig mit diesem scheuen und ziemlich seltenen Vogel der Urwaldflüsse beschäftigt. Wir wissen wohl, daß die asiatische Art ihr Nest auf einem Zweig über dem Wasser errichtet und 3 bis 7 Eier legt, aus denen die Jungvögel in dunklem Dunenkleid schlüpfen.

Kagus *Rhynochetidae*

Auch den Kagu haben wir als einen entfernten Abkömmling der Kranich- und Rallengruppe aufzufassen, wenn er auch keine näheren verwandtschaftlichen Beziehungen mehr dorthin aufweist. Sein Verbreitungsgebiet beschränkt sich auf das bewaldete Hochland von Neukaledonien im südlichen Pazifik, wo er den Melanesiern schon lange vor der Ankunft der ersten Europäer bekannt war. Kagus sind langbeinige, graue Vögel mit auffallend orangefarbenen Schnäbeln und Füßen sowie einem mächtigen Schopf auf dem Kopf; sie können kaum fliegen, laufen aber äußerst geschickt durch das Unterholz. Ihre Stimme, die man meist zur Nachtzeit hört, besteht aus einem lauten, durchdringenden Kläffen oder Kreischen, das man noch über kilometerweite Entfernungen vernimmt.

In eigenartiger Weise überdacht eine Hornscheide die beiden Nasenlöcher des Vogels; sie dient wohl dazu, das Eindringen von Erde zu verhindern, wenn das Tier mit seinem Schnabel im Boden herumstochert. Über den ganzen Körper verteilen sich Gruppen von Puderdunen. Die Geschlechter unterscheiden sich äußerlich nicht.

Über das Paarungsverhalten wissen wir nur so viel, daß der Kagu mit halbgeöffneten Flügeln ähnlich wie die Sonnenrallen balzt und einen grotesken Tanz unter Herumrennen und Luftsprüngen aufführt. In der Gefangenschaft baute er auf dem Boden ein Nest aus Zweigen und Laub, in das er ein einziges, hellbraunes und glattes Ei mit rötlichbraunen Flecken und Stricheln legte; beide Eltern bebrüteten es 36 Tage lang bis zum Ausschlüpfen des Jungen.

Früher war der Kagu recht häufig, ist aber heute vom Aussterben bedroht. Seine heimatlichen Wälder sind zum großen Teil abgeholzt, und zudem schleppten die Europäer wieder einmal ihre Katzen, Hunde, Schweine und Ratten auf die Insel ein, auf der es früher überhaupt kein räuberisches Säugetier gab. Falls diese Entwicklung auf Neukaledonien weiter anhält, dürfte der Kagu die künftige Jahrhundertwende höchstens noch in der Gefangenschaft überleben.

AFRIKANISCHES BINSENHUHN
Podica senegalensis
Afrika südlich der Sahara; 60 cm.

SERIËMA
Cariama cristata
Flachland von Brasilien, Paraguay, und Nordargentinien; 90 cm.

KAGU
Rhynochetos jubatus
Neukaledonien; 55 cm.

Seriëmas *Cariamidae*

Diese Familie enthält nur 2 Arten, die sich jedoch sehr stark voneinander unterscheiden, nämlich die Seriëma *(Cariama)* und die Chunja *(Chunga)*; beides sind graubraune, langbeinige, bodenbewohnende Laufvögel mit aufrichtbaren Federbüschen und Schöpfen, kurzem, breitem, abwärtsgebogenem Schnabel, langem Hals, kurzen Flügeln und langem Schwanz. Ihre Heimat reicht vom mittleren Brasilien bis nach Paraguay und zum nördlichen Argentinien. Die Seriëma hält sich in der offenen Landschaft der Pampas auf, die Chunja ausschließlich im lichten Buschwald.

Paarweise oder in kleineren Trupps stelzen beide Arten ständig am Boden umher und laufen, den Kopf hoch erhoben, mit großer Geschwindigkeit davon, wenn sie sich beunruhigt fühlen; nur bei höchster Gefahr erheben sie sich zu einem ungeschickten Flug in die Luft. Ihre hauptsächliche Nahrung besteht aus Insekten, vor allem großen Ameisen, doch nehmen sie auch Schlangen und Echsen sowie Beeren, Früchte und andere Pflanzenstoffe. Die Seriëma nistet auf dem Boden, die Chunja auf Büschen und niedrigen Bäumen. Im Frühling, wenn die Paarungszeit beginnt, hört man die lauten, weithin vernehmbaren Rufe des Tieres, die wie irrsinniges Lachen oder auch das Quietschen junger Hunde wirken; das Balzverhalten der Männchen erinnert an das der Trappen; das Gelege enthält zwei Eier und wird von beiden Eltern ausgebrütet. Da beide Arten leicht zahm werden, lassen sie sich gut im Zoo halten und haben dort auch schon Nachzucht geliefert.

Seriëmas sind letzte lebende Nachkommen einer Gruppe riesiger, fleischfressender Bodenvögel, die vom frühen Oligozän bis zum Pliozän Südamerika bevölkerten. Von ihnen erreichten *Mesembriornis* und *Brontornis* eine Höhe bis zu 2,4 m und mehr, so daß sie fürchterliche Räuber gewesen sein müssen. Eng mit ihnen verwandt war *Diatryma* aus den eozänen Ablagerungen Nordamerikas und Mitteleuropas, ein Riesenvogel, der in seiner Größe wohl nur von einigen Moas übertroffen wurde: Über 2 m hoch ragte der schwere Vogel mit seinem kurzen, untersetzten Hals, dem großen Kopf und dem überdimensionalen, seitlich abgeflachten, beilähnlichen Schnabel. Seinerzeit dürfte er wohl zu den schlimmsten Raubtieren gezählt haben.

Sonnenrallen *Eurypygidae*

Hier begegnet uns abermals eine abseitsstehende Art aus der Rallenverwandtschaft, die den Rang einer eigenen Familie verdient, ein hübscher Watvogel aus Mittel- und Südamerika. Die scheue Sonnenralle lebt einzeln oder in Paaren ausschließlich an den bewaldeten Ufern der Flüsse und Seen in den

SONNENRALLE
Eurypyga helias
Südliches Mexiko bis Peru, Bolivien und Brasilien; 45 cm.

tropischen Regenwäldern; sie bildet keine Trupps und unternimmt auch keine Wanderzüge. Insgesamt kennt man 3 geographische Unterarten, von denen eine vom südlichen Mexiko bis Ekuador, eine zweite im Süden des mittleren Peru und die dritte von Venezuela bis zum mittleren Brasilien vorkommt.

Mit anmutigen Bewegungen und langsamen, bedächtigen Schritten patrouilliert die Sonnenralle auf der Jagd nach kleinen Fischen, Insekten und anderen Strandtieren an den Ufern entlang. Vorsichtig pirscht sie ihre Beute mit zurückgelegtem Kopf an, schießt ihn dann urplötzlich vor, und schon ist das Opfer mit dem Schnabel aufgespießt. Bei einer Behelligung schwingt sie sich elegant ins Gezweig der Bäume auf, um sich dort zu verstecken. Ihre Lautäußerungen bestehen aus einem langgezogenen leisen, kläglichen Pfeifen. Wie der Kagu aus Neukaledonien, mit dem sie am nächsten verwandt zu sein scheint, führt auch die Sonnenralle die merkwürdigsten Balztänze aus. Eine Minute oder länger nimmt sie eine Art Drohstellung ein, indem sie ihre schön braun, grau und schwarz gemusterten Flügel und den Schwanz spreizt. Das ansehnliche Nest mit einem halbkreisförmigen Eingang bauen beide Geschlechter gemeinsam aus Zweigen auf einem niedrigen Baum; es enthält zwei graue, rot gesprenkelte Eier. Obwohl die Jungvögel, die ein geflecktes und gestreiftes Dunenkleid tragen, ziemlich weit entwickelt auskriechen, bleiben sie doch noch einige Wochen lang im Nest. Inzwischen wachsen sie schnell heran und sind dann nach etwa 2 Monaten kaum noch von den Alten zu unterscheiden.

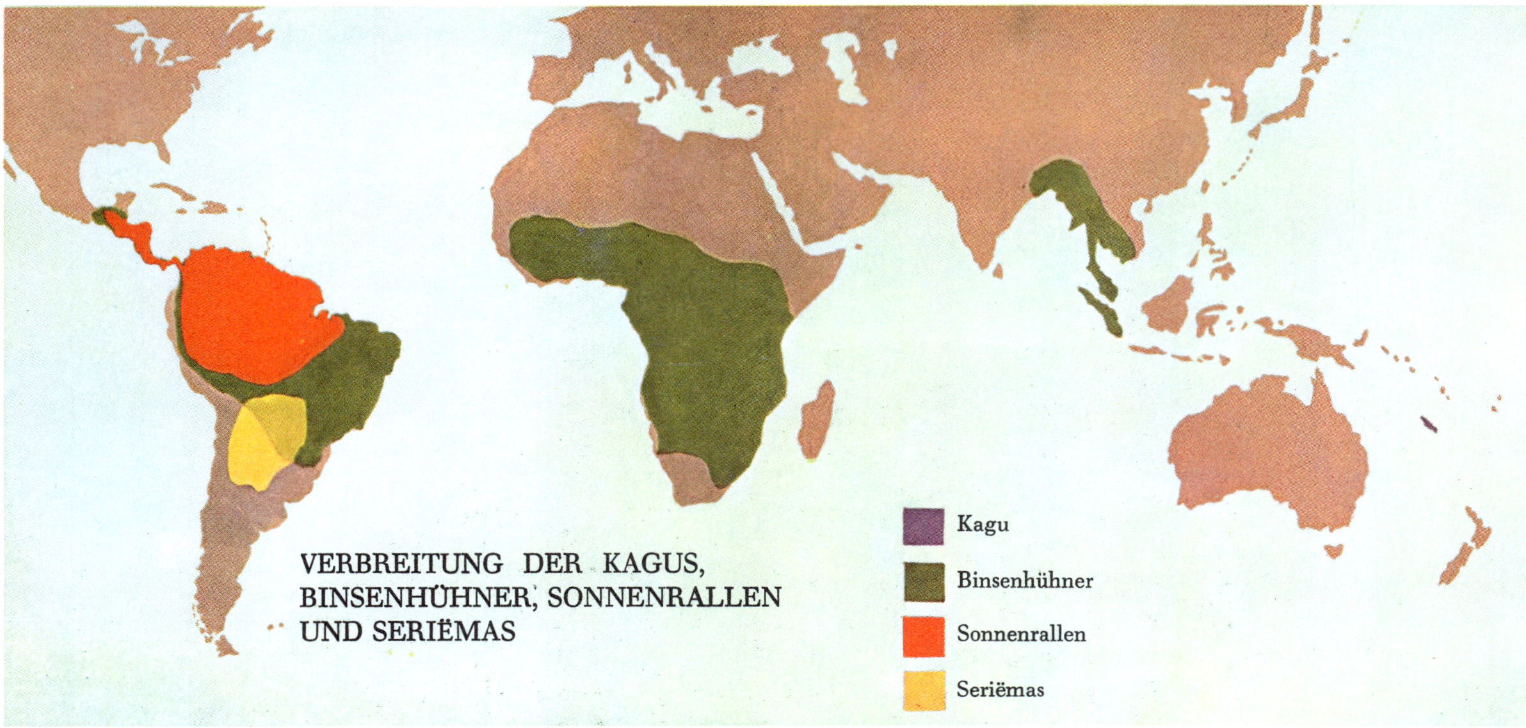

Trappen *Otididae*

Die Trappen bilden eine gut abgegrenzte Gruppe großer, bodenbewohnender Laufvögel, die in den offenen Graslandschaften und Buschsteppen der Alten Welt zu Hause sind. Ihr Verbreitungszentrum liegt in Afrika, wo sie mit 16 Arten aufwarten. Weitere 6 kommen im mittleren und südlichen Europa vor, eine andere in Australien. Ihr hohes geologisches Alter bezeugen die ausgestorbenen Vorläufer, die vor 50 Millionen Jahren im europäischen Eozän lebten. Am nächsten dürften die Trappen mit den südamerikanischen Seriëmas verwandt sein.

Trappen sind scheue und vorsichtige Bewohner offener, baumloser Landschaften. Sie können zwar vorzüglich fliegen, ziehen es aber vor, bei Gefahr auf dem Boden zu entkommen. Gewöhnlich laufen sie mit gleichmäßigen, bedachtsamen Schritten auf der Erde herum. Einige afrikanische Arten erreichen nur die Größe eines Huhns, werden etwa 30 cm hoch und wiegen kaum 3 Pfund, doch haben wir es zumeist mit weit ansehnlicheren Tieren zu tun. Die europäisch-asiatische Großtrappe zum Beispiel, deren Männchen eine Höhe bis zu 1 m und ein Gewicht bis zu 24 Pfund, im Höchstfall sogar bis 37 Pfund erreichen, gehört mit zu den größten flugfähigen Vögeln.

Meistens sehen die Tiere auf der Oberseite braun bis grau aus und zeigen hübsche, dunklere Streifen, Flecken oder Schattierungen, während der Bauch weiß, fahlgelb oder auch schwarz wirkt. Bei einigen Arten findet sich ein Schopf, bei anderen stehen lange, borstenähnliche Federn seitlich am Kopf und Hals. Stets sind die Beine ziemlich lang und kräftig ausgebildet, ebenso der Hals, der Schwanz dagegen kurz, und die Flügel wirken recht breit. Die Nägel an den breiten Zehen sind eigentümlich abgeflacht. Wie bei so vielen Laufvögeln ist auch hier die hintere Zehe vollständig verlorengegangen.

Manche Trappen unternehmen ausgedehnte Wanderungen; so ziehen die asiatischen Großtrappen von der Mongolei und Mandschurei im Winter bis Indien und Südchina. Sie fliegen wie die Kraniche unter stetem, kräftigem Schlagen ihrer Flügel, den Kopf und Hals gerade nach vorn ausgestreckt. Von weitem könnte man sie ihrem Flugbild nach fast für Gänse halten. Im Gegensatz zu den Kranichen und Gänsen fliegen

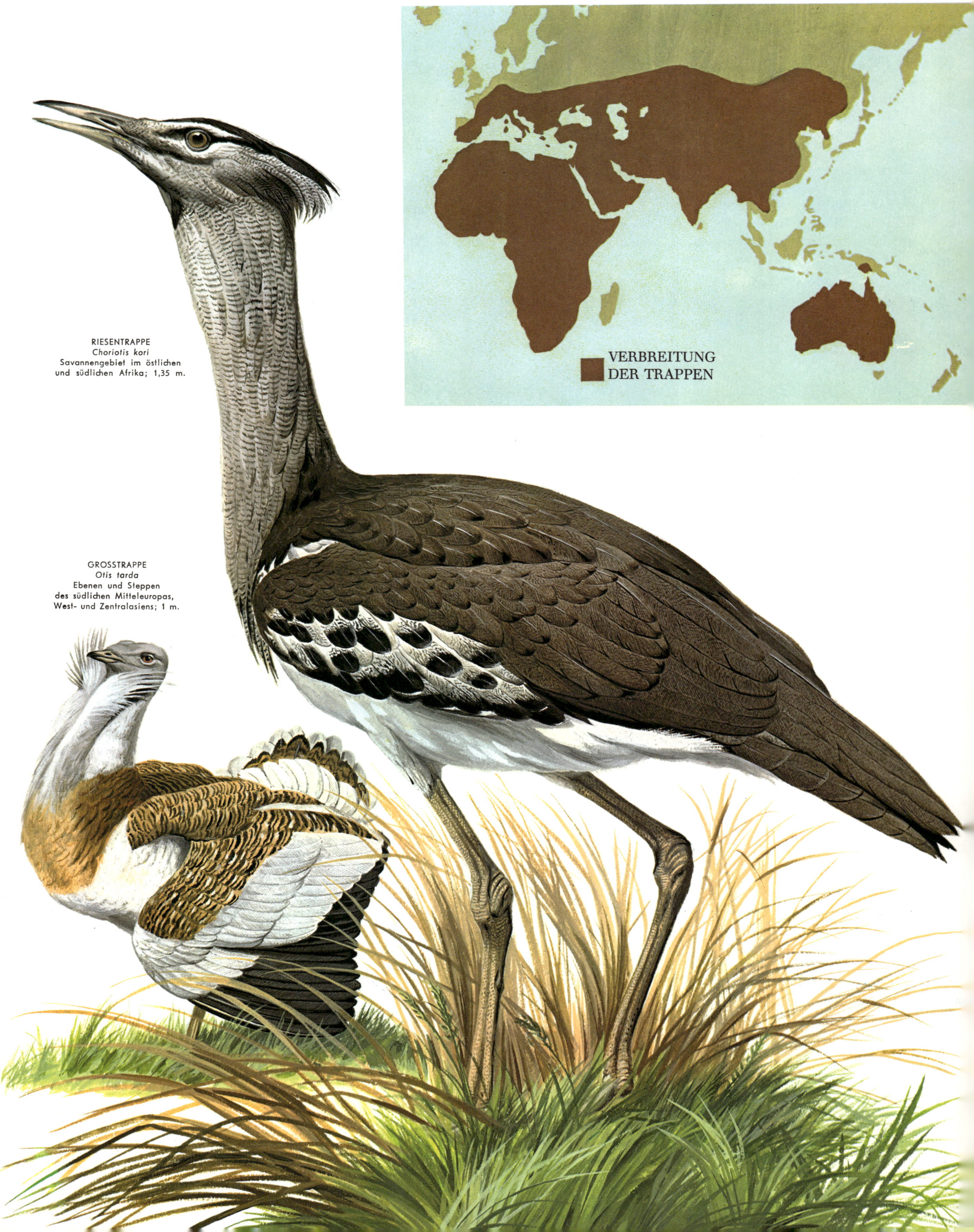

RIESENTRAPPE
Choriotis kori
Savannengebiet im östlichen
und südlichen Afrika; 1,35 m.

GROSSTRAPPE
Otis tarda
Ebenen und Steppen
des südlichen Mitteleuropas,
West- und Zentralasiens; 1 m.

sie jedoch nicht in großen Höhen, sondern gehen auch bei weiteren Zügen nur selten höher als 60 bis 100 m. Im allgemeinen ziehen die Trappen nur in kleineren Trupps von ungefähr einem Dutzend Vögel. Zu Fuß kann sie ein Jäger kaum erlegen, weil sie sehr scheu sind, außerordentlich schnell laufen und sich dank ihres wirkungsvollen Tarnkleides im Bewuchs verstecken. Dennoch sind ihre Bestände durch rücksichtslose Schießer und durch Einengung ihres Lebensraums überall in der Nähe menschlicher Ansiedlungen sehr selten geworden, zumal ihr Fleisch vorzüglich schmeckt. Daß sie überhaupt noch an manchen Stellen vorkommen, verdanken sie nur den dort herrschenden strengen Schutzbestimmungen.

Längst gehören die nach Hunderten zählenden Trappenvölker, die noch vor weniger als einem Jahrhundert die osteuropäischen und sibirischen Steppen bewohnten, der Vergangenheit an; heute findet man nur noch einige wenige Tiere an abgelegenen Stellen des Verbreitungsgebietes, das einst über ganz Europa und Asien reichte. Berühmt sind die heute streng geschützten Brutvorkommen der Großtrappe im Norden und Süden von Berlin. Gelegentlich ziehen im Winter noch jetzt einzelne Tiere zu den Britischen Inseln, wo der letzte Bestand jedoch schon 1833 ausgerottet wurde.

Von Hause aus sind die Trappen Pflanzenfresser und bevorzugen vor allem Körner, doch nehmen sie auch tierische Nahrung und fressen gern Insekten, insbesondere große Heuschrecken, so daß sie in großen Teilen Afrikas geradezu als nützlich für die Landwirtschaft gelten müssen. Außerdem bemächtigen sie sich noch kleiner Säuger und selbst nestjunger Vögel, wo sie ihrer habhaft werden können. Im übrigen sind es recht ruhige Vögel, deren glucksende, krähende, grunzende oder brummende Rufe nicht weiter auffallen.

Bei manchen Trappen finden sich versteckte weiße Flecke an den Flügeln und am Rumpf, die man aber erst beim Flug bemerkt. Besonders fällt dies bei der Balz des Großtrappenhahns auf, der sich dabei geradezu umkrempelt und sich im Augenblick von einem schlicht braunen in einen flaumigen, leuchtend weißen Vogel verwandelt, wenn er sich vor seinem Weibchen zur Schau stellt. Einige Arten sollen polygam leben.

Die Trappen legen ihre rotbraunen bis olivgrünen, meist dunkel gefleckten Eier auf dem Boden ab und bauen höchstens ein ganz einfaches oder auch überhaupt kein Nest. Nur ein einziges, verwaschen grünliches Ei legt die afrikanische Schwarzbauchtrappe, meistens aber auch die Australische Trappe, deren aufgeblasene Kehlwamme sich bei der Balz bis auf den Boden herabsenkt. Bei anderen Arten kann das Gelege bis zu 5 Eier enthalten, doch da die Tiere nur einmal im Jahr brüten, bleibt ihre Vermehrungsrate niedrig. Es brütet nur das Weibchen, und zwar etwa 20 Tage lang bei den kleineren, bis 30 Tage bei den größeren Arten. Die weit entwickelten Jungvögel tragen ein geflecktes braunes oder schwarzes Dunenkleid, verlassen sofort nach dem Auskriechen das Nest und können nach weiteren 5 bis 6 Wochen fliegen, also noch längst bevor sie ihre eigentliche Körpergröße erreicht haben.

Sumpf- und Strandvögel *Charadriiformes*

Wir können die 16 Familien dieser mannigfaltig gestalteten und kosmopolitisch verbreiteten Ordnung in 3 Gruppen einteilen, denen manche Forscher mitunter sogar den Rang von Unterordnungen zuerkennen. Als erste wären die 12 Familien der Wat- und Strandvögel zu nennen, als zweite die der Skuas, Möwen, Seeschwalben und Scherenschnäbel, und als dritte die der Alken, Lummen und Papageitaucher. Obwohl sie äußerlich recht verschieden aussehen, zeigen sie doch alle eine Menge Gemeinsamkeiten in ihrem anatomischen Bau und im Verhalten, die sie deutlich als Angehörige einer einheitlichen Verwandtschaftsgruppe kennzeichnen.

Anatomisch sind der gleiche Aufbau des Gaumens und des Stimmapparates sowie der Ansatz der Sehnen von Bedeutung, die von den Beinmuskeln zu den Zehen ziehen. Weitere Gemeinsamkeiten ergeben sich aus der Anordnung der Schwingen. Die meisten Arten haben 11, nur wenige 10 Handschwingen. Stets findet sich eine buschig befiederte Bürzeldrüse, und die Federn des Rumpfes besitzen einen Afterschaft.

In ihrer Größe variieren die Angehörigen dieser Ordnung zwischen 12 und 80 cm. Ihr Gefieder liegt meist dicht an und läßt kein Wasser durch. Leuchtende Farben finden sich nur selten, vielmehr herrschen die verschiedensten Braun- und Grautöne vor. Meistens sind die Geschlechter ungefähr gleich gefärbt; nur bei den Goldschnepfen, Wassertretern und dem Kampfläufer unterscheiden sie sich in der Färbung. Höchst verschiedenartig erscheinen die Form und die Größe des Schnabels und der Füße. Mit einer Ausnahme, den Höhenläufern, leben alle Arten vorwiegend von animalischer Nahrung, die sie in der Hauptsache aus dem Meer zu entnehmen pflegen.

Fast immer liegt die Fortpflanzungsziffer in dieser Ordnung recht niedrig, denn die meisten Arten brüten nur einmal im Jahr und legen nicht mehr als 4 Eier. Oft beginnen die Weibchen schon vor Ablage des letzten Eies mit dem Brüten und benötigen insgesamt $2^1/_2$ bis 4 Wochen oder gar noch längere Zeit. Wenn die Jungvögel schlüpfen, sind sie bereits hochentwickelt und mit einem Dunengefieder bedeckt; sie verlassen entweder sofort das Nest, oder sie bleiben bei ihren Eltern bzw. in deren allernächster Nachbarschaft, bis sie völlig flügge geworden sind. Im allgemeinen beteiligen sich die beiden Elterntiere an der Aufzucht der Jungen, nur bei den Schnepfen übernimmt das Weibchen den größten Teil der Brutpflege. Bei den Wassertretern und einigen wenigen anderen Watvögeln fällt dem Männchen die Aufgabe zu, die Jungvögel großzuziehen und sie dann noch einige Zeit zu betreuen.

Sumpf- und Strandvögel gibt es eigentlich überall auf der Welt, sogar einschließlich der Polargebiete; die meisten Arten leben an den Küstengewässern und am Strand, an Teichen, Seen, Flüssen, Sümpfen und allen möglichen anderen Gewässern. Wenige Arten beschränken sich auf das Leben in der Hochsee, nur ein paar andere kommen ausschließlich im Binnenland vor, ohne jemals das Meer aufzusuchen. In ihrer Entwicklungsgeschichte läßt sich die Ordnung der Sumpf- und Strandvögel über den ansehnlichen Zeitraum von 75 Millionen Jahren zurückverfolgen; sie dürfte wohl verwandtschaftlich am nächsten mit den Kranichen in Verbindung zu bringen sein, zu denen insbesondere die Blatthühnchen, die Höhenläufer und die Triele nähere Beziehungen erkennen lassen.

Blatthühnchen *Jacanidae*

Tropische und subtropische Teiche und Seen der Neuen und Alten Welt, bewachsen mit allerlei hochragenden Wasserpflanzen, bilden den Lebensraum der Blatthühnchen, die hier mit vorsichtigen Schritten auf die Suche nach Insekten, kleinen Weichtieren und Fischen gehen, aber auch die Samen der Wasserpflanzen fressen. Im englischen Sprachgebrauch bezeichnet man die Tiere mit dem Namen Jaçanas, einem Wort, das über das Spanische der Sprache der Tupi-Indianer entnommen wurde, aber auch als «Lilienläufer» oder «Lotosvögel».

Insgesamt unterscheiden wir 7 verschiedene Arten, die eine ganze Reihe höchst eigenartiger Merkmale aufweisen, insbesondere eine übermäßige Länge der Zehen und Krallen, mit deren Hilfe sich die Tiere ganz ausgezeichnet auf der Pflanzendecke an der Wasseroberfläche fortbewegen. Weiterhin tragen sie einen auffallenden Stirnschild, ähnlich dem der Bleß- und Teichhühner, und einen scharfen, hornigen Dorn am Flügelbug, wie wir ihn von den Wehrvögeln, Scheidenschnäbeln, einigen Kiebitzen und der Sporengans kennen.

Wenn die Blatthühnchen über die Wasserhyazinthen und Seerosen dahinlaufen, sehen sie ungefähr wie langfüßige Teichhühner aus; sie fliegen auch in der gleichen Weise, indem sie den Hals weit vorstrecken und die Beine nachziehen. Sie machen nicht viel Lärm, verfügen aber doch über einige grunzende Laute und Pfiffe. Wenn sie sich zanken und mit aufgerichteten Flügeln aufeinander losgehen, schnattern sie mit keifenden, keckernden Tönen.

Dank ihrer Fähigkeit, über den Pflanzenbewuchs der Wasseroberfläche dahinzulaufen, sind die Blatthühnchen überhaupt nicht scheu, so daß man sich ihnen oft auf ganz kurze Entfernungen nähern kann. Fühlen sie sich bedroht, erstarren sie im Augenblick, und man hat Mühe, sie trotz ihrer leuchtenden Farben von der Umgebung zu unterscheiden. Wenn es notwendig ist, schwimmen sie auch vortrefflich und tauchen vor einem Feind einfach davon.

Männchen und Weibchen unterscheiden sich zwar nicht in der Färbung, doch werden die Hennen etwas größer; auch überlassen sie den größten Teil des Brutgeschäftes und die Aufzucht der Jungen den Männchen. Ihr Nest besteht aus lockeren, auf dem Wasser im Winde treibenden Pflanzenmassen und enthält in der Regel ein Gelege aus 4 glänzend dunkelbraunen, kräftig gesprenkelten und gezeichneten Eiern, aus denen nach 22 bis 24 Tagen die Jungen ausschlüpfen. Nach der Brutzeit tun sich die Blatthühnchen zu kleineren Völkern zusammen und fliegen gemeinsam über die Seen und Sümpfe, wie wir es auch von vielen anderen Watvögeln kennen. Wenn sie sich am Boden niederlassen, halten sie gern die Flügel so hoch, daß sie sich über dem Rücken fast berühren.

Das Amerikanische Blatthühnchen oder Jaçana ist ein zimtfarbener Vogel von etwa 25 cm Länge, dessen grelle, gelbgrüne Schwingen während des Fluges deutlich sichtbar hervortreten. In seinem Verbreitungsgebiet, das von Mexiko südwärts bis Argentinien reicht, haben sich 9 deutlich unterschiedene geographische Rassen herausgebildet, deren meiste den typisch zimtfarbenen Rumpf, einen dunkleren Kopf und einen leuchtend gelblichen oder rötlichen Stirnschild zeigen. Daneben gibt es noch andere Farbausbildungen; eine ist sogar vollständig schwarz.

Eine der auffälligsten Formen ist der Wasserfasan, der von Indien an über das südöstliche Asien bis zu den Philippinen vorkommt. Es ist ein bronzeschillernder, braunrückiger Vogel mit dunklem Bauch, weißem Gesicht und Hals, von denen der gelbe Nacken und die weißen Flügeldecken kontrastreich abstechen. Obwohl der Wasserfasan in seinen Rumpfmaßen die anderen Arten nur wenig übertrifft, muß er doch auf Grund seiner stark entwickelten Schwanzfedern als größte Art der Blatthühnchen gelten, denn seine Gesamtlänge beträgt gut 50 cm. In Afrika kommen zwei weitere Arten vor, eine davon als kleinste der ganzen Familie.

ALTWELTLICHE GOLDSCHNEPFE
Rostratula benghalensis
Afrika südlich der Sahara, Ägypten und von Kleinasien ostwärts bis China, Japan, zu den Philippinen und in Australien; 24 cm.

Goldschnepfen *Rostratulidae*

Nur 2 Arten hat diese Familie, die sich sehr ähnlich sehen, geographisch aber weit voneinander getrennt leben. Eine kommt von Japan an westwärts bis Zentralafrika und südwärts bis Australien vor, die andere im südlichen Südamerika.

Die altweltliche Art, mit der wir besser vertraut sind, sieht oberseits grünlichbraun, am Bauch aber weiß aus und trägt auf dem Rücken ein Tarnmuster aus schwarzen, braunen und weißen Stricheln und Querbändern. Im Aussehen erinnert sie zwar recht stark an eine Schnepfe, doch gleicht ihr Verhalten in vieler Hinsicht weit mehr dem der Rallen. Man trifft die Tiere meist einzeln oder höchstens in kleineren Trupps von 10 bis 12 Individuen an pflanzenbestandenen kleinen Seen und Sümpfen, wo sie sich tagsüber versteckt halten, des Nachts aber ihre Aktivität entfalten. Es fällt ziemlich schwer, sie aufzuspüren, doch wenn man sie hochscheucht, fliegen sie ungeschickt auf und lassen ihre Beine im Flug nachziehen wie eine Ralle; auch können sie zur Not über nicht allzu weite Entfernungen schwimmen.

Bei den Goldschnepfen wird das übliche Balzgehabe der anderen Vögel genau umgekehrt: Das größere und leuchtender gefärbte Weibchen leitet die Werbung ein und soll sich auch mit mehreren Hähnen umgeben. Bei der Balz verneigen sich die beiden Vögel tief voreinander und wippen mit ihren Schwänzen auf und nieder. Auch hier übernimmt das Weibchen die führende Rolle beim Liebesspiel und überläßt dem Hahn nach der Ablage der Eier das Ausbrüten und die Aufzucht der Jungen. Das Gelege umfaßt in der Regel 4, manchmal aber auch 2 bis 6 Eier, die 19 Tage lang bis zum Schlüpfen der Jungen bebrütet werden. Ihr Nest bauen die Vögel auf dem Trockenen oder als halb im Wasser schwimmendes, flaches Gebilde aus Binsen und Schilf.

Die Nahrung der Goldschnepfen besteht aus Würmern, Weichtieren und anderen kleinen Wassertieren, zum Teil aber auch aus Pflanzenstoffen. Obwohl sie nicht als Zugvögel im eigentlichen Sinne des Wortes angesehen werden können, unternehmen die Goldschnepfen doch ausgedehntere Wanderungen innerhalb ihres Heimatgebietes, und die im Norden heimischen Tiere scheinen auch zum Winter eine ganze Strecke weit südwärts zu ziehen.

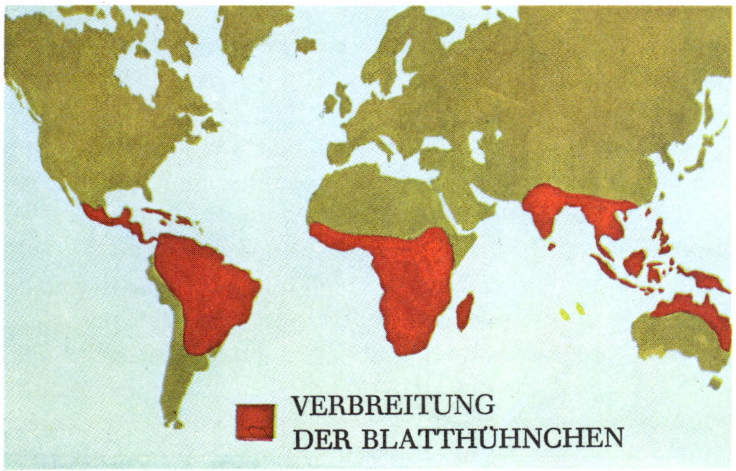

Austernfischer *Haematopodidae*

Unter den Austernfischern verstehen wir eine Gruppe großer, ansehnlicher, lauter Vögel, die an die Regenpfeifer erinnern und sich an fast allen Küsten und Gestaden der Welt aufhalten mit Ausnahme der Polargebiete und der ozeanischen Inseln. Man erkennt sie vor allem an ihrem langen, abgestumpften und vertikal abgeflachten Schnabel, der wie ein zweischneidiges Austernmesser aussieht und auch von den Vögeln in der gleichen Weise benutzt wird: Mit diesem kräftigen Instrument stoßen sie in die Muscheln hinein und zerschneiden die Schließmuskeln, um dann den Körper zu fressen; sie nehmen mit dem Schnabel aber auch Krebstierchen auf oder wühlen tief im Schlamm nach Würmern umher. An Nord- und Ostsee findet man den Austernfischer häufig.

Die meisten der 6 Arten, die man allgemein zu unterscheiden pflegt, sind ziemlich weit verbreitet, und einige davon gliedern sich in eine Anzahl geographischer Rassen. Im übrigen sehen sie sich ziemlich ähnlich und zeigen im wesentlichen zwei Farbkleider: entweder ein kräftiges Rußschwarz oder ein auffallendes scheckiges Braun auf dem Rücken, einen weißen Bauch und große, weiße Flecken auf den Flügeln, die beim Flug leuchtend hervortreten. Stets aber stechen der Schnabel und — etwas heller — auch die Füße rot dagegen ab. Die Lautäußerungen der Austernfischer bestehen in einem lauten, schrillen, weithin hörbaren Pfeifen. Bei der Balz trillern sie. Es sind ausgezeichnete Flieger, die auf dem offenen Strand nisten und 2 bis 4 Eier in einfachen Sandgruben ablegen, die sie manchmal etwas mit Pflanzenstoffen polstern. Beide Elternvögel brüten 24 bis 27 Tage lang und besorgen die Aufzucht der Jungen, die nach 5 Wochen flugfähig sind. Das Höchstalter beträgt 34 Jahre.

Regenpfeifer *Charadriidae*

Hier haben wir eine große, gut abgegrenzte Familie meist untersetzter, kleiner bis mittelgroßer Vögel vor uns, die kontrastreich gemustert und sehr weit verbreitet sind, denn sie kommen praktisch in allen eisfreien Gebieten der ganzen Welt vor. Sie lassen sich von den anderen Watvögeln an ihrem Schnabel unterscheiden, der dem der Taube ähnelt. Er bleibt kürzer als der Kopf und wirkt am Ende etwas angeschwollen. Nur wenige Arten zeigen bunte Farben, die meisten vielmehr auffällige schwarze oder braune, weiß abgesetzte Muster, die besonders beim Flug ins Auge fallen. Sehr häufig leben sie in Schwärmen, die insbesondere zur Zeit der Züge nach Tausenden zählen. Hauptsächlich auf Grund kleinerer Unterschiede im Schädelbau teilen wir sie in 2 Unterfamilien ein, von denen die eine 38 Arten der Echten Regenpfeifer umfaßt, die andere 25 Kiebitzverwandte.

Warum die Tiere «Regenpfeifer» heißen, ist bis heute noch nicht zufriedenstellend erklärt worden, denn sie zeichnen sich keineswegs vor oder während eines Regens durch eine besondere Aktivität aus. Man hat diesen Namen mit der Sprenkelzeichnung einiger Arten zu erklären versucht, wie beim Gold- und Kiebitzregenpfeifer, die angeblich an Regentropfen erinnert, doch erscheint dies alles ziemlich weit hergeholt. Ein charakteristisches Bild der Echten Regenpfeifer *(Charadriinae)* vermitteln die 21 Arten der Gattung *Charadrius* als häufige Bewohner der Meeresküsten, sandiger und mooriger Ebenen, aber auch grasbewachsener Wiesen auf der ganzen Welt. Immer ist der Rücken braun, die Unterseite weiß, und über die Brust verlaufen ein oder zwei auffallende schwarze oder dunkelgraue Binden.

Die kleineren, oft sehr nahe miteinander verwandten und in eine größere Anzahl geographischer Rassen gegliederten Arten finden sich weitverbreitet längs der Küsten und Wasserstraßen auf der Nördlichen Halbkugel. Im Sommer brüten einige Formen weit nordwärts im Gebiet der arktischen Tundren, ziehen aber im Winter über den Äquator hinweg bis zu den Küstengebieten des Südens. Man kann an diese oft recht zutraulichen Vögel ganz dicht herankommen, wenn sie, oft zu Hunderten, an der Wassergrenze am Strand umherlaufen. Sie waten nur höchst selten ins Wasser, sondern halten sich in der Brandungszone auf und folgen den zurückflutenden Wellen, um die angespülten kleinen Meeresorganismen aufzupicken. Ihre klangvollen, zweitönigen Pfiffe hört man besonders häufig während der Zugzeiten.

Als nahe Verwandte unserer einheimischen Sand-, Fluß- und Seeregenpfeifer leben verschiedene Arten in Amerika, darunter der größere Schreiregenpfeifer oder «Killdier» Nordamerikas mit einem doppelten Halsband. Er hält sich im Binnen- und Hochland auf Grassteppen und Kulturfeldern auf, wo sein Ruf «kitteldie, kitteldie» angeblich den Beginn von Regenperioden ankündigt.

Eine besonders ansprechend gefärbte Art ist der Mornell-Regenpfeifer der Alten Welt mit einem weißen Band zwischen der braunen Brust und der rostroten Unterseite. Auffallend sind auch die breiten weißen Augenstreifen. Er brütet in der Tundra und auf steinigem Ödland der Gebirge des nördlichen Eurasien sowie auf trockenen Bergmatten der Steiermark und der Karpaten. Sein Winterquartier liegt in den Halbwüsten von Nordwestafrika bis Südpersien.

Unter den größeren Arten finden wir den einheimischen, bei uns nur noch im Emsland brütenden Großen Goldregenpfeifer der Hochmoore des nördlichen Eurasien und den sibirisch-nordamerikanischen Kleinen Goldregenpfeifer sowie den Kiebitzregenpfeifer, die 25 bis 28 cm lang werden. Zur Brutzeit erscheinen ihre Kehle, Brust und Unterseite schwarz und mit Weiß eingefaßt, was stark gegen die dunkle, goldgelb bzw. weiß gefleckte Oberseite absticht; als Jungvögel oder außerhalb der Fortpflanzungszeit dagegen sehen diese Tiere recht unscheinbar aus. Sie ziehen aus ihren Brutrevieren auf der Nördlichen Halbkugel zum Winter weit hinab zu den tropischen Küsten, der Kleine Goldregenpfeifer von Sibirien bis Hawaii! Als einziger Angehöriger der ganzen Gruppe läßt der Kiebitzregenpfeifer noch Spuren einer Hinterzehe erkennen, die bei allen übrigen Familienmitgliedern vollständig verlorengegangen ist.

Die Kiebitze *(Vanellinae)* werden im Durchschnitt ein wenig größer als die eigentlichen Regenpfeifer und messen etwa 25 bis 40 cm in der Länge; sie bewohnen ausnahmslos das Binnen- und Hochland. Als Angehörige einer alten, kosmopolitisch verbreiteten Gruppe findet man sie in sämtlichen gemäßigten und tropischen Ländern mit Ausnahme von Nordamerika, wo sie schon seit dem Pleistozän ausgestorben sind.

Als Beispiel für diese Unterfamilie mag der gewöhnliche eurasische Kiebitz gelten, dessen Heimat von den Britischen Inseln und Frankreich ostwärts über Sibirien bis zur Mongolei reicht. Es ist ein auffälliger und ziemlich lauter Vogel mit einem eigentümlich unregelmäßigen, «wuchtelnden» Flügelschlag. Früher hat man in Europa den Kiebitzen ihres Fleisches, vor allem aber der Eier wegen derart stark nachgestellt, daß der Fortbestand der Art geradezu an ein Wunder grenzt. Zu ungezählten Tausenden wurden einst die Kiebitzeier auf den Markt gebracht und für den Tisch der Feinschmecker verkauft. Heute steht die Art im größten Teil Europas unter strengem Naturschutz, wenn man auch in Belgien und Holland noch immer ihre Eier sammelt. Allerdings verbietet es dort die Regierung, die Eier nach einem bestimmten Stichtag im Mai zu entnehmen, denn es hat sich gezeigt, daß die Vögel, deren Nest vorher geplündert wurde, noch ein zweites Gelege absetzen.

Bei verschiedenen Kiebitzen, insbesondere den afrikanischen Sporenkiebitzen, finden sich spitze Dornen am Flügelbug, die bei den Kämpfen als Waffen verwendet werden. Die lauten, wiederholten Rufe dieser Kiebitze klingen metallisch wie Eisen, das auf einem Amboß geschlagen wird. Kräftige Dornen trägt auch der große Lappenkiebitz von Australien, Neuguinea und den Molukken, ein streitbarer, etwa 38 cm langer Vogel, der sich erfolgreich selbst gegen kleinere Raubtiere zur Wehr setzt. Bei anderen Kiebitzen aus Afrika, Südasien und Malaia finden sich auffallende rote oder gelbe Klunkern am Schnabelansatz. Alle diese Kiebitze sind lebhafte, unruhige und ziemlich geräuschvolle Vögel, insbesondere während der Brutzeit. Im gleichen Augenblick, in dem sie eine Gefahr wahrnehmen, fliegen sie mit lauten Warnungsschreien auf und alarmieren dadurch das gesamte Wild in Hörweite, so daß der Jäger das Nachsehen hat.

Sowohl die Regenpfeifer als auch die Kiebitze nisten einfach auf dem Boden und verlassen sich dabei auf ihre eigene Schutzfärbung. Mitunter statten sie die flache Grube, die sie als Nest in den Boden scharren, mit Kieselsteinen, Muschelschalen und Pflanzenmaterial aus. Gewöhnlich beträgt die Eizahl im Gelege 4, wenn auch gelegentlich 3 oder noch seltener 5 Eier vorkommen; die einzige Ausnahme bildet der eigenartige kleine, 15 cm lange Schiefschnabel-Regenpfeifer von Neuseeland, dessen Gelege nur 2 Eier enthält. Diese Art, die im Aussehen und in ihrer Lebensweise etwa den Sandregenpfeifern gleicht, nistet an den Küsten der Südinsel von Neuseeland und zieht im Winter in Trupps zu 700 oder noch mehr Vögeln zur Nordinsel. Hier haben wir den einzigen Vogel vor uns, dessen Schnabel nach der Seite gebogen ist, und zwar stets nach der rechten, weshalb er auch Rechtsschnabel heißt. Den Grund dafür hat man allerdings noch immer nicht herausgefunden. Früher glaubte man, diese Schnabelform sei deshalb vorteilhaft, weil das Tier Insekten und andere Kleinlebewesen an den Steinen abliest; nach einer anderen Deutung soll sich der Vogel Krebstiere aus den Gesteinsspalten herausholen.

Bei sämtlichen Arten dieser Familie teilen sich beide Geschlechter das Brutgeschäft, das etwa 20 Tage bei den kleineren und 28 bis 30 Tage bei den größeren Formen dauert, und ziehen auch gemeinsam die bereits hochentwickelt ausschlüpfenden Jungtiere auf, die unmittelbar nach dem Auskriechen das Nest zu verlassen pflegen; ihr grau und braun gestricheltes und gemustertes Dunenkleid läßt sie kaum von der Umwelt unterscheiden. Wenn sie bedroht werden, versuchen die Eltern den Gegner auf sich selbst abzulenken, indem sie mit lauten Rufen auf sich aufmerksam machen und scheinbar hilflos vom Nest fortflattern, als sei ihr Flügel gebrochen; ist der Feind weit genug weggelockt, fliegen sie geschickt davon. Die Jungvögel wachsen sehr schnell heran und sind bereits in der 3. bis 5. Woche flügge.

Wasserläufer und Schnepfen *Scolopacidae*

Wir können die 82 Watvogelarten, aus denen sich diese Familie zusammensetzt, leicht an ihrem dünnen, geraden oder leicht abwärtsgebogenen Schnabel, der mindestens ebenso lang ist wie der Kopf, von den eben behandelten Regenpfeifern und Kiebitzen unterscheiden. Hinzu kommt das Fehlen auffälliger Zeichnungen am Gefieder und der Besitz einer hinteren Zehe mit Ausnahme einer einzigen Art, des Sanderlings.

Das Hauptverbreitungsgebiet der Familie liegt auf der Nördlichen Halbkugel. Obwohl einige Schnepfenarten weit voneinander entfernt auf der Südlichen Halbkugel brüten, nisten die anderen Arten vorwiegend im Norden, oft in ziemlich hohen Breiten, und legen auf ihren Zügen zur anderen Seite der Welt recht beträchtliche Strecken zurück.

Wir unterteilen die Familie in 4 gut umrissene Unterfamilien, nämlich die Brachvögel und Wasserläufer *(Tringinae)*, die eigentlichen Schnepfenvögel *(Scolopacinae)*, die Strandläufer *(Eroliinae)* und schließlich die Steinwälzer *(Arenariinae)*, die manchmal auch zu den Regenpfeifern gestellt werden.

Die Arten der zuerst genannten Gruppe brüten auf der Nördlichen Halbkugel, vor allem in den höheren Breiten, ziehen aber im Winter nach Süden, und zwar mitunter beträchtlich weit südwärts des Äquators. Es sind ziemlich geräuschvolle Vögel, deren lautes Pfeifen, Flöten und Trillern zwar durchdringend, aber keineswegs unangenehm klingt. Als Beispiele seien hier der früher so weit im mittleren Europa verbreitete Rotschenkel genannt, der heute bei uns nur noch an der Nordseeküste häufiger auftritt und bis Sachalin vorkommt, sowie der ebenfalls in Nordeuropa heimische Grünschenkel, der im Winter bis zum südlichen Asien, Australien und Südafrika zieht. In der Neuen Welt werden sie durch den Großen und den Kleinen Gelbschenkel vertreten, die ihnen äußerlich und in ihrer Lebensweise recht ähnlich sind.

Zur gleichen Gattung gehören die Wasserläufer, wie der Bruch- und der Waldwasserläufer sowie der Amerikanische Wasserläufer, von denen die beiden zuletzt genannten Arten als Ausnahmen zu den übrigen Angehörigen der gleichen Ordnung nicht nur am Boden nisten, sondern gern die verlassenen Baumnester anderer Vögel benutzen. Bis 1903 wußte man überhaupt nicht, wo denn der Amerikanische Wasserläufer brütet, bis man dann erstmalig sein Gelege im Nest der Wanderdrossel entdeckte. Mit Vorliebe benutzt er die Nester irgendwelcher Sperlingsvögel, vor allem im Nadelwald in der Nähe von Wasser. Ähnlich macht es auch der europäische Waldwasserläufer, dessen Eier man sogar in einem alten Eichhörnchenbau gefunden hat.

Die kleinsten Arten innerhalb dieser Gruppe stellen der europäisch-asiatische Flußuferläufer und sein naher Verwandter dar, der Amerikanische Flußuferläufer. Dies sind kleine braunrückige und weißbäuchige Vögel, die am Rande der Fluß- und Teichufer brüten und ihre 4 Eier in flache, häufig mit Gras und Blättern ausgepolsterte Erdmulden legen. Die englischsprachigen Völker nennen sie nach ihrem Rufen «Pietwiets» oder auch «Wippschwänze», weil sie immer mit dem Rumpf und Schwanz wippen, wenn sie am Ufer umherlaufen.

Die größten und auffallendsten Gestalten innerhalb der ersten Unterfamilie sind die Brachvögel der Gattung *Numenius*. Die meisten Arten brüten im nördlichen Tundrengebiet und ziehen im Winter südwärts, häufig bis über den Äquator hinaus. Sie alle haben einen braunen, dunkel gestreiften Rükken, lange Beine und einen sehr langen, abwärts gebogenen Schnabel. Unser einheimischer, in Europa und Asien lebender Großer Brachvogel brütet auf Wiesen und in Sümpfen; er gehört zu den langlebigsten Wildvögeln, denn ein Exemplar, das man im Jahre 1926 als Küken in Finnland beringt hatte, wurde 32 Jahre später in Norfolk geschossen. Mit einer Länge von etwa 62 cm wird der Amerikanische Brachvogel am größten. Regelmäßig an unseren Küsten zieht der Regenbrachvogel durch, der in den nördlichen Tundren und Mooren Europas, Asiens und Nordamerikas brütet.

Auf ihren Wanderungen fallen die Brachvögel gern auch in trockeneren Gebieten ein, um Beeren, Sämereien und Insekten zu fressen. Gewöhnlich aber halten sie sich in den Niederungen und Sümpfen auf und stochern mit ihren langen Schnäbeln im Boden nach Würmern und anderem Kleingetier. Leider hat der Bestand an Brachvögeln in den letzten 100 Jahren erschreckend abgenommen, weil man die Tiere allzu stark abgeschossen hat, doch konnten sich verschiedene Arten dank der heutigen Naturschutzgesetze wieder einigermaßen erholen. Für den 30 cm großen Eskimobrachvogel aber, der früher nach der Brutzeit von Alaska und Nordwestkanada erst ostwärts bis Labrador und Neufundland und dann südwärts über den Atlantik bis Südamerika zog, kamen diese Schutzmaßnahmen zu spät, denn man hatte die Vögel längs der Atlantikküsten in allzu großen Mengen abgeschlachtet, um sie auf dem Markt zu verkaufen. Weite Strekken über das offene Meer zieht auch der Tahiti-Brachvogel, bei dem die Schäfte der Schenkelfedern keine Fahnen tragen. Er zieht im Winter zu den Inseln im mittleren Pazifik und entwickelt die unschöne Eigenschaft, die Eier der dort nisten-

den Seevögel zu rauben. Lange Zeit blieb es rätselhaft, wo seine Niststätten liegen, bis man sie dann im Jahre 1948 in den Bergtundren des Binnenlandes von Alaska entdeckte. Diese Vögel ziehen also von ihren Brutplätzen in Alaska in einem Zuge 8000 km weit bis zu ihren Winterquartieren im pazifischen Raum!

Eng mit den Brachvögeln verwandt sind die Ufer- und Pfuhlschnepfen, 4 Arten großer, hübscher, bräunlicher oder grauer Strandvögel mit langen, geraden Schnäbeln. Früher waren sie durchaus häufig, haben aber in letzter Zeit trotz aller Schutzbestimmungen immer weiter abgenommen, so daß sie jetzt zu den selteneren Arten der großen Strandvögel zählen. Bei uns brütet die Limose oder Uferschnepfe, ein Vogel der Grünlandmoore und feuchter Wiesen von Frankreich bis zur Mongolei; sehr ähnlich ist ihr die etwa 3 cm kleinere Pfuhlschnepfe der Tundren von Nordskandinavien bis Alaska.

Recht groß wird auch der graue Schlammtreter Nordamerikas, der in zwei Gebieten der Atlantikküste brütet, nämlich in Neuschottland und von Virginia südwärts zu den Golfstaaten. Er gehört zu den ganz wenigen Küstenvögeln dieser Gruppe, die gern auf Zaun- und Telegraphenstangen sitzen. Das gleiche gilt auch für den 30 cm großen, gelegentlich nach Europa verschlagenen Bartram-Uferläufer, der nur im Binnenland vorkommt. Er brütet auf den westlichen Ebenen und Kulturfeldern der nördlichen USA bis nach Kanada und zieht im Winter südwärts zu den argentinischen Pampas.

Die Unterfamilie der Schnepfen setzt sich aus 25 Arten kleiner bis mittelgroßer Vögel mit einer Länge zwischen 25 und 40 cm zusammen; sie zeichnen sich durch kurze Beine und einen sehr langen Schnabel aus. Etwa ein Dutzend Arten gehören zu den Bekassinen der Gattung *Capella*, die in allen Erdteilen mit Ausnahme von Australien vertreten ist. Nach

KAMPFLÄUFER ♂
Philomachus pugnax
Nördliches Europa und Asien; zieht südwärts bis Afrika; 30 cm.

BEKASSINE
Capella gallinago
Im Norden der gesamten Nördlichen Halbkugel, überwintert südlich des Äquators; 28 cm.

WALDSCHNEPFE
Scolopax rusticola
Gemäßigtes Europa und Asien; überwintert an verschiedenen Stellen im Süden; 35 cm.

Australien zieht nur die Japanische Bekassine zum Winter, brütet aber auf den nördlichen japanischen Inseln.

Alle Bekassinen führen einen eigentümlichen Balzflug aus, in dessen Verlauf das Männchen hoch über dem Weibchen kreist und dann im Sturzflug heruntergeschossen kommt, wobei der Wind mit knatterndem, «meckerndem» Geräusch durch die Schwingen und Schwanzfedern fährt. Bekassinen und Schnepfen leben hauptsächlich im Binnenland, nisten in Sumpfgebieten und feuchten Wäldern und stochern mit ihren langen Schnäbeln auf der Suche nach Würmern im weichen Boden. Im Zusammenhang mit dieser Art des Nahrungserwerbs liegt bei der Waldschnepfe Eurasiens das Auge ganz hoch oben am Kopf; auch kann das Tier willkürlich nur seine Schnabelspitze öffnen, was natürlich von großem Vorteil ist, wenn es in der Erde bohrt. Eine Freude für jedes Jägerherz ist der «Schnepfenstrich», wenn im Frühjahr zur Dämmerung das Waldschnepfenmännchen über die Bäume dahinstreicht und seinen Balz«gesang» ertönen läßt, ein eigentümliches «Puitzen» und «Murksen».

Die Kanadaschnepfen, die man in ihrer Heimat «Dowitchers» nennt, brüten in den Sumpfgebieten von Alaska bis zur Hudson-Bay und überwintern, meist in großen Scharen, an den südlichen Küstenstrichen. Im Frühjahr prangt ihre Brust in leuchtend roten Farben. Es sind die einzigen Schnepfen, die regelmäßig im offenen Küstengelände vorkommen.

Die Strandläufer sind 23 Arten kleiner Vögel, deren Lebensweise bereits aus ihrem Namen hervorgeht; sie sehen sich derart ähnlich, daß sie den Vogelfreund, der sie auseinanderhalten will, zur Verzweiflung bringen können. Meist leben sie äußerst gesellig; insbesondere zur Zugzeit treten sie in ungeheuren Scharen auf. Am größten wird der 25 bis 28 cm lange Knut, der im gesamten nördlichen Tundrengebiet brütet und im Winter südwärts bis nach Neuseeland, Australien, Südafrika und in den Süden von Südamerika zieht. Zur Wanderzeit tritt der Knut längs unserer Küsten manchmal in Scharen auf, die nach vielen Hunderten von Vögeln zählen.

Am kleinsten bleiben die europäisch-asiatischen Zwergstrandläufer *(Calidris)* und der nahe verwandte Amerikanische Zwergstrandläufer, die nur eine Länge von etwa 12 bis 13 cm erreichen. Alle 16 Arten brüten in den Tundren der Nördlichen Halbkugel und ziehen im Winter längs der Küsten nach Süden, doch folgen einige auch den Wasserwegen im Binnenland.

Alle Strandläufer sehen auf dem Rücken braun oder grau aus, am Bauch etwas heller; im Frühling wirkt ihr Gefieder ein wenig farbenfroher, wie beispielsweise beim Alpenstrandläufer, der im gesamten Norden zu Hause ist und durch seinen leicht abwärts gekrümmten Schnabel auffällt. Dieser etwa 20 cm große Vogel wirkt im Herbst und Winter eintönig grau, zeigt aber im Frühling und Sommer einen breiten, schwarzen Bauchschild und lebhafte rotbraune Töne auf dem Rücken. In manchmal unübersehbaren Scharen überwintert er an den Küsten Europas, Asiens und Nordamerikas. Aus dem Rahmen der Strandläufer fallen die beiden nordamerikanischen Arten der Gattung *Ereunetes* dadurch heraus, daß ihre Vorderzehen am Grunde durch winzige Schwimmhäute verbunden sind.

Am allergrößten und auch am abweichendsten gebaut ist der 28 bis 30 cm große Kampfläufer. Im Winterkleid sehen die beiden Geschlechter ziemlich gleich aus und erinnern etwas an einen Knut. Im Frühjahr aber tritt beim Männchen eine eigenartige Halskrause aus bunten Federn auf, die bei der Balz vor der Henne aufgeplustert wird. Sie zeigt die verschiedensten Zusammenstellungen von Braun, Weiß, Schwarz und Rostfarben, so daß sich keine zwei Männchen völlig gleichen. Zur Fortpflanzungszeit führen die Hähne sonderbare Balzkämpfe auf, bei denen sie ihre Halsfedern sträuben und jeder mit jedem streitet. Für diese stets unblutigen «Kämpfe» benutzen sie einen besonderen Turnierplatz, auf dem die Weibchen erscheinen, um sich ein zusagendes Männchen zu erwählen. Männchen und Weibchen der Kampfläufer sind polygam; das Ausbrüten der Eier und die Aufzucht der Jungen besorgen die Weibchen allein. Ihr Brutgebiet reicht von Frankreich und Skandinavien quer über Nord- und Mitteleuropa bis zum mittleren Sibirien, die Winterquartiere liegen im südlichen Asien und in Nordafrika.

Zu den Strandläufern gehört schließlich der Sanderling, die einzige nur dreizehige Art der Familie und der am hellsten gefärbte Strandläufer. Er brütet hoch im Norden und zieht zum Winter auf den verschiedensten Wegen zur anderen Erdhalbkugel, bis hinab nach Südafrika, Australien und Feuerland.

Die Strandläufer fliegen mit gleichmäßigen Flügelschlägen und in großen Schwärmen. Wenn sie über die Küsten und Sumpfgebiete ziehen, wendet und dreht plötzlich der ganze Schwarm wie auf ein Signal, obwohl es weder ein Leittier noch eine bestimmte Ordnung im Verband gibt. Wir wissen bis heute noch nicht, wie die Vögel dieses Kunststück zustande bringen.

Als letzte und aus dem Rahmen der Familie am weitesten herausfallende Gruppe bleiben die Steinwälzer zu besprechen, die vermutlich den Vorfahren am nächsten stehen, aus denen sich die Wasserläufer und Schnepfen entwickelt haben, und über deren systematische Stellung man sich noch immer nicht ganz im klaren ist. Nur 3 Arten gehören hierher: der Steinwälzer, der Schwarzkopf-Steinwälzer und der Gischtläufer; sie zeigen sowohl mit den Regenpfeifern als auch mit den Schnepfen einige Gemeinsamkeiten, so daß man sie auch zur ersten Familie gestellt oder sogar als eine eigene Familie aufgefaßt hat. Äußerlich erinnern sie eher an die Regenpfeifer. Ihr Schnabel ist kurz, dünn, abgeflacht und an der Spitze ganz leicht nach oben gebogen, jedoch nicht wie bei den typischen Regenpfeifern verdickt; ihr Gefieder zeigt großflächige Muster aus kontrastreichen schwarzen und weißen Flecken. Die anatomischen Eigenschaften ihres Schädels jedoch verweisen diese untersetzten, kurzhalsigen Vögel, deren Hinterzehe voll ausgebildet ist, in die Nähe der Schnepfen.

Zur Brutzeit gehören die Steinwälzer zu den schönsten Strandvögeln. Ihre leuchtend haselnußbraune Oberseite, die weiße, mit einem breiten schwarzen Brustband abgesetzte Unterseite und der gleichfalls weiße Kopf tragen schwarzweiße Muster, so daß man irgendwie an Schildpatt denken muß. Ihre Beine sind orangefarben, der Schnabel ist schwarz.

Der Steinwälzer ist einer der Vögel, die am höchsten im Norden nisten, nämlich in den arktischen Tundren des gesamten Nordpolargebietes, aber auch schon auf den Inseln der östlichen Ostsee. Im Winter zieht er längs der Küsten beider Ozeane südwärts zum Kap der Guten Hoffnung, nach Australien und Neuseeland. In dieser Zeit sieht man ihn häufig in kleineren Trupps am Strande, wenn er an der Grenze des zurückflutenden Wassers seine Nahrung sucht. Er trägt seinen Namen zu Recht, denn er pflegt mit seinem Schnabel die Steine, Muscheln und Tange umzudrehen, um die daruntersitzenden Kleintiere bloßzulegen; an seinen Nistplätzen jedoch frißt er vorwiegend Insekten. Die Steinwälzer sind Bodenbrüter und legen 3 bis 4 Eier; beide Eltern brüten und ziehen auch die Jungen auf. Ungefähr das gleiche Aussehen und die gleichen Lebensgewohnheiten zeigt der Schwarzkopf-Steinwälzer, nur ist er etwas dunkler und beschränkt sich in seinen Nistplätzen auf die West- und Südküste von Alaska; er zieht längs der pazifischen Küste bis Kap Hoorn.

Die gleiche Zugstrecke und die gleichen Winterquartiere benutzt der Gischtläufer, ein dunkelgrauer Vogel der Brandungszone mit hellen, während des Fluges sichtbaren Flügelflecken, der sich mit Vorliebe an den mit Algen und Tangen bewachsenen Steinen zu schaffen macht. Wo er eigentlich nistet, hat man erst gegen Ende der zwanziger Jahre herausgefunden, nämlich nicht in den arktischen Tundren wie die Steinwälzer, sondern im Binnenland von Alaska. Im Frühjahr zieht er zu den Gebirgstundren oberhalb der Baumgrenze und baut dort sein Nest in 1200 m oder in noch größerer Höhe. Wie die anderen Angehörigen dieser Ordnung legt er 4 Eier in einer einfachen Erdmulde ab, doch übernimmt hier das Männchen den größten Teil des Brutgeschäftes und sorgt auch für die Jungen, bis sie flügge sind.

Säbelschnäbler *Recurvirostridae*

Am stärksten fallen bei den 7 Arten der Säbelschnäbler, die wir hier als eine eigene Familie betrachten, die extrem verlängerten Beine auf, deren relative Länge im Verhältnis zur Körpergröße des Tieres wohl nur noch von den Flamingos übertroffen werden dürfte. Stets finden wir einen schlanken Hals, einen kleinen Kopf und einen sehr langen, dünnen Schnabel ausgebildet, der bei den Stelzenläufern geradlinig verläuft, bei den eigentlichen Säbelschnäblern aber aufwärts und beim Ibisschnäbler abwärts gekrümmt ist. Die Schnabelform hängt mit der Art des Nahrungserwerbes zusammen, denn die Stelzenläufer und der Ibisschnabel stochern tief im Schlamm herum, die Säbelschnäbler aber waten im flachen Wasser und schwenken ihren halb geöffneten Schnabel an der Oberfläche oder am Grunde hin und her, um auf diese Weise kleine Meerestiere zu erbeuten.

Der Stelzenläufer gehört zu den am weitesten verbreiteten Arten der Familie, denn er kommt an geeigneten Stellen praktisch in allen gemäßigten und tropischen Gebieten der ganzen Welt vor. Wir unterscheiden 6 geographische Unterarten, die sich aber nur geringfügig in ihrer Größe und Färbung voneinander unterscheiden. Auf Neuseeland lebt eine völlig schwarze Form zusammen mit der dort heimischen Rasse, doch weiß man bis heute noch nicht, ob es sich dabei nur um eine melanistische Variante oder um eine eigene Art handelt. Etwas größer wird der in Australien lebende Schlammstelzer, bei dem der Kopf, Hals und Rücken weiß gefärbt sind. Über seine Brust verläuft ein breites, haselnußbraunes Band, der Bauch ist dunkelbraun, und seine Beine zeigen ein kräftig leuchtendes Rosa.

Auch die echten Säbelschnäbler sind ähnlich weit verbreitet, obwohl ihre Heimatgebiete durch große Lücken voneinander getrennt werden. Die in Europa, Asien und Afrika heimische

Art zeigt ein kontrastreiches Muster aus Schwarz und Weiß, während die nordamerikanische und die australische Art am Kopf und am Hals verwaschene braune Töne erkennen läßt. Eine vierte Art beschränkt sich auf die Salzseen in den Hochanden von Chile und Bolivien.

Der merkwürdige Ibisschnäbler der Hochgebirgsseen und -flüsse des Himalajagebietes kommt erst in Höhenlagen von etwa 3000 m an vor, wird etwas größer als die eben behandelten Arten und zeigt ein einfarbig graues Gefieder sowie einen leuchtend roten Schnabel.

Säbelschnäbler und Stelzenläufer leben im Flachwasser, auf Schlammflächen und an Flußmündungen, wo sie langsam und gesetzt herumwaten und dabei bedächtig einen Fuß vor den anderen setzen. Wenn sie wollen, können sie gut schwimmen und auch kräftig fliegen. Ihre Stimme besteht aus einem hohen flötenden, aber mitunter auch schrill kläffenden Piepsen.

Säbelschnäbler kommen auch an den Küsten von Nord- und Ostsee vor. Sie fressen nur verhältnismäßig wenig pflanzliche Nahrung, sondern leben in der Hauptsache von allerlei Wassertieren, wie Krebschen, Mollusken, Insekten und daneben auch von Fischen und kleinen Amphibien. Als gesellige Tiere brüten sie in kleinen, aufgelockerten Kolonien und legen ihre 3 bis 5, gewöhnlich aber 4 Eier in eine einfach ausgescharrte Bodenmulde, die sie manchmal mit Gras oder Kieselsteinen ausstatten. Die Stelzenläufer, die bei uns nur sehr selten erscheinen, bauen meist umfangreiche Nester aus Pflanzenstoffen, die mitunter in Ufernähe auf dem flachen Wasser treiben. Kurze Zeit nach dem Schlüpfen verlassen die Jungvögel der beiden Gruppen das Nest und werden von beiden Elterntieren gemeinsam aufgezogen.

Wassertreter *Phalaropodidae*

Von allen Sumpf- und Strandvögeln sind die drei anmutigen kleinen Arten der Wassertreter am meisten an das Leben im und am Wasser gebunden; sie schwimmen genauso gut wie sie andererseits auch waten und laufen können. Im Zusammenhang mit dieser Lebensweise steht zweifellos die Tatsache, daß ihre Zehen ebenso mit einzelnen Schwimmlappen ausgerüstet sind wie bei den Steißfüßen, Bleßhühnern und Binsenhühnern, mit denen sie jedoch keine näheren verwandtschaftlichen Bindungen erkennen lassen.

Das Thors- und das Odinshühnchen nisten in den arktischen und subarktischen Tundren beider Erdhälften an den Ufern kleiner Süßwassertümpel und überwintern tief im Süden vor den Küsten der beiden Ozeane im Gebiet von Südafrika, Südamerika und Neuguinea, wo sie auf der Hochsee schwimmend Plankton fischen. In ihrer arktischen Heimat hingegen leben sie vor allem von den dort zu Myriaden schwirrenden Mücken und Larven. Die dritte Art, die Weißbürzel-Wassertreter, brütet an sumpfigen Tümpeln der nordamerikanischen Prärien und überwintert in den Pampas Argentiniens.

In dieser Familie haben die Geschlechter offenbar ihre Rollen vertauscht, denn das Weibchen ist nicht nur größer als das Männchen, sondern auch viel leuchtender gefärbt und übernimmt zudem die führende Rolle bei der Balz; das Männchen dagegen baut nicht nur das Nest, sondern brütet auch allein die Jungen aus und zieht sie groß. Sobald das Weibchen seine 4 – manchmal auch 3 oder 5 – olivgelben und kräftig gesprenkelten Eier in die Grasmulde abgelegt hat, die als Nest dient, geht es seiner Wege und treibt sich in kleineren Trupps auf dem Wasser herum, während das Männchen seinen «Hausfrauenpflichten» nachgeht. Mitunter brüten die Wassertreter in kleinen, lockeren Kolonien.

Im Wasser treiben die Tiere auf der Oberfläche oder schwimmen mit ruckhaften Bewegungen, wobei sie den Kopf vor- und zurückstoßen. Ohne weiteres kann man sich ihnen mit einem kleinen Boot nähern, da sie wenig Scheu vor den Menschen zeigen. Schließlich aber erhebt sich der ganze Schwarm in die Luft und wirbelt mit gleichzeitig ausgeführten Wendungen umher, wie wir es bereits bei den Strandläufern kennengelernt haben. Bei uns begegnet man zur Zeit des Durchzugs von August bis November und von Mai bis Juli am ehesten dem Odinshühnchen, und zwar an den Küsten, gelegentlich auch an Binnengewässern.

WEISSBÜRZEL-WASSERTRETER ♀
Steganopus tricolor
Nordamerikanische Prärien;
überwintert bis zu den argentinischen Pampas; 25 cm.

THORSHÜHNCHEN ♀
Phalaropus fulicarius
Hoch im Norden der Nördlichen Halbkugel;
überwintert in den südlichen Meeren; 23 cm.

ODINSHÜHNCHEN ♀
Phalaropus lobatus
Arktische Tundren der Nördlichen Halbkugel;
überwintert in den gemäßigten Meeren; 20 cm.

Reiherläufer *Dromadidae*

Auf Grund der vielen Eigentümlichkeiten gebührt der hierher gehörigen Art der Rang einer eigenen Familie. Zuerst fällt uns der lange, kräftige, möwenartige Schnabel auf, während die langen Beine mit den zum Teil durch Schwimmhäuten verbundenen Zehen an die Säbelschnäbler erinnern, wenn hier auch die Hinterzehe viel länger erscheint; der anatomische Bau kommt dem der Regenpfeifer am nächsten. Am merkwürdigsten sind die Brutgewohnheiten, denn der Reiherläufer gehört zu den wenigen höhlenbrütenden Sumpf- und Strandvögeln und stellt zudem die einzige Art in dieser Ordnung dar, die völlig weiße Eier legt, wie man es sonst auch bei den anderen Höhlenbrütern kennt.

Der Reiherläufer legt nur ein einziges, verhältnismäßig großes Ei und brütet in kleineren Kolonien, deren Nisthöhlen 1,2 bis 1,5 m tief in den Ufersand gegraben werden. Beim Schlüpfen tragen die Jungvögel ein graues Dunenkleid und sind so weit entwickelt, daß sie schon herumlaufen können, doch bleiben sie noch eine Zeitlang bei den Eltern und werden von ihnen gefüttert. Beheimatet ist die Art an den Küsten Ostafrikas und Südwestasiens am Indischen Ozean.

Man kann recht nahe an eine Reiherläuferkolonie herankommen, da sich diese gesellig lebenden Tiere als wenig scheu erweisen. Meist halten sie sich in Gruppen von 6 oder 8, aber auch bis zu mehreren hundert Tieren zusammen, wenn sie im Küstenschlamm, auf dem Sandstrand oder auf Korallenbänken ihre Nahrung suchen und Krebstiere und Mollusken sammeln, die sie mit ihrem kräftigen Schnabel zerkleinern. Ständig stoßen sie ihr lautes, heiseres, krähenähnliches Krächzen aus, ob sie nun fliegen oder am Strande umherlaufen. Wenn sie aufrecht stehen, stecken sie gern wie die Triele ihren Kopf und Hals unter die Schulter, halten sie aber im Flug geradlinig nach vorn.

Triele *Burhinidae*

Wir kennen 9 Arten von Trielen oder «Dickfüßen», deren Fersengelenk stark geschwollen erscheint, und die sich mit Vorliebe auf rauhen, trockenen und steinigen Flächen aufhalten. Anatomisch stehen sie den Sumpfvögeln am nächsten, doch gleichen sie im Aussehen und auch in ihren Lebensgewohnheiten eher den Trappen. Ihr unauffälliges, graubraunes Gefieder trägt dunkelbraune oder schwarze Strichel und Streifen. Aufrecht stehend erreichen die Vögel eine Höhe von 30 oder gar 60 cm. Der kurze Schnabel erinnert an den eines Regenpfeifers, der Kopf wirkt groß und breit, und die stark vergrößerten Augen deuten darauf hin, daß die Tiere hauptsächlich nächtlich tätig sind. Ihre Beine erscheinen ziemlich lang, die Vorderzehen sind mit Spuren von Schwimmhäuten verbunden, und die Hinterzehe fehlt, wie wir es häufig auch bei anderen laufenden Vögeln finden.

Wir treffen die Triele in fast allen gemäßigten und tropischen Ländern der ganzen Welt mit Ausnahme von Nordamerika, Neuseeland und den pazifischen Inseln. In unseren Breiten lebt der 40 cm große Gewöhnliche Triel, der von England und dem übrigen westlichen Europa an ostwärts bis Indien und Nordafrika brütet. Die im Norden heimischen Angehörigen dieser Art ziehen im Winter nach Süden; die Bewohner der wärmeren Landstriche jedoch wandern außerhalb der Brutzeit, ohne jedoch periodische Züge im eigentlichen Sinne des Wortes zu unternehmen. Eine südafrikanische Art, der Kaptriel, hält sich in der Nähe von Wasser auf. Er bewohnt die sandigen und steinigen Ufer der Flüsse und Seen, erweist sich als ziemlich zahm und zutraulich und findet sich oft zusammen mit Krokodilen. Weitere Arten kommen im übrigen Afrika und Südostasien vor, und zwei leben in Mittel- und Südamerika, von denen die eine vom südlichen Mexiko bis zum nördlichen Brasilien, die andere an der Pazifikküste von Ekuador bis Peru brütet. Als größte Art der Familie beschränkt sich der in Australien und Malaya heimische Riesentriel mehr als alle anderen Arten auf die Küstengebiete.

Zumeist bewohnen die Triele vegetationsarme Trockenflächen, Heiden und Halbwüsten, also höchst ungewöhnliche Lebensräume für Watvögel, und müssen oft weite Strecken im Flug zurücklegen, um an das Wasser zu gelangen. Tagsüber liegen sie meist ruhig mit angezogenen Beinen am Boden und sind in dieser Lage nur schwer wahrzunehmen, zumal sie still verharren, bis man fast auf sie tritt. Erst gegen Abend und zur Nacht werden sie munter, und dann machen sie sich mit ihrem klagenden Flöten oder schrillen Rufen ziemlich bemerkbar. Größtenteils fressen sie Kleintiere; ihre Gelege enthalten 2, seltener 3 Eier, die einfach in ein freigescharrtes Erdloch abgelegt werden. Hauptsächlich brütet das Weibchen, wird aber dabei vom Männchen unterstützt, das sich immer in der Nähe aufhält, um vor einer etwa auftauchenden Gefahr zu warnen. Nach 26 bis 27 Tagen schlüpfen die bereits weit entwickelten Jungen aus. Unsere Triele brüten meist zweimal im Jahr.

Brachschwalben *Glareolidae*

Die hier behandelten 16 Arten altweltlicher kleiner, etwas abweichend gebauter Strandvögel unterteilen wir in zwei Unterfamilien, die sich zwar anatomisch sehr nahe stehen, aber doch stark in ihrem Aussehen und in ihren Lebensgewohnheiten unterscheiden. Alle Arten leben gesellig, wandern außerhalb der Brutzeit und fressen Insekten, wenn auch innerhalb der beiden Unterfamilien in ganz verschiedener Weise. Der Verbreitungsschwerpunkt der Familie liegt in Afrika und Südasien, doch kommen einige Arten auch im gemäßigten Eurasien und Australien vor.

Als erste Unterfamilie bilden die Wüstenläufer *(Cursorinae)* eine Gruppe langbeiniger, kurzflügeliger, einfarbiger Laufvögel trockener, sandiger Wüsten mit langem, abwärtsgekrümmtem, spitzem Schnabel. Gern recken sie sich mit ausgestrecktem Hals auf den Zehenspitzen hoch, um die Umgebung abzusuchen; bei Gefahr ducken sie sich auf den Boden und verlassen sich auf ihr Tarnkleid. Nur im äußersten Notfall fliegen sie geschickt davon, vermögen aber auf dem Boden schneller zu laufen als ein Mensch. Wie wir es so oft bei derart guten Läufern finden, ist auch hier die Hinterzehe zurückgebildet. Abweichend ist der Krokodilwächter; er zeigt ein wunderschönes grau-weißes Gefieder mit kräftigen schwarzen und metallgrünen Zeichnungen und kommt auf den Sandbänken der Flüsse im mittleren und nordöstlichen Afrika vor. Es ist ein liebenswürdiger und auch dem Menschen gegenüber zutraulicher Vogel, der angeblich in die offene Schnauze der Krokodile kriecht, um sich das Futter dort zwischen den Zähnen herauszupicken, doch muß diese Behauptung, die wir schon bei Aristoteles lesen, erst noch wissenschaftlich gesichert werden.

Die zweite Unterfamilie enthält die eigentlichen Brachschwalben *(Glareolinae)*, 7 Arten kleiner, brauner oder olivfarbener Vögel mit hellerer Unterseite, kurzen Beinen, langen, spitzen Flügeln und langem, gegabeltem Schwanz. Der Schnabel ist nur kurz, kann aber sehr weit aufgesperrt werden, wenn die Vögel, wie sie es gewöhnlich zu tun pflegen, während des Fluges Insekten fangen. Außerdem aber stellen sie auch auf dem Boden den Kerbtieren nach und erweisen sich dabei so erfolgreich bei der Jagd auf Heuschrecken, daß man sie in Südafrika geradezu als «Heuschreckenvögel» bezeichnet. Wie die Wüstenläufer stellen sie sich gern auf die Zehenspitzen und mustern ihre Umgebung.

Alle Angehörigen beider Unterfamilien nisten am Boden und legen 2 bis 3 Eier, die das Weibchen bebrütet. Der Krokodilwächter brütet nur während der Nacht und gräbt dann seine Eier in den Sand, um sie tagsüber der Sonnenwärme zu überlassen.

GEWÖHNLICHER WÜSTENLÄUFER
Cursorius cursor
Südwestasien und Afrika; 23 cm.

INDISCHER WÜSTENLÄUFER
Cursorius coromandelicus
Nordwestindien bis Ceylon; 23 cm.

Höhenläufer *Thinocoridae*

Höhenläufer sind entfernte Verwandte der Watvögel, die nur gelegentlich Insekten fressen und sich hauptsächlich auf Sämereien, Knospen und andere Pflanzenteile spezialisiert haben. Der Lebensraum der insgesamt bekannten 4 Arten reicht von den vegetationsarmen Niederungen der Falkland-Inseln und Patagoniens nordwärts bis zu den argentinischen Pampas und zu den öden Hochanden von Chile und Ekuador. Im Winter ziehen die im Süden ansässigen Populationen hoch nach Norden.

Die Höhenläufer sind kleine Vögel mit kurzen Beinen, langen, zugespitzten Flügeln und kurzem, kegelförmigem, spitzem Schnabel, der an den eines Sperlings erinnert. Ein höchst ungewöhnliches Merkmal, das man bei keinem ihrer Verwandten findet, stellen die häutigen Klappen über den schlitzförmigen Nasenlöchern dar; sie bieten vielleicht einen Schutz gegen den Sand und Staub, der von den starken Gebirgswinden aufgewirbelt wird.

Meist halten die Höhenläufer in kleineren Schwärmen zusammen, wenn sie wie Regenpfeifer mit vorgestrecktem Kopf über den Boden laufen. Bei einer Gefahr fliegen sie nicht auf, sondern versuchen vielmehr, sich mit flach ausgestrecktem Kopf und Hals am Boden zu verbergen. Wenn sie sich in die Luft erheben, gleicht ihr schneller, richtungsloser Flug etwas dem der Schnepfen.

Das einfache, kaum irgendwie hergerichtete Nest auf der Erde wird mit 3 bis 4 tonfarbenen und, wie bei den meisten Strandvögeln, kräftig gesprenkelten Eiern belegt. Der Zwerghöhenläufer bedeckt seine Gelege mit trockener Erde, bevor er sein Nest verläßt. Über das sonstige Nistverhalten dieser Vögel weiß man nicht viel mehr, als daß die weit entwickelten, mit Dunen bedeckten Jungen das Nest kurz nach dem Schlüpfen verlassen.

Scheidenschnäbel *Chionididae*

Die Scheidenschnäbel leben in der Küsten- und Inselwelt des Südpolargebietes vom äußersten Süden Südamerikas bis zu den Falkland-Inseln sowie der Palmer-Halbinsel, ostwärts bis zu den Kerguelen und den Heard-Inseln. Ihr volkstümlicher Name spielt auf die merkwürdige, sattelähnliche Hornscheide an, die vom Ansatz des Oberschnabels schützend die Nasenlöcher bedeckt.

Im Gegensatz zu ihrem friedfertigen, taubenähnlichen Aussehen erweisen sich die Scheidenschnäbel als Raubvögel und Aasfresser. Sie lauern auf den Klippen über den Seevogelkolonien, um alle erreichbaren Eier und Jungvögel zu rauben, und fliegen in Scharen über kalbenden See-Elefanten, um sich an der Nachgeburt vollzufressen. Dann streichen sie wieder an den Küsten herum und suchen Seetang, Weichtiere, Krebstiere und was es sonst noch gibt. Äußerst schnell wissen sie den Standort der Mülltonnen dort auszumachen, wo sich Menschen in ihrer kalten, unwirtlichen Heimat angesiedelt haben, denn sie sind nicht nur völlig furchtlos, sondern auch überaus neugierig.

Ihrem anatomischen Bau nach vermitteln die Scheidenschnäbel zwischen den Strandvögeln und den Möwen, so daß man sie wohl als Abkömmlinge jener Stammgruppe ansehen darf, aus der sich die beiden Familien entwickelt haben. Äußerlich zeichnen sie sich durch einen kleinen, kräftigen Schnabel, einen kurzen Hals, einen untersetzten Rumpf und ziemlich lange, spitze Flügel aus; die Beine sind kurz, kräftig und tragen drei Vorderzehen, die durch Spuren von Schwimmhäuten verbunden sind, sowie eine wohlentwickelte Hinter-

ZWERGHÖHENLÄUFER
Thinocorus rumicivorus
Ekuador und Bolivien
bis Feuerland; 18 cm.

zehe. Außerdem zeigen die Vögel Hautlappen um den Schnabel und einen stumpfen Hornhöcker am Flügelbug, ähnlich dem Dorn einiger Kiebitze. Obwohl sie gut schwimmen, vermeiden sie doch nach Möglichkeit das Wasser und halten sich zum großen Teil auf dem Boden auf, unternehmen aber auch dank ihres ausgezeichneten Flugvermögens ausgedehnte Flüge über das Meer.

Die beiden Arten sehen sich bis auf kleinere Unterschiede in der Kopfzeichnung und den Gesichtswarzen sehr ähnlich. Gewöhnlich bleiben sie in kleinen Trupps zu etwa einem Dutzend von Tieren beisammen, treten aber an guten Futterplätzen auch in größeren Mengen auf. Leider wissen wir von ihren sonstigen Lebensgewohnheiten nur, daß die Scheidenschnäbel 2 bis 3 bläulichweiße, braun und grau gefleckte Eier in ihr Bodennest ablegen und beide Eltern sowohl das Brüten als auch die Aufzucht der weit entwickelten Jungen besorgen. Es wäre sehr begrüßenswert und nützlich, weiteres über das Verhalten dieser Vögel zu erfahren.

Raubmöwen *Stercorariidae*

In der norwegischen Sprache und, daraus entnommen, auch im englischen Sprachgebrauch bezeichnet man die 4 hierher gehörigen Arten als Skuas, während die Amerikaner für die Tiere das deutsche Wort «Jäger» verwenden; wir aber sprechen von Raubmöwen. Es sind höchst flugtüchtige, weitverbreitete Piraten der offenen Meere in den höheren Breiten, die große Ähnlichkeit mit den ihnen zunächst verwandten Möwen aufweisen. Sie unterscheiden sich aber von ihnen durch den Bau des hakigen Oberschnabels, dessen Horndecke mehrteilig ist. Wahrscheinlich haben sich die Raubmöwen auf der Nördlichen Halbkugel von möwenähnlichen Vorfahren abgespalten.

Der größte, dunkelste und am weitesten verbreitete Angehörige dieser Familie ist die Skua, die auch für sich den Ruhm in Anspruch nehmen kann, als einzige Vogelart sowohl in der Arktis als auch in der Antarktis zu brüten. Eine Population beschränkt sich auf den nördlichen Atlantischen Ozean und brütet in den offenen Tundren und Mooren der Küstengebiete Islands sowie der Färöer-, Orkney- und Shetland-Inseln, überwintert aber auf der See südlich von Neuengland bis etwa zur Höhe von Gibraltar im Süden. Sicherlich haben schon die alten Nordmeerfahrer diese Tiere gekannt und ihnen vielleicht auch bereits den Namen «Skuas» gegeben, der auf ihren zweisilbigen Ruf anspielt.

Wenigstens 4 Populationen nisten rings um die Antarktis, nämlich am Rande dieses Kontinentes, auf den antarktischen Inseln sowie an den Küsten des südlichen Chile und Neuseelands. Die hier heimischen Vögel ziehen zum Winter in die wärmeren Gebiete der südlichen Ozeane oder überqueren auch den Äquator bis zum nördlichen Pazifik. Dagegen scheinen die im Norden ansässigen Tiere nicht über den Äquator hinaus nach Süden zu ziehen und hier mit ihren südlichen Antipoden zusammenzukommen, doch sehen sich die Artangehörigen aus beiden Polargebieten derart ähnlich, daß es schon des Vergleiches an Hand größerer Museumsserien bedarf, um die kleinen Färbungs- und Größenunterschiede festzustellen.

Auf der Südlichen Halbkugel treten die Skuas ein wenig zahlreicher auf als im Norden und gehören dort zu den am häufigsten vertretenen Küsten- und Meeresvögeln. Die Forscher und Walfänger, die sich in ihren eisigen Lebensraum vorgewagt haben, sprechen immer von «Skuamöwen», und in der Tat ähneln diese einfarbig dunkelbraunen Tiere im Aussehen und auch im Fluge großen, untersetzten Möwen, wenn sie nicht ein weißes Band am Ansatz der Schwingen schon aus der Entfernung als Angehörige der Raubmöwenfamilie ausweisen würde.

Auf See verschaffen sich die Skuas einen großen Teil ihrer Nahrung dadurch, daß sie andere Seevögel jagen und dazu bringen, ihre Beute wieder auszuspeien, doch fischen sie auch selbst und suchen längs der Küsten nach allem möglichen Aas. Mitunter lassen sie sich auf dem Wasser nieder und holen sich wie die Möwen ihre Nahrung von der Oberfläche. Wenn sie auch nicht regelmäßig den Schiffen nachzufolgen pflegen, versammeln sie sich doch gern über den Fischerbooten, die gerade einen Fang einbringen, oder halten sich auch in der Nähe der Walfangschiffe auf, um alle Abfälle aufzusammeln, die über Bord geworfen werden.

An ihren Nistgründen beköstigen die Skuas sich und ihre Brut zum großen Teil mit den Eiern und Jungen aus den dort brütenden Seevogelkolonien. In der Antarktis halten sie sich am Rande der Pinguinkolonien auf und stehen zu ihnen in einem ganz bestimmten Mengenverhältnis, nämlich 1:100. Auf eine Kolonie von 2000 Brutpaaren des Adeliepinguins entfallen etwa 20 Paare Skuas, die nur darauf warten, sich auf jedes unbewachte Pinguinei oder -junges zu stürzen. Diese Wechselbeziehung zwischen Beute und Räuber dauert anscheinend schon seit geologischen Zeiträumen an, so daß sich die Zahlenverhältnisse der Pinguine und Skuas immer die Waage halten. Abgesehen von den Brutplätzen der Pinguine suchen die Skuas auch die Kolonien der Sturmvögel und -schwalben heim.

SCHMAROTZER-RAUBMÖWE
Stercorarius parasiticus
Alle arktischen Küsten und Inseln; 45 cm.

KLEINE RAUBMÖWE
Stercorarius longicaudus
Alle arktischen Küsten und Inseln; 55 cm.

GELBSCHNÄBELIGER SCHEIDENSCHNABEL
Chionis alba
Subantarktische Küsten und Inseln; 40 cm.

Gewöhnlich legen die Skuas 2 kräftig braun gesprenkelte Eier in einer einfachen Bodenmulde ab, ziehen aber selten mehr als nur ein Junges groß. In den kalten Klimaten müssen die Eltern sofort nach der Ablage des ersten Eies mit dem Brüten beginnen; das zweite Ei wird erst ein paar Tage später gelegt, und so verzögert sich auch das Ausschlüpfen des letzten Jungvogels, da jedes Ei eine Zeitigungsdauer von 28 bis 30 Tagen benötigt. Häufig wird das erste ausschlüpfende Junge von den Eltern getötet, wenn es aus dem Nest läuft, oder an den Nachkömmling verfüttert, denn offenbar ist die Revierbehauptung der Alten stärker ausgebildet als ihr Sinn für die eigene Brut. Beringungsversuche in der Antarktis haben ergeben, daß die Skuas immer wieder zu ihren alten Nistplätzen zurückkehren.

Die 3 weiteren Arten – Schmarotzer-, Mittlere und Kleine Raubmöwe – nisten in den Tundren des gesamten nördlichen Polargebietes und überwintern, oft weit jenseits des Äquators, südlich im Atlantischen und Pazifischen Ozean. Sie erreichen alle nicht die Größe der Skuas und bilden zwei Färbungsphasen aus, nämlich eine einfarbig braune oder, noch häufiger, eine andere mit braunem Rücken und weißer Unterseite. Man kann sie recht gut an ihren verlängerten mittleren Schwanzfedern unterscheiden, die über die anderen Schwanzfedern hinausragen. Bei der Mittleren Raubmöwe wirkt der Schwanz etwas rechteckig, bei der Kleinen und der Schmarotzerraubmöwe mehr zugespitzt.

Alle 4 Raubmöwen vermögen ausdauernd und schnell zu fliegen. Im Winter ziehen sie über das Meer und halten sich gern in der Nähe anderer Seevogelschwärme auf, insbesondere der Möwen, denen sie dann so lange zusetzen, bis sie einen eben gefangenen Fisch wieder auswürgen und fallen lassen. Auf ihren Nistgründen füttern sie ihre Jungen mit Lemmingen und anderen kleinen Nagern, aber auch mit den Eiern und Jungvögeln der übrigen dort nistenden Seevögel. Beide Geschlechter bebrüten die zwei Eier im Bodennest 23 bis 28 Tage lang und benötigen dann nochmals 6 oder 7 Wochen, bis die Jungen flügge sind.

Dank ihrer kräftig ausgebildeten Flügel können die Raubmöwen weite Strecken über das Polareis im Fluge durchmessen. Die Schmarotzerraubmöwe hat man nur wenige Meilen vom Nordpol entfernt in einer völlig öden, futterlosen Gegend beobachtet, wie sie das Lager einer Expedition besuchte, das weitab von der See und mindestens 1800 m hoch über dem Meeresspiegel lag. Forschungsreisende berichten von der Antarktis, daß sie dort Skuas Hunderte von Meilen im Inneren des vereisten Kontinents gesehen hatten, die offenbar den Spuren der Expedition folgten, und Scott beobachtete eine Skua nur 250 km weit vom Südpol entfernt.

In jedem Jahr können wir die Raubmöwen an unseren deutschen Küsten beobachten, wenn sie im Frühjahr und im Herbst auf ihren Wanderungen dort vorbeikommen, und es geschieht auch gar nicht einmal allzu selten, daß vereinzelte Exemplare sogar weit in das Binnenland hinein verschlagen werden. Alle Versuche aber, die Raubmöwen in der Gefangenschaft eines Zoologischen Gartens am Leben zu erhalten, führten leider immer wieder zu Mißerfolgen. Es hat doch offenbar den Anschein, als brauchten die Tiere einen weiten Flugraum, den wir ihnen nicht zu bieten vermögen.

SKUA
Catharacta skua
Island, Färöer- und Shetland-Inseln; alle antarktischen Küsten und subantarktischen Inseln; 60 cm.

MITTLERE RAUBMÖWE
Stercorarius pomarinus
Alle arktischen Küsten und Inseln; 50 cm.

Möwen und Seeschwalben *Laridae*

Man kann diese Familie langflügeliger und mit Schwimmhäuten ausgestatteter Wasservögel in zwei Unterfamilien gliedern: Als echte Möwen *(Larinae)* fassen wir 43 Arten meist großer, 28 bis 80 cm langer, untersetzter Vögel mit ziemlich langem, kräftigem, an der Spitze abwärts gekrümmtem Schnabel zusammen. Die Seeschwalben *(Sterninae)* dagegen bleiben mit 20 bis 58 cm etwas kleiner, zeigen einen stromlinienförmig gebauten Rumpf, schmalere und mehr zugespitzte Flügel sowie einen schlanken, recht spitzen Schnabel. Die Meeresküsten bilden den eigentlichen Lebensraum der Möwen und Seeschwalben, doch leben einige Arten auch weit im Binnenland an den großen Flüssen, Seen oder Sümpfen. Überall in der ganzen Welt sind sie zu Hause, wenn wir von den extremen Wüstenregionen und den äußersten Polargebieten absehen.

In jedem Hafen und an allen Küsten fallen uns diese ansehnlichen und häufigen Tiere auf. Sie gehören geradezu zum Begriff «Meer», doch findet man sie nur selten weitab vom Lande auf offener See, denn die Möwen, die regelmäßig die Ozeandampfer bei der Ausfahrt aus dem Hafen begleiten, machen nach einiger Zeit wieder kehrt. Nur die kleine Dreizehenmöwe der nördlichen Gewässer trifft man stets auch weit außerhalb der Sichtweite des Landes auf der Hochsee.

Die Dreizehenmöwe brütet an der Seeseite der Klippen im nördlichen Atlantik (auch auf Helgoland) und Pazifik; außerhalb der Brutzeit aber begleitet sie die Fischerflotten in die See hinaus. Um ihre Wanderwege zu erkunden, hat man eine Anzahl von ihnen in Nordeuropa beringt; später fand man sie auf Grönland, in Labrador und Neufundland wieder. Auch manche andere Möwen wandern gelegentlich weite Strekken über das Meer. So hat man einige Lachmöwen — also

Angehörige einer hauptsächlich im Binnenland brütenden europäischen Art, die meist nur geringfügige örtliche Zugwanderungen unternehmen – jenseits des Atlantik in Amerika wiedergefunden. Auch die kleine, nur 28 cm lange Zwergmöwe aus Europa und Asien trifft man hin und wieder in Amerika an. Meist handelt es sich bei diesen Wanderern um ein- oder zweijährige Tiere, denn wie die Beringungsversuche gezeigt haben, legen die Möwen nur während ihrer ersten Lebensjahre derart weite Strecken zurück. Ebenso ziehen die jungen Silbermöwen viel weiter nach Süden als die dreijährigen oder älteren Erwachsenen.

Am liebsten fressen die Möwen Fleisch und Fisch, nehmen aber auch mit anderem Futter Vorlieb. Von ganz wenigen Ausnahmen abgesehen, sind sie nicht allzu tüchtig im Fangen von Fischen und bemächtigen sich höchstens kranker oder ver-

letzter Fische. Dafür räumen sie jedoch vortrefflich mit allen Abfällen auf, die sich in den Häfen und am Strand anfinden, vertilgen die toten Fische, die am Ufer angespült werden und fressen alle möglichen Küchenreste. Die Lachmöwen haben es gelernt, sich im Winter, wenn die Nahrung andernorts knapp wird, an den Brücken der Großstädte von Menschen füttern zu lassen. Gern nehmen die Möwen auch Muscheln und fliegen damit hoch in die Luft, um sie von oben auf dem harten Untergrund zerschellen zu lassen, nur müssen sie dabei aufpassen, daß ihnen nicht eine andere Möwe die Nahrung vor dem Schnabel fortpickt. Am Sandstrand aber lernen sie sehr schnell, daß die Muschelschalen am besten dann zerbrechen, wenn man sie auf eine Brücke, eine Straße, auf das Dach eines Hauses oder selbst auf ein Auto fallen läßt.

Nicht die kleinste Spur an Futter entgeht der Aufmerksamkeit der Möwen, und so folgen sie in landwirtschaftlichen Gebieten dem Pflug des Bauern, um Würmer und Insektenlarven aufzusammeln. Zeigen sich große Insektenschwärme, kommen sie kilometerweit aus allen Richtungen zusammen, um darüber herzufallen. Jedenfalls taten das die Mormonenmöwen am Großen Salzsee von Utah, als die Heuschrecken die erste Ernte der mormonischen Ansiedler zu vernichten drohten. Dank der Möwen konnten die Mormonen doch noch ihre Ernte einbringen; aus Dankbarkeit setzten sie den Vögeln ein Denkmal.

Die Mormonenmöwe gehört zu einer Anzahl amerikanischer Arten, die, wie unsere Lachmöwe, an Binnenseen brüten, wie auch die kleinere, dunkelköpfige Franklin-Möwe, die an den kleinen Seen und Teichen der westlichen Prärien in den nördlichen USA und Kanadas nistet. In der Alten Welt bevorzugen auch die Kappenmöwe im Norden von China und der Mongolei, die Tibetlachmöwe im Hochland Zentralasiens und die Kurzzehenmöwe (oder Buller-Lachmöwe) von Neuseeland ähnliche Lebensstätten. Zum Winter aber ziehen diese Binnenmöwen gern zu den Meeresküsten. Dabei überquert die Franklin-Möwe sogar den Äquator, indem sie über das nordamerikanische Binnenland nach Süden zieht; einige Tiere überwintern bereits im Golf von Mexiko, die meisten fliegen bis Peru und Ekuador.

Sieht man Jung- und Altvögel beieinander, möchte man glauben, ganz verschiedene Arten vor sich zu haben; so unterschiedlich sind sie gefärbt. Alle Farbtöne zwischen Braun und Weiß sind zum größten Teil nur altersbedingt, wie etwa bei der Silber- und Heringsmöwe, zwei Arten der Nördlichen Halbkugel, die in Europa und Nordamerika zu den häufigsten Möwen des Atlantik gehören. Im ersten Lebensjahr sehen die Jungvögel vorwiegend braun aus und haben einen schwarzen Schnabel. Schon nach der ersten Frühlingsmauser — Möwen mausern im Frühjahr und im Herbst — hellt sich das Gefieder auf, und der Schnabel nimmt fleischfarbene Töne an. Mit jeder weiteren Mauser gleicht sich das Farbkleid immer mehr dem der Erwachsenen an, das schließlich nach 3 Jahren erreicht wird. Die einzelnen Zwischenstadien aber sind so charakteristisch ausgebildet, daß man danach mühelos das Alter des Jungtieres feststellen kann.

Eine der größten Arten, die bis 80 cm lange Eismöwe der nördlichen Gewässer, sieht fast einheitlich weiß aus, ebenso die kleinere Polarmöwe, die mitunter auch an den Küsten von Neuengland wie in der Nord- und Ostsee auftritt. Bei anderen Arten, wie etwa der Mantelmöwe, sind die Flügel und der Rücken schwarz. Wieder andere Arten zeigen zur Brutzeit einen völlig dunklen Kopf, erscheinen aber im Winter nach der Herbstmauser hellköpfig, wie die europäische Lachmöwe, die Tibetlachmöwe, die Franklin-Möwe und die unserer Lachmöwe recht ähnliche Aztekenmöwe der amerikanischen Atlantikküste.

Kleinere Arten nehmen oft schneller das Farbkleid der Erwachsenen an; hier dauert es oft nur zwei, bei den kleinsten sogar manchmal nur ein Jahr. Man kann daraus den Reifezustand der Tiere ersehen, denn die Mauser hängt mit einem Geschlechtshormon zusammen. Bevor sie nicht völlig ausgefärbt, das heißt geschlechtsreif sind, können die jungen Möwen nicht brüten.

Aus den Beringungsergebnissen wissen wir, daß Möwen recht alt werden. Am höchsten liegt die Sterblichkeitsquote im ersten Lebensjahr, weil die Jungtiere erst noch lernen müssen, Futter zu suchen und sich vor Feinden in acht zu nehmen. Ist diese Zeit aber überstanden, sinkt die Sterblichkeitsquote bis auf 33% herab, so daß die Tiere dann im allgemeinen ein recht langes Leben vor sich haben. Den Altersrekord hält eine Silbermöwe, die nach 32 Jahren, wiedergefunden wurde.

In ihrer Lebensweise zeigen sich die Möwen äußerst gesellig, denn sie wandern, jagen, ruhen, fressen und streiten immer in Gemeinschaft, insbesondere an den Nistplätzen, wo sie ihre Nester in großen Kolonien dicht beieinander bauen. Derartige Kolonien werden manchmal nur von einer einzigen Art gebildet, doch mitunter nisten auch mehrere Möwenarten zusammen, nicht selten sogar auf den Brutplätzen anderer Meeresvögel, an deren Eiern und Jungvögeln sie sich dann gern vergreifen. Die Silbermöwe vergesellschaftet sich häufig mit Seeschwalben, ebenso die Lach- und die Aztekenmöwe. Eis- und Dreizehenmöwen findet man oft zusammen mit Alken und Lummen, während die Mormonenmöwen vom Großen Salzsee gemeinsam mit Rosapelikanen, Ohrenscharben und Silbermöwen nisten.

Die meisten Möwenarten legen ihr geräumiges Nest aus Seegras oder anderen Pflanzen auf dem Boden an, einige wenige Arten auch auf niederen Bäumen. Ihr Gelege besteht aus 2 oder 3 bräunlichen, dunkelbraun oder schwarz gefleckten Eiern, die von den beiden Eltern etwa 20 Tage bei den kleineren Arten und bis 30 Tage lang bei den größeren Formen bebrütet werden; die Jungvögel werden ebenfalls gemeinsam gefüttert und gehudert. Beim Ausschlüpfen tragen die Küken ein graues, dunkel gesprenkeltes Dunenkleid; sie stehen schon bald auf ihren Beinen und laufen herum, halten sich aber noch eine ganze Zeitlang im oder am Nest auf, denn wenn sie sich zu weit davon entfernen, laufen sie Gefahr, von einem Nachbarn überwältigt und aufgefressen zu werden. Erst mit 4 bis 6 Wochen werden sie flügge.

Meist nisten die Möwen auf kleinen, küstennahen Inseln, die ihnen zwar Sicherheit vor Füchsen und anderen Raubtieren bieten, nicht aber vor den Menschen, und so drangen immer wieder die Eierjäger mit ihren Booten dorthin vor und sammelten die Eier körbeweise, um sie auf den Markt zu bringen. Durch diese übermäßige Jagd auf Eier und Dunen wären die Möwen fast von den amerikanischen Küsten vertrieben worden, wenn man nicht vor etwa 50 Jahren ein Gesetz dagegen erlassen hätte. Dank dieser Schutzbestimmungen haben sich die Möwen recht gut vermehrt und brüten wieder in Neuengland und den mittleren Atlantikstaaten, wo sie noch vor einigen Jahrzehnten überhaupt nicht mehr vorkamen. Eine neue Gefahr erwächst jetzt durch das Vermieten von Strandgrundstücken an Sommerfrischler, doch sind glücklicherweise die Brutplätze der Möwen oft an Stellen gelegen, die keine Sicherheit zum Bau eines Wochenendhäuschens bieten; auch hat die Audubon-Gesellschaft einige Brutinseln aufgekauft und unter Schutz gestellt. An den Küsten Europas bestehen ebenfalls Schutzgebiete und Freistätten für Möwen und andere Seevögel.

Anscheinend schwankt der Artbestand der Möwen und Seeschwalben an diesen geschützten Stellen in 15- bis 30jährigen Perioden. So nisten sich etwa Silbermöwen in eine Seeschwalbenkolonie ein und setzen sich dort immer stärker durch, bis sie ein paar Jahre lang die alleinigen Herrscher des Platzes darstellen. Dann verschwinden sie allmählich, und die Seeschwalben kommen zurück. Im Augenblick haben die Silbermöwen an den Küsten von Neuengland die Oberhand gewonnen, während die Seeschwalben in der Minderzahl sind.

Die rauhen Schreie der Möwen gehören geradezu zum Erscheinungsbild eines Hafens oder der Fischerdörfer. Wo die Tiere genügend Nahrung finden, verlieren sie alle Scheu vor dem Menschen, und man läßt sie ja auch zufrieden. Besonders gern finden sie sich bei den Fischerbooten ein, die gerade einen Fang einbringen, und streiten sich um jeden über Bord geworfenen Brocken. Die beiden häufigsten Arten Neuseelands, die rotschnäbelige Weißkopflachmöwe und die schwarzschnäbelige Kurzzehenmöwe, leben in den Parkanlagen der Küstenstädte dort ebenso zahlreich wie sonst die Tauben.

Am meisten sind wir mit der Lachmöwe vertraut, einer Art mit rotem Schnabel und Füßen sowie mit schwarzen Flügelspitzen. Sie lebt im nördlichen gemäßigten Eurasien und zieht bis Nordafrika, Indien und den Philippinen, doch überwintern viele auch bei uns im Binnenland. In Amerika findet sich als Wintergast der südlichen Küsten besonders häufig die Delawarenmöwe, die bis auf ihr dunkles Band um die Schnabelspitze so ähnlich wie eine Silbermöwe aussieht und an Binnenlandseen Kanadas und des nördlichen Nordamerika brütet.

Möwen sind ausgezeichnete Segelflieger, die geschickt jeden Aufwind ausnützen, der von der Wasseroberfläche, vom Schiffsdeck, von den Dünen oder auch von den Hausdächern ausgeht. So schweben sie über dem Wasser, bis sie etwas Freßbares entdeckt haben. Mitunter fressen sie es gleich während des Fluges, meist aber lassen sie sich dazu irgendwo nieder. Sie schwimmen ausgezeichnet, können jedoch im Gegensatz zu den Seeschwalben nicht tauchen, sondern gründeln höchstens einmal so weit unter die Oberfläche, wie es die Länge des Halses und Schnabels zuläßt.

Die Seeschwalben erscheinen kleiner, schlanker und anmutiger als die Möwen, und sie fressen auch nicht wahllos alles Genießbare. Selten sieht man sie im Gleitflug schweben; vielmehr fliegen sie unter steten Flügelschlägen und strecken dabei ihren Kopf und Hals nicht nach vorn, sondern nach unten. Es macht ihnen nichts aus, auch einmal irgendeinen Futterbrocken von der Wasseroberfläche aufzunehmen, doch

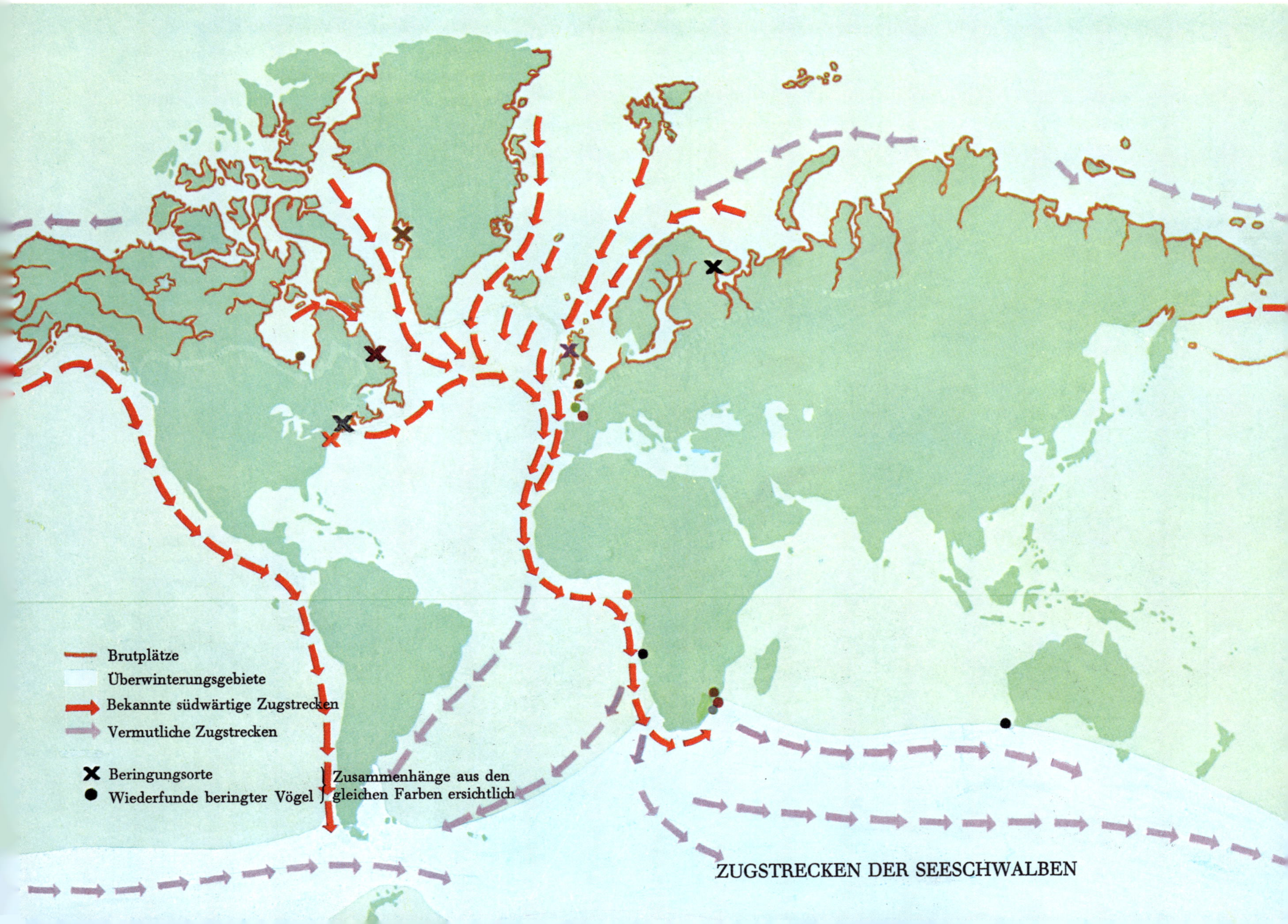

ZUGSTRECKEN DER SEESCHWALBEN

besteht ihre Hauptnahrung aus kleinen Fischen und Garnelen, die sie im Tauch-Sturzflug erbeuten; im Binnenland nehmen sie auch Insekten, die sie am Flügel packen.

Seeschwalben können nicht besonders gut schwimmen, denn ihre Füße sind wohl mit Schwimmhäuten ausgerüstet, aber doch zu schwach und klein, um die Tiere kräftig voranzubringen, und so treiben sie nur auf der Wasseroberfläche. Wenn die Tiere einen Fisch sichten, tauchen sie mit hörbarem Klatschen unter und fliegen sofort mit der Beute auf. Die Rußseeschwalbe der tropischen und subtropischen Meere, eine ausgesprochene Hochseeform, geht praktisch niemals auf dem Wasser nieder, sondern greift sich ihre Nahrung im Flug von der Oberfläche. Besonders gern hält sich die Tölpel- oder Noddiseeschwalbe in der Nähe von Fischschwärmen auf.

Häufig sehen die Seeschwalben mit ihrem weißen Rumpf und den grauen Tönen des Rückens und der Flügel ähnlich wie die Möwen aus, doch ist der Oberkopf gewöhnlich schwarz, und einige Arten tragen einen kurzen Nackenschopf. Auch in dieser Gruppe finden wir eine Frühjahrs- und Herbstmauser sowie eine 2- oder 3jährige Reifezeit, doch unterscheidet sich das Jugendgefieder nicht so stark von dem der Erwachsenen, sondern erinnert eher an deren Winterkleid. Nur erscheint der Schwanz der einjährigen Jungvögel abgestutzt und gabelt sich erst später. Übrigens gibt es auch zwei Möwen mit Gabelschwänzen, nämlich die Schwalben- und die Schwalbenschwanzmöwe, doch kommen diese Arten nicht in den gemäßigten Breiten vor. Einige Seeschwalben, wie die Raubseeschwalbe, die an Küsten und Binnenseen aller 5 Kontinente brütet, die Königsseeschwalbe Amerikas und die Eilseeschwalbe des westlichen Pazifischen und Indischen Ozeans werden größer als der Durchschnitt der Möwen; man erkennt sie ganz leicht an den Unterschieden des Schnabels, des Schwanzes und der Art ihres Fluges.

In der Färbung variieren die Schnäbel und Füße der Seeschwalben von Kohlschwarz bis zu leuchtend Rot oder Gelb; insbesondere in der Farbe des Schnabels lassen sich die Arten am besten unterscheiden. Trotzdem sehen sie sich manchmal derart ähnlich, wie etwa die Fluß-, die Küsten- und die nordamerikanische Silberschwingen- oder Sumpfseeschwalbe, daß selbst der Fachmann in der Natur Schwierigkeiten hat, sie auseinanderzuhalten, und deshalb ihre Stimme als Schlüsselmerkmal zu Hilfe nehmen muß. Alle Seeschwalben haben zwar einen ungefähr gleichen, scharfen und rauhen Schrei, doch gibt es zwischen den einzelnen Arten kleine Unterschiede.

Ein weiß-grauer Körper und ein schwarzer Kopf ist zwar die übliche Tracht der Seeschwalben, doch gibt es einige Ausnahmen, wie etwa die Tölpel- oder Noddiseeschwalben, bei denen der Rumpf braun und der Kopf hellgrau gefärbt sind. Bei der Trauerseeschwalbe, einer kleinen eurasisch-amerikanischen Art, die an den schilfbestandenen Binnenseen nistet, sehen die Erwachsenen einfarbig schwarz aus, während die einjährigen Jungvögel noch einen dunkelgrauen Rücken und einen weißen Bauch zeigen. Die liebenswerte kleine Feenseeschwalbe aus dem mittleren Pazifik ist bis auf ihren schwarzen Schnabel rein weiß; sie zeigt die für eine Seeschwalbe höchst bemerkenswerte Eigenart, auf niedrigem Buschwerk zu brüten, meistens im Mangrovendickicht. Dabei legt sie ihr einziges Ei vorsichtig in eine Astgabelung. Nach dem Ausschlüpfen bleibt der Jungvogel noch mehrere Tage auf dem Ast, bis er dann herunterfällt oder -springt. Recht ungewöhnlich erscheint auch das Farbkleid der Inkaseeschwalbe, die in Gemeinschaft mit dem Guano- und dem Meerespelikan auf den Guanoinseln an der südamerikanischen Westküste von Peru bis Chile brütet. Hier haben wir zugleich den einzigen Höhlenbrüter ihrer Familie vor uns, denn die Inkaseeschwalbe legt ihre Eier in Felsspalten oder Guanohöhlen.

Am besten vertraut sind wir mit der Lebensweise der Flußseeschwalbe; sie kommt in allen gemäßigten Breiten der Nördlichen Halbkugel vor und findet sich dort an den Küsten und vorgelagerten Inseln, aber auch an Seen und Sümpfen im Binnenland; im Winter zieht sie auf beiden Erdhälften bis

KÜSTENSEESCHWALBE
Sterna paradisaea
Zirkumpolar auf der nördlichen Halbkugel; 38 cm.

ROSENSEESCHWALBE
Sterna dougalli
Küsten und Inseln des nördlichen Atlantischen, des Indischen und westlichen Pazifischen Ozeans; 40 cm.

INKASEESCHWALBE
Larosterna inca
Peruanische und chilenische Küsten; 40 cm.

RUSS-SEESCHWALBE
Sterna fuscata
Tropischer und subtropischer Atlantischer, Pazifischer und Indischer Ozean; 40 cm.

über den Äquator hinaus nach Süden. Wahrscheinlich hat man im Laufe der Zeiten mehr Flußseeschwalben beringt als Angehörige irgendwelcher anderen Vogelart: Allein aus der bekannten Seeschwalbenkolonie am Kap Cod wurden während der letzten 30 Jahre 750 000 Tiere markiert, die meisten als Jungvögel.

Im Mai ziehen die Seeschwalben aus ihren südlichen Winterquartieren zum Kap Cod und suchen sich dort wieder ihren alten Nistplatz, den sie schon im Vorjahr benutzt hatten. Zu dieser Zeit haben sich bereits die Vögel zu Paaren zusammengefunden, doch setzen sie noch immer ihre Balz fort, während sie den Nistplatz aussuchen und ihr Nest anlegen. Dabei drückt das Männchen seine Zuneigung dadurch aus, daß es dem Weibchen einen kleinen Fisch im Schnabel als Hochzeitsgeschenk präsentiert. Ängstlich ist jedes Paar bemüht, möglichst nahe am vorjährigen Nistplatz zu brüten, und versucht, die anderen Konkurrenten daraus zu vertreiben. Bei diesen Auseinandersetzungen geht es nicht ohne Kämpfe und Gekreische ab, so daß eine Seeschwalbenkolonie ein recht bewegtes Bild bietet.

Als Nest legt das Seeschwalbenpaar eine einfache Sandmulde an. Die Tiere liegen dabei auf dem Bauch, kratzen mit den Füßen den Sand nach hinten und drehen sich immer im Kreise herum, so daß schließlich eine kreisförmige Grube entsteht. Manchmal wird das Ganze noch mit ein paar Kieseln oder Muschelstückchen ausgeschmückt, meistens aber machen sich die Tiere gar nicht erst diese Mühe. In diese Grube legt dann das Weibchen seine 2 oder 3, ausnahmsweise auch einmal 4 Eier. Beide Geschlechter brüten abwechselnd und füttern sich dabei gegenseitig. Je nachdem, welche Sorgfalt die Eltern darauf verwenden, ihren Eiern ständig eine möglichst günstige Bruttemperatur zukommen zu lassen, dauert die Brutzeit 21 bis 28 Tage. Dabei sind die Eier ziemlich empfindlich gegen hohe Wärmegrade, und wenn an besonders heißen Tagen die Temperatur des Sandes auf fast 50° C klettert, bedecken die Eltern das Gelege, um es etwas abzukühlen.

Beim Schlüpfen wirken die Jungvögel wie graue oder bräunliche Dunenbällchen mit schwarzer Zeichnung. Ein oder zwei Tage bleiben sie noch im Nest und werden dort von den Eltern gehudert. Auch füttern die Alten, indem sie den Jungen Fische in den Schlund schieben, die manchmal größer sind als der Jungvogel selbst. Dann stehen die Jungen da und warten, bis das Vorderende des Fisches verdaut ist und der Schwanz nachrutschen kann, der ihnen vorerst noch um den Schnabel klatscht. Schließlich verlassen die Jungtiere das Nest, müssen sich dabei aber sehr vorsehen, daß sie nicht in das Revier eines benachbarten Brutpaares geraten, denn sonst setzt es Schnabelhiebe, die mitunter tödlich verlaufen.

Auf Grund von Beringungen an Flußseeschwalben hat man errechnet, daß jährlich 23 % der Erwachsenen innerhalb einer Kolonie ausfallen. Noch höher liegt die Sterblichkeit bei den Jungvögeln, so daß eine gleichbleibende Bevölkerungsdichte der Kolonie durchaus nicht immer gesichert erscheint. Im Gegenteil: Der Individuenbestand am Kap Cod scheint langsam zurückzugehen, denn in manchen Jahren wächst überhaupt kein Nachwuchs heran, doch wird dies in guten Jahren wieder dadurch ausgeglichen, daß die Hälfte oder noch mehr der Jungvögel flügge werden.

Bis die Schwingen der Jungen entwickelt sind, vergehen etwa 3 bis 5 Wochen. Danach bleiben die heranwachsenden Vögel noch ein paar Wochen bei ihren Eltern und lassen sich weiterhin füttern, bis sie sich endlich ihre Fische allein fangen und das Nest endgültig verlassen. Es gibt aber auch Jungvögel, die niemals selbständig zu fischen lernen und dann im Verlaufe ihres ersten Lebensjahres verhungern; daher kann man die südwärtige Zugstrecke der Art schon an Hand der toten Jungtiere verfolgen, die man an den Küsten findet. Die Seeschwalben vom Kap Cod ziehen längs der Atlantikküste nach Süden bis zum Kap Hatteras, drehen dann aufs offene Meer ab und erscheinen wieder auf den Bahamas oder im äußersten Osten von Kuba; von dort geht es über Westindien zu den eigentlichen Winterquartieren, die von der Insel Trinidad längs der südamerikanischen Ostküste südwärts bis Rio de Janeiro reichen.

Dort verbleiben die jungen Seeschwalben bis zum nächsten oder zum darauffolgenden Sommer. Gelegentlich begleiten sie wohl die Erwachsenen bis zu den Nistplätzen im Norden, brüten aber niemals im ersten und auch nur ausnahmsweise schon im zweiten Lebensjahr, sondern im allgemeinen erst mit 3 oder 4 Jahren. Von dann ab beträgt die Sterblichkeitsziffer, wie wir aus dem Verhältnis zwischen beringten und wiedergefundenen Vögeln wissen, für die nächsten 15 Jahre ziemlich gleichbleibend 23 % pro Jahr. Somit setzt sich der größte Teil der Kolonien aus 4 bis 15 Jahre alten Vögeln zusammen. Auf Grund der hohen Sterblichkeit von 23 % können schließlich von je 1000 Tieren nur noch ein oder zwei ihren 18. oder 19. Geburtstag feiern, doch hatte es die älteste Seeschwalbe vom Kap Cod immerhin auf 25 Lenze gebracht.

Die Beringung hat weiterhin ergeben, daß die jungen Seeschwalben zur gleichen Brutstelle zurückkehren, an der sie zur Welt gekommen sind. Dorthin ziehen sie weiterhin Jahr für Jahr, wenn sie erst einmal gebrütet haben, oder legen doch wenigstens in unmittelbarer Nähe ihr Nest an. Eine derartige Ortstreue wurde auch für viele andere Zugvögel nachgewiesen. Am stärksten fühlen sich die Vögel an ihre Nistplätze gebunden, in geringerem Maße jedoch an ihre Zugstrecke und an ihre Winterquartiere.

Am Kap Cod nisten auch einige wenige Küstenseeschwalben zusammen mit den Flußseeschwalben. Das ist damit der südlichste Nistplatz der Küstenseeschwalben in Nordamerika. Beide Arten gleichen sich weitgehend in ihrem Brutverhalten, geben aber nach dem Ende der Brutzeit ihre Gemeinschaft wieder auf, denn die Küstenseeschwalbe zieht dann erst nordostwärts in Richtung Neufundland, wo sie sich mit den übrigen Artangehörigen aus den nördlicher gelegenen Brutplätzen trifft, und dann fliegen sie alle östlich und südöstlich über den Atlantik in einem großen Bogen zur europäischen Westküste und den Kanarischen Inseln. Von dort geht es längs der afrikanischen Westküste um das Kap der Guten Hoffnung bis nach Madagaskar. Die Winterquartiere liegen im Meer südwärts von Afrika bis zur Nähe des Südpolarkreises.

Diese erstaunliche Zugstrecke ließ sich nach Wiederfunden junger Küstenseeschwalben ermitteln, die der Verfasser dieses Buches fast 35 Jahre lang in Labrador beringt hatte. Ein Exemplar wurde an der französischen Küste entdeckt, nachdem es 6 Wochen zuvor von seiner Geburtsstätte abgeflogen war; ein anderes fand man 90 Tage später 14 400 km entfernt an der Küste von Natal. Vor wenigen Jahren aber sah man eine Küstenseeschwalbe, die in der Nähe der Disco-Bay nahe der Westküste von Grönland beringt worden war, noch höher an der afrikanischen Südostküste wieder, so daß sie die Rekordleistung von 16 000 km hinter sich gebracht haben mußte!

Eine junge Küstenseeschwalbe, die im nördlichen Rußland beringt war, wurde in Australien registriert. Auch den Altersrekord unter den Seeschwalben hält diese Art: Ein als Küken in Norwegen beringtes Tier starb 27 Jahre später in der gleichen Kolonie!

Die Brutplätze der Küstenseeschwalben liegen in den höheren Breiten der gesamten Nördlichen Halbkugel bis zum Norden Englands und Norwegens beziehungsweise bis zum nördlichen Grönland. Die meisten Vögel scheinen sich am Atlantik zu sammeln und längs der Küste südwärts zu ziehen; die Kolonien aus dem nordöstlichen Sibirien und Alaska wählen die Straße längs des östlichen Pazifik.

Zwei weitere Seeschwalbenarten tropischer Gewässer brüten gern miteinander: die Rußseeschwalbe und die braune Tölpel- oder Noddiseeschwalbe. Überall in der Welt findet man ihre Kolonien, die auf den abgelegenen Inseln des Atlantischen, des Pazifischen und des Indischen Ozeans nisten.

Nach vielen Tausenden zählen die Kolonien der Rußseeschwalbe auf den tropischen Inseln; zu den bekanntesten rechnet der Brutplatz «Wideawake Fair» auf der Insel Ascension im südlichen Atlantik. Hier haben sich die Vögel unabhängig vom Einfluß des Sonnenstandes gemacht und den sonst üblichen Jahreszyklus durchbrochen, denn sie nisten nicht mehr in jährlichen, sondern in 10monatigen Brutperioden und gleichen so die jährliche Sterblichkeit der Erwachsenen durch eine schnellere Brutfolge aus. Dagegen zeigen die Rußseeschwalben der Dry-Tortugas-Inseln bei den Florida Keys einen jährlichen Brutzyklus und kommen jedes Jahr von Ende Mai bis Anfang Juni zum Nisten an Land. Wie die meisten tropischen Seeschwalben legen sie nur ein einziges Ei. Dazu scharren die Weibchen einfache Gruben in die Erde, die oft in einem Abstand von nur wenigen Dezimetern jeden verfügbaren Raum des Nistgrundes bedecken.

Durch übermäßiges Einsammeln von Eiern wurden im Verlaufe des 19. Jahrhunderts fast die gesamten Seeschwalben der Dry Tortugas ausgerottet; man verkaufte sie gleich gallonenweise im Großhandel an die Bäckereien. Jetzt stehen die Dry Tortugas unter dem Schutz der USA, und so können die Ruß- und Tölpelseeschwalben wieder ungestört ihrem Brutgeschäft nachgehen.

An den Seeschwalbenkolonien der Dry Tortugas stellte vor 40 Jahren Dr. J. B. Watson fest, daß auch einzelne Tiere ohne Hilfe von Markierungspunkten ihren Weg über die See zum Nistplatz zurückfinden. Seinerzeit war die Beringung noch völlig unbekannt, und Watson markierte seine Vögel mit Ölfarbe. Er ließ den ersten Vogel in 112 km Entfernung auf Key West frei; noch am gleichen Tage war er wieder da. Später schickte er Ruß- und Tölpelseeschwalben bis nach Havanna und Kap Hatteras; sie kamen von Havanna nach 2 bis 3 Tagen zurück, benötigten aber vom Kap Hatteras 10 bis 12 Tage, denn von dort aus mußten sie einige 1900 km zurücklegen, weil sie ihren Weg rund um die Halbinsel Florida zu nehmen pflegten.

Die Tölpelseeschwalben der Tortugas bauen ein Nest aus Zweigen und Seegras in 30 bis 150 cm Höhe über dem Boden auf niedrigem Gebüsch und sind so zutraulich, daß man den brütenden Vogel mit der Hand aus dem Nest herausheben kann. Oft nisten sie auch auf dem Boden oder sogar an Felshängen. Ihr Gelege enthält nur ein Ei; das Junge bleibt oft solange im oder am Nest, bis es flügge ist.

Offenbar sind diejenigen Arten, die nur ein einziges Ei ablegen, ihren produktiveren Verwandten gegenüber im Vorteil, denn bei ihnen liegt die Sterblichkeitsrate der Jungtiere niedriger. Ruß- und Tölpelseeschwalbe halten sich mehr als ihre Verwandten über der Hochsee auf und werden außerhalb der Brutzeit selten in der Nähe des Landes angetroffen; sie rasten auch kaum am Strand. Deshalb hat man von den Tausenden und aber Tausenden beringter Rußseeschwalben der Tortugas nur ganz vereinzelt einmal ein Tier tot am Strande gefunden, während dies bei den anderen Arten immer wieder vorkommt. Anscheinend liegt die Sterblichkeit bei den erwachsenen Rußseeschwalben niedriger; das älteste Tier dieser Art, das man bis jetzt kennt, war 25 Jahre alt und brütete noch immer.

Fast in der ganzen Welt (jedoch nicht an unseren Küsten) zu Hause ist die Rosenseeschwalbe, die mit etwa 40 cm ungefähr so groß wird wie die Küstenseeschwalbe, aber einen längeren, tiefer gegabelten Schwanz besitzt. Häufig brütet sie mit der Flußseeschwalbe zusammen, legt ihre Nester jedoch nicht im offenen Gelände an, sondern verborgen unter dem Pflanzenbewuchs der Küste. Gegen Eindringlinge setzt sie sich wie die anderen Seeschwalben energisch zur Wehr. Dabei kreischen die Vögel nicht nur den Angreifer an, sondern sammeln sich auch über ihm, stürzen herab und bearbeiten ihn mit kräftigen Schnabelhieben. Ruß- und Tölpelseeschwalben dagegen sind nicht ganz so angriffslustig.

Zu den hübschesten Arten gehört die weltweit an den Küsten, aber auch im Binnenland brütende Zwergseeschwalbe, mit einer Länge von nur 21 cm die kleinste Art der Familie. Man erkennt diesen weißen Vogel mit dem hellgrauen Rükken, der dunklen Kopfkappe und dem weißen Gesicht sofort an dem leuchtend gelben Schnabel, den er beim Flug nach unten hält.

Gerade diese Art hatte an den amerikanischen Küsten besonders stark unter den Federjägern zu leiden; heute aber gehören dank energischer Schutzmaßnahmen ihre schrillen, kurzen Schreie wieder zum üblichen Vogelkonzert längs der amerikanischen Küsten. Zwergseeschwalben brüten in kleineren Kolonien als ihre Verwandten; selten findet man mehr als 200 oder 300 Paare beieinander, meist aber leben noch nicht einmal ein Dutzend Tiere irgendwo an einer einsamen Küste zusammen. Daher war es auch nicht möglich, Zwergseeschwalben in annähernd gleichen Mengen zu beringen wie die anderen, mehr geselligen Seeschwalben, und so wissen wir auch viel weniger über ihre Lebenserwartungen. Sie scheinen aber den anderen Arten darin nicht nachzustehen; eine Zwergseeschwalbe, die ich vor 30 Jahren als Nestjunges am Kap Cod selbst beringt hatte, wurde 23 Jahre später nur ein paar hundert Meter von dieser Stelle entfernt wiedergefunden. Man möchte daraus schließen, daß die Langlebigkeit bei den Seeschwalben nicht von der Größe abhängt.

In letzter Zeit hat man den Seeschwalben durch Insektizide großen Schaden zugefügt, insbesondere durch DDT, das zur Moskitobekämpfung an den Küsten versprüht wurde. Hatte man früher an den Küsten von Neuengland nur ganz vereinzelt einmal eine tote Seeschwalbe gefunden, so fielen sie in den letzten Sommern in erschreckend hohen Zahlen an, darunter auch etwa 20 Tiere im Alter von 5 bis 12 Jahren aus der Kolonie am Kap Cod. Wie ich mich selbst überzeugen konnte, sind diese Tiere ganz einwandfrei an dem Insektizid DDT eingegangen, das sie aller Wahrscheinlichkeit nach auf dem Umwege über ihre Nahrungsfische aufnahmen.

Scherenschnäbel *Rynchopidae*

Bei den Scherenschnäblern als einzigen Vögeln ist der Unterkiefer länger als der Oberkiefer. Wie mit einem Schöpflöffel streichen sie so über das Wasser, daß der Unterkiefer gerade die Oberfläche berührt, und wenn sie auf einen kleinen Fisch oder ein Krebschen treffen, schnappt der Oberkiefer kurz zu. Dann fliegt der Vogel hoch, schlingt die Beute noch im Fliegen hinunter und taucht seinen Schnabel wieder ins Wasser.

Außer dieser bemerkenswerten Fangmethode gibt es noch anatomische Eigenarten, die den 3 Scherenschnäblerarten einen besonderen Platz neben ihren Verwandten zuweisen, den Möwen und den Seeschwalben. Die Außenränder ihrer beiden Schnabelhälften funktionieren wie ein Taschenmesser: Der Rand des Unterschnabels weist eine scharfe Schneide auf, die haargenau in eine entsprechende Furche des Oberschnabels greift, und kann dadurch auch eine schlüpfrige Beute festhalten. Um den Stoß beim Packen der Beute abzufangen, sind die Halsmuskeln auffällig stark entwickelt; außerdem dienen besondere Knochenfortsätze dazu, Schädel und Hals fest miteinander zu verbinden.

Da der Rumpf der Scherenschnäbler unmittelbar über dem Wasser schwebt, wenn die Tiere unter steten Bewegungen ihrer langen, spitzen Flügel dahinfliegen, müssen die Schwingen oberhalb des Körpers schlagen. Die Scherenschnäbler gehen einzeln oder in kleinen Gruppen auf Nahrungssuche, indem sie über der ruhigen Wasseroberfläche küstennaher Inseln oder der Lagunen hin und her kreuzen. Wenn ein solches Tier an einem ruhigen Abend nahe genug an den Beobachter herankommt, hört man tatsächlich das scharfe Zischen des Schnabels durch das Wasser.

Am frühen Abend und in der Nacht, wenn das Wasser still ist und die Fische oder Krebse an die Oberfläche kommen, gehen die Scherenschnäbler auf Jagd; tagsüber rasten sie in kleineren Scharen an der Küste. Um ihr empfindliches Auge funktionstüchtig für das nächtliche Fischen zu erhalten, ist dieses Organ zum Schutz gegen den Sonnenglast auf dem Wasser und dem weißen Sand mit einer senkrechten Pupille ausgerüstet, die sich wie bei einem Krokodil zu einem Spalt zusammenziehen kann. Das harte Schreien der Scherenschnäbler klingt aus der Entfernung wie das Kläffen eines Hundes.

RIESENALK (ausgestorben)
Pinguinus impennis
Nordatlantische Inseln; 75 cm.

Von den 3 Arten wird der Neuweltscherenschnabel am größten. Er kommt an der Atlantikküste der USA vor und geht von Long Island an südwärts bis hinunter zu den beiden südamerikanischen Küsten etwa in Höhe von Argentinien und Chile. Die beiden anderen Arten sehen ihm recht ähnlich, bleiben aber etwas kleiner und wirken auf dem Rücken nicht schwarz, sondern dunkelbraun. Der Afrikanische Scherenschnabel mit seinem leuchtend gelben Schnabel lebt an den Flüssen und größeren Seen Afrikas. Beim Indischen Scherenschnabel ist der Schnabel am Grund schwarz, an der Spitze aber gelb, auch unterscheidet sich dieser Vogel von seinem afrikanischen Verwandten durch den weißen Halsring. Die Art hält sich vorwiegend längs der großen Ströme von Vorderindien bis nach Indochina auf.

Die Scherenschnäbler nisten kolonienweise am Sandstrand und benutzen dazu einfache Gruben, die sie sich mit der Brust in den Boden wühlen; dort legen sie ihre 2 bis 5 Eier hinein. Das Ausbrüten besorgt das Weibchen fast ganz allein. Die Jungen tragen ein hellgraues Dunengefieder und unterscheiden sich kaum von der Umwelt. Ihre beiden Schnabelhälften sind anfangs noch gleichlang; erst wenn die Tiere fast erwachsen sind, streckt sich der Unterschnabel.

Alken *Alcidae*

Wir können die 23 Arten der Alken geradezu als die nördlichen Stellvertreter der südpolaren Pinguine auffassen. Tatsächlich galt ja der Name «Pinguin» ursprünglich dem jetzt ausgestorbenen Riesenalk des Nordatlantik und wurde erst vor etwas mehr als einem Jahrhundert auf die südliche Vogelgruppe übertragen, die wir heute als Pinguine bezeichnen. Wenn wir von der Größe absehen – der größte Alk ist nur etwas größer als der kleinste Pinguin –, ähneln die beiden Gruppen einander auffallend im Aussehen und in der Lebensweise. Ebenso wie bei den Pinguinen haben wir auch bei den Alken kräftig gebaute Schwimmvögel vor uns, deren Füße weit hinten am Rumpf ansetzen; an Land wirken die Tiere gleichfalls ziemlich plump, ungeschickt und geradezu komisch. Im Meer jedoch schwimmen und tauchen sie vorzüglich, denn sie jagen ja ihre Beute dort, indem sie unter der Oberfläche mit Hilfe ihrer Flügel gleichsam durch das Wasser fliegen.

Hier aber hört die Ähnlichkeit mit den Pinguinen auf, denn alle noch existierenden Alken fliegen auch in der Luft recht gut, und selbst der flugunfähige Riesenalk hatte doch wenigstens noch wohlentwickelte Schwungfedern an den Flügeln, die den Pinguinen vollständig fehlen. Verwandtschaftlich sind die Alken ebenso weit von den Pinguinen entfernt wie in ihrer geographischen Verbreitung. Ihrem anatomischen Bau nach gehören sie vielmehr in die Nähe der Sumpf- und Strandvögel sowie der Möwen, von denen sie sich vor etwa 70 Millionen Jahren zu Beginn des Tertiärs abgespalten haben dürften. Jedenfalls bieten uns die Alken ein sehr schönes Beispiel für eine Parallelentwicklung: Zwei ganz verschiedene Gruppen haben unter der auslesenden Wirkung des grundsätzlich gleichen Lebensraumes ungefähr die gleiche Gestalt und Lebensweise herausgebildet!

Die Alken besiedeln die Arktis und brüten rings um den Nordpol am Rande des Nördlichen Eismeeres. Als Verbreitungsschwerpunkt dürfen wir die Beringsee und die angrenzenden arktischen Küsten ansehen, wo allein schon 19 Arten leben. Drei davon, nämlich die Gryllteiste, die Trottel- und die Dickschnabellumme, kommen zudem im Nordatlantik und seinen polaren Ausläufern vor, und dort liegt wieder die Heimat dreier weiterer Arten: des Papagei- und Krabbentauchers sowie des Tordalks.

Im nördlichen Atlantik kam auch der flugunfähige Riesenalk vor, ein Verwandter des Tordalks, von dem es heute kaum noch 100 Bälge in den Museen gibt. Einst nistete er in großen Scharen auf den kleinen Inseln nördlich Englands und an den Küsten Skandinaviens, Islands, Grönlands und Neufundlands. Er war so hilflos an Land, daß die Seeleute auf seinen Brutinseln ihre Boote über einen Laufsteg oder über ein zum Ufer gespanntes Seil mit diesen Tieren vollstopfen konnten. Das letzte lebende Pärchen wurde auf einer kleinen Felseninsel bei Island im Juni 1844 abgeschlachtet und sein Gelege zerstört. Kein Wissenschaftler hat die Lebensweise des Riesenalks untersuchen können; was wir von ihm wissen, schließen wir von den Museumsstücken oder den Knochen auf den Abfallhaufen neben prähistorischen Kochstellen; gelegentlich findet sich auch ein Hinweis in den Notizen früherer Seefahrer und Forscher. Etwa 75 cm wurde der Riesenalk lang und mehr als 60 cm hoch. Im Mai verließen die Tiere das Meer, um am Felsgestade ihr einziges Ei abzulegen. Es maß etwa 12,5 cm Länge und war ebenso birnenförmig wie das des Tordalks oder einer Lumme, sah weiß aus mit braunen und schwarzen Tupfen. Etwa 6 Wochen betrug die Zeitigungsdauer, und wenn wir vom nahe verwandten Tordalk schließen dürfen, waren die Jungtiere nach etwa 2 bis 3 Wochen weit genug entwickelt, um das Wasser aufzusuchen. Da man die Reste des Riesenalks auch in alten indianischen Küchenabfallhaufen gefunden hat, müssen wir annehmen, daß die Art diese für einen flugunfähigen Vogel erstaunlich weite Strecken längs der Küsten nach Süden gewandert ist. Anscheinend kam der Riesenalk regelmäßig so weit nach Süden, denn wir finden seine Knochen auch an anderen prähistorischen Ablagerungen bis hinunter nach Gibraltar und Florida.

Von den heutigen Arten werden die zirkumpolar verbreiteten Trottel- und Dickschnabellummen sowie der Tordalk am größten. Lummen und Tordalk brüten auf schmalen, seewärts gelegenen Felsenleisten (die Trottellumme auch auf Helgoland), ohne ein Nest zu bauen; sie legen ihr einziges Ei einfach auf dem nackten Gestein ab. Die Farbe ihrer kräftig gesprenkelten Eier variiert von weiß bis braun oder selbst grünlichblau, und ihre Gestalt ist so stark birnenförmig, daß sie im Kreis um das spitze Ende herumkugeln, wenn man sie bewegt, aber nicht vom Felsen herunterrollen.

Die Beringung hat gezeigt, daß die Alken und Lummen mit großer Ortstreue an ihren Brutplätzen hängen: Jahr für Jahr kommen dieselben Tiere zur selben Niststelle zurück. Dort bebrüten und füttern beide Geschlechter ihr Junges, das schon beim Ausschlüpfen ein graues Dunenkleid trägt und schnell heranwächst. Bereits 2 Wochen nach dem Schlüpfen, wenn der Jungvogel erst die halbe Größe der Erwachsenen erreicht hat, besitzt er das wasserdichte endgültige Gefieder und beginnt in Begleitung eines oder beider Eltern seine ersten Schwimmversuche. Da die Jungen so früh selbständig sind, wird die Nestplünderung durch Möwen eingeschränkt, die ständig auf unbewachte Jungvögel lauern. Anders ist es bei den Papageitauchern, bei der Gryllteiste und dem Krabbentaucher; sie nisten in Felsspalten und Höhlungen und schützen dort ihre Jungen gegen feindliche Einsicht. Bei diesen Arten bleiben die Jungen 6 bis 8 Wochen im Nest, bis sich ihre Flügelschwingen entwickelt haben und sie nun selbständig und ohne Begleitung ihrer Eltern zum Meer fliegen können.

DICKSCHNABELLUMME
Uria lomvia
Nordatlantische, -pazifische und arktische Küsten; 43 cm.

TORDALK
Alca torda
Nordatlantische Küsten; 40 cm.

GRYLLTEISTE
Cepphus grylle
Nordatlantische, -pazifische und arktische Küsten; 35 cm.

KRABBENTAUCHER
Plautus alle
Grönland und Nowaja Semlja; 20 cm.

Wie die Clowns ihrer Familie wirken die Papageitaucher mit ihren merkwürdigen Riesenschnäbeln. Bei den beiden pazifischen Arten, dem Schwarzkehl-Papageitaucher und dem Ohrenalk, kommen noch fleischige Auswüchse über dem Auge bei der ersten und lange Federbüsche bei der zweiten Art hinzu. Die leuchtenden Farben am Schnabel treten allerdings nur während der Fortpflanzungszeit auf; im Verlaufe der darauffolgenden Mauser wird auch die äußere Hornschicht des Schnabels abgestoßen, der danach unscheinbarer wirkt. Im übrigen können gerade diese Arten am allerbesten laufen, denn sie watscheln nicht schwerfällig auf Fuß und Lauf daher wie die anderen Alken, sondern stehen aufrecht auf ihren Zehen und schlagen einen komisch steifen, rollenden Gang an.

Die Papageitaucher, auch Lunde genannt, nisten in Höhlen, die sie ungefähr 1 m tief in den Grasboden am Strand graben; dazu meißeln sie zuerst die Erde mit ihrem dicken Schnabel locker und kratzen sie dann mit den Zehen frei. Das Ei dieser Tiere hat eine rundere Form als bei den Alken und Lummen, denn hier besteht ja auch keine Gefahr, daß es von der Unterlage herabrollt und zerschellt. Wie man es so oft bei Höhlenbrütern findet, sind die Eier weiß, zeigen aber manchmal noch Spuren der einstigen Tüpfelung, die ihren Vorfahren als Tarnmuster diente. Den Hauptanteil am Brüten übernimmt das Weibchen, doch wird es hin und wieder für kürzere Zeit vom Männchen abgelöst, das sich auch beim morgendlichen und abendlichen Füttern der Jungen mit Fisch beteiligt. 6 Wochen lang füttern die Eltern und verlassen dann ganz plötzlich ihre Brut. Die bleibt noch eine weitere Woche im Nest und zehrt vom eigenen Fett, während ihr Dunenkleid durch das endgültige Gefieder ersetzt wird und die Schwungfedern sprießen. Eines Nachts, wenn die Gefahr durch Räuber nicht so groß ist, kommen die Jungtiere endlich hervor und fliegen selbständig zum Meer.

Mit einer Länge von nur 20 bis 23 cm bleibt der Krabbentaucher die kleinste atlantische Art; er nistet in den Felsspalten der Klippen auf dem nördlichen Grönland, Spitzbergen, Kaiser-Franz-Josephs-Land und der Jan-Mayen-Insel, oft in einiger Entfernung vom Wasser. Im Winter wandert er längs der beiden Atlantikküsten in großen Scharen südwärts zu den Britischen Inseln, zur Nordsee und zur Küste Neuenglands, mitunter selbst bis zum Mittelmeer und Florida. Bei Stürmen werden die Tiere manchmal weit landeinwärts abgetrieben. Bei den Eskimos gelten diese kleinen, fetten Vögel als beliebte Speise und werden daher an ihren Nistplätzen mit Netzen gefangen.

Zu den ansehnlicheren Arten im nördlichen Pazifik gehört der dunkelgraue Schopfalk, dessen nach vorn geneigte Stirnhaube an die Kalifornische Schopfwachtel erinnert und der deshalb in manchen Gegenden «Seewachtel» heißt. Das kleinste Mitglied der Familie ist der Zwergalk, ein nur 16 cm langer, eintönig schwarz-weißer Vogel, den man oft in Scharen von Tausenden auf der rauhen See des nördlichen Pazifik trifft. Man nennt ihn und verschiedene andere kleine Alken und Lummen auch «Seesperlinge». Zu den seltensten und den am wenigsten bekannten Formen rechnet der Japanalk, der nur auf ein paar kleinen Inseln brütet. Das südlichste Verbreitungsgebiet finden wir bei den beiden Lummenalken, die in Niederkalifornien nisten und danach nach Norden in kältere Gewässer ziehen und nicht nach Süden, wie es ihre Verwandten tun. Recht bemerkenswert sind von den nordpazifischen Arten ferner der Hornalk, der Bartalk und der Staryktaucher, die alle während der Brutzeit ein besonderes Gefieder oder auffallende Schnäbel zeigen. Die Nistplätze des Marmelalks von den Küsten Südwestalaskas und Britisch-Kolumbiens liegen wahrscheinlich hoch oben in den Bergen, sie sind daher nicht bekannt; lange waren auch die des Kittlitz-Zwergalks oder Kurzschnabelalks ein Geheimnis, bis man sie oberhalb der Baumgrenze in den Bergen von Alaska, den Aleuten, den Kurilen und Nordostsibirien an freien Stellen inmitten des schmelzenden Schnees entdeckte.

Taubenvögel *Columbiformes*

Obwohl ihre Fossilfunde nur einige 40 Millionen Jahre zurück bis ins Oligozän reichen, sind die Tauben und ihre Verwandten doch zweifellos viel früher entstanden. Sie bilden eine Gruppe einerseits recht urtümlicher, andererseits aber ziemlich spezialisierter Vögel, die keine engere Verwandtschaft zu einer der übrigen Ordnungen erkennen läßt. Im anatomischen Bau des Gaumens und der Flügel stimmen sie mit den Regenpfeifern überein, unterscheiden sich aber von ihnen durch den Bau der Wirbel, des Brustbeins, der Füße und anderer wichtiger Merkmale. Wir kennen eine ausgestorbene und zwei noch lebende Familien, die mit Ausnahme des Nord- und Südpolargebietes praktisch in allen Regionen der Erde beheimatet sind.

Alle Taubenvögel bewohnen das Land und tragen ein dichtes, kräftiges Gefieder, dessen einzelne Federn nur locker in die Haut eingesenkt sind; alle fressen fast ausschließlich Pflanzennahrung, wie Früchte, Sämereien und Gräser, und füttern ihre Jungen mit dem ausgewürgten Inhalt ihres kräftig entwickelten Kropfes. Die Gelege bleiben klein und enthalten meist 2, seltener 3 Eier, mitunter auch nur ein einziges. Besonders auffällig erscheint ihre Art zu trinken. Wie es die Dronten gemacht haben, wissen wir allerdings nicht, aber die Flughühner und die eigentlichen Tauben sind die einzigen Vögel, die in der Lage sind, das Wasser einzusaugen: Sie stecken ihren Kopf ins Wasser und trinken ohne abzusetzen und ihren Kopf in die Höhe zu nehmen, wie es sonst praktisch alle anderen Vögel tun.

Flughühner *Pteroclidae*

Die Flughühner leben in sandigen, baumlosen Gegenden. Ganz entfernt erinnern sie an untersetzte, kurzbeinige Waldhühner, doch wirken Kopf und Hals taubenähnlich. Auch in ihrem Bau ähneln sie den Tauben, wenn auch ihrem kurzen, spitzen Schnabel eine Wachshaut fehlt und die Körperhaut dicker und zäher erscheint. Flügel und Schwanz sind lang und spitz, die extrem kurzen Beine bis auf die Zehen befiedert; bei zwei asiatischen Arten sind auch die Zehen mit Federn ausgestattet.

Alle 16 Arten der Flughühner sind ziemlich plumpe, stromlinienförmige, mittelgroße Vögel von 23 bis 40 cm Länge und zeigen eine unauffällige Tarntracht. Ihre grauen und braunen Farbtöne, unterbrochen von orangefarbenen, haselnußbraunen, schwarzen und weißen Flecken, passen sich vollkommen dem Boden der Halbwüsten und Steppen an, in denen die Tiere leben. Die Heimat der Familie umfaßt das südliche Europa, Mittel- und Südasien sowie die trockeneren Gebiete Afrikas und Madagaskars; dort mag der Besitz von befiederten Beinen und einer dicken Haut zweifellos dazu beitragen, ihnen die Existenz unter derart extremen Temperaturverhältnissen zu ermöglichen. Nie baumen diese Vögel auf, sondern wandern gemessen mit kurzen Schritten über den Boden, um Beeren, Sämereien und Knospen zu fressen, doch nehmen sie gelegentlich auch einmal ein kleines Insekt als Nahrung zu sich.

Alles an ihrer Lebensweise läßt die Flughühner als ideale Jagdvögel erscheinen: Sie leben gesellig, ihr Fleisch ist kräftig und schmackhaft, und sie fliegen als scheue, vorsichtige Tiere schnell auf, so daß es schwierig ist, sie ins Schußfeld zu bekommen. Wenn sie sich beunruhigt fühlen, fliegen sie wie echte Tauben polternd auf, erreichen sofort eine hohe Geschwindigkeit und streichen mit kurzen, schnellen Flügelschlägen ab, die einen feinen, pfeifenden Ton erzeugen. Auf längeren Flügen zwitschern sich die Tiere gegenseitig zu; ihre sonstigen Lautäußerungen reichen von Pfeifen und glucksendem Gurren bis zum Krächzen.

Wenn auch die Flughühner in Trockengebieten leben, brauchen sie doch täglich Trinkwasser und müssen daher morgens und abends weite Wanderungen zu den Wasserstellen unternehmen. Dabei sind sie derart vorsichtig, daß ihre Schwärme erst ein paar 100 m entfernt von der Tränkstelle niedergehen und 5 bis 10 Minuten abwarten, ob ihnen auch keine Gefahr droht. Dann erst fliegen sie zum Wasser und waten bis zum Bauch hinein oder rudern auch ein paar Stöße; tatsächlich schwimmen können nur ganz wenige Arten. Sie trinken ganz nach der Taubenart, ohne dabei ihren Kopf hochzuheben. Immer wieder kehren die Schwärme zu ihren angestammten Wasserstellen zurück.

Von den echten Tauben unterscheiden sich die Flughühner dadurch, daß ihre frühentwickelten Jungen bereits im Dunenkleid schlüpfen und schon nach kurzer Zeit das Nest verlassen. Die Eier sind zwar etwas länger als die der Tauben, aber ebenso an beiden Polen gerundet, unauffällig rötlichgelb bis grünlich gefärbt und mit verschiedenen bräunlichen oder violetten Tönen gezeichnet. Das Gelege aus meist 2, mitunter auch 3 Eiern wird im Freien in einfachen Erdgruben abgesetzt und von beiden Eltern etwa 23 bis 28 Tage lang bebrütet. Einige Arten bringen sogar 2 oder selbst 3 Bruten im Jahr hervor. Umgekehrt wie bei den Tauben brütet das Weibchen tagsüber, das Männchen nachts, während es am Tage seine Gefährtin mit Futter und Wasser versorgt. Beide Eltern füttern die Jungen mit ausgewürgter Nahrung und locken einen Gegner dadurch vom Nest fort, daß sie, ähnlich wie es die Regenpfeifer in einer derartigen Lage tun, einen gebrochenen Flügel vortäuschen.

Manche Arten sind Zugvögel, und einige unternehmen Wanderungen, die oft weit von den eigentlichen Jagdgründen fortführen. So taucht das zentralasiatische Steppenhuhn immer wieder in Mittel- und Westeuropa auf, besonders in oder nach einem strengen Winter in seiner eigentlichen Heimat. Bestimmt dreimal, nämlich in den Jahren 1863, 1888 und 1908, kamen sie zu Tausenden westwärts bis nach Irland und zu den Hebriden.

SPIESSFLUGHUHN
Pterocles alchata
Spanien, Nordafrika und Kleinasien; 30 cm.

Dronten *Raphidae*

Gerade die Dronte kann als eines der bekanntesten Wahrzeichen für die Ausrottung einer Tierart gelten, die durch die Schuld des Menschen unwiderruflich von der Bühne des Lebens abtreten mußte. Alles, was wir heute noch von ihr besitzen, sind zwei Schädel und zwei Füße in den Sammlungen der europäischen Museen sowie ein paar Skelette. Wohl aber kennen wir einige ganz vorzügliche Abbildungen, die holländische Künstler von den Dronten angefertigt hatten, die im 16. und 17. Jahrhundert von den Besatzungen der Kauffahrteischiffe lebend nach Europa gebracht wurden.

Obwohl sie doch erst ein paar Jahrhunderte ausgestorben sind, gibt es doch nur wenige zuverlässige Nachrichten über die Lebensweise dieser riesigen, flugunfähigen Taubenvögel, die sich von irgendwelchen fliegenden Vorfahren herleiten, die vor vielen geologischen Epochen auf die winzigen, abgelegenen Maskarenen-Inseln im Indischen Ozean gelangten. Bei der sorgfältigen Durchsicht der alten Logbücher und Reisenotizen hat sich herausgestellt, daß es 3 Arten von Dronten gewesen sein müssen, die in den Wäldern dieser einsamen Inselgruppe lebten, bis dann der Mensch zu Beginn des 16. Jahrhunderts ihre friedvollen Refugien entdeckte. Die eigentliche Dronte lebte auf Mauritius; von den ein oder zwei eng verwandten Arten der Solitaire, die man aber auch als Dronten bezeichnen kann, kam die eine auf Réunion und die andere auf der nahebei gelegenen Insel Rodriguez vor.

Sie alle waren kompakte, fette Vögel von der Größe eines Truthahns oder noch größer und wogen bis zu 50 Pfund; sie besaßen mächtige gebogene Schnäbel, kräftige Beine, ganz und gar funktionslose Flügelstummel und einen Schwanz aus lockeren, nach unten gekrümmten Federn. Die Tiere sahen graubraun bis weiß aus; die Männchen waren größer, die Weibchen aber kräftiger gefärbt. Ihre Nahrung bestand aus verschiedenen Früchten, Sämereien, Beeren und Blättern, und sie legten nur ein einziges Ei, das dann von beiden Geschlechtern bebrütet wurde.

Wohl haben die Seeleute, die auf diesen Inseln anlegten, Unmengen der Vögel zu Nahrungszwecken geschlachtet, doch trifft die eigentliche Schuld am Untergang der Arten die Schweine und die Affen, die von den Portugiesen im 16. Jahrhundert eingeführt wurden und die sich an den Eiern und der Brut vergriffen. Gegen 1680 verschwand die Dronte von Mauritius; der Solitair von Réunion überlebte bis etwa 1750, der von Rodriguez sogar bis um 1800.

Neuerdings hat man auf Grund der Skelettfunde auf Mauritius und Rodriguez festgestellt, daß die Dronten möglicherweise mit den Rallen verwandt sind, und möchte sie nun als eigene Ordnung zwischen die Rallen und die Tauben stellen.

Tauben *Columbidae*

In allen gemäßigten und tropischen Klimaten auf der ganzen Welt sind die Tauben zu Hause, doch liegt ihr Entwicklungsschwerpunkt in der Orientalischen und Australasiatischen Region, wo etwa zwei Drittel der insgesamt 289 Arten umfassenden Familie leben. Stets finden wir einen untersetzten Körper und einen kleinen Kopf, einen kurzen, schmalen und abgerundeten Schnabel, der sich zur Spitze hin verdickt und in der Mitte verschmälert; seine Basis ist von einer fleischigen Wachshaut bekleidet, die von den Nasenlöchern durchbrochen wird. Die meisten Arten fliegen geschickt und ausdauernd; in ihrem dichten Gefieder stecken die einzelnen Federn nur locker in der Haut und fallen leicht aus, was wir vielleicht als eine Schutzeinrichtung gegen Raubvögel anzusehen haben. Zumeist bestehen die Lautäußerungen aus einem etwas traurig klingenden Gurren oder Brummen, das oft und ausdauernd wiederholt wird, ein paar Arten pfeifen oder fauchen.

Die meisten Tauben ernähren sich fast ausschließlich von Pflanzenstoffen und bevorzugen dabei insbesondere Sämereien, Körner und Früchte, doch fressen sie gelegentlich auch Eicheln, bestimmte Blätter und andere Vegetabilien. Es gibt sogar ein paar Arten, die Insekten, Würmer und Maden nehmen, und einige zeigen eine Vorliebe für Salz.

Erstaunlich gleichförmig erscheint das Nistverhalten innerhalb der Familie. Die Tiere nisten zumeist auf Bäumen, häufig auf dem Boden, mitunter auf Felsvorsprüngen oder Gebäuden, seltener in Baumhöhlen oder Erdlöchern. Fast ausnahmslos bauen sie ihr Nest locker aus Zweigen und legen dort 1 bis 3, meist 2 Eier hinein. Die Eier sind länglich, an beiden Enden gleichmäßig abgerundet und zumeist glänzend weiß; nur ein paar tropische Arten legen gelbliche oder bräunliche Eier. Das Weibchen brütet gewöhnlich nachts, das Männchen am Tage. Bei den kleineren Arten dauert das Brutgeschäft nur 12 Tage, bei den großen Kronentauben aber bis zu 4 Wochen. Die Jungvögel schlüpfen nackt und mit geschlossenen Augen; sie werden von beiden Eltern gehudert und gefüttert, bis sie flügge sind.

Die Eltern füttern ihre Jungen mit der sogenannten «Kropfmilch». Während der Brutzeit verdickt sich die Wand des Kropfes, und wenn die Fütterungszeit beginnt, löst sich der Belag als käsige Masse ab, deren Nährwert ungefähr dem der Säugermilch entspricht. Um an ihr Futter heranzukommen, packen die Jungvögel mit ihrem Schnabel den des Elternvogels, und dieser würgt die Nahrung in den Schnabel des Jungen, anfangs die Kropfmilch, später halbverdaute Körner. Bei dieser Kost wachsen die Jungen schnell heran und können schon 2 bis 3 Wochen nach dem Schlüpfen ihr Nest verlassen. Als Ausgleich zu der geringen Eizahl ziehen die meisten Tauben 2 oder mehr Bruten im Jahr auf.

Man unterteilt die Familie in eine ganze Anzahl von Untergruppen, die zum Teil natürliche, zum Teil aber zweifellos rein künstliche Einheiten darstellen. Am meisten vertraut sind wir mit der Unterfamilie der Echten Tauben *(Columbinae)*, die auch die meisten Arten enthält und die in allen gemäßigten und tropischen Teilen der Welt zu Hause ist. Hierher gehört die Felsentaube der Mittelmeerländer und des westlichen Asiens sowie der Küsten Großbritanniens und der Bretagne, die Stammform der «Straßentauben» unserer Städte und aller sonstigen Haustauben-Formen.

Wahrscheinlich gehört die Haustaube zu den ersten Vögeln, die der Mensch domestiziert hat, denn die Tauben spielen in den Märchen und Religionen aller frühen Völker eine wichtige Rolle. Schon die Geschichte von Noah beweist, wie lange dem Menschen die Fähigkeit der Tauben bekannt war, ihren Weg über ganz fremdes Gebiet nach Hause zu finden. Bereits vor Tausenden von Jahren hat man die Tauben zur Übermittlung von Nachrichten benutzt; zum alten Rom trugen sie die Kunde von Cäsars Siegen in Gallien. Vier Tage bevor die ersten Kuriere zu Pferd und Schiff in England anlangten, hatten die Tauben bereits die Nachricht von Napoleons Niederlage bei Waterloo nach London überbracht. Selbst noch im ersten Weltkrieg wurden Brieftauben dort eingesetzt, wo alle anderen Arten der Nachrichtenübermittlung versagten. In heutiger Zeit ist allerdings die weit schnellere und zuverlässigere Funkverbindung an ihre Stelle getreten, aber noch immer werden Brieftauben von unzähligen Züchtern gepflegt und abgerichtet.

Den Biologen boten sich die Tauben als Laboratoriumstiere geradezu an, weil sie so leicht zu halten und zu züchten sind. In den letzten Jahren hatte man an ihnen herauszufinden versucht, auf welche Weise ein Vogel seinen Weg über ein ihm unbekanntes Gelände findet. Dabei stellte sich heraus, daß die Tauben eine Art Sonnennavigation betreiben, aber wie dieser Sinn beschaffen ist und wie er arbeitet, wissen wir noch keineswegs. Offenbar richten sich die Tiere in der Umgebung ihrer Schläge auch nach Landmarken.

In großen Mengen werden Tauben auch zu Nahrungszwecken gezüchtet, denn junge Täubchen gehören zu den größten Delikatessen. Hauptsächlich aber hält man Tauben ihrer Schönheit wegen, und so kennt man bereits Hunderte von Varietäten, die sich in der Färbung, Größe und im Gefieder weit von der Ausgangsgruppe unterscheiden. Verwandt mit der Felsentaube sind von den heimischen Arten die Ringel- und die Hohltaube.

Eine zweite große Gruppe bilden die Fruchttauben *(Treroninae)* der Alten Welt, die ihren Namen deshalb tragen, weil sie vorwiegend Früchte und Beeren fressen; es sind Waldvögel mit oft wunderschönen, leuchtenden Farben. Als eine natürliche Einheit tragen die 20 Arten der Grüntauben im südöstlichen Asien, in Malaya und Afrika eine einheitliche hell gelbgrüne Grundfärbung, dazu aber verschiedene gelbe, schwarze und graue Zeichnungen. Wie bei allen Fruchttauben ist auch bei ihnen der Lauf zum Teil befiedert, der Fuß ziemlich breit und der Schlund recht weit, damit die Vögel große Früchte im ganzen verschlingen können. Die Tiere halten sich fast ausschließlich auf Bäumen auf, fressen auch dort und kommen höchst selten einmal auf den Boden herunter. Eigentliche Wanderzüge unternehmen sie nicht, doch wechseln sie ihre Nahrungsgründe im Verlaufe des Jahres, je nachdem welche Bäume gerade Früchte tragen, und dabei legen sie oft erstaunliche Entfernungen zurück.

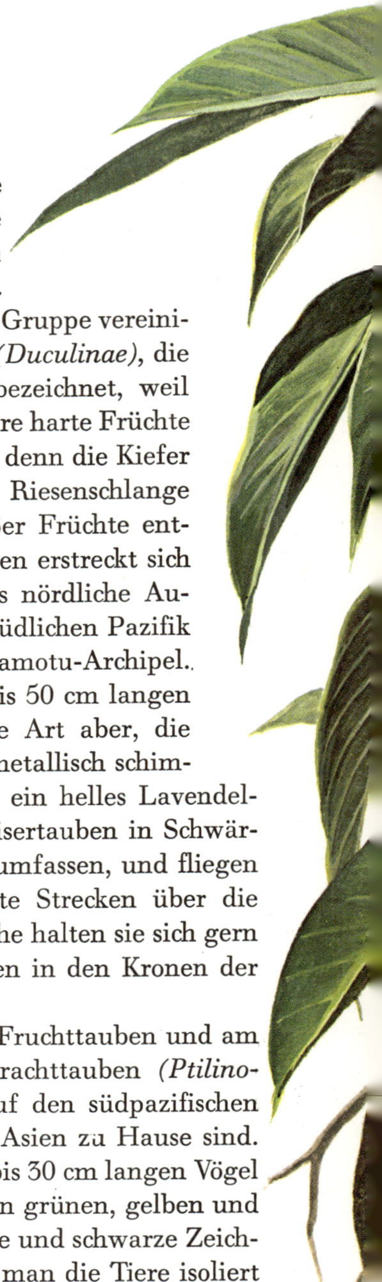

Zu einer weiteren, wohlabgegrenzten Gruppe vereinigen wir die 37 Arten der Kaisertauben *(Duculinae)*, die man auch als «Muskatnuß-Tauben» bezeichnet, weil einige von ihnen Muskatnüsse und andere harte Früchte fressen, die oft größer sind als ihr Kopf, denn die Kiefer sind elastisch eingelenkt wie bei einer Riesenschlange und dehnen sich beim Verzehren großer Früchte entsprechend aus. Die Heimat dieser Tauben erstreckt sich über Malaya, die Philippinen und das nördliche Australien sowie die größeren Inseln des südlichen Pazifik bis zu den Marquesas und dem Tuamotu-Archipel. Meist findet man bei den großen, 30 bis 50 cm langen Arten ziemlich dunkle Grautöne; eine Art aber, die Bronzefruchttaube, zeigt oberseits ein metallisch schimmerndes Grün und auf der Unterseite ein helles Lavendelfarben. Gewöhnlich halten sich die Kaisertauben in Schwärmen auf, die oft Hunderte von Tieren umfassen, und fliegen auf der Nahrungssuche mitunter weite Strecken über die offene See von Insel zu Insel. In der Ruhe halten sie sich gern bis 50 m und mehr über dem Erdboden in den Kronen der Urwald- und Mangrovenbäume auf.

Am leuchtendsten gefärbt von allen Fruchttauben und am auffallendsten gezeichnet sind die Prachttauben *(Ptilinopinae)*, deren 39 Arten vorwiegend auf den südpazifischen Inseln, zum Teil auch im südöstlichen Asien zu Hause sind. Diese verhältnismäßig kleinen, nur 23 bis 30 cm langen Vögel tragen ein überaus buntes Farbkleid von grünen, gelben und grauen Tönen, gegen die ihre rote, blaue und schwarze Zeichnung kontrastreich absticht. Betrachtet man die Tiere isoliert für sich, wirken sie selbstverständlich überaus auffallend, doch vermischen sich die grellen Farben in ihrer natürlichen Umgebung ganz vorzüglich mit dem bunten Laub des Urwaldes und den einfallenden Sonnenstrahlen.

Eine eigene Unterfamilie *(Didunculinae)* nimmt die eigentümliche Zahntaube von Samoa ein, ein schwarzgrün und schokoladenbraun gezeichneter Vogel von etwa 33 cm Länge mit leuchtend rotem Schnabel und Füßen, der hauptsächlich von den feigenähnlichen Früchten des Banyanbaumes lebt. Der kräftige Schnabel ist stark gekrümmt und läßt an der Spitze des Unterschnabels 2 Sägezähne erkennen. Nur auf Grund seiner scheuen Lebensweise war es diesem Vogel möglich, sich in den abgelegenen Wäldern seiner Heimat am Leben zu erhalten; als durch die Pottwalfänger auch Katzen auf Samoa eingeführt wurden, erwies er sich als plastisch genug, um seine ursprünglich bodennistende Lebensweise aufzugeben und die Nester so hoch auf die Bäume zu verlegen, daß die Raubtiere ihm nichts anhaben konnten.

Als weitere kleine, aber deutlich abgegrenzte Gruppe betrachten wir die Kronentauben *(Gourinae)* von Neuguinea. Ihre 3 Arten stellen die Riesen unter der Taubenfamilie dar, denn sie werden 66 bis 85 cm lang. Von den anderen Tauben unterscheiden sie sich durch den Besitz von 16 statt 12 Schwanzfedern, durch die Hornschuppen an ihren Beinen, durch das Fehlen einer Bürzeldrüse und einer Gallenblase sowie durch das Vorhandensein eines riesigen, fächerförmigen Schopfes aus aufrechtstehenden, zerschlissenen Federn. Ihre Nahrung suchen die Kronentauben auf dem Boden, nehmen

aber bei Gefahr Zuflucht auf den Bäumen. Im übrigen sind es recht träge Tiere, denn wenn man sie vom Boden aufgescheucht hat, bleiben sie ganz ruhig auf einem Ast sitzen, so daß sie der Jäger ohne weiteres abschießen kann. Da ihr Fleisch, wie das aller Tauben, sehr gut schmeckt, sind diese hübschen, ansehnlichen Vögel trotz des jetzigen gesetzlichen Schutzes in der Nähe menschlicher Ansiedlungen recht selten geworden, sollen aber in den weniger zugänglichen Urwäldern Neuguineas noch immer ziemlich häufig vorkommen.

Wenden wir uns jetzt wieder der großen, aber schwer zu definierenden Unterfamilie *Columbinae* zu! Einer ihrer berühmtesten, aber auch bedauernswertesten Angehörigen war die nordamerikanische Wandertaube, die noch vor etwa einem Jahrhundert zu den häufigsten Vögeln der Welt gehörte; ihre Schwärme verdunkelten im wahrsten Sinne des Wortes den Himmel über manchen Landstrichen. Einer der angesehensten nordamerikanischen Ornithologen, Alexander Wilson, schätzte im Jahre 1810 einen vorbeifliegenden Schwarm von Wandertauben auf über 2 Milliarden Tiere! Unübersehbar waren die Brutkolonien dieser Art; sie bedeckten in einer Ausdehnung von 32 km und mehr ganze Eichen- und Buchenwälder. Jeder Baum trug mindestens ein Nest, manchmal aber auch Hunderte davon. In solchen Massen saßen die Vögel auf den Bäumen, daß die Zweige unter ihrem Gewicht abbrachen.

Das letzte große Brutgebiet der Wandertauben in Wisconsin erstreckte sich im Jahre 1878 über einen Raum von etwa 2200 Quadratkilometer und beherbergte fast 136 Millionen Vögel. Dann aber ging es mit den Tieren sehr bald zu Ende. Jahr um Jahr wurden sie unbarmherzig geschossen oder mit Netzen und Fallen an ihren Brutplätzen gefangen und ihre Leichen waggonweise zu den Märkten gebracht. Von diesen Schlägen konnte sich die

Art niemals erholen. Das letzte Nest der Wandertaube fand man im Jahre 1895 in Minneapolis, das letzte freilebende Tier 1899, und das letzte lebende Exemplar starb im Jahre 1914 im Zoo von Cincinnati.

Gewiß ist das Aussterben dieser Art höchst betrüblich, und man kann die Grausamkeit des Menschen nur beklagen. der dazu beigetragen hat, die unübersehbaren Scharen der Wandertaube auszurotten. Trotzdem nehmen die Biologen an, daß der Untergang der Art bereits durch natürliche Ursachen vorbestimmt gewesen ist, denn die Wandertaube war eine überspezialisierte Art mit allen Anzeichen einer Überalterung. Dazu gehörte nicht zuletzt die außerordentlich hohe Individuenzahl, die wir bei verschiedenen Arten kurz vor dem Aussterben antreffen, wie etwa bei den Riesensauriern. Am meisten hatte sich die Wandertaube in ihrem Nistverhalten

FELSENTAUBE
Columba livia
Südliches Europa und Asien
sowie Nordafrika; 33 cm.

SPERLINGSTÄUBCHEN
Columbigallina passerina
Südliche USA und Westindien
bis Brasilien und Ekuador; 18 cm.

KAROLINA-TAUBE
Zenaidura macroura
Gemäßigtes Nordamerika
und Westindien bis Panama; 30 cr

spezialisiert und mußte in riesigen Kolonien brüten, um ihre Nachkommenschaft sicherzustellen. Als man dem letzten großen Nistplatz zuleibe ging, überlebte wohl ein großer Teil der Vögel, doch vermochten sie nicht mehr in kleineren Kolonien erfolgreich zu brüten.

Wäre die Wandertaube imstande gewesen, allein oder in kleineren Gemeinschaften zu brüten, würde sie sich wahrscheinlich in unser Zeitalter der vernünftigen Naturpflege hinübergerettet haben, das mit dem Beginn des 20. Jahrhunderts einsetzte. Ihr Aussterben gab jedoch dem Naturschutzgedanken einen gewaltigen Auftrieb und trug wesentlich dazu bei, dem Jagdwild Schutzgebiete zu schaffen, war also doch nicht ganz umsonst.

In 15 Arten sind die Turteltauben der Gattung *Streptopelia* weit über Europa, Asien und Afrika verbreitet. Unsere euro-

INKATÄUBCHEN
Scardafella inca
Südwestliche USA
bis Costa Rica; 30 cm.

WEISSFLÜGEL-TURTELTA
Zenaida asiatica
Südwestliche USA und
Westindien bis Panama
Ekuador bis Nordchile; 25

päisch-nordwestafrikanisch-westasiatische Turteltaube, eine wichtige Gestalt in vielen Märchen und Gedichten, kommt auch heute noch recht zahlreich vor, wenn man ihr auch in vielen Teilen ihres Verbreitungsgebietes nachstellt. Verwandte Arten, wie etwa die chinesische Perlhalstaube, wurden in fremden Gebieten angesiedelt, insbesondere auf Hawaii und in Australien. Die Türkentaube, die vom östlichen Mittelmeergebiet bis nach Japan zu Hause ist, hat in letzter Zeit ihr Verbreitungsgebiet in das nördliche und westliche Europa vorgeschoben und nistet jetzt selbst in Großstädten.

In Nordamerika spielt die Karolinataube eine Hauptrolle; sie nistet als einziger dortiger Vogel in allen Staaten der USA (mit Ausnahme von Hawaii). In den amerikanischen Südstaaten wird sie gejagt, steht aber in den Nordstaaten unter Naturschutz. Weil sie in der Vogelwelt ihres Landes eine derart wichtige Stellung einnimmt, hat man sich insbesondere in den letzten Jahrzehnten intensiv mit ihrer Lebensweise beschäftigt.

Die Lebensdauer der Karolinataube liegt in der Natur nicht allzu hoch, sondern beträgt nur bis 10 Jahre, während sie in der Gefangenschaft bis 16 Jahre bemessen war. Nach den Ergebnissen der Beringung wissen wir, daß die Sterblichkeit im ersten Lebensjahr bei 80 % liegt und bei erwachsenen Tieren auf 66 % sinkt. Bei einer derart geringen Lebenserwartung erreichen nur wenige Tiere in der Natur das 4. oder gar 5. Lebensjahr, so daß sich die Population alle 4 bis 5 Jahre erneuern muß. Leider wurde die Bundesschutzbestimmung für Zugvögel anfangs nicht auf die Karolinataube angewandt, da die Art in den Südstaaten das ganze Jahr über vorkommt und sie deshalb nicht als Zugvogel angesehen werden konnte. Die Beringung hat jedoch gezeigt, daß die Karolinataube jahreszeitliche Wanderungen unternimmt und alle Populationen im Winter nach Süden ziehen; die am höchsten im Norden nistenden gehen am weitesten nach Süden. Diese Ergebnisse gestatteten es den Naturschutzbeauftragten, den Abschuß und Fang der Tiere durch das Gesetz so weit einzudämmen, daß der Artbestand gesichert wird. So braucht einerseits der Taubenjagdsport nicht weiter beschnitten zu werden, während andererseits keine Gefahr besteht, daß der Art das gleiche Schicksal droht wie der Wandertaube.

Verschiedene tropische Baumtauben zeigen eine herrliche Farbenpracht, wie etwa die Dolchstichtaube der Philippinen und der angrenzenden Inselwelt, eine hübsche kleine, grau und weiß gefärbte Art, mit einem leuchtend roten Fleck auf der Brust, die ihr Futter auf dem Waldboden sucht und sich bei einer Störung auf die Bäume flüchtet. So scheu die Tiere auch im Freien sind, lassen sie sich doch in der Gefangenschaft leicht zähmen und werden daher häufig in den Volieren der Liebhaber und Zoologischen Gärten gehalten.

Australien ist die Heimat einer Anzahl schöner, 30 bis 33 cm großer Tauben mit prächtig metallisch schimmerndem Gefieder, die man als Bronzeflügeltauben bezeichnet. Die Tiere fressen die Samen einer giftigen Pflanzenart, doch hat das keinen Einfluß auf die Bekömmlichkeit ihres Fleisches, und so werden sie von den australischen Sportjägern geschossen und gegessen. Das Gift der Nahrung speichert sich in den Eingeweiden und Knochen der Vögel und reicht aus, einen Hund oder eine Katze umzubringen, wenn sie davon fressen.

Noch viele weitere Mitglieder der Taubenfamilie wären hier zu erwähnen, wie etwa das ansprechende kleine, nur 18 cm große Sperlingstäubchen an den Küsten des südlichen Nordamerika, die nicht minder anziehende Inkataube und die größere Weißflügeltaube der Südweststaaten der USA. Insbesondere die zuletzt genannte Art wird mit Vorliebe gejagt, wie man es ja überall auf der Welt mit den Tauben macht.

WANDERTAUBE (ausgestorben) ♂
Ectopistes migratorius
Gemäßigtes mittleres und östliches Nordamerika; 43 cm.

Nur der Wandertaube ist das traurige Los beschieden gewesen, durch die Jagd des Menschen ausgerottet zu werden, doch stellt sie keineswegs die einzige Taubenart dar, die in historischer Zeit ausgestorben ist. Auch die Tauben verschiedener kleiner Inseln, ganz besonders die Blaue Taube von Mauritius, die zum letzten Male im Jahre 1826 angetroffen wurde, und eine Rasse der auf den Norfolk-Inseln bei Neuseeland heimischen Art sind inzwischen ausgestorben. Zwei seltene Taubenarten konnten sich allein aus dem Grunde am Leben erhalten, weil ihre Hauptnahrung, die Früchte eines neuseeländischen Eibengewächses, ihr Fleisch ungenießbar macht. Die Blaue Taube von Puerto Rico wurde seit 1926 nicht mehr gesichtet, und ähnlich ist es weiteren Arten ergangen. Aber auch andere Tauben mit einem eng begrenzten Verbreitungsgebiet, wie zum Beispiel die Waldtaube von Japan und den Riu-Kiu-Inseln und die Madagassischen Turteltauben, sind vom Aussterben bedroht, und zwar nicht einmal so sehr durch das Abschießen als vielmehr durch die Zerstörung ihres Lebensraumes.

Aus unbekannten Gründen ist die wunderbare kleine Erdtaube *(Microgoura)* der Salomonen verschwunden, die nur von der Insel Choiseul bekannt war; dort hatte ein Australier die einzigen bekannten 6 Stücke gesammelt. Diese ansprechende kleine, nur 30 cm messende braune Bodentaube trug einen auffallenden Schopf auf dem Hinterkopf. Vielleicht gab es nur noch einen ganz kleinen Restbestand auf Choiseul, dem dann durch die eingeborenen Kopfjäger der Garaus gemacht wurde, vielleicht aber hat sich auch die Art ebenso, wie *Notornis* auf Neuseeland, in die noch unerforschten Teile der kleinen Insel zurückgezogen und harrt dort der Wiederentdeckung.

Handfüßler *Psittaciformes*

Papageien *Psittacidae*

Alle 315 Arten der Papageienvögel zeigen so viele gemeinsame Merkmale, daß man sie leicht als Angehörige dieser Gruppe erkennt. Ihre Größe reicht von den 9 cm großen Zwergpapageien bis zu den meterlangen Aras. Das Gefieder zeigt meist kräftige grüne, gelbe, rote, weiße oder schwarze Grundfarben mit kontrastreichen roten, gelben oder blauen Flecken auf Kopf, Flügeln oder Schwanz.

Am besten erkennt man die Papageienvögel an ihrem großen Kopf, dem kurzen Hals und insbesondere dem kräftigen, abwärts gekrümmten Hakenschnabel. Charakteristisch sind die kräftigen Greiffüße, an denen 2 Zehen nach vorn und 2 nach hinten gerichtet sind. Eine breite Wachshaut, die von den Nasenlöchern durchbrochen wird und bei einigen Arten Federn trägt, umgibt die Schnabelbasis. Oft sind die kleinen Augen von einem nackten Hautstreifen eingefaßt, besonders bei den größeren Arten. Überall im Gefieder finden sich Puderdunen verstreut.

In Bau und Verhalten lassen die Papageien Beziehungen zu den Tauben, aber auch zu den Kuckucksvögeln erkennen. Da sie fast ausschließlich auf Bäumen leben, kennen wir wenig fossile Formen; die älteste davon stammt aus dem Miozän, ist also knapp 15 Millionen Jahre alt. Wir ersehen aber aus diesen Funden, daß die Gruppe in früheren Zeiten viel weiter in der gemäßigten Zone verbreitet war als heute und in Europa bis Frankreich, in Nordamerika sogar bis fast nach Kanada vorkam. Heute beschränken sich die Papageien ausschließlich auf die Tropen und bewohnen dort alle Länder der Südlichen Halbkugel mit Ausnahme der Südspitze von Afrika und der abgelegenen Pazifischen Inseln. Nach Norden reicht ihr Verbreitungsgebiet in der Alten Welt bis Südostasien und in der Neuen Welt bis Nordmexiko oder sogar neuerdings in die mittleren Staaten der USA. Man kann die Papageien in 6 größere Gruppen gliedern, denen man sogar mitunter den Rang eigener Familien zuerkennt.

Zwar sind die Papageien niemals zu echten Haustieren geworden, wie etwa die Hühner, Enten und Tauben, doch hat man zweifellos mehr von ihren Arten gezähmt und in Gefangenschaft gehalten als von irgendeiner anderen Vogelgruppe. Schon seit uralten Zeiten hielten primitive Volksstämme Papageien wie sie es noch heute tun; auch die alten Griechen und Römer erwähnen in ihren Schriften die Sprechbegabung des Afrikanischen Graupapageis oder Jako. Papageien wirken in ihrem ganzen Erscheinungsbild anziehend, ja sogar menschenähnlich. Sie zeigen nicht nur prächtige Farbmuster, lassen sich leicht zähmen und pflegen, sondern ahmen auch die menschliche Sprache nach, zeigen einander schmeichelnd ihre Zuneigung und gebrauchen ihre Füße wie wir unsere Hände. Kein anderer Vogel als sie vermag sein Futter in der einen «Hand» zu halten und davon so abzubeißen, als ob wir ein Brot essen. Auch erreichen Papageien ein erstaunlich hohes Alter. Wie lange sie in der Natur leben, wo ihnen alle möglichen Feinde nachstellen, wissen wir nicht, aber in Gefangenschaft halten sie zumindest ihre 50 Jahre aus, und ein Tier wurde sogar 80 Jahre alt.

In Freiheit geben die Papageien nur heisere Quietsch- und Krächzlaute von sich; in der Gefangenschaft aber lernen sie, allerlei Arten von Geräuschen nachzuahmen. Eine Freundin hielt einen Papagei auf der Veranda, während in der Nachbarschaft ein Haus gebaut wurde. Da das Tier den ganzen Tag das Gekreische der Handsäge hörte, konnte es

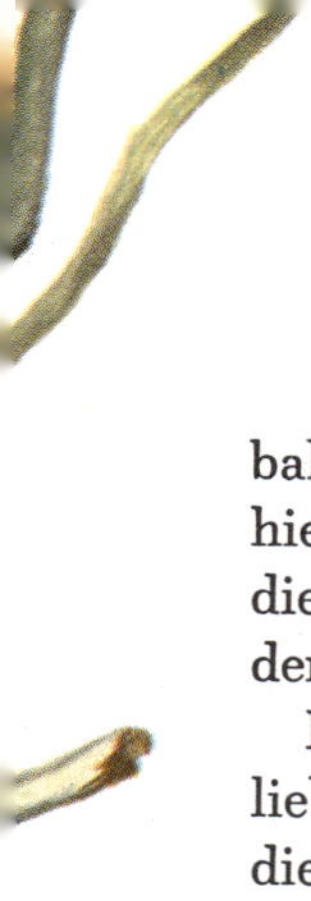

bald dieses Geräusch täuschend echt nachmachen. Schließlich hielt es die Dame nicht mehr aus, immer noch Tag für Tag die Handwerker sägen zu hören, und gab ihren Papagei in den Zoo.

Einen furchtbaren Schlag bedeutete es für die Papageienliebhaber, als es sich in den 30er Jahren herausstellte, daß die Tiere an «Papageienkrankheit» oder Psittacosis leiden und sie auf den Menschen übertragen können. Daher wurde die Einfuhr von Wildfängen verboten, und so ging der Papageienhandel stark zurück. Später fand man, daß diese «Papageienkrankheit» bei fast allen Vögeln vorkommt, so daß man sie zutreffender als Ornithosis zu bezeichnen hat. Durch Antitoxine und Antibiotica ist es gelungen, ihre Auswirkungen stark abzuschwächen.

Die prächtigsten Erscheinungen in der Familie der Papageien stellen die 15 bunten Ara-Arten aus den tropischen Regenwäldern Mittel- und Südamerikas dar. Am größten und wohl auch am schönsten ist der Dunkelrote Ara aus Panama und Bolivien, dessen Schwanz beim erwachsenen Tier über 60 cm lang wird. Seiner ansprechenden Färbung wegen wird der Hyazinthara aus den unzugänglichen Urwäldern im Inneren Brasiliens bei den Liebhabern hochgeschätzt. Häufig begegnen wir in den Zoologischen Gärten dem Hellroten und dem Gelbbrustara; weitverbreitet von Mexiko bis Panama lebt der grüne Soldatenara mit dem roten Kopf und den blauen Flügelspitzen. Gewöhnlich halten sich die Aras in Paaren auf. Wenn diese herrlichen Vögel kreischend und mit schnellem Flügelschlag über dem heimatlichen Urwald dahinfliegen, bieten sie einen viel bewegteren Anblick als ihre zahmen Artgenossen auf den Sitzstangen ihrer Käfige. Andere Aras bleiben etwas kleiner, doch ist ihnen allen der lange, am Ende verschmälerte Schwanz gemeinsam.

Von den neuweltlichen Papageien werden viele der etwa 25 Amazonen-Arten als Käfigvögel gehalten. Es sind durchwegs untersetzte, grüne Papageien mit kurzen, viereckigen oder abgerundeten Schwänzen und zumeist mit gelber, roter oder blauer Zeichnung. Eine ihrer größten Arten, die Gelbkopfamazone, gehört auch zu den sprechbegabtesten amerikanischen Papageien. Häufig werden die Gelbstirn- und die Rotstirnamazone gepflegt. Zu den kleinsten Arten rechnet die nur 25 cm lange Weißstirnamazone mit den leuchtend roten Wangen und einem roten Flügelfleck bei den Männchen.

Nicht ganz so bekannt unter den Neuweltpapageien sind die schlankeren und kleineren Keilschwanzsittiche, deren Schwänze länger und spitzer erscheinen als bei den Amazonen. Hierher gehört der prachtvolle Goldsittich aus Brasilien, aber auch als einziger in den USA heimischer Papagei der erst in letzter Zeit ausgestorbene Karolinasittich, eine hübsche kleine, nur 30 cm lange Art mit langem, zugespitztem Schwanz und orangerotem Kopf.

Noch zu Anfang des 19. Jahrhunderts kam der Karolinasittich von Nord-Dakota und New York südwärts bis Texas und Florida außerordentlich häufig in den dichten Wäldern längs des Mississippitales und der Atlantikküste vor. Als «Sport» und um Schaden an der Obst- und Getreideernte zu verhindern, hat man die Tiere massenhaft getötet. Unglücklicherweise zeigten sie die Eigenart, sich aus Neugier in Scharen über einem abgeschossenen Angehörigen ihrer Art zu versammeln, so daß es keine Mühe machte, mit einem Male einen ganzen Schwarm zu vernichten. Schon um die Jahrhundertwende waren die Karolinasittiche sehr selten geworden; zuletzt hat man sie gegen Anfang der 20er Jahre in den Everglades von Florida gesehen. Zwar wurden sie noch eine ganze Zeitlang als Käfigvögel gehalten, ließen sich aber niemals mit Erfolg nachzüchten und starben schließlich aus, bevor etwas Entscheidendes zur Rettung der Art unternommen werden konnte.

In Aussehen und Größe gleicht der Afrikanische Graupapagei oder Jako ungefähr den neuweltlichen Amazonen; bei den Tierhändlern erzielt er die höchsten Preise von allen Papageien, weil er sich ganz besonders gelehrig anstellt. Die Heimat dieses grauen Vogels mit dem roten Schwanz bilden die Regenwälder des Kongo von der Goldküste bis Kenia und Tanganjika. Auch diese Art sieht man häufig, wie so viele der kleineren Papageien, in lärmenden, kreischenden Scharen über die Kronen der Bäume dahinfliegen. In Westafrika richtet er beträchtlichen Schaden auf den Getreidefeldern an.

Die Unzertrennlichen oder Liebesvögel, wie die englischsprachigen Völker sie nennen, bilden eine Gruppe kleiner, untersetzter Altweltpapageien mit spitzem Schwanz, die vorwiegend in Afrika und auf Madagaskar zu Hause sind. Sie stellen besonders beliebte Käfigvögel dar, weil sie so ansprechend gefärbt sind und, wie die Menschen, die Geselligkeit ihresgleichen lieben. Im Käfig sitzen sie paarweise aneinandergeschmiegt und bezeugen sich gegenseitig auf jede erdenkliche Weise ihre Zuneigung. Auch in der Natur halten sie sich in dichten Schwärmen auf und überfallen oft die Getreidefelder. Meistens gibt es keinen Unterschied zwischen den Geschlechtern; nur beim Tenimber-Edelpapagei der südpazifischen Inseln sehen die Männchen leuchtend grün, die Weibchen aber prächtig rot aus, so daß man beide ursprünglich für ganz verschiedene Arten ansah.

Im indomalaiischen Raum liegt das Verbreitungszentrum der Edelsittiche, meist kleinerer Arten mit einem langen, zugespitzten Schwanz. Häufig halten sie sich in Kulturgebieten auf und fliegen kreischend in großen Schwärmen dahin, um sich ihre aus Sämereien und Früchten bestehende Nahrung auf dem Boden zu suchen. An erster Stelle wäre hier der allbekannte australische Wellensittich zu nennen. Eigenartig wirken die Fledermauspapageien aus Indien und von den Philippinen; wenn diese kleinen grünen Vögel schlafen, hängen sie wie die Fledermäuse mit dem Kopf nach unten an ihren Sitzstangen.

Eine weitere australomalaiische Gruppe bilden die 16 Arten der Kakadus, die sich durch den Besitz eines Schopfes aus langen, zugespitzten Federn auszeichnen, die sie nach Belieben aufrichten und senken können. Meist sind es recht ansehnliche, weiße Vögel mit rosa oder gelblichen Farbtönungen; bei manchen Arten variiert die Färbung des Schopfes. In der Natur leben sie gesellig und laut und streichen in kleineren, lockeren Trupps durch die Baumwipfel. Häufiger trifft man in den Zoologischen Gärten den Gelbhaubenkakadu mit seinem auffallenden gelben Schopf oder den rosa getönten Inkakakadu. Am größten von allen Papageien wird der mehr als 80 cm lange

WELLENSITTICH
(Zuchtrasse)
Melopsittacus undulatus
Australien; 18 cm.

Arakakadu von Neuguinea, dessen gewaltiger Hakenschnabel mit einer langen, scharfen Spitze endet; damit knackt das Tier die härtesten Nüsse und holt den Kern heraus. Im Gegensatz zu den weißen Kakadus lebt dieser schwarze als Einzelgänger, den man allein oder höchstens in kleineren Gruppen zu 2 oder 3 Tieren auf den Wipfeln der Urwaldbäume sitzen sieht. Auch bleibt sein Gesicht als weitere Ausnahme unbefiedert, so daß dort die nackten, roten Wangen zutage treten, deren Färbung je nach dem Erregungszustand des Tieres ins Hellere oder Dunklere wechselt.

Bei den Loris der australasiatischen Region, einer Gruppe 15 bis 38 cm langer, leuchtend grün, blau, rot und gelb gefärbter Papageien, endet die Zunge mit Hornborsten, mit denen die Tiere Nektar und Fruchtsäfte aufnehmen können. Während andere honigfressende Vögel die Flüssigkeit mit ihrem dünnen, röhrenförmigen Schnabel einsaugen, zerquetschen die Lori-Arten die Blüten mit dem Schnabel und lecken den Inhalt mit der Zunge auf. Ein häufiger Gast auf den Kokosplantagen der Südseeinseln ist der Gebirgslori, ein schlanker, langschwänziger Papagei, der eine Unzahl geographischer Rassen ausbildet, die sich etwas in der Färbung und Größe unterscheiden. In großen Scharen streifen diese Vögel unter Kreischen und Zetern durch die Palmenhaine und heben sich wie bunte Blüten gegen die dunklen Wedel ab.

Als kleinste Mitglieder der Familie begegnen wir den nur 9 bis 12 cm großen Zwergpapageien, deren 6 Arten von Neuguinea an ostwärts bis nach Neubritannien und zu den Salomonen vorkommen. Sie erinnern eher an kleine Spechte als an Papageien, denn sie kraxeln an den Baumstämmen herum und suchen sich die Insekten aus der Rinde hervor. Spechtähnlich wirken auch ihr steifer Schwanz, der spitze Schnabel und die langen Krallen, mit denen sie sich an der Rinde festklammern. Zwergpapageien treten nicht so häufig auf und leben nicht so gesellig wie die anderen Papageien, machen auch nicht so viel Lärm, so daß man sie nur schwer im Urwald ausfindig machen kann. In Gefangenschaft hat man sie bisher noch nicht erfolgreich zu halten vermocht.

Am stärksten fällt aus dem Rahmen seiner Familie der Eulenpapagei oder Kakapo von Neuseeland. Da er seine Flugfähigkeit schon weitgehend eingebüßt hat, ist er durch die dort eingeführten Raubtiere aufs äußerste in seinem Bestande bedroht. Dieser große, etwa 50 cm lange Vogel trägt auf seinem weichen Gefieder ein Tarnmuster aus grünen, gelben, braunen und schwarzen Stricheln und ist vorwiegend nachts tätig, während er sich tagsüber in Felsspalten und unter Baumwurzeln vergräbt; erst gegen Abend kommt er heraus, um zu fressen. Auf dem Boden vermag er vorzüglich zu laufen und nimmt dabei auch noch die ausgebreiteten Flügel zu Hilfe, wenn er es eilig hat. Um Früchte und Nektar zu bekommen, klettert er auf die Bäume und schwebt dann im Gleitflug herab, wobei er Strecken bis zu 90 m durchmißt. In seinem Lebensraum hält sich der Eulenpapagei seine Pfade dadurch frei, daß er alles störende Wurzelwerk und Gezweig einfach mit dem Schnabel abkneift. Auf der Nordinsel von Neuseeland ist die Art wahrscheinlich bereits ausgestorben, aber in den weiten Küstenwäldern der Südinsel sind kürzlich noch ein paar überlebende Stücke beobachtet worden.

Ebenso merkwürdig erscheinen uns die beiden anderen auf Neuseeland heimischen Papageien, der Kea und der Kaka, die etwa so groß werden wie eine Krähe und ein bräunlichgrünes Gefieder mit auffallend welliger roter und gelber Zeichnung aufweisen. Der Kea ist ein Hochlandbewohner, der im Gebirgsteil der Südinsel oberhalb der Baumgrenze lebt, wo er in den Felshöhlen und -spalten sein Nest baut. Im Sommer frißt er wie jeder Papagei Früchte und Knospen, dazu Insekten, Maden und Würmer; im Winter aber begibt er sich in die tieferen Lagen, wird dort zum Abfallfresser und geht auch an verendete Schafe. Man hat aber behauptet, daß er auch lebenden Schafen auf den Rücken fliege und ihnen das Nierenfett heraushacke (was unmöglich ist, denn dazu ist sein Schnabel zu schwach). Die Schafzüchter haben leider Fangprämien auf den Kea ausgesetzt; daraufhin hat man innerhalb von 8 Jahren ungefähr 30000 dieser Papageien getötet. Trotzdem ist ihr Individuenbestand nicht merklich abgesunken, sondern sogar noch gestiegen, weil ja genügend Beutetiere zur Verfügung stehen. Einen viel besseren Weg, die Keas unter Kontrolle zu halten, hat man darin gefunden, die Überreste der geschlachteten Schafe beiseite zu räumen.

Im Gegensatz zum Kea bewohnt der Kaka die Niederungen beider Inseln von Neuseeland. Gewöhnlich trifft man diesen lärmenden Vogel in Scharen an. Seine Nahrung besteht aus Früchten, Nektar und den Maden, die er mit seinem kräftigen Schnabel aus morschem Holz herauswühlt.

In ihrem Nistverhalten unterscheiden sich die Papageien nur wenig. Ihre Eier sind stets rund, weiß und ziemlich glänzend. Die Eizahl im Gelege schwankt zwischen 1 bei einigen größeren Arten und 9 bis 10 bei den kleineren; im Durchschnitt beträgt sie 3 bis 5. Die meisten Papageien brüten in Baumhöhlen, ohne sie eigens herzurichten; manche legen ihre Eier auch in Erdgruben ab, andere in Gesteinshöhlen. Die Zwergpapageien und einige andere kleine australasiatische Arten errichten ihre Nester in Termitenbauten. Gewöhnlich brüten beide Geschlechter, nur bei ein paar Arten die Weibchen allein. Meistens schlüpfen die Jungen nackt, doch sprießen ihnen bald die Dunen, und dann sehen sie aus wie kleine Eulen. Die Dauer der Brutzeit beträgt bei den von den Liebhabern gehaltenen Arten 17 bis 26 Tage. Ähnlich wie die Tauben füttern beide Eltern die Jungvögel mit ausgewürgter Nahrung. In riesigen Reisignestern, die sie hoch oben in den Bäumen errichten, leben die Schwärme des argentinischen Mönchssittichs; jedes Pärchen bezieht darin eine eigene Kammer. Diese Nester werden von den Vögeln das ganze Jahr über bewohnt und immer weiter ausgebaut, bis schließlich unter dem Gewicht dieses Gebildes der Ast abbricht. Manchmal nisten sich auch andere Vögel in leerstehende Teile eines solchen Nestes ein, wie etwa Baumenten, und gelegentlich sucht selbst ein Opossum dort Unterschlupf, ohne daß es dabei zu einem Streit mit den «Eigentümern» der Wohnung kommt.

HELLROTER ARA
Ara macao
Von Mexiko bis Bolivien; 90 cm.

GELBBRUSTARA
Ara ararauna
Panama bis Argentinien; 78 cm.

SOLDATENARA
Ara militaris
Mexiko bis Panama; 75 cm.

HYAZINTHARA
Anodorhynchus hyacinthus
Brasilianischer Urwald südlich des Amazonas; 86 cm.

KEA
Nestor notabilis
Südinsel von Neuseeland; 45–48 cm.

Kuckucksvögel *Cuculiformes*

Am nächsten lassen sich die Kuckucksvögel an die Papageien anschließen, denn bei beiden Ordnungen greifen 2 Zehen nach vorn und 2 nach hinten, doch verfügen die Kuckucksvögel nicht über einen derart vollendeten Greiffuß wie die Papageien, auch verlaufen bei ihnen die Muskeln und Sehnen etwas anders. Zum weiteren Unterschied zu der eben behandelten Gruppe erscheint hier der Oberschnabel nicht so gelenkig, ist auch nicht hakenförmig gekrümmt und trägt an der Basis keine Wachshaut; die Kuckucksvögel wirken im ganzen schlanker, und ihr Schwanz setzt sich aus 8 bis 10 Federn zusammen statt aus 12 bis 14, wie es bei den Papageien der Fall ist.

Nach den Fossilfunden können wir die Kuckucksvögel bis ins Oligozän zurückverfolgen, das heißt in eine 30 bis 40 Millionen Jahre zurückliegende Vergangenheit. Heute unterscheiden wir zwei ziemlich deutlich gegeneinander abgegrenzte Familien, nämlich die leuchtend gefärbten, fruchtfressenden Turakos in Afrika sowie die unscheinbareren, hauptsächlich insektenfressenden Kuckucke in fast allen gemäßigten und tropischen Gebieten der ganzen Welt. Die Turakos halten sich ausschließlich auf Bäumen auf, und auch die Kuckucke erweisen sich im wesentlichen als Baumbewohner; die Geschlechter unterscheiden sich äußerlich kaum. Das Flugvermögen ist recht gut entwickelt, doch gibt es auch Arten, die weniger gut zu fliegen vermögen. Ihre Stimme klingt laut, eintönig und wenig musikalisch.

Turakos und Lärmvögel *Musophagidae*

Die 19 Arten dieser weichfederigen, afrikanischen Vogelgruppe ernähren sich großenteils von Früchten, doch nehmen sie außerdem Blätter, junge Triebe, Insekten und Maden. Als Lärmvögel bezeichnen wir die 4 südafrikanischen, unauffällig grau, braun und weiß gezeichneten Arten, deren lauter, zweisilbiger Ruf alles Wild in Sichtweite aufscheucht, wenn sich der Jäger nähert.

Meist leben die Turakos tief in den Wäldern. Ihr Gefieder leuchtet metallisch grün oder blau, die Handschwingen sind rot. Das Rot der Flügelfedern wird durch einen Pigmentfarbstoff verursacht, das Turacin. Dieser Farbstoff löst sich im Wasser. Rührt man mit einer roten Turakofeder im Wasser herum, so bleicht sie aus, und das Wasser färbt sich rosa; trotzdem rinnt selbst der heftigste Regen am Gefieder ab, ohne es zu entfärben. Bei den Museumsbälgen dunkelt die rote Farbe allmählich nach, weil das im Turacin enthaltene Kupfer oxydiert.

Turakos sind ziemlich große, 35 bis 65 cm lange Vögel mit langem Schwanz, kurzem und oft kräftig gefärbtem Schnabel und oft mit auffallender Federholle. Die äußere Zehe kann willkürlich nach vorn oder hinten genommen werden, wie bei den Eulen und Fischadlern. Wie Eichhörnchen klettern die Turakos im Geäst der Bäume und laufen auf den Ästen; auch auf dem Boden rennen einige Arten geschickt. Ihr Flug erscheint schwerfällig und führt nur über kurze Strecken.

Stets trifft man die Turakos paarweise oder in kleinen Familienverbänden. Es sind zwar recht lebhafte und geräuschvolle Vögel, doch halten sie sich immer im Schutz des Laubwerkes auf, so daß man sie trotz ihres auffälligen Gefieders kaum zu Gesicht bekommt. Sie nisten in unregelmäßigen Abständen das ganze Jahr hindurch und bauen dazu ein massiges, aber lockeres Nest aus Zweigen, meist hoch in den Waldbäumen. Ihre 2 bis 3 Eier sehen einfarbig weiß, mitunter auch grünlich aus. Beide Geschlechter brüten und füttern auch die Jungen mit ausgewürgtem Fruchtbrei. Beim Schlüpfen tragen die Jungvögel ein rauchgraues Dunengefieder und bleiben nur etwa 10 Tage im Nest. Schon lange bevor sie fliegen können, kriechen sie auf den nächstgelegenen Zweigen umher, werden aber noch weiter von ihren Eltern gefüttert, bis sie endlich flügge sind.

FEDERHELM-TURAKO
Tauraco corythaix
Südafrika; 45 cm.

Kuckucke *Cuculidae*

Trotz des ungewöhnlichen Brutverhaltens vieler Angehöriger dieser Gruppe bilden die Kuckucke und ihre nächsten Verwandten doch eine gut in sich geschlossene Familie, die in allen gemäßigten und tropischen Gebieten der Erde zu Hause ist. Alle hierher gehörigen 127 Arten sind ziemlich schlanke, langschwänzige Vögel mit oft recht kräftigen, etwas gekrümmten Schnäbeln, spitzen Flügeln und ziemlich kurzen Beinen, wenn man von den Bodenbewohnern absieht. Meistens leben sie im Wald, doch kommen sie auch in der Buschsteppe vor. Einige wenige Arten fressen Nager und weitere kleine Wirbeltiere, andere leben von Früchten und sonstigen Vegetabilien, die überwiegende Mehrzahl ernährt sich von Insekten. Insbesondere werden Insektenlarven bevorzugt, und so gehören die Kuckucke zu den wenigen Vögeln, die selbst die sonst verschmähten langhaarigen Raupen verzehren.

Als erste der 5 Unterfamilien, in die man die Kuckucksvögel gliedert, seien die altweltlichen Echten Kuckucke *(Cuculinae)* behandelt, deren 42 Arten alle den bekannten Brutparasitismus betreiben. Jeder kennt unseren gewöhnlichen Kuckuck, «den einzigen Vogel, der seinen Namen ruft»! Er tut das so laut, so deutlich und so oft, daß er in allen Sprachen des gemäßigten Eurasiens den gleichen Namen trägt. Wir nennen ihn «Kuckuck», die Franzosen «coucou», die Engländer «cuckoo», die Holländer «koekoek» (was ebenfalls wie «kukuk» ausgesprochen wird), die Japaner «kak-ko und die Russen «kukushka», aber es handelt sich – abgesehen von der unterschiedlichen Schreibweise – doch immer um das gleiche Wort für den gleichen Vogel, dessen Rufen von England bis zum Fujijama den Beginn des Frühlings ankündigt. Aber nur die Männchen stellen sich so vor, denn es ist ja ihr Hochzeitsruf, den sie manchmal auch dreisilbig erschallen lassen. Die Weibchen lassen ein Kichern hören, und außerdem verfügen beide Geschlechter zu anderen Jahreszeiten noch über weitere, rauhere Laute.

Wenn auch der Brutparasitismus unseres Kuckucks schon seit undenklichen Zeiten bekannt und geradezu ins Sprichwörtliche übergegangen ist, beschränkt sich doch die Angewohnheit, anderen Vögeln die Mühe des Brütens und der Aufzucht der Jungen zu überlassen, keineswegs nur auf den Kuckuck, sondern findet sich auch weit verbreitet bei den Honiganzeigern und Webervögeln Afrikas. Und bei den neuweltlichen Kuhstärlingen kann man die verschiedenen Stadien bis zur Vollendung erkennen, wie diese Art des Schmarotzertums entwicklungsgeschichtlich entstanden sein mag. Nirgends aber ist diese Praktik so weit verbreitet und zu einem solchen Grad der Vollkommenheit gediehen wie gerade bei den eigentlichen Kuckucken: Keiner von ihnen baut – jedenfalls soweit wir es wissen – ein eigenes Nest und sorgt selbst für die Aufzucht seiner Jungen.

Den sprichwörtlich gewordenen «Leichtsinn» des Kuckucks darf man jedoch nicht nach menschlichen Moralbegriffen werten, sondern wir haben es hier vielmehr mit einer eigenen Fortpflanzungsweise zu tun, deren offensichtlicher Erfolg ihren biologischen Wert beweist, wie immer auch der Mensch darüber urteilen mag.

Die Eier der verschiedenen Kuckuckweibchen können sich wohl stark in der Färbung, aber nicht in der Größe und Form unterscheiden. Jedes Weibchen legt in Abständen von jeweils 24 Stunden 4 oder 5 Eier in verschiedene Nester, und zwar meist in die Nester ganz bestimmter Vogelarten, deren Eier so ähnlich aussehen wie seine. In Gebieten mit großen Auswahlmöglichkeiten legt also ein Kuckucksweibchen seine Eier, wenn sie bläulich sind, in das Nest anderer Vogelarten, bei denen ebenfalls bläuliche Eier vorkommen, und das Entsprechende geschieht bei Kuckucksweibchen mit bräunlich getönten Eiern. Ob der Zusammenhang zwischen Eifärbung und der entsprechenden Auswahl des Wirtsnestes im Erbgut der Tiere begründet liegt, muß noch untersucht werden. Ein Kuckuck, der eingehend beobachtet wurde, legte innerhalb von 50 Tagen 25 Eier und diese in 25 verschiedene Wiesenpiepernester.

Das legebereite Kuckucksweibchen sucht sich die Pflegeeltern seines Nachwuchses sorgfältig aus, beobachtet sie, wenn sie ihr Nest bauen, und legt sein Ei stets am Nachmittag des gleichen Tages, an dem auch das andere Weibchen ein Gelege absetzt. Mit dem Schnabel nimmt es dann ein fremdes Ei heraus, setzt sich auf den Nestrand und legt sein eigenes Ei hinein, und dann fliegt es mit dem gestohlenen Ei davon, um es zu verzehren oder fallen zu lassen. Weil häufig Kuckuckseier auch in geschlossenen Nestern mit einem so kleinen Schlupfloch gefunden wurden, daß das Kuckucksweibchen dort unmöglich hindurchgelangen konnte, glaubte man lange Zeit, der Kuckuck lege seine Eier auf dem Boden ab und trüge sie mit dem Schnabel ins Nest. Das trifft jedoch nicht zu; vielmehr drückt sich das Tier mit ausgebreiteten Flügeln und dem Schwanz vor den Nesteingang und läßt sein Ei direkt dort hineinfallen. Nicht immer glückt dieses Vorhaben, denn das Ei landet manchmal auf dem Nestrand oder fällt gar herunter, doch dann macht das Weibchen keine weiteren Anstrengungen, es zu seinem Ziel zu dirigieren.

Da die Brutzeit für das Kuckucksei nur rund $12^1/_2$ Tage beträgt, schlüpft der Jungvogel etwas vor oder zugleich mit den nesteigenen Jungen. Sobald der junge Kuckuck die Eihülle verlassen hat, fängt er an, die anderen Jungen oder Eier aus dem Nest hinauszuwerfen, indem er sich mit seinem Rükken darunter schiebt und sie über den Nestrand drängt. Mitunter enthält ein Nest auch 2 Kuckuckseier, die dann meist von 2 verschiedenen Weibchen stammen; in diesem Falle drängt das zuerst schlüpfende Kuckucksjunge das andere Ei hinaus; schlüpfen aber beide gleichzeitig, so ringen die beiden Jungvögel miteinander, allerdings ohne daß einer den Sieg davonträgt. Nach 4 Tagen erlischt aber der instinktive Trieb, die Mitbewohner des Nestes hinauszuwerfen, und dann leben beide Kuckucksjungen einträchtig miteinander.

Für den jungen Kuckuck ist es lebensnotwendig, sich aller anderen rivalisierenden Jungvögel zu entledigen, denn bald wächst er so weit heran, daß er allmählich seine Pflegeeltern in der Größe übertrifft und somit sämtliches Futter, das sie herbeizuschaffen imstande sind, für sich selbst benötigt. Es sieht geradezu grotesk aus, wenn eine kleine Grasmücke ein solches Riesenbaby füttert, das ein paarmal so groß ist wie sie selbst. Ihr Instinkt, das ausgebrütete Junge zu füttern, überwiegt jedoch jede Einsicht (die wohl gar nicht erst aufkommt), daß es sich nicht um die eigene Brut handelt. So betreiben die Pflegeeltern unermüdlich die Aufzucht des Wechselbalges, nicht nur, bis er nach etwa 20 Tagen das Nest verläßt, sondern noch weitere 3 bis 4 Wochen.

Daß der Kuckuck in der Volksmeinung als Gauner angesehen wird, beruht nicht allein darauf, daß er seine Eier durch Fremde ausbrüten läßt; manche Arten sehen auch äußerlich anderen Vögeln ähnlich. In seinem Flugbild erinnert uns der Kuckuck an einen kleinen Raubvogel, und seine Färbung ähnelt der des Sperbers. Vielleicht kann er dadurch kleinere Vögel von ihrem Nest verjagen. Andere Arten gleichen wieder Würgern, und die dunklen asiatischen Kuckucke erinnern so stark an die Drongos, bei denen sie parasitieren, daß man sie geradezu als Drongo-Kuckucke bezeichnet. Es bleibt jedoch zweifelhaft, ob diese Ähnlichkeit nicht nur zufallsbedingt ist, und ihr biologischer Wert ist noch nachzuprüfen.

Jede Kuckucksart hat ihre eigene Form des Brutparasitismus entwickelt. Der Häherkuckuck beispielsweise legt seine Eier nur in die Nester von Krähen, Elstern, Glanzstaren und Hähern; sein indischer Verwandter, der Rotflügelkuckuck, beehrt hauptsächlich Timalien und Weißhaubenhäherlinge. Von dem hübschen afrikanischen Goldkuckuck werden vor allem die Nester der Vögel heimgesucht, die hoch oben in den Bäumen brüten, wie die Bülbüls und Webervögel. In Australien und Neuseeland hat sich der Glanzkuckuck, ein oberseits schimmernd bronzegrüner Vogel mit weißem Bauch, auf die geschlossenen Nester der Blau-Zaunkönige und Fächerschwänze spezialisiert. Wenn er sich seinen Weg mühsam durch das kleine Einschlupfloch gebahnt hat, streckt er seinen Kopf durch die Hinterwand des Nestes, legt sein Ei und zwängt sich dann hinaus. Kommt das nesteigene Weibchen zurück, repariert es den Schaden am Nest und nimmt das unterbrochene Brutgeschäft wieder auf.

KUCKUCK
Cuculus canorus
Europa, Asien, Afrika; 33 cm.

JUNGER KUCKUCK
im Nest einer
KLAPPERGRASMÜCKE
Sylvia curruca
Gemäßigtes Eurasien; 12 cm.

GOLDKUCKUCK
Chrysococcyx cupreus
Südafrika; 18–20 cm.

INDISCHER
ROTFLÜGELKUCKUCK
Clamator coromandus
Indien bis Indochina,
Java, Borneo; 45 cm.

SCHWARZER SPORENKUCKUCK
Centropus grilli
Zentralafrika; 33 cm.

GELBSCHNABELKUCKUCK
Coccyzus americanus
Südliches Kanada bis Mexiko; 30 cm.

RENNKUCKUCK
Geococcyx californianus
Südwestliche USA und Mexiko; 58 cm.

Verschiedene Kuckucke der gemäßigten Zonen unternehmen im Frühjahr und Herbst regelmäßige Wanderungen und legen dabei mitunter gewaltige Strecken zurück. Unser einheimischer Kuckuck zieht von Europa nach Zentralafrika und von Asien nach Ostindien. Den weitesten Weg aber hat der Glanzkuckuck, denn er zieht von Neuseeland mehr als 3200 km nordwärts über die Weiten des Südpazifik bis zu den Salomonen-Inseln. Derartige Wanderungen wirken um so erstaunlicher, als die einjährigen Jungvögel ja dabei nicht einmal von ihren Eltern angeleitet werden. Oft verlassen die erwachsenen Kuckucke ihre Standorte schon ein paar Wochen vor den Jungen, die dann allein, nachts ziehend, nachfolgen und trotzdem mit unbeirrbarer Sicherheit zu den arteigenen Winterplätzen finden. Ein angeborener Instinkt sagt ihnen also nicht nur, daß sie irgendwo anders zu überwintern haben, sondern er zeigt ihnen auch gleich den Weg dorthin.

An den Überwinterungsplätzen verhalten sich die Kuckucke ziemlich ruhig und fallen im Laubdach der Bäume überhaupt nicht auf. Zu Beginn des Frühjahrs aber werden sie recht stimmfreudig, insbesondere die Männchen. Dabei lassen sie dann ihren charakteristischen Ruf hören, der ihnen ihren Namen eingetragen hat, und wiederholen ihn unentwegt bis zum Überdruß des Zuhörers.

Eine zweite Unterfamilie, die Buntschnabelkuckucke *(Phoenicophaeinae)* enthält etwa 32 Arten mittelgroßer Vögel in beiden Teilen Amerikas, Afrikas und der Orientalischen Region. Sie alle betreiben im Gegensatz zur vorigen Gruppe keinen Brutparasitismus, sondern bauen sich ein lockeres Nest aus Zweigen, in dem beide Geschlechter ihre Jungen ausbrüten und gemeinsam pflegen. Die amerikanischen Arten zeichnen sich meist durch einen braunen Rücken und einen hellen Bauch aus; sie rufen mit glucksenden, kichernden Lauten. Hierzu gehören der Gelbschnabel- und der Schwarzschnabelkuckuck aus den Laubwäldern, Vorstädten und Parks in Nordamerika, wo sie sich durch das Verzehren von Raupen nützlich machen. Beide Arten, die man aber auch zur besonderen Unterfamilie der Regenkuckucke *(Coccyzinae)* stellen kann, überwintern in Mittel- und Südamerika. Bei den altweltlichen Erzkuckucken finden wir ein metallisch glänzendes Gefieder und leuchtend rote, grüne oder gelbe Schnäbel. Die Tiere leben in den lianenverschlungenen Tropenwäldern; die Flugleistungen dieser Art sind gering, und so werden auch kaum eigentliche Wanderungen unternommen.

Zur dritten Unterfamilie, den Madenhackern *(Crotophaginae)* gehört der eigenartige Guirakuckuck, ein dünnschnabeliger, mit einem Schopf ausgerüsteter Bewohner der argentinischen Pampas, und die drei sonderbaren Anis des tropischen Amerika, die von Westindien und Mexiko an südwärts bis nach Argentinien vorkommen. Es sind glänzend schwarze Vögel mit langem Schwanz und eigentümlich hochrückigem, seitlich abgeflachtem Schnabel. Sie leben am geselligsten von allen Kuckucken und halten sich gewöhnlich in kleineren Trupps im offenen Buschland und an vereinzelten Baumgruppen auf, nisten aber auch in Kolonien. Dabei haben sie keine eigentliche Brutzeit, sondern pflanzen sich fort, wann es ihnen gerade paßt. Manchmal nisten die Pärchen auch einzeln und bauen sich ein lockeres Nest aus Zweigen und Laub hoch oben in einem Baum, und dort wird das Gelege aus 4 bis 5 kalkweißen Eiern abgesetzt. Häufiger jedoch errichten die Tiere ein gemeinschaftliches Nest, in das mehrere Weibchen zugleich ablegen. So hat man schon bis zu 25 Eier in einem solchen Nest gefunden, doch beträgt deren Gesamtzahl zumeist nicht mehr als 10 bis 15.

Der Rennkuckuck aus den Wüstengebieten des südwestlichen Nordamerika gehört zur Unterfamilie der Langbeinkuckucke *(Geococcyginae)*, deren 13 Arten mit längeren, kräftigeren Beinen ausgerüstet sind als die anderen Kuckucke. Als Nahrung dienen dem Rennkuckuck vor allem kleine Schlangen und Echsen, die er vor dem Herunterschlucken mit seinem kräftigen Schnabel bearbeitet. Auf dem Boden erreicht der Vogel eine Geschwindigkeit bis zu 37 Stundenkilometer, doch fliegen die Tiere nur kümmerlich und unternehmen auch keine Wanderungen. Weitere 10 Arten kommen von Arizona und Neumexiko an südwärts bis Paraguay und Brasilien vor, die restlichen 2 leben in Malaya und Indochina. Der Malaiische Laufkuckuck, die auffälligste und mit einer Länge bis zu 60 cm auch die größte Art, zeigt einen schwarzen Kopf, einen braunen Rücken mit metallisch violettgrüner Zeichnung und eine schwarz-weiß gestrichelte Unterseite. Drei der tropisch-amerikanischen Langbeinkuckucke leben parasitisch, nämlich der Vierflügel- *(Tapera)*, der Fasanen- und der Pfauenkuckuck *(Dromococcyx)*, die von Südmexiko bis Argentinien vorkommen; alle anderen bauen ihr eigenes Nest und ziehen ihre Jungen selbst groß.

Die letzte Unterfamilie bilden die 38 Arten der Sporenkuckucke *(Centropinae)*. Diese mittelgroßen bis großen, meist bodenbewohnenden Vögel fliegen recht schwerfällig; ihre Heimat reicht von Afrika über Australien bis zu den Salomonen. Manche Forscher betrachten die 10 recht wenig bekannten Madagaskar-Kuckucke als eigene Unterfamilie *(Couinae)*.

Bei den meisten Sporenkuckucken haben wir es mit dunklen, 30 bis 75 cm langen Vögeln mit ziemlich langen, kräftigen Beinen, kurzen, abgerundeten Flügeln, langem, rundlichem Schwanz und kräftigem, abwärts gebogenem Schnabel zu tun. Weiterhin zeichnen sie sich durch ihr steifes, spärliches Gefieder auf dem Kopf, dem Hals und der Brust aus sowie durch den langen, spitzen und gerade gestreckten Nagel an der Hinterzehe, der die Länge der Zehe selbst erreicht oder gar übertrifft.

Keiner der Sporenkuckucke lebt parasitisch, sondern alle bauen ein massiges, oben geschlossenes Nest mit einem kleinen seitlichen Eingang auf oder kurz über dem Boden. Im Inneren wird das Gebilde mit Laub und Gras ausgepolstert und unentwegt renoviert, wenn das Pflanzenmaterial vertrocknet. Das Gelege besteht aus 3 bis 5 rundlichen, weißen Eiern, die beide Eltern etwa 14 Tage bebrüten.

Eulenvögel *Strigiformes*

Eine der am deutlichsten abgegrenzten Vogelfamilien bilden die 113 Arten der Eulenvögel. Am allerleichtesten erkennt man sie an den vorwärts gerichteten Augen im deutlich abgesetzten Gesichtsfeld, an dem großen Kopf auf einem kurzen Hals und an dem sehr weichen Gefieder, das ihnen einen ganz besonders leisen Flug gestattet. Alle Eulenvögel leben ausschließlich von tierischer Beute, die sie lebend mit Hilfe ihres Hakenschnabels und der Greiffüße fangen. Früher hat man Greif- und Eulenvögel als Angehörige einer und derselben Ordnung aufgefaßt, weil sie auf gleiche Weise jagen, aber die oberflächliche Ähnlichkeit zwischen beiden Gruppen beruht nur auf einer Parallelentwicklung. Ihrem anatomischen Bau nach gehören die Eulenvögel in die weitere Verwandtschaft der Schwalmvögel, die Greifvögel aber in die Nähe der Reiher.

Angehörige der Ordnung Eulenvögel gibt es überall auf der Welt mit Ausnahme der Antarktis und vereinzelter abgelegener ozeanischer Inseln. Dank ihrer biologischen Plastizität haben sie sich in jede ökologische Nische einzufügen vermocht, von den Wüsten und Tundren bis zu den üppigsten tropischen Urwäldern. Wir unterscheiden 2 Familien, die Schleiereulen und die eigentlichen Eulen, doch sind die Unterschiede zwischen ihnen derart geringfügig, daß viele Ornithologen, insbesondere die europäischen, sie alle in einer einzigen Familie vereinigen.

Schleiereulen *Tytonidae*

Von sämtlichen Eulenvögeln kommt der Mensch am engsten mit den Schleiereulen in Berührung, die natürlicherweise in hohlen Bäumen, in Steinhöhlen oder in alten Raubvogelnestern brüten. Jetzt aber bauen sie ihr Nest gern in verlassenen oder wenig benutzten Bauwerken, wie Kirchtürmen, Scheunendächern oder auch Ruinen, und dort hat ihre unvermutete Anwesenheit oft die Veranlassung zu allen möglichen Spukgeschichten gegeben, zumal die Schreie der Tiere gar nicht vogelähnlich, sondern eher wie ein gespenstisches, röchelndes Schnarchen klingen. Von den echten Eulen unterscheiden sich die Schleiereulen durch ihr herzförmiges affenähnliches «Gesicht», so daß die Engländer sogar von «Affengesichts-Eulen» sprechen. Ferner zeichnen sie sich durch die mehr als schwanzlangen, bis zu den Füßen herunter befiederten Beine und die kurzen, dichten Federn aus. Hinzu kommt die kammartig gezähnelte Kralle der Mittelzehe, die wir sonst nur noch bei den Reihern und einigen Schwalmvögeln finden.

Die heutigen Schleiereulen werden 33 bis 45 cm lang, wobei die Weibchen das männliche Geschlecht in der Größe übertreffen. In den pleistozänen Höhlenschichten auf den Bahamas und den Westindischen Inseln hat man jedoch die Reste riesiger Schleiereulen gefunden, die doppelt so groß wurden wie die jetzigen Arten. Als während der Eiszeit große Wassermassen durch das Eis festgelegt waren, das die Kontinente überzog, waren diese Inseln viel größer als heute und hingen auch zum Teil miteinander zusammen. Gemeinsam mit den Schleiereulen-Überresten fand man auch als vermutliche Gewöllespuren die Knochen großer Nager, die ebenfalls mit dem Schrumpfen dieser Inselwelt ausstarben.

Schleiereulen können wandern, verbleiben aber in der Regel in ihrem Revier und benutzen den gleichen Brutplatz; wahrscheinlich bleibt auch das Brutpaar sein ganzes Leben lang zusammen. Unsere Schleiereule ist praktisch über die ganze Welt verbreitet und bildet eine große Anzahl geographischer Rassen aus. Der Rücken des sehr schön gefiederten Tieres erscheint grau mit dunklen und hellen Flecken und bräunlicher Zeichnung, der Bauch goldbraun und heller. Ihre 9 verwandten Arten kommen nur in der Alten Welt vor, nämlich in Afrika, Madagaskar, Südasien und Indoaustralien; merkwürdigerweise ist die Familie jedoch nicht auf Neuseeland, wohl aber in Ozeanien vertreten. Die meisten dieser Schleiereulen leben im offenen Grasland, so daß die Engländer sie geradezu als «Graseulen» bezeichnen. Eine in Afrika und Südostasien heimische Art führt jedoch im Inneren der Wälder eine nächtliche, scheue Lebensweise, so daß man leider nur äußerst wenig von ihr weiß.

Aber auch unsere Schleiereule ist fast ausschließlich nachts tätig, obwohl man sie gelegentlich auch zur Dämmerung über den Feldern jagen sehen kann. Sie bevorzugt als Jagdgründe ein offenes, durch Buschwerk und Grasflächen gegliedertes

Gelände und fängt dort zur größten Wohltat für die Landwirtschaft Mäuse und Ratten. Dabei läßt sie sich mehr von ihrem Gehör als vom Gesicht leiten, denn selbst in völliger Finsternis vermag sie noch eine Beute mit Hilfe der Ohren auszumachen. Man hat vor kurzem den Versuch unternommen, Schleiereulen in einen völlig verdunkelten Raum zu sperren, in dem sie durch eine Infrarot-Apparatur kontrolliert werden konnten. Den Mäusen, die man dann dazusetzte, geschah so lange nichts, wie sie sich still verhielten. Sobald sie sich aber bewegten, raschelte das am Boden liegende Laub, und die Eulen stürzten sich mit unfehlbarer Sicherheit auf die Beute.

Schleiereulen leben lange; das älteste bekannte freilebende Tier, das in Hessen beringt wurde, fand man 15 Jahre später wieder.

Eulen *Strigidae*

Wahrscheinlich stellen die Eulen diejenige Vogelfamilie dar, über die der Laie am wenigsten weiß, denn jahrhundertelang hat man sie nur mit einer Mischung von Furcht, Mißtrauen und Aberglaube betrachtet, und dieses Bild spiegelt sich noch immer in den Sagen und Märchen wider. Selbst heute noch gelten sie bei primitiven Menschen als Unglücksboten und als unzertrennliche Gefährten von bösen Geistern und Dämonen. Der Schrei der Eulen soll angeblich den Tod oder sonstiges Unglück prophezeien. Noch am liebenswürdigsten erscheint es, die Eulen als Sinnbild der Weisheit hinzustellen — und das sind sie ja auch, da sie klug daherblicken und nichts sagen.

Schuld an der allgemeinen Verunglimpfung sind wohl nicht zuletzt die eigenartigen Lautäußerungen der Eulen, die vom tiefen Ruf des Uhus bis zu jammernden, trillernden oder kreischenden Tönen anderer Arten reichen. Bei einigen Eulen unterscheiden sich die Rufe der beiden Geschlechter durch eine andere Tonhöhe oder Silbenzahl. In der Nacht rufen sich Männchen und Weibchen wechselseitig in einer Art Duett zu. Ärger oder Störungen beantworten die Eulen durch Schnabelklappen.

Gesichts- und Gehörsinn finden wir bei den Eulen besonders hoch entwickelt. Ihre Augen sind ungeheuer groß und in Wirklichkeit noch viel größer als der äußerlich sichtbare Bereich der Pupille und Iris. Der Augapfel einer 60 cm großen Schnee-Eule ist fast ebenso groß wie der eines Menschen. Kein Wunder, daß die Tiere so gut im Dunkeln sehen können! Im Gegensatz zu der volkstümlichen Ansicht sind die Eulen keineswegs bei Tage blind; es gibt sogar eine Anzahl von Arten, die tagsüber auf Jagd gehen. Bei ihnen finden wir eine auffallend ausgebildete Nickhaut zum Schutz der hochempfindlichen Netzhaut vor hellem Licht.

Besonders gut entwickelt erscheint das Gehör; manche Arten jagen weit mehr mit Hilfe des Hörvermögens als des Gesichtes. Wahrscheinlich steht der eigenartige Gesichtsschleier im Dienste der Schallortung: Er soll die Schallwellen in gleicher Weise sammeln, wie es Hohlspiegel mit Licht- und elektrischen Wellen tun. Das Ohr der Eulen liegt unter den Federn verborgen, ist aber sehr groß und zum Teil von Hautfalten bedeckt. Bei manchen Arten unterscheiden sich die beiden Ohröffnungen in der Größe und Form, wodurch wahrscheinlich das zweiohrige Anpeilen der Beute erleichtert werden soll.

BLASSUHU
Bubo lacteus
Südafrika; 65 cm.

KANINCHENEULE
Speotyto cunicularia
Tiefland der südlichen USA
und Florida bis Feuerland; 23 cm.

SCHNEE-EULE
Nyctea scandiaca
Zirkumpolar in den arktischen Tundren; 63 cm.
VIRGINISCHER UHU
Bubo virginianus
Westliche Erdhälfte von der Baumgrenze
bis Patagonien
mit Ausnahme Westindiens; 63 cm.
BRILLENKAUZ
Pulsatrix perspicillata
Mexiko
bis nördliches Argentinien;
43 cm.
ELFENKAUZ
Micrathene whitneyi
Südwestliche USA
und Mexiko; 14 cm.
SCHLEIEREULE
Tyto alba
Europa, Afrik
Arabien, Südosta
Australien, Tasma
Nord- und Südam
38 cm.

Vielleicht dient der geräuschlose Flug der Eulen, den man immer als ein Hilfsmittel zum Überraschen der Beute ansieht, viel mehr dazu, den scharfen Gehörsinn des Vogels nicht durch das eigene Fluggeräusch zu beeinträchtigen. Bei den Eulen, die tagsüber jagen, sind nämlich die geräuschdämpfenden kleinen Hornfäden an den Schwung- und Konturfedern weniger als bei den nächtlich tätigen Arten entwickelt oder fehlen auch ganz, wie bei der Sperbereule oder der kleinen Kanincheneule.

Durch ihr langes, lockeres Gefieder wirken die Eulen auffallend kurzhalsig, doch ist ihr Hals in Wirklichkeit sogar ziemlich lang und biegsam. Dadurch wird die Beschränkung des Gesichtsfeldes infolge der nach vorn gerichteten Augen wieder ausgeglichen. Zugleich sind auch die Augen bei den Eulen weit weniger beweglich als bei anderen Vögeln, deren seitlich orientierte Augen ihnen ein viel umfangreicheres Sehfeld schaffen. Wenn eine Eule einen Gegenstand neben oder hinter sich betrachten will, muß sie ihren Kopf herumdrehen, und das kann sie um fast 180°. Daher kommt wohl auch die dumme Geschichte, nach der man eine Eule dadurch umbringen kann, daß man um sie langsam herumgeht; sie wendet dann so lange ihren Kopf nach dem Menschen, bis sie sich den Hals abgedreht hat!

Eulen fressen ihre Beute gewöhnlich im ganzen, und wenn die starken Magensäfte das Genießbare herausgelöst haben, wird der unverdauliche Rest an Knochen, Haaren oder Federn in Form rundlicher Gewölle wieder ausgewürgt. Meist wählen sie einen bevorzugten Stammplatz, zu dem sie mit der Beute im Schnabel hinfliegen. Dort fressen sie, verdauen und werfen ihre Gewölle aus, so daß der Naturforscher dort Hunderte von Gewöllebällen finden und sie auf ihren Inhalt untersuchen kann. Da die meisten Eulen nur in einem Umkreis von wenigen hundert Metern zu jagen pflegen, bekommt man auf Grund der Gewöllbestandteile einen ausgezeichneten Überblick über die relative Häufigkeit der gefressenen Beute-

AFRIKANISCHE FISCHEULE
Scotopelia peli
Afrika südlich der Sahara; 55–60 cm.

tiere und macht mitunter auch ganz überraschende Entdekkungen. So gelang 1933 der erste Nachweis der Birkenmaus in Deutschland an Hand von Knöchelchen in Waldkauzgewöllen, und nicht anders war es im mittleren Connecticut, wo man nicht wußte, daß dort eine bestimmte seltene Mäuseart vorkommt, bis man eine Anzahl ihrer Schädel im Gewölle von Schleiereulen fand. Nach intensivem Suchen entdeckte man schließlich eine kleine Kolonie dieser äußerst scheuen Nager in einem vereinzelten Kiefernbestand.

Mit nur ganz wenigen Ausnahmen nisten die Eulen in Höhlen – meist in hohlen Bäumen, auch in Gesteinslöchern – oder auf dem Boden. Einige wenige Arten bevorzugen die verlassenen Nester von Raubvögeln oder Krähen. Nistmaterial wird wenig oder überhaupt nicht verwendet. Die Gelege enthalten 1 bis 7 oder auch mehr reinweiße, fast kugelrunde Eier. In der Regel brüten beide Geschlechter und sorgen auch gemeinsam für die Jungen.

Eine der auffallendsten unter den insgesamt 123 Arten ist die Schnee-Eule, ein Bewohner der gesamten nördlichen Tundrengebiete, die zugleich auch das abweichendste Nistverhalten zeigt, denn sie baut ihr Nest im Freien auf einer kleineren Bodenerhebung, von der aus die Umgebung kontrolliert werden kann. Hier brütet nur das Weibchen und wird währenddessen von seinem Partner gefüttert.

Da zeitweilig in den arktischen Breiten die Sonne nicht untergeht, ist die Schnee-Eule zwangsweise zu einem Tagestier geworden und behält diese Lebensweise in gewissem Maße auch während des Winters bei. Schnee-Eulen fliegen ausgezeichnet und nehmen jede Beute, deren sie habhaft werden können, selbst Enten. Ihre Lieblingsnahrung aber stellen Lemminge und Hasen dar. Wenn deren Populationsdichte ihren Höhepunkt erreicht, legen die Schnee-Eulen 7 bis 10 Eier, doch zählt ihr Gelege nicht mehr als 2 bis 3, wenn die Beute knapp wird; in ausgesprochenen Hungerjahren wird überhaupt kein Nest angelegt. Neigt sich dieser Zyklus alle 5 bis 7 Jahre seinem Tiefstpunkt zu, so sind die Schnee-Eulen im Winter gezwungen, auf der Nahrungssuche nach Süden abzuwandern; dann kommen sie in ansehnlichen Mengen hinunter bis zu den Britischen Inseln, nach Norddeutschland, Zentralrußland, Nordjapan sowie zu den mittleren und östlichen USA.

Am eindrucksvollsten wirken die großen Uhus der Gattung *Bubo*, deren 11 Arten in der ganzen Welt zu Hause sind. Sie alle sind besonders große, 60 und mehr Zentimeter lange Tiere mit ansehnlichen Federohren und einem mächtigen Schnabel zwischen den großen, gelben Augen. Auf der Nördlichen Halbkugel treffen wir vor allem unseren Uhu – er ist bei uns sehr selten und streng geschützt – in Europa und Asien sowie den verwandten, etwas kleineren Virginischen Uhu in Nordamerika. Diese bräunlichen bis grauen Uhus mit ihrer dunklen Tupfen- und Wellenzeichnung leben vor allem in Wäldern und bilden eine Anzahl farblich gut voneinander unterschiedener geographischer Rassen aus. Die Uhus der nordafrikanischen Wüsten und in Kleinasien sehen heller aus als ihre waldbewohnenden Verwandten.

Mit Vorliebe jagen die Uhus an den Rändern der Waldlichtungen, wo besonders reichliche Beute anfällt. Dabei richten sie weit mehr Nutzen als Schaden an, denn sie räumen vor allem mit Kleinschädlingen auf, wie Mäusen, Ratten, Hamstern. Eine der hübschesten Arten ist der dunkel schwarzgraue Blaßuhu aus den Tiefen der afrikanischen Wälder, dessen laute, traurig klingende Rufe den Anlaß zu so manchen Sagen der afrikanischen Eingeborenen gegeben haben.

Außerordentlich weit verbreitet leben die kleinen Zwergohreulen der Gattung *Otus*, eine Gruppe von 36 ziemlich gleich aussehenden Arten, die ebenfalls Federohren tragen. Unsere Zwergohreule, die vom Elsaß bis Westasien und Nordafrika vorkommt, wandert als Zugvogel im Winter bis ins tropische Afrika. Das Gefieder dieses nur 19 cm großen Vogels zeigt eine feine, rindenartige Schutzfärbung. Sie nistet in Baumhöhlen, Felsspalten oder in verlassenen Nestern anderer Vögel und legt 3 bis 6 Eier. In Nordamerika wird sie durch die Schreieule vertreten, die ihren Namen gänzlich zu Unrecht trägt, denn ihr freundliches, pfeifendes Trillern gehört zu den schönsten Lauten der Nacht. Sie bildet zwei Farbvarianten aus: eine graue und eine braune, wie man es häufiger bei Eulen und auch bei ihren entfernten Verwandten findet, den Schwalmvögeln.

Als untersetzte, rundköpfige Zwerge von nur 15 bis 20 cm Länge begegnen uns die Sperlingskäuze der Gattung *Glaucidium* mit 12 Arten, die im südlichen Eurasien, in Afrika und in beiden Teilen Amerikas zu Hause sind. Man trifft sie auch tagsüber an, doch gehen sie meist in der Abenddämmerung auf Jagd aus.

In Park und Garten hört man das «Gug» und «Kuwitt» des Steinkauzes, der als Vogel der Göttin Athene/Minerva den Gattungsnamen *Athene* führt. Er ist 22 cm lang, oben dunkelbraun mit dichter weißlicher Fleckung, unten hell mit breiter dunkelbrauner Streifung; sein Verbreitungsgebiet reicht von Nordafrika über das gemäßigte und südliche Europa bis Mittelasien und Nordindien.

Auf der ganzen Nördlichen Halbkugel, unmittelbar an der Baumgrenze im hohen Eurasien und Nordamerika, brütet die Sperbereule. Wie die Schnee-Eule ist sie mitunter gezwungen, nach Süden auszuweichen, wenn ihr die Nahrung knapp wird. Diese grauen, 38 bis 43 cm langen Vögel sehen nicht nur wie die Sperber aus, sondern verhalten sich auch ähnlich. Vor allem erscheint ihr Schwanz länger und der Flügel spitzer als bei den meisten anderen Eulen, und die Tiere jagen auch bemerkenswerterweise am Tage, wobei sie mehr vom Gesicht als vom Gehör geleitet werden. Ferner wirkt ihr Gefieder viel dichter und härter als das anderer Eulen, und ihr Eulengesicht ist nicht so stark ausgeprägt.

Sperberähnlich sehen ebenfalls die 18 Arten der kleinen Langflügelkäuze *(Ninox)* aus, die wir in Ostasien, Ostindien, Australien und auf Neuseeland antreffen. Am besten kennen wir hier den südostasiatischen Zugkauz, eine waldbewohnende, tags aktive Art, die vorwiegend Insekten frißt. Die nördlichen Rassen sind Zugvögel und wandern meist am Tage.

Zum größten Teil leben die 11 Waldkauzarten der Gattung *Strix* auf der Nördlichen Halbkugel, wenn auch ein paar davon in Südamerika und Ostindien vorkommen. Am größten wird mit fast 70 cm der im Norden Eurasiens und Nordamerikas heimische Bartkauz, eine der größten Eulen überhaupt. Unser einheimischer Waldkauz frißt hauptsächlich Mäuse und kleine Vögel, aber auch Insekten, Fische und Frösche; er bewohnt Wälder und Kulturlandschaften und nistet in natürlichen und künstlichen Höhlen. In Nordamerika wird er durch den quergebänderten Streifenkauz vertreten.

Nur kurz seien die 3 Brillenkäuze der Gattung *Pulsatrix* erwähnt. Diese neuweltlichen Waldeulen, die vom südlichen Mexiko an bis nach Brasilien zu Hause sind, fallen durch ihr eigenartig gezeichnetes Gesicht auf. Als Fischeulen werden 2 Gattungen bezeichnet, von denen die eine mit 3 Arten in Afrika und die andere mit 4 Arten im südöstlichen Asien vertreten ist. Bei ihnen tragen die Beine keine Federn, und die Unterseite ihrer Füße ist mit rauhen Schuppen besetzt, die ebenso wie bei den Fischadlern dazu dienen, die schlüpfrigen Nahrungstiere festzuhalten.

Auf der ganzen Nördlichen Halbkugel ist die Sumpfohreule beheimatet, kommt aber auch in Südamerika und auf zahlreichen Inseln von Ozeanien vor. Die im Norden heimischen Populationen sind ausgesprochene Zugvögel. Ihren Lebensraum bilden offene Landstriche in der Nähe von Süß- oder Salzwassersümpfen. Häufig sieht man die Sumpfohreulen während der Dämmerung und sogar am Tage über die Wiesen streichen, wo sie vor allem Insekten und kleine Nagetiere jagen. Die Federohren der Sumpfohreule sind viel kürzer als die der zur gleichen Gattung *(Asio)* gehörenden Waldohreule mit den schönen orangegelben Augen. Sie ist als eine unserer häufigsten Eulen anzutreffen, wo es Baumbestand gibt, vor allem Nadelholz; ihr Verbreitungsgebiet umfaßt Europa, Nordasien bis Japan, Persien und Turkestan, Nordafrika und Nordamerika.

Höchst merkwürdig ist die Kanincheneule, ein etwa 23 cm großer Vogel, der von den westlichen USA, Südflorida und Westindien an bis hinunter nach Feuerland vorkommt. Diese auffallend langbeinige Eule lebt in der offenen Prärielandschaft und nistet dort, oft in kleineren Kolonien, in selbstgegrabenen Erdhöhlen. Tagsüber steht ein Tier des Brutpaares vor dem Höhleneingang; nähert sich ein Störenfried, so knickst das Tier auf und ab, bevor es dann in der Höhle verschwindet oder davonfliegt.

Schwalmvögel *Caprimulgiformes*

In dieser Ordnung fassen wir 5 Familien nächtlich oder zur Dämmerungszeit aktiver Vögel zusammen. Allen hierher gehörenden Arten gemeinsam sind die langen, zugespitzten Flügel, die kleinen, unauffälligen Füße, ein ebenfalls unscheinbarer Schnabel und ein ungeheuer weit sperrendes Maul. Mit einer Ausnahme, dem Fettschwalm, ernähren sie sich von Insekten, die sie – wiederum mit einer Ausnahme, den eigentlichen Schwalmen – im Fluge fangen. Die meisten Nachtschwalben aber haben sich geradezu zu fliegenden Insektenfallen entwickelt, denn sie sind mit einem besonders breiten Schnabel ausgestattet, der während des Fluges weit aufgerissen werden kann und zudem noch an seiner Basis mit Federborsten besetzt ist, so daß die Vögel die Luft wie mit einem Fangnetz nach Insekten durchstreifen.

Wie man es bei derartigen Nachtvögeln nicht anders erwarten kann, finden wir stets unauffällig gedeckte braune und graue Grundfarben mit schwarzen, dunkelgrauen oder -braunen Tarnmustern. Das weiche, lockere Gefieder der Schwalme ähnelt dem ihrer nächsten Verwandten, der Eulen.

Eine Anzahl Arten bezeichnet man unzutreffenderweise als Ziegenmelker, weil das große Maul dieser Tiere Anlaß zu dem Märchen gegeben hat, die Vögel würden nachts in die Ställe eindringen und den Ziegen die Milch abzapfen. Daß an diesem Unsinn auch nicht ein Wort wahr ist, versteht sich für jeden auch nur halbwegs naturwissenschaftlich Interessierten von selbst.

Eigenartig laut sind die Stimmen vieler Schwalmvögel, und oft drückt sich der Klang ihrer Rufe in den volkstümlichen Namen aus, die man ihnen vor allem bei den englischsprachigen Völkern beigelegt hat. Insbesondere bei verschiedenen tropischen Schwalmvogelarten finden wir derart unheimliche, geisterhafte Lautäußerungen, daß wir uns gar nicht zu wundern brauchen, wenn die Eingeborenen diesen Vögeln mit einer – selbstverständlich völlig unangebrachten – abergläubischen Furcht begegnen.

Fettschwalme *Steatornithidae*

Wohl der merkwürdigste Angehörige unter allen den absonderlichen Schwalmvögeln ist der Fettschwalm aus dem nördlichen Südamerika und Trinidad, der seinen Namen der Tatsache verdankt, daß die venezolanischen Indianer jahrhundertelang ihr Speiseöl aus den geradezu unglaublich fetten Jungvögeln gewannen. Die Spanier nennen den Vogel «Guacharo», den Jammernden oder Schreienden, weil sein durchdringendes Gekreische angeblich das menschliche Ohr strapaziert.

Tagsüber halten sich die Fettschwalme tief in Felshöhlen verborgen und kommen erst bei Nacht zur Futtersuche heraus. Die schlanken Erwachsenen messen nur 33 cm in der Länge, doch spannen ihre langen, spitzen Flügel bis 45 cm weit. Ihr Gefieder ist tief zimtfarben und übersät mit kleinen hellen Flecken; der Flug wirkt beschwingt, schnell und ausdauernd und etwas wellenförmig. Fast unnötig erscheinen die kleinen Füße, und die Tiere lassen sich auch nirgends nieder. Wenn sie nicht in ihren Nestern oder auf dem Felsgesims in ihren Wohnhöhlen hocken, klammern sie sich wie die Schwalben an den Felswänden fest.

Nicht umsonst räumt man dem Fettschwalm eine eigene Familie ein, denn als der einzige Vegetarier innerhalb der gesamten Ordnung lebt er ausschließlich von Früchten, insbesondere den Ölfrüchten der Palmen, die er, wie ein Hubschrauber in der Luft schwebend, mit seinem kräftigen Hakenschnabel abpflückt. Mit dem Einfall der Tropennacht streifen die Schwärme der Fettschwalme 80 km und mehr umher, um solche Palmenfrüchte im notwendigen Reifezustand zu finden. Noch vor Beginn des Morgens kehren sie unbeirrbar zu ihrem Höhleneingang zurück und ruhen sich sicher im Dunkel ihrer Erdbunker aus.

Die Ruhe- und Nistplätze der Fettschwalm-Kolonien liegen manchmal 800 m und mehr vom Höhleneingang entfernt im Erdinneren; dort teilen die Vögel ihren finsteren Schlupfwinkel mit den Fledermäusen. Ihre Nester bestehen aus abgestutzten Kegeln des eigenen Geschmeißes, untermischt mit Palmensamen, der sogar mitunter auskeimt, doch vergeilen die Triebe und sterben aus Lichtmangel ab. In einer kleinen Vertiefung liegen oben auf diesen Nestbauten 2 bis 4 weiße Eier, die von beiden Eltern bebrütet werden. Die Jungen schlüpfen völlig nackt, bedecken sich aber bald mit einem spärlichen Dunenkleid. Da sie ebenfalls mit den Ölfrüchten gefüttert werden, wachsen sie zu hilflosen Fettmassen heran und magern dann aber wieder allmählich ab, wenn sie beginnen, flügge zu werden. In den Zeiten, wenn sie am fettesten sind, sollen sie tatsächlich das Doppelte ihrer durchaus schlanken Eltern wiegen, und zu diesem Zeitpunkt werden sie dann von den Indianern zur Ölgewinnung eingesammelt.

Am merkwürdigsten berührt uns bei den Fettschwalmen die Fähigkeit, in völliger Finsternis mit unfehlbarer Sicherheit den Weg durch das unterirdische Höhlenlabyrinth zu finden. Wie neuere Untersuchungen ergeben haben, vermögen sie dies mit Hilfe des gleichen Radarapparates, über den auch die Fledermäuse verfügen, indem nämlich Abstand und Entfernung von Hindernissen aus der Reflektionszeit der Schallwellen ermittelt werden. Während die Fledermäuse mit Schallwellen arbeiten, die oberhalb der menschlichen Gehörgrenze liegen, bewegen sich die Laute der Fettschwalme um 7000 Schwingungen pro Sekunde. Man kann diese Töne während des Fluges der Vögel als ein ständiges feines metallisches Klicken sehr wohl neben den Lautäußerungen heraushören, die von den Vögeln sonst ausgestoßen werden.

In jüngster Zeit hat die venezolanische Regierung eine große Fettschwalm-Höhle als Naturschutzgebiet erklärt und beabsichtigt, sie mit elektrischem Licht auszustatten sowie einen Führer anzustellen, um sie zu einem Anziehungspunkt für die Touristen zu machen. Und diese Mühen lohnen sich schon, um die Tiere zu beobachten, wie sie klickend ihren Weg durch die Finsternis zu ihren Raststätten finden, ohne an ein Hindernis anzustoßen.

Schwalme *Podargidae*

Mit 12 Arten kommt diese Familie von Australien an nordwärts bis Malaya und zu den Philippinen sowie nach Osten bis zu den Salomonen vor. Von den anderen Angehörigen der gleichen Ordnung unterscheiden sich die Schwalme durch den großen, flachen, hakig gekrümmten Schnabel und die Art des Nahrungserwerbes, denn diese Vögel fangen keine Insekten im Flug, sondern suchen sich kriechende, krabbelnde Käfer, Tausendfüßler, Skorpione und Raupen; der australische Eulenschwalm nimmt sogar gelegentlich Mäuse. Ruhig warten die Vögel auf einem Baumstumpf oder einem Zweig, bis sie eine Beute erspähen, und stürzen sich dann darauf. Andere Arten sollen angeblich die größeren Äste der Urwaldbäume nach Futter absuchen, obwohl sie sich ihrem Bau nach wenig für diese Methode der Nahrungssuche zu eignen scheinen, denn ihre Beine sind doch recht kurz und ihre Füße klein und schwach. Überhaupt wirken die Schwalme etwas apathisch und fliegen auch am schlechtesten von sämtlichen Angehörigen dieser Ordnung, zumal ihre verrundeten Flügel nur mäßig lang ausgebildet sind.

Die Größe der Schwalme liegt zwischen 23 und 53 cm. Ihr weiches, seidiges Gefieder weist ein Tarnmuster aus vielen Stricheln, Streifen und Schnörkeln auf, ohne daß sich die Geschlechter wesentlich darin unterscheiden. Dagegen gibt es aber häufiger verschiedene Färbungsphasen, und bei den meisten Arten kommen rotbraune und graue Farbvarianten vor.

Stets errichten die Schwalme ihr Nest in den Bäumen, gewöhnlich an der Gabelung eines Querastes. Manche Arten bauen ein lockeres Gebilde aus Ästen, andere aus ihren eigenen Federn, das sie dann mit Flechten, Moosen und Spinnengeweben tarnen. Die 1 bis 2 Eier bebrüten beide Eltern, und zwar meistens das Weibchen zur Nacht und das Männchen bei Tage. Die ausschlüpfenden Jungvögel tragen ein Dunenkleid und bleiben bis zum Flüggewerden im Nest.

Tagsüber sitzen die Schwalme schlafend längs eines Zweiges mit ausgestrecktem Kopf und geschlossenen Augen. Dabei gleichen sie in ihrer Färbung derart stark der Umgebung, daß man sie unmöglich erkennt. Durch ihre nächtliche Lebensweise und die Seltenheit ihres Auftretens lassen sie sich schwer beobachten, und so wissen wir nur verhältnismäßig wenig über ihre Lebensweise und -gewohnheiten. Die Lautäußerungen bestehen aus einem leisen, heiseren Brummen. Der Eulenschwalm ruft die ganze Nacht hindurch sein grunzendes, nasales «um-um».

GRAUER TAGSCHLÄFER
Nyctibius griseus
Mexiko bis Argentinien; 35 cm.

GRAUER ZWERGSCHWALM
Aegotheles albertisi
Neuguinea; 15 cm.

Tagschläfer *Nyctibiidae*

Man nennt die Tagschläfer, große Verwandte unseres Ziegenmelkers, im Englischen auch Potus; ihre 5 Arten kommen auf Jamaika und Haiti sowie vom südlichen Mexiko bis zum mittleren Südamerika vor. Bei ihnen fehlen die sonst so auffälligen Schnabelborsten; sie weichen auch in der Art und Weise ab, sich hinzusetzen, sowie in der Methode des Beutefanges. In der Färbung ähneln sich beide Geschlechter sehr.

Meist sieht man die Tagschläfer aufrecht auf einem Baumstamm oder einem Ast sitzen, so daß sie wie die Verlängerung der Unterlage wirken. Wenn sie des Nachts auf einem Zaunpfahl hocken, reflektieren ihre großen, orangegelben Augen das Licht der Taschenlampe, mit der man sie anleuchtet. Wie die Nachtschwalben fangen die Tagschläfer fliegende Insekten, aber auf eine ganz andere Weise: Sie lauern auf ihrem Sitzplatz, stürzen sich dann auf ein nahe vorbeifliegendes großen Insekt und kehren wieder zu ihrem Ansitz zurück.

Laut und ganz eigentümlich klingt die Stimme dieser Vögel. Bei der mexikanischen Art hören wir ein weittönendes «bauwu», das wie das Mauzen einer Hauskatze klingt. Die empfindsamen Bewohner von Trinidad nennen den dort heimischen Grauen Tagschläfer «Ich Armer», weil sein trauriger, selbstbemitleidender Ruf angeblich wie das englische «poor me one» klingen soll. Der Ruf des 48 cm langen Großen Tagschläfers von Surinam gleicht einem langgezogenen «uuruu».

Die Tagschläfer legen ihr einziges Ei in die Höhlung eines Baumstumpfes; dort wird es von beiden Geschlechtern in aufrechter Haltung bebrütet. Die Jungen schlüpfen bedeckt mit weichen Dunen und wirken wie ein Baumpilz, wenn sie unbeweglich dasitzen. Die Alten hudern ihre Jungen und schützen sie, bis die Konturfedern mit ihrer Tarnzeichnung sprießen und bewirken, daß auch die Jungen in ihrer aufrechten Ruhestellung wie ein Stück Zweig aussehen.

Zwergschwalme *Aegothelidae*

Als pummelige kleine, höchstens bis 30 cm lange Vögel ähneln die 8 Zwergschwalme aus Australien und Neuguinea winzigen, langschwänzigen Eulen. Gewöhnlich fangen sie ihre Insektennahrung im Fluge, suchen aber auch auf dem Boden nach Ameisen und Tausendfüßlern. Auffallend erscheinen der große Kopf und die winzigen Füße.

Es sind scheue, einzeln lebende Waldvögel mit einer rein nächtlichen Lebensweise, die sich am Tage in Baumhöhlen verstecken. Ihr Flug wirkt nicht ganz so scheinbar regellos wie bei den meisten Nachtschwalben. Anders als diese sitzen sie auch nicht in Längsrichtung auf dem Ast, sondern quer und in aufgerichteter Haltung. Statt der lauten Schreie ihrer Verwandten hören wir bei ihnen flötenähnliche Pfeiftöne oder ein zartes Gurren beim Flug.

Ihre 3 bis 4 rundlichen, an einem Ende etwas zugespitzten, rein weißen oder auch etwas gefleckten Eier legen die Tiere in hohlen Ästen ab; mitunter wird die Nisthöhlung mit grünen Blättern ausgekleidet. Die Jungen schlüpfen mit Dunen bedeckt und werden im Nest großgezogen. In Südaustralien nisten die Zwergschwalme im Frühling und bringen 2 Bruten im Jahr hervor.

Ziegenmelker *Caprimulgidae*

Mit den Ziegenmelkern oder Nachtschwalben haben wir die größte und am weitesten verbreitete Familie dieser Ordnung vor uns, deren etwa 67 Arten über die tropischen und gemäßigten Gebiete der Welt verbreitet vorkommen; auf Neuseeland und den Inseln Ozeaniens fehlen sie allerdings. Auffallend sind die lauten, durchdringenden, eintönigen Rufe der Tiere, mit denen die Leute weit mehr vertraut zu sein pflegen als mit den Vögeln selbst. Die meisten Ziegenmelker schlafen oder ruhen am Tage und fliegen erst in der Dämmerungszeit, aber es gibt auch ein paar Arten, die tagsüber ebenso aktiv sind wie in der Nacht. Die am stärksten ausgeprägte Tagesaktivität finden wir bei der Falkennachtschwalbe Nordamerikas.

Alle Ziegenmelker erbeuten die Insekten im Fluge, vergreifen sich aber auch gelegentlich an einem spätfliegenden Kleinvogel. So hat man beispielsweise Reste von Waldsängern im Magen einer Karolina-Nachtschwalbe gefunden, aber hier dürfte es sich wohl nur um einen Zufallsfang gehandelt haben. Wenn diese Vögel in anscheinend planlosem Zickzackflug auf Insektenfang gehen, erscheint ihr Flug leicht und stürmisch, aber doch sehr ausdauernd und dabei völlig geräuschlos. Im Balzflug klatscht der Ziegenmelker laut mit seinen Flügeln.

Wie nächtlich lebende Vögel niemals kontrastreiche Farben zeigen, so finden wir bei den Ziegenmelkern ebenfalls unauffällige braune und graue Töne, die zusammen mit den braunen, schwarzen und weißen Stricheln und Tupfen ein vorzügliches Tarnmuster ergeben, das die Tiere tagsüber fast unsichtbar macht. In ihrer Färbung unterscheiden sich die Geschlechter kaum, doch finden wir bei den Weibchen an Stelle der weißen Flecken an den Flügeln und am Schwanz, die manche Männchen während des Fluges erkennen lassen, öfters braune Markierungen. So vorzüglich sind diese Vögel getarnt, daß sie tagsüber ganz offen auf einem kahlen Zweig sitzen können, allerdings stets in Längsrichtung, und jeder sie für ein Stück Holz hält. Andere Arten, die sich zwischen totem Laub am Boden verborgen halten, vertrauen derart fest auf ihre Schutzfärbung, daß man fast mit dem Fuß auf sie tritt, bevor sie auffliegen. Beim Ausruhen am Tage halten sie ihre hellen Augen bis auf einen Spalt geschlossen.

Beine und Füße der Ziegenmelker sind so schwach und winzig, daß sie den Tieren auf dem Boden kaum mehr als ein paar wenige, ungeschickte Schritte gestatten. Daher legen die Vögel auch die geringste Entfernung gewöhnlich nur im Fluge zurück. Charakteristisch für diese Familie ist die kammähnliche Zähnelung an der Unterseite der Mittelzehe, die auch bei den Reihern und einigen anderen Gruppen vorkommt; sie dient wahrscheinlich zum Putzen des Gefieders. Vielleicht benutzen die Ziegenmelker ihren Kamm zum Reinigen der Schnabelborsten von Insektenresten.

Da sie nur Insekten fressen, müssen sich die Ziegenmelker auf solche Gebiete beschränken, in denen ihnen ausreichende Mengen an Nahrungstieren zur Verfügung stehen. Eine ganze Anzahl tropischer Arten verläßt daher ihren Standort überhaupt nicht. Andere Arten, die im Frühjahr nord- und südwärts in höhere Breiten abwandern, um dort zu brüten, müssen zum Herbst weite Strecken zu insektenreicheren Gegenden zurücklegen. So zieht unser einheimischer Ziegenmelker zum Winter nach Zentralafrika, und die Falkennachtschwalbe, die über ganz Nordamerika nordwärts bis zum südlichen Alaska und Neufundland brütet, geht nach Süden bis Argentinien. Gegen Schluß des Sommers zieht die Fahnennachtschwalbe Südafrikas nach Norden und begibt sich in das mittlere Kongogebiet.

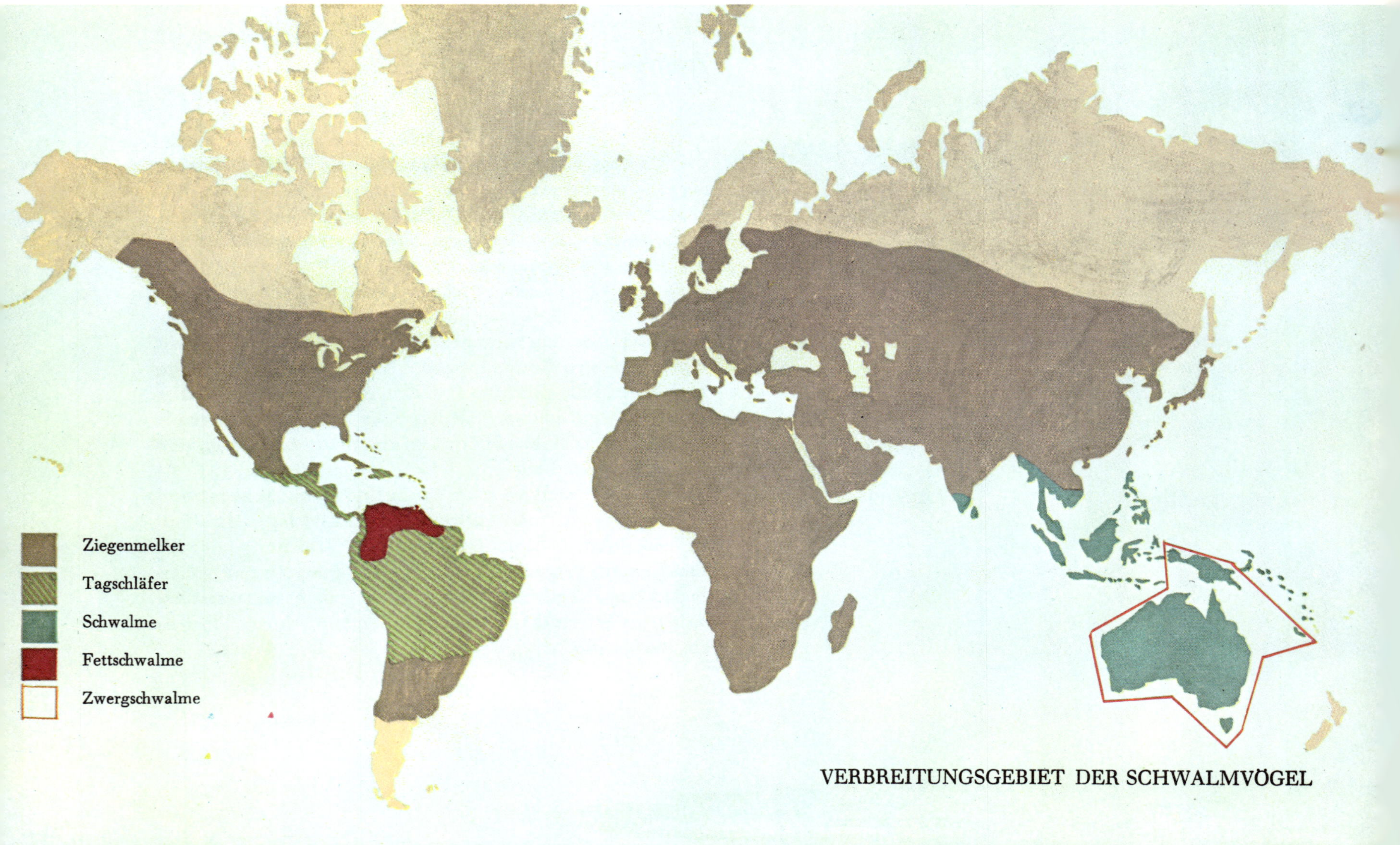

VERBREITUNGSGEBIET DER SCHWALMVÖGEL

Eigentlich mißt die Fahnennachtschwalbe von der Schnabel- bis zur Schwanzspitze nur 28 cm, doch wenn die Männchen ihr Hochzeitskleid im Frühjahr anlegen, streckt sich das innere Paar der Handschwingen zu flatternden Wimpeln bis zu 60 cm Länge. Während des segelnden, schwebenden Hochzeitsfluges dienen diese Fahnen als Ersatz der Balzrufe, wie wir sie bei anderen Arten finden, denn die Fahnennachtschwalben sind anscheinend stumm. So wertvoll diese Anhängsel in diesem Zusammenhang sein mögen, dürften sie doch andererseits den Flug der Tiere empfindlich behindern, und so brechen sie auch bald nach der Hochzeit im Februar oder März ab. Man nimmt an, daß die Vögel sie selbst stutzen, denn die Reste werden erst im Juni gemausert. Bei der ebenfalls afrikanischen Flaggennachtschwalbe verlängert sich während der Fortpflanzungszeit das innere Handschwingenpaar in gleicher Weise, doch tragen hier nur die letzten 15 cm des gleichfalls bis 60 cm langen Federschaftes den breiten Fahnenschmuck. Bei der Balz fliegt das Männchen langsam mit gewölbten Flügeln und rüttelnden Bewegungen über das Weibchen, um seinen Fahnenschmuck unmittelbar über der Gefährtin flattern zu lassen.

Erst in den letzten Jahrzehnten hat es sich herausgestellt, daß die Nuttall-Nachtschwalbe aus dem westlichen Nordamerika den insektenfreien Winter ebenso übersteht, wie es die Insekten, Amphibien und Reptilien tun: Sie hält einfach Winterruhe! Bevor diese Tatsache bekannt war, wäre kein Ornithologe auf den Gedanken gekommen, ein Vogel könnte seinen hohen Stoffwechsel senken und den Winter in einem Starrezustand überstehen. An die Möglichkeit eines solchen Überwinterns auch bei Vögeln hatte man früher allerdings durchaus geglaubt. So stand beispielsweise in Naturkundebüchern des Mittelalters, ja bis zur Zeit Linnés, daß die Schwalben, die regelmäßig im Herbst verschwanden und im Frühjahr wiederkehrten, in den Sümpfen überwintern, an denen sie sich vor dem Abflug in die Winterquartiere sammelten. Das war selbstverständlich genauso ein Unsinn wie die Geschichte, daß die Ringelgänse aus Entenmuscheln entstehen. Man kannte eben die wahren Zusammenhänge nicht. Und als nun die Ethnologen getreulich die Erzählungen der Indianer von Arizona wiedergaben, daß bestimmte Vögel den Winter schlafend in Felshöhlen verbringen, faßte kein Ornithologe solche Berichte als etwas anderes auf als ein nettes Indianermärchen. Erst kurz nach 1950 mußte der mißtrauische Weiße Mann einsehen, daß die Indianer recht hatten.

Ob nun alle Nuttall-Nachtschwalben auf diese Weise überwintern oder ob doch manche abwandern, steht noch nicht fest; man weiß nur, daß eben einige bei Beginn der kühlen Witterung sich in Felsspalten verkriechen. Dann sinkt ihre Körpertemperatur von den normalen 39° C bis auf ungefähr 18° C ab, die Atemzüge werden langsamer oder hören nahezu auf, und der Stoffwechsel kommt fast völlig zum Stillstand. So verschlafen sie die kalten Monate, bis sie die Wärme des wiederkehrenden Frühlings erweckt und es wieder genügend Insektenfutter gibt. Man hat diese Tiere beringt; dabei ergab sich, daß sie in mehreren aufeinanderfolgenden Wintern immer in der gleichen Felsnische schliefen.

Wie schon erwähnt, sitzen die Ziegenmelker häufig auf Zweigen, und zwar in der Längsrichtung dazu, doch nisten sie stets auf der Erde. Dabei geben sie sich keine besondere Mühe, sondern legen die Eier auf den blanken Boden oder im Fallaub ab, und dort sind sie dank ihrer weißen oder kremfarbenen, kräftig gefleckten Schale ebenso gut geschützt wie die Vögel selbst mit ihrem Tarnkleid. In den Tropen legen die dort heimischen Ziegenmelker nur ein einziges Ei, brüten aber zweimal im Jahr; die Bewohner der gemäßigten Zonen erbrüten häufig nur einmal im Jahr 2 Junge. Unsere heimische Nachtschwalbe bringt jedoch oft 2 Bruten hoch. Die Brutzeit beträgt 16 bis 20 Tage und wird bei einigen Arten von beiden Eltern, bei anderen nur von der Mutter allein wahrgenommen; doch bleibt in diesen Fällen das Männchen beim Nest. Wenn die Jungvögel schlüpfen, besitzen sie bereits eine wirksame Schutztracht aus gesprenkelten Dunen; 16 bis 25 Tage oder mehr werden sie von beiden Eltern mit Insekten gefüttert, bis ihnen die Federn gewachsen sind.

Die Ziegenmelker gehören zu den ganz wenigen Vögeln, die ihre Eier oder Jungen beiseiteräumen, wenn sie in Gefahr sind. Als Audubon vor etwa einem Jahrhundert berichtete, daß eine Karolina-Nachtschwalbe ein Ei mit ihrem riesigen Schnabel davontrug, wollte man es nicht glauben, aber seither hat man das oft gesehen, und es gibt keinen Zweifel mehr an der Wahrheit dieser Feststellung. Ebenso steht fest, daß der Vogel seine Jungen zwischen seinen Beinen davonträgt, wie es auch die Waldschnepfe tut. Unbeabsichtigt bewegt eine Falkennachtschwalbe während der 19tägigen Brutperiode ihr Ei bis 150 m weit, denn sie rollt es jedesmal, wenn sie sich darauf niederläßt, durch den Anprall ein paar Zentimeter weiter, und da sie immer von der gleichen Seite aus landet, wird das Ei auch stets nach der entgegengesetzten Richtung fortgeschoben. Bewegt man jedoch in Abwesenheit des brütenden Weibchens das Ei auch nur um 1,5 m weiter, so findet es der Vogel nicht wieder, obwohl es noch durchaus in seiner Sichtweite liegt.

Unser einheimischer Ziegenmelker, den man auch Europäische Nachtschwalbe nennt, besiedelt nicht nur Europa, sondern kommt auch im nordwestlichen Afrika vor und geht im westlichen Asien bis zum Altai und West-Pakistan; die Überwinterungsplätze liegen im tropischen Afrika und in Indien. Sein Lebensraum ist trockenes, offenes oder leicht bewaldetes Gelände. Das Weibchen beginnt oft mit einer zweiten Brut, wenn die Jungen erst etwa 10 Tage alt sind, um die sich dann allein das Männchen kümmert.

Die amerikanische Falkennachtschwalbe gehört zu den wenigen Arten, die selbst noch beim Fliegen rufen, während sie beim Ausruhen schweigt. Bei der Balz macht sie ebenso wenig Umstände wie eine Schnepfe: Das Männchen kommt einfach auf den Boden zu seinem Weibchen heruntergeschossen, paart sich hier und fliegt nun unter lautem Klappern seiner Handschwingen wieder ab. Seitdem die kiesbedeckten Flachdächer aufgekommen sind, ist die Falkennachtschwalbe zum Stadtvogel geworden und nistet dort. So hört man jetzt in verschiedenen amerikanischen Städten den etwas traurig klingenden Ruf der Falkennachtschwalbe über allem Verkehrsgetümmel und sieht, wie die Vögel hoch über den Dächern den Insekten nachjagen.

Über die monotone Ausdauer, mit der verschiedene lautstarke Nachtschwalben ihren Ruf zu wiederholen pflegen, ist schon viel geschrieben worden. Der Verfasser hat selbst in einer schlaflosen Nacht bis zu 402mal das «Whip-poor-Will» des Amerikanischen Ziegenmelkers gehört, das mit Sekundenabstand wiederholt wurde. Aber den Rekord hält eine Nuttall-Nachtschwalbe, von der man nicht weniger als 1088 Wiederholungen berichtet hat.

FALKENNACHTSCHWALBE
Chordeiles minor
Gemäßigtes Nordamerika; 23 cm.

Schwirrflügler *Apodiformes*

Als unbestrittene Könige im Kunstflug haben wir wohl die Segler und Kolibris anzusehen. Um diese Kunst voll entfalten zu können, haben sich ihre Flügel auf Kosten der Beine bis zur höchsten Vollendung entwickelt, doch fehlen die Hintergliedmaßen keineswegs etwa, wie die wissenschaftlichen Namen *«Apodiformes»* und *«Apodidae»* fälschlich vermuten lassen, zumindest in den Augen eines Laien.

Beide Gruppen sehen zwar derart unterschiedlich aus, daß man ihnen mitunter sogar den Rang eigener Ordnungen zuerkannt hat, doch weisen sie von allen anderen Vogelgruppen noch zueinander die meisten verwandtschaftlichen Beziehungen auf, so daß wir sicherlich annehmen dürfen, daß sie einst aus gemeinsamen Vorfahren entstanden sind.

Das wichtigste Erkennungsmerkmal dieser Ordnung besteht in dem Größenverhältnis der Flügelknochen zueinander. Der Oberarm bleibt kurz und dick, der eigentliche Flügel wird durch die darauffolgenden Knochenelemente unterhalb des Ellbogens gebildet. Dadurch wird nicht nur eine stabilere Verbindung des Flügels mit dem Rumpf erreicht, sondern auch ein besserer Hebelansatz für die Flugmuskulatur. Gemeinsamkeiten bestehen weiter in der Art der Fortpflanzung. Alle Arten legen längliche, reinweiße Eier, die an beiden Enden gleichmäßig abgerundet sind. Das Gelege bleibt nur klein und enthält bei den tropischen Arten nur 1, sonst 2 Eier; einige Segler bringen es jedoch auf 6. Die Jungtiere schlüpfen nackt und blind, bleiben ziemlich lange im Nest und verlassen es erst, wenn sie vollends fliegen können.

Bei derart zartknochigen Vögeln haben wir naturgemäß nicht allzu viele Fossilfunde zu erwarten, doch zeigen die Überreste oligozäner Segler aus Frankreich, daß die Familie zumindest seit 40 Millionen Jahren existiert und vielleicht sogar einige entfernte Verwandtschaftsbeziehungen zu den Ziegenmelkern aufweist.

FAHNENNACHTSCHWALBE
Semeiophorus vexillarius
Tropisches Afrika; 30 cm.

AMERIKANISCHER ZIEGENMELKER
Caprimulgus vociferus
Östliches Nordamerika; 25 cm.

Segler *Apodidae*

Die Segler sind geradezu vollendet schnelle Flieger; manche bringen es tatsächlich auf rund 150 Stundenkilometer. Am schnellsten aber unter allen Vögeln sind die großen ostasiatischen Stachelschwanzsegler, deren Geschwindigkeit angeblich 240 bis 320 Kilometer in der Stunde betragen soll.

Als Nahrung nehmen die Segler ausschließlich Insekten, die sie im Fluge und meist hoch in der Luft erbeuten, wo sie ihre volle Geschwindigkeit entfalten können. Zu den Schwalben, denen sie äußerlich und auch in ihren Freßgewohnheiten ähneln (weshalb man unsere Segler auch «Turmschwalben» nennt), bestehen überhaupt keine näheren Verwandtschaftsbeziehungen; auch ist ihr Flug schneller und zielbewußter, der stromlinienförmige Rumpf wirkt untersetzter, der Schwanz kürzer und steifer. In elegantem, halbmondförmigem Schwung ziehen die flachen, spitzen Flügel nach hinten. Der Schnabel erscheint nur klein, öffnet sich aber bis hinter das Auge; es fehlen ihm die steifen Schnabelborsten, die bei den Schwalmvögeln die Schnabelöffnung vergrößern helfen. Meist zeigt das Gefieder dunkelgraue oder -braune Töne; die Unterseite wirkt bei verschiedenen Arten heller. Äußerlich unterscheiden sich die Geschlechter nicht.

Während des Fluges folgt auf eine Reihe schneller, flacher Flügelschläge ein kurzer Gleitflug. So schnell schlagen die Flügel, daß man es kaum mit bloßem Auge erkennen kann. Zeitrafferaufnahmen ergaben, daß die Segler einen Flügel schneller als den anderen bewegen können. Ihr kurzer Schwanz kann den Seglern kaum als Steuer dienen, und so lenken sie ihren Flug durch entsprechende Flügelbewegungen.

Bei den Seglern sind die Beine und Füße so schwach ausgebildet, daß die Tiere überhaupt nicht wie andere Vögel auf Zweigen sitzen können und oft sogar Mühe haben, sich vom

SCHORNSTEINSEGLER
Chaetura pelagica
Gemäßigtes mittleres und östliches Nordamerika; 12 cm.

WEISSBAUCHSEGLER
Apus caffer
Afrika südlich der Sahara; 15 cm.

BRAUNKEHL-STACHELSCHWANZSEGLER
Chaetura gigantea
Indien bis Indochina, Philippinen, Ostindien; 18 cm.

INDISCHER BAUMSEGLER
Hemiprocne longipennis
Indien bis Indochina und Celebes; 20–23 cm.

SCHERENSCHWANZSEGLER
Panyptila sancti-hieronymi
Honduras und Guatemala; 20 cm.

Boden aus in die Luft zu schwingen. So hängen sie senkrecht mit Hilfe ihrer scharfen Krallen am Gefels, an Baumstämmen oder Mauerwerk und stützen sich mit dem Schwanz ab. Bei einigen Gattungen sind alle 4 Zehen zum besseren Greifen nach vorn gerichtet, und bei den Stachelschwanzseglern ragen die Kiele der Schwanzfedern als Greifstachel über die Fahne hinaus.

Die Segler fliegen so unbeschwert, daß sie kaum zu rasten brauchen, und halten sich während ihrer Aktivitätszeit weit mehr in der Luft auf als andere Vögel. Unser Mauersegler und der Alpensegler sollen sogar die Nacht fliegend verbringen. Das ist gar nicht von der Hand zu weisen, denn insbesondere der Alpensegler steigt an schönen Abenden derart hoch in die Luft, daß man ihn aus den Augen verliert, während doch sonst die Vögel bei Einbruch der völligen Dunkelheit ihre Schlafplätze aufsuchen. Und was tun die Mauersegler, deren Scharen an der Küste Englands gegen Abend seewärts fliegen und erst in der Morgendämmerung zurückkehren?

Etwa 67 Arten bilden die Familie der Segler. Sie verteilen sich auf die verschiedensten Gebiete der Welt, vor allem die der Tropen und Subtropen, wo es reichlich Insekten gibt, kommen aber auf Neuseeland und im südlichen Südamerika nicht vor. Das halbe Dutzend Arten, das auf der Nördlichen Halbkugel zu Hause ist, zieht zum Winter in die Tropen. Dabei wandern sie tagsüber in lockeren Schwärmen, fressen zwischendurch und rasten des Nachts, oft in ungeheuerer Zahl, in Felsspalten, hohlen Bäumen und Gemäuer.

In der Hauptsache werden 8 Gattungen unterschieden, die sich unter anderem durch die Auswahl des Nistplatzes und -materials unterscheiden. Alle aber benutzen zum Nestbau ihren klebrigen Speichel, und so erscheinen die Speicheldrüsen bei beiden Geschlechtern während der Brutzeit stark vergrößert, denn beide Eltern bauen nicht nur das Nest, sondern ziehen auch gemeinsam die Jungen groß. Die Gelege enthalten im allgemeinen nur 1 oder 2, selten auch 3 längliche, weiße Eier; nur bei ganz wenigen Gruppen kommen etwas umfangreichere Gelege vor. Nach 16 bis 20 Tagen schlüpfen die Jungen, verlassen aber ihr Nest nicht vor 4 bis 6 Wochen, bis sie voll flügge sind, denn wenn sie bei ungeschickten Flugversuchen auf den Boden flattern, können sie sich nicht wieder in die Luft erheben. So aber fliegen sie bereits derart gut, daß die nördlichen Arten sofort den Winterzug antreten.

Am weitesten verbreitet sind die 18 Stachelschwanzsegler *(Chaetura)*, die in den wärmeren Gebieten aller Erdteile mit Ausnahme von Australien vorkommen. Ihre Nester und Ruheplätze liegen in Baumhöhlen, in die sie von oben her einschlüpfen. Einige Arten wählen auch Schornsteine, der nordamerikanische Schornsteinsegler sogar ausschließlich. Während ihrer Züge rasten die Schornsteinsegler in Scharen in den nichtbenutzten Kaminen von Schulen oder Fabriken und konnten dort in ausreichenden Mengen beringt werden; dabei stellte sich heraus, daß sie Jahr für Jahr die gleichen Rast- und Nistplätze aufsuchen. Zwitschernd umschwirren die Vögel in trichterförmigen Wolken ihren Kamin und gleiten abends — die unteren Tiere voran — in ihr Versteck.

PALMSEGLER
Cypsiurus parvus
Afrika, Südostasien, Philippinen, Ostindien; 10 cm.

Im allgemeinen nisten die Schornsteinsegler in einzelnen Paaren und bauen ihr Nest aus Zweigen, die sie während des Fluges mit den Füßen abbrechen; das Material wird dann mit Speichel zu einer muldenförmigen Konsole zusammengeklebt und an die Innenwand des Kamins geheftet. So machen es auch die anderen Stachelschwanzsegler; nur der Braunkehl-Stachelschwanzsegler, eine der größten und schnellsten Arten, legt seine beiden Eier auf den Grund einer Baumhöhle; vielleicht würde ein zusammengeklebtes Nest nicht das Gewicht des Tieres tragen.

Die 10 altweltlichen Seglerarten der Gattung *Apus* nisten im Gestein und bauen ihr Nest als flache Mulde aus Stroh, Federn und anderem leichten Material, das sie im Flug aufsammeln und auf dem Boden der Nisthöhle locker zusammenkleben. Ebenso wie die Stachelschwanzsegler haben sich auch unser Mauersegler und der Alpensegler die Bauten der Menschen als Nistplatz erwählt.

Ein anderes Nistverhalten zeigen die 9 dunklen Rauchsegler der Gattung *Cypseloides* in den amerikanischen Tropen. Diese Vögel bevorzugen steinige Uferhänge und legen ihr Nest kegelartig aus Moos und Zweigen auf dem Stein an, wobei sie ebenso gut Schlamm wie Speichel als Bindemittel verwenden; das Ganze wird mit Teilen von Farnblättern ausgeputzt. Einige südamerikanische Arten nisten gern hinter einem Wasserfall, der sie vor etwaigen Feinden schützt, und fliegen durch die herabstürzenden Fluten zu ihrem Nest.

Völlig anders wirkt das Nest bei den beiden Cayenne-Seglern *(Panyptila)* aus Mittel- und dem nördlichen Südamerika. Die Tiere bauen einen bis 60 cm langen Schlauch aus Pflanzenmaterial, der mit Federn und Speichel dick ausgepolstert wird. Durch den runden Eingang klettert der Vogel bis auf den Boden hinab, bringt aber seine Eier in einer flachen Brutkammer am erweiterten Eingang unter. Das Gebilde wird meist an einem Felsenvorsprung oder an einem hochgelegenen Ast, mitunter auch an einer Dachrinne untergebracht. Ähnliche Schläuche aus verfilzter Pflanzenwolle und Federn bauen die beiden Amerikanischen Palmensegler *(Tachornis)* an den Rippen von Palmwedeln.

Eines der merkwürdigsten Nester verfertigt der kleine Altweltliche Palmensegler *(Cypsiurus)*. Es besteht aus einem kleinen, flachen und randlosen Kissen aus Federn auf der Innenseite eines herabhängenden Palmen-, Bananen- oder Drachenbaumblattes, und darauf werden 1 oder 2 Eier aufrecht mit Speichel so fest aufgeklebt, daß sie auch bei stärkstem Wind nicht herabfallen können. Beim Brüten hängen die Eltern mit den Füßen senkrecht darüber, und ebenso verkrallen sich die Jungen in senkrechter Haltung dort, wenn sie, noch völlig nackt, aus dem Ei schlüpfen. Mit der Brust gegen das Blatt gepreßt, verbringen sie die ganze Zeit, bis ihre Flugfedern voll entwickelt sind.

Zum Schluß seien noch die kleinen, höhlenbrütenden Salanganen erwähnt, die von Südasien bis Polynesien beheimatet sind. Aus den Speichelnestern einiger Arten bereitet man eine höchst delikate und nahrhafte Suppe. Alle die hierher gehörigen Arten, deren Größe von 9 bis 16 cm reicht, bilden die Gattung *Collacalia* und zeigen meist dunkelgraue oder -braune Farben und eine hellere Unterseite, mitunter auch metallisch blaue oder grüne Zeichnungen. Die Arten sind einerseits so unterschiedlich und andererseits wieder derart ähnlich, daß sie den Systematiker zur Verzweiflung bringen können. Auch ist ihre Verbreitung so verzwickt, daß keiner sagen kann, wie viele Arten es eigentlich gibt; es mögen etwa 15 bis 20 sein.

Salanganen fliegen weder besonders schnell noch hoch, sondern suchen sich, ähnlich wie die Schwalben, ihr Futter in Bodennähe und beschreiben auch ebenso einen etwas planlos wirkenden Zickzackkurs. Einen der besten Schlüssel, um ihre Verwandtschaftsverhältnisse zu ergründen, bietet das Nistverhalten. Alle kleben ein tassenförmiges Gebilde an einen senkrechten Hang, einen Baumstamm oder eine Felswand. Zumeist nisten sie, oft in riesigen Kolonien, in Felsenhöhlen. Eine Gruppe nimmt als Nistmaterial Borke, eine andere Flechten oder Pflanzenfasern und eine dritte mischt noch Federn darunter; stets aber besteht die Grundsubstanz in noch stärkerem Maße als bei den anderen Seglern aus dem Speichel der Tiere. Die Graue und die Graurumpfsalangane aus Malaya und Indochina bauen ihre Nester nur aus Speichel und liefern daher das am meisten beliebte Ausgangsprodukt für die «Schwalbennester»-Suppe.

Das seit Jahrhunderten ausgeübte Geschäft des Einsammelns von Salanganennestern ist zwar anstrengend, aber recht ertragreich; jedes Jahr werden Ernten im Gesamtwert von 100 000 Dollar und mehr eingebracht! Die wertvollsten Nester stammen aus den seewärts gelegenen Kalksteinhöhlen der indochinesischen Küste, wo die Salanganen in unvorstellbaren Mengen brüten. Die eingeborenen Sammler schlagen die Nester von Bambusleitern aus oder mit langen Stangen herunter, sobald die Vögel ihr Werk vollendet haben. Es wird dann ein zweites Nest aus reinem, erhärtetem Speichel angelegt, aber für den dritten Nestbau reicht der Speichel nicht ganz, so daß dann Unreinlichkeiten auftreten, die sich preismindernd bemerkbar machen. Die ersten Nester werden daher so verkauft, wie man sie erntet, und sie erzielen auch die höchsten Preise; die anderen werden in einem besonderen Verfahren gereinigt, und man läßt sie dann zu einzelnen Flocken wieder erhärten, die von den chinesischen Händlern unter dem Namen «Drachenzähne» angeboten werden.

INDISCHE SALANGANE
Collacalia inexpectata
Indien bis Indochina,
Philippinen, Ostindien; 10–12 cm.

Baumsegler *Hemiprocnidae*

Auf das südliche Asien und die dazugehörigen Inseln beschränkt, leben 3 Verwandte der Segler, die sich durch ihre Federhauben und die langen Gabelschwänze auszeichnen, aber im Gegensatz zu der eben behandelten Familie auf Baumästen rasten und nisten. Auch erscheint ihr Gefieder weicher und bei den Männchen bunter gefärbt; ferner tritt ein abweichendes Jugendkleid auf. Die blaugrauen oder bräunlichen Rückenfedern schimmern mit bronzefarbenem Glanz, und bei 2 Arten finden wir auffallende Streifen aus langen, weißen Federn über und unter dem Auge.

Gern halten sich die äußerlich recht schwalbenähnlichen Baumsegler auf hohen, kahlen Ästen im lichten Waldland auf. Auch sie jagen, wie die anderen Segler, ihre Insektennahrung nur in der Luft, doch erscheint ihr schneller Flug nicht so ausdauernd. Wenn sie nicht gerade mit dem Insektenfang beschäftigt sind, drängen sich die Vögel gern hoch oben auf einem Baum in kleinen Schwärmen zusammen. Meist findet man sie in der Nähe des Wassers, und es macht ihnen offenbar Vergnügen, von oben her bis knapp über den Wasserspiegel herabzuschießen und dann wieder in elegantem Schwung auf ihren Sitzast zurückzukehren. Tagsüber sitzen sie meist ruhig auf den Zweigen und werden erst mit Anbruch der Dämmerung munter.

Das Nest der Baumsegler ist wohl das kleinste in der ganzen Ordnung; es besteht aus einer nur etwa 0,5 cm dünnen Unterlage aus verklebten Rindenstücken und Federn mit etwa 4 cm Durchmesser. Mit Speichel wird es auf der Oberseite eines hochgelegenen Astes befestigt und reicht gerade aus, das einzige längliche, bläulichgraue Ei des Vogels zu tragen, das er mit Speichel in der Mitte festklebt. Wenn das Weibchen sich zum Brüten darüberhockt, lastet sein Körpergewicht weniger auf dem zerbrechlichen Nestgebilde als vielmehr auf dem tragenden Ast.

Kolibris *Trochilidae*

Das kostbarste Geschenk, das die westliche Erdhälfte zur Vogelwelt beigetragen hat, ist die traumhaft schöne Familie der Kolibris, 319 Arten «fliegender Edelsteine» von unbeschreiblicher Farbenpracht und winzigen Ausmaßen. Mit ihren gleißenden Schillerfarben übertreffen sie noch die Paradiesvögel und werden höchstens von den altweltlichen Nektarvögeln erreicht, nicht aber in ihrer Vielfalt.

So brillantengleich erscheinen diese kleinen Vögel, daß man sie eine Zeitlang tatsächlich als Schmuck verwendete und einen riesigen Handel damit unterhielt. Im 19. Jahrhundert wurden Millionen von Kolibribälgen aus dem nördlichen Südamerika und aus Westindien per Schiff nach Europa gebracht und dort zu Broschen und anderem Damenschmuck verarbeitet. In einem einzigen Jahr führte ein Londoner Händler nicht weniger als 400000 Bälge aus Westindien ein. Das Handelszentrum dieses Geschäftes, das jetzt – Gott sei Dank! – stark zurückgegangen ist, lag in Bogotá, also in einem Gebiet, in dem auch die größte Individuen- und Artenfülle herrscht. Noch heute bilden Bestände dieser Handelsware aus Bogotá den Grundstein mancher wissenschaftlichen Kolibrisammlung; verschiedene neue Arten sind hiernach beschrieben worden, obwohl ihnen alle näheren Fundort- und sonstigen Angaben fehlten. So gibt es tatsächlich noch Arten, die sich auf ein oder zwei solcher von Eingeborenen gesammelten Stücke begründen und niemals wiedergefunden wurden.

Fossile Funde von diesen winzigen Vögeln fehlen, aber aus ihrer Anatomie und ihrer gegenwärtigen Verbreitung können wir entnehmen, daß sie einstmals aus seglerähnlichen Vorfahren der amerikanischen Tropen entstanden sein müssen – aber wann, weiß niemand. Nur aus der großen anatomischen Verschiedenheit innerhalb der Familie schließen wir auf einen ziemlich langen Zeitraum radiativer Entfaltung, der vielleicht im frühen Tertiär eingesetzt haben mag. Von einer Ahnengruppe im nördlichen Südamerika aus haben sich dann die Kolibris bis hinunter nach Feuerland ausgebreitet. Die Meeresschranke zur Alten Welt zu überspringen, war ihnen allerdings nicht gelungen, und da auch keine andere Vogelgruppe dort ihre Lebensweise angenommen hat, bleibt die ökologische Nische, die sie in der Neuen Welt besetzen, in der Alten tatsächlich unausgefüllt.

Dank ihrer geringen Größe und ihres hervorragenden Flugvermögens haben die Kolibris eine Lebensweise angenommen, wie wir sie sonst nur bei den Insekten finden: Sie decken ihren ungeheuren Energiebedarf aus dem Zucker, der in den Blütensäften enthalten ist, und gewinnen das benötigte Eiweiß aus den kleinen Insekten, die sie dabei vorfinden. Auch andere Vögel beider Erdhalbkugeln ernähren sich vom Blütennektar: die Honigfresser, Türkisvögel, Nektarvögel, Blütenpicker, einige Papageien, Waldsänger und Tangaren beispielsweise, aber sie leben kaum derart ausschließlich von dieser Nahrung und sind außerstande, sie allein während des Fluges aufzunehmen.

Blüten gibt es überall, auf dem Boden wie in den Wipfeln der Bäume, und so haben die Kolibris im Zusammenhang mit diesen verschiedenen Lebensräumen eine erstaunliche Vielfalt in ihrer Gestalt und Färbung entwickelt. Am kleinsten sind die westindischen Hummelkolibris, insbesondere der Kubanische Hummelkolibri, der von der Schnabel- bis zur Schwanzspitze nur etwa 5,5 cm mißt. Sein Körper erreicht ungefähr das Ausmaß einer größeren Hummel, und sein Gewicht beträgt noch nicht einmal 2 Gramm. Mit einer Länge von 21,5 cm und einem Gewicht von etwa 20 Gramm haben wir mit dem Riesenkolibri der Hochanden das größte Mitglied der Familie vor uns und zugleich eines der ganz wenigen, deren Flügelschläge wir mit bloßem Auge erkennen können.

Abgesehen von den Schillerfarben der Männchen, finden wir die größte Mannigfaltigkeit in der Form der Schnäbel und Zungen. Stets erscheint der Kolibrischnabel schlank und zugespitzt. Bei den meisten Arten verläuft er gerade, bei einigen sanft abwärts gebogen und bei einer Art, dem Adlerschnabelkolibri, ist er halbmondförmig gekrümmt; bei den schillernden Regenbogenkolibris der Anden dagegen biegt er sich an der Spitze leicht nach oben. Beim Schwertschnabelkolibri des nördlichen Südamerika übertrifft der Schnabel in seiner Länge den Kopf, Rumpf und Schwanz zusammengenommen und kann daher in die tiefsten Blütenkelche eindringen.

Eine weitere Besonderheit besteht darin, daß die Kolibris ihre Zunge ein Stück weit aus dem Schnabel herausstrecken können. Bei einigen Arten ist die Zunge am Ende röhrenförmig gestaltet, bei anderen endet sie mit kleinen Borsten; so finden wir hier die verschiedensten Umgestaltungen, die jeder existierenden Blütenform entsprechen.

Außer den prächtigen Farben treten bei den Männchen der Kolibris noch Schöpfe, Fächer, Kinnbärte auf und andere Schmuckfedern für die Balz; auch gibt es alle Übergänge von kurzen, viereckigen bis zu langen, tief gegabelten Schwänzen. Der seltene und wenig bekannte Krummschwanz trägt statt der sonst üblichen Anzahl von 10 nur 4 Schwanzfedern, deren beide mittleren zu langen Dornen geworden sind, während sich die beiden äußeren kreuzen und mit der Spitze zum Kopf ragen. Was diese Kolibris damit bei der Balz anstellen, weiß man nicht, denn die Art ist überaus selten. Fast 40 Jahre lang blieb das Handelsstück, nach dem die Art beschrieben war, das einzige bekannte, bis dann in einem 2745 m hoch gelegenen kleinen Tal der peruanischen Anden weitere Artangehörige entdeckt wurden. Jetzt kennt man ein knappes Dutzend von ihnen, das aus dem gleichen Tal stammt, aber von den Lebensgewohnheiten der Tiere wissen wir nichts.

Während des Fluges schlagen die Flügel der Kolibris derart schnell, daß das menschliche Auge die einzelnen Phasen unmöglich unterscheiden kann und nur einen Schatten wahrnimmt; dabei entsteht ein summendes Geräusch wie beim Hummelflug. Einen Gleitflug kennen die Kolibris nicht, erreichen aber im aktiven Flug erstaunliche Höchstleistungen. Beim Rubinkehlkolibri, der einzigen, aber ziemlich häufigen Art des östlichen Nordamerika, hat man mit dem Auto eine Fluggeschwindigkeit von 95 Stundenkilometern erschlossen, doch ergaben Versuche im Windkanal, daß die Höchstgeschwindigkeit nur halb so hoch liegt. Bei ihren alljährlichen Zügen zu und von den Tropen legt die Art in ununterbrochenem Flug über den Golf von Mexiko 800 Kilometer und mehr zurück.

In ihrem schnellen, vorwärtsschießenden Flug, dem plötzlichen Anhalten und Wiederabfliegen, der vollendeten Eleganz der Bewegungen bleiben die Kolibris unübertroffen. Wie ein Hubschrauber stehen sie unbeweglich in der Luft vor einer Blüte oder fliegen senkrecht nach oben, unten oder nach der Seite. Immer wieder hat der Mensch diese Wunder der

Vogelwelt beobachtet, wie sie auf die Blüte zuschießen, einen Augenblick in der Luft verharren und trinken, dann zurückschnellen, um zur nächsten Blüte zu eilen. Man glaubt an eine optische Täuschung: Ein Vogel kann doch nicht rückwärts fliegen! Aber trotzdem vermögen es die Kolibris, wie es Zeitlupenaufnahmen und anatomische Studien ergeben haben.

Die Nutzleistung des Kolibriflügels, das heißt das Verhältnis zwischen der Flügeloberfläche und dem Körpergewicht des Tieres, entspricht ungefähr der anderer aktiv fliegender Vogelarten; bei den Segelfliegern erscheint die Flügelfläche verhältnismäßig größer. Im Gegensatz zu anderen Vögeln aber ist bei den Kolibris die Flugmuskulatur enorm vergrößert und auch an einem höheren und kräftigeren Brustbeinkiel befestigt, und dank dessen sowie der geringen Eigengröße schlagen die Kolibriflügel so ungeheuer schnell. Beim Breitschwanzkolibri der westlichen USA hat man 55 Flügelschläge pro Sekunde gezählt, wenn der Vogel unbeweglich in der Luft verharrt; dabei ist noch kein Brummton zu hören. Der setzt erst ein, wenn der Vogel hochfliegt und die Zahl der Flügelschläge dabei auf 75/sec steigt. Das Geräusch wird zum hellen Sirren, wenn das Männchen bei der Balz in U-förmigen Bögen vor dem Weibchen auf und ab tanzt und seine Flügel dabei bis 200mal pro Sekunde schlagen.

Wie bei den Seglern ist auch hier der Flügel für fliegerische Hochleistung konstruiert, machen doch die enorm entwickelten Flugmuskeln nicht weniger als 25 bis 30% des gesamten Körpergewichtes aus! Wieder erscheint der Oberarm verhältnismäßig kurz, so daß die eigentliche Flügelfläche in der Hauptsache von den verlängerten Ellenbogen- und Handknochen gestützt wird. Da die Verbindung zwischen Flügel und Schultergürtel durch ein einzigartiges Drehgelenk hergestellt wird, können die Tiere den Winkel zwischen Flügelfläche und Luftwiderstand nach Belieben einstellen, so daß sie praktisch nach jeder Richtung zu fliegen vermögen. In diesen mechanischen Gegebenheiten und in der geringen Größe der Tiere liegt das Geheimnis des Kolibrifluges begründet.

Weiterhin hat uns die Photographie gelehrt, daß der Breitschwanzkolibri bereits fliegt, bevor er sich von seiner Unterlage erhebt. Der Abflug dauert nur 7/100 sec, und dabei stößt sich das Tier nicht mit den Füßen ab, sondern gleitet einfach in die Höhe. Kolibris gebrauchen ihre Füße zu nichts anderem als zum Sitzen; wenn sie auch nur um ein paar Zentimeter ihren Platz auf dem Zweig wechseln wollen, so fliegen sie selbst diese kurze Strecke.

Selbstverständlich zeigt der Stoffwechsel der Kolibris außergewöhnlich hohe Werte, denn ein großer Teil des Energievorrates wird allein für die Flugleistungen verwendet. Wie alle Zugvögel legen daher auch die Kolibris eine dicke Schicht von Reservefett unter ihrer Haut an, um ihre Dauerflüge zu ermöglichen. Vor Antritt seiner Reise vergrößert der Rubinkehlkolibri sein Körpergewicht um 50% durch das angesammelte Reservefett. Derartige Fettspeicher legen die wandernden Arten jedoch nur zur Zeit der Züge unter hormonalem Einfluß an, der wiederum durch die relative Länge des Tageslichtes gesteuert wird; nicht wandernde Arten bilden keine Reserven und müssen in kurzen Abständen vom Blütensaft trinken, um ihren Energiebedarf aus Kohlehydraten zu dekken.

Die Kolibris haben aber noch einen anderen Weg gefunden, um Energien zu sparen. Während bei den meisten Tagvögeln die Körpertemperatur von 40,5° bis 44° C zur Nacht um etwa 3 bis 6° C sinkt, erreicht sie beim Anna- und Allen-Kolibri einen Tiefstand von 18,3° C, sinkt also bis fast auf die Lufttemperatur der Umgebung. Durch diese nächtliche Kältestarre wird der hohe Stoffwechsel gesenkt und Energie eingespart. Etwas Ähnliches wurde auch bei den Gebirgsformen der Anden beobachtet, die während kalter Witterung in eine Starre verfallen und erst wieder mit dem Einsetzen wärmeren Wetters aktiv werden.

Im allgemeinen saugen die Kolibris ihren Nektar aus kelchförmigen Blüten, doch nehmen sie auch den Saft aus einer Baumwunde oder gehen an Fruchtsäfte. Man kann sie aber ebenso gut daran gewöhnen, mit Honig oder Zucker gesüßtes Wasser aus künstlichen Futterröhrchen zu trinken, und so lassen sie sich recht gut in der Gefangenschaft halten, zumal sie dem Menschen gegenüber wenig oder gar keine Scheu zeigen. Häufig sieht man den Kopf eines Kolibris mit Pollen bedeckt, wenn das Tier aus einer Blüte getrunken hat, denn diese Vögel spielen bei der gegenseitigen Befruchtung der Pflanzen eine ähnlich wichtige Rolle wie die Insekten.

Außer ihrer Blütennahrung müssen die Kolibris Insekten zu sich nehmen, die sie gewöhnlich zusammen mit dem Nektar finden. Manchmal aber fangen sie die Insekten auch im Flug oder jagen ihnen vom Ast aus nach; einige Arten suchen zum gleichen Zweck die Spinnennetze auf.

Im Gegensatz zu ihrer äußeren Erscheinung klingt die Stimme der Kolibris nur wie ein feines, quietschendes Trillern oder Zwitschern, das auf weitere Entfernung überhaupt nicht mehr zu hören ist. Ihre auffallendsten Lautäußerungen bringen sie mit den Flügeln hervor, insbesondere zur Balzzeit.

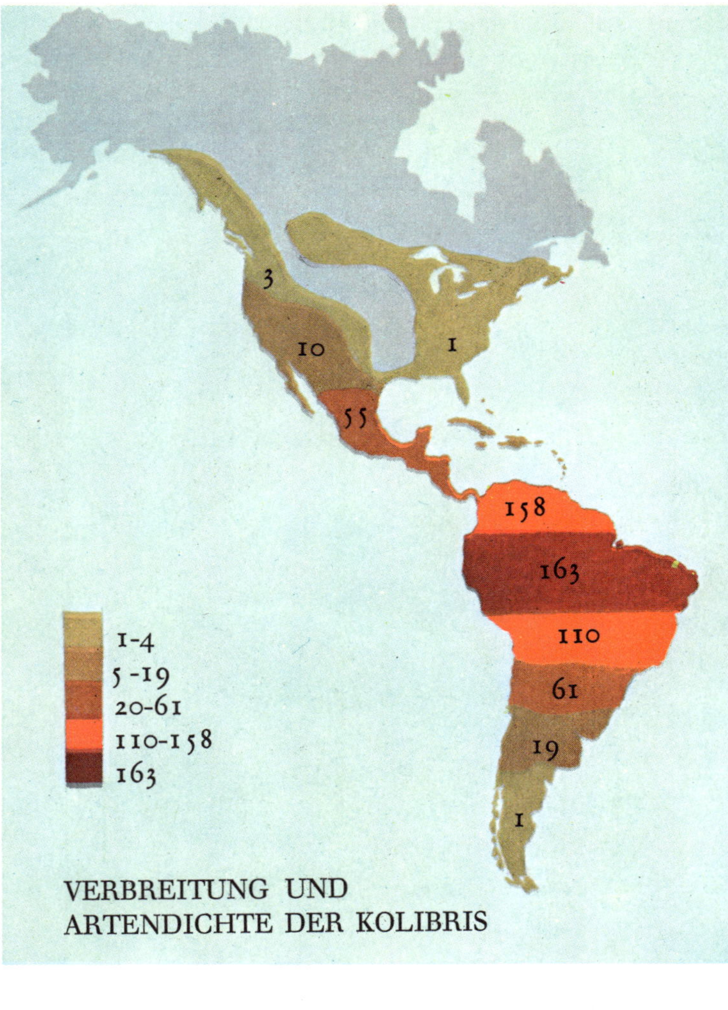

VERBREITUNG UND
ARTENDICHTE DER KOLIBRIS

GRÜNELFENKOLIBRI ♂
Lophornis pavoninus
Britisch-Guayana; 8 cm.

VIOLETTER SÄBELFLÜGELKOLIBRI ♂
Campylopterus hemileucurus
Mexiko bis Panama; 12 cm.

WEISSNACKENKOLIBRI ♂
Florisuga mellivora
Südmexiko bis Peru
und Brasilien; 11 cm.

KRUMMSCHWANZKOLIBRI ♂
Loddigesia mirabilis
Hochland im nördlichen Peru; 16 cm.

TOPASKOLIBRI ♂
Topaza pella
Guayana-Staaten
bis Ekuador; 19 cm.

KOKETTKOLIBRI ♂
Paphosia adorabilis
Costa Rica; 7,5 cm.

Wie man schon aus dem auffälligen Glanz ihres Hochzeitskleides schließen mag, stellen die Kolibrimännchen keine idealen Ehegatten dar. Eine ganze Reihe von Arten lebt polygam, und nur bei einer Artengruppe beteiligt sich das Männchen am Brutgeschäft und an der Aufzucht der Jungen, nämlich bei den ziemlich weitverbreiteten Veilchenohrkolibris des nördlichen Südamerika, bei denen im Gegensatz zu den meisten anderen Kolibris beide Geschlechter fast gleich aussehen. Die auffällige Färbung des Männchens dient als ein Signal, um das Revier zu bezeichnen, das dann mit aller Kraft gegen ein anderes Männchen der gleichen Art verteidigt wird, während zur Werbung himmelstürmende Balztänze mit rauschendem Flügelschlag aufgeführt werden. Häufig paaren sich die Tiere in der Luft, und danach verliert das Männchen jedes weitere Interesse an seiner Partnerin.

Das Weibchen baut sein kleines, aber tiefes, schüsselförmiges Nest auf einem Zweig oder in einer Astgabel; bestimmte tropische Arten legen den Bau an der Unterseite eines Palmwedels an, wieder andere an Felswänden. Mit Flechten und Moosen wird die Außenwand des Nestes getarnt.

Soweit wir wissen, legen sämtliche Arten 2 reinweiße Eier. Die Mutter füttert ihre Jungen mit ausgewürgter Nahrung,

HAUBENFADENKOLIBRI ♂
Popelairia popelairii
Kolumbien, Ekuador,
Peru; 11 cm.

GOLDKEHLKOLIBRI ♂
Polytmus guainumbi
Venezuela und Trinidad bis Paraguay
und Bolivien; 11 cm.

KEILSCHNABELKOLIBRI ♂
Schistes geoffroyi
Kolumbien bis Peru und Bolivien; 8 cm.

WEISSCHWANZKOLIBRI ♂
Coeligena torquata
Kolumbien bis Peru; 14 cm.

VEILCHENOHRKOLIBRI ♂
Colibri coruscans
Kolumbien bis Nordargentinien; 14 cm.

PRACHTELFENKOLIBRI ♂
Lophornis magnifica
Mittel- und Südbrasilien; 6 cm.

wobei sie manchmal auf dem Nestrand sitzt, meist aber mit schwirrenden Flügeln in der Luft verharrt und ihren langen Schnabel einfach in die Kehle des Jungvogels versenkt. Für einen Vogel mit derart kleinen Eiern, deren Größe bei 0,5 cm liegt, dauert die Brutzeit auffallend lange, nämlich 14 bis 19 Tage. Beim Schlüpfen sind die Jungen noch nackt und zeigen erst Spuren eines Dunenkleides. Ebenfalls recht lange, etwa 19 bis 25 Tage, werden die Jungen im Nest gepflegt, aber das ist ja bei solchen Vögeln, die sofort nach dem Verlassen der Niststätte ihre volle Flugfähigkeit erreicht haben müssen, auch nicht anders zu erwarten.

Kolibris gelten als ziemlich zänkisch und streitsüchtig. Die Männchen greifen innerhalb ihres Reviers nicht nur andere Männchen an, sondern auch fremde Vögel, die gerade vorbeifliegen, und zeigen keinerlei Furcht, selbst wenn der Gegner mehrfach größer ist als sie selbst. Anscheinend verhalten sie sich dabei wie Hunde, die ebenfalls instinktiv nach allem schnappen müssen, was sich bewegt.

Verkehrtfüßler *Trogoniformes*

Trogons *Trogonidae*

Wie man sich einen tropischen Vogel vorzustellen pflegt, so sehen die 34 leuchtend gefärbten Arten der Trogons tatsächlich aus; sie bilden eine in sich abgeschlossene eigene Ordnung und Familie ruhiger, seßhafter und einzelgängerischer Bewohner sämtlicher Tropenwälder. Ihre höchste Entwicklung und Artenzahl haben sie in der Neuen Welt erreicht, wo allein 20 Arten vom südlichen Arizona, Texas und Westindien an bis hinunter nach Argentinien zu Hause sind. Weitere 11 Arten leben in der Orientalischen Region von Indien an ostwärts bis zu den Philippinen und südwärts bis Sumatra und Java, und die restlichen 3 Arten bewohnen die afrikanischen Urwälder südlich der Sahara.

Die Trogons unternehmen weder jahreszeitliche Züge noch ausgedehntere örtliche Wanderungen. Es fällt daher schwer, sich ihre verstreute Verbreitung über das gesamte Tropengebiet zu erklären, die wir nur bei ganz wenigen anderen Tier- oder Pflanzengruppen wiederfinden. Da die Trogons aber in Körperbau und Lebensweise einander sehr ähneln, erscheint die Möglichkeit von Parallelentwicklungen ziemlich ausgeschlossen. Sicherlich haben wir die 3 weit voneinander getrennten Gruppen von gemeinsamen Vorfahren herzuleiten, aber wo und von welchen Ahnenformen sie entstanden sein mögen, läßt sich auch nicht annähernd erraten. Nach den fossilen Funden eines primitiven Vertreters *(Archaeotrogon)* aus dem französischen Oligozän scheint es sich hier um die letzten Überlebenden einer im übrigen längst ausgestorbenen Vogelgruppe zu handeln, die in früheren Zeiten viel weiter

und zusammenhängender verbreitet war, als sich infolge des wärmeren Klimas die Tropenwälder weit über die heutigen Grenzen hinaus erstreckten.

Unter den Merkmalen, durch die sich die Trogons auszeichnen, ist vor allem der Bau der Füße zu erwähnen. Ihre Beine sind klein und schwach, die Läufe befiedert, und es stehen 2 Zehen nach vorn und 2 nach hinten. Etwas Ähnliches finden wir auch bei verschiedenen anderen Waldvögeln, wie den Papageien, den Kuckucken, Tukanen und Spechten, doch ist bei all diesen die äußere (4.) Zehe nach hinten gewandt, um den Klammergriff der Tiere zu verstärken. Bei den Trogons aber ragt die innere (2.) Zehe nach hinten; außerdem sind die beiden Vorderzehen am Grunde miteinander verbunden.

Weiterhin bleibt die überaus dünne und zarte Haut zu erwähnen. Ihre weichen, flaumigen Federn stecken nur ganz locker in einer Andeutung von Epidermis, die ungefähr die Stärke von Seidenpapier aufweist. Alle Museums-Ornithologen wissen ein Lied von den Schwierigkeiten zu singen, einen Trogon abzubalgen, denn die Haut reißt schon beim bloßen Hinsehen entzwei, so daß es einfach unmöglich ist, sie unversehrt zu entfernen.

Trogons sind mittelgroße Vögel von einer Länge zwischen 25 und 35 cm, mit kurzen, verrundeten Flügeln und langen, abgestutzten Schwänzen. Meist erscheint die Oberseite metallisch grün oder braun, während Kopf, Brust und Bauch kontrastreich in roten, grünen, blauen oder gelben Tönen dagegen abstechen. Bei den meisten Arten sind die Geschlechter unterschiedlich gefärbt. Trotz ihrer auffälligen Prachtfarben bewirken doch die flächenbrechenden Zeichnungsmuster, daß die Tiere im Helldunkel des Urwaldes überhaupt nicht auffallen, zumal sie sich auch nur wenig bewegen und lange Zeit still auf einem kahlen Ast in der mittleren Baumregion verharren; dort sitzen sie in aufrechter, würdevoller Haltung und bewegen nur ihren Kopf, um mit den großen Augen aufmerksam nach einem vorbeifliegenden Insekt auszuspähen. Daher hört man auch eher einmal das weiche, etwas traurig anmutende Gurren der Tiere, als daß man sie zu Gesicht bekommt; auch klingen ihre Rufe zwar weittragend, sind aber doch ebenso schwer zu lokalisieren wie die eines Bauchredners.

Am Grunde des auffallend breiten, flachen Schnabels stehen aufrechte Borsten, denn die Vögel fressen größtenteils Insekten – die orientalischen Arten sogar ausschließlich –, die sie im Fluge erbeuten. Sie jagen wie die Fliegenschnäpper, indem sie ruhig auf einem Zweig sitzen und nach einem fliegenden oder kriechenden Insekt Ausschau halten. Dann stürzen sie darauf zu, packen es, kehren wieder zu ihrem Rastplatz zurück, um es zu verzehren. Während der afrikanische Narinatrogon nur gelegentlich ein paar Beeren zu sich nimmt, bilden kleine Früchte bei den amerikanischen Arten einen großen Anteil ihrer Kost. Ebenso wie sie Insekten fangen, pflücken sie auch die Früchte im Flug vom Stengel und fressen sie in der Ruhestellung. Vielleicht hängt es mit dem Ausmaß der Pflanzennahrung zusammen, daß bei den amerikanischen Trogons die Schnabelränder viel stärker gesägt sind als bei den afrikanischen Arten. Alle Trogons fliegen schnell und in eigenartig gewundenen Bahnen, wenn sie eine Beute verfolgen, zeigen aber keine allzu große Ausdauer und durchmessen daher auch nur verhältnismäßig kurze Entfernungen.

Als Höhlenbrüter legen verschiedene Arten ihre Eier in hohlen Ästen und Baumstümpfen ab. Die meisten neuweltlichen Arten graben ihr Nest selber, aber da ihre Schnäbel sich schlecht zum Graben oder Hacken eignen, bevorzugen sie vermorschtes Holz oder anderes weiches Material, auch Termitennester. In Mittel- und dem nördlichen Südamerika pflegt der Strumpfbandtrogon sein Nest hoch oben in den Bäumen in den Papierbauten bestimmter tropischer Wespen anzulegen. Bevor das Paar jedoch an den Nestbau geht, frißt es erst einmal alle Wespen auf, deren Stiche ihm anscheinend nichts ausmachen; dann befassen sich die Vögel während des Bauens mit den Larven.

Auf das Auspolstern des Nestes verzichten die Trogons und legen ihre Eier einfach auf den Grund der Höhle als 2 bis 4 ziemlich runde, meist weiße, mitunter auch hellrosa oder grünlichblaue, stets ungefleckte Gebilde. Die gesamte Brutpflege wird von beiden Eltern ausgeübt. Soweit man das bei einigen wenigen Arten festgestellt hat, schlüpfen die Jungen nach etwa 19 Tagen ganz nackt und bleiben dann bei den kleineren Arten 15 bis 16, bei den größeren 23 oder mehr Tage im Nest.

Einer der größten und schönsten Trogons, geradezu der Prototyp eines prachtvollen Vogels, ist der Quesal oder Quetzal aus den dichten Regenwäldern des südlichen Mexiko bis Costa Rica in Höhen bis zu 2700 m, ein herrlich bronzegrüner Vogel mit leuchtend roter und weißer Unterseite, der vom Schnabel bis zum Schwanz rund 35 cm lang wird. Während der Balzzeit wachsen 4 seiner Oberschwanzfedern zu langen, grünlich schimmernden Fahnen heran, deren beide mittleren die eigentlichen Schwanzfedern bis um 60 cm überragen.

Auf Grund seiner geradezu atemberaubenden Schönheit betrachteten die alten Azteken und Maya den Quesal als Gott der Luft und bewahrten die langen Federn der Männchen für kultische Zwecke auf. Um diesen Schmuck zu gewinnen, töteten sie den Vogel jedoch nicht, sondern rissen ihm die Federn aus und ließen ihn dann frei, damit sie nachwüchsen. Die Maya nahmen das Quesalmotiv in ihre stilisierte Kunst auf und stellten mit ihm Quetzalcoatl dar, den Hauptgott der toltekischen Gottheiten, der den Beinamen «Gefiederte Schlange» trägt. Heute gilt der Quesal in Guatemala als nationales Symbol, denn die patriotischen Guatemalteken sehen in ihm den Inbegriff der Freiheit, weil er angeblich in der Gefangenschaft an gebrochenem Herzen stirbt. Es sei dahingestellt, inwieweit das zutrifft – immerhin hat sich der Quesal niemals längere Zeit hinter Gittern am Leben erhalten lassen. So erscheint der Vogel nun auf dem Staatssiegel, den Briefmarken und Münzen Guatemalas als Wappentier; seinen Namen trägt die zweitgrößte Stadt dieses Landes, und die Währungseinheit heißt nicht Peso oder Dollar, sondern Quetzal.

Wie bei allen Trogons nistet auch der Quesal in Höhlen, und das Männchen beteiligt sich am Brüten. Nach Ansicht der Guatemalteken sucht es sich dabei eine Höhle mit zwei Eingängen, damit seine langen Schwanzfedern nicht abgeknickt werden, wenn es auf den Eiern sitzt, aber das trifft nach neueren Untersuchungen nicht zu: Die Höhle hat nur ein Schlupfloch. Wenn das Männchen seinen Dienst übernimmt, kriecht es hinein und dreht sich herum, so daß es schließlich mit dem Schnabel zum Eingang blickt, die Schwanzfedern über seinem Schnabel zum Loch hinausragen und wie Farnwedel im Winde wehen. Nach dem Ende der Brutperiode werden die nunmehr nutzlosen langen Federn unansehnlich, zerfransen und brechen schließlich ab.

Buschkletterer *Coliiformes*

Mausvögel *Coliidae*

Die Mausvögel beschränken sich in ihrer Verbreitung auf Afrika und sind für den Vogelsystematiker ebenso unbequem wie für den Farmer, dessen Getreideernte sie heimzusuchen pflegen. Nur 6 Arten gibt es in dieser Familie; sie sehen sich alle so ähnlich, daß man sie in der einzigen Gattung *Colius* vereinigt, unterscheiden sich aber derart stark von den anderen Vögeln, daß man ihnen eine eigene Ordnung zuerkennt.

Es sind schlanke, etwa 30 cm lange Vögel mit auffallenden Federhauben und langen, schmalen Schwänzen, deren Länge mehr als das Doppelte des Rumpfes beträgt; alle sehen sie unscheinbar grau oder braun aus, besitzen aber rote oder blaue Hautpartien um das Auge; zwischen den Geschlechtern gibt es kaum Unterschiede. Man nennt die Tiere Mausvögel, weil sie wie Mäuse mit ihren kurzen Läufen und Füßen zwischen dem Geäst umherhuschen, den Körper dicht an den Boden gedrückt. Wenn sie aber klettern, dann nehmen sie wie die Papageien den Schnabel bei ihren Kletterkunststücken zu Hilfe. Zuweilen hängen sie mit der Unterseite zu oberst und fressen in jeder beliebigen Stellung.

In ihrem Bau lassen die Mausvögel keine engere Verwandtschaft zu irgendeiner anderen Vogelgruppe erkennen. Ihre auffallendste Besonderheit besteht darin, daß sie ihre erste und vierte Zehe willkürlich nach vorn oder hinten richten können. Die Zehen sind scharf und gekrümmt; sie dienen zur Unterstützung beim Klettern und Festkrallen. Die Flügel sind kurz und verrundet. Statt in Fluren, wachsen die haarähnlichen Konturfedern gleichmäßig über den ganzen Körper. Wie bei den Finken wirkt auch hier der Schnabel kurz, gedrungen und nach unten gebogen sowie an seiner Basis fleischig. Manche Forscher halten eine entfernte Verwandtschaft zwischen den Mausvögeln und Papageien für möglich, andere schließen auf Beziehungen zu den Turakos.

Alle Mausvögel leben ausgesprochen gesellig und ziehen in lärmenden Scharen von 20 oder 30 Tieren unter schnellen Flügelschlägen oder längere Strecken gleitend von Busch zu Busch längs der Waldränder. Zum Fressen schwirren sie vom Wipfel bis zum Fuß des nächsten Baumes, klettern daran hoch und wiederholen das gleiche Spiel. Auch auf dem Boden laufen sie umher, sonnen sich gern an einer freien Bodenstelle oder nehmen ein Staubbad. Wenn sie sich niederlassen, putzen sie sich häufig gegenseitig das Gefieder. Zum Schlafen hängen sie — mit dem Kopf nach oben und dem Schwanz nach unten — in Klumpen an einer senkrechten Wand oder einem Ast. Einen eigentlichen Gesang kennen sie nicht, wohl aber eine ganze Reihe rauher Rufe oder kurzer, zwitschernder Töne; manche lassen auch beim Flug ein trillerndes Pfeifen hören.

Als Hauptnahrung fressen die Mausvögel Knospen, zarte Blätter, Beeren und Früchte, nehmen außerdem aber auch noch Insekten, besonders Blattläuse. Ihrer Gefräßigkeit wegen sind sie bei den Farmern und Obstgärtnern gar nicht geschätzt; man muß in den landwirtschaftlichen Gebieten regelrechte Schutzmaßnahmen gegen sie ergreifen, denn sie reißen die grünen Schoten, Blütenknospen und Beeren ab, picken Löcher in die Früchte und fressen das Innere heraus, so daß nur die nackte Haut übrigbleibt. Kleinvögel «hassen» auf Mausvögel, wie sie es auch z. B. bei Eulen tun; die Mausvögel vergreifen sich nämlich an den Nestjungen.

Zur Brutzeit lösen sich die Schwärme in Einzelpaare auf, und jedes baut ein großes Nest im Schutze des Laubes. Auf einer Unterlage aus Zweigen wird ein schüsselförmiges Gebilde aus Gras, Borke und Wurzelstücken errichtet, das Innere mit grünem Laub und Gras ausgekleidet und erneuert, wenn es welkt. Hier hinein legen sie ihre 2 bis 4, selten auch bis 7 rauhschaligen, weißen, bei einigen Arten auch braun gestrichelten Eier, die von beiden Geschlechtern 12 bis 14 Tage lang bebrütet werden. Die Jungvögel schlüpfen nackt, bedecken sich aber bald mit spärlichen Dunen; die Nahrung besteht aus vorverdautem, von den Eltern ausgewürgtem Futter. Schon nach einigen Tagen verlassen die Jungen das Nest, um mit Hilfe der Füße, Schnäbel und Flügel auf den nächstgelegenen Zweigen herumzuklettern, kehren aber nachts immer wieder zu ihrem Nest zurück. Bis sie nach 17 bis 21 Tagen dann endlich flügge werden, bleiben sie noch in der Pflege ihrer Eltern.

BLAUNACKEN-MAUSVOGEL
Colius macrourus
Zentralafrika; 33 cm.

Rakenartige Vögel *Coraciiformes*

Die 7 deutlich voneinander abgegrenzten Familien, die man in dieser Vogelordnung vereinigt, stellen eine bunte Gemeinschaft vorwiegend tropisch und subtropisch verbreiteter Landvögel dar, deren 3 Vorderzehen zum Teil der Länge nach miteinander verwachsen sind und damit einen Zustand verkörpern, den man als Syndactylie zu bezeichnen pflegt. Andere, weniger auffällige Gemeinsamkeiten betreffen die Form der Gaumenknochen am Schädel, die Muskulatur der Gliedmaßen, die Verbindung zwischen den Sehnen und den Muskeln sowie die besondere Anordnung des Gefieders in den Federfluren.

Zumeist haben wir es hier mit Vögeln zu tun, die leuchtend bunt und mit eigenartig großen Schnäbeln ausgestattet sind; die Körperlänge reicht von den 9 cm der Todis bis zu Größen von 1,5 m bei den Nashornvögeln. Die meisten Arten machen einen ziemlichen Lärm, und einige lassen Anfänge eines Gemeinschaftslebens erkennen. Vorwiegend Fleischfresser, ernähren sich die Rakenartigen vor allem von Fischen, Lurchen, Kriechtieren, kleinen Säugern und allerlei Insekten, doch nehmen manche auch Früchte und Beeren. Immer nisten die Vögel in Höhlen, die sie am Ufer in vermorschten Bäumen oder in Insektenbauten anlegen. Im allgemeinen besteht das Gelege aus 3 bis 6 weißen oder leicht farbig getönten, nur selten gemusterten Eiern; bei einigen Eisvögeln kommen bis zu 10 Eier vor. Mit Ausnahme der Wiedehopfe, deren Jungvögel schon im Dunenkleid aus dem Ei kriechen, schlüpfen die Jungen nackt und blind und werden von den Eltern im Nest großgezogen.

In allen Tropen und gemäßigten Zonen der Welt begegnen wir den Rakenvögeln, insbesondere treffen wir sie auf der östlichen Erdhälfte an; nur die Eisvögel sind sowohl in der Alten wie auch in der Neuen Welt zu Hause. Ausschließlich auf Amerika beschränkt leben die Sägeraken und die Todis; sie besetzen dort die gleiche ökologische Nische wie die Raken und Bienenfresser in der Alten Welt. Nur die paar Arten, die in den gemäßigten Breiten beheimatet sind, unternehmen regelmäßige Züge; die anderen aber verbleiben das ganze Jahr über an ihrem Standort.

Wie die Verwandtschaftsbeziehungen der Rakenvögel zu den anderen Vogelordnungen verlaufen, ist noch immer nicht ganz geklärt, doch scheinen offenbar einige Verbindungen zu den Trogons, den Spechtvögeln, aber auch zu den Seglern zu bestehen. Mit der einzigen bekannten Ausnahme eines Nashornvogels, der schon aus dem Eozän stammt, beschränken sich die übrigen Fossilfunde aus dieser Ordnung auf das spätere Tertiär.

Eisvögel *Alcedinidae*

Eine liebenswürdige alte Legende berichtet uns, daß unser stolzer, kleiner Eisvogel dereinst ganz unscheinbar grau aussah und seine glänzenden, bunten Farben erst bekam, als er Noahs Arche verließ. Er flog nämlich geradewegs nach Westen, der untergehenden Sonne entgegen, und die färbte seine Brust rötlichbraun, während sein Rücken das Grünblau des Abendhimmels widerspiegelte. Die alten Griechen glaubten, der Eisvogel niste auf dem offenen Meer, und nannten ihn deshalb «Halkyon» (Von háls — Meer und kyéo — trächtig sein). So sehr liebten ihre Götter den Halkyon, daß sie zu seiner Brutzeit das Meer beruhigten, nämlich 14 Tage vor der Wintersonnenwende. In der griechischen Mythologie heiratete Alkyóne, eine der Pleiaden, den Kéyx, den Sohn des Hesperos. Als er mit einem Schiff unterging, warf sie sich voll Trauer in das Meer, aber die mitleidigen Götter erbarmten sich ihrer und verwandelten beide in Eisvögel.

Vom zoologischen Standpunkt aus gesehen, bilden die Eisvögel eine geschlossene Familie mit einer weltweiten Verbreitung und fehlen nur in den Polargebieten und auf einigen Meeresinseln; fossil lassen sie sich bis zur Eiszeit zurückverfolgen. Das Verbreitungszentrum ihrer 84 heutigen Arten liegt in der Alten Welt, insbesondere im südöstlichen Asien und Ostindien. Von den 6 neuweltlichen Arten kommt nur eine einzige, nämlich der Halsbandfischer, nördlich von Mexiko vor, aber auch auf dem europäischen Kontinent ist eine Art zu Hause, unser eigentlicher Eisvogel, der über ganz Europa und Asien bis Nordafrika und zu den Salomonen verbreitet ist. In Afrika leben weitere 15 Arten, und der Rest von etwa 60 Eisvogelarten verteilt sich von Zentral- und Ostasien an südwärts bis Australien und ostwärts bis zu den pazifischen Inseln und bis Samoa.

Die Eisvögel zeigen einen untersetzten Rumpf, einen großen Kopf, kurzen Hals und Schwanz. Bei verschiedenen Arten, besonders bei den amerikanischen, finden wir einen aufrichtbaren Schopf. Ihr Schnabel erscheint lang und kräftig, gewöhnlich am Ende zugespitzt; die Beine sind nur kurz, die Füße klein und schwach. Als charakteristisches Merkmal der Familie finden wir die Vorderzehen über mehr als ein Drittel ihrer Länge miteinander verwachsen. Viele Eisvögel tragen ein auffälliges Farbkleid aus schillernd grünen und blauen Tönen, gegen das sich rote und weiße Stellen kontrastreich abheben; manchmal tritt eine Streifen- oder Fleckenzeichnung hinzu, und mitunter zeigt der Schnabel ein hervorstechendes Rot oder Gelb. Gewöhnlich unterscheiden sich beide Geschlechter nicht wesentlich in der Färbung voneinander, nur wirken die Weibchen manchmal etwas blasser. Beim weiblichen Halsbandfischer aber zieht sich ein haselnußbraunes Band über die Brust, das dem Männchen fehlt.

Wir unterscheiden zwei Unterfamilien, nämlich die Wasser-Eisvögel *(Alcedininae)*, die auf der ganzen Welt zu Hause sind, und die Baum-Eisvögel oder Lieste *(Daceloninae)*, eine ursprünglichere, größer und mannigfaltiger gestaltete, altweltliche Gruppe, deren Angehörige sich auch in größerer Entfernung vom Wasser aufhalten können. Bei der ersten Gruppe sind die Schnäbel zwar kräftig entwickelt, aber doch schmal und scharf zugespitzt, bei der zweiten jedoch breiter und stärker abgeflacht, bei einigen Arten sogar an der Spitze leicht hakenförmig abwärts gekrümmt.

Am besten bekannt und auch am weitesten verbreitet sind unser altweltlicher Eisvogel und sein nordamerikanischer Verwandter, der Halsbandfischer. Beide Arten halten sich vorwiegend an den Ufern der Bäche, Flüsse und Seen auf. Ihre Hauptnahrung besteht normalerweise aus allerlei kleinen Fischen, doch wenn dieses Futter knapp wird, nehmen sie auch kleine Krebstiere, Reptilien, Amphibien und verschiedenste Wasserinsekten. Ihre Fangmethode besteht darin, bewegungslos und in einer typischen, aufrechten Haltung auf einem Zweig über dem Wasser zu lauern und dann direkt auf die Beute zu stoßen, um sie mit dem Schnabel zu packen; dann fliegen sie wieder auf ihren Ast zurück und schütteln sich die Beute vor dem Herunterschlucken im Schnabel zurecht. Mitunter rütteln die Vögel aber auch mit blitzschnellem Flügelschlag einige Meter senkrecht über dem Wasser, um sich dann auf einen Fisch zu stürzen.

Nicht viel anders machen es die übrigen fischenden Eisvogelverwandten, wie etwa der Amazonas-Grünfischer der südamerikanischen Urwaldflüsse oder der südostasiatische Riesenschnabel, der vor allem Krabben frißt und sie vor dem Verschlingen mit dem Schnabel in Stücke schlägt. Eine besondere Kostbarkeit stellen die nur bis 13 cm großen Dreizeheneisvögel der Gattung *Ceyx* dar, deren Füße nur 2 Vorderzehen tragen. Wir kennen 10 Arten dieser breitschnabeligen, edelsteingleichen Vögel aus den Tropengebieten der Orientalischen Region von Indien bis zu den Philippinen, Salomonen und nach Australien; neben Fischen, Krebstieren und Fröschen fressen sie größere Mengen von Insekten.

Ihre Bruthöhlen bauen die Eisvögel in senkrechte Uferböschungen, indem sie mit ihrem massigen Schnabel ein Loch in den Boden meißeln und dann die Erde mit den Füßen herauskratzen. Ihre Beine erscheinen zwar klein und recht schwach, doch erweisen sich die verwachsenen Vorderzehen hierbei als äußerst nützlich. Etwa 1 bis 3 m weit erstrecken sich diese Gänge ins Innere der Erde und enden mit einer runden Kammer, in der 5 bis 8, meist 6 oder 7 Eier auf dem blanken Boden liegen. Die Wände werden nicht eigens ausgekleidet, bedecken sich aber bald von selbst mit Speiseresten, so daß die Jungen schließlich auf einem dicken Lager aus allerlei Abfällen, wie Fischgräten und -schuppen oder Krebsschalen ruhen.

Während 18 bis 24 Tagen brüten beide Eltern und füttern nochmals 3 bis 4 Wochen gemeinsam ihre Jungen. Die Jungvögel schlüpfen nackt, doch sprießen ihnen schon nach einer Woche die Federn. Die Kiele brechen allerdings erst zu einer Zeit auf, wenn die Jungvögel, die dadurch etwas struppig aussehen, sich allmählich anschicken, das Nest zu verlassen. Aber auch dann bleiben die Alten noch bei ihrem Nachwuchs und füttern weiter, bis die Jungen schließlich imstande sind, sich ihre Fischnahrung selbständig zu fangen. Viele Arten der gemäßigten Zonen und die meisten der tropischen Eisvögel brüten zweimal im Jahr.

GRAUKOPFLIEST
Halcyon leucocephalus
Afrika südlich der Sahara; 18 cm.

LACHENDER HANS
Dacelo gigas
Östliches und südliches Australien; 43 cm.

HALSBANDFISCHER
Megaceryle alcyon
Gemäßigtes Nordamerika; 33 cm.

BRAUNLIEST
Halcyon smyrnensis
Kleinasien bis Formosa; 28 cm.

EISVOGEL
Alcedo atthis
Europa, Asien und Afrika
bis zu den Salomonen; 16 cm.

AMAZONAS-GRÜNFISCHER
Chloroceryle amazona
Mexiko bis Nordargentinien; 28 cm.

GRÜNKOPFLIEST
Halcyon chloris
Rotes Meer bis Samoa; 20 cm.

INDISCHER DREIZEHEN-EISVOGEL
Ceyx erithacus
Indien bis Philippinen; 12 cm.

Der Flug der Eisvögel wirkt schnell und geradeaus gerichtet; er besteht aus einer Serie schwirrender Flügelschläge, gefolgt von einem kurzen Gleitflug mit halbgeschlossenen Flügeln und wieder einem Schwirrflug, doch wird er – abgesehen von den Wanderungen der im Norden heimischen Arten – nicht allzu ausdauernd durchgeführt. Auf ihren Fischzügen fliegen die Eisvögel dicht über dem Wasser die Flüsse entlang. Dabei lassen viele – auch im Flug – ihre laute, knarrende Stimme ertönen, die ein wenig an das Geräusch der Kinderknarren erinnert, jene charakteristische Begleitmusik unserer Weihnachtsmärkte. Die Stimme der kleineren Arten, auch unseres Eisvogels, ist ein hohes Pfeifen.

Unter der großen, verschieden gestalteten Gruppe der Baum-Eisvögel oder Lieste gibt es Arten, die überhaupt nicht das Wasser aufsuchen, sondern in den Wald- und Steppengebieten große Insekten, Reptilien, Amphibien und selbst kleine Säuger und Vögel jagen. Andere dagegen leben an den Ufern der Flüsse von Fischen, und einige Küstenformen bevorzugen das Brackwasser der Mangrovensümpfe. Als größter und bekanntester Vertreter sei der Lachende Hans aus Australien genannt, dessen Gattungsname *Dacelo* als Anagramm des Namens *Alcedo* gebildet ist, der Nominatgattung der Eisvogelfamilie.

Das laute, lachende Geschrei dieser Vögel hört sich derart menschenähnlich an, daß man an eine Horde Verrückter glaubt, die vor Lachen brüllen, wenn sich die Tiere zur Abenddämmerung auf den Baumwipfeln niederlassen, und das gleiche geschieht mit solcher Regelmäßigkeit früh im ersten Morgenlicht, daß die Australier geradezu von einem «Buschmannwecker» sprechen. Man bringt dem Lachenden Hans in seiner Heimat jedoch viele Sympathien entgegen, und zwar nicht nur als auffallendem Charaktervogel der an sich schon eigenartigen australischen Tierwelt, sondern vor allem, weil er die Schlangen fortfängt. Er packt sie hinter dem Kopf und tötet sie entweder, indem er sie aus der Höhe auf den Boden fallen läßt, oder er trägt sie lebend auf seinen Nistplatz und bearbeitet sie kräftig mit seinem Schnabel, bevor er sie verschlingt. Als weniger angenehme Eigenschaft wird jedoch die Tatsache empfunden, daß der Lachende Hans gelegentlich auch die Geflügelhöfe der Farmer heimsucht und sich dort an den jungen Hühnern und Enten vergreift.

Als größte Gruppe der Lieste sind die Baumlieste *(Halcyon)* weit über Afrika, Asien, Ostindien, Australien und die Inseln des Pazifik verbreitet, darunter auch der 20 cm große Grünkopfliest mit seinem auffallend grünblauen Rücken und dem weißen Bauch, den man häufig in den Küsten- und Mangrovengebieten vom Roten Meer an bis nach Samoa antrifft; in seinem riesigen Verbreitungsgebiet bildet er etwa 50 geographische Rassen aus, die sich durch kleinere Abweichungen in der Größe und Färbung unterscheiden. Mit ihm wird häufiger der sehr ähnliche, aber kleinere Götzenliest verwechselt, der im Inneren von Australien und Neuseeland nistet, im Winter aber nach Norden zieht, um von den Korallenküsten und Mangrovenbuchten von Malaya an bis zu den Salomonen hin zu fischen.

Zur gleichen Gattung gehören der prächtige Braunliest mit seinem leuchtend roten Schnabel, ein häufiger Bewohner der trockenen Hochländer von Indien und Südostasien, und der ihm nahe verwandte Graukopfliest in Afrika. Einer der buntesten Vertreter der Gruppe ist der Rotliest im östlichen Asien; wie die japanischen Märchen zu berichten wissen, soll er vom Anblick seines eigenen Spiegelbildes im Wasser derart hingerissen sein, daß er es nicht über sich bringt, zu trinken. Daher hat er immerfort Durst und ruft an heißen Tagen in seinem Waldrevier unaufhörlich nach Regen.

Alle diese Lieste leben von großen Insekten und kleineren Wirbeltieren, viele lauern aber ebenso wie ihre Verwandten am Wasser, auf einem einzelstehenden Ast sitzend, auf die Beute; hin und wieder greifen sie sich auch eine fliegende Heuschrecke, Wespe oder einen Schmetterling im Fluge. Stets aber tragen sie den Fang zu ihrem Sitzplatz zurück und zerkleinern ihn vor dem Herunterschlucken. Auf dem Boden bewegen sich die Vögel nicht laufend fort, sondern mit kurzen, steifen Sprüngen.

Wie ihre Verwandten nisten auch die Lieste in Höhlen, die häufig an den Uferböschungen angelegt werden, mitunter aber auch in hohlen Bäumen, wie der Lachende Hans oder der Rotliest; verschiedene tropische Arten benutzen Termitenbauten als Nester. Soweit man weiß, verwendet keine Art ein besonderes Nistmaterial oder hält sein Nest sauber, so daß sich dort im Laufe der Zeit eine Menge Kot und Speisereste ansammelt.

Todis *Todidae*

Als kleine Verwandte der Eisvögel und Sägeraken gehören alle 5 Arten der Todis zur einzigen Gattung *Todus* und zugleich zur einzigen Familie, deren Vorkommen sich auf Westindien beschränkt. Je eine Art lebt auf Kuba, Puerto Rico und Jamaika sowie im Hoch- und im Flachland von Haiti. Allen Todis sind der eigenartig abgeflachte, am Rande gesägte Schnabel, die auffälligen Schnabelborsten, die perlgrauen Augen, eine leuchtend grüne Oberseite und die unscheinbare Unterseite gemeinsam; ihr prächtig roter Brustfleck bildet sich erst bei den Erwachsenen aus.

Mit schräg nach oben gerecktem Schnabel lauern die Todis auf einem unteren, freien Ast. Kommt eine Beute in ihren Gesichtskreis, so fliegen sie mit einem eigentümlichen schwirrenden Rasseln ihrer Flügel darauf zu, packen sie und kehren wieder zu ihrem Sitzast zurück, um sie dort zu verzehren.

So zahm und zutraulich sind die Todis, daß man weit genug an sie herantreten kann, um sie mit einem Schmetterlingsnetz zu fangen. Auf Jamaika nennt man sie «Robins», auf Kuba «Cartacubas», weil ihre Farben denen der kubanischen Landesflagge entsprechen, oder etwas anzüglich «Pedorrera», ein hier nicht übersetzbarer Name, der auf das knarrende Geräusch ihres Flügelschlages anspielt; in Puerto Rico und in der Dominikanischen Republik heißen sie «Barrancoli», das heißt Uferbewohner.

Im allgemeinen leben die Todis paarweise, wobei jedes Paar sein eigenes Revier behauptet; es wird vom Männchen heftig verteidigt und jeder Eindringling mit fürchterlichem Rasseln und Klappern des Schnabels vertrieben. Bei der Balz lassen die Männchen die Flügel hängen und sträuben ihr lockeres Gefieder derart, daß sie fast ihre doppelte Körpergröße zu erreichen scheinen.

Wie die Eisvögel und Sägeraken, so nisten auch die Todis in Erdhöhlen, die sie hauptsächlich mit Hilfe ihres Schnabels graben, obwohl auch ihre Vorderzehen zum Teil miteinander verwachsen sind. Ungefähr 30 cm tief ziehen sich die Schlupfgänge zu den Nestern in den Boden; gleich hinter dem Eingang biegt der Tunnel um und endet dann mit einer faustgroßen Brutkammer, in der die 3 oder 4 rundlichen, durchsichtig weißen Eier abgelegt sind. Die Jungvögel werden von beiden Eltern erbrütet und gefüttert. Auf Haiti finden die Vögel ihren gefährlichsten Feind in den Eingeborenenkindern, die nach den kleinen Eiern graben, um sie aufzuessen.

Sägeraken *Momotidae*

Ausschließlich auf die Neue Welt beschränkt, bilden die 8 Sägeraken als langschwänzige, hähergroße Waldvögel eine eigene Familie, deren Verbreitung von Mexiko bis zum nördlichen Argentinien reicht. Nach ihren tiefen Rufen heißen die Vögel bei den Engländern «Motmots», bei den Indianern aber «Hutus», was den Tonfall schon besser trifft. Wahrscheinlich war es ihr ruhiges, gleichmütiges Verhalten, das die Spanier veranlaßte, sie in etwas böswilliger Weise mit der Bezeichnung «Bobos» zu titulieren, das heißt, ins Deutsche übersetzt, etwa soviel wie Narren.

Das weiche Gefieder der Sägeraken trägt zarte bräunlichgrüne Farbtöne mit leuchtend blauen und braunen Zeichnungen auf Kopf und Brust. Bei den 6 größeren Arten sind die beiden mittleren Schwanzfedern verlängert und enden mit zwei spatelförmigen Anhängen. Anfangs erstreckt sich die Federfahne längs des ganzen Kiels, wird aber schon gleich nach der Mauser vom Vogel selbst so verbissen, daß nur der Kiel mit der charakteristischen Wimpelspitze übrigbleibt. Der breite, leicht gekrümmte Schnabel zeigt feine Sägezähne.

Meist leben die Sägeraken einzeln oder in Paaren und sitzen ruhig auf den Zweigen der Waldbäume; man kann ganz dicht an sie herantreten, bevor sie fortfliegen. So ruhen sie sich lange Zeit aus und zucken dabei automatisch mit ihrem Schwanz von der einen Seite zur andern; manchmal drehen sie auch den Schwanz zur Seite, um sich im Gleichgewicht zu halten. Ihre Hauptnahrung besteht aus großen Fluginsekten, die sie mitunter in der Luft greifen, doch nehmen sie auch Schnecken und Echsen, und manche Arten selbst Früchte. Wie die Eisvögel tragen sie ihre Beute zu ihrem Ruheplatz, um sie dort zu verzehren.

Auch im Nistverhalten gleichen die Sägeraken den Eisvögeln. Es gibt zwar ein paar Arten, die ihre Nester in Felsspalten anlegen, die meisten aber bauen einen 1,2 bis 1,8 m langen Gang an den Uferhängen, der zu der am Ende gelegenen Brutkammer führt und zum Gelege, das aus 3 oder 4 weißen Eiern besteht. Wieder beteiligen sich beide Elterntiere am Ausbrüten und an der Pflege der Jungvögel. Die Brutzeit beträgt 17 bis 21 Tage, und weitere 4 bis 5 Wochen dauert es, bis die Jungen flügge werden. Trotz dieser langen Immaturitätszeit verlassen die Küken doch oft schon das Nest, bevor ihre Flügel- und Schwanzfedern voll entwickelt sind und der Schnabel seine sägeartige Kerbung erhält. Auch die Sägeraken halten ihr Nest nicht sauber, so daß es sich schon nach kurzer Zeit mit dem Geschmeiß der Tiere und mit allerlei Nahrungsresten bedeckt.

Bienenfresser *Meropidae*

Eine der anziehendsten altweltlichen Vogelgruppen stellen diese anmutigen, farbfreudigen und gesellig lebenden Verwandten der Eisvögel dar. Etwa 24 Bienenfresserarten leben im größten Teil der Tropen und wärmeren Gebiete, und zwar sowohl im offenen Wald wie in Steppenlandschaften. Ihr Körper wirkt schlank und stromlinienförmig, die Füße sind klein und schwach, und die Vorderzehen wieder, wie es für diese Ordnung typisch ist, teilweise miteinander verwachsen. Der lange Schnabel ist spitz zulaufend und etwas nach unten gebogen. Bei einer afrikanischen Art ist der Schwanz gegabelt, bei einer kleinen, gleichfalls afrikanischen Gattung abgestutzt, bei allen anderen aber wird er durch die beiden verlängerten mittleren Federn überragt. Auf der zumeist grünen Grundfärbung verläuft oft ein dunkler Streifen durch das Auge, während sich am Kopf und Rumpf auffallende gelbe, rote oder blaue Flekken finden. Man nennt die bunteren Arten daher auch «Regenbogenvögel».

Wenn auch die Bienenfresser die verschiedensten Insekten zu sich nehmen, so ist ihr Name doch ganz zutreffend gewählt, denn mehr als die Hälfte ihrer Beutetiere gehören zu den Gruppen der Bienen und Wespen. Wenn auch nicht gerade in den Augen der Bienenzüchter, so erweisen sich die Vögel doch auf andere Weise als höchst nützlich, weil sie während der Heuschreckenjahre gründlich mit diesen Schädlingen aufräumen.

Stets greifen sich die Bienenfresser die Insekten in der Luft, indem sie sich entweder vom Ast aus auf sie stürzen oder sie während des Fluges fangen. Ihr an sich recht anmutiger Flug wird zu einem Dahinschießen im Zickzack, wenn sie zwischen die Insektenschwärme fahren. Einige afrikanische Arten fliegen gern in hellen Mondnächten, hoch in der Luft ihre Kapriolen schlagend und sich gegenseitig anrufend. Die meisten Arten leben höchst gesellig und rasten in Schwärmen auf Ästen, Telegraphenleitungen und Zaunpfählen, indem sie sich immerfort miteinander unterhalten. Ihre Stimme ist zwar sehr klangreich, aber nicht melodiös; in die Triller, Pfiffe und das Zirpen mischen sich rauhe, glucksende und krächzende Laute.

Wie die meisten insektenfressenden Vögel, so unternehmen auch die Bienenfresser der gemäßigten Klimate jahreszeitliche Wanderungen. Im Winter ziehen die australischen und südafrikanischen Arten nach Norden, wo sie mehr Futter finden, während die in Europa und Asien heimischen Formen dann in die südlichen Gefilde zurückkehren, die ihren Ahnen sicherlich als Heimat dienten. Der madagassische Blauwangenspint zieht zum Winter über den Kanal von Mozambique zum afrikanischen Festland. In den tropischen Gebieten unternehmen die Bienenfresser nur kleinere örtliche Wanderungen, wenn ihnen das Futter knapp wird, wobei die größeren Arten Schwärme bis zu 300 und mehr Tieren bilden.

Obwohl wir es mit ausgesprochenen Baumvögeln zu tun haben, nisten die Bienenfresser doch in Erdhöhlen; meistens wählen sie dazu die Uferhänge, wo sie wie die Uferschwalben Kolonien bilden. Das tut auch der Gewöhnliche Bienenfresser, ein Vogel Südeuropas und Westasiens, der schon mehrmals in Deutschland gebrütet hat. Etwa 14 Tage benötigt das Brutpaar, um seine 2 m langen Röhren zu graben. Beim Australischen Bienenfresser, der in seiner Heimat «Goldschwalbe» genannt wird, verlaufen die Röhren abgeknickt und enden in einer Brutkammer mit 2 bis 8 reinweißen Eiern. Wie bei ihren Verwandten, wird auch hier keine Mühe auf das Auskleiden und Säubern des Nestes aufgewendet.

Alle Arbeit, angefangen vom Graben der Höhle bis zum Füttern der Jungen, teilen sich beide Elterntiere; oft halten sie sich gemeinsam die Nacht über im Nest auf, in das sie direkt hineinfliegen, obwohl der Eingang kaum größer ist als der Vogel selbst. Etwa 22 Tage beträgt die Brutzeit; die Jungen werden weitere 4 Wochen großgezogen. Wie bei den Eisvögeln, brechen auch hier die Kiele der sprießenden Federn kurz vor dem Zeitpunkt auf, zu dem die Jungen das Nest verlassen, so daß die Kleinen wie winzige Igel aussehen; ihr Jugendkleid wirkt etwas dunkler als das Gefieder der Erwachsenen. Soweit wir wissen, bringen alle Bienenfresser nur eine einzige Brut im Jahr hervor.

Raken *Coraciidae*

Die 17 etwa taubengroßen Rakenarten – Vögel der Alten Welt, vornehmlich der Tropen – sind gute Flieger und vor allem bei den Balzspielen wahre Luftakrobaten. Als etwas abgewandelt erscheinen die 5 Erdraken *(Brachypteraciinae)* und der Kurol *(Leptosomatinae)* auf Madagaskar. Von den eigentlichen Raken *(Coraciinae)* leben 7 Arten in Afrika südlich der Wüste Sahara, und 4 Arten finden sich weitverbreitet über das wärmere gemäßigte Eurasien bis zu den Salomonen und zum nördlichen Australien. Der Unterschied aller Raken gegenüber den anderen Mitgliedern der gleichen Ordnung besteht darin, daß hier nur die beiden inneren Vorderzehen größtenteils miteinander verwachsen, die äußere Zehe aber frei beweglich bleibt.

Nach der vorherrschenden Grundfarbe nennt man die echten Raken auch Blauraken; häufig treten daneben noch braune Zeichnungen am Rumpf sowie hellere Flecken an den Flügeln und am Schwanz auf. Zwischen den Geschlechtern gibt es keine Unterschiede. Als allgemeine Kennzeichen seien genannt: der untersetzte, kräftige Schnabel, der große Kopf, der kurze Hals, lange Flügel und Schwänze, kurze Beine und schwache Füße. Auf dem Boden bewegen sich die Raken nicht laufend fort, sondern mit ungeschicktem Hüpfen.

Als rechte Einzelgänger sieht man die Raken gewöhnlich allein oder höchstens zu Paaren auf einem freien Ast sitzen und nach einer Heuschrecke, einem Schmetterling oder auch einer Echse am Boden Ausschau halten. In großen Scharen aber kommen sie aus meilenweiter Entfernung herbei, wenn Heuschreckenschwärme auftreten. So gehören sie auch zu den ersten Vögeln, die sich bei Wald- und Steppenbränden einstellen, um die vor dem Feuer dahergetriebenen Kleintiere fortzufangen.

Bei einer der häufigeren afrikanischen Arten, der Grünscheitelrake, finden wir einen tief gegabelten Schwanz. Das gleiche tritt auch bei der Senegalrake und der Spatelrake Südafrikas auf, bei der das äußere Federpaar mit kleinen Wimpeln endet. Bei unserer einheimischen Blaurake, beim Ostroller und dem Dollarvogel der Orientalischen Region dagegen finden wir annähernd abgestutzte Schwänze.

Unsere Blaurake, ein 32 cm langer, grünlichblauer, oberseits rotbrauner Vogel, ist nicht nur in Europa, sondern auch

im nordwestlichen Afrika sowie im westlichen und südwestlichen Asien zu Hause. Bei uns nistet sie nur noch in lichten Wäldern Norddeutschlands; zum Oktober zieht sie in das tropische und südliche Afrika. Die Tiere leben einzeln oder in lockeren Kolonien und legen 4 bis 5 Eier. Der Dollarvogel trägt seinen Namen nach dem runden, weißen Fleck auf jedem Flügel und gehört zu den wenigen Arten, bei denen die im Verbreitungszentrum heimischen Populationen die Tropen nicht verlassen, während die anderen, die in die gemäßigten Zonen vorgedrungen sind, im Winter regelmäßig zu den warmen Klimaten zurückkehren. Die in Nordaustralien brütenden Tiere ziehen zum Überwintern nach Neuguinea; die nördlichsten Populationen in Korea, Japan und der Mandschurei finden ihre Winterquartiere von der Malaiischen Halbinsel an bis Sumatra. Im Verbreitungsraum von Südindien bis Ostindien und den Salomonen unterscheiden wir 10 Rassen.

Auf Guadalcanar, wo ich meine erste Bekanntschaft mit dem Dollarvogel schloß, bewohnt er den offeneren Urwald; dort sitzt er während der Tageshitze träge wie ein Klotz auf den toten Zweigen des Unterholzes und rührt sich nur, wenn irgendwelche Insekten durch sein Revier fliegen. Erst gegen Abend wird er munterer und benutzt dann die letzten Stunden des Tageslichtes, um über den Baumkronen Jagd auf Insekten zu machen. Mit langsamen, steten Flügelschlägen gleiten die Vögel durch die Luft und stoßen dabei ihr rauhes Krächzen aus. Erst in Japan hatte ich Gelegenheit, den Balzflug zu beobachten. Dort halten sich die Vögel auf den riesigen Kryptomerien der Tempel und Shinto-Schreine auf. Von der Höhe schwingt sich das balzende Männchen unter lauten Rufen tief hinab, fängt sich und schwebt unter Rollen und Saltos

TÜRKISBRAUENMOTMOT
Eumomota superciliosa
Mexiko bis Costa Rica; 33 cm.

JAMAIKATODI
Todus todus
Jamaika; 11 cm.

GRÜNSCHEITELRAKE
Coracias caudata
Südafrika; 40 cm.

GEWÖHNLICHER BIENENFRESSER
Merops apiaster
Südeuropa, Südwestasien, Afrika; 28 cm.

SCHARLACHSPINT
Merops nubicus
Zentralafrika; 33 cm.

ROTKEHLSPINT
Melittophagus bulocki
Mittleres Ostafrika; 23 cm.

DOPPELHORNVOGEL
Buceros bicornis
Indien bis Indochina
und Sumatra; 1,52 m.

WIEDEHOPF
Upupa epops
Europa, Asien,
Afrika, Madagaskar; 28 cm.

wieder nach oben. Neuerdings sind die japanischen Dollarvögel dazu übergegangen, ihre Balzflüge rund um die hohen Fabrikschornsteine auszuführen, und bevorzugen dabei die aus gelblichen oder braunen Ziegelsteinen, offenbar als Ersatz für abgestorbene Baumstämme.

Im allgemeinen bauen die Raken ihre Nester in Baumhöhlen oder auch in verlassenen Brutlöchern der Specht- oder Bartvögel; einige tropische Arten benutzen die Nester von Baumtermiten. In Korea und im nördlichen China findet man sie oft in den eigens für sie angebrachten Nistkästen an den gelben Fabrikschornsteinen, an denen sie zu balzen pflegen. Wie wir es meist bei den Rakenvögeln beobachten, wird auch hier kaum oder kein Nistmaterial verwendet; das Gelege, dessen Eizahl zwischen 2 und 4 schwankt, besteht aus rundlichen, weißen Eiern. Wahrscheinlich brüten beide Geschlechter 18 bis 23 Tage lang; 3 bis 4 Wochen bleiben die Jungvögel im Nest, werden aber auch nach dem Verlassen noch ein paar Tage lang von den Eltern gefüttert.

Weniger auffallend als die anderen Arten, aber immer noch schön bunt, zeigen die madagassischen Erdraken ein kräftig geflecktes, gelbliches bis grünliches Gefieder. Entsprechend der mehr bodenbewohnenden Lebensweise sind ihre Füße länger, die Flügel kürzer und die Schwänze länger und spitzer. Eine Art lebt im sandigen Buschland, 4 weitere im dichten Urwald. Sie scharren viel, sitzen aber wie ihre Verwandten gern ruhig auf einem Ast und sind zu den gleichen fliegerischen Kunststücken befähigt. Ihre Abendjagden dehnen sie bis in die Nacht hinein aus.

Der madagassische Kurol nimmt eine solche Sonderstellung ein, daß ihm einige Ornithologen mit guten Gründen den Rang einer eigenen Familie zuerkennen, denn er hat als einziger Rakenvogel Puderdunen. Auch unterscheiden sich hier die Geschlechter, indem das Männchen oben ein kupferglänzendes Grün und einen hellgrauen Bauch zeigt, während das etwas größere, bräunliche Weibchen oben dunkel gebändert und unten gefleckt erscheint; beide haben einen kurzen Schopf. Ihre Nahrung finden die Tiere vorwiegend in den Baumgipfeln, und dort besuchen sie einander in kleineren Trupps. Sonst aber unterscheiden sich die Kurole, soweit wir wissen, in ihrem Verhalten nicht von den anderen Raken.

Wiedehopfe *Upupidae*

Unter den Rakenvögeln fallen die 7 Arten dieser kleinen, altweltlichen Familie durch den langen, schmalen, spitzen Schnabel und dadurch auf, daß ihre beiden inneren Vorderzehen nur am Grunde miteinander verwachsen sind. Bis auf die etwas geringere Größe und einfachere Färbung der Weibchen unterscheiden sich die Geschlechter nicht. In der Unterfamilie der eigentlichen Wiedehopfe *(Upupinae)* finden wir als einzigen Vertreter den Wiedehopf mit seinem großen Schopf, eine Art, deren 9 geographische Rassen über das südliche Europa und Asien südwärts bis nach Afrika und Madagaskar reichen.

Überall, wo der Wiedehopf zu Hause ist, fällt er unter der Vogelwelt auf den ersten Blick durch seine rehbraune Färbung, durch die schwarz-weiß gebänderten Flügel, vor allem aber durch seinen hohen Schopf mit den schwarzen Federspitzen auf, der sich vom Schnabel bis zum Hinterkopf zieht. Dadurch erkennt man ihn schon im ersten Augenblick. Sein wissenschaftlicher Gattungsname spielt auf den tiefen, weichen, aber doch weittragenden, wiederholt ausgestoßenen Ruf an: huup-huup-huup!

Bereits an den Wänden der Gräber und Tempel im alten Ägypten und Kreta stoßen wir auf Abbildungen des Wiedehopfes, und die mittelalterlichen Magier, die ihm geheime Kräfte zuschrieben, kochten aus seinen Organen allerlei Zaubertränke, um Gesicht und Gedächtnis zu stärken. Im Alten Testament steht der Wiedehopf auf der Liste jener Speisen, die aus Gesundheitsgründen verboten waren.

Im offenen, locker mit Bäumen bestandenen Frei- oder Kulturland finden wir den Wiedehopf meist als Einzelgänger, selten in größerer Gesellschaft als 2 oder 3 Tiere. Als häufiger Gast in den Randbezirken der Städte kann man ihn in den Parks von Tel Aviv oder anderer Orte des Ostens sein Staubbad nehmen sehen. Nur gelegentlich jagt er auch im Fluge Insekten, sucht sich aber seine Nahrung sonst auf dem Boden und vermag dort auch gut zu laufen. Mit seinem langen, dünnen Schnabel stochert er in der Erde, im Dung und in Abfällen nach Würmern, Maden, Ameisen und anderem Kleingetier. Anscheinend braucht der Wiedehopf wenig Wasser, denn nie sieht man ihn trinken. Sein ungerichteter, wellenförmiger Flug ist schneller, als er scheint. Nachts suchen die Vögel Zuflucht auf Ästen, Dächern oder in Mauerlöchern.

Als Niststätten bevorzugen die Wiederhopfe Baumhöhlen, nehmen aber auch mit Gemäuerspalten Vorlieb. Außer gelegentlich etwas Stroh oder Federn benutzen die Vögel kaum Nistmaterial. Anfangs sehen die 4 bis 6 Eier hellblau aus, färben sich aber bald durch den Kot der Eltern braun. Etwa 18 Tage lang brütet das Weibchen allein und wird während dieser Zeit vom Männchen gefüttert. Wenn die Jungen schlüpfen, sind sie mit einem lockeren Dunenkleid bedeckt. In der ersten Zeit der 3- bis 4wöchigen Nestpflege hudert sie das Weibchen und überläßt ihnen alles Futter, das vom Männchen herangeschafft wird; später beteiligt sich auch das Muttertier am Heranschaffen der Nahrung.

Bekanntlich gelten die Wiedehopfe als «Stinker» — mit Recht, denn das Weibchen und die Nestjungen sondern bei Gefahr ein widerlich nach Moschus riechendes Sekret der Bürzeldrüse ab, dem wahrscheinlich eine ähnliche abschrekkende Wirkung zukommt wie dem Sekret des Stinktieres. Zudem «schießen» die Jungen jedem, der in ihre Nisthöhle einzudringen sucht, sehr präzis ihren flüssigen Kot ins Gesicht.

Den übrigen 6 Arten, den Baumhopfen *(Phoeniculinae)*, räumt man mitunter eine eigene Familie ein; ihre Heimat beschränkt sich auf das südlich der Sahara gelegene Afrika. Im Gegensatz zu unserem Wiedehopf tragen sie keinen Schopf, wohl aber einen langen, spitzen Schwanz und glänzen in herrlichen blauen, grünen und purpurnen Metallfarben. Nur gelegentlich finden sie ihre Nahrung auf dem Boden; meist suchen sie Baumstämme und Äste nach Futter ab und hängen dabei oft mit der Unterseite zu oberst. Auch treten sie geselliger auf als der Wiedehopf und fliegen unter großem Lärm in kleineren Familienverbänden von Ast zu Ast. Gemeinsam aber sind die «unappetitlichen» Gewohnheiten der Jungen und der Moschusgeruch während der Brutzeit.

Nashornvögel *Bucerotidae*

Der riesige Hornschnabel, meist noch mit einem mächtigen Hornaufsatz, ist das Merkmal der Nashornvögel, deren 45 Arten weit über die tropischen und subtropischen Waldgebiete der Alten Welt verteilt leben: in Afrika, Südostasien und Ostindien bis zu den Philippinen und Salomonen. Innerhalb ihrer Ordnung erreichen sie die größten Ausmaße; nur wenige Arten bleiben kleiner als 60 cm, verschiedene aber werden mehr als 1,5 m lang! Als hübsch kann man die Tiere wahrlich nicht bezeichnen, wohl aber als bemerkenswert und in Anbetracht mancher sonderbarer Eigenschaften — selbstverständlich nach unseren menschlichen Begriffen — als komisch.

Die Grundfärbung des Nashornvogelgefieders ist schwarz oder dunkelbraun, wird jedoch durch auffällige weiße oder kremfarbene Stellen an Rumpf, Schwanz und Flügeln aufgelockert. Meist sind die Riesenschnäbel und ihre Aufsätze hornfarben, doch können sie auch schwarz, leuchtend rot oder gelb gefärbt sein; häufig zeigen sie tiefe Furchen und gesägte Ränder. In der Regel sind Schnabel und Aufsatz hohl oder mit einem schwammigen Zellgewebe durchsetzt, beim Helmvogel aus Malaya aber solid, so daß die Eingeborenen von Borneo den Schnabel gern zu geschnitzten Bildwerken und Fetischen verarbeiten. Bei einigen Nashornvögeln finden wir farbige nackte Hautstellen um die Augen und an der Kehle. Besonders fallen die wohlentwickelten wimperartigen Federborsten am Oberlid auf, die sonst nur wenigen Vögeln zukommen, wie den Straußen, dem Hoatzin, einigen Kuckucken und Greifvögeln. Das Gefieder wirkt grob und locker; die Flügel sind kräftig, die Schwänze lang und gewöhnlich abgerundet, die Beine meist kurz, die Füße aber breitsohlig und stark; sie zeigen wieder zum Teil miteinander verwachsene Vorderzehen.

Im dichten Wald, ihrem eigentlichen Lebensraum, halten sich die Nashornvögel in Paaren oder in kleineren Schwärmen von kaum einem Dutzend Tieren auf. In der Tageshitze verhalten sie sich ziemlich still, entfalten aber in den kühlen Morgenstunden und am späten Abend ihre volle Aktivität und Lautstärke. Ihre Rufe klingen äußerst unterschiedlich, aber immer laut und weittragend. Der afrikanische Trompeterhornvogel kreischt wie ein Affe, andere blöken, tuten, quietschen rauh, pfeifen schrill, brüllen, grunzen, bellen oder gackern.

Beim Flug der Nashornvögel wechseln eine Reihe langsamer, kräftiger Flügelschläge mit kurzem, segelndem Gleiten ab. Abgesehen von den kleinsten Arten kann man bei ihnen das Fluggeräusch ihrer Federn über einige Entfernung vernehmen, denn die Unterflügeldecken reichen nicht über die Kiele der Schwungfedern hinaus, so daß bei jedem Flügelschlag der Windstrom ein Geräusch erzeugt, das wie das Schnaufen einer alten Dampflokomotive klingt.

Im ganzen gesehen fressen die Nashornvögel so ziemlich alles, wenn auch die einzelnen Arten bestimmte Nahrungsformen bevorzugen. Meist nehmen sie Früchte, Beeren, verschiedene Insekten und allerlei Kleingetier. Die vorwiegend fruchtfressenden Arten halten sich gern auf den Wipfeln hoher Bäume auf, springen mit geschlossenen Flügeln von Ast zu Ast und recken sich dann ungeschickt nach einer Frucht aus, mit der sie vor dem Verzehren Fangeball spielen. Das gleiche tun sie auch mit Heuschrecken, kleinen Reptilien und anderen Tieren, nicht ohne sie zuvor durch Schnabelhiebe getötet zu haben. Im übrigen schlucken sie die Nahrungsbrocken im ganzen herunter und würgen dann die unverdaulichen Fruchtkerne, Insektenpanzer und Knochen wieder aus. Verschiedene Arten ernähren sich vorwiegend von den Eiern und Jungen anderer Vögel, einige richten in den Landwirtschaftsgebieten Afrikas großen Schaden an den Ernten an. Die kleineren Formen fangen Insekten im Fluge und legen oft weite Strecken zu den Buschbränden zurück, um sich an der davon aufgescheuchten Kleintierwelt gütlich zu tun. Aus dem gleichen Grunde halten sich einige afrikanische Nashornvögel gern im Gefolge der Treiberameisen auf. Auf dem Boden bewegen sich die Vögel in wenig anmutigen Sprüngen fort. Von den Ansässigen werden die Tiere gern in der Gefangenschaft gehalten, denn sie lassen sich leicht zähmen, und es macht Vergnügen, ihnen zuzusehen, wie sie Stöcke und Nahrungsbissen in die Luft werfen und geschickt wieder auffangen.

Am sonderbarsten aber sind die Nistgewohnheiten. Wahrscheinlich bleiben die Brutpaare zeitlebens zusammen. Nur wenige Arten nisten in Höhlen oder Felsspalten, die meisten aber in Baumlöchern oder verlassenen Spechtbauten, die sie dann künstlich erweitern. Solche Nisthöhlen können kurz über dem Boden liegen oder auch in über 30 m Höhe. Das legebereite Weibchen schlüpft in das Loch und wird dort eingemauert.

Bei einigen Arten mauert das Männchen das Weibchen ein, gewöhnlich aber beteiligen sich beide Tiere an dem Werk, das Männchen von außen, das Weibchen von innen, und verwenden als Material eine Mischung aus Schlamm, Erde und eigenem Kot, dazu vielleicht noch den ausgewürgten Inhalt ihres Kropfes oder Magens. Damit pflastern sie das Loch so weit zu, daß nur noch ein schmaler, aber ausreichend breiter Schlitz verbleibt, damit das Weibchen seinen Schnabel hinausstrecken kann. Das Mauerwerk erhärtet zu einer ziegelähnlichen Masse von solcher Festigkeit, daß selbst die hartschnabeligen Vögel später alle Mühe haben, es wieder aufzubrechen, aber als Schutz vor einem Überfall durch Affen oder Baumschlangen eignet sich dieser Schalter vorzüglich, denn kaum ein Störenfried wird gern mit dem herausragenden Schnabel des Weibchens zu tun haben.

Das Gelege der Nashornvögel enthält 1 bis 6, meist 2 bis 4 rundliche, weiße Eier, die 28 bis 30 Tage bebrütet werden; nach weiteren 4 bis 8 Wochen sind die Jungen erwachsen. Während der ganzen Brutzeit und wenigstens bis zur Hälfte der anschließenden Pflegeperiode bleibt das Weibchen in seinem Gefängnis eingemauert, also mindestens 6 Wochen, bei einigen größeren Arten sogar bis fast 3 Monate. Dort sitzt das Tier, den Schwanz über den Rücken nach vorn gebogen, in seinem engen Gefängnis und benutzt die Zeit der Untätigkeit zur Mauser. Oft fallen schon kurz nach Beginn der Brutzeit alle Schwanzfedern aus, während die Flügel- und Rumpffedern kontinuierlich gewechselt werden.

Die ganze Zeit über füttert das Männchen reichlich und legt seinem Weibchen die Futterbrocken in den Schnabel. Bei den fruchtfressenden Arten füllt sich das Männchen den Kropf und würgt dann Stück für Stück bis 15 oder gar 20 Feigen hervor, um sie seinem Weibchen einzeln in den Schnabel zu schieben. Angeblich sollen die Männchen bestimmter Arten eine vorverdaute Mischung von Früchten und Insekten in einem ausgewürgten Beutel verfüttern, der von der Magen- oder Kropfwand gebildet wird, aber diese Beobachtung muß erst noch bestätigt werden.

Um sein Futter in den Höhleneingang abgeben zu können, krallt sich das Männchen unmittelbar unter der Höhle am Baumstamm fest und unterstützt sich dabei mit dem Schwanz, der dann gegen Ende der Brutzeit ziemlich abgenutzt aussieht. Je weiter die Jungen heranwachsen, um so mehr Futter muß das Männchen heranschaffen; endlich wird so viel aus der Mauer herausgebrochen, daß das Weibchen herausschlüpfen und helfen kann. Manchmal mauern die Jungen wieder den Eingang von innen zu, lassen aber noch genügend Raum zum Füttern.

Trotz der Vermauerung wird das Nest recht sauber gehalten. Das Weibchen wirft nicht nur Obst- und andere Futterreste aus dem Nest, sondern es entleert sich auch ebenso nach außen. Wenn den Jungen die Federn wachsen, biegen sie ihren Schwanz genauso über den Rücken wie ihre Mutter. Entsteigt das Weibchen endlich seinem Gefängnis, ist es so fett, schlapp und steif, daß es kaum zu fliegen vermag, aber auch die Jungen kommen schon hervor, bevor sie flügge sind, und müssen noch ein paar Tage am Boden herumhüpfen, um ihre Flugmuskeln zu kräftigen.

Das merkwürdige Nistverhalten der Nashornvögel hat dazu geführt, daß primitive Volksstämme diese Vögel mit abergläubischer Ehrfurcht betrachten und sie oder Nachbildungen von ihnen als Sinnbilder der Reinheit und ehelichen Treue bei ihren Ritualen verwenden. In Zentralafrika sieht man sie daher nicht nur als Stammesfetische an, sondern läßt sie auch als Vernichter von Abfällen in Frieden, vor allem die beiden größeren Arten der Hornraben. Diese rund 1 m langen Vögel haben längere und kräftigere Beine als die anderen Arten und suchen sich ihr Futter vor allem auf dem Boden. In kleineren Trupps stöbern sie im offenen Gelände umher, vertilgen Unmengen von Heuschrecken und anderen Schadinsekten und räumen auch mit Schlangen auf. Beim Abessinischen Hornraben im mittleren Afrika südlich der Sahara ist der Schnabelaufsatz vorn offen. Die Tiere nisten auf oder kurz über dem Boden in Baumstümpfen oder Steinspalten, wobei das Weibchen allerdings nicht eingemauert wird.

Die Heimat des häufigen Doppelhornvogels, einer der größten Nashornvogelarten, reicht vom westlichen Indien über Indochina und Malaya bis nach Sumatra. Als Bewohner dichter Regenwälder bis 1500 m Höhe frißt er vorwiegend Früchte; sein langer, heller Schwanz mit dem dunklen Querband mißt allein bis 90 cm. Im Leben färbt sich das Gefieder oft leuchtend gelb von dem Öl der Bürzeldrüse, mit dem sich der Vogel reichlich einfettet, doch verschwindet dieser Farbton nach dem Tode und ist somit bei den Museumsbälgen nicht mehr wahrzunehmen. Laut tönt sein bellender Ruf in den Abend, wenn er fliegend und segelnd über den Wald schwebt und sein Gefieder im Winde faucht.

Die Vorfahren der Nashornvögel haben sich schon vor dem Tertiär aus einem urtümlichen Stamm der Rakenvögel abgespalten, wie wohl auch die Wiedehopfe. Fossile Funde einer primitiven Art *(Geiseloceros)* bestätigen das hohe geologische Alter und zeigen, daß die Nashornvögel früher auch in Europa verbreitet waren.

Spechtvögel *Piciformes*

Unsere Spechte und die ihnen verwandten Familien zeichnen sich durch ihre paarweise gestellten Zehen aus, ein Merkmal, dem wir schon bei den Trogons, den Papageien und den Kukkucken begegnet sind. Bei den meisten Arten ist die äußere (vierte) Vorderzehe parallel zur Hinterzehe (der ersten) gedreht, so daß zwei Zehen nach vorn und zwei nach hinten ragen. Bei einigen Arten ist die äußere Vorderzehe sogar zurückgebildet, und diese Tiere besitzen dann nur zwei Vorderzehen und eine hintere. Mit diesen eigenartigen Verhältnissen geht selbstverständlich auch eine Umbildung der Beinmuskulatur und der Sehnen einher, die zu den Knochen ziehen.

Alle 6 Familien, die hier in dieser Ordnung zusammengefaßt sind, leben ziemlich einzelgängerisch und auf Bäumen. Man trifft die Vögel gewöhnlich allein oder in Paaren, selten auch einmal in kleineren Scharen. Von leuchtenden, schillernden Farben und bunten Mustern finden wir alle Übergänge bis zu dunklen, unscheinbaren Tönen; auch die Größe schwankt von 9 bis gut 60 cm. Die meisten Arten fressen ausschließlich Insekten, ein paar nehmen außerdem auch noch Früchte. Ihr Flug erscheint entweder kräftig oder weniger leistungsfähig, jedoch selten ausdauernd und verläuft gewöhnlich wellenförmig. Mit Ausnahme einiger Spechte in den gemäßigten Zonen unternehmen die Vögel keine jahreszeitlichen Züge.

Als Höhlennister legen die Spechtvögel ihre Brutstätten im Boden an, in den Bäumen oder in Termitenbauten. Die Honiganzeiger erweisen sich als Brutparasiten bei anderen höhlenbrütenden Vögeln. Bei den übrigen Arten wird keine Sorgfalt auf den Nestbau verwendet und kaum irgendwelches Nistmaterial benutzt. Alle Arten legen reinweiße, annähernd rundlich geformte Eier, und beide Geschlechter teilen sich die Pflichten der Brutpflege. Beim Schlüpfen sind die Jungvögel noch völlig nackt – nur die jungen Glanzvögel zeigen bereits lange, weiße Dunen – und werden im Nest großgezogen.

Den Lebensraum der Spechtvögel bilden die Wälder und das Buschland aller Tropen und gemäßigten Zonen, nur im Raum von Australien mit Neuseeland und auf Madagaskar vermissen wir sie. Leider gibt uns die Verbreitung der verschiedenen Familien keinerlei Aufschlüsse über die weitere Verwandtschaft der Ordnung oder über ihr vermutliches Entstehungszentrum. Die Spechte und die Bartvögel kommen sowohl in der Alten als auch in der Neuen Welt vor, die Honiganzeiger finden wir im wesentlichen in der Äthiopischen Region, während sich das Vorkommen der Glanzvögel, Faulvögel und der Tukane auf die Tropen der Neuen Welt beschränkt. Aus fossilen Funden kennen wir die Spechtvögel aus den Ablagerungen des Eozäns von Europa und Nordamerika.

Bartvögel *Capitonidae*

An den hübschen, kleinen Bartvögeln bemerken wir einen ziemlich plumpen Kopf mit einem großen, kräftigen Schnabel auf dem kurzen Hals. Die Schnabelborsten sind gut entwickelt, in einer Gruppe sogar als Federbüschel über den Nasenlöchern, so daß die Tiere tatsächlich etwas «bärtig» aussehen. Nur wenige Arten zeigen ein einfarbiges Gefieder, die meisten aber sehr bunte Muster aus kräftigem Grün, Rot, Gelb und Blau. Infolge der kurzen verrundeten Flügel bewegen sich die Bartvögel in der Luft nicht allzu geschickt und unternehmen auch keine regelmäßigen Züge.

Ihre Heimat liegt in den Dickichten der tropischen Urwälder, insbesondere in Afrika, wo mehr als die Hälfte der 72 Arten zu Hause ist; etwa 23 Arten kommen in der Orientalischen Region von Indien bis zu den Philippinen und südwärts bis Sumatra und Borneo vor. Der Rest von ungefähr 12 Arten besiedelt die amerikanischen Tropen von Costa Rica bis hinunter nach Paraguay und Brasilien. Diese unzusammenhängende, rein tropische Verbreitung erinnert sehr stark an die der Trogons und dürfte wohl auch auf die gleiche Weise zustande gekommen sein. Aus der Anatomie der Bartvögel können wir entnehmen, daß sich die Familie wahrscheinlich von dem gleichen urtümlichen Stamm abgespalten hat, aus dem auch die Honiganzeiger, Faulvögel und Tukane hervorgegangen sind. Vermutlich waren diese Stammformen früher, als noch die Urwälder größere Landteile bedeckten, zusammenhängender verbreitet.

Selten trifft man die Bartvögel auf dem Erdboden an; meist suchen sie die äußeren Baumäste nach Früchten, Knospen, Blüten und Insekten ab oder klettern wie die Spechte um den Stamm. Einige Arten leben ausschließlich von pflanzlicher Nahrung, füttern ihre Jungen aber mit Insekten; andere nehmen nur Insekten, vor allem Baumameisen und Termiten.

Zumeist recht lärmfreudig, frech und streitsüchtig, treiben die größeren Bartvögel andere Arten aus ihrem Revier, wenn sie dort fressen wollen. Alle sitzen gern stundenlang auf einem Fleck und rufen eintönig, wobei sie im Takt mit dem Kopf und dem Schwanz zucken; dabei antworten die Pärchen einander. Meist klingt die Stimme laut und kreischend, mitunter auch weich und angenehm pfeifend, bei verschiedenen altweltlichen Arten sogar etwas metallisch, so daß man die Tiere dort «Kupferschmied», «Grobschmied» oder «Kesselflicker» nennt. Unablässig wiederholen sie ihre eintönigen Rufe, bis es einem bei der Tropenschwüle auf die Nerven geht. Somit gehören sie zu den Vögeln, die von den Ansässigen «Wahnsinnsvögel» (Brain-fever Birds) genannt werden.

Der Kupferschmied aus Kiplings Rikki-Tikki-Tavi, der mit seinen metallischen Rufen die willkommene Nachricht von dem Tode der beiden Kobras Nag und Nagaina verbreitet, ist in Wirklichkeit eine indische Bartvogelart; sein Ruf klingt tatsächlich wie der Schlag eines kleinen Hammers auf Metall. Diesen Ton bringt er ohne Abwechslung immer wieder hervor; je heißer der Tag, desto häufiger. Die Nahrung dieses Vogels besteht aus Früchten, ganz besonders Wildfeigen, und er geht recht verschwenderisch damit um, indem er mehr zerknabbert und herumwirft, als er wirklich frißt.

Zum Bau der Nisthöhlen benutzen auch die Bartvögel ihren Schnabel, aber da er nicht so hart ist wie bei den Spechten, müssen sie sich mit weicherem Material begnügen. Eine afrikanische Art gräbt daher in den Uferböschungen der Flüsse, und die ostindischen Formen wählen Termitenbauten; die meisten aber legen ihre Nisthöhlen in den Stämmen oder Ästen toter Bäume an, die zu vermorschen beginnen, und an diesem Werk beteiligen sich beide Geschlechter. Der Eingang wird so klein gehalten, daß er eben als Schlupfloch noch ausreicht, und liegt fast immer unter einem Zweig oder unter einem anderen überhängenden Regenschutz. Zuerst gräbt der Vogel ein paar Zoll waagerecht, bevor er die eigentliche Höhle baut. Manche Arten benutzen Jahr für Jahr die gleiche Nisthöhle, erweitern sie dabei ständig und versehen sie wohl auch noch mit einem zweiten Eingang.

Gewöhnlich besteht das Gelege aus 2 bis 4 weißen Eiern; die Brutzeit beträgt 13 bis 15 Tage und die eigentliche Brutpflege wahrscheinlich beträchtlich länger. Über die näheren Einzelheiten kennen wir uns nur bei wenigen Arten aus, weil die Nester so unzugänglich sind. Jedenfalls halten die Bartvögel ihre Brutstätten ziemlich sauber, entfernen den Kot der Jungen und lassen ihn in einiger Entfernung vom Nest fallen. Nachts schlafen beide Vögel im Nest und benutzen es auch sonst das ganze Jahr über als Ruheplatz. Bartvögel leben meist allein, rasten aber auch in lockeren Verbänden.

TUKANBARTVOGEL
Semnornis rhamphastinus
Andengebiet von Kolumbien bis Ekuador; 21 cm.

FRANKLIN-KUPFERSCHMIED
Megalaima franklini
Südost-Asien; 23 cm.

GROSSER HONIGANZEIGER
Indicator indicator
Zentral- und Südafrika; 19 cm.

ROTKOPFBARTVOGEL
Lybius torquatus
Afrika südlich der Sahara; 20 cm.

Honiganzeiger *Indicatoridae*

Die Honiganzeiger bilden eine kleine Familie dunkel gefärbter, kleiner Spechtvögel, die ihrem Bau nach eng mit den Bartvögeln verwandt sind, aber doch im Aussehen und in ihrer Lebensweise große Unterschiede erkennen lassen. Ihr deutscher ebenso wie ihr wissenschaftlicher Name weisen auf die höchst bemerkenswerte Eigenschaft einiger afrikanischer *Indicator*-Arten hin, andere Wesen zu den Bauten von Wildbienen hinzuführen. Nicht minder eigenartig ist ihr Brutparasitismus. Soweit wir wissen, baut kein einziger Honiganzeiger sein eigenes Nest oder zieht seine Brut selbst auf; alle legen sie ihre Eier in fremde Nester und überlassen den Pflegeeltern das Ausbrüten und die Betreuung der Jungen. Ähnliches finden wir sonst nur noch bei den Kuckucken, bei einigen Kuhstärlingen, bei einer kleinen Gruppe afrikanischer Webervögel und bei einer südamerikanischen Ente.

In dieser vorwiegend auf Afrika beschränkten Familie leben 9 der insgesamt 11 Arten im Wald- und Buschland südlich der Sahara, eine kommt am Fuß des westlichen Himalaja vor, und die elfte findet man als seltenen und wenig bekannten Urwaldbewohner in Malaya, auf Sumatra und Borneo. Alle diese Tiere sieht man nur vereinzelt oder höchstens in Paaren. Obwohl ihr welliger Flug kräftig und schnell wirkt, unternehmen die Vögel doch keine jahreszeitlichen Züge; nur ein paar afrikanische Arten führen im Zusammenhang mit dem Anfall von Insektennahrung örtliche Wanderungen aus.

Die Honiganzeiger sind unscheinbare Vögel von Sperlings- bis Amselgröße, etwa 10 bis 20 cm lang, mit grauer bis bräunlicher Oberseite, hellerem Bauch und Sprenkel- oder Strichelzeichnung. Mitunter treten spärliche gelbe Markierungen auf, stets aber weiße Flecken am Schwanz, die während des Fluges sichtbar werden. Der Schnabel ist im allgemeinen kurz und kräftig, nur bei einer Gattung zierlich und dünn. Der Schwanz verschmälert sich zum Ende und biegt sich bei einer Art leierförmig um; die Flügel sind lang und spitz. Im Gegensatz zu sämtlichen anderen, nicht zu den Sperlingsvögeln gehörenden Gruppen weist der Flügel nur 9 Handschwingen auf.

Grundsätzlich besteht die Nahrung der Honiganzeiger aus Insekten aller Art, vor allem Bienen und Wespen; manche Arten leben sogar ausschließlich von diesen Hautflüglern und suchen deren Bauten heim, um die Larven herauszufressen. Man nimmt an, daß die Vögel dank ihrer festen, dicken Haut unempfindlich gegen die Insektenstiche sind und daß einige Arten einen Moschusgeruch ausströmen, der die Bienen vertreibt. Das wird jedoch angezweifelt. Jedenfalls findet man Honiganzeiger nur dort, wo es Bienen und Wespen gibt.

Um an die Bienennester heranzukommen, haben einige Honiganzeigerarten ein einzigartiges, auf gegenseitiger Hilfe basierendes Verhältnis zu den Wesen gefunden, die ihnen dazu verhelfen können, nämlich dem afrikanischen Honigdachs und den Eingeborenen. So macht der Große Honiganzeiger im größten Teil des äquatorialen und südlichen Afrika durch seinen lauten, klappernden Ruf seine «Freunde» auf sich aufmerksam. Hat er das erreicht, ruft er noch lauter und fliegt eine kurze Strecke. Merkt er, daß man ihm folgt, wiederholt er das noch ein paarmal, bis er seinen «Gehilfen» über eine Strecke von 200 bis 1000 m an den Bienenstock geführt hat. Nun wartet er ruhig, bis man sich den Honig herausnimmt, und holt sich dann seinen Anteil.

Selbstverständlich haben die afrikanischen Eingeborenen einen ganzen Kranz abergläubischer Sagen um den Honiganzeiger gewunden. Wenn sie ein Wildbienennest ausnehmen, achten sie peinlich darauf, auch ja einen Rest für den Vogel übrig zu lassen, denn wenn sie das vergessen — so fürchten sie —, würde der Vogel sie niemals wieder zu einem Bienenstock führen, sondern bei der nächsten Jagd begleiten und durch sein Rufen alles Wild verscheuchen. Ebenso riskant wäre es, das Nest ungeöffnet zu lassen, denn dann würde einen der Honiganzeiger beim nächstenmal heimtückisch zu einer Giftschlange oder zu einem Löwen geleiten.

Erst in letzter Zeit stellte sich heraus, daß die Aufmerksamkeit des Honiganzeigers nicht dem Honig gilt, auch nicht so sehr den Larven der Insekten, sondern in erster Linie dem Bienenwachs. Welchen Wert diese normalerweise unverdauliche Substanz für den Haushalt des Vogels darstellt, wissen wir noch nicht, aber häufig finden wir im Mageninhalt dieser Vögel, einschließlich der nicht «honiganzeigenden» Arten, Stücke von Waben. Die Verdauungswege zeigen keinerlei auffällige Anpassungen an diese besondere Nahrungsform, enthalten aber eine wachsverdauende Bakterienflora.

Von weit größerem Interesse als die mechanischen und physiologischen Voraussetzungen für das Wachsfressen bleibt jedoch die Frage, wie sich die Praxis, sich fremder Gehilfen auf der Suche nach Bienenwachs zu bedienen, herausgebildet hat und schließlich zum Instinkt geworden ist. Das Problem der Entstehung und Vererbung dieses Instinkts wird dadurch noch erschwert, daß die Vögel ja Brutparasiten sind und ihre Nachkommenschaft durch Pflegeeltern aufziehen lassen, die ihnen überhaupt kein Wachs zukommen lassen. Daher fehlt ihnen auch die elterliche Anleitung zu einer derartigen Ernährung und zu einer Inanspruchnahme anderer Wesen für diesen Zweck. Es muß sich also hierbei um eine ererbte Verhaltensweise handeln.

Im Zusammenhang mit ihrem Brutparasitismus haben die Honiganzeiger Methoden entwickelt, die wir bei anderen Vögeln mit gleicher Lebensweise nicht kennen. Eine Gruppe ziemlich urtümlicher afrikanischer Arten legt ihre Eier in die offenen Nester der Brillenvögel, Waldsänger und Fliegenschnäpper, der Große Honiganzeiger und seine nächsten Verwandten halten sich ausschließlich an höhlenbrütende Arten, und zwar an recht eng verwandte, die gleichfalls weiße Eier legen. Als Pflegeeltern kommen vor allem Bartvögel und Spechte in Frage, dann folgen Bienenfresser, Eisvögel, Waldhopfe und Stärlinge und weitere etwa 35 Arten.

Manchmal zerstören die Honiganzeiger die Gelege des rechtmäßigen Nestinhabers, wenn sie ihre eigenen Eier abgelegt haben, aber es steht ihnen eine noch viel heimtückischere Waffe zur Verfügung, damit nur ihre eigene Brut durch die anderen Vögel großgezogen wird. Nach dem Schlüpfen tragen die noch blinden und nackten Jungvögel nämlich einen scharfen Haken auf der Schnabelspitze, mit dem sie die anderen Nestinsassen tödlich verletzen, indem sie auf diese einhacken. Nach der ersten Woche fällt der Haken ab, ein kalkiger Auswuchs, ähnlich dem Eizahn, weil er dann nicht mehr gebraucht wird. Ob die jungen Honiganzeiger auch die noch nicht geschlüpften anderen Eier im Nest anhacken, bleibt vorerst ebenso fraglich wie die Vermutung, daß sie andere Jungvögel nach Art des Kuckucks aus dem Nest werfen. Fest steht nur, daß einwöchige Jungvögel der Honiganzeiger stets das Nest allein beherrschen.

Faulvögel *Bucconidae*

Diese neuweltlichen Spechtvögel zeigen nicht nur eine enge Verwandtschaft zu den Glanzvögeln, sondern auch eine ähnliche Verbreitung. Wie bei der nachfolgenden Gruppe sind die insgesamt 30 Arten kleine bis mittelgroße Waldvögel, wirken aber kräftiger gebaut als die Glanzvögel und lassen den metallischen Schimmer des Gefieders vermissen. Vielmehr zeigen sie meist gedeckte braune und dunkelgraue Farben; nur ein paar Arten tragen ein auffallendes schwarz-weißes Muster, zu dem oft ein breites Brustband gehört.

An den Faulvögeln fällt uns der große Kopf, der kurze Hals und der massige, zumeist breit abgeflachte und von Borsten umstandene Schnabel auf, der gewöhnlich mit einer hakigen Spitze endet. Die Flügel sind kurz und verrundet, die Schwänze mittellang und am Ende abgestutzt oder abgerundet. Vom Amazonasbecken aus haben sich dic Vögel in abnehmender Arten- und Individuenzahl bis Südmexiko und Paraguay ausgebreitet.

Im ganzen betrachtet, haben wir es hier mit einer ziemlich stillen, trägen Gruppe zu tun, deren ausdruckslose Lautäußerungen aus einem dünnen, schwachen Pfeifen oder einem schnaufenden Piepsen bestehen. Mit Vorliebe sitzen die Tiere auf einem freien Ast und plustern ihr Rumpf- und Halsgefieder auf; deshalb reden die englischsprachigen Völker auch von «Puffvögeln». Die Faulvögel kennen keine Neugier und auch keine Angst, so daß man ganz nahe an sie herantreten kann. Weil sie so ruhig sind und so unscheinbar aussehen, nennt man sie deshalb Nonnenvögel oder weniger höflich «João bobo», d. h. «Blöder Hans».

Wie die Glanzvögel fressen auch diese Tiere viel, indem sie von ihrem Ruheast aus Streifzüge auf Insekten unternehmen, zwischen den Blättern stöbern und auch den Boden nach allerlei herumkriechenden Kleintieren absuchen; auch nisten sie in Höhlen, die von beiden Geschlechtern in gemeinsamer Arbeit in die Uferhänge oder den flachen Erdboden gegraben werden und die sich bis über 1 m in die Tiefe erstrecken können. Einige wenige Arten legen ihr Nest in Termitenbauten an. Verschiedene Faulvögel häufen Ästchen und Laub am Höhleneingang auf, offenbar um das Schlupfloch zu tarnen, und polstern ihre Brutkammer mit etwas Gras und Blättern aus. Wie sie die ausgegrabene Erde beiseiteschaffen, wurde noch nicht beobachtet; da man aber kaum etwas davon vor dem Eingang findet, nimmt man an, daß sie den Aushub mit ihrem Schnabel davontragen. Wenn das Brutpaar die Höhle fertiggestellt hat, hält es sich noch eine Woche lang in der Nähe auf, bevor die Eiablage beginnt. In der Regel enthält das Gelege 2 bis 3 rundliche, weiße Eier, die von beiden Eltern bebrütet werden.

Glanzvögel *Galbulidae*

Unter diesem Namen fassen wir 14 Arten schlank gebauter, anmutiger Waldvögel mit schillerndem Gefieder zusammen, deren Verbreitungsraum vom südlichen Mexiko über Mittelamerika bis in das Amazonasgebiet und Südbrasilien reicht. Man erkennt sie auf den ersten Blick an ihrem schmächtigen Körper, dem ansehnlichen, langen, zum Ende hin zugespitzten Schwanz und vor allem an ihren schillernden Farben, bei denen grüne, blaue und bronzefarbene Töne vorherrschen. In ihrer Färbung stehen die Glanzvögel keineswegs hinter den Kolibris zurück, mit denen sie ja auch ihren Lebensraum teilen, doch wirken sie infolge ihrer bedeutenderen Größe noch weit ansehnlicher. Die Weibchen zeigen gewöhnlich eine braune statt einer weißen Kehle.

Nicht so sehr im tiefen Urwalddickicht als vielmehr längs der Waldränder an Lichtungen, an Flußläufen und Straßen begegnen wir den Glanzvögeln; dort sitzen sie als recht wenig gesellige Tiere ruhig auf einem freien Ast, den Körper aufgerichtet und den Schnabel keck nach oben gereckt. Man könnte glauben, sie schliefen. Nur der Kopf bewegt sich nach vorn und hinten, da sie unablässig nach Futter Ausschau halten. Und plötzlich stürzen sie sich blitzschnell mit schwirrenden Flügeln auf ein Insekt, packen es mit hörbarem Schnabelschlag und fliegen dann mit dem Opfer auf ihren Sitzast zurück, um es dort in Ruhe zu verzehren.

Glanzvögel fressen nichts anderes als Insekten und packen ihre Beute meist im Flug. Ihr nadelförmiger Schnabel scheint sich ganz besonders gut für diese Art des Beutefangs zu eignen, denn es gehört schon eine beachtliche Genauigkeit dazu, derart kleine Tiere in der Luft zu greifen. Deshalb haben sich die Glanzvögel auch vor allem auf die größeren Schmetterlinge und Libellen spezialisiert. Es ist wirklich ein packendes Erlebnis, zu sehen, wie ein solcher Vogel mit einem großen, blauen Morpho-Falter umgeht: Er schlägt den Schmetterling erst gegen den Sitzast, beißt die Flügel ab und verzehrt als letztes wie eine Delikatesse den weichen Rumpf.

Die Stimme steht allerdings weit hinter der äußeren Erscheinung zurück, denn die meisten Glanzvögel bringen lediglich ein ausdrucksloses Piepsen zustande. Bei einigen Arten finden wir allerdings einen recht angenehm klingenden melodiös-trillernden «Gesang», aber er wirkt so leise, daß man schon gehörig achtgeben muß, um ihn überhaupt zu hören. Weit mehr fallen die Vögel durch ihre hinreißenden Schillerfarben auf und ihre blitzartige Jagdtechnik.

Auch die Glanzvögel nisten, wie die eben behandelten Faulvögel, in Höhlen und wählen dazu die abfallende Seite eines Hügels oder eines Uferhanges. Am Nestbau beteiligen sich beide Geschlechter, indem sie mit ihren Schnäbeln den Boden lockern und den Sand mit den Füßen herauskratzen. Eine solche Bruthöhle beginnt mit einem runden Eingang, schmaler als der Arm eines Menschen, erstreckt sich vielleicht 30 oder 60 cm weit in die Tiefe und endet dort mit der eigentlichen Brutkammer, in die das Weibchen seine 3 oder 4 reinweißen Eier ablegt. Auch das Brutgeschäft wird von den beiden Elternvögeln ausgeübt, bis nach etwa 19 bis 21 Tagen die Jungvögel ausschlüpfen; sie bleiben anschließend noch weitere 3 Wochen in der Nisthöhle. Da die Glanzvögel äußerst wenig Sorgfalt darauf verwenden, ihr Nest sauber zu halten, bedeckt sich der Boden sehr bald mit Kot und den unverdaulichen, wieder ausgeschiedenen Abfällen ihrer Insektennahrung. Die Kiele der sprießenden Federn brechen erst verhältnismäßig spät auf, und so wirken die kleinen Glanzvögel ziemlich struppig. Wenn sie aber erst so weit entwickelt sind, daß sie das Nest verlassen können, gleicht ihr Jugendgefieder bereits im großen und ganzen dem Kleid der Erwachsenen, nur sieht es noch ein wenig dunkler getönt aus. Bei den Amazonas-Indianern heißen die Glanzvögel «Jacamars», und diesen Namen finden wir auch in der Literatur.

Tukane *Ramphastidae*

Durch ihren riesigen Schnabel, der mitunter fast ebenso groß wirkt wie ihr Körper, ähneln die 37 Arten der Tukane den altweltlichen Nashornvögeln, doch ist der Schnabel größer und stärker gebogen; vor allem aber fehlt ihm der hornige Aufsatz. In ihrer Verbreitung beschränken sie sich auf die amerikanischen Tropen. In der Gefangenschaft fressen die Tukane alles mögliche, nehmen in der Natur aber im wesentlichen Früchte und verzehren nur gelegentlich auch ein größeres Insekt, einen Jungvogel oder ein anderes Kleintier. Erstaunlich geschickt fassen sie mit dem Schnabel das Futter – und trotzdem scheint uns dieses Instrument ein paar Nummern zu groß geraten für einen Fruchtfresser.

Warum aber dieser Riesenschnabel? Ob er einst vielleicht besonders geeignet war für das Verzehren irgendwelcher großer Früchte und Insekten, die es heute nicht mehr gibt? Das ist nicht allzu wahrscheinlich. Sicherlich kommt man mit einem langen Schnabel besser an weit entfernte Früchte und Beeren heran, doch stellt dies für einen Vogel mit wesentlich kleinerem Schnabel auch kein Problem dar. Eher könnte man an eine Waffe denken, deren abschreckende Wirkung jedoch größer sein dürfte als ihr praktischer Wert, denn gegen ihre Hauptfeinde, die Toyras aus dem Mardergeschlecht oder große Raubvögel, können die Tukane nichts ausrichten. Da die Schnäbel bei den einzelnen Arten unterschiedlich gefärbt sind, ist mit einer Funktion als Erkennungszeichen zu rechnen. Oder sollte, wenn auch nichts Entsprechendes beobachtet wurde, der Schnabel bei der Balz eine Rolle spielen? Schließlich kann es auch sein, daß sich der Schnabel rein zufällig zu einer derart absonderlichen Gestalt entwickelte, und da die Tiere «trotzdem» damit umgehen können, bedeutet er auch für sie kein Hindernis im Kampf ums Dasein.

So sieht es zwar aus, als seien die Tukane durch ihren Schnabel völlig aus dem biologischen und statischen Gleichgewicht gekommen, doch der Schein trügt: Dieses Instrument eignet sich vorzüglich zum Früchtepflücken und ist ein kon-

CUVIER-TUKAN
Ramphastos cuvieri
Kolumbien bis Bolivien und Brasilien; 60 cm.

BREITMAUL-GLANZVOGEL
Jacamerops aurea
Costa Rica bis Guayana-Staaten und Ekuador; 30 cm.

PARADIESGLANZVOGEL
Galbula dea
Venezuela bis Bolivien; 30 cm.

WEISSNACKEN-FAULVOGEL
Notharchus macrorhynchus
Mexiko bis Argentinien; 25 cm.

BLATTSCHNABEL-BLAUTUKAN
Andigena laminirostris
Kolumbien und Ekuador; 43 cm.

ROTSCHNABEL-FAULVOGEL
Bucco capensis
Kolumbien bis Peru und Brasilien; 18 cm.

struktives Wunderwerk, dessen Inneres aus einem Wabenwerk versteifter Hornlamellen besteht und dadurch trotz denkbar leichten Gewichtes ein Höchstmaß an Stabilität aufweist. Die Zunge erstreckt sich bis zur Schnabelspitze; sie erscheint sehr dünn und schmal, aber doch steif und hart, und trägt an beiden Seiten einen bürstenartigen Kamm, dessen Bedeutung noch nicht bekannt ist.

Beim Fressen wird die Frucht entweder mit dem Schnabel abgepflückt und dann verschluckt, wobei der Kopf nach oben genommen wird und die Nahrung in den Schlund fällt; größere Früchte werden mit den gesägten Schnabelkanten zerkleinert. Auch beim Trinken tauchen die Tukane die Schnabelspitze ins Wasser und richten sich dann so auf, daß das Wasser hinunterfließt.

Das Vorkommen der Tukane erstreckt sich von Südmexiko bis Paraguay und Nordargentinien; ihr Verbreitungsschwer-

RIESENTUKAN
Ramphastos toco
Guayana-Staaten und Brasilien; 65 cm.

FISCHERTUKAN
Ramphastos sulfuratus
Mexiko bis Venezuela; 60 cm.

LAUCHGRÜNER ARASSARI
Aulacorhynchus prasinus
Mexiko bis Peru; 35 cm.

GRÜNER ARASSARI
Pteroglossus viridis
Kolumbien bis Brasilien; 33 cm.

DOPPELBAND-ARASSARI
Pteroglossus bitorquatus
Mittleres Brasilien; 38 cm.

punkt liegt im Amazonasgebiet, wo sie sich wahrscheinlich einst aus irgendwelchen Ur-Spechtvögeln entwickelt haben. Die ansehnlicheren, etwa krähengroßen Arten mit den verhältnismäßig größten Schnäbeln, wie der Riesentukan und der Fischertukan der Gattung *Ramphastos*, leben vor allem im dichten Regenwald der Niederungen. Noch heute nennen die Tupi-Indianer diese Vögel «Toco», und daraus haben die europäischen Forscher schon vor Jahrhunderten den Namen «Tukan» abgeleitet. Bei diesen großen Tukanen finden wir einen dunklen Rumpf mit auffallenden Kehlflecken und roten, gelben oder weißen Stellen an den oberen und unteren Schwanzdecken. Kleinere Tukane kommen auch in den Niederungen vor, leben aber meistens in den Bergwäldern. Darunter zeigen das leuchtendste Gefieder und die weiteste Verbreitung die seidigen Arassaris der Gattung *Pteroglossus*, die in 11 Arten die verschiedenen Höhenlagen von Mexiko an bis nach Argentinien bewohnen. Als eine der geselligsten Gruppen der Tukane — und diese sind wieder die geselligsten Spechtvögel überhaupt — fliegen sie in kleinen Scharen über den Urwäldern und verbringen auch die Nacht gemeinsam in hohlen Bäumen. Nicht minder bunt sind die Blautukane der Gattung *Andigena*, die je nach der Jahreszeit und der damit einhergehenden Reife der einzelnen Früchte und Beeren verschiedene Höhenlagen der Anden aufsuchen.

Wie wir es immer wieder bei bunten Waldvögeln finden, so fügen sich auch die aufgelockerten Farbmuster der Tukane harmonisch in die Umwelt ein, so daß man die Tiere nur mit Mühe erkennt, insbesondere wenn sie sich zur Mittagsruhe in den Baumwipfeln niederlassen. Man nimmt wohl ihre bunten Flecken wahr, hält sie aber für irgendwelche Blüten oder Früchte zwischen dem Blätterwerk der Bäume. Die wirkungsvollsten Tarnmuster zeigen die grünen, hähergroßen Grünarassaris, die kleinsten und mit dem verhältnismäßig kürzesten Schnabel ausgerüsteten Mitglieder ihrer Familie. Als Hochlandform Mittelamerikas geht der Lauchgrüne Arassari kaum unterhalb 1000 m Höhe, sondern lebt zumeist in den Nebelwäldern von 2500 m an aufwärts.

Wie sicher sich die Tukane durch ihre Schutzfärbung fühlen, geht schon daraus hervor, daß sie sich überhaupt nicht vorsehen. Vielmehr gehören sie mit zu den geräuschvollsten Urwaldbewohnern; sie krächzen laut den ganzen Tag über, daß man es kilometerweit hört. Geschäftig fliegen sie in lärmenden Scharen von einem halben Dutzend Tieren herum, und wenn sie ihr Fressen in den Baumwipfeln suchen, schnattern sie sich gegenseitig mit knarrenden Lauten zu und klappen dabei mit den Schnäbeln. Dann fechten sie wieder mit ihren Schnäbeln gegeneinander, werfen sich gegenseitig Beeren zu oder reichen sie einander zu. Ob es sich bei diesem Spiel um ein bestimmtes Balzverhalten oder bloß um einen reinen «Spaß am Vergnügen» handelt, steht noch nicht fest.

Der Flug der Tukane ist nicht besonders kräftig und führt auch selten über weite Entfernungen. Etwa 8 bis 10 Flügelschläge geben den Vögeln einen gewissen Auftrieb, nachdem sie dann mit ausgebreiteten Flügeln wieder ein Weilchen schweben. Ihr Flugbild ist einfach unverkennbar, denn durch ihren riesigen Schnabel, den sie nach vorn gerichtet und ein wenig abwärts geneigt halten, wirken sie ausgesprochen kopflastig. Bei einigen Arten finden wir die merkwürdige Angewohnheit, während des Fluges mit dem Schwanz nach oben zu zucken. Die besondere Verbindung zwischen Knochen und Muskeln am Schwanz gestattet mehr senkrechte als waagrechte Bewegungen, und das wirkt sich sehr vorteilhaft aus, wenn die Tiere in ihre engen Baumhöhlen schlüpfen. Wenn sich ein Tukan zum Schlafen anschickt, faltet er sich sozusagen zusammen: Der Schnabel kommt auf die Rückenmitte zu liegen, dann wird der Schwanz so darübergelegt, daß seine Spitze die Schultern bedeckt; so wirkt der ganze Vogel schließlich nur noch wie ein Federball.

Als Niststätten wählen die Tukane Baumhöhlen oder verlassene Spechthöhlen, die sie ein wenig vergrößern. Wie hoch diese Bauten liegen, spielt keine Rolle, denn man hat sie fast zu ebener Erde gefunden, aber auch weit oben in den Bäumen. Einige Tukane polstern den Boden der Nisthöhle mit etwas grünem Laub aus, aber die meisten verzichten darauf und räumen vielmehr noch den lockeren Mulm heraus, bevor sie ihre 2 bis 4 glänzend weißen Eier dort ablegen. Die Grünarassaris halten ihr Nest noch einigermaßen sauber, aber die größeren Arten denken nicht daran, sondern Erwachsene und Jungvögel speien vielmehr die unverdaulichen Fruchtkerne aus und «pflastern» damit den Boden.

Brüten und Brutpflege wird von beiden Eltern besorgt. Die eigentliche Brutzeit dauert nur 16 Tage, die anschließende Nestpflege aber — zumindest beim Fischertukan — viel länger, nämlich 6 bis 7 Wochen. Die Jungen schlüpfen nackt und sehen anfangs überhaupt nicht wie Tukane aus, denn ihre Schnäbel sind noch breit und flach, der Unterschnabel ragt über die Schnabelspitze hinaus, und die weiche Zunge füllt den ganzen Innenraum aus. Erst im Laufe des weiteren Wachstums nimmt der Schnabel seine endgültige Gestalt an, erreicht aber nicht vor einigen Monaten seine volle Größe und Färbung.

Eine weitere Eigenart der nestjungen Tukane bilden die ausgeprägten Polster an ihren «Fersen» am oberen Ende des Laufes; sie tragen den größten Teil des Körpergewichtes der Jungvögel während der Hockzeit wie bei den Glanz- und Nashornvögeln; sie bilden sich zurück, wenn die Vögel flügge sind.

Spechte *Picidae*

Derart stark sind die Anpassungen der Spechte an das Herumklettern an Baumstämmen, daß ihre Familie zu den am deutlichsten abgegrenzten und am leichtesten zu erkennenden Gruppen der Landvögel gehört. Obwohl die Spechte im wesentlichen an den Lebensraum des Waldes gebunden sind, haben sie sich doch fast über die ganze Welt ausgebreitet und fehlen nur in Australien, auf den ozeanischen Inseln und auf Madagaskar. Ihr hohes geologisches Alter wird durch Fossilfunde aus dem Eozän beider Erdhälften bekundet. Die 210 Arten dieser großen Familie unterteilen wir in 3 Unterfamilien, nämlich die Eigentlichen Spechte *(Picinae)* mit 179 Arten sowie die kleineren, weniger spezialisierten Wendehälse *(Jynginae)* und Weichschwanzspechte *(Picumbinae)*.

Als ursprünglichste Familienmitglieder haben wir die beiden Wendehälse zu betrachten, die ihren Namen nach ihrer geradezu schlangenähnlichen Beweglichkeit tragen, mit der sie ihren Kopf beim Fressen herumdrehen. Unsere einheimische Art brütet von England an quer über das ganze nördliche Eurasien bis nach Japan und zieht zum Winter nach Süden. Ihr afrikanischer Verwandter wird etwas größer und zeigt eine rötlichbraune Kehle und Oberbrust. Beide Arten fressen Insekten, insbesondere Ameisen, und bewohnen das offene Buschland; sie suchen sich ihre Nahrung auf dem Boden oder auf Bäumen, fangen aber auch Insekten in der Luft.

Anstelle der steifkieligen Schwanzfedern der echten Spechte finden wir bei den Wendehälsen einen weichen Schwanz. Auf einem Baum sitzen die Tiere quer zum Ast wie die meisten Vögel, aber nicht längs dazu oder aufrecht am Stamm wie die eigentlichen Spechte. Sie bohren auch nicht im Holz, sondern nehmen die Nahrung mit flinken Bewegungen ihrer Zunge von der Oberfläche auf. Da sich ihr Schnabel nicht als Meißel eignet, benutzen sie als Nest natürliche Baumhöhlen oder verlassene Spechthöhlen. Man findet sie auch in den Nistkästen der Stadtparks. Ihre Gelege enthalten 7 bis 10 reinweiße Eier, aus denen nach 12 bis 14 Tagen die Jungen schlüpfen; sie werden von beiden Eltern 21 bis 24 Tage lang vorwiegend mit Insekten und deren Larven gefüttert.

Auch die kleinen Weichschwanzspechte sitzen quer zum Ast und haben weiche Schwanzfedern, die sich nicht zum Abstützen eignen. Im Gegensatz zu den Wendehälsen sieht man die Weichschwanzspechte nur selten auf dem Erdboden fressen; vielmehr suchen sie sich ihr Futter auf den Schlingpflanzen und Büschen am Waldrand; wie alle Spechte fliegen sie nur mäßig gut und in einem wellenförmigen Auf und Ab.

Weichschwanzspechte sind recht klein; die größte der insgesamt 29 Arten bringt es lediglich auf 15 cm Länge, die kleinste nur auf 8 cm. Ihr Gefieder zeigt olivgrüne, graue und braune Töne, häufig mit einem pfeffer-und-salz-farbenen Muster am Kopf. Im wesentlichen auf die amerikanischen Tropen beschränkt, erstreckt sich das Verbreitungsgebiet der dort heimischen 25 Arten von Westindien und Honduras südwärts bis Nordargentinien; 3 weitere Arten leben in den südostasiatischen Waldgebieten, und schließlich gibt es noch eine Art im tropischen Westafrika. Diese unzusammenhängende Verbreitung läßt auf ein hohes Alter der Gruppe schließen.

Die echten Spechte haben sich den Lebensraum der Baumstämme und -äste mit mehr Erfolg zueigen gemacht als jede andere Vogelgruppe. Die meisten Arten hocken aufrecht am Stamm und zeigen auch eine ganze Reihe entsprechender Anpassungen: kurze Beine und lange Zehen, davon nur zwei nach vorn gerichtet, mit scharfen, gebogenen Krallen, die sich vorzüglich zum Einhaken in die Rinde eignen. In aufrechter Haltung drücken sich die Vögel an den Stamm und stützen sich mit dem Schwanz ab, dessen steifkielige Federn einen guten Widerhalt bieten.

Der kräftige, gerade, harte und spitze Spechtschnabel gibt einen vorzüglichen Meißel ab, um sich damit in das Holz und die Rinde hineinzuarbeiten; hinzu kommt der große Kopf mit seinem harten, dickwandigen Schädel, der die Stöße abfängt, und die mächtige Muskulatur in dem schlanken, aber sehnigen Hals. Unwahrscheinlich lang ist die Zunge; sie kann bei einigen Arten sehr weit über die Schnabelspitze vorgestreckt werden. An ihrer Spitze stehen meist hornige Widerhaken, und bei einigen Arten ist sie mit einem klebrigen Speichel überzogen, an dem die im Holz erbohrten Insektenlarven hängenbleiben.

Am Fuße des Baumes beginnen die Spechte ihr Werk und arbeiten sich dann spiralig um den Stamm herum nach oben, wobei sie jedes erfolgversprechende Loch erforschen, aber genauso gehen sie an den größeren Ästen vor und hängen dann manchmal mit dem Rücken nach unten. Wenn sie oben angekommen sind, fliegen sie zu den Wurzeln des nächsten Baumes und fahren dort mit ihrer Tätigkeit fort.

Der Flug der Spechte ist durchaus kräftig, aber nicht sehr schnell und führt auch nicht weit; man erkennt die Vögel an ihrem Wellenflug, der so zustande kommt, daß sich die Tiere mit geschlossenen Flügeln herabfallen lassen, sich dann mit 4 oder 5 schnellen Flügelschlägen wieder hocharbeiten, nun wieder absinken, und so fort. Nur wenige Arten sind echte Zugvögel, doch wandern einige nördlicher verbreitete Spechte zum Winter in unregelmäßigen Zügen nach Süden. Bei diesen Vögeln hängt ja der Vorrat an Nahrungstieren nicht so sehr vom Klima ab, denn die Larven und Puppen gibt es auch in der kalten Jahreszeit im Stamm und in der Borke der Bäume, wo sie für andere Vögel nicht zugänglich sind. Es müssen daher nur die Arten abwandern, die nicht so sehr im Holz meißeln, wie die Grünspechte in Europa und Asien und die nordamerikanischen Goldspechte, die beide auch Ameisen vom Boden aufnehmen, sowie die paar Arten, die neben Insekten noch bestimmte Früchte und Nüsse fressen, und schließlich die Saftsauger Nordamerikas, die Löcher in die Bäume schlagen, um den Saft und das Mark zu fressen.

Die Stimme der Spechte ist meist ein lautes «Kick»; zur Balzzeit lassen sie ihren Ruf besonders kräftig und in Reihen ertönen. Deutlicher erkennt man dann ihre Anwesenheit an dem dumpfen Stakkato ihrer Trommelwirbel, wenn sie das Holz eines Astes in rasender Schnelle bearbeiten.

Es fällt den Spechten nicht leicht, zu ihrer Nahrung zu kommen; sie pflegen daher keine Geselligkeit und treten auch kaum in größeren Scharen auf. Die kleineren Arten geben sich oft recht zutraulich, die anderen jedoch legen großen Wert darauf, zwischen sich selbst und ihrem Beobachter möglichst einen Baumstamm zu wissen.

Am vertrautesten sind uns die kleinen bis mittelgroßen Buntspechte der Gattung *Dendrocopos*, eine Gruppe von etwa 30 europäisch-asiatischen und nordamerikanischen Arten; einige nahe Verwandte kommen in Zentralafrika und in Südamerika bis nach Argentinien vor. Ihr schwarzes oder graubraunes Gefieder trägt kräftige weiße Flecken oder Streifen, und beim Männchen, seltener auch beim Weibchen (z. B. bei unserem Mittelspecht), finden wir rote Scheitel- oder Nackenflecken. In verschiedenen Teilen des Verbreitungsgebietes leben mitunter zwei Arten zusammen, die sich äußerlich zum Verwechseln ähnlich sehen und sich nur in ihrer Größe unterscheiden. Im europäischen Waldgebiet zeigen der 23 cm lange Große Buntspecht, der fast gleich große Mittelspecht und der 15 cm messende Kleinspecht annähernd die gleiche Färbung, und ungefähr dieselben Verhältnisse herrschen bei zwei nordamerikanischen Arten. Niemals kommen sich die am gleichen Ort heimischen Arten ins Gehege, denn die kleineren arbeiten an den weiter außerhalb oder oberhalb gelegenen Zweigen, während sich die größeren an den Baumstamm und die Hauptäste halten.

Nicht viel anders als die Buntspechte wirken in Aussehen und Verhalten die Dreizehenspechte; sie tragen das gleiche hell-dunkle Gefieder, nur ist der Kopf gelb gefärbt. Bei ihnen fehlt die eine Hinterzehe – ein gutes Unterscheidungsmerkmal, jedoch nur, wenn man den Vogel unmittelbar vor sich sieht. Wir kennen nur zwei Arten, von denen eine einen einheitlichen schwarzen, die andere aber einen weiß gestreiften Rücken aufweist. In den Nadelwäldern des nördlichen Europa, Asiens und Nordamerikas lebt der etwa 23 cm große eigentliche Dreizehenspecht in ungefähr einem Dutzend geo-

ELFENBEINSPECHT ♂
(wahrscheinlich ausgestorben)
Campephilus principalis
Südöstliche USA; 50 cm.

GELBBAUCH-SAFTSAUGERSPECHT
Sphyrapicus varius
Gemäßigtes Nordamerika; 22 cm.

JAMAIKA-BINDENSPECHT
Centurus radiolatus
Jamaika; 28 cm.

GOLDSPECHT
Colaptes auratus
Gemäßigtes Nordamerika; 33 cm.

ROTKOPFSPECHT
Melanerpes erythrocephalus
es und östliches Nordamerika; 25 cm.

GELBNACKEN-GRÜNSPECHT
Picus flavinucha
Südöstliches Asien und Sumatra; 33 cm.

KARMESINSULTANSSPECHT
Chrysocolaptes lucidus
Indien bis zu den Philippinen; 30 cm.

GOLDSTIRN-BINDENSPECHT ♂
Centurus aurifrons
Südwestliche USA bis Costa Rica; 25 cm.

graphischer Rassen. Noch etwas häufiger als sein zirkumpolarer Verwandter tritt der Schwarzrücken-Dreizehenspecht in Nordamerika auf, der dem Nadelholzgürtel von Alaska bis Labrador und südwärts bis Nevada, Wyoming, dem nördlichen Staat New York und Maine folgt. Beide Arten sind ruhelos tätig, um die im Holz bohrenden Insektenlarven aufzufinden; mit Vorliebe suchen sie unter der Rinde sterbender und toter Bäume nach ihrer Nahrung und meißeln dabei ganze Rindenpartien fort, um die Bohrgänge freizulegen.

Eine andere weitverbreitete Spechtgruppe der Neuen Welt gehört der Gattung *Melanerpes* an, zu der als bekannteste Art der Rotkopfspecht zählt, ein häufiger Bewohner der offenen Wälder des gemäßigten Nordamerika östlich der Rocky Mountains, mit einem auffallend roten Kopf und Nacken. Er ist nicht so einseitig in seinen Freßgewohnheiten wie viele andere Arten, sondern meißelt wohl in der Rinde nach Holzbohrern, fängt aber auch Insekten im Fluge. Außerdem nimmt er noch Beeren und Früchte oder kommt sogar zu den Lagerfeuern und erbettelt sich Fleischbrocken. Zur geringen Freude der Telephongesellschaften der amerikanischen Südstaaten baut er sich seine Nisthöhlen gern in den Telegraphenmasten längs der Straßen. Sein westlicher Verwandter, der Eichelspecht, legt sich vorsorglich Futtervorräte an. Er bohrt sich Löcher in die Rinde und steckt dort Eicheln für künftige Notzeiten hinein. Oft erscheinen die Baumstämme geradezu siebartig durchlöchert von seinen leeren Vorratshöhlen. Zur Gattung *Melanerpes* gehören etwa 18 Arten, deren Verbreitungsgebiet von Kanada über Westindien und Mittelamerika bis Argentinien und Paraguay reicht. Verwandt hiermit sind die Bindenspechte der Gattung *Centurus*, wie der Rotbauchbindenspecht der amerikanischen Südstaaten, den der hübsche Goldstirn-Bindenspecht in einem Gebiet vertritt, das von Oklahoma und Texas über Mittelamerika bis Costa Rica reicht. Auch der Jamaica-Bindenspecht rechnet zu dieser Gruppe.

Eine eigene, auf Nordamerika beschränkte Verwandtschaftsgruppe bilden der Gelbbauch- und der Rotkopf-Saftsaugerspecht; wie schon ihr Name erkennen läßt, bohren sie Löcher durch die dünne Rinde der Laubbäume, um den herausquellenden Baumsaft aufzulecken. Außerdem tun sie sich an den Insekten gütlich, die sich an diesen blutenden Stellen sammeln, und nehmen auch noch das zarte Kambiumgewebe unter der Borke. Oft wird behauptet, die Saftsauger ruinierten die Obstbäume. Gewiß verursachen sie zwar einige Mißbildungen an der Baumrinde, aber kaum irgendwelchen bleibenden Schaden. Viel mehr zählt der Nutzen, den sie dadurch stiften, daß sie die schädlichen Holzbohrer vernichten. An gesunden Bäumen heilen die geschlagenen Wunden sehr schnell ab, und außerdem treten die Vögel niemals so zahlreich auf, als daß sie zu einer echten Gefahr werden könnten.

Amerika ist auch die Heimat des Goldspechtes, dessen beide geographische Unterarten sich nur dadurch unterscheiden, daß die Schäfte der Schwanz- und Schwungfedern bei der einen Rasse rot und bei der anderen gelb gefärbt sind; dort, wo die beiden Verbreitungsgebiete aneinandergrenzen, verbastardieren sich die Vögel zu Zwischenformen. Weitere Arten der gleichen Gattung kommen bis hinunter nach Südamerika vor. Die Goldspechte suchen sich ihre Nahrung in weit stärkerem Maße auf dem Erdboden als die anderen Spechte und fressen besonders gern Ameisen. Dabei bohren sie ihren Schnabel in die Ameisenbauten, strecken ihre lange, klebrige Zunge hervor und ziehen sie dann, beladen mit Beute, wieder

zurück. Das leimähnliche Sekret der Speicheldrüse, das ihre Zunge bedeckt, reagiert stark alkalisch und dient wahrscheinlich dazu, die Ameisensäure zu neutralisieren. Ihr Nest legen die Goldspechte gewöhnlich in abgestorbenen Bäumen an, benutzen aber auch Telegraphenmasten oder die Pfeiler von Holzhäusern. Im Frühling hört man sie an den abgestorbenen Ästen trommeln, aber auch an Ofenrohren und Blechdächern.

Zu den altweltlichen Grünspechten zählen etwa 15 Arten der Gattung *Picus*, deren Vorkommen sich quer über Europa und Asien bis Borneo und Java erstreckt. Hier in Eurasien besetzen sie etwa die gleiche ökologische Nische wie die Goldspechte in der Neuen Welt, denn sie fressen ebenfalls zum großen Teil Ameisen. Zu einer verwandten Gattung gehören die Sultanspechte, die in 3 Arten die offenen Waldgebiete von Indien an über Malaya bis zu den Philippinen bewohnen. Am wenigsten spechtähnlich verhält sich der südafrikanische Grundspecht, denn er sucht sich nicht nur sein Futter auf der Erde, sondern gräbt sich auch dort seine Nisthöhlen.

Alle anderen Spechte aber legen sich ihre Nisthöhlen in Baumstämmen an. Zu diesem Zweck hacken sie einen kurzen Gang waagerecht in das Holz und gehen dann 30 cm tief abwärts bis zu der etwas verbreiterten Bruthöhle. Abgesehen von den wenigen abfallenden Holzspänen benutzen sie kein weiteres Nistmaterial. Aus den runden, glänzend weißen Eiern schlüpfen schon nach kurzer Zeit – nach 10 bis 14 Tagen bei den kleineren Arten und nach etwa 18 Tagen bei den größeren – die Jungvögel, die dann 2½ bis 3 Wochen oder – wieder bei den größeren Arten – bis 5 Wochen brauchen, bis sie flügge sind. Nestbau, Brüten und Füttern wird von beiden Eltern besorgt. Einige Arten bauen auch mehrere Höhlen und brüten in der einen, schlafen aber in den anderen.

Die größten und imposantesten Arten aber gehören zur Gruppe der schopftragenden Elfenbeinspechte, von denen einige leider kurz vor dem Aussterben stehen oder gar schon ausgestorben sind. In den letzten 10 Jahren hat man den Elfenbeinspecht, der früher so weit verbreitet in den Wäldern Nordamerikas und Kubas lebte, nicht mehr beobachtet; vielleicht hat ihn bereits das traurige Schicksal der Dronte und der Wandertaube ereilt. Nicht viel anders dürfte die Zukunft für den verwandten Kaiserspecht im mexikanischen Hochland und für den südamerikanischen Magellan-Specht vorgezeichnet sein. Daß diese Arten so stark zurückgegangen sind, hängt zweifellos mit dem Abholzen der dicken Bäume zusammen, an denen sie sich aufhielten. Wir können nur hoffen, daß wenigstens einige Elfenbeinspechte in den Wäldern der amerikanischen Golfküste und vielleicht auch in den kubanischen Bergen überleben mögen. Große Ähnlichkeit mit dem Elfenbeinspecht zeigt der Haubenschwarzspecht, der auch oft mit ihm verwechselt wird; im südöstlichen Teil der Vereinigten Staaten tritt er noch ziemlich häufig auf. Er bleibt nicht nur etwas kleiner als die andere Art, sondern hat auch einen schwarzen statt eines weißgelben Schnabels. Beiden Geschlechtern ist ein roter Schopf zu eigen und einige weiße Stellen an den Flügeln. Der Haubenschwarzspecht gehört zu der zirkumpolar verbreiteten Gattung *Dryocopus* und hat ebenso wie unser nordeurasischer Schwarzspecht einen schwarzen Bauch; eine ähnliche, aber weißbäuchige Form lebt in Ostasien bis zu den Philippinen, Java und Borneo. Auch in Korea ist sie noch vertreten, doch hat man von der kleinen Kolonie, die einst die Insel Tsushima zwischen Japan und Korea bewohnte, seit einigen Jahrzehnten nichts mehr gehört.

Sperlingsvögel *Passeriformes*

Mit den Sperlingsvögeln kommen wir nun zu der größten, mannigfaltigsten und höchstentwickelten Vogelordnung; sie enthält nicht weniger als 5100 Arten, das sind etwa drei Fünftel sämtlicher lebender Vögel! Sie alle sind nur kleine oder mittelgroße Landbewohner, von denen die Raben und die beiden australischen Leierschwänze noch die größten Ausmaße erreichen.

Das charakteristische Merkmal dieser Ordnung besteht in ihrem Sitzfuß mit seinen 4 Zehen, die nie durch Schwimmhäute verbunden sind und in der gleichen Höhe ansetzen. Drei Zehen zeigen nach vorn, die vierte nach hinten; sie ist zugleich am kräftigsten und kann nie nach vorn gekehrt werden. Ferner wären noch zu nennen: der besondere Bau des Gaumens, die Verringerung der Halswirbelzahl auf 14 — nur bei den Breitmaulvögeln sind es noch 15 — und die besondere Form der Spermatozoen. Stets schlüpfen die Jungvögel fast oder ganz nackt und blind aus dem Ei; sie sind noch völlig hilflos und müssen als «Nesthocker» großgezogen werden.

Sperlingsvögel gibt es nicht nur auf allen größeren Landmassen mit Ausnahme der Antarktis, sondern auch auf den meisten ozeanischen Inseln, sofern dort überhaupt Vögel leben können. Rätselhaft bleibt allerdings noch die Herkunft dieser Gruppe und ihre Verwandtschaft zu den anderen Vogelordnungen. Wahrscheinlich gingen sie schon im frühen Tertiär oder noch eher aus verschiedenen Stammformen hervor, doch sind die frühtertiären Fossilfunde zu bruchstückhaft, um einigermaßen sicher identifiziert zu werden oder etwas über die Stammesgeschichte und Verwandtschaft auszusagen. Erst in den letzten paar Jahrzehnten haben die Paläornithologen damit begonnen, die fossilen Ablagerungen auch nach kleinsten Vogelknochen durchzusehen, und konnten wenigstens ein paar Angaben über die voreiszeitliche Verbreitung der Gruppe und die Verwandtschaftsverhältnisse einiger weniger Sperlingsvogel-Familien machen.

Vom Tertiär an haben sich die Sperlingsvögel vielseitiger und erfolgreicher entwickeln können als alle anderen Vogelgruppen. Oft ist die Entwicklung so schnell gegangen — und sie scheint auch noch anzuhalten —, daß es nicht immer möglich ist, genaue Grenzen zwischen den einzelnen Gruppen zu ziehen, und somit erscheinen manche Familien weniger deutlich abgegrenzt als die Gattungen der anderen, nicht zu den Sperlingsvögeln gehörenden Familien. Dies alles und der Fortbestand vieler primitiver Formen, die aber keineswegs zwischen den höher entwickelten Einheiten vermitteln, machen es so schwierig, die Ordnung zufriedenstellend in halbwegs geschlossene Familien aufzuteilen.

Über die Klassifikation der Sperlingsvögel oder gar die lineare Reihenfolge der Familien sind sich die Ornithologen ganz und gar nicht einig; manche werfen alles zu 50 Familien zusammen, andere splittern die Ordnung sogar bis zu 70 Familien auf. Wenn in diesem Buch nur 57 Familien unterschieden werden, ist dies vielleicht schon etwas zu niedrig gegriffen.

Vor über einem Jahrhundert erkannte der deutsche Anatom Müller, daß die Anzahl und der Ansatz der Muskeln des Stimmapparats, des Syrinx, ein grundlegendes Merkmal darstellen, nach dem man 4 Unterordnungen anerkennen kann. Die ersten 3 mit höchstens 4 Paar Syrinxmuskeln lassen sich zu den primitiveren *Suboscines* zusammenfassen. Dazu gehören die *Eurylaimi* mit der einzigen Familie der Breitmaulvögel in der Alten Welt, die *Tyranni*, eine Gruppe von 13 vorwiegend neuweltlichen Familien, darunter die Töpfer- und Tyrannenvögel, Pittas und Verwandte, sowie die *Menurae*, zu denen nur die beiden Leierschwänze und die Dickichtvögel Australiens rechnen.

Bei den *Passeres* oder eigentlichen Singvögeln treten 5 bis 8 Paar Syrinxmuskeln auf; in dieser Hauptgruppe vereinigen wir über 4000 Arten, also fast die Hälfte aller heutigen Vögel, und unterscheiden 36 bis 55 oder noch mehr Familien. Alle Bemühungen, diese vielen Familien zu höheren natürlichen Einheiten zusammenzufassen, hatten bisher nur wenig Erfolg, aber auch die Reihenfolge, in der die Familien hier abgehandelt werden, ist durchaus nicht unumstritten.

Die Europäer neigen dazu, die Rabenvögel ihrer vermeintlichen hohen Intelligenz sowie die Lauben- und Paradiesvögel ihres hochgezüchteten Instinktes und Gefieders wegen als höchste Entwicklungsstufen anzusehen, während die Amerikaner die Webervögel und die verwandten, ebenfalls mit 9 Handschwingen ausgerüsteten Singvögel an die Spitze des Stammbaumes stellen, denn sie zeigen die vielseitigste Entwicklung und Angleichung an den Lebensraum. Auch der Verfasser dieses Buches sieht in ihnen die Krönung der Singvogel-Entwicklung.

Breitmaulvögel *Eurylaimidae*

Mit 14 Arten treten uns die Breitmaulvögel als eine abgeschlossene Familie leuchtend bunt gefärbter Sperlingsvögel entgegen, die verstreut über die Tropen der Alten Welt leben. Durch ihren einfach gebauten und nur mit einem einzigen Muskelpaar ausgestatteten Syrinx, den Besitz von 15 — statt sonst 14 — Halswirbeln und die Tatsache, daß ihre Vorderzehen zum Teil miteinander verwachsen sind, stehen sie so weit außerhalb der anderen Sperlingsvögel, daß man ihnen eine eigene Unterordnung zuerkennt. Aus ihrer Primitivität und ihrer unzusammenhängenden Verbreitung dürfen wir schließen, daß es sich hier um die Reste einer alten Verwandtschaftsgruppe handelt, die einst viel weiter verbreitet war. Ihre nähere Verwandtschaft ist unklar, doch zeigen sie Beziehungen zu den neuweltlichen Schmuck- und Faulvögeln.

Die untersetzten, 12 bis 28 cm langen Vögel tragen auf ihrem kurzen Hals einen unverhältnismäßig großen Kopf mit einem kräftigen, breiten, abgeflachten und an der Spitze hakig gebogenen Schnabel. Zu dieser plumpen Gestalt passen so recht die kurzen Beine, doch tragen sie kräftige Füße mit langen, gebogenen Krallen. Das weiche, seidige Gefieder zeigt bei den meisten asiatischen Arten leuchtend grüne und blaue Töne, während die afrikanischen Formen eine unauffälligere Grundfärbung tragen, die aber durch bunte rote, gelbe und lavendelfarbene Flecken aufgehellt wird. Auch die Schnäbel und Augen sind oft lebhaft gefärbt, doch wirken die Weibchen im ganzen etwas dunkler.

Wir unterscheiden zwei Unterfamilien: die Eigentlichen *(Eurylaiminae)* und die Smaragd-Breitmäuler *(Calyptomeninae)*. Die ersten besitzen 11 Handschwingen, einen langen, verschmälerten oder verrundeten Schwanz, aber keinen Schopf; davon leben 7 Arten aus 5 Gattungen vom Himalaja über das südöstliche Asien bis zu den Philippinen, Sumatra und Borneo, und 4 Arten beschränken sich auf die zentral- und südafrikanischen Wälder. Die Smaragdbreitmäuler sind mit nur einer Gattung in der orientalischen Region vertreten; bei ihnen finden wir 10 Handschwingen, kurze, abgestutzte Schwänze und verlängerte Stirnfedern, die den kleinen Schnabel zum großen Teil bedecken.

Alle Breitmäuler lieben den feuchten Urwald und dichte Wälder; einige halten sich ständig in Bodennähe auf, andere in den Baumwipfeln. Zumeist leben sie ausgesprochen ortstreu und bewegen sich kaum von ihrem Standort fort. Das seltene Pracht- und das Schwarzkehl-Smaragdbreitmaul kommen nur in den Bergwäldern des nördlichen Borneo vor. Vom Grauer-Breitmaul, der seltensten Art, kennen wir knapp ein Dutzend Tiere, die alle aus einem kleinen Teil eines Bambuswaldes in den Bergen am Tanganjikasee stammen. Dieser kleine grüne Vogel, der nur 12 cm lang wird, zeigt eine blaue Kehle und Brust; er lebt in den Baumwipfeln und fängt im Fluge Insekten.

Bekannter ist das häufigere Langschwanz-Breitmaul, das weit verbreitet vom Fuße des Himalaja an über Südostasien bis Sumatra und Borneo zu Hause ist. In kleinen Schwärmen ziehen die Vögel durch den Urwald, klettern wie Papageien an den Lianen und schnattern auf der Suche nach Insekten unaufhörlich einander zu. Sie sind auffällig zahm und zutraulich, denn sie nehmen noch nicht einmal Reißaus, wenn man ein paar Tiere aus der Schar herausschießt.

Im allgemeinen fressen die Breitmäuler Insekten, nehmen aber gelegentlich auch kleine Frösche und Echsen; ihre Nahrung finden sie zumeist im Laubwerk, doch greifen sie sich die Insekten auch aus der Luft. Dagegen fressen die Smaragdbreitmäuler, unter ihnen das Kleine Smaragdbreitmaul aus Malaya als am weitesten verbreitete Art, zum großen Teil Früchte oder Beeren; sie leben ziemlich ungesellig und ruhig.

Außergewöhnliche Sorgfalt verwenden die Breitmäuler auf den Nestbau. Aus Gras, Wurzeln und anderen Fasern weben sie ein langes, herabhängendes, beutelähnliches Gebilde, das sich oben und unten verschmälert; es hängt an einem langen Seil aus dem gleichen Material von einem Ast oder einer Schlingpflanze herab, oft über einem Fluß oder See. Von der Seite her führt ein Eingang zur mittelständigen Nistkammer; er kann sogar in ein nach außen verlängertes Rohr übergehen, das als Schutz und Sitzgelegenheit dient.

In diese Nistkammer legen die Tiere ihre 2 bis 8, meist 3 bis 5 weißen bis bräunlichen, oft um das breitere Ende gefleckten Eier. Darüber hinaus aber wissen wir nur äußerst wenig von den sonstigen Nistgewohnheiten. Daß sich beide Geschlechter am Nestbau beteiligen, konnte beobachtet werden, aber beim Dunklen Breitmaul aus Thailand scheinen sogar bis 10 Vögel am Bau des gleichen Nestes zusammenzuarbeiten. Ferner steht fest, daß beide Eltern ihre Jungen füttern, aber ob sie auch gemeinsam brüten, wissen wir ebenso wenig wie über die Dauer der Brutzeit.

Bei einigen Breitmäulern finden wir ein ausgeprägtes Balzverhalten. Dazu gehört zum Beispiel das plötzliche Vorweisen leuchtender Federflecken am Rücken, die sonst unter den Flügeln verborgen liegen. Das afrikanische Rotflanken-Breitmaul führt plötzliche, kurze Balzflüge in kleinen, 30 bis 60 cm großen Kreisen über seinem Sitzplatz aus, wobei seine steifen Flügelfedern mit einem froschähnlichen Knarren erzittern. Die Kongolesen nennen diese Art «Waldhahn», weil ihre Rufe als erste den anbrechenden Morgen begrüßen.

KLEINES SMARAGDBREITMAUL
Calyptomena viridis
Malaya, Sumatra, Borneo; 15 cm

LANGSCHWANZ-BREITMAUL
Psarisomus dalhousiae
Himalaja bis Indochina, Sumatra und Borneo; 25 cm.

Baumkletterer *Dendrocolaptidae*

Im Aussehen und in der Lebensweise ganz ähnlich den bekannten Baumläufern, aber doch etwas größer und dunkler gefärbt, leben die 48 Arten der schlanken, braunen Baumkletterer in den tropischen und subtropischen Wäldern Amerikas von Mexiko an bis zum nördlichen Argentinien. Die hier zusammengefaßten Arten sehen sich alle sehr ähnlich, zeigen aber überhaupt keine nähere Verwandtschaft zu den Baumläufern, die ja zu den echten Singvögeln gehören, sondern eröffnen eine andere, primitivere Unterordnung *(Tyranni)*, deren Syrinx viel einfacher gebaut ist. Am nächsten dürften die Baumkletterer mit den Töpfervögeln verwandt sein, mit denen sie als gemeinsame Merkmale das Vorhandensein von nur 2 Paar Syrinxmuskeln teilen und die Tatsache, daß ihre Vorderzehen zum Teil miteinander verwachsen sind, so daß beide Gruppen mitunter nur als Unterfamilien aufgefaßt werden.

Die nur äußerliche Ähnlichkeit zwischen Baumkletterern und Baumläufern liefert wieder einmal ein vortreffliches Beispiel für eine Parallelentwicklung, bei der zwei völlig unabhängige Gruppen mit gleicher Lebensweise und gleichem Lebensraum eine annähernd gleiche Gestalt entwickelt haben. Beide halten sich vorwiegend an den Stämmen der Waldbäume auf, haken sich mit den scharfen, gebogenen Krallen in der Borke fest und verankern sich zusätzlich mit den steifen, spitzen Schwanzfedern.

Baumkletterer sind wenig scheu, aber da sie so unauffällig gefärbt sind, kann man sie nur schwer ausmachen. Stets finden wir eine braune Grundfärbung mit rötlichbraunen Flügeln und Schwänzen; ein paar Arten, wie der Kletterrotschwanz in Mittelamerika, sind reinbraun, die meisten aber zeigen auf dem Kopf, dem Rücken und der Unterseite verschiedenartigste dunkle, gelbliche, graue oder weiße Streifen, Flecken oder Strichel. So deutlich diese Muster auch zutage treten, wenn man die Vögel aus nächster Nähe betrachtet, so schwer erkennt man doch die Tiere, wenn sie auf der bräunlichen Baumrinde hocken. Leichter unterscheidet man daher die Arten in der Natur nach ihrer relativen Größe oder nach der Länge und Form ihres Schnabels.

Während die Länge der Vögel zwischen 14 und 35 cm schwankt, reicht die Form ihrer seitlich abgeflachten Schnäbel von kurzen, geraden bis zu langen, abwärts gekrümmten Gebilden, die so recht dazu geeignet sind, in den Rindenspalten zu suchen, in den Moosen, Farnen und Bromelien zu stochern oder Maden aus ihren Löchern zu ziehen. Niemals aber dient der Schnabel zum Meißeln wie bei den Spechten, sondern eher als eine Art Pinzette. Die meisten Baumkletterer gehen ganz methodisch vor, indem sie am Fuß des Baumes beginnen und sich — jede Spalte und Ritze untersuchend — spiralig hocharbeiten. Viele Arten suchen sich ihre Nahrung auch auf dem Erdboden und auf gestürzten Bäumen.

Gewöhnlich halten sich die Baumkletterer einzeln oder in Paaren auf, auch zwischen den Schwärmen der Ameisenvögel, Tyrannen und Tangaren, die den Urwald durchstreifen. Keine Art unternimmt jahreszeitliche Züge, doch wandern einzelne Tiere ganz beträchtliche Strecken. Ihr Flug ist kräftig, führt aber nur von einem Baum zum anderen.

In ziemlich geräuschvoller Weise lassen die Baumkletterer ihre eintönigen Rufe immer wieder hören; der einfache Bau ihres Stimmapparates verbietet ihnen eine größere Mannigfaltigkeit in den Lautäußerungen. So aber bringen sie nur ein flötendes Trillern oder laute, rauhe, nasale Rufe hervor. Manche Arten klopfen wie die Spechte bei der Balz mit dem Schnabel gegen hohle Bäume, jedoch nicht in derart regelmäßigen Trommelwirbeln.

Als Höhlennister müssen die Baumkletterer mit natürlichen Löchern in vermorschten Bäumen oder auch mit verlassenen Spechthöhlen vorlieb nehmen, denn ihre Schnäbel eignen sich nicht dazu, sich eigene Brutstätten zu meißeln; sie wählen Höhlen mit einem sehr kleinen Eingang, der ihnen gerade das Durchschlüpfen gestattet. Manche Arten entfernen jeden Holzspan aus dem Loch und brüten auf dem nackten Boden, andere bauen eine einfache Unterlage aus Borkenstückchen und totem Laub, die sie ebenso wie die verwandten Töpfervögel während der ganzen Brutperiode erneuern.

Das Gelege besteht aus 2 bis 3 weißen, manchmal auch grünlich getönten, nicht gefleckten und an beiden Enden gleichmäßig abgerundeten Eiern, die von beiden Geschlechtern abwechselnd etwa 15 Tage lang bebrütet werden. Abgesehen von einem ganz feinen Flaum auf dem Rücken, schlüpfen die Jungen ganz nackt und verbleiben ungefähr noch 3 Wochen im Nest. Aber selbst wenn sie das Nest schon verlassen haben, werden sie von ihren Eltern noch ein paar Wochen lang gefüttert.

SENSENSCHNABEL
Campylorhamphus trochilirostris
Panama bis Argentinien; 23 cm.

KLETTERROTSCHWANZ
Sittasomus griseicapillus
Mexiko bis Argentinien; 16 cm.

GEBÄNDERTER BAUMHACKER
Dendrocolaptes certhia
Mexiko bis Brasilien; 28 cm.

Töpfervögel *Furnariidae*

Hier haben wir es mit einer großen Familie primitiver Sperlingsvögel zu tun, die vor allem durch ihr höchst unterschiedliches Nistverhalten auffällt und durch die bemerkenswerten Lehmnester, die einige Arten in der Form von altertümlichen Backöfen anlegen. Vom südlichen Mexiko bis nach Patagonien verbreitet, erreicht die Familie ihre größte Entwicklung und Mannigfaltigkeit im südlichen Südamerika.

Die 215 Arten der Töpfervögel mit einer Länge von 12 bis 28 cm können nur klein bis mittelgroß genannt werden; zumeist sind sie am Rücken einfarbig braun und am Bauch etwas heller, doch tritt häufig die Kehle auffallend weiß hervor. Mitunter zeigen sich schwarze, weiße oder rötliche Flekken und Streifen, aber nur bei ganz wenigen finden wir auffallende Farbmuster. Im Aussehen unterscheiden sich die Geschlechter wenig oder überhaupt nicht. Im Gegensatz zu ihren nächsten Verwandten, den Baumkletterern, finden wir bei den Töpfervögeln längliche, nicht runde Nasenlöcher, auch verwachsen die Vorderzehen nicht so weit miteinander, und die äußere Zehe erscheint nicht wesentlich länger als die innere.

Wenn sie auch vorwiegend im Wald zu Hause sind, so finden wir doch die Töpfervögel in den verschiedensten Lebensräumen: Ein paar Arten leben in den Sanddünen der Küsten, ein großer Teil bewohnt die offenen Pampas und das Buschland, und andere gehen ein ganzes Stück über die Baumgrenze der Anden hinaus. Alle fressen sie Insekten, einige wenige daneben auch Samen und andere Pflanzenstoffe. Die Klettertöpfer halten sich an den Baumstämmen auf und stützen sich wie die Spechte mit ihren Schwanzfedern ab. Eine andere Gruppe, die Buschkriecher, sucht sich ihre Nahrung zwischen den Blättern und Zweigen, während die Laubkratzer die Blätterschicht auf dem Urwaldboden untersuchen. Eine Gruppe, die Spitzschwänze, ist zu Sumpfbewohnern ge-

worden. Die Wippschwänze halten sich an den Wasserläufen auf und wippen beim Laufen ebenso wie unsere Bachstelzen mit ihren Schwänzen. Meist aber nehmen die Töpfervögel ihre Nahrung vom Boden auf und wirken so wie unsere Lerchen oder Drosseln.

So weit wir wissen, beteiligen sich beide Eltern am Nestbau und an der Aufzucht der Jungen. Das Weibchen legt 2 bis 6 weiße, in einer Gruppe auch hellblaue, ungefleckte Eier. Nach 2 bis 3 Wochen schlüpfen die Jungen und werden 12 bis 18 Tage lang im Nest großgezogen. In der Auswahl der Niststätten und im Bau der Nester herrscht die größte Mannigfaltigkeit, nur das einfache, schüsselförmige Nest finden wir nirgends.

Eine große Anzahl bodenbewohnender Formen baut seine Nistgänge in die Erde; die Bachläufer legen 1,5 bis 3 m lange Tunnel am Uferhang an, die in grasgepolsterten Nistkammern enden. Zu diesen Tunnelbauern gehören auch die Angehörigen der Gattungen *Automolus, Philydor* und der kleine, bärtige *Xenops*, einer der kleinsten Angehörigen der Familie, mit seinem nach oben gebogenen Schnabel. Die bodenbewohnenden Wippschwänze und andere nisten in Gesteinsspalten, und wieder andere benutzen natürliche Baumhöhlen.

Große, geschlossene Gebilde aus Zweigen und Gras errichten die weitverbreiteten Spitzschwänze auf dem Boden oder auch hoch in den Bäumen, während die Anumbis riesige Zweignester konstruieren, die viel zu geräumig für die kleinen, 15 bis 20 cm großen Vögel wirken. Der Rotstirn-Bündelnister baut ein mächtiges, kugelförmiges Gemeinschaftsnest, meist hoch über dem Boden um einen freistehenden Ast, und dort bezieht jedes der 4 oder 5 Brutpaare, die sich an dem Bau beteiligen, seine eigene Kammer. Verschiedene Spitzschwänze nisten in rundlichen Zweigbauten, in die eine seitliche Röhre hineinführt; bei anderen liegt der komplizierte Eingang auf der Oberseite. Bei den sumpfbewohnenden Arten finden wir geschlossene Nester aus Binsen und Schlamm.

Namengebend für die ganze Familie und am besten bekannt ist der eigentliche Töpfervogel in Südbrasilien, Paraguay und Argentinien, den die Spanier «El Hornero» nennen, den Bäcker. Dieser unscheinbare, mit 20 cm etwa drosselgroße Vogel liebt das offene Gelände und hält sich gern längs der Straßen und in der Nähe der Häuser auf. Dort läuft er ungeniert auf dem Boden herum, sucht aber Schutz in den Bäumen. Während der Regenzeit vom Dezember bis Februar, wenn die Erde verschlammt, baut der Vogel sein hochgewölbtes, backofenähnliches Nest von etwa 30 cm Länge, 20 cm Breite und 25 cm Höhe aus Lehm, verstärkt mit Gras und Stroh; seine Eingangshöhle liegt in Bodennähe und wird von der eigentlichen Brutkammer durch eine Wand getrennt. Als Nistplatz dienen Zaunpfähle, kahle Äste oder selbst die Dachrinnen der Häuser. Die Gebilde sind äußerst massiv und dauerhaft, so daß sie mehrere Jahre halten und später von Schwalben und anderen Höhlennistern benutzt werden; die Töpfervögel aber errichten sich in jedem Jahr wieder einen neuen Nestbau.

GESTREIFTER WÜSTENHACKER
Upucerthia serrana
Peruvianische Anden; 20 cm.

Ameisenvögel *Formicariidae*

Gleichfalls auf Mittel- und Südamerika beschränkt, bilden die merkwürdigen Ameisenvögel eine große Familie primitiver *Passeriformes*, deren insgesamt 221 Arten sich auf 50 Gattungen verteilen und im Wald- und Buschland von Südmexiko an bis Paraguay und Nordargentinien zu Hause sind, vor allem aber in den unübersehbaren Regenwäldern des Amazonasgebietes.

Ebenso wie die Töpfervögel, zu denen sie noch die nächsten Verwandtschaftsbeziehungen zeigen, sind die Ameisenvögel mit 10 bis 35 cm Länge nur klein bis mittelgroß; ihre unscheinbare Schutzfärbung setzt sich zum größten Teil aus dunkel- oder rotbraunen, grauen und schwarzen Tönen zusammen. Die Vorderzehen sind nur am Grunde etwas miteinander verwachsen, und das Gefieder wirkt recht locker. Als Unterschied gegenüber den Töpfervögeln finden wir eine andere Beschuppung der Beine und stets eine abwärts gekrümmte Schnabelspitze, bei manchen Gattungen sogar sehr stark ausgeprägt. Auch unterscheiden sich die Geschlechter in der Färbung mitunter ganz auffallend, und die Nester werden hier einfacher und einheitlicher angelegt. Einige Arten errichten geschlossene Nestbauten auf dem Boden, einige andere nisten in Baumhöhlen; die meisten aber bauen ein offenes, schüsselförmiges Nest, und zwar meistens in einer niedrigen Astgabel, seltener auch auf der Erde.

Die Ameisenvögel leben zum größten Teil in den Wäldern und suchen dort, wie ja ihr Name bereits erkennen läßt, im Bodenmulm nach ihrer Lieblingsnahrung, den Ameisen. Dabei folgen insbesondere die kleineren Arten den Zügen der Wanderameisen und fressen nicht nur diese Insekten, sondern auch alles andere Kleingetier, das durch die wandernden Kolonnen aufgestöbert wird. Sobald sich die gefräßigen Heere der Wanderameisen auf den Marsch durch den Urwald begeben, flieht alles, was sich bewegen kann, in irrsinniger Hast davon, als ob ein Waldbrand ausgebrochen sei. Das ist selbstverständlich ein prächtiges Jagdfeld für alle insektenfressenden Vögel und ganz besonders für unsere Ameisenvögel. So sieht man stets eine ganze Anzahl verschiedener Arten neben einem solchen Wanderameisenzug daherfliegen.

Gewöhnlich ist jede Art der Ameisenvögel, die sich im Gefolge der Wanderameisen aufhält, nur durch ein oder zwei Tiere vertreten, denn die Vögel leben im allgemeinen nicht gesellig. Nur in den Wäldern von Guayana habe ich sogar 6 Weißbart-Ameisenvögel beisammen gesehen, aber hier handelte es sich wohl um einen Familienverband, der sich noch nicht getrennt hatte. Man weiß jedoch, daß diese Art mit ihrem auffallenden Federschopf gern kleine, dichte Schwärme bildet. Im übrigen ist das Flugvermögen nicht allzu gut entwickelt, und keine Art unternimmt jahreszeitliche Züge.

Abgesehen von den größeren und bekannteren Arten gibt es nur wenige Ameisenvögel, denen man auf Grund ihrer auffallenden Gestalt eigene, allgemein gebräuchliche Namen beigelegt hat, aber auch die bereits benannten Arten hat man mit solchen Bezeichnungen belegt, die sich von bekannteren

WEISSFLANKEN-AMEISENWÜRGER ♂
Myrmotherula axillaris
Honduras bis Brasilien; 10 cm.
WEISSBART-AMEISENVOGEL
Pithys albifrons
Venezuela, Guayana-Staaten
und Brasilien; 11 cm.
BRILLEN-AMEISENVOGEL
Phlegopsis nigromaculata
Mittleres Brasilien; 18 cm.
RINGEL-AMEISENWÜRGER ♂
Thamnophilus doliatus
Mexiko bis Argentinien; 15 cm.
GROSSER AMEISENWÜRGER ♂
Taraba major
Mexiko bis Argentinien; 20 cm.
BRAUNRÜCKIGER AMEISENLÄUFER
Myrmeciza exsul
Nikaragua bis Ekuador; 14 cm.
GESCHUPPTER AMEISENSTELZER
Grallaria guatimalensis
Mexiko bis Peru und Brasilien; 20 cm.
GEFLECKTER AMEISENVOGEL
Hylophylax naevioides
Nikaragua bis Ekuador; 11 cm.
GESTREIFTER AMEISENSTELZER
Grallaria perspicillata
Nikaragua bis Ekuador; 14 cm.

Vogelarten herleiten, denen die Tiere ähnlich sehen. Die kleinsten Arten nennt man beispielsweise im Englischen «Ameisen-Zaunkönige», wenn sie auch nur in ihrer geringen Größe Anklänge an den Zaunkönig erkennen lassen. Sie huschen allerdings auch durch das Buschwerk und lassen sich nur schwer beobachten, aber sonst haben sie weder ihrem Aussehen noch ihren Lebensgewohnheiten nach irgend etwas mit einem Zaunkönig zu tun.

Zutreffender nennt man eine Gruppe «Ameisenwürger». Das sind etwas größere, 12 bis 15 cm lange Vögel, die wie Würger auf den niederen Zweigen nach Insekten jagen und auch ihr Nest, das sie zwischen einer Astgabel aufhängen, wie die Würger bauen. Als «Ameisendrosseln» pflegt man einige größere Arten zu bezeichnen, die ihre Nahrung auf dem Boden oder in niederen Gebüschen suchen. Wieder andere heißen «Ameisenbaumläufer», «Ameisenpittas» usw., und wenn man gar keine vergleichbare Vogelgruppe zur Hand hat, heißen sie einfach «Ameisenvögel» mit irgendeinem charakterisierenden Beiwort.

Die Ameisenpittas, die auch Ameisenstelzer genannt werden, unterscheiden sich derart stark von den übrigen Ameisenvögeln, daß man ihnen oft den Rang einer eigenen Unterfamilie zuerkennt. Es sind ziemlich plumpe, etwa wachtelgroße Vögel mit verhältnismäßig langen Beinen, auffallend großen Köpfen und mit äußerst kurzen Stummelschwänzen. Ebenso wie die eigentlichen Pittas der Alten Welt, denen sie mit Ausnahme der Färbung fast in jeder Hinsicht ähneln, leben sie scheu und zurückgezogen auf dem Waldboden und sind nur schwer in ihrem Lebensraum zu erkennen. Ihre Stimme klingt jedoch recht laut, wenn sich die Paare in der bei Ameisenvögeln üblichen Weise gegenseitig im Wechselgesang zurufen.

Für Vögel mit derartig primitiven Stimmwerkzeugen — einige Arten sind nur mit einem einzigen Paar Syrinxmuskeln ausgestattet — zeigen die Ameisenvögel eine beachtliche stimmliche Mannigfaltigkeit. Ihre Rufe sind oft so unterschiedlich, daß man die Arten hiernach besser bestimmen kann als nach den Tieren selbst, zumal sie sich immer im dichten Laub verstecken.

Bei den Ameisendrosseln, die uns am besten bekannt sind, finden wir einen ausgeprägten Hakenschnabel mit einer vorstehenden Spitze; diese Tiere erinnern tatsächlich in ihrem ganzen Verhalten etwas an unsere Drosseln. Weit verbreitet trifft man den Ringel-Ameisenwürger von Yukatan an bis nach Bolivien; das Männchen trägt ein auffälliges schwarzweißes Streifenkleid, das Weibchen sieht einfarbig dunkelbraun aus. Mit Vorliebe hält er sich im Gebüsch an den Straßenrändern auf und kündet dort sein Vorhandensein mit einer schnellen Folge absteigender Triller an; außerdem stehen ihm noch wimmernde und schnatternde Laute zur Verfügung.

Auch sein Nistverhalten ist gut bekannt und darf wohl als charakteristisch für die ganze Familie gelten. Sein Nest legt der Vogel als napfförmiges Gebilde in den niederen Zweigen an; vom Nestbau angefangen teilen sich beide Geschlechter die gesamte Brutpflege. Tagsüber brüten beide Vögel abwechselnd, nachts aber das Weibchen allein. Das Gelege besteht aus 2 bis 3 gelblichweißen, leicht gefleckten Eiern, aus denen nach 15 bis 16 Tagen die nackten Jungen schlüpfen. Sie wachsen schnell heran und können schon nach 8 bis 11 Tagen das Nest verlassen.

Mückenfänger *Conopophagidae*

Nur recht wenig ist über die beiden Gattungen mit ihren 10 Arten bekannt, die in den Regenwäldern des Amazonas und den anschließenden Niederungen der Anden zu Hause sind. Bei diesen kleinen, höchstens 14 cm langen Vögeln finden wir stets eine dunkelbraune bis olivgrüne Grundfärbung, die bei den meisten Arten durch einen auffälligen weißen Streifen über dem Auge aufgehellt wird.

Abgesehen von ihrer geringeren Größe erinnern diese schlanken Vögel sehr stark an die Pittas der Alten Welt und leben auch ebenso am Boden oder in seiner Nähe; weiterhin finden wir auch hier wieder einen verhältnismäßig großen Kopf und lange Läufe mit kräftigen Füßen. Das Gefieder ist weich und locker, insbesondere am Rumpf, doch sehen die Vögel immer adrett und sauber aus, denn jede Feder liegt ordentlich an ihrem Platz. Aus den kurzen, verrundeten Flügeln schließen wir mit Recht auf ein nicht allzu hoch entwickeltes Flugvermögen, und in der Tat unternehmen die Tiere auch keine größeren Wanderungen.

Von den eben behandelten Ameisenvögeln unterscheiden sich die Mückenfänger durch den zwar gleichfalls hakigen, aber breiteren und flacheren Schnabel, der an die Verhältnisse bei den Tyrannen erinnert. Ihrem anatomischen Bau nach gehört die Gruppe in die nächste Verwandtschaft der Buschschlüpfer, denn beide unterscheiden sich von allen anderen Sperlingsvögeln dadurch, daß der Hinterrand des Brustbeins 4 statt 2 Ausschnitte aufweist.

Mückenfänger sind zwar nicht allzu scheu, treten aber nirgends sehr zahlreich auf, sondern halten sich im dichten Pflanzenwuchs verborgen, wo man sie kaum zu Gesicht bekommt. Ihre Stimme besteht aus einfachen, ausdruckslosen Zischlauten, und der wohlbekannte Schwarzwangen-Mückenfänger bringt ein schlürfendes Geräusch hervor, so daß er von den Brasilianern «Spuckvogel» genannt wird.

Vom Brutverhalten der Mückenfänger wissen wir wenig, sondern kennen nur ihre einfachen, napfförmigen Nester aus Zweigen und Moos sowie die bräunlichen, dunkel gesprenkelten Eier. Die wenigen Tatsachen, die über die Lebensweise der Mückenfänger bekannt sind, verdanken wir ausschließlich den gelegentlichen und höchst spärlichen Freilandbeobachtungen, denn die Tiere gelangten bisher noch nicht in unsere Zoologischen Gärten.

SCHWARZWANGEN-MÜCKENFÄNGER
Conopophaga melanops
Östliches Brasilien; 10 cm.

SCHWARZBRUST-MÜCKENFÄNGER
Conopophaga melanogaster
Mittleres Brasilien und Bolivien; 14 cm.

Buschschlüpfer *Rhinocryptidae*

Als Charles Darwin auf seiner Reise mit der «Beagle» in Chile dem ersten Buschschlüpfer begegnete, schrieb er in sein Notizbuch: «Man nennt ihn ‹Tapacolo›, das heißt: ‹Bedecke deinen Hintern›, und diesen Namen verdient der schamlose Vogel sehr wohl, denn er trägt seinen Schwanz steil zum Kopf nach oben gereckt.» Die Argentinier sprechen von «Gallitos», also «Hühnchen», und andere Namen, wie «Huet-huet», «Chukao» oder «Tococo» spielen auf den Ruf der Tiere an.

Als standorttreue Bodenvögel leben etwa 26 Arten im Gras- und Buschland oder im Dickicht der Bergwälder hauptsächlich im gemäßigten Teil des südlichsten Drittels von Südamerika, wo sie vor allem in den trockenen öden Berghängen von Feuerland an bis nordwärts nach Südbrasilien zu Hause sind. Nur wenige Arten drangen weiter nach Norden bis ins südliche Mittelamerika vor. Die nördlichste Art, der Silberstirn-Tapaculo, lebt in 1800 bis 3000 m Höhe im Nebelwald und in den feuchten Schluchten im westlichen Panama und in Costa Rica.

Die untersetzten, kleinen, 11 bis 30 cm großen Buschschlüpfer sind mit kräftigen Läufen und Füßen ausgestattet, wie es sich für solche bodenbewohnenden Formen gehört. Ihre kurzen, schwachen und verrundeten Flügel zeigen, daß wir es hier wohl mit den allerschlechtesten Fliegern von allen Sperlingsvögeln zu tun haben, wenn wir von den Neuseeland-Pittas absehen. Daher fliegen die Buschschlüpfer auch nur ein paar hundert Meter und versuchen lieber, sich laufend oder hüpfend vor einer Gefahr in Sicherheit zu bringen. Im Verhältnis zu der kräftigen, festen Beinmuskulatur erscheinen ihre Flugmuskeln ziemlich schlaff und wenig entwickelt.

Das weiche, lockere Gefieder zeigt eine dunkelbraune und graue Grundfärbung, dazu treten oft schöne rötlichbraune oder schwarze Streifen und Wellen; Geschlechtsunterschiede gibt es hier nicht. Die nächsten Verwandten haben wir unter den Mückenfängern zu suchen, mit denen sie die 4 Ausschnitte am hinteren Brustbein gemeinsam haben, doch ist ihr Lauf anders beschuppt und gleicht darin eher dem der Ameisenvögel. An den Nasenlöchern der Buschschlüpfer finden sich Klappen, die vielleicht den Staub abhalten.

Die Nahrung der Buschschlüpfer besteht aus Insekten und Pflanzenstoffen, wie Knospen und. Samen; manche Arten scharren auf dem Waldboden wie Hühner. Diese flinken, neugierigen Tiere haben es zu einer wahren Meisterschaft im Verstecken gebracht. Mit komischen, langen Schritten fliehen die Buschlandbewohner, wie die argentinischen Gallitos, über offene Stellen, um Schutz im Dunkel des Gesträuches zu suchen; überrascht man sie im Freien, so huschen sie wie die Ratten in ihr Versteck. Ein großartiger Spurter ist der kleine, 18 cm lange Braune Gallito, der mit weit ausladenden, bis 15 cm weiten Schritten im Zickzacklauf vor einem Störenfried flieht. Der Chilenische Turko aber hüpft davon. Darwin schreibt darüber: «Eben sieht man ihn noch mit aufgerichtetem Schwanz auf seinen Stelzbeinen, und schon hüpft er ungewöhnlich geschwind von einem Busch zum anderen.»

Während sich die waldbewohnenden Arten gewöhnlich einzeln halten, bilden die Arten der offenen Landschaft außerhalb der Nistzeit oft kleinere Schwärme. Es sind äußerst lärmvolle Vögel, die über eine große Auswahl klagender, rauher, glucksender, kakelnder und kollernder Laute verfügen.

KRALLENSCHLÜPFER
Acropternis orthonyx
Andengebiet von Venezuela bis Ekuador; 20 cm.

Sehr unterschiedlich ist der Nestbau. Manche Waldbewohner nisten in Gesteinsspalten oder in bodennahen Baumhöhlen. Der Graue Gallito baut ein großes geschlossenes Nest aus Gras und Rinde mit einem seitlichen Eingang 60 bis 90 cm hoch in einem dichten Dornbusch. Dagegen legt der Braune Gallito einen 1 m tiefen Tunnel am Uferhang an; er endet in eine rundliche Brutkammer, die der Vogel für seine 2 weißen Eier gut mit Gras auspolstert.

Über die näheren Einzelheiten, wie die Buschschlüpfer eigentlich Hochzeit halten und wie lange sie auf ihren Eiern brüten, liegen noch keine zuverlässigen Nachrichten vor. Auch wissen wir nur ganz wenig Einzelheiten über die Jugendentwicklung der Tiere, vielleicht mit Ausnahme der Tatsache, daß die Jungvögel ein sehr spärliches Dunenkleid tragen und von beiden Elterntieren im Nest großgezogen werden. Das Jugendkleid der Buschschlüpfer zeichnet sich durch auffällige rostrote Streifen aus.

GRAUER GALLITO
Rhinocrypta lanceolata
Argentinien und Paraguay; 20 cm.

Schmuckvögel *Cotingidae*

In dieser großen und formenreichen Familie urtümlicher Sperlingsvögel der Neuen Welt finden wir 90 Arten, verteilt auf 30 Gattungen, von denen einige zu den buntesten und auffallendsten neotropischen Vögeln gehören, während andere durchaus unscheinbar wirken. Ihre Größe schwankt zwischen 9 und 45 cm. Einige zeichnen sich durch Federhollen aus, andere durch leuchtend gefärbte nackte Hautstellen am Kopf, einige tragen fleischige Klunkern um den Schnabel, und bei einer Gruppe hängt ein merkwürdiger, befiederter Lappen vom Vorderhals herab. Trotz aller Verschiedenheit in ihrer Größe, Farbe und Gestalt zeigen doch alle Schmuckvögel eine Reihe gemeinsamer anatomischer Merkmale, wie den besonderen Bau des Stimmapparates, der Beine und der Füße. Am engsten dürften die Schmuckvögel mit den Schnurr- und Tyrannenvögeln verwandt sein, denen einige kleinere Arten auch in ihrem Aussehen und ihrer Lebensweise gleichen.

Im wesentlichen leben die Schmuckvögel als ungesellige Waldbewohner, die man einzeln oder in Paaren, höchstens in kleineren Familienverbänden zusammen mit ihren Jungen antrifft. Sie kommen in allen Waldformen vor, von den Dikkichten der Regenwälder bis zu den Nadelholz- und Eichenwäldern des Hochlandes. Zumeist halten sie sich in den Wipfeln oder den mittleren Lagen der Wälder auf, wenige Arten auch im Gebüsch des Waldrandes; nur die kleine Gruppe der Felsenhähne oder «Cocks-of-the-Rock», wie sie die englischsprachigen Ornithologen nennen, lebt auf dem Boden.

In den Tropenwäldern des südlichen Mittelamerika und längs des Amazonas treten die Schmuckvögel überaus häufig auf; von diesem Zentrum aus hat sich die Familie südwärts bis Paraguay, Bolivien und Nordargentinien ausgebreitet und nach Norden bis an die Südgrenze der Vereinigten Staaten. Nur eine Art, die Jamaika-Bekarde, hat als einzige dieser Familie auf den Westindischen Inseln Fuß gefaßt.

Der Name «Cotinga», den man oft der ganzen Familie zulegt, entstammt der Sprache der Amazonasindianer und bedeutet wörtlich «Waschweiß»; er kommt eigentlich dem Zapfenglockenvogel zu, einem der merkwürdigsten Familienmitglieder, der ebenso wie einige nahe Verwandte zu den ganz wenigen weißen tropischen Urwaldvögeln gehört. Überhaupt tritt eine weiße Färbung nur äußerst spärlich bei Landvögeln außerhalb der Arktis auf.

Andere Schmuckvögel fallen durch ihre bunten, leuchtenden Farben auf und zeigen wunderschöne rote, purpurfarbene und blaue Töne, allerdings nur bei den Männchen; die Weibchen dagegen sind unscheinbar braun oder grau. Leider wissen wir nicht, welchen Gebrauch die Tiere davon bei ihrer Balz machen, denn die findet hoch in den Baumwipfeln statt.

Diese ungewöhnlich schönen Farben, insbesondere das Violett, kommt nicht, wie bei den meisten anderen bunt gefärbten Vögeln, durch eine prismatische Lichtbrechung an den Feinstrukturen der Federn zustande, sondern durch echtes Pigment; man hat es extrahiert und nennt es Cotingin. Als Beispiel mag das prächtige Purpurrot des Pompadour-Schmuckvogels dienen, benannt nach der bekannten französischen Kurtisane, die ihre Frisuren mit Schleifen, Blumen, Federn und ganzen Vögeln zu schmücken liebte.

Das erste Exemplar dieses bemerkenswerten Vogels befand sich in einer Schiffsladung leuchtend bunter Vogelbälge, die Madame Pompadour aus Französisch-Guayana zugedacht waren. Das Schiff aber wurde von den Engländern gekapert, und George Edwards, der britische Naturforscher und Künstler, der diesen Vogel zuerst beschrieb und benannte, taufte ihn galanterweise auf seine vorgesehene Empfängerin.

Die Stimme der Schmuckvögel klingt nicht zwitschernd, wie Edwards und andere Wissenschaftler des 18. Jahrhunderts annahmen; viele Arten sind sogar auffallend ruhig. Mitunter findet man einen feinen, wenn auch dünnen, wohltönenden Gesang oder auch grunzende, rumpelnde Laute, die gar nicht vogelähnlich klingen; ein paar wenige Arten lassen ein schrilles Pfeifen hören. Die Glockenvögel bringen laute, glockenähnliche Töne hervor, die man über einen Kilometer weit durch den Urwald hört.

Als eigenartig gestaltete, krähengroße Fruchtfresser treten uns die 4 Arten der Glockenvögel entgegen; so trägt der Zapfenglockenvogel einen aufrichtbaren, dunklen, spärlich mit kleinen weißen Federn besetzten Auswuchs am Grunde des Oberschnabels. Auch das Männchen des südbrasilianischen Nacktkehlglockenvogels ist reinweiß, die nackte Gesichts- und Kehlfläche aber grün und mit verstreuten Borsten bedeckt. Beim Männchen des Flechtenglockenvogels von Trinidad, Venezuela und den Guayana-Staaten hängen dünne, fleischige Klunkern an der Kehle; dieser sonst weiße Vogel zeigt schwarze Flügel und einen braunen Kopf. Die Weibchen beider Arten dagegen tragen auf sanft olivgrüner Grundfärbung gelbe Zeichnungen. Beim mittelamerikanischen Dreilappglockenvogel treten drei auffallende Klunkern auf, die das Tier mit weit offenem Schnabel zur Schau stellt.

Andere Schmuckvögel wieder fallen durch ihre merkwürdigen Schwungfedern auf, wie etwa der Pompadour-Schmuckvogel mit seinen gekräuselten Flügeldecken. Bei anderen Arten sind eine oder zwei der äußeren Handschwingen gedreht oder ganz stark verschmälert. Ob dies mit der Balz der Tiere zusammenhängt, kann man noch nicht sagen.

Geradezu einmalig erscheint der Kopfschmuck der Schirmvögel: eine Haube aus gekräuselten Federn, die schirmartig über dem Kopf ausgebreitet wird; außerdem hängt diesen Vögeln noch ein aufblasbarer Hautlappen von der Kehle herab. Bei dem 40 cm großen Schmuckschirmvogel trägt der Kehllappen Federn und erreicht beim Männchen eine Länge bis zu 33 cm. Kürzere Kehllappen treten bei den Angehörigen von Formen auf, die als weitere Unterarten hierhergehören; eine zeigt einen nackten, leuchtend roten Kehlschmuck. Die Schirmvögel benutzen diesen Schmuck bei der Balz: Das Männchen bläst den Halsanhang auf, und die Federhaube wird entfaltet. Ähnlich wie die Glockenvögel ernähren sie sich von Früchten.

Eine gleiche Lebensweise finden wir bei den sogenannten Fruchtkrähen, wie etwa dem 45 cm langen, erdbeerfarbenen Karminkotinga der Guayanastaaten und Ostbrasiliens, der größten Art dieser Familie. Etwas kleiner bleibt der nur 25 cm große Rotkehlkotinga, dessen Heimat von Costa Rica an bis zum Amazonasgebiet reicht. Von weitem sieht dieser schwarze Vogel mit seinem steifen, glänzend kastanienbraunen Federbusch an der Kehle wie eine dicke Krähe aus.

Zu den hübschesten Schmuckvögeln gehören die beiden Felsenhähne, deren Männchen bei der einen Art leuchtend orange- und bei der anderen karminrot gefärbt sind; die Weibchen sehen sattbraun aus. Am auffallendsten aber erscheint ihr großer, flacher, scheibenförmiger Federkamm, der sich vom Scheitel bis zur Schnabelspitze zieht. Als Bewohner des Waldbodens sind bei diesen Vögeln die Füße kräftiger ausgebildet als bei den anderen Arten. Bei ihren gemeinschaftlichen Balzzeremonien versammeln sich bis zu 20 Tiere in einer Waldlichtung, wo sich die Männchen in possierlichen Sprüngen vor den Weibchen produzieren. Als Nester werden einfache, flache Lehmmulden, verfestigt durch Zweige und mit Blättern ausgeschmückt, am Eingang der Schlupfhöhlen in der Nähe eines Urwaldflusses angelegt.

Die Maskenbekarde kommt von Mexiko an bis Brasilien nicht nur im dichten Regenwald vor, sondern auch im trokkeneren Gelände mit lockerem Baumbestand. Ihren eigentlichen Lebensraum bilden zwar die Baumwipfel, doch findet man sie auch im freien Gelände, wo sie sich gut beobachten läßt. In kleineren Schwärmen oder Familienverbänden streifen die Tiere auf der Suche nach Früchten und Beeren, ihrer hauptsächlichen Nahrung, durch den Wald, doch verzehren sie auch größere Mengen von Insekten, die sie meistens von den Blättern ablesen, manchmal aber auch im Fluge fangen. Durch ihren hakig gebogenen Schnabel ähnelt die Maskenbekarde entfernt einem Würger, wenn man von dem gedrungenen Rumpf, dem kürzeren Hals und dem größeren Kopf absieht. Im gleißenden tropischen Sonnenlicht wirkt die hellgraue Grundfarbe der Männchen schneeweiß und sticht scharf gegen den dunklen Flügel- und Schwanzstreifen ab. Die Weibchen haben nicht nur einen braunen Rücken, sondern es fehlt ihnen auch die dunkle Kopfzeichnung der Männchen, und ihre nackten Hautstellen wirken nicht so ausgesprochen rot. Die Stimme der Vögel klingt wie Froschgequake.

Als Rast- und Niststätten benutzen die Maskenbekarden hochgelegene Baumhöhlen, die sie gern von anderen Vögeln übernehmen. Dazu treiben sie die rechtmäßigen Eigentümer hinaus, gewöhnlich Spechte oder Tukane, indem sie in deren Abwesenheit einfach die Höhlung mit Laub und Zweigen auffüllen, bis es den Wohnungsinhabern zu dumm wird, das Zeug immer wieder herauszuräumen, und sie sich eine neue Höhle suchen. In dem einzigen Nest, das jemals untersucht wurde, lagen 2 gelbbraune, kräftig dunkelbraun gemusterte Eier im Laub versteckt. Nur das Weibchen brütet, aber das Männchen hält Wache, wenn sich das Weibchen hin und wieder auf Futtersuche begibt, und hilft auch beim Füttern der Jungen. Die Dauer der Brutzeit ist unbekannt; man weiß nur, daß die Jungen mindestens 3 Wochen im Nest verbleiben. Schon wenige Wochen, nachdem die erste Brut das Nest verlassen hat, kann das Weibchen ein zweites Gelege absetzen.

Als Bekarden im weiteren Sinne bezeichnen wir 15 Arten kleiner, weniger auffällig gefärbter, 12 bis 20 cm langer Vögel mit großen Köpfen und dicken, leicht hakigen Schnäbeln. Hier herrschen schwarze, graue und braune Farben vor; die Weibchen sehen etwas unscheinbarer aus. Als nördlichste Art nistet die Rotkehlbekarde von Arizona und der texanischen Grenze an bis hinunter nach Costa Rica.

Auch die Bekarden halten sich meistens hoch in den Bäumen auf, kommen aber zum Fressen auch weiter herunter. Neben einer Beikost aus Früchten und Beeren fressen sie hauptsächlich Insekten von den Blättern oder auch während des Fluges. Gern lauern die Vögel, eng an das Laubwerk der äußeren Zweige geschmiegt, auf vorbeikriechende Raupen.

Als Niststätten bauen die Bekarden große, geschlossene Nester aus Laub und Zweigen; der Eingang führt von der Seite oder von unten ins Innere. Diese Gebilde werden ohne jeden Versuch einer Tarnung frei sichtbar am Ende der Äste angebracht, oft in der Nähe von Wespenbauten, wie es viele tropische Vögel aus Schutzgründen gern tun.

Der gesamte Nestbau obliegt zum größten Teil – wenn nicht sogar ausschließlich – dem Weibchen; bei einigen Arten schafft allerdings das Männchen wenigstens noch das Nistmaterial herbei. Der Umfang des Geleges schwankt zwischen 3 bis 6 Eiern, deren zumeist gelblichbraune Färbung die verschiedensten braunen Muster aufweist. Soviel wir wissen, brütet auch allein das Weibchen. Dazu benötigt es bei einer der kleineren Arten, der etwa 14 cm großen, in Panama heimischen Weißflügelbekarde, 18 bis 19 Tage, aber diese Angabe ist auch nur eine der ganz wenigen, die überhaupt für die Brutdauer der Bekarden zur Verfügung stehen. An der Aufzucht der Jungen beteiligen sich die beiden Elterntiere; sie füttern ausschließlich Insekten. Die Jungvögel bleiben ungefähr 3 Wochen im Nest oder auch noch etwas länger.

DREILAPPGLOCKENVOGEL ♂
Procnias tricarunculata
Nikaragua bis Panama; 30 cm.

LIEBLICHE KOTINGA ♂
Cotinga amabilis
Mexiko bis Costa Rica; 20 cm.

MASKENBEKARDE ♂
Tityra semifasciata
Mexiko bis Brasilien und Bolivien; 20 cm.

SCHWARZKEHLKOTINGA
Phoenicircus nigricollis
Nördliches Brasilien; 23 cm.

Schnurrvögel *Pipridae*

Die lebhaften, rundlichen Schnurrvögel mit ihren leuchtenden Augen gehören zu den auffälligsten Kleinvögeln in den Wäldern der amerikanischen Tropen und Subtropen. Durch die bunten Farben der Männchen, die emsige Tätigkeit, die geringe Scheu und ihren ungewöhnlichen Gesang fallen sie weit stärker ins Auge als viele andere größere und ebenso häufige Vögel. Ihre Heimat reicht von Südmexiko bis Paraguay.

Ganz im Gegensatz zu ihren nächsten Verwandten bilden die 59 Arten der Schnurrvögel oder Manakins, wie man sie auch nennt, eine ziemlich einheitliche Gruppe. Die meisten bleiben recht klein, knapp 12 cm lang, und die paar Formen, die die 15-cm-Grenze überschreiten, tun dies nicht auf Grund ihrer größeren Körper, sondern nur infolge der verlängerten Schwanzfedern. Im typischen Fall finden wir kurze Schwänze und Flügel, zierliche Läufe und Füße, bei denen die mittlere Vorderzehe am Grunde mit einer der beiden Außenzehen verwächst. Der Schnabel setzt breit an und endet mit einer

SCHMUCKSCHIRMVOGEL ♂
Cephalopterus ornatus
Costa Rica bis Brasilien; 40 cm.

ROTER FELSENHAHN ♂
Rupicola peruviana
Nördliches Andengebiet von Kolumbien bis Peru; 30 cm.

POMPADOUR-SCHMUCKVOGEL ♂
Xipholena punicea
Guayana-Staaten und nordöstliches Brasilien; 20 cm.

ORANGENFELSENHAHN ♂
Rupicola rupicola
Guayana-Staaten und nördliches Brasilien; 30 cm.

Spitze; dabei ragt der Oberschnabel etwas über den unteren Teil und läßt an seinem Ende einen kleinen Einschnitt erkennen.

Bei den meisten Arten unterscheiden sich die Geschlechter äußerlich. Die Männchen zeichnen sich durch leuchtend rote, gelbe oder blaue Stellen am Kopf, Rücken oder Schenkel aus, die lebhaft von der grünlichbraunen oder samtschwarzen Grundfärbung abstechen; die Weibchen dagegen fallen mit ihrem olivgrünen Gefieder nicht weiter auf. Nur in einer kleinen und wenig untersuchten Gruppe, die vielleicht gar nicht zu dieser Familie gehört, gibt es keinen äußeren Geschlechtsunterschied. Hierzu rechnet der Drosselmanakin *(Schiffornis)*, ein ziemlich scheuer, rötlichbrauner Vogel im Unterholz der Wälder von Mexiko bis Brasilien.

Meistens halten sich die Schnurrvögel einzeln oder in kleinen Schwärmen auf, wenn sie die Wälder nach Beeren und Insekten durchstreifen; mitunter sieht man sie zwischen den Schwärmen der Ameisenvögel, Tangaren und anderer insektenfressender Arten, die sich im Gefolge der Wanderameisenzüge aufhalten und die aufgescheuchten Kleintiere fressen. Allerdings nehmen die Manakins die Insekten weniger vom Boden auf, sondern fressen vielmehr die Tiere, die sich vor den Ameisen auf die Blätter zu retten versuchen.

Gar nicht vogelähnlich wirken die Lautäußerungen der Manakins. Sie klingen wie das Knacken eines splitternden Steckens, das Knattern einer Fahne im Winde oder wie ein Raspeln, als streife man mit einem Nagel über einen Kamm. Ihre übrigen Stimmäußerungen, zu denen der primitiv gebaute Syrinx befähigt ist, bestehen aus einem einfachem Zirpen oder dünnen, hohen Pfiffen. Nur ein paar wenige Arten lassen wohltönende, glockenähnliche Strophen von geringer Lautstärke und Dauer hören. Die anderen Geräusche aber werden mechanisch mit den Flügeln erzeugt, denn die Schwingen der meisten Männchen zeigen ganz besondere Einrichtungen, die offenbar nur diesem Zweck dienen. Beim Gelbschenkel-Schnurrvogel sind die Armschwingen verbreitert, versteift und gebogen, bei anderen Arten verschmälern sich die äußeren Handschwingen zur Spitze hin oder sind sogar in einigen Fällen gedreht. Langschwänzige Arten haben oft Handschwingen mit eigenartig verdickten Schäften. Wie diese rasselnden Geräusche zustande kommen, ob die Flügel gegeneinander gerieben werden, ob die Schäfte gegeneinander vibrieren oder ob der Ton nur durch den hindurchstreichenden Wind erzeugt wird, wissen wir nicht.

Bei den paar Schnurrvögeln, deren Eheleben man genauer untersucht hat, leben die Männchen ausgesprochen polygam, und das ist wohl auch die Regel für alle Arten, bei denen sich die Geschlechter äußerlich stark unterscheiden. Zum Beginn der Brutzeit, nördlich des Äquators im Januar oder Februar, begeben sich die Männchen an einen als Balzplatz passenden Ort, auf dem Boden oder im Gezweig, und beginnen nun, durch Tanzen, durch Vorweisen ihrer leuchtenden Farben und durch ihre lauten Geräusche auf sich aufmerksam zu machen. Die Balzplätze der einzelnen Männchen können weit voneinander getrennt liegen, doch gibt es auch Arten, bei denen sich 20 oder noch mehr Männchen auf einem kleinen Fleck von wenigen 100 qm produzieren.

Der Gould- und der Mönchsschnurrvogel bauen ihre Balzplätze zwischen zwei nicht allzu weit voneinander entfernten Baumschößlingen; sie säubern den Platz von allem herumliegenden Laub und Astwerk. Plötzlich läuft das Männchen mit klappenden, schwirrenden Flügeln von einem Baum zum anderen, springt hin und her und wiederholt dies in Abständen, bis sich ein Weibchen dazugesellt. Die Männchen der Gelbschenkel-Schnurrvögel verlegen ihren Tanzplatz in die Höhen der Bäume; jeder Vogel sucht sich einen kahlen Ast an einer offenen Stelle und führt dort seinen Balztanz auf.

Sobald sich ein Weibchen nähert, verstärkt das Männchen seine Aktivität und unternimmt auch kurze Schwirrflüge, um seine Pracht ins rechte Licht zu setzen. Wenn das Weibchen seine Wahl getroffen hat, gibt es keine Rivalitätskämpfe, und keines der benachbarten Männchen räumt das Feld. Nach der Hochzeit fliegt das Weibchen ebenso ruhig, wie es kam, wieder fort; das Männchen aber bleibt die ganze Brutzeit über auf seinem Tanzplatz und tritt so viele Weibchen, wie es herbeizulocken vermag.

Ganz allein baut das Weibchen sein Nest, brütet die Eier aus und zieht die Jungen groß. Je nach der Artzugehörigkeit flechten die Tiere 1,5 bis 25 m hoch über dem Boden an der Gabelung eines waagerechten Astes aus Gras und Fasern ein zierliches Körbchen und legen dort zwei gefleckte Eier hinein, die sie 19 bis 21 Tage bebrüten. Die Jungen werden mit Insekten oder auch Beeren gefüttert und sind nach 2 Wochen flügge. Ihr Jugendkleid, das dem Gefieder der Weibchen gleicht, behalten sie ein Jahr lang oder auch bis zur Geschlechtsreife; diese Tatsache war wohl der Anlaß für die irrige Meinung, daß sich auch die Weibchen am Balztanz beteiligten.

Tyrannen *Tyrannidae*

Die große, insektenfressende Familie der Tyrannen ist nicht nur die angriffslustigste, sondern auch — biologisch gesehen — die erfolgreichste unter allen primitiven Sperlingsvögeln. Mit 365 Arten besiedelt sie beide Teile Amerikas von der kanadischen Baumgrenze bis hinunter nach Patagonien. Am zahlreichsten sind die Tyrannen in den tropischen Niederungen vertreten, wo vermutlich auch ihr Entstehungszentrum lag, und von dort aus haben sie sich dann allmählich die gemäßigten Zonen erobert, jede ökologische Nische ausnutzend, wo immer ihnen genügend Insekten als Beute zur Verfügung standen. Abgesehen von einigen wenigen südamerikanischen Arten, die ihr Futter auf dem Boden suchen, leben alle Tyrannen auf Bäumen. Bei den Bodenbewohnern finden wir längere und kräftigere Beine als bei den anderen Familienmitgliedern sowie eine etwas geselligere Lebensweise.

Wie alle urtümlichen Sperlingsvögel sind auch die Tyrannen mit einem verhältnismäßig einfach gebauten Stimmapparat ausgerüstet. Die Tatsache, daß zwei ihrer Vorderzehen am Grunde etwas miteinander verwachsen sind, und andere primitive Merkmale lassen uns auf eine nähere Verwandtschaft mit den Schmuck- und Schnurrvögeln schließen, mit denen zusammen sie sich wahrscheinlich vor vielen Millionen von Jahren, vielleicht schon im frühesten Tertiär oder noch eher, von gemeinsamen Vorfahren abgespalten haben.

Die meisten Tyrannen sind hauptsächlich olivgrün, braun und grau gefärbt. Abgesehen von einigen besonders leuchtend bunten Arten unterscheiden sich die Geschlechter äußerlich nicht. Trotz ihrer meist gedeckten Farbtöne fallen die Tyrannen doch durch ihre Aktivität und Stimmfreudigkeit auf. Sie suchen sich gern ihre Nahrung im offenen Gelände und lassen sich daher auch leicht beobachten. Viele der kleineren Arten sehen sich derart ähnlich, daß man sie in der Natur kaum auseinanderhalten kann, und doch geben sie sich alle, insbesondere durch ihre aufrechte Haltung beim Sitzen, einwandfrei als Mitglieder der Tyrannenfamilie zu erkennen.

Ihre Größe schwankt zwischen 9 und 40 cm, übersteigt aber nur bei wenigen Arten die 30-cm-Grenze; stets finden wir einen großen Kopf und einen flachen Schnabel, der bei den nördlichen Formen stärker, bei den südlichen weniger deutlich in eine hakenförmig gekrümmte Spitze ausläuft. Als weitere Merkmale seien genannt: die meist spitzen Flügel und die abgerundeten oder wenig, nur bei einigen langschwänzigen Arten tiefer gegabelten Schwänze. Lauf und Fuß bleiben stets ziemlich klein und schwach entwickelt.

Die meisten Arten können ihre Scheitelfedern mehr oder weniger stark aufrichten. Nicht selten tragen die Tiere kräftig entwickelte Hauben mit leuchtend roten, gelben oder weißen Farbtönen, die hauptsächlich bei der Balz, aber auch zur Einschüchterung eines Gegners verwendet werden.

Am stärksten ist dieser Kopfschmuck beim Schopftyrannen ausgebildet, der in den Regenwäldern von Mexiko bis Brasilien vorkommt; trotz seiner bunten Färbung fällt der Vogel doch im Dämmerlicht der niederen und mittleren Höhen der Urwaldbäume, an denen er sich aufhält, nicht ins Auge, zumal er seine bunte Haube nur in der Erregung entfaltet.

Die meisten Tyrannen pflegen aufmerksam, aber ruhig und in aufrechter Haltung auf einem Zweig zu sitzen und auf Beute zu lauern. Fliegt ein Insekt in ihr Gesichtsfeld, so stürzen sie sich darauf, packen das Opfer mit hörbarem Schnabelklappen und fliegen wieder zu ihrem Sitzast zurück, um es dort in Ruhe zu verzehren. Größere Beutetiere halten sie mit den Zehen fest und zerlegen sie mit dem Schnabel in mundgerechte Stücke. Einige kleinere Arten schlüpfen auch nach Art unserer Grasmücken im Geäst umher und suchen die Blätter nach Insekten ab. Dann gibt es noch eine ganze Anzahl von Tyrannen, die zusätzlich kleinere Beeren fressen; bei diesen Gattungen sind die Schnabelborsten schwächer entwickelt oder können sogar ganz fehlen. Die größeren Arten, wie der ruhige Bauchschnabel, nehmen selbst kleinere Lurche und Kriechtiere, und der Schwefelgelbe Tyrann hat sich sogar nebenbei noch aufs Fischen verlegt.

Zu den ansehnlicheren Formen Nordamerikas gehören die Königstyrannen der Gattung *Tyrannus*, nach der die Familie ihren Namen trägt. Mit Recht bezeichnet man sie als Könige, denn sie dulden keine fremden Eindringlinge in ihrem Revier, und seien sie noch ein paarmal so groß wie sie selbst. Als

Beispiel sei der Östliche Königstyrann genannt, ein häufiger Vogel östlich des Mississippi, den schon die Indianer vor dem Weißen Mann als «kleinen Häuptling» zu bezeichnen pflegten. Diesen 23 cm großen, gefiederten Raufbold erkennt man ziemlich leicht an seiner dunklen Oberseite, dem weißen Bauch und den hellen Schwanzspitzen; sein Schopf trägt einen orangeroten Farbfleck, den er bei der Balz oder sonstiger Aufregung vorzeigt. Von seinem Sitzplatz auf einem Zaunpfahl, einem Busch oder einer Telegraphenstange aus stürzt sich der Vogel schneidig auf jede Krähe oder selbst einen größeren Raubvogel, der es wagt, in seinen Bereich einzudringen, und setzt ihm solange zu, bis der Fremdling aus dem Felde geschlagen ist. Diese Kühnheit begeistert jeden Vogelfreund, jedoch ganz und gar nicht den Bienenzüchter, der den Königstyrann geradezu als «Bienenschwalbe» bezeichnet.

Andere nordamerikanische Tyrannen bieten ihrem Aussehen und ihrer Lebensweise nach nicht so viel Bemerkenswertes wie dieser Königstyrann. Häufig sehen sie einander derart ähnlich, wie etwa die olivgrünen Erlentyrannen der Gattung *Empidonax*, daß der Vogelbeobachter sie in der Natur kaum zu unterscheiden imstande ist. Wohl erkennt man die einzelnen Arten recht gut an ihrer Stimme, aber das nützt zur Zeit der Herbstzüge so gut wie gar nichts, denn dann verhalten sich die Tiere äußerst schweigsam.

Eine Anzahl Tyrannen ist äußerst stimmfreudig, so daß man sie nach ihren charakteristischen Rufen benannt hat. So ruft der dunkle, kleine Waldpiwie immerfort sein «pie-e-wie», als würde es ihm nie zuviel. Auch der Östliche Schnäppertyrann, den die Amerikaner «Phoebe» nennen, stellt sich mit seinem englischen Namen vor; dieser kecke, olivgraue Vogel baut seine Nester aus Schlamm und Moos unter den Brücken in der freien Landschaft. Während Piwie und Phoebe unaufhörlich vom Sitzast aus rufen, bringt der Königstyrann sein rauhes, knarrendes Geplapper im Fluge hervor.

Wie alle insektenfressenden Vögel der gemäßigten Breiten ziehen auch die nordamerikanischen Tyrannen nach Süden, wenn ihnen mit Beginn des Winters die Insektenkost ausgeht. Die Schnäppertyrannen überwintern in den amerikanischen Südstaaten und gehen nicht über Mexiko hinaus; andere Tyrannen ziehen bis Mittelamerika und zum nördlichen Südamerika. Zumeist wandern sie nachts; die Königstyrannen jedoch ziehen in lockeren Wellen während des Tages. Die Tyrannen in den mittel- und südamerikanischen Hochgebirgen wandern je nach der Jahreszeit in höhere oder tiefere Lagen ab.

Zu den verhältnismäßig wenigen Tyrannenvögeln, die in geschlossenen Verbänden wandern, gehört der hübsche Gabeltyrann, der infolge seines langen, nachschleppenden, tiefgegabelten Schwanzes eine Gesamtlänge von 40 cm erreicht und somit zu den größten Arten der Familie gehört. Er brütet in den südlichen Zentralstaaten der USA. Häufig sieht man ihn in den texanischen Ebenen ruhig auf den Telegraphenmasten und Bäumen am Straßenrande sitzen, den langen Schwanz tief herabhängend. Verfolgt er eine Beute oder verjagt er einen Fremdling aus seinem Revier, so fliegt er blitzschnell mit raschen Flügelschlägen, wobei er seinen Schwanz waagerecht nachzieht. Gern führt er in der Luft allerlei akrobatische Kunststücke auf: Mitten im ungerichteten Zickzackflug wendet er plötzlich mit Hilfe seines weitgespreizten Schwanzes. Zum Winter zieht er in Tagesflügen und oft in recht ansehnlichen Verbänden südwärts bis Mexiko oder gar Panama.

Das schönste Farbkleid aber zeigt das Männchen des Rubintyrannen, einer Art, die vom südwestlichen Teil der Vereinigten Staaten an bis Argentinien vorkommt. Bis zu den Westindischen Inseln sind diese fliegenden Juwelen merkwürdigerweise nicht vorgedrungen, wohl aber bis zu den Galapagos-Inseln, 800 km westlich von Ekuador! Diese Art gehört zu den ganz wenigen Tyrannen, bei denen sich die Geschlechter äußerlich recht auffällig unterscheiden, denn im Gegensatz zu den prächtigen, rubinroten Männchen tragen die Weibchen ein unscheinbares graubraunes Gefieder.

Unter den vielen tropischen Arten verdient der Schwefelgelbe Tyrann hervorgehoben zu werden, eine große, untersetzte, braun und gelb gefärbte Art, deren raspelnder Ruf von den Amerikanern als «kiss-me-dear» und von den portugiesisch sprechenden Brasilianern als «bien-te-veo» (ich sehe dich gut) interpretiert wird. Dieser geschwätzige, lebhafte Vogel bewohnt vom südlichen Texas an bis Argentinien die halbbedeckten Landschaften und kommt überall dort vor, wo es Bäume gibt. Seine Hauptnahrung besteht zwar wiederum aus Insekten, doch sucht er gern die Mangrovensümpfe und Flußläufe im Gezeitengebiet auf, um dort ins Wasser zu stürzen und sich Fische zu greifen.

Höchst unterschiedlich ist auch der Nestbau der Tyrannen. In der Regel verfertigen sie aus Gras und Zweigen offene, schüsselförmige Gebilde in den Bäumen; von den Schlammnestern der Schnäppertyrannen unter den Brücken haben wir ja bereits gesprochen. Verschiedene tropische Arten bauen ein großes, beutelförmiges oder halbkugelig überdachtes Nest mit einem seitlichen oder sogar unteren Eingang. Die aus Lehm und Zweigen errichteten Niststätten einiger brasilianischer und argentinischer Arten sehen fast so aus wie die der Töpfervögel. Nicht wenige Arten nisten in Höhlen, wie der Gelbbrusttyrann, der sein unordentliches Nest in alten Spechthöhlen, Nist- und Postkästen anlegt.

Noch eine andere und recht seltsame Vorliebe zeigt dieser Gelbbrusttyrann: Mit Vorliebe schmückt er sich seine Nester mit abgestreiften Schlangenhäuten aus, und diese Angewohnheit hat selbstverständlich den Anlaß zu allerlei merkwürdigen und wenig glaubhaften Vermutungen gegeben. Kaum haltbar dürfte beispielsweise die tatsächlich geäußerte Ansicht sein, der Vogel trüge diese Natterhemden als eine Art Abschrekkungsmittel in sein Nest, um irgendwelche Räuber durch den Anblick einer Schlange fernzuhalten. Als weit wahrscheinlicher dürfen wir wohl annehmen, daß der Vogel sein sonderbares Verhalten rein zufällig entwickelt hat, ohne daß damit auch ein ganz bestimmter Zweck verbunden war. Als echte Schutzmaßnahme müssen wir dagegen die allgemein bei den Tyrannenvögeln verbreitete Eigenart ansehen, das Nest in der Nähe von Wespenbauten anzulegen.

Nicht minder unterschiedlich als der Nestbau sehen auch die Eier der Tyrannen aus. Manchmal erscheinen sie reinweiß, bei anderen Arten gefleckt oder auch gestrichelt. Die Eizahl im Gelege schwankt zwischen 2 und 6, ist aber bei den tropischen Arten im allgemeinen geringer; diese sichern die Konstanz ihres Individuenbestandes vielfach dadurch, daß sie dafür mehrmals im Jahr brüten statt nur einmal, wie es die meisten Formen in den gemäßigten Klimaten tun, obwohl es auch bei den hier lebenden eine ganze Anzahl gibt, die mehrere Bruten im Jahr hervorbringen.

Beim Nestbau sind zwar die beiden Elternvögel beteiligt, doch pflegt bei den Tyrannenvögeln zumeist das Weibchen allein zu brüten. Nur selten wird es hierbei vom Männchen unterstützt; der Hahn beteiligt sich allerdings bei der Atzung der Jungen. Die Dauer der Brutzeit schwankt zwischen 12 Tagen bei den kleineren Arten bis zu 21 Tagen bei den größeren. Ungefähr ebensolange werden die Jungen im Nest großgezogen, bis sie flügge sind und sich selbständig machen.

Pflanzenmäher *Phytotomidae*

Im gemäßigten Südamerika, vom westlichen Peru bis südwärts nach Patagonien, leben 3 Arten untersetzter, finkenähnlicher Vögel, die man lange Zeit für Kardinale oder Kernbeißer gehalten hat. Ihre Syrinxmuskulatur und der Bau ihrer Füße zeigen jedoch, daß sie vielmehr in die nähere Verwandtschaft der Schmuckvögel gehören, von denen sie sich nur durch die Anordnung der Beinmuskeln und den finkenähnlichen, kegelförmigen Schnabel unterscheiden, der an der Spitze mit feinen Sägezähnchen ausgestattet ist.

Alle Pflanzenmäher werden etwa 18 cm lang und unterscheiden sich deutlich in den Geschlechtern. Am besten bekannt und am weitesten verbreitet lebt der Östliche Pflanzenmäher in Argentinien, Uruguay und Bolivien; das bräunliche Weibchen sieht wie ein Sperling aus. Nicht ganz so rot ist das Gefieder des Peruvianischen Pflanzenmähers, dessen isoliertes Vorkommen sich auf das nordwestliche Küstengebiet von Peru beschränkt. Der Chilenische Pflanzenmäher ist grau.

Den Lebensraum dieser Vögel bilden offene Wälder, Buschland und selbst Kulturgebiete. Ihren Namen verdanken die Tiere der Tatsache, daß sie zum Fressen die Blätter, Knospen, Früchte, Schößlinge und kleinen Pflanzen an der Wurzel abkneifen und dabei viel mehr verwüsten, als sie zu fressen imstande sind. In landwirtschaftlichen Gebieten, insbesondere in Chile, sollen die Pflanzenmäher manchmal die Felder und Gärten derart heimsuchen, daß man zu ernsten Maßnahmen gegen sie gezwungen ist. Zutraulich sitzen die Tiere auf ihren Büschen und lassen den Menschen ganz nahe an sich herankommen; fühlen sie sich beunruhigt, so fliegen sie nicht allzu weit, sondern suchen Schutz schon zwischen den nächsten Blättern. Ihr wellenförmiger Flug ist weder kräftig noch ausdauernd, doch bewegen sie ihre kurzen, spitzen Flügel immerhin mit hörbar schnellem Schwirren.

Gern sammeln sich die Pflanzenmäher in kleineren, lockeren Schwärmen, die dann ziellos über das Land streifen, wenn die Brutzeit vorbei ist; auch wechseln sie je nach Jahreszeit ihre Weidegründe. Die rauhen, unmusikalischen Laute hat man mit den verschiedensten Geräuschen verglichen, wie dem Knarren gegeneinander reibender Äste, mit Froschgequake oder dem Blöken von Schafen.

Ihre offenen, runden Nester aus Zweigen polstern die Vögel mit feineren Pflanzenfasern aus. Die chilenische Art baut ziemlich hoch in den Bäumen, die östliche gern in Bodennähe, oft im Schutz eines Dornbusches. Das Gelege aus 2 bis 4 bläulichgrünen, dunkelbraun gesprenkelten Eiern wird allein vom Weibchen ausgebrütet, die Aufzucht der Jungen jedoch besorgen beide Elterntiere.

FEUERKOPF
Oxyruncus cristatus
Costa Rica bis Paraguay; 18 cm.

ÖSTLICHER PFLANZENMÄHER
Phytotoma rutila
Bolivien, Paraguay,
Uruguay und Argentinien; 18 cm.

Feuerköpfe *Oxyruncidae*

Außer dem, was die paar verstreuten Museumsbälge auszusagen vermögen, wissen wir wenig über diese Gruppe. Bekannt sind die Feuerköpfe nur aus 6 Ländern: Costa Rica, Panama, Venezuela, Britisch-Guayana, Südbrasilien und Paraguay. Dort treten sie keineswegs häufig auf, und jedes bekanntgewordene Vorkommen scheint streng ortsgebunden zu sein. Die in Brasilien und Paraguay heimischen Gruppen leben im Regenwald bis zu 1000 m Höhe. Da sich die Vertreter aus den 6 so weit voneinander entfernten Fundorten nur schwach in der Größe und in den gelblichen bis weißen Farbtönen ihrer Unterseite unterscheiden, betrachten wir sie lediglich als Angehörige verschiedener Unterarten ein und derselben Art, die in früheren Zeiten vermutlich viel weiter und zusammenhängender verbreitet war.

Da wir die näheren Verwandten dieser Vögel nicht kennen, erscheint ihre systematische Stellung recht ungewiß. In anatomischer Hinsicht schließen sie sich am nächsten an die Tyrannen an, denn wir finden hier den gleichen Bauplan der Syrinxmuskulatur und des Fußes. Auch erinnert der rote Federschopf, der bei den Weibchen etwas blasser erscheint, durchaus an die Verhältnisse bei den Tyrannen, wenn auch die Läufe und Zehen der Feuerköpfe kräftiger und untersetzter wirken. Von den Tyrannen aber unterscheidet sie deutlich der gerade, scharf zugespitzte und am Ende nicht hakig gebogene Schnabel, der in einzigartiger Weise am Grunde nicht mit den üblichen Schnabelborsten, sondern mit kurzen, feinen Federchen umstanden ist. Auch sind ihre Nasenlöcher nicht rund, sondern oval und mit einer Klappe ausgerüstet. Bevor weitere Untersuchungen einen Anhaltspunkt für den Anschluß dieser Vögel an eine andere Familie liefern, sollen sie als selbständige Einheit betrachtet werden.

Eingehendere Beschreibungen ihrer Lebensweise fehlen noch immer. Die Feuerköpfe scheinen einzeln zu leben – jedenfalls hat man noch keine Schwärme gesehen – und Früchte zu fressen. Über ihr Nistverhalten sind wir ebenso im unklaren wie über die Nester selbst und die Eier.

GRANATPITTA
Pitta granatina
Malaya, Sumatra, Borneo; 17 cm.

PHILIPPINEN-PITTA
Pitta steerii
Philippinen; 20 cm.

Pittas *Pittidae*

Charakteristisch für die 15 bis 28 cm großen Pittas sind der gedrungene, etwas abwärts gebogene Schnabel, der große Kopf, der kurze Hals, die kleinen, verrundeten Flügel sowie die ziemlich langen, kräftigen Läufe und Füße. Noch deutlicher als die bunte Färbung des lockeren Gefieders aber kennzeichnet sie der ungewöhnlich kurze, abgestutzte Schwanz, der bei manchen Arten nur noch mit ein paar kurzen, steifen Federn angedeutet erscheint. Einige Formen zeichnen sich durch Hauben und kleine Ohrbüschel aus. In sämtlichen Arten treten in beiden Geschlechtern grundsätzlich die gleichen bunten Farben auf, die fast das ganze Spektrum von Grün bis Purpur, Karminrot und Gelb umfassen, doch wirken die Weibchen etwas matter und dunkler.

Für den Systematiker bedeuten die Pittas eine klar abgegrenzte Gruppe, deren 23 Arten so eng zusammengehören, daß man sie alle zur einzigen Gattung *Pitta* stellt. Ihr Verbreitungszentrum umfaßt das südöstliche Asien und die angrenzende Inselwelt; eine Art, die Neunfarbenpitta, geht vom südlichen Japan über China bis zum nördlichen Indien. Andere wieder finden sich auf den Philippinen, den Salomonen oder in Australien, wo die Gattung mit 3 Arten vertreten ist. Zwei Arten leben isoliert in Ost- und Zentralafrika. Manche tropische Pittas kommen sehr eng begrenzt vor, wie etwa die Philippinenpitta, eine der schönsten Arten, die sich auf das moosbedeckte Unterholz der feuchten Bergwälder von nur 3 der Philippinen-Inseln beschränkt.

Da wir die näheren Verwandten der Pittas nicht kennen, erscheinen ihre Beziehungen zu den übrigen Familien ungewiß. Nur auf Grund des einfachen Baues ihres Stimmapparates rechnet man sie zur Unterordnung der Tyrannenvögel, wenn sie auch sonst kaum etwas mit dieser neuweltlichen Familie gemein haben. Aus ihrer Geschlossenheit als Gruppe und der unzusammenhängenden Verbreitung läßt sich entnehmen, daß die Pittas als Nachkommen einer urtümlichen Stammgruppe von Waldvögeln aufzufassen sind, die früher viel weiter verbreitet in den altweltlichen Tropen lebte.

Im Dämmerlicht ihres Lebensraumes – die Pittas bewohnen den Boden und die unteren Lagen der Tropenwälder – fallen ihre bunten Farben überhaupt nicht auf, so daß man die Tiere nur schwer im dichten Pflanzengewirr erkennt. Kommt man näher, so huschen sie durch das Unterholz wie kleine Nagetiere; wenn sie sich in die Luft erheben, fliegen sie zielbewußt und schnell mit raschem Flügelschlag. Viele Arten sind Zugvögel, so die Bewohner des gemäßigten China, Japans und Australiens, die den Winter in den Tropen verbringen; aber auch verschiedene Tropenformen ziehen außerhalb der Brutzeit zu neuen Futterplätzen.

Als Nahrung dienen ausschließlich Insekten und anderes Kleingetier; manche Arten bevorzugen Termiten, andere Tausendfüßler. Die Lärmpitta, die man auf Grund ihrer prächtigen Färbung in Australien «Dragonerpitta» nennt, hat sich auf Schnecken spezialisiert und benutzt einen eigenen Baumstumpf oder Stein, um die Gehäuse darauf zu knacken.

Tagsüber halten sich die Pittas zum Fressen auf dem Boden auf, baumen aber nachts auf und hüpfen auch zum Singen auf die Zweige. Ihr Ruf besteht aus einem recht weittragenden, 2- oder 3tonigen Pfeifen, das aber derart bauchrednerisch klingt, daß man den Standort der Tiere danach kaum ausmachen kann. In den Mondnächten rufen manche Pittas sich durch den Urwald gegenseitig zu; andere bringen ein eigenartiges Grunzen hervor. Von den afrikanischen Arten kennen wir schwirrende, rasselnde Geräusche, die während ihrer kurzen Balzflüge offenbar mit den Flügeln erzeugt werden.

Aus locker zusammengefügten Zweigen und anderen Pflanzenteilen bauen die Pittas große, kugelförmige Nester mit einem seitlichen Eingang. Meist liegen diese Niststätten am Boden oder in Bodennähe, oft in einem Dornbusch, aber auch bis 10 m hoch in den Bäumen.

Die Zahl der fast kugeligen, glänzend weißen bis gelblichen, dunkelbraun gefleckten Eier im Gelege beträgt 4 bis 6, aber auch mitunter 2 oder 7. Beide Eltern brüten und atzen die Jungen, doch kennen wir noch nicht die genaue Dauer der Brutzeit. Die nördlichen Arten brüten von Mai bis August, die Afrikaner und Australier südlich des Äquators im dortigen Sommer von November bis Februar. Bei den Einwohnern der

Orientalischen Region fällt die Nistperiode in die Regenzeit von Februar bis April; das hängt wahrscheinlich damit zusammen, daß dann auch Insekten in Hülle und Fülle als Nahrung vorhanden sind.

Neuseelandpittas *Xenicidae*

Diese Familie wird von 4 Arten kleiner, insektenfressender Vögel Neuseelands gebildet. Drei davon sind 10 cm messende, bräunliche Tiere, die mit hochgestelltem Schwanz durch das Unterholz oder über den steinigen Bodengrund huschen; die vierte aber, der nur 8 cm lange, gelblichgrüne Scheinkleiber, lebt als kleinste dortige Art in den Tiefen der Wälder.

Der Scheinkleiber beschränkt sich in seiner Verbreitung auf die Küstenwälder, kommt aber dort noch recht häufig vor. Selten geworden sind der Scheinzaunkönig und Baum-Scheinzaunkönig, denn sie haben viel unter den vom Menschen eingeführten Raubzeug zu leiden gehabt, wie den Ratten und Katzen. Bereits ausgestorben ist die Art der Stephans-Insel, die wohl den kleinsten Verbreitungsraum eines Vogels einnahm: ein winziges, bewaldetes Eiland, etwa 1 qkm groß.

Unsere heutigen 3 Arten können nicht gut fliegen. Die besten Leistungen zeigt noch der Scheinzaunkönig, der immerhin etwa 1000 m weit zu flattern vermag. Einfaches, nasales Zirpen und Warntöne sind alles, was der primitive Stimmapparat hergibt. Alle 3 Arten bauen geschlossene Nester mit seitlichem Eingang, der Scheinkleiber in Baumhöhlen, die beiden anderen in Baumstümpfen oder Gesteinsspalten. Um die 2 bis 5 reinweißen Eier und die Brutpflege kümmern sich beide Eltern. Ihrem Bau und Verhalten nach dürften diese Vögel und die Pittas auf gemeinsame Ahnen zurückgehen.

BAUM-SCHEINZAUNKÖNIG
Xenicus longipes
Neuseeland; 9 cm.

Lappenpittas *Philepittidae*

In den Wäldern Madagaskars gibt es 4 wenig bekannte, kleine Vogelarten als letzte Überlebende einer Gruppe primitiver Sperlingsvögel, die andernorts längst ausgestorben sind. Obwohl sie sich im Aussehen und Verhalten ziemlich stark unterscheiden, zeigen doch die beiden mit je 2 Arten vertretenen Gattungen *Philepitta* und *Neodrepanis* verschiedene anatomische Übereinstimmungen, die auf eine gemeinsame Abstammung hindeuten.

Die beiden *Philepitta*-Arten sind plumpe Baumbewohner mit kräftigen Beinen und ähneln entfernt den Pittas. Die häufigere Seiden- oder Schwarzlappenpitta lebt in den feuchten Wäldern des östlichen Madagaskar bis zu Höhen von 1500 m und soll ein ruhiger, zutraulicher Vogel sein, der ziemlich träge seinen Weg durch die mittlere Lage und den buschigen Grund des Waldes zieht, wenn er – meist vereinzelt oder höchstens in Gesellschaft von 2 oder 3 anderen – sich seine Früchte und Beeren sucht. Nur selten vernimmt man seinen weichen, drosselähnlichen Gesang. Den Nestbau kennen wir nur von dieser Art: ein birnenförmiges, hängendes Gebilde aus Moos und Palmenfasern, gepolstert mit welkem Laub, und mit einem seitlichen, überdachten Eingang. Bisher ist nur ein Gelege beschrieben worden, und das enthielt 3 weiße Eier. Im westlichen Madagaskar lebt die etwas kleinere, aber bunter gefärbte Ringlappenpitta.

In den gleichen feuchten Wäldern des Ostens, in denen auch die Seidenlappenpitta zu Hause ist, kommt die Langschnabelige Nektarpitta vor, eine weit kleinere und ganz anders aussehende Art mit kleinen, schwachen Füßen und einem langen, gebogenen Schnabel. Jahrelang hat man sie für einen Angehörigen der Nektarvögel gehalten, denen sie ja auch täuschend ähnelt, bis dann eingehendere anatomische Studien die wahre Verwandtschaft ans Licht brachten. Die Nektarpitta lebt und frißt tatsächlich wie die Nektarvögel, taucht ihren Schnabel in die Blüten und nimmt den Nektar wie auch die dort herumschwimmenden kleinen Insekten als Beikost. Wie die anderen Lappenpittas, lebt auch diese Art als Einzelgänger, so daß man selten mehr als 2 oder 3 Nektarpittas beisammen sieht, obwohl sie nicht einmal besonders selten sind. Ihre Stimme besteht nur aus einem leisen Zischen.

LANGSCHNABELIGE NEKTARPITTA
Neodrepanis coruscans
Östliches Madagaskar; 9 cm.

SEIDENLAPPENPITTA
Philepitta castanea
Östliches Madagaskar; 17 cm.

Die letzte Art, die Kurzschnabelige Nektarpitta, kennen wir nur nach 7 Exemplaren aus den Wäldern im nordöstlichen Madagaskar; es ist ein kleiner, unauffälliger Vogel, den man leicht übersieht und der leider vom Aussterben bedroht scheint.

Leierschwänze *Menuridae*

Zu den vielen Absonderlichkeiten Australiens, die dieser Erdteil dem Zoologen zu bieten hat, gehören die wunderbaren Leierschwänze. Nur 2 Arten enthält diese Familie: den eben erwähnten Prachtleierschwanz und den etwas kleineren Albert-Leierschwanz, der nach Prinz Albert benannt wurde, dem Gemahl der Königin Victoria. Beides sind braunrückige Vögel mit aschgrauem Bauch, langem spitzem Schnabel, langem Hals, großen, kräftigen Läufen und Füßen sowie derart verlängerten Schwanzfedern, daß man die Leierschwänze anfangs für Fasanen hielt.

Erst später, als man sich näher mit seiner Anatomie befaßte, entdeckte man den singvogelartigen Stimmapparat, der aber anstelle der bei den echten Singvögeln üblichen Anzahl von 5 bis 7 Muskelpaaren nur 3 besaß. Weiterhin fielen das lange, schmale Brustbein auf, das eher dem der meisten Wasservögel und nicht dem kurzen, quadratischen Typ der Sperlingsvögel gleicht, die Anzahl von 16 Schwanzfedern statt der sonst gewohnten 12, ferner der Besitz von 6 Alula-(Eckflügel-)Federn auf dem Daumen anstelle von 3 oder 4. Um ihre systematische Stellung zu kennzeichnen, stellt man die Leierschwänze zusammen mit den Dickichtvögeln zur Unterordnung *Menurae*.

Allgemein bekannt geworden ist der Prachtleierschwanz durch den häufigen Gebrauch als Wappentier auf den australischen Siegeln und Briefmarken, wo man ihn genau so oft antrifft wie den Emu, das Känguruh, das Schnabeltier und den Koala-Beutelbär. Leider hat die immer wieder dargestellte Haltung mit dem hoch aufgerichteten und nur zum Teil, nämlich genau leierförmig entfalteten Schwanz, wie wir sie auf Briefmarken und in den Büchern zu sehen bekommen, die Ornithologen etwas in Verlegenheit gebracht, denn sie ist überhaupt nicht typisch für den Vogel, wenn sie auch gelegentlich einmal bei der Balz eingenommen werden kann.

Den Rahmen der Lyra bildet das 60 cm lange, schön geschwungene und gestreifte äußere Schwanzfederpaar des Männchens, und die «Saiten» werden durch die nächsten 6 Federpaare dargestellt, deren lange Strahlen aber keine Häkchen tragen und somit keine zusammenhängende Fahnen bilden. Das mittlere Federpaar ist bis auf die Spitze kahl; unmittelbar hinter seinem Ansatz kreuzt es sich und neigt sich dann mit der Spitze von der Leier fort. Beim Albert-Leierschwanz, dessen braune Farbe mehr ins Rötliche geht, fehlen den Hähnen die Rahmen der Lyra; die beiden mittleren Schwanzfedern sehen genauso aus wie bei der vorigen Art, aber die anderen 7 Paar bestehen nur aus spitzenartigem Strahlenwerk. In der Färbung gibt es keinen Unterschied zwischen den Geschlechtern, doch zeigen die Hennen einen ganz gewöhnlichen Schwanz. Bis etwa zum 3. Lebensjahr gleichen die Junghähne den Hennen und entwickeln dann erst ihren Schwanzfederschmuck.

Beide Arten leben im Wald- und Buschland des östlichen Australien, doch geht der Albert-Leierschwanz etwas weiter

nach Norden. Als scheue Einzelgänger halten sie sich in dem dichten Pflanzenwuchs versteckt und laufen mit großer Geschwindigkeit durch das Unterholz. Die Nacht verbringen die Leierschwänze auf den Zweigen der Bäume. Als Nahrung dienen ausschließlich Kleintiere, wie Insekten, Würmer und Schnecken, nach denen die Vögel am Boden scharren.

Fast ebenso berühmt wie ihr Lyraschmuck ist die ungewöhnliche Fähigkeit der Leierschwänze, Laute nachzuahmen. In dieser Hinsicht sollen sie — und zwar ganz besonders der Albert-Leierschwanz — alle anderen Vögel übertreffen. Selbstverständlich haben sie auch ihre eigene Stimme, wie das «Schu-schu-schu» des Prachtleierschwanzes, das man vor allem in der Dämmerung hört, außerdem aber sind sie imstande, jedes sonstige Geräusch mit erstaunlicher Genauigkeit nachzuahmen, insbesondere den Ruf und Gesang anderer Vögel. Ein gefangenes Männchen ist in der Lage, nacheinander die Laute von 20 oder mehr Vogelarten wiederzugeben, darunter das rauhe Gelächter des «Lachenden Hans», aber auch jede andere Tierstimme oder selbst mechanische Geräusche: Pferdewiehern, Hundegebell, das Blöken der Schafe, das Kreischen einer Säge, Autohupen, den Klang von Motoren — kurz, was nur sein Interesse findet.

Wahrscheinlich sind die Hähne polygam, denn am Nestbau, am Brüten und an der Aufzucht der Jungen beteiligen sie sich nicht. Jedes Männchen schafft sich ein eigenes Revier, das manchmal fast einen Quadratkilometer groß ist, und darin duldet es keinen anderen Hahn. Auf diesem Gelände legt sich das Tier bis zu einem Dutzend Tanzplätze an und besucht sie jeden Tag der Reihe nach, um dort zu balzen. Der Prachtleierschwanz kratzt sich feuchte Erde zu kleinen Hügeln zusammen, auf denen er seinen Balztanz aufführt, während der Albert-Leierschwanz zum gleichen Zweck eine flache Erdmulde von 75 cm Durchmesser ausscharrt.

Ihren Balztanz leiten die Hähne mit gesanglichen Darbietungen ein und setzen sie während der ganzen Vorstellung fort. Dann senken sie ihren Schwanz, entfalten ihn langsam und heben ihn immer höher nach vorn über den Rücken, bis sie gänzlich von der weißen Federpracht umhüllt sind und die Federspitzen vor dem gesenkten Kopf die Erde berühren. Damit ist der Höhepunkt der Balz erreicht, und nun schließt der Vogel mit ein paar hohen Tönen, faltet seinen Schwanz wieder zur Normallage zusammen und geht seiner Wege.

Ungefähr einen Monat wendet die Henne für den Nestbau auf. Am Boden oder kurz darüber, oft zwischen zwei Bäumen, in einem hohlen Baumstumpf oder zwischen den obersten Wedeln eines schrägen Baumfarns, errichtet sie ein mächtiges, überdachtes Gebilde mit einem seitlichen Eingang. Die Außenwand besteht aus Zweigen, trockenen Farnwedeln, Moos und Rinde, das Innere aus verflochtenen Wurzel- und Rindenfasern. Ausgepolstert wird das Ganze mit den langen Dunenfedern, die sich die Henne selbst von Rücken und Schenkeln auszieht. Etwa eine Woche, nachdem das Nest fertiggestellt ist, legt sie ihr Ei, und dann vergeht nochmals eine Woche, bis sie mit dem Brüten beginnt.

Das weißgraue bis braune, dunkel gefleckte Ei ist nicht nur das größte eines Sperlingsvogels, sondern benötigt auch die längste Brutzeit. Von einem Haushuhn wurde es in 28 Tagen ausgebrütet, doch brauchen die Leierschwanz-Hennen selbst etwa 35 bis 42 Tage in der Natur dazu. Die Jungen schlüpfen völlig nackt, bedecken sich jedoch sehr bald mit langen, schwarzen Dunen.

Dickichtvögel *Atrichornithidae*

Als Verwandte der Leierschwänze stammen die beiden australischen Dickichtvögel offenbar mit ihnen von gemeinsamen Vorfahren ab; die eine Art galt bis 1961 als ausgestorben. Nur wenig ist über diese scheuen, versteckt lebenden braunen Vögel bekannt. Die größere Art, der 21 cm lange Lärmdickichtvogel, lebt jetzt noch in einer winzigen Population von 20 bis 30 Tieren im südwestaustralischen Buschland. Insgesamt kennen wir von ihm nur etwa 16 Museumsbälge, von denen der letzte im Jahre 1889 erbeutet wurde. Sein Verwandter, der etwas kleinere Rotbraune Dickichtvogel, kommt heute noch in spärlicher Anzahl im subtropischen Buschland des ostaustralischen Küstengebietes vor. Angeblich kann er überhaupt nicht fliegen, sondern flattert nur ein kurzes Stück weit, läuft aber schnell zwischen Buschwerk am Boden umher.

Im Bau des Stimmapparates gleichen die Dickichtvögel den Leierschwänzen, doch finden sich hier nur 2 Muskelpaare. Auch sind ihre Läufe und Füße groß und kräftig, denn damit kratzen sie Schnecken, Würmer, Insekten und gelegentlich auch Sämereien aus der Erde. Ihr auffallendstes anatomisches Kennzeichen aber besteht in der starken Rückbildung der Schlüsselbeine im Zusammenhang mit dem Verlust des Flugvermögens; sie sind hier im Gegensatz zu den anderen Sperlingsvögeln nicht zum Gabelbein verschmolzen. Weibchen sind dunkler gefärbt und bleiben kleiner.

Mit den Leierschwänzen teilen die Dickichtvögel die Stimmgewalt. Die Rufe des Lärmdickichtvogels sollen derart schrill sein, daß sie einem in den Ohren gellen, als ob in einem kleinen Raum auf einer lauten Pfeife geblasen würde.

Das Nest des Rotbraunen Dickichtvogels stellt eine Miniaturausgabe des Leierschwanznestes dar und wird auch ebenso am Boden oder unmittelbar darüber angelegt. Es besteht aus locker verflochtenem altem Gras und dürrem Laub; ausgekleidet wird es mit einer merkwürdigen Masse, die wie rauhes Packpapier aussieht. Dazu sammelt der Vogel weichen Holzmulm und klebt ihn in feuchtem Zustand an die Innenseite des Nestes. Gewöhnlich enthält das Gelege 2 rötlichweiße Eier mit rotbraunen Sprenkeln. Außer der Tatsache, daß allein das Weibchen brütet und die Jungen aufzieht, wissen wir wenig von der Brutpflege.

Durch die künstlichen Veränderungen des Lebensraumes und die eingeführten Raubtiere wäre auch die letzte Art zum Aussterben verdammt, wenn sie nicht im Lamington-Nationalpark eine Zuflucht gefunden hätte.

ROTBRAUNER DICKICHTVOGEL
Atrichornis rufescens
Östliches Australien; 18 cm.

Lerchen *Alaudidae*

Als kleine, unscheinbar gefärbte Bodenvögel, bekannt durch ihren melodienreichen Flug, bilden die Lerchen eine überwiegend altweltliche Vogelfamilie, die südlich der Tundren in ganz Europa und Asien vertreten ist, am reichhaltigsten aber in Afrika, wo zwei Drittel der insgesamt 75 Arten vorkommen. Zwei Arten sind bis zum nördlichen Australien vorgedrungen, und eine, die Ohrenlerche, gehört auch zur Fauna der Neuen Welt. Diese Art, die man leicht an ihren schwarzen Federbüschen über den Ohren erkennt, lebt auf der gesamten Nördlichen Halbkugel und brütet im arktischen Tundrengebiet, geht aber südwärts einerseits bis Nordafrika, andererseits über den größten Teil von Nordamerika bis zum südlichen Mexiko. Isolierte Populationen haben sich in den Gebirgen des Balkans oberhalb der Baumgrenze und auf den Hochsteppen der Anden in Kolumbien angesiedelt.

Die Lerchen bilden eine der geschlossensten Sperlingsvogel-Familien, die sich von allen übrigen Gruppen durch Sondermerkmale unterscheidet. Der Lauf trägt nicht nur vorn große Hornschilder, wie es bei den anderen echten Singvögeln der Fall ist, sondern auch auf der abgerundeten Rückseite. Daraus geht hervor, daß sich die Lerchen schon früh von der Stammgruppe der Sperlingsvögel abgesondert haben, und da sie auch andere urtümliche Merkmale aufweisen, wie die 5fache Muskulatur des Stimmapparates, behandeln wir sie als erste und primitivste Familie der echten Singvögel. Der lange, spitze Flügel trägt 10 Handschwingen, aber die äußere bleibt kurz und ist bei einigen Gattungen fast vollständig rückgebildet. Ein weiteres Erkennungsmerkmal stellt die lange, gerade Kralle der Hinterzehe dar, die wir auch bei den Bachstelzen wiederfinden.

Obwohl man sie in 15 Gattungen und 75 Arten aufgliedert, unterscheiden sich doch die Lerchen nicht allzu stark in ihrem Lebensraum und in ihrer Lebensweise. Es sind durchwegs kleine, 13 bis 23 cm große Vögel mit unauffälligem, braun und grau gestreiftem Gefieder und mit einer helleren Unterseite. Stets finden wir einen spitzen Schnabel, häufig Federbüsche oder Hauben auf dem Kopf. Abgesehen von der nordeurasischen Mohrenlerche und den 7 afrikanischen Gimpellerchen der Gattung *Eremopteryx*, sind die Geschlechter gleich gefärbt, nur wirken die Weibchen etwas dunkler und kleiner als die Männchen.

Zumeist trifft man die Lerchen im offenen Gelände an, in den Grasebenen, Mooren, Kulturfeldern, Wüsten und Küsten. Abgesehen von den Klapperlerchen und anderen, die sich auf dem Gesträuch oder auf Pfählen aufhalten, bewegen sich die Tiere laufend, aber nicht hüpfend über den Boden. So vortrefflich sind sie der Umgebung angepaßt, daß man ganz dicht an sie herantreten kann und sie erst bemerkt, wenn sie auffliegen. Ihre Nahrung besteht etwa zu gleichen Teilen aus tierischen und pflanzlichen Bestandteilen, nämlich Insekten, deren Puppen und Larven sowie aus Sämereien und anderem. Grundsätzlich leben diese Vögel gesellig und schließen sich außerhalb der Brutzeit zu Scharen zusammen. Fast alle Arten unternehmen regelmäßige, mitunter weite Wanderungen.

Überall in der ganzen Welt preist man den Lerchengesang, und tatsächlich gehört das Schmettern des Feldlerchenhahns beim Balzflug zu den schönsten Naturlauten überhaupt. Äußerlich gesehen, wirkt die Feldlerche klein und unauffällig, aber ihr Gesang steht ganz im Gegensatz zu der äußeren Erscheinung und hat schon so manchen Dichter begeistert. Ein unvergeßliches Erlebnis ist es, wenn an einem Frühlingsmorgen plötzlich auf einem einsamen Feld ein kleiner brauner Vogel aufsteigt, sich in die höchsten Höhen schraubt und dabei das Land mit seinem trillernden, sprudelnden Gesang erfüllt.

Dieser vielgepriesene Sänger nistet von den Britischen Inseln an über Europa und Asien bis Kamtschatka und Sibirien, südwärts bis Indien und Nordafrika. So sehr lieben die Europäer ihre Feldlerche, daß sie die Art in alle Teile der Welt verpflanzt haben. Mit Erfolg hat man sie auf Neuseeland und Hawaii angesiedelt. Auch nach Long Island, New York, hat man sie eingeführt; dort hielt sie sich seit 1880 ein paar Jahrzehnte, nahm aber immer mehr ab und scheint seit 1913 ausgestorben. Besser erging es den Feldlerchen, denen man auf der Vancouver-Insel bei Britisch-Kolumbien eine neue Heimat bot, denn sie existieren dort immer noch.

Trotz der allgemein entgegengebrachten Wertschätzung galten Lerchen früher in Europa als kulinarische Delikatesse, und da es schon einer beträchtlichen Anzahl bedarf, um ein Gericht davon zusammenzubringen, hat man sie massenhaft geschossen und mit Netzen gefangen. (In Italien tut man es noch.) Das hat jedoch den Individuenbestand nicht merklich beeinflussen können. Im Gegenteil: Indem der Mensch die Wälder rodet und Ackerflächen schafft, erweitert er auch ihren Lebensraum und trägt zur Ausbreitung der Art bei. Die Haubenlerche ist sogar in letzter Zeit immer mehr zu einem Stadtvogel geworden, der zumindest in den Außenbezirken der Städte zum gewohnten Vogelleben gehört.

Im allgemeinen bauen die Lerchen offene, napfförmige Nester am Boden für ihre 2 bis 6 weißen, gefleckten Eier; bei den Klapperlerchen *(Mirafa)* sind sie überdacht. Der Nestbau obliegt allein dem Weibchen; das Männchen hält sich allerdings in der Nähe auf und singt dazu, versieht das Weibchen während der 11- bis 12tägigen Brutzeit mit Futter und beteiligt sich auch am Atzen der Jungen, die nach 10 bis 12 Tagen flügge werden. Im allgemeinen bringen die Lerchen 2 oder mehr Bruten im Jahr hervor.

OHRENLERCHE
Eremophila alpestris
Eurasien, Nordafrika, Nordamerika, Mexiko, Kolumbien; 16–18 cm.

FELDLERCHE
Alauda arvensis
Gemäßigtes Eurasien und Nordafrika; 18 cm.

Schwalben *Hirundinidae*

Keine andere Vogelgruppe ist dem Menschen in der ganzen Welt so stark ans Herz gewachsen wie gerade die Schwalben. Überall sind sie zu Hause; nur in den Polargebieten, auf Neuseeland und einigen ozeanischen Inseln fehlen sie. Oft werden die Schwalben mit den Mauerseglern verwechselt, obwohl sie überhaupt nicht näher mit ihnen verwandt sind und ihnen nur äußerlich etwas ähnlich sehen; ihre grundsätzlichen anatomischen Unterschiede aber lassen erkennen, daß wir es hier wieder einmal mit einem Fall von Parallelentwicklung zu tun haben, indem zwei einander fernstehende Gruppen im Zusammenhang mit der gleichen Lebensweise auch eine ähnliche Gestalt angenommen haben. Wenn auch nicht ganz so stark wie die Segler, so halten sich doch die Schwalben mehr als alle anderen Sperlingsvögel während der Aktivitätszeit in der Luft auf.

Äußerlich erkennt man den Unterschied schon daran, daß bei den Schwalben 12, bei den Mauerseglern aber nur 10 Schwanzfedern auftreten; auch wirkt der Flug der Schwalben weniger reißend. Außerdem erkennt man eine Schwalbe mühelos an dem schlanken Rumpf, den langen, spitzen Flügeln, dem dichten, oft metallisch schillernden, oberseits meist dunkleren Gefieder und den kurzen Läufen mit den nur schwachen Füßen. Ihr kleiner, dreieckiger Schnabel öffnet sich weit, da die Mundspalte fast bis zu den Augen reicht. Die Gesamtgröße der Tiere liegt zwischen 10 und 23 cm.

Obwohl die Anzahl der Handschwingen hier von 10 auf 9 heruntergesetzt ist, was eine beträchtliche Spezialisation bedeutet, setzen wir doch die Schwalben ziemlich tief am Stammbaum der Sperlingsvogelfamilien an, denn sie zeigen andererseits eine ganze Reihe primitiver Merkmale, wie etwa die unvollständige Entwicklung der Bronchienringe, und somit lassen sie keine näheren Verwandtschaftsbeziehungen zu irgendeiner anderen Vogelgruppe erkennen. Irgendwo und irgendwann im Eozän dürften sie sich von irgendeiner insektenfressenden Stammgruppe urtümlicher Sperlingsvögel abgespalten haben, aber mehr vermögen wir nicht darüber zu sagen. Ihre 79 heutigen Arten, gegliedert in etwa 20 Gattungen, sind so weit und so gleichmäßig über die Welt verteilt, daß wir aus ihrer geographischen Verbreitung keine Schlüsse auf das ursprüngliche Entstehungszentrum ziehen können.

Ständig sind die Schwalben in der Luft unterwegs, um Insekten zu jagen, und ihr vollendet eleganter Flug übertrifft den der meisten anderen Vögel; an Schnelligkeit und Flughöhe jedoch können sie es mit den Seglern nicht aufnehmen. Während die Segler tagsüber kaum ausruhen und auch dann nur an senkrechten Flächen, lassen sich die Schwalben häufiger auf waagerechten Zweigen, Telephonleitungen oder Dächern nieder. Auf dem Boden sieht man sie allerdings nur, wenn sie Nistmaterial sammeln. Dort bewegen sie sich ziemlich ungeschickt in einem merkwürdigen Watschelgang über kürzere Strecken fort.

Wir schätzen die Schwalben, weil sie sich einerseits durch das Fortfangen der Insekten nützlich machen, und weil sie andererseits so freundlich und liebenswert wirken. Weniger prächtig sind ihre Gesangsleistungen, denn die bestehen nur aus einem schrillen Zirpen, mit dem sich die Vögel während des Fluges und während der Rast gegenseitig zuzwitschern. Dem Menschen gegenüber zeigen sie wenig Furcht, sondern sie nisten vielmehr gern in oder an seinen Gebäuden. Schließlich liebt der Mensch in Nord und Süd die Schwalben auch als Frühlingsboten.

Wenn sich die Scharen der Schwalben am Himmel zeigen, wissen wir, daß nun auch der Frühling seinen Einzug hält.

Da die Schwalben tagsüber ziehen und dabei fressen müssen, können sie nur dann nach Norden vordringen, wenn es auch Insekten gibt, und das hängt wieder von einer ausreichend warmen Witterung ab. Das nördliche Vordringen der Schwalben stimmt ziemlich genau mit den Fortbewegungen der Isothermen überein; so folgt beispielsweise die Rauchschwalbe den Spitzen der 9 °-C-Linie. Ein oder zwei besonders abgehärtete Tiere treffen auch schon vor dem großen Schwarm ein und bewahrheiten das alte Sprichwort, daß eine Schwalbe allein noch keinen Sommer macht.

Da der Schwalbenzug zum großen Teil vom Wetter abhängt, erscheinen die Tiere keineswegs immer pünktlich, und daher kann sich das Datum ihres Einzuges in den verschiedenen Jahren bis um 2 Wochen verschieben; das entspricht genau den meteorologischen Schwankungen im Vorrücken der Isothermen. Daher erscheint die Bauernregel, nach der die Schwalben in jedem Jahr auf den Tag genau eintreffen, nur als liebenswürdiges, aber leider unwahres Märchen.

Jeder kennt unsere häufige und weitverbreitete Rauchschwalbe, die auf der ganzen nördlichen Halbkugel in Europa, Asien und Nordamerika brütet. Die nordamerikanischen Formen bleiben etwas kleiner als die europäischen; auch zeigt ihre Bauchseite eine bräunliche Tönung, und das dunkle Band über ihrer Brust ist in der Mitte unterbrochen. Im Winter ziehen die europäischen Rauchschwalben nach Afrika, die asiatischen nach Malaya und zu den Philippinen, und die nordamerikanischen überwintern in Südamerika. In den altweltlichen Tropen gibt es verschiedene nahe Verwandte der Rauchschwalbe, die in den südlichen gemäßigten Zonen nisten und im Winter nach Norden ziehen. Hierzu gehört zum Beispiel die sogenannte «Willkommensschwalbe» in Australien.

Überall in ihrem so ausgedehnten Verbreitungsgebiet nistet die Rauchschwalbe und ihre Verwandten aus der gleichen Gattung *Hirundo* seit den Anfängen der menschlichen Geschichte in enger Gemeinschaft des Menschen; darüber berichten uns bereits die so oft bemühten «alten Griechen». Mit Vorliebe wählen sie Scheunen, Ställe und Schuppen, um dort ihre offenen, schalenförmigen Lehmbauten an die rauhen Holzbalken zu kleben. Bei uns, aber zum Beispiel auch in Korea und Japan, gilt es als Glückszeichen, wenn die Schwalben in einem Haus ihr Nest bauen, und so nagelt man ihnen vielerorts ein kleines Brettchen unter den Vorsprung des Strohdaches oder an anderen geeigneten Stellen, um sie herbeizulocken. Auf diese Weise hat der Mensch zweifellos dazu beigetragen, die Individuenzahl der Schwalben zu vergrößern und die Art weiter auszubreiten. In früheren Zeiten, als es noch nicht wie heute Häuser gab, dürften die Vorfahren unserer Rauchschwalben sicherlich in Gesteinsspalten oder in Asthöhlen gebrütet haben, wie es ganz wenige Schwalben auch heute noch tun. Mit erstaunlicher Ortstreue findet die Rauchschwalbe in jedem Jahr wieder zu ihrem alten Nistplatz und oft sogar wieder zum selben Nest zurück. Das bessern sie mitunter aus, legen aber meistens ein neues in dessen nächster Nähe an. Am Nestbau beteiligen sich beide Geschlechter, indem sie kleine Lehmballen im Schnabel herbeitragen, sie am richtigen Platz einfügen und das ganze Gebilde mit Gras und Stroh versteifen. Gewöhnlich beträgt die Eizahl im Gelege 4 bis 5, seltener auch 3 oder 6. Das Brutgeschäft besorgt allein das Weibchen, während das Männchen meist außerhalb des Nestes schläft. Wenn das Weibchen tagsüber unterwegs ist, setzt sich auch das Männchen auf die Eier, kann aber nicht die erforderliche Bruttemperatur erzeugen, weil ihm der Brutfleck fehlt, die nackte, besonders stark mit Blutgefäßen versorgte Stelle am Bauch, die bei den Brutvögeln dazu dient, das Gelege mit der nötigen Wärme zu versorgen. Je nachdem, wie intensiv das Weibchen seine Pflichten wahrnimmt, dauert die Brutzeit von 14 bis zu 16 Tagen. Wie bei allen Vögeln mit verhältnismäßig schwachen Beinen, die beim Verlassen des Nestes schon völlig flügge sein müssen, werden die Jungtiere ziemlich lange, etwa 20 bis 24 Tage, im Nest großgezogen, aber auch später kehren sie in den ersten Nächten wieder zum Nest zurück, um dort zu ruhen.

In einer Saison bringt die Rauchschwalbe häufig nicht nur eine Brut zustande, sondern oft zwei und gelegentlich sogar eine dritte, doch bei den folgenden liegt dann die Eizahl niedriger als bei der ersten und beträgt nur 2 bis 4 statt sonst 4 bis 5. Die Jungvögel aus der ersten Brut halten sich meist in der Nähe auf und beteiligen sich am Füttern ihrer jüngeren Geschwister, aber auch fremde Erwachsene, die nichts anderes zu tun oder ihre eigene Brut verloren haben, helfen bei der Brut-

GRAUBRUSTSCHWALBE
Progne chalybea
Texas bis Argentinien; 20 cm.

PURPURSCHWALBE
Progne subis
Gemäßigtes Nordamerika; 20 cm.

BRAUNBRUSTSCHWALBE
Progne tapera
Kolumbien und Venezuela bis Argentinien; 20 cm.

pflege ihrer Nachbarn mit. Aus der Vogelberingung wissen wir, daß Jungvögel, die nach ihrer Rückkehr zum ersten Mal brüten, ihr Nest eine oder zwei Wochen später bauen als die Erwachsenen, und daß dritte Gelege nur bei den ältesten Brutpaaren vorkommen. Erstaunlich hoch liegt die Lebenserwartung der Rauchschwalben: Ein in England beringtes Tier hat es immerhin auf 16 Jahre gebracht.

Auch die europäisch-asiatische Mehlschwalbe mauert sich ihre Nester aus Lehm, eine oberseits blauschwarze, weißbäuchige Art, die fast so aussieht wie die nordamerikanische Baumschwalbe. Sie baut ihre oben geschlossenen Lehmnester außen am Haus so unter die Dachvorsprünge, daß nur ein kleiner Eingang freibleibt. Ursprünglich nistete auch die Mehlschwalbe in Felsspalten, und das tun die in den japanischen Bergen heimischen Tiere auch heute noch, oft sogar in unübersehbaren Zahlen, wie einst vor vielen Tausenden von Jahren ihre Vorfahren. Die Japaner machen daraus ein Touristengeschäft und siedeln künstlich große Schwalbenkolonien in der Nähe der Hotels an, indem sie die Jungvögel aus den Nestern nehmen und sie mit der Hand dort aufziehen, wo sie sich später niederlassen sollen. Im Spätsommer wandern diese Tiere dann mit ihren übrigen Verwandten nach Süden. Im Frühling aber kehren sie dorthin zurück, wo sie großgezogen wurden, nicht aber zum eigentlichen Nistplatz, an dem sie ihre natürliche Mutter erbrütet hat.

Ähnliche Lehmnester finden wir bei der Rötelschwalbe (Nordwestafrika, Südspanien und Balkan bis Turkestan) und bei der recht ähnlichen Klippenschwalbe im nördlichen Amerika. Diese Arten bauen retortenförmige Nester, die wie eine liegende Flasche aussehen; durch den Hals führt ein kleiner, runder Eingang. Auch diese Nester werden unter den Dachvorsprüngen der Häuser angelegt.

Es gibt aber auch Schwalben, die in Höhlen brüten, wie etwa die im ganzen gemäßigten Nordamerika so häufige Baumschwalbe. Sie nistet gewöhnlich in Baumlöchern oder verlassenen Spechthöhlen, die sie zuerst mit Gras und dann mit Federn auspolstert. Da aber solche Niststellen nicht allzu häufig zur Verfügung stehen, ist der Individuenbestand dieser Art ebenso von der Existenz geeigneter Nistmöglichkeiten abhängig wie von der vorhandenen Insektennahrung. Wenn man ihnen nur ausreichende Niststätten schafft, hat man bald eine ganze Kolonie von Baumschwalben beisammen. Nachdem sich das Aufstellen von Nistkästen immer mehr durchgesetzt hat, sind diese Schwalben zu deren häufigsten Bewohnern in Nordamerika geworden.

Zu solchen Nistkastenbenutzern gehört auch die Purpurschwalbe, die größte amerikanische Art und zugleich eine der wenigen Schwalben, bei denen sich die Geschlechter auffällig unterscheiden. Sie nistet in Gemeinschaften und unterteilt das Sammelnest in einzelne Wohnungen. Lange bevor der Weiße Mann ins Land kam, hingen die Indianer Kürbisse auf Stangen für sie auf, und das tut man auch heute noch in den Südstaaten. Ihre südamerikanische Verwandte, die Braunbrustschwalbe, benutzt gern die verlassenen Nester der Töpfervögel, soll aber auch Besitz von noch besiedelten ergreifen.

Trotz aller Ortstreue zu ihren Nistplätzen haben Schwalben auch auf Fahrzeugen genistet, auf Booten, Eisenbahnwagen, Autos und Traktoren. Der Verfasser entsinnt sich eines Brutpaares der Graubrustschwalbe, das sich in einem Nistkasten am Heckbord eines kleinen Flußdampfers in Britisch-Guayana niedergelassen hatte. Getreulich begleiteten die Tiere das Boot und zogen eine Brut nach der anderen auf, während der Dampfer 290 km den Fluß hinauf und hinab fuhr.

Am einfachsten sind die Nester der grabenden Schwalben angelegt, wie etwa der weitverbreiteten Uferschwalben, die auf der gesamten nördlichen Erdhälfte brüten. Weit erstrekken sich die Brutkolonien längs der lehmigen oder sandigen Flußufer. Die Vögel bauen waagrechte Gänge von 60 bis 100 cm Tiefe im oberen Teil des Ufers, indem sie die Erde mit ihrem Schnabel lockern und mit den Füßen hinauskratzen. Die Brutkammer am Ende wird mit Grashalmen, kleinen Wurzeln und Zweigen ausgekleidet, und darauf kommt ein Polster aus Federn für die 4 bis 5 weißen Eier.

Ein anderer Erdnister ist die amerikanische Rauhflügelschwalbe, die ihren Namen der gesägten Außenkante ihrer ersten Handschwingen verdankt; sie brütet zwar nicht in Kolonien wie die Uferschwalbe, doch legen einzelne Brutpaare ihre Nester unter günstigen Verhältnissen in der weiteren Nachbarschaft an. Mit dem gleichen Namen bezeichnet man auch die afrikanische Gattung *Psalidoprocne*. Diese Vögel halten sich am Rande des Urwaldes und in den Lichtungen auf. Ihre Nisthöhlen graben sie entweder in die Flußufer oder in die Erdwände der Fallgruben, die von den Eingeborenen für die Großtierjagd ausgehoben werden. Die meisten tropischen Schwalben legen nur 2 Eier.

In den gemäßigten Breiten versammeln sich die Schwalben, sobald sie ihre Brut großgezogen haben, in großen, oft nach Tausenden zählenden Scharen, um im Laufe der Herbstmonate, spätestens im Oktober oder zu Anfang November, nach Süden abzuziehen. Sie wandern am Tage. Nicht selten beobachtet man, wie ihre Schwärme, die sich oft aus Angehörigen mehrerer Arten zusammensetzen, über den Flußläufen, Sümpfen oder Feldern herabstoßen, um sich dort an den Insekten gütlich zu tun oder auf den Telephondrähten auszuruhen. Besonders gern verbringen die Schwalben auf ihren Wanderungen die Nacht in schilfbestandenen Sümpfen.

Das hat zweifellos Anlaß zu der mittelalterlichen Ansicht gegeben, die Schwalben gehörten zu den «Siebenschläfern». Die Leute hatten ja keine Ahnung davon, daß die Tiere zum Winter nach Afrika ziehen, sondern bildeten sich ein, sie würden wie die Frösche und Schildkröten im Sumpf überwintern. Dieses Märchen hielt sich tatsächlich bis ins 19. Jahrhundert! Was die Naturforscher als Beweis dieser Theorie aus den Sumpfgebieten beibringen konnten, waren lediglich die verhungerten oder erfrorenen Leichname der Schwalben, die auf der Strecke geblieben waren. Heute wissen wir zwar, daß auch Schwalben in eine Art Kältestarre verfallen können, sie aber nur ganz wenige Tage zu überstehen vermögen.

Nicht selten kommt es vor, daß die Schwalben ihre Massen-Abwanderungen so lange hinauszögern, bis die einsetzende Kälte alle Insekten aus der Luft vertreibt. Dann kann passieren, was man am Cape Cod in Massachusetts beobachtet hat, daß noch im November vereinzelte Schwalben die Sträucher der küstennahen Moore nach Beeren absuchen.

In Afrika liegt die Heimat einer merkwürdigen Art, der Trugschwalbe, der man mitunter eine eigene Familie zuerkennt, weil bei ihr die Bronchienringe voll entwickelt sind. In Kolonien von mehreren hundert Paaren nistet sie an den Ufern des Kongo, die zur Trockenzeit freiliegen, und setzt 3 Eier an das Ende ihrer schräg abwärts führenden Gänge ab. Wenn dann zur Regenzeit der Fluß anschwillt, zieht der Vogel nach Südwesten zu den Küstengewässern.

Stachelbürzler *Campephagidae*

Man möchte diese altweltliche Vogelgruppe anfangs für Würger halten, aber mit ihnen sind sie überhaupt nicht näher verwandt; zutreffender erscheint schon ihr wissenschaftlicher Name, der soviel wie «Raupenfresser» bedeutet. Jedenfalls sind die Stachelbürzler eine Gruppe ziemlich urtümlicher Insektenfresser, deren Vorfahren wir ebenso wenig kennen wie ihre näheren verwandtschaftlichen Beziehungen, die vielleicht bei den Fliegenschnäppern zu suchen sind. Ihre Heimat erstreckt sich über Afrika, die wärmeren Gebiete von Asien, von Indien nordwärts bis zur Mandschurei und Japan, sowie von Australien bis Samoa.

Ihre etwa 70 Arten setzen sich aus kleinen bis mittelgroßen Baumvögeln von 12 bis 35 cm Länge zusammen, die sich durch einen kräftigen, leicht gebogenen und an der Spitze hakig abwärts gekrümmten und eingekerbten Schnabel auszeichnen; seine Nasenlöcher liegen zum Teil unter Borstenfedern verborgen. Von den 10 Handschwingen sind die äußeren verkürzt, und der lange Schwanz endet meist abgerundet, seltener stufig oder gegabelt. Ihre in der Regel kurzen Läufe tragen schwache Füße. An dem weichen, molligen Gefieder fällt ein dichter, dicker Bürzelfleck oft hell gefärbter Federn auf. Sie sind mit großen, steifen Schäften ausgerüstet und stecken so lose in der Haut, daß man an eine Art Abwehrmechanismus denken möchte, wie wir ihm schon bei den lockeren Federn mancher Taubenvögel begegnet sind.

Meist sehen die Stachelbürzler auf dem Rücken einfarbig grau, schwarz oder hell aus; der Bauch erscheint gestreift. Bunter gefärbt sind die roten, gelben oder orangefarbenen Mennigvögel. Nur bei wenigen Arten gleichen sich die Geschlechter äußerlich, gewöhnlich aber sehen die Weibchen dunkler und braun aus. Als Nahrung dienen stets Insekten und andere Kleintiere, mitunter auch Beeren. Einige Arten, insbesondere die nördlichen Mennigvögel, unternehmen jahreszeitliche Züge, während die tropischen und subtropischen Formen am Standort verbleiben. Außerhalb der Brutzeit bilden die Vögel gern lärmende, kleine Schwärme und ziehen durch die Baumwipfel, nicht selten in Gesellschaft anderer Vögel mit gleicher Lebensweise, wie Fliegenschnäpper oder Pirole.

Soweit wir wissen, gibt es keine größeren Unterschiede im Brutverhalten. Die Nester werden zumeist als flache, offene Näpfe an einem waagerechten Ast oder einer Gabelung angelegt, aus Zweigen und Gras erbaut und zum Schutz mit Flechten und Spinnweben getarnt; im Verhältnis zur Größe der Vögel wirken sie recht klein. Im Gelege finden sich 2 bis 5 weiße, grünliche oder bläuliche, meist gefleckte oder gesprenkelte Eier. Den Nestbau, das Brutgeschäft und die Aufzucht der Jungen besorgen beide Geschlechter; bei manchen Arten brütet allerdings nur das Weibchen, doch hält sich dann das Männchen in der Nähe auf und füttert die Henne. Bei den kleineren Arten dauert die Brutzeit 13 bis 14 Tage. Die Nestjungen einiger Stachelbürzler tragen ein schneeweißes Dunenkleid, doch wird es noch vor dem Flüggewerden durch ein Jugendgefieder ersetzt, das etwa dem der Weibchen gleicht.

Beginnen wir mit den wichtigsten Mitgliedern der Familie, den 41 Raupendohlen der Gattung *Coracina*, deren Verbreitungsgebiet von Afrika über Malaya und Australien bis zu den Salomonen reicht. Die 20 bis 35 cm langen Vögel fressen in der Tat am liebsten Raupen. Durch ihre schwarze Gesichtsmaske sehen einige Arten fast aus wie Würger, während der wellenförmige Flug, unter abwechselndem, schnellem Flügelschlag und kurzem, unbeweglichem Gleiten, eher an den der Kuckucke erinnert. Ihren Lebensraum bilden dichte

1 ROSAMENNIGVOGEL
Pericrocotus roseus
Mandschurei, Amurgebiet und Afghanistan bis Südchina; 20 cm.

2 ROTSCHULTER-RAUPENFRESSER
Campephaga phoenicea
Afrika südlich der Sahara; 20 cm.

3 STREIFEN-RAUPENDOHLE
Coracina lineata
Australien und Neuguinea bis zu den Salomonen; 24 cm.

4 WEISSFLÜGEL-RAUPENSCHMÄTZER
Lalage sueurii
Java, Celebes, Neuguinea, Australien; 18 cm.

5 SCHARLACHMENNIGVOGEL
Pericrocotus flammeus
Indien bis zu den Philippinen und Borneo; 23 cm.

Wälder, insbesondere die Baumwipfel. Die gesanglichen Darbietungen beschränken sich auf rauhe klappernde oder flötende Töne, die auch während des Fluges ausgestoßen werden, aber nur selten laut und über weitere Entfernungen klingen.

In Afrika leben die Raupenfresser der Gattung *Campephaga.* Hier sind die Männchen glänzend schwarz gefärbt und tragen mitunter rote oder gelbe Schulterflecken, während die Weibchen bräunlich aussehen. Bei den verwandten Lappenraupenfressern *(Lobotes)* finden wir an den Mundwinkeln gelbe oder orangefarbene fleischige Anhänge. Dazu gehört beispielsweise der Westafrikanische Lappenraupenfresser.

Eine andere Gruppe enthält die kleineren, 15 bis 20 cm langen Raupenschmätzer *(Lalage)*, deren Männchen bei der Balz laute, melodiös trillernde Lieder hören lassen. Ihr Verbreitungsgebiet erstreckt sich vom südlichen Asien und den Philippinen an bis nach Australien und zu den westlichen pazifischen Inseln. Im Gegensatz zu den meist schwarz und weiß gemusterten Männchen sehen die Weibchen bräunlich aus. Der australische Weißflügel-Raupenschmätzer stellt das einzige Mitglied seiner Familie dar, das zweimal im Jahr mausert. Mit der Herbstmauser, die nach der Brutzeit einsetzt, bekommt das Männchen ein bräunliches Gefieder wie das Weibchen, doch legt es dann im nächsten Frühling sein schwarz-weißes Hochzeitsgewand an. Im südlichen Australien ist der Weißflügel-Raupenschmätzer ein Zugvogel.

ASIATISCHER TRAUERDRONGO
Dicrurus macrocercus
Indien bis Formosa,
Indochina und Java; 33 cm.

Australien bildet die Heimat des größten und zugleich auch des ungewöhnlichsten Angehörigen der Familie, nämlich des 35 cm langen Erdstachelbürzlers. Obwohl sich dieser Vogel die meiste Zeit über zum Fressen auf dem Boden aufhält, baut er doch wie seine Verwandten auf Bäumen in etwa 10 m Höhe das übliche kleine, flache Nest für seine 2 bis 3 grünen, braungefleckten Eier. Wenn die Jungen im November oder Dezember flügge geworden sind, bleiben sie bei ihren Eltern bis September, wenn die Brutzeit beginnt.

Hübsche, schlanke Vögel mit spitzen Schwänzen sind die 10 Arten der Mennigvögel *(Pericrocotus);* sie unterscheiden sich von den übrigen Stachelbürzlern derart grundlegend, daß manche Ornithologen ihnen den Rang einer eigenen Unterfamilie zuerkennen. Ihre Heimat bilden die Baumwipfel der Wälder von Afghanistan an bis Japan, Malaya und zu den Philippinen. Zwar sammeln sie ebenso wie die übrigen Mitglieder der Familie Insekten von den Blättern und Zweigen, fangen sie aber auch im Flug nach Art der Fliegenschnäpper. Mit am größten und auch am buntesten ist der 20 cm lange Scharlachmennigvogel, der sich gern zu größeren, bis 20 oder mehr Tiere umfassenden Schwärmen zusammenschließt und lärmend durch die Baumkronen jagt.

Am weitesten nach Norden geht der unauffälligere, grau, schwarz und weiß gefärbte Aschgraue Mennigvogel, der in Japan und Korea ebenso wie die Schwalbe als Frühlingsbote gilt, wenn er dort im April von Süden her eintrifft und mit seinem angenehmen, klaren und weittragenden Glockenton das Ende des Winters kündet. Er nistet in den Wäldern am Fuße der Berge und baut kleine, dünnwandige Nester aus Flechten, Moos, Tannennadeln und kleinen Zweigen, die er mit Spinnenweben verbindet. Die 4 bis 5 blaugrauen, purpurbraun gefleckten Eier werden allein vom Weibchen erbrütet.

Drongos *Dicruridae*

Südlich der Sahara durch ganz Afrika und von Indien und China bis Nordaustralien und zu den Salomonen reicht die Heimat der 20 Drongoarten. Als Waldvögel halten sie sich in den Urwäldern und baumbestandenen Savannen auf, aber auch im Kulturland und in den Gärten bis zu Höhen von etwa 3000 m. Ein paar Arten leben als Zugvögel.

Diese star- bis krähengroßen Vögel zeigen einen kräftigen, gebogenen, an der Spitze leicht hakig gekrümmten und gefurchten Schnabel, dessen Nasenlöcher von Federborsten geschützt werden. Der kurze Lauf trägt einen kräftigen Fuß. Abgesehen von dem überaus unterschiedlich gefärbten australasiatischen Glanzspitzendrongo, schimmert ihr schwarzes Gefieder in leuchtenden, grünen bis purpurfarbenen metallischen Tönen. Bei einigen wenigen Arten finden wir auch weiße Flecken am Kopf oder an der Unterseite. Nicht selten treten Hauben oder Schmuckfedern am Kopf und Hals auf, recht häufig auch ein ziemlich langer, tief gegabelter Schwanz, dessen äußere Federn stark verlängert, gekrümmt und auf verschiedenste Weise verziert sein können. Beim Flaggendrongo aus den indischen und indomalaiischen Wäldern endet das drahtähnliche äußere Schwanzfederpaar mit je einem kleinen Wimpel, der den restlichen Schwanz bis 30 cm überragt und die Gesamtlänge des Vogels doppelt so groß wie die eigentliche Körperlänge erscheinen läßt.

Gern halten sich die Drongos auf freistehenden Ästen oder auf den elektrischen Überlandleitungen auf und lauern auf vorbeifliegende Insekten. Dann stürzen sie sich auf die Beute und schleppen sie zu ihrem Sitzplatz zurück, um sie dort zu verzehren. Größere Beutetiere, wie Heuschrecken, halten sie mit einem Fuß fest und reißen dann einzelne Stücke mit dem Schnabel ab. Einige Arten halten sich mit Vorliebe in der Nähe der Viehherden auf und fressen die aufgescheuchten Insekten, andere begleiten zum gleichen Zweck die Affentrupps, die durch den Urwald klettern. Im allgemeinen verhalten sich die Drongos ziemlich laut, und ihre verschiedenartigen Rufe klingen meist rauh. Es gibt aber auch Arten mit einem melodiösen, ansprechenden Gesang, und ein paar können auch die Laute anderer Vögel mit beachtlichem Geschick nachahmen.

Wenig wissen wir über die systematische Stellung und Verwandtschaft der Drongos. Man hat alle möglichen Verbindungen zu den Würgern, Pirolen, Krähen und Paradiesvögeln angenommen, zu denen die Drongos auch tatsächlich gewisse Beziehungen aufweisen. In ihrem Verhalten stehen sie den Fliegenschnäppern am nächsten. Nach der letzten vorliegenden Revision der Gruppe haben wir alle 19 Arten mit einem 10fedrigen Schwanz als Angehörige der Gattung *Dicrurus* aufzufassen, während die 20. Art, der kleine Papuadrongo *(Chaetorhynchus)* von Neuguinea, 12 Schwanzfedern hat und ganz wie ein Fliegenschnäpper wirkt. Mit diesem Urwaldbewohner haben wir wohl die urtümlichste Drongoart vor uns.

Überall in ihrem altweltlichen Verbreitungsgebiet gelten die Drongos als ausgesprochene Raufbolde, die wild ihr Nistgehege verteidigen. Wie die amerikanischen Königstyrannen greifen sie jeden noch so großen Vogel an, der sich ihrem Territorium nähert, und kein Räuber wagt es, die Drongos herauszufordern. Habichte, Adler und Krähen lassen es gar nicht erst zu einer Auseinandersetzung kommen, obwohl sie im Kampf den kleineren Drongos weit überlegen wären. Die Eingeborenen des Kongo nennen den Samtmanteldrongo «Nkandongu», was soviel wie «wütender Leopard» bedeutet. Übrigens leitet sich der Name «Drongo», den man allen Arten dieser Familie beilegt, von der madagassischen Bezeichnung für den im Norden der Insel heimischen Schopfdrongo her.

Als häufigste und ansehnlichste Art finden wir in Indien und in Südostasien den 30 cm großen, glänzend schwarzen Asiatischen Trauerdrongo mit seinem Gabelschwanz. Seinen gleichfalls üblichen Namen «Krähenkönig» verdankt er nicht so sehr seiner schwarzen Färbung als vielmehr der Tatsache, daß er diese notorischen Nesträuber furchtlos vertreibt. Anscheinend richten die Drongos ihre Angriffe gegen alle möglicherweise gefährlichen Vögel und andere Tiere, und davon ziehen wieder eine ganze Reihe kleinerer und friedliebender Vögel ihren Vorteil. Wo ein Krähenkönig nistet, lassen sich auch Pirole, Tauben und andere Friedvögel nieder.

Verhältnismäßig wenig wissen wir über das Brutverhalten der Drongos. Die meisten bauen ein kleines, zerbrechliches, untertassenähnliches Nest in einer Astgabel ziemlich hoch oben am Baum und legen 2 bis 5 — gewöhnlich 3 bis 4 — reinweiße oder braun und grau gesprenkelte Eier, die zum größten Teil vom Weibchen bebrütet werden, doch hilft auch das Männchen zeitweilig mit. An der Aufzucht der Jungen beteiligen sich beide Tiere. Häufig werden die Nester der Drongos vom Brutparasitismus der Kuckucke heimgesucht, von denen man eine Art geradezu als Drongo-Kuckuck bezeichnet *(Surniculus)*, weil er einem Drongo täuschend ähnlich sieht.

Pirole *Oriolidae*

«Oriols» nennen die Engländer diese Vögel, ein Name, der sich vom lateinischen «aureolus» herleitet und mit dem nun unser einheimischer Pirol *(Oriolus oriolus)* wissenschaftlich bezeichnet wird; der «Vogel Bülow» ist im ganzen gemäßigten Europa und westlichen Asien ein Brutvogel, den Winter aber verbringt er in Afrika. Er ist der einzige europäische Vertreter der insgesamt 34 Arten umfassenden, altweltlichen Familie leuchtend gefärbter Vögel, die sonst vorwiegend in den Tropen und Subtropen zu Hause sind. Ihr Verbreitungsgebiet erstreckt sich weit über Afrika, Südasien und Ostindien bis Neuguinea und das östliche Australien. Der Besitz von 10 Handschwingen und andere anatomische Merkmale verweisen die Pirole in die verwandtschaftliche Nähe der Krähen und Raben.

Pirole sind Waldvögel; sie leben im Wald, suchen sich dort ihre Nahrung und brüten in den Kronen der Bäume. Ihre Größe reicht von 20 bis 30 cm; stets finden sich 12 Schwanzfedern, und die Nasenlöcher liegen unter feinen Federborsten verborgen. Innerhalb der Gattung *Oriolus*, der mit Ausnahme von dreien sämtliche Arten der Familie zugehören, unterscheiden sich die Geschlechter in der Färbung: Die Männchen sind vorwiegend gelb und schwarz gefärbt und haben einen rötlichen Schnabel, während die Weibchen meist grünlich aussehen. Auch die Jungen wirken in ihrem Jugendkleid unauffälliger, zeigen aber häufig braune Streifen und Strichel.

Der kräftige, schnelle Flug der Pirole wirkt ebenso wellenförmig wie bei den Spechten. Obwohl die Männchen so auffällige Farben tragen, hört man sie doch eher im Laub der Bäume als man sie zu Gesicht bekommt. Ihr Ruf klingt laut flötend, aber bei verschiedenen Arten kennen wir auch einen ansprechenden, melodiösen Gesang. Einige tropische Arten, insbesondere der afrikanische Schwarzkopfpirol, verstehen es trefflich, die Stimmen anderer Vögel nachzuahmen und in ihren Balzgesang einzuflechten.

Im wesentlichen beschränken sich die annähernd 30 Arten der Gattung *Oriolus* auf die Tropen und Subtropen, wo sie ihre größte Mannigfaltigkeit in den Urwäldern Zentralafrikas, Südasiens und Indonesiens erreichen. Von diesem Verbreitungszentrum aus hat sich eine ganze Anzahl von Arten in die gemäßigten Zonen ausgebreitet, um dort in den wärmeren Sommermonaten zu brüten, in der kälteren Jahreszeit aber wieder dorthin zu ziehen. Das gilt insbesondere für unseren einheimischen Pirol, aber auch für seinen asiatischen Verwandten, den Chinesischen Pirol, der im Norden bis Korea und zur Mandschurei brütet, im Winter aber nach Malaya und Indonesien zieht. In seinem nördlichen Brutgebiet schätzt man den Pirol seines Gesanges wegen, und wenn diese bunte, exotisch gefärbte Art im späten Frühling eintrifft, so weiß man, daß es nun bald Sommer wird.

Pirole leben nicht gesellig, und so trifft man sie nur einzeln oder paarweise in den Höhen der Bäume an. Sie fressen die verschiedensten Insekten, insbesondere während der Brutzeit, und gehören zu den wenigen Vögeln, die sich über haarige Raupen hermachen. Später gehen sie auch an allerlei Früchte, wie Kirschen, Maulbeeren, Birnen, Johannisbeeren und anderes, so daß man die Vögel gar nicht gern im Garten sieht.

Als Nester verfertigen die Pirole kunstvolle, schüsselförmige Gebilde aus Gras und Rindenstreifen, die sie meist an der

CHINESISCHER PIROL
Oriolus chinensis
Indien und Mandschurei bis Philippinen und Celebes; 23 cm.

BLUTPIROL
Oriolus traillii
Himalaja bis Formosa; 23 cm

GELBER FEIGENPIROL
Sphecotheres flaviventris
Nördliches Australien; 25 cm.

Gabelung eines horizontalen Astes anbringen und wie eine Hängematte sicher beiderseits am Ast befestigen. Sie legen 2 bis 5, gewöhnlich aber 3 bis 4 meist reinweiße, verschieden stark schwarz oder braun gesprenkelte Eier. Bei unserem Pirol wird das Nest vom Weibchen gebaut, das bei der Brut hin und wieder vom Männchen abgelöst wird; beide Geschlechter füttern die Jungen. Bei den paar tropischen Arten, die bisher daraufhin beobachtet wurden, scheinen diese Aufgaben größtenteils Sache des Weibchens zu sein, während sich das Männchen darauf beschränkt, Futter herbeizutragen. Im Durchschnitt beträgt die Brutzeit 14 bis 15 Tage, doch bleiben die Jungen bis zum Flüggewerden nochmals 2 Wochen im Nest.

Etwas aus dem Rahmen der Familie fallen die beiden Nacktaugenpirole im östlichen und nördlichen Australien sowie auf Neuseeland, denn sie unterscheiden sich von den anderen Pirolen durch den leicht abwärts gekrümmten Schnabel und durch die nackte, federlose Augen- und Zügelregion. Aber auch in ihrer Lebensweise weichen sie etwas von den übrigen Arten ab, denn sie lieben weit mehr die Geselligkeit. Daher schließen sie sich gern zu kleineren, ziemlich geräuschvollen Schwärmen zusammen und streifen das Land nach Beeren und Früchten ab. Nach ihrer Vorliebe für die Pflanzennahrung heißen sie bei den Australiern auch «Feigenpirole». Ihr Nistverhalten entspricht durchaus dem der anderen Pirole, doch enthält ihr Gelege im allgemeinen nur 3 Eier von vorwiegend grünlichem und bräunlichem Aussehen, die kräftige rötliche oder bräunliche Flecken tragen.

Vielleicht könnte man noch den kleinen, nur wenig bekannten Kinkimavo *(Tylas)*, der in den Wäldern Madagaskars zu Hause ist, zur Familie der Pirole rechnen. Wie neuere Untersuchungen gezeigt haben, handelt es sich auch bei den schönen Elfenblauvögeln im südlichen und südöstlichen Asien möglicherweise um nichts anderes als um etwas aberrante Pirole.

Rabenvögel *Corvidae*

Zu den 100 Arten, die wir unter dem Namen «Rabenvögel» zusammenfassen, gehören verschiedene Vögel aus dem engsten Bekanntenkreis des Menschen. Schon immer haben die Krähen, Raben, Häher, Elstern und wie sie alle heißen, als nicht übersehbare «Persönlichkeiten» und ihres selbstbewußten, oft lärmvollen und angriffslustigen Auftretens wegen sein Interesse gefunden, und so tragen sie in allen Sprachen auch ihre eigenen volkstümlichen Namen. Nur wenige andere Vögel als sie haben einen derart fest verankerten Platz in den Sagen und Märchen, im Schrifttum und selbst in der täglichen Umgangssprache der Völker gefunden.

Wenn auch die Rabenvögel ihre größte Mannigfaltigkeit auf der Nördlichen Halbkugel entfalten, sind sie doch praktisch auf der ganzen Welt zu Hause und fehlen nur in der Antarktis, auf Neuseeland und einigen ozeanischen Inseln sowie im südlichen Südamerika. Die Ornithologen gliedern die Gruppe in zwei Unterfamilien auf: die größeren, dunkler gefärbten Eigentlichen Rabenvögel *(Corvinae)* und die kleineren, aber farbfreudigeren Häher *(Garrulinae)*. In der ersten Untergruppe finden wir ziemlich lange, spitze Flügel und kurze Schwänze, bei den Hähern aber kürzere, verrundete Flügel und einen verlängerten Schwanz. Sonst aber unterscheiden sich die beiden Einheiten nicht allzu stark in ihrem Bau, so daß es oft schwerfällt, bestimmte Gattungen mit Sicherheit einer der beiden Unterfamilien zuzurechnen.

Im ganzen betrachtet, bilden die Rabenvögel eine ziemlich einheitliche, wenig spezialisierte Familie von hohem geologischem Alter, die sich wohl am ehesten auf die Stammgruppe zurückführen läßt, von der sich auch die etwas weiter fortgeschrittenen Pirole, Paradiesvögel, Laubenvögel und andere abgezweigt haben. Rein technisch betrachtet, handelt es sich hier um mittel- bis ziemlich große Singvögel mit 10 Handschwingen, kräftigem, nicht gefurchtem Schnabel, dessen Nasenlöcher meist von Federborsten bedeckt sind, mit großen, kräftigen Läufen und Füßen, mit vorderseits beschupptem, hinten glattem und gekieltem Lauf. Ihren Lebensraum bilden Wälder, Busch- und Grasland. In der Auswahl ihrer Nahrung sind sie keineswegs kleinlich, sondern viele Arten nehmen einfach alles, was sie nur bewältigen und fressen können, sei es tierischer oder pflanzlicher Herkunft, und durch diese biologische Plastizität haben sich die Vögel in jeden ökologischen Bezirk einzufügen vermocht. Andererseits aber kennen wir auch Arten mit einer ganz eng umrissenen Verbreitung, die wahrscheinlich durch irgendwelche Umweltfaktoren bedingt wird, und andere Arten splittern sich in mehrere weit voneinander getrennte Vorkommen auf.

Nach ihrer gegenwärtigen Verbreitung müssen wir annehmen, daß die Rabenvögel einst in dem Teil der Alten Welt entstanden sind, den wir als nördliche gemäßigte und subtropische Breiten bezeichnen, und daß sie sich von hier aus auf die übrige Welt ausgebreitet haben. Ihre ältesten Überreste stammen aus dem europäischen Miozän, sind also etwa 25 Millionen Jahre alt. Die Tatsache, daß sich die Häher in Mittel- und Südamerika am stärksten entfaltet haben, läßt uns auf ein frühes Eindringen ihrer Ahnen in die Neue Welt schließen, vielleicht schon im mittleren Tertiär. Da die Häher in Afrika südlich der Sahara fehlen, dürfen wir annehmen, daß sie erst später die Alte Welt zurückerobert haben.

Anscheinend haben die Eigentlichen Rabenvögel die Neue Welt erst viel später «betreten» als die Häher, denn sie kommen südwärts nur bis Honduras vor und fehlen in Südamerika ganz, obwohl sie doch aktiver und anpassungsfähiger als die Häher sind und auch besser fliegen können. Auf Grund dessen haben sie sich auch manche Inselgebiete erschlossen, wie Westindien, Australien, die Philippinen und kleinere pazifische Inseln, die den Hähern verwehrt blieben. In Westindien leben die Rabenvögel bereits so lange, daß sie dort sogar 4 einander zwar recht ähnliche, aber doch deutlich unterscheidbare Arten ausgebildet haben, nämlich auf Kuba, Haiti, Puerto Rico und Jamaika. Aus dem westindischen Pleistozän kennen wir die Knochenreste zweier Krähenarten, die vielleicht von den Ahnen der heutigen Formen stammen.

Jedermann kennt — zumindest dem Namen nach — unsere gewöhnlichen Krähen und Raben, die der Nominatgattung *Corvus* angehören: die Raben- und Nebelkrähe, die Saatkrähe und den Kolkraben unserer Heimat; weiter gehören hierher die nordamerikanische Fischkrähe und die nordamerikanische Aaskrähe, die indische Hauskrähe, der afrikanische Schildrabe und einige zwanzig andere Gattungsangehörige als große schwarze, schwarz-graue oder schwarz-weiße Vögel mit krächzender Stimme.

Sie alle gehören zu den größten Sperlingsvögeln, insbesondere der stolze Kolkrabe, der von der Schnabel- zur Schwanzspitze 65 cm mißt; er wird an Länge nur von den Leierschwänzen und ganz wenigen anderen Arten übertroffen, bei denen jedoch der eigentliche Körper wesentlich kleiner bleibt. Somit ist der Rabe nicht nur der größte, sondern auch der am weitesten verbreitete Sperlingsvogel, denn er besiedelt — oder tat es wenigstens noch bis zum vorigen Jahrhundert — praktisch sämtliche arktischen, gemäßigten und subtropischen Zonen der gesamten Nördlichen Halbkugel. Im Freiland ist es gar nicht so einfach, einen Raben auf weitere Entfernung von einer Krähe zu unterscheiden; man kann es noch am besten auf Grund seines mehr kehligen Krächzens. Von weitem nimmt man kaum wahr, daß er etwas größer ist, sein Schnabel kräftiger und stärker zugespitzt und die Kehlfedern lokkerer wirken. Auch kommt der Rabe nicht so eng mit dem Menschen in Berührung wie die Krähen, denn er lebt heute

ALPENKRÄHE
Pyrrhocorax pyrrhocorax
Europa und südliches Zentralasien; 38 cm.

nur noch in den wenig oder gar nicht besiedelten Teilen seines Verbreitungsgebietes und tritt lediglich nördlich der Baumgrenze und im Gebirge häufiger auf.

Allgemein hält man die Rabenvögel für die intelligentesten Vögel. Wenn man auch viel bei ihnen vermenschlicht, so gibt es doch keinen Zweifel daran, daß ihre geistigen Fähigkeiten auf einer ziemlich hohen Stufe stehen. Dressurversuche an gefangenen Tieren bewiesen ein erstaunliches Lernvermögen, dank dessen die Tiere bis 3 oder gar 6 «zählen» können, wobei sie das optische Muster, das sie mit dem Futter assoziieren, selbst bei stärkster Abwandlung wiedererkennen. Daß diese Vögel eine eigene Sprache reden und daß sie — wie ja auch alle anderen Vögel — ihre jeweilige Stimmung mit durchaus unterscheidbaren Tönen ausdrücken, wußte man schon lange. Längst vor den heutigen Verhaltensforschern und ihrer wissenschaftlichen Analyse der Vogelstimmen mit Hilfe breitfrequenter Tonbandapparaturen und Tonspektrographen kannten schon die Schulkinder auf dem Lande die verschiedenen Rufe der Krähen; den lauten, klaren Sammelruf «Krah», das schnatternde «kra-kra-kra» als Alarmzeichen und das aufgeregte Schimpfen, mit dem sie eine Eule anpöbeln. Auch eine ge-

KOLKRABE
Corvus corax
Nördliche Halbkugel; 65 cm.

AASKRÄHE
Corvus brachyrhynchos
Gemäßigtes Nordamerika; 55 cm.

NEBELKRÄHE
Corvus corone cornix
Irland, Schottland, Skandinavien, östl. Mitteleuropa, Italien bis Westasien; 45 cm.

wisse Imitationsfähigkeit ist den Rabenvögeln nicht abzusprechen; mit viel Geduld kann man ihnen ein paar Worte beibringen, wenn auch längst nicht so gut wie bei den Papageien.

Als besten Beweis für ihre Leistungen können wir ihre Anpassungsfähigkeit werten und ihren erfolgreichen Widerstand gegen alle Verfolgungen. Wenige mögen sie, und meistens stehen sie nicht unter Naturschutz. (Streng geschützt ist bei uns der fast ausgerottete Kolkrabe.) Ihre bekannte Unart, sich an den Eiern und Nestjungen anderer Vogelarten zu vergreifen, bringt sowohl den Vogelfreund als auch den Jäger gegen sie auf. Wenn man ihnen auch mit vergifteten Eiern und Dynamit zu Leibe geht: Sie bringen es doch fertig, zu überleben und die Verluste wettzumachen.

Dabei ist ihre Vermehrungsrate gar nicht einmal allzu hoch, denn sie ziehen zumeist nur eine Brut im Jahr auf, und ihr Gelege enthält nur 3 bis 5, gelegentlich auch 6 grünliche Eier mit kräftigen braunen Flecken. Die meisten Krähenvögel nisten auf Bäumen, die Raben und ein paar andere auch im Gefels, und bauen solide, offene Nester aus Ästen und Zweigen. Nur das Weibchen brütet, wird aber währenddessen vom Männchen gefüttert; nach 18 bis 19 Tagen schlüpfen die Jungen und werden nach weiteren 3 Wochen flügge.

Zu den bemerkenswertesten Angehörigen der Gattung *Corvus* gehören die schwarze Raben- und die sie etwa östlich der Elbe vertretende schwarze und graue Nebelkrähe, die Saatkrähe, die in oft riesigen Kolonien brütet, oder die schwarzgraue Dohle; zu anderen Gattungen rechnen die Alpenkrähe und -dohle.

Alpenkrähe und Alpendohle leben in den höheren Berglagen Europas und Westasiens. Sie sind ziemlich klein und glänzend schwarz gefärbt, wie die meisten ihrer Verwandten,

doch unterscheiden sie sich von ihnen durch den dünneren, spitzeren und etwas abwärts gebogenen Schnabel, der bei der Alpenkrähe leuchtend rot, bei der Alpendohle aber gelb gefärbt ist. Während die Alpenkrähe selbst an unzugänglichen Felsenküsten nistet, brütet die Alpendohle ausschließlich im Gebirge. Beide Arten vollführen die erstaunlichsten Kunstflüge. Einzeln oder in Scharen wirbeln sie hin und her um ihre Felsenburgen, steigen hoch in die Luft und schießen dann wieder mit geschlossenen Flügeln senkrecht nach unten, drehen einen Salto, und das alles anscheinend lediglich zu ihrem Vergnügen.

Die Tannenhäher werden etwa so groß wie ein Eichelhäher und leben in den Wäldern des nördlichen Eurasien und des westlichen Nordamerika. Den europäisch-asiatischen Vertreter, einen braunen Vogel mit hübschen weißen Tupfen, nennen die Japaner «Starenkrähe». Am liebsten halten sich die Tannenhäher im Nadelwald auf, gehen aber im Gebirge auch noch über die Baumgrenze hinaus. Als Allesfresser wie die meisten Krähen und Häher nehmen sie die verschiedensten Insekten und Larven, aber auch die Eier und Jungen anderer Vögel, doch besteht ihre bevorzugte Nahrung aus Nüssen und Sämereien. So hacken sie auch die Tannenzapfen auseinander, indem sie den Zapfen mit dem Fuß halten und mit dem Schnabel bearbeiten. Bekannt ist ferner ihre Vorratswirtschaft: Im Herbst verstecken die Häher im Boden große Mengen von Haselnüssen, Eicheln, auch Tannenzapfen, und finden dann im Winter mit erstaunlicher Ortstreue zu ihrem «Lager» zurück, selbst wenn es unter dem Schnee verborgen liegt. Unfehlbar sind sie allerdings nicht, und so helfen die angelegten, aber vergessenen Vorratslager der Häher, Kahlschläge wieder aufzuforsten.

Die Häher bieten uns eine etwas größere Mannigfaltigkeit in Gestalt und Färbung als die Krähen, insbesondere in Mittel- und Südamerika, wo allein 28 ihrer insgesamt 32 neuweltlichen Arten zu Hause sind, aber auch in Südostasien, wo mehr als die Hälfte der altweltlichen Arten lebt, darunter auch die am prächtigsten gefärbten Mitglieder der Gruppe.

Die etwas größere Spezialisation in der Ernährung und im Nistverhalten, die wir bei einigen Arten finden, sowie die streng beschränkten, unzusammenhängenden Verbreitungsgebiete deuten darauf hin, daß sie eine stammesgeschichtlich ältere Gruppe sind als die eigentlichen Krähen. So gibt es beispielsweise kleinere Vorkommen von Blauelstern im äußersten Osten von Asien und in Japan; dann aber taucht die Art plötzlich auf der entgegengesetzten Seite Eurasiens auf, nämlich in Spanien und Portugal! Eine ähnliche Art der Verbreitung finden wir beim Kalifornischen Blauhäher. An der Westküste Nordamerikas, von Washington bis Südmexiko, bildet die Art verschiedene geographische Rassen aus, fehlt aber auf dem übrigen Kontinent mit Ausnahme einer kleineren Population im mittleren Florida.

Das weiteste Verbreitungsgebiet in der Alten Welt nimmt unser einheimischer Eichelhäher ein, der von England an bis Japan die Wälder des gemäßigten Europa und Asien besiedelt. Auch er ist nicht wählerisch und nimmt auch tierische Nahrung, doch bestehen etwa drei Viertel seiner Kost aus Pflanzenstoffen. Am liebsten frißt er Eicheln und Bucheckern, doch findet man ihn auch im geschlossenen Nadelwald. In verschiedenen Ländern gilt der Eichelhäher als Jagdvogel, und man schießt ihn aus «jagdsportlichen» Gründen, seines Fleisches wegen, aber auch deshalb ab, weil er sich an den Nestern anderer Vögel vergreift. Daß er trotz all dieser Verfolgungen immer noch recht häufig in seinem ausgedehnten Heimatgebiet auftritt, spricht für seine Anpassungsfähigkeit und Fortpflanzungskraft. Er brütet zwar nur einmal im Jahr, legt aber 5 bis 7 Eier. Als Nester baut er auf Bäumen wohlgestaltete und ziemlich geräumige, offene Mulden aus Zweigen, die er gewöhnlich mit Gras auspolstert. Wie es meist bei den Hähern üblich ist, jedoch nicht bei den Krähen, beteiligt sich das Männchen an der Brut. Bis die nach 16 oder 17 Tagen geschlüpften Jungen flügge sind, dauert es nochmals 19 bis 20 Tage.

Sein Antipode der Neuen Welt ist der Östliche Blauhäher im gemäßigten Nordamerika östlich der Rocky Mountains. Ursprünglich war er ein Bewohner der offenen Wälder, jetzt aber lebt er als häufiger Park- und Vorstadtvogel in sehr vielen nordamerikanischen Städten.

Die meisten Rabenvögel sind standorttreu; nur wenige unternehmen regelmäßige Züge, zu denen sie sich dann nach der Brutzeit in kleineren oder größeren Scharen zusammenschließen. Wie die Vogelberingung gezeigt hat, wandert der Blauhäher nur ein paar hundert Kilometer weit. Übrigens wird er recht alt; eine ganze Anzahl beringter Tiere erreichte immerhin 10 bis 12 Jahre, und der älteste Vogel hatte es auf 15 Lenze gebracht. Obwohl die Lebensdauer ungefähr mit der Körpergröße zusammenhängt und größere Tiere länger leben, hatte die älteste beringte Wildkrähe ein Alter von 13 Jahren erreicht, als man sie schoß, und in der Gefangenschaft haben Krähen sogar bis 20 Jahre ausgehalten.

Am weitesten nach Norden gehen die Unglückshäher der Gattung *Perisoreus*, die in beiden Erdhälften die nördlichen Birken- und Nadelwälder bewohnen. Hierzu gehören der Kanadische Unglückshäher in Nordamerika und sein stärker braun gefärbter eurasischer Verwandter, der ihm in Gestalt und Lebensweise durchaus ähnlich sieht.

Als einzige der hier behandelten Arten kommt die Elster auf beiden Erdhälften vor, nämlich über ganz Eurasien, aber auch im westlichen Gebiet von Nordamerika. Ihr einziger näherer Verwandter, die Gelbschnabelelster, beschränkt sich auf die Täler und niederen Höhen Kaliforniens westlich der Sierra Nevada. Diese ansehnlichen, dunkel und weiß gefärbten Vögel stehen in vieler Hinsicht den Krähen näher, insbesondere in ihrem Nistverhalten, so daß man sie als Vermittler zwischen den beiden Unterfamilien betrachtet. Als Bewohner der halboffenen Landschaften sind die Elstern überall in den Kulturgebieten der Alten Welt zu Hause. Diese lauten, zänkischen Vögel gehören zu den «diebischen» Arten, die jeden glänzenden Gegenstand mitgehen heißen. Auch stellen sie den Eiern anderer Vogelarten nach, doch sind sie sonst ebensowenig wählerisch in ihrer Kost wie die meisten Rabenvögel. Weit mehr als die anderen Arten halten sie sich bei den Viehherden auf, so daß man sie mitunter auch auf dem Rücken einer Kuh sitzen sehen kann.

Ihre großen Kugelnester legen die Elstern aus Zweigen meist in der Astgabelung eines Baumes an; nicht selten nisten die Elstern in lockeren Gruppen beieinander. Das Männchen bringt das Material herbei, und das Weibchen verarbeitet es. Häufig werden diese Nester Jahr für Jahr wieder benutzt und ausgebessert. Wie bei den Krähen besorgt das Weibchen das 17- bis 18tägige Brutgeschäft allein; aber das Männchen hilft bei der Aufzucht der Jungen, die am 22. bis 27. Tag flügge werden.

HUIA (ausgestorben)
Heteralocha acutirostris
Nordinsel von Neuseeland; 48–53 cm.

LAPPENKRÄHE
Callaea cinerea
Neuseeland; 43–45 cm.

SATTELRÜCKEN
Philesturnus carunculatus
Neuseeland; 25 cm.

Lappenkrähen *Callaeidae*

Drei unterschiedliche neuseeländische Waldvögel, von denen jeder eine eigene Gattung in Anspruch nimmt, bilden diese kleine Familie: die ausgestorbene Huia oder Lappenhopf, der seltene Sattelrücken und die Lappenkrähe. Allen gemeinsam sind die ziemlich schwachen Flügel, kräftige Läufe und Füße sowie große, fleischige Lappen an den Mundwinkeln, die bei der Lappenkrähe blaugrau und bei den beiden anderen gelb oder orange gefärbt sind. Wahrscheinlich stammen die Vögel von urtümlichen Krähenahnen ab, von denen auch die Lauben-, Paradies- und Flötenvögel sowie die Drosselstelzen ihren Ausgang genommen haben.

Am bemerkenswertesten war die Huia. Ihr heller Schnabel war bei den beiden Geschlechtern so unterschiedlich ausgebildet, daß man das erste Paar, das nach Europa gelangte, für Vertreter zweier verschiedener Arten hielt, denn das Männchen hatte einen verhältnismäßig kurzen und geraden, das Weibchen aber einen längeren, dünneren und deutlich abwärts gekrümmten Schnabel. Paarweise durchstreiften sie die unteren Urwaldregionen; dabei meißelte das Männchen die Rinde der Bäume fort, und das Weibchen holte mit seinem dünnen Schnabel die Insektenlarven heraus. Die Maoris schätzten die weißspitzigen Schwanzfedern der Vögel sehr und verwendeten sie bei ihren Festen als Kopfschmuck der Häuptlinge. Seit 1907 hat man die Huia nicht mehr gesehen. Übermäßige Jagden durch die Eingeborenen und auch durch europäische Museumssammler tragen einen geringeren Teil der Schuld daran als vielmehr das Abholzen der Wälder und die Zerstörung ihres Lebensraumes. Schon lange vor der Ankunft der Weißen haben die Maoris die Vögel gejagt, ohne ihre Zahl wesentlich zu vermindern. In allen Museen der Welt gibt es heute nur 67 Bälge, und höchstens doppelt oder dreimal so viel dürften die Europäer sonst noch erlegt haben.

Auch der Sattelrücken ist ein grünschillernd schwarzgefiederter Vogel, zeigt aber eine haselnußbraune Oberseite. Hier sehen sich die Geschlechter gleich; beide haben einen schwarzen, geraden, spitzen Schnabel. Mit etwa 30 cm bleiben sie etwas kleiner als die Huia. Ihr Flugvermögen ist gering, doch flattern sie in den tieferen Urwaldlagen im Geäst umher und hüpfen über den Boden. Ihre Nahrung besteht vorwiegend aus Insekten und einer Beikost aus Früchten und Nektar. Ihr schüsselförmiges Nest bauen sie in den Baumfarnen oder auch Gesteinsspalten und belegen es mit 2 bis 3 graubraunen, kräftig braungefleckten Eiern, aus denen die Jungen nach 20 bis 21 Tagen schlüpfen. Heute beschränkt sich das Vorkommen der Sattelrücken auf einige kleinere Inseln mit ursprünglichem Kaurifichten- und Baumfarnbestand; auf der Hauptinsel sollen sie nur noch ganz selten zu finden sein.

Noch im vorigen Jahrhundert war die große, blaugraue, häherähnliche Lappenkrähe mit ihrem kurzen, abwärts gekrümmten Schnabel durchaus häufig, kommt aber heute nur noch an wenigen Stellen in den Hochlandwäldern der Hauptinsel vor. Auch sie vermag nur schlecht zu fliegen und bewegt sich daher in den Bäumen und am Erdboden nur mit langen Sprüngen, zu denen sie allerdings ihre Flügel mit zu Hilfe nimmt. Sie ernährt sich in weit stärkerem Maße von Früchten und Beeren als die beiden anderen Arten; der Gesang soll an Schönheit den aller anderen neuseeländischen Singvögel übertreffen. Die Lappenkrähen bauen ein ziemlich unordentliches Nest aus Zweigen, meist 6 bis 10 m hoch in den Bäumen, und kleiden es mit Moos und Rinde aus; ihr Gelege enthält 2 bis 3 gefleckte, graue Eier. Wie lange die Vögel brüten, wissen wir nicht, wohl aber, daß die Jungen 4 Wochen im Nest bleiben.

Drosselstelzen *Grallinidae*

Bei den 4 Arten dieser kleinen Familie finden wir stets den gleichen Nestbau, nämlich tiefe, offene Mulden aus Lehm, zumeist auf einem waagerechten Ast angelegt und mit Haaren, Federn und Gras versteift. Sie alle leben ziemlich gesellig und fliegen nicht besonders gut, sondern bewegen sich mit eigenartigen, hüpfenden Schritten auf dem Boden oder zwischen den Zweigen. Ihren Lebensraum bilden offene Wälder an den See- oder Flußufern, in Sümpfen oder auch Kulturlandschaften, jedenfalls zumeist in der Nähe des Wassers.

Am kleinsten bleiben die Drosselstelzen *(Grallina)*, wie die 33 cm große Australische Drosselstelze, ein anmutiger, auffallend schwarz-weiß gezeichneter und ziemlich zutraulicher Bewohner der Sumpfgebiete, Fluß- und Seeufer. Etwas kleiner, aber ebenso gefärbt ist die Papuanische Drosselstelze, die am wenigsten gesellige Art der Familie, die sich einzeln oder in Paaren längs der Flüsse in den Bergwäldern des westlichen Neuguinea aufhält. Während des Winters bildet die australische Art große Schwärme bis zu 500 Vögeln, doch bezieht jedes Paar im Frühling sein eigenes Brutrevier. Angeblich sollen die Brutpaare ihr ganzes Leben hindurch beisammenbleiben und Jahr für Jahr das gleiche, etwa 6 bis 8 Hektar große Revier besetzen. Es wird von beiden Geschlechtern verteidigt. Während der Balz rufen die Tiere im Wechselgesang: Der eine beginnt mit einem schrill gepfiffenen «ti-hi», und sofort vollendet der andere mit einem «pie-o-wit» die gemeinsame Strophe. Mehrmals im Jahr wird ein Gelege aus 4 weißen, stark gefleckten Eiern abgesetzt, aber da die heftigen Regenfälle häufig die merkwürdigen Lehmnester fortspülen, nimmt man an, daß die Vögel für jede Brut eine neue Niststätte anlegen. Da sie gern Insekten und kleines Wassergetier fressen, darunter auch die Schnecken, die als Zwischenwirte bei der Übertragung von Leberegeln und anderen Krankheitserregern der Schafe eine Rolle spielen, ist man den Drosselstelzen sehr wohlgesonnen.

In kleinen Schwärmen von etwa einem Dutzend Tieren zieht der Gimpelhäher durch das offene Waldland und die Felder; auf dem Erdboden und im Gezweig bewegt er sich mit langen Sprüngen fort. Diese dunkelgrauen, etwa hähergroßen Vögel suchen sich ihre Nahrung, Insekten oder Sämereien, vorwiegend auf der Erde. Angeblich nisten sie in Brutgemeinschaften.

Das vierte und zugleich auch das größte Mitglied der Drosselstelzenfamilie stellt die glänzend schwarz gefärbte, weißflügelige Australische Bergkrähe dar. Ebenso wie der eben behandelte Gimpelhäher bilden die Bergkrähen gern kleinere Verbände und suchen sich ihre Insektennahrung vorwiegend auf dem Erdboden, doch nehmen sie außerdem auch noch Früchte und Beeren zu sich. Leuchtend weiß treten ihre Flügeldecken hervor, wenn sich die Bergkrähe mit langsamen Flügelschlägen durch die Luft bewegt. Wenn sie sich gestört fühlt, so flieht sie mit einer Anzahl langer Sätze von Zweig zu Zweig durch die Bäume. Auch sie soll mehrere Bruten im Jahr hervorbringen und außerdem gemeinschaftliche Nester anlegen, indem angeblich immer 3 bis 6 Vögel gemeinsam daran arbeiten, das übliche Lehmnest zu verfertigen, in das dann verschiedene Weibchen ihre Eier hineinlegen. Wieviel Eier nun jeder einzelne Vogel legt, wissen wir nicht, doch hat man bis zu 9 Eier in solchen Gemeinschaftsnestern gefunden. Wie auch bei den übrigen Mitgliedern der Familie sehen hier die Eier ebenfalls weißlich aus und tragen braune Flecken.

Flötenvögel *Cracticidae*

Die 10 australischen und papuasischen Arten, die hier zu einer kleinen Familie zusammengeschlossen werden, zeigen enge verwandtschaftliche Bindungen zu den Krähenvögeln. Vielleicht stammen sie von jenen elsterähnlichen Vorläufern ab, die sich einst im frühen Tertiär im anderen Teil der Welt abgesondert hatten.

Der Graue Flötenwürger, eine häufige und über das ganze gemäßigte Australien verbreitete Art, sieht nicht nur äußerlich wie ein Würger aus, sondern zeigt auch die gleiche Angewohnheit, Insekten, Echsen, Kleinvögel oder Nager auf Dornen aufzuspießen oder an den Zweigen aufzuhängen, um sie später zu verspeisen. Dabei benutzt er den Dorn oder eine Astgabel, um damit die Beute festzuhalten, während er sie mit dem Schnabel in mundgerechte kleine Stücke zerfetzt. In Australien rechnet man die Flötenwürger ihrer reinen, weichen Stimme wegen zu den besten Sängern; sie lassen praktisch das ganze Jahr über ihre Duette und Wechselgesänge ertönen und ahmen auch andere Stimmen nach.

Die Brutpaare scheinen ständig beisammenzubleiben und auch ihr Territorium zu verteidigen. Dabei verhalten sich die Weibchen ebenso aktiv wie die Männchen und singen gleichfalls ihren Balzgesang. Wie die Krähen bauen sie ein unordentliches Nest aus Zweigen in einer Astgabel und polstern es mit weicherem Material aus. Ihr Gelege enthält 3 bis 5 unterschiedlich gefärbte Eier mit kräftigen Flecken, die 23 Tage bebrütet werden, also ziemlich lange für einen Sperlingsvogel; 25 bis 26 Tage werden die Jungen im Nest großgezogen.

Die übrigen Flötenvögel werden 35 bis 50 cm lang und sehen mit ihrem schwarz-weißen Gefieder aus wie Elstern, nur bleibt ihr Schwanz viel kürzer. Sie alle sind berühmte Sänger, deren klangvolle Stimme wie ein Gong durch den Busch hallt. Den Graurücken-Flötenvogel, die größte Art der Familie, lieben weder die Gärtner, weil er ihnen die Früchte abfrißt, noch die Vogelfreunde, denn er vergreift sich an den Eiern und Nestjungen anderer Vogelarten. Außerdem aber nimmt er auch Insekten in großen Mengen zu sich.

AUSTRALISCHE DROSSELSTELZE
Grallina cyanoleuca
Australien; 28 cm.

AUSTRALISCHE BERGKRÄHE
Corcorax melanorhamphus
Südöstliches Australien; 45 cm.

Ganz eigenartig ist das Revierverhalten, denn der Graurücken-Flötenvogel lebt in Gemeinschaften von 6 bis 20 Tieren und unterschiedlichem Zahlenverhältnis zwischen den Geschlechtern; jeder Verband beherrscht ein Revier von etwa 40 Hektar. Dort halten sie sich das ganze Jahr über auf und verteidigen ihr Territorium gegenüber Eindringlingen aus anderen Sippen. Sie leben dort in «wilder Ehe» und zeigen auch sonst in ihrem Verhalten einige «kommunistische» Züge.

Zur Balzzeit feiert die ganze Sippe ein jubilierendes Sängerfest, das erst mit dem Beginn des Brütens verstummt. Der Nestbau und das Brüten obliegt allein den Weibchen, doch helfen die Männchen beim Atzen und Hudern der Jungen.

Um ihr Nest zu verteidigen, greifen sie alle anderen Wesen an, auch den Menschen. Ihr großes, schüsselförmiges Nest wird gewöhnlich an einer hochgelegenen Baumgabel untergebracht; es besteht aus Zweigen und wird mit Gras und Laub ausgepolstert. Merkwürdigerweise verwenden die Tiere dabei auch dicken Draht. Ein 13 Pfund schweres Nest enthielt 286 verschiedene Drahtenden in Stücken von 10 cm bis 1,20 m und in einer Gesamtlänge von gut 100 m, darunter auch Stacheldraht, was die oben gezogene Parallele zu kommunistischen Gepflogenheiten nur noch unterstreicht.

GRAUER FLÖTENWÜRGER
Cracticus torquatus
Australien und Tasmanien; 28 cm.

Laubenvögel *Ptilonorhynchidae*

Das Auffallendste an den Laubenvögeln stellen die eigenartigen Tanzplätze dar, die sich die Männchen bei den meisten der insgesamt 19 Arten als Bestandteil ihres Balzverhaltens einrichten. Wir kennen zwar eine ganze Anzahl von Vögeln, die sich besondere Balzplätze schaffen, z. B. die Schnurrvögel, Leierschwänze und Gänse, aber nirgends werden sie so vollendet ausgestattet. Manche Laubenvögel errichten derart umfangreiche Bauwerke, daß man ernsthaft daran zweifelt, ob sie wirklich nur von einem einzigen Vogel hergestellt sind. Daher glaubten auch die ersten Forscher, die solche Gebilde zu Gesicht bekamen, es handele sich um Spielzeughäuschen der Eingeborenenkinder.

So eng sind die Laubenvögel mit den Paradiesvögeln verwandt, daß manche Ornithologen die beiden Gruppen nur als Unterfamilien auffassen, zumal sie auch das gleiche Verbreitungsgebiet einnehmen, nämlich Neuguinea und Nordaustralien. Ihre Unterscheidungsmerkmale sind jedenfalls keineswegs scharf ausgebildet und beschränken sich im wesentlichen auf den etwas abweichenden Bau des Gaumens, die Anordnung der Federn in den Fluren und die relative Länge der Hinterzehe, die bei den Laubenvögeln kürzer als die vordere Mittelzehe, bei den Paradiesvögeln aber ebenso lang oder länger ausgebildet ist. Bei den meisten Laubenvögeln unterscheiden sich die Geschlechter, nur bei den primitiveren Arten sehen sie gleich aus. Mitunter zeigen die Männchen Schillerfarben, in einigen Fällen auch Hauben oder verlängerte Kopffedern, jedoch niemals das bunte Prachtgefieder der Paradiesvogel-Männchen. Am stärksten unterscheiden sich die beiden Gruppen durch ihr Balzverhalten. Während die Paradiesvögel ihr Gefieder zur Schau stellen, imponieren die Laubenvögel durch ihre Tanzplätze. Dabei haben sie derartige Fähigkeiten als Baumeister und Dekorateure entwickelt, wie wir sie, abgesehen vom Menschen, nirgends in der Natur wiederfinden. In dieser Hinsicht stellen sie tatsächlich die perfektioniertesten Freier der Vogelwelt dar.

Eigenartigerweise gilt der ganze Aufwand des Männchens nicht etwa dem Nestbau. Jedes Männchen baut seine Laube oder seinen Tanzplatz und balzt dort lediglich, um ein Weibchen herbeizulocken und sich mit ihm in dieser Anlage zu paaren, und das ist auch sein einziger Anteil am ganzen Fortpflanzungsgeschäft. Nach der Paarung geht das Weibchen seiner Wege, baut sich sein flaches, napfförmiges Nest aus Zweigen allein, legt und bebrütet die beiden Eier und zieht die Jungen groß. Daß die Laubenvögel polygam leben, wie man früher annahm, trifft allerdings nicht zu.

Nach ihren Bauwerken pflegt man die Laubenvögel in 4 Gruppen zu unterteilen: die Katzenvögel, die keine Laube bauen, sowie die Lauben-, die Maibaum- und die Gassenbauer. Zur ersten und wahrscheinlich urtümlichsten Gruppe gehören der Grüne Katzenvogel in Ost- und Nordaustralien sowie auf den Aru-Inseln, dazu sein Gattungsverwandter, der Weißohrkatzenvogel im westlichen Neuguinea. Beide lassen ein katzenähnliches Miauen hören und fauchen zischend bei Gefahr. Bei diesen beiden Arten, in denen sich die Geschlechter nicht unterscheiden, finden wir kürzere, kräftigere Schnäbel als bei den höher entwickelten Formen; auch halten sie sich mehr auf den Bäumen auf und kommen selten auf den Boden herab. Ihre Nahrung besteht aus Früchten, Beeren, Sämereien und Insekten, vor allem Käfern. Wir wissen nur, daß die Männchen keine Lauben bauen, jedoch nicht, ob sie sich hier mehr an dem Nestbau und der Aufzucht der Jungen beteiligen. Das Nest sieht genauso aus wie bei den anderen Arten: ein napfförmiges Gebilde aus Zweigen, meist ziemlich

BLAUSCHWARZER LAUBENVOGEL
Ptilonorhynchus violaceus
Östliches Australien; 33 cm.

GÄRTNERVOGEL
Sericulus chrysocephalus
Östliches Australien; 28 cm.

KURZSCHOPF-LAUBENVOGEL
Amblyornis subalaris
Südöstliches Neuguinea; 23

GOLDSCHOPF-LAUBENVOGEL
Cnemophila macgregorii
Mittleres Neuguinea; 23 cm.

hoch an einem Waldbaum, und mit zwei kremfarbenen Eiern bestückt.

Die einfachsten Lauben errichten die 3 Tennenbauer, darunter der Zahnschnabel-Laubenvogel in den Bergwäldern des nordöstlichen Australien. Auch hier tragen beide Geschlechter die gleiche einfarbige Schutztracht: oberseits olivbraun, unterseits weiß und braun gestreift. Die Spitze ihres Ober- und Unterschnabels weist sägeartige Einkerbungen auf, mit denen das Männchen Blätter abschneidet, um mit ihnen seinen Tanzplatz zu schmücken. Zuvor säubert es eine 1 bis 1,5 m große Stelle des Waldbodens und bedeckt sie dann mit frischem Laub, oft von ganz bestimmten Bäumen; verwelkte Blätter werden gegen frische ausgetauscht. Das Ganze umgibt der Vogel mit einem Rundwall aus aufgehäufter Bodenstreu, und dann setzt er sich auf einen bestimmten Ast über seiner Anlage, um fast den ganzen Tag über zu rufen und zu singen, wobei er auch andere Stimmen nachahmt.

Eine ähnliche «Manege» baut der Sanford-Laubenvogel auf dem Boden der bemoosten Palmwälder auf Neuguinea in Höhen von etwa 2500 m über dem Meeresspiegel, indem er seinen Tanzplatz mit Farnwedeln auslegt und den Rand mit Käferflügeln, Schneckengehäusen und Holzkohle- oder Harzstückchen verziert. Um diese Tenne errichtet er einen Zaun oder Vorhang aus Bambusfasern und trockenen Farnwedeln, den er mit Borkenstücken, Beeren und manchmal auch Schneckenhäusern garniert. Hier hält sich das Männchen während der ganzen Fortpflanzungszeit auf, bringt immer wieder neue Verzierungen an, und dabei singt es und tanzt es darin und darum umher.

Zu den Maibaumbauern zählen wir 5 Arten. Einen überdachten «Aussichtsturm», manchmal fast 3 m hoch, legt der nordaustralische Goldlaubenvogel oder Reisigturmbauer an, eine Art, die mit nur 23 cm zu den kleinsten Mitgliedern der Familie gehört. Die anderen Maibaumbauer leben in den hochgelegenen Urwäldern von Neuguinea. Da die Tiere ihren Tanzplatz mit Moos bepflanzen, nennt man sie auch Gärtnervögel. Hierzu rechnen wir den Goldschopf-, den Kurzschopf-, den Schmucklosen und den Goldstirn-Laubenvogel. Dieser Goldstirn-Laubenvogel gehört zu den größten ornithologischen Seltenheiten; von ihm kennen wir nur 3 Exemplare, die im 18. Jahrhundert zusammen mit Paradiesvogelbälgen nach Europa kamen. Jede Expedition, die nach Neuguinea ging, hat nach

SCHMUCKLOSER LAUBENVOGEL
Amblyornis inornatus
Westliches Neuguinea; 23 cm.

KRAGENLAUBENVOGEL
Chlamydera maculata
Australien; 28 cm.

SCHWARZWANGEN-LAUBENVOGEL
Sericulus aureus
Neuguinea und nördliches Australien; 25 cm.

FLECKENLAUBENVOGEL
Chlamydera maculata
Östliches Australien; 28–30 cm.

GRÜNER KATZENVOGEL
Ailuroedus crassirostris
Nördliches Australien; 35–38 cm.

ihm gefahndet, aber niemals wieder konnte der Vogel in der Natur gefunden werden.

Ihr Werk beginnen die Maibaumbauer damit, daß sie Stöckchen und Zweige waagerecht um einen Jungsproß aufschichten, bis die gewünschte Höhe von 1,2 bis 1,8 m erreicht ist. Nun bauen sie eine gleiche, aber etwas kürzere Säule um einen zweiten, vielleicht 30 cm entfernten Sproß und verbinden die beiden Bauten mit Schlingpflanzen und Stöcken, so daß eine Art Strohdach entsteht. Oft benutzt der Vogel diese Anlage Jahr für Jahr, indem er sie immer wieder ausbessert und ergänzt, und so stellen die großen Bauten das Werk mehrerer Jahre dar. Die Wände sowie der Boden innen und außen werden mit Moos, Farnen, Orchideen und anderen Blüten geschmückt, dazu kommen noch glänzende Beeren und Schneckengehäuse. Welke Blüten werden durch frische ersetzt.

Als die am höchsten spezialisierten Arten sieht man die 9 Gassenbauer an. Ihre Lauben wirken zwar nicht so massiv wie die der Maibaumbauer und werden höchstens auch nur zum Teil überdacht, aber sie sind noch komplizierter angelegt. Zumindest zwei Arten, der Blauschwarze Laubenvogel und der eigentliche Gärtnervogel, benutzen dabei Werkzeuge, nämlich «Pinsel» zum Bemalen. Zuerst säubern die Gassenbauer wieder ein Stück Waldboden im Umkreis von etwa 1,2 m und flechten darauf eine mehrere Zoll dicke Matte aus Stöckchen und Zweigen, und in deren Mitte errichten sie zwei parallele Wände aus aufrechten Stöcken, die fest in den Boden gerammt und noch miteinander verflochten werden; mitunter stoßen sie in der Mitte dachartig zusammen. Die Ausmaße dieser Konstruktionen sind bei den einzelnen Arten etwas verschieden. Beim australischen Fleckenlaubenvogel ist die Matte 15 bis 20 cm dick, während die 60 bis 90 cm langen Wände etwa 40 cm hochragen. Dagegen baut der eigentliche Gärtnervogel seine Wände nur 20 cm lang und 15 cm hoch; sie stehen nur so weit auseinander, daß der Vogel eben noch den Gang entlangspazieren kann, ohne die Seiten zu streifen. Ihren Tanzplatz dekorieren die Vögel mit allerlei merkwürdigen Dingen, Kieseln, gebleichten Knochen, Muschelschalen, Blättern und Blüten.

Zu alledem bemalen der Blauschwarze Laubenvogel und der Eigentliche Gärtnervogel die Innenseite der Wände ihres Zeltes mit bläulichen oder grünlichen Farbtönen, die sie aus Holzkohle und anderen Farbstoffen, vermischt mit ihrem Speichel, selber verfertigen. Dazu nimmt der Gärtnervogel einen Pinsel aus grünen Blättern in seinen Schnabel, der Blauschwarze Laubenvogel aber benutzt zum gleichen Zweck Borkenstückchen. Soweit bekannt, gibt es sonst nur noch beim Spechtfinken der Galapagos-Inseln einen echten Werkzeuggebrauch im Vogelreich.

Bei 5 Arten der Gassenbauer, nämlich bei den eben genannten beiden australischen Formen sowie beim Schwarzwangen-, Gelbkehl- und Baker-Laubenvogel, sehen die Männchen bunt, die Weibchen aber verhältnismäßig unscheinbar aus. Die 4 *Chlamydera*-Arten wirken dagegen in beiden Geschlechtern dunkel und fast gleich; sie zeichnen sich farblich nur durch einen Schopf verlängerter, rötlicher Nackenfedern aus, der manchmal nur dem Männchen, mitunter aber auch dem Weibchen zukommt. Diese Vögel leben im offenen Buschland oder an den Grassteppen von Australien und Neuguinea; dazu gehört auch der 38 cm lange Rosennacken-Laubenvogel Australiens als größte Art der ganzen Familie.

Die Gassenbauer leben etwas geselliger als die anderen Laubenvögel und halten sich außerhalb der Brutzeit oft in kleinen Verbänden von 4 bis 6 Tieren auf. Vorwiegend fressen sie Früchte und Beeren, außerdem noch allerlei Insekten. Offenbar beschränkt sich die Verbreitung des Fleckenlaubenvogels in Westaustralien auf das Vorkommen seiner Hauptnahrung, nämlich einer bestimmten Wildfeige. Bei den Gartenfreunden sind die Laubenvögel gar nicht gut angeschrieben, weil sie einen beträchtlichen Schaden anrichten, insbesondere der Blauschwarze Laubenvogel, der gern saftige Früchte frißt. Ihr Ruf klingt nicht besonders anziehend, sondern besteht nur in kehligen Schreien oder sägeähnlichem Quietschen, doch sind die meisten Laubenvögel gute Spötter und flechten in ihren Balzgesang auch die Laute anderer Vogelarten ein.

Paradiesvögel *Paradisaeidae*

Mit dieser Familie kommen wir zu den am schönsten gefärbten und geschmückten Vögeln, denn was wir hier bei den Männchen an prächtig bunten und sonderbar gestalteten Federn finden, um dem anderen Geschlecht zu imponieren, ist schlechterdings nicht mehr zu überbieten. Stammesgeschichtlich sind die Paradiesvögel ziemlich alt, denn schon im frühen Tertiär dürften sich die unscheinbaren, unspezialisierten, krähenähnlichen Ahnenformen, aus denen wir die 43 heutigen Arten ableiten, in der papuasischen Region isoliert haben. Ihre nächsten lebenden Verwandten haben wir unter den Laubenvögeln zu suchen, von denen sie sich nur durch verhältnismäßig geringfügige anatomische Merkmale unterscheiden, wie etwa die relative Zehenlänge, vor allem aber durch das Balzverhalten und das Schmuckgefieder.

Beheimatet sind diese herrlichen Geschöpfe in den Wäldern Neuguineas und der benachbarten kleinen Inseln; 4 Arten leben in den Bergwäldern des nordöstlichen Australien. Ein großer Teil dieses Verbreitungsgebietes ist erst in letzter Zeit zugänglich geworden und harrt noch immer seiner genaueren Durchforschung. Verschiedene Arten kennt man nur nach einem oder zwei Exemplaren, die irgendwann einmal von einem eingeborenen Sammler gefangen wurden; nähere Angaben fehlen. Und nur etwa zwei Dutzend Vogelforschern war das Glück beschieden, wenigstens einige Monate lang die Paradiesvögel in ihrer natürlichen Umwelt kennenzulernen. So sind unsere Kenntnisse noch recht lückenhaft; ein großer Teil dessen, was wir über die Balz der Tiere wissen, stammt aus Beobachtungen in Zoologischen Gärten.

Seit undenklichen Zeiten benutzten die Eingeborenen Neuguineas die Federn zu Schmuckzwecken, und auch chinesische Händler brachten Federn schon lange vor dem 16. Jahrhundert in den Orient. Nach Europa gelangten zuerst zwei von den Eingeborenen angefertigte Bälge, die der Herrscher der Molukkeninsel Batjan dem König von Spanien zugedacht hatte; sie wurden 1522 von der «Victoria» überbracht, mit der Magellan die Welt umsegelte. So unerhört schön erschienen die beiden Vögel den Spaniern, daß sie glaubten, die Tiere müßten aus dem Paradiese und nicht aus den Urwäldern Neuguineas gekommen sein; seither sprechen wir von Paradiesvögeln. Im 16. und 17. Jahrhundert nannten die portugiesischen Händler die Vögel «Manucodiata»; das war eine Verballhornung des malaiischen Begriffes «Manuq Devata», d. h. «Göttervögel». Aber noch heute ist dieser Name einigen neuguineïschen und australischen Arten verblieben.

In Europa lernte man die Paradiesvögel anfangs nur nach den Bälgen kennen, die aus den Händen der Eingeborenen stammten und denen man die Beine entfernt hatte. Daher entstanden die merkwürdigen Märchen, die Paradiesvögel würden sich niemals niederlassen, sondern in stetem Fluge der Sonne nacheilen, und das Weibchen lege seine Eier in eine Grube auf dem Rücken des Männchens. Sicherlich wußten die europäischen Naturwissenschaftler, daß es sich hier nur um Eingeborenenmärchen handelte, und so hat der alte Linnaeus wahrscheinlich geschmunzelt, als er 1758 die am besten bekannte Art mit dem Namen *Paradisaea apoda* belegte, d. h. «der fußlose Paradiesvogel». Als Heimat dieser Art gab er «India» an, und für den Königsparadiesvogel, den er *Paradisaea regia* benannte, schrieb er «Ostindien». Heute wissen wir, daß beide Arten auf den Aru-Inseln leben, jener kleinen Inselgruppe südwestlich von Neuguinea.

Woher die Bälge nun eigentlich kamen, fanden die europäischen Naturkundler nicht vor 1824 heraus, als der französische Forscher René Lesson den Trompetenparadiesvogel und den Schwarzen Schillerparadiesvogel im nordwestlichen Neuguinea entdeckte. Als erster Naturwissenschaftler studierte der Engländer Alfred Russell Wallace, der gegen Ende der 50er Jahre des vorigen Jahrhunderts nach Papuasien kam, die Lebensgewohnheiten der Vögel an Ort und Stelle. Als er die Insel Batjan anlief, auf der vor 350 Jahren Magellan Station gemacht hatte, fand er den märchenhaften Wallace-Paradiesvogel *(Semioptera wallacei)*,

PRACHTREIFELVOGEL
Craspedophora magnifica
Neuguinea, Nordaustralien; 33 cm.

RAGGIS GROSSER PARADIESVOGEL
Paradisaea apoda raggiana
Neuguinea; 45 cm.

SCHMUCKSICHELSCHWANZ
Diphyllodes magnificus
Neuguinea; 20 cm.

KÖNIG-ALBERT-PARADIESVOGEL
Pteridophora alberti
Neuguinea; 20 cm.

BLAUER PARADIESVOGEL
Paradisaea rudolphi
Neuguinea; 33–35 cm.

FADENHOPF
Seleucides ignotus
Neuguinea; 33 cm.

eine hühnergroße, bräunliche Art mit einem glänzenden, grünen Halskragen, der bei der Balz entfaltet wird, und zwei 15 cm langen Federn am Flügelbug, die das Tier bei der Balz V-förmig über seinem Rücken aufrichtet. Zwei Gelbe Paradiesvögel, die Wallace 1862 auf seiner Rückreise nach England mitnahm, waren die ersten Exemplare, die lebend Europa erreichten.

Dann setzte eine ungeheure Nachfrage nach Paradiesvogelfedern für modische Zwecke in der ganzen zivilisierten Welt ein, und der Preis stieg immer höher, je mehr Reisende in diese unwirtlichen Gefilde gelangten. In den 80er und 90er Jahren dürften jährlich etwa 50000 Bälge aus Neuguinea ausgeführt worden sein; die meisten davon gingen nach Paris, wo ja schon immer der Mittelpunkt des Schmuckfederhandels lag. Die Naturforscher aber wühlten in den Lagern der Luxusmodisten, um neue Arten beschreiben zu können.

Wie verheerend sich die Jagd nach Paradiesvögeln auswirkte, wird man wohl niemals in vollem Umfang erfahren können. 1920 wurde dem Vogelmord auf Neuguinea durch Gesetz ein Ende bereitet, aber da waren schon einige vormals durchaus häufige Arten sehr selten geworden. Glücklicherweise wandte sich auch allmählich das breite Publikum gegen den Gebrauch von Vogelfedern für derartige Zwecke, so daß sie jetzt nicht mehr in die meisten europäischen Staaten und in die USA eingeführt werden dürfen. Tatsächlich haben sich auch einige Arten in den letzten Jahrzehnten wieder ganz gut vermehrt, aber nun droht ihnen bereits durch die beginnende Rodung der Wälder ein neues Unheil gerade zu dem Zeitpunkt, an dem wir endlich etwas Näheres über das eigentümliche Balzverhalten der Tiere zu erfahren beginnen.

Was man sich schlechthin unter einem Paradiesvogel vorstellt, sind die 6 hähergroßen Arten aus Linnaeus' Gattung *Paradisaea*, und diese Bewohner der feuchteren Küstenwälder bildeten auch das Gros der damaligen Importe. Die langen, seidigen Flankenfedern hängen bis über den Schwanz hinab, wenn der Vogel auf einem Ast sitzt, und wallen wie die Kaskaden eines Springbrunnens über den Rücken herab, wenn sie der Vogel bei der Balz entfaltet. Beim Männchen sind die Schäfte der mittleren Schwanzfedern zu drahtigen Anhängen verlängert, können sich überkreuzen und am Ende metallisch glänzende Fahnen tragen. Auf meist hellviolettem Grunde finden wir oft leuchtend gelbe Flecken am Kopf und Rücken sowie einen glänzend grünen Querstreifen am Halse. In der Nominatrasse des Großen Paradiesvogels geht das leuchtende Gelb der Flankenfedern leicht ins Hellviolette über; bei anderen Arten finden wir orangefarbene bis rote Töne, wie beim Roten Paradiesvogel, der nur auf der Insel Waigeu nordwestlich von Neuguinea vorkommt. Bei der Balz schmiegt sich das Männchen meistens an einen Zweig und läßt seine Schmuckfedern über seinem Rücken spielen. So beginnt auch der Kaiser-Wilhelm-Paradiesvogel, doch dann gleitet er nach vorn, bis er mit dem Bauch nach oben am Zweige hängt und ganz von seinen Schmuckfedern umgeben ist. Und ebenfalls kopfabwärts hängend beginnt der herrliche, seltene Blaue Paradiesvogel aus den Bergwäldern des östlichen Neuguinea seine Schaustellung; dabei umschließen seine blauen Schmuckfedern ihn wie eine Blüte.

Häufig gehandelt wurde auch der Fadenhopf aus den Mangroven- und Sagowäldern an den Küsten Zentral- und Westneuguineas. Seine 6 glänzend gelben Flankenfedern an jeder Seite enden mit langen, drahtigen Kielen, deren Spitzen sich scharf nach vorn biegen. Wenn sie vor ihrem einfarbigen, braungestrichelten Weibchen balzen, entfalten die Männchen ihre Halskrause aus schimmernden, schwarzgrünen Kehlfedern rund um ihren Schnabel und reißen ihn auf, um das leuchtend grüngelbe Mundinnere zu zeigen.

Am kleinsten bleibt der nur 16 cm lange Königsparadiesvogel, aber er gehört auch zugleich zu den schönsten Arten: der Rücken ist scharlachrot, der Bauch weiß, und dagegen stechen die Beine blau und die Schmuckfedern grün ab. Zwei verlängerte Schwanzfedern tragen am drahtig verlängerten Kiel je eine metallisch grüne Fahne. Offenbar beanspruchen die Männchen dieser prächtigen Baumwipfelbewohner bei der Balz ein eigenes Territorium. Übrigens haben wir hier die einzige bekannte Art der Familie vor uns, die in Baumhöhlen nistet.

Eng damit verwandt sind die beiden etwas größeren Arten des Schmuck- und Wilson-Sichelschwanzes. Die Männchen der ersten Art, die den größten Teil der trockenen Niederungen Neuguineas bewohnt, aber auch bis 1500 m hoch in den Bergen vorkommt, bauen sich einen Balzplatz auf dem Waldboden, indem sie auf einem 5 m großen Fleck allen Pflanzenwuchs beseitigen und selbst noch die Rinde und das Laub der jungen Schößlinge in diesem Bereich entfernen. Dort tanzen die Tiere auf und ab, entfalten ihr leuchtend gelbes Schmuckgefieder wie einen Fächer und lassen ihre grün schimmernden Brustfedern im Sonnenlicht erglänzen.

Den Wilson-Sichelschwanz bezeichnet man seiner zweifach gekreuzten kleinen, samtschwarzen Federn auf der nackten, blauen Kopfhaut wegen auch als «Kreuz Christi». John Cassin nannte die Art 1850 zu Ehren seines Freundes Alexander Wilson *Paradisaea wilsoni*, übersah aber dabei, daß die gleiche Art 6 Monate früher von Charles Lucien Bonaparte, einem Neffen Napoleons, der sich einige Zeit in den USA aufgehalten und ausführlich über die amerikanische Vogelwelt geschrieben hatte, bereits mit dem Namen *Paradisaea respublica* belegt worden war. Dies geschah einesteils zu Ehren der Republik Frankreich, zum Teil aber auch, um sein Mißfallen mit einigen sogenannten Republiken auszudrücken, denn er schreibt dazu: «Wenn auch keine paradiesische Republik existiert, so soll es doch wenigstens eine *Paradisaea respublica* geben!»

Einen großen Teil der Paradiesvögel hat man dagegen nach monarchischen Regenten benannt, z. B. den Kaiser-Wilhelm- und den Augusta-Viktoria-Paradiesvogel nach dem letzten deutschen Kaiserpaar *(P. guilelmi, P. augustaevictoriae); P. rudolphi* verdankt seinen wissenschaftlichen Namen dem Erzherzog Rudolf von Habsburg, der so tragisch auf Schloß Mayerling endete, *Astrapia stephaniae* war seiner belgischen Gemahlin gewidmet, und in *Ptiloris victoriae* lebt der Name der englischen Königin Victoria fort.

Der Prinzessin-Stephanie-Paradiesvogel gehört zu den ganz wenigen Arten, die man in Gefangenschaft nachgezüchtet hat, und vertritt zugleich eine Gruppe langschwänziger Paradiesvögel, die man als Paradieselstern zu bezeichnen pflegt. Da sie in den hochgelegenen Bergwäldern Neuguineas leben, kamen sie nur selten in den Handel. Alle diese Formen zeichnen sich durch schimmerndes, metallschwarzes Gefieder aus und tragen oft schillernde Halskrausen und lange Schmuckfedern am Schwanz. Fast 1 m weit schleppen beim Männchen der Mayer-Paradieselster die beiden weißen mittleren Schwanzfedern im Fluge nach. Dieser Vogel, den man erst 1939 entdeckte, erreicht eine Länge bis zu 1,07 m und gilt somit als der größte Paradiesvogel.

Die größten Körpermaße dagegen haben die etwa krähengroßen Sichelschnäbel im Hochland von Neuguinea, die man selten unterhalb der 1500-Meter-Grenze findet. Bei der Balz richtet das Männchen seine langen, an der Spitze metallisch glänzenden Seitenfedern über den Kopf auf, bis sie über dem Rücken zusammenstoßen, klappt seine langen mittleren Schwanzfedern auf und zu und öffnet weit seinen Schnabel, um die leuchtend gelbe Mundhaut zu zeigen.

Zu den sogenannten Flaggenträgern gehört der Sechsfedrige Paradiesvogel mit je 3 drahtigen Federkielen an den Kopfseiten, die am Ende eine schwarze Flagge tragen, aber auch der König-Albert-Paradiesvogel, eine kleine, nur 18 cm lange Art aus den Bergen Zentralneuguineas. Die Männchen tragen beiderseits des Kopfes je eine 45 cm lange, nach hinten gerichtete Feder, deren einseitig ausgebildete Fahne in eine Reihe von 30 bis 40 einzelne Wimpel aufgelöst und außen blau, innen aber braun gefärbt ist. Derart unglaublich erschien den Ornithologen ein solcher Vogel, daß man im Jahre 1894, als ein Stück in den Handel kam, an den Scherz eines Ausstopfers glaubte, weil etwas Derartiges in der Natur «unmöglich» sei.

Wir wissen zwar nicht allzuviel von den Lebensgewohnheiten der Paradiesvögel in der Natur, doch ist bekannt, daß eine Anzahl Arten polygam lebt und alle Pflichten des Fortpflanzungsgeschäftes, angefangen vom Nestbau bis zur Aufzucht der Jungen, den unscheinbaren, brauner gefärbten Weibchen überlassen bleiben. Das gilt jedoch nicht für die gesamte Familie, denn die urtümlicheren Arten, wie die Schiller- und Lappenparadiesvögel, sind zwar oft leuchtend gefärbt, besitzen aber wenig oder gar keine Schmuckfedern und zeigen auch kaum Geschlechtsunterschiede. Monogam lebt das Männchen des Schwarzen Schillerparadiesvogels auf Neuguinea; zwar brütet das Weibchen 15 bis 18 Tage allein, doch trägt das Männchen das Nistmaterial herbei, hilft beim Atzen der Jungen und hudert sie auch gelegentlich.

Auf Neuguinea und im nordöstlichen Australien ist der Prachtreifelvogel zu Hause; hier sind die Schmuckfedern an den Flanken weich, haarähnlich und viel kürzer als bei den anderen Gruppen entwickelt. Dagegen zeigt seine Kehle ein schimmerndes Purpurblau und wird vom Vogel mit gespreizten Flügeln der Sonne zugewandt, damit sich die Lichtstrahlen in den Farben brechen können.

Zur Verwandtschaft der Flaggenträger rechnet der Kleine Kragenhopf, eine nur stärlingsgroße Art mit zwei Satz Schmuckfedern und einer Haube aus mehr als 100 samtschwarzen Federn am Hinterkopf, die das Tier zu einem riesigen Fächer über seinem Kopf aufrichten kann; dazu kommt noch ein Brustfleck aus metallisch grünen Federn, der sich fast bis zu den Scheitelfedern erstreckt. Diese Federn sind mit derart kräftigen Muskeln ausgestattet, daß sie während des Balzfluges aufgerichtet werden können. Im Mittelpunkt dieses Federschildes sperrt das Tier seinen Schnabel auf, damit man seine leuchtend gefärbte Mundhöhle sehen kann.

Wenn wir uns fragen, warum denn eigentlich dieses prächtige Schmuckgefieder und das eigenartige Balzverhalten entwickelt wurden, so erscheint wohl die Erklärung am einleuchtendsten, daß es sich hier um besondere Erkennungszeichen für die einzelnen Arten dieser paarungsfreudigen und polygamen Vögel handelt, damit Artkreuzungen vermieden werden. Wir kennen etwa 20 solcher Bastarde, darunter sogar von Paradiesvögeln ganz verschiedener Gattungen; da es sich bei den Elterntieren aber immer um Angehörige hochspezialisierter Arten handelt, bleiben die aus der Kreuzung hervorgehenden Nachkommen unfruchtbar, so daß sie für die Fortpflanzung der Art keinen Wert haben. Es ist daher außerordentlich wichtig, daß sich die Artgenossen deutlich an ihren leuchtenden Farben und an dem besonderen Verhalten erkennen, damit derartige biologisch unerwünschte Fehlzüchtungen gar nicht erst zustande kommen.

Meisen *Paridae*

Es gibt wohl kaum eine liebenswürdigere Vogelgruppe als die der rund 65 Meisen, diese neugierigen und furchtlosen Tiere mit ihren glänzenden Augen, die ständig alle Äste und Zweige nach kleinen Insekten absuchen und sich dabei überhaupt nicht um den Menschen kümmern. Sie werden so zahm, daß sie uns das Futter aus der Hand nehmen, und ihre lispelnden, schnarrenden Rufe sowie ihr einfacher, pfeifender Gesang gehört zu den bekanntesten und beliebtesten Vogelstimmen. Darum nimmt sich der Mensch ihrer ganz besonders an und versucht, sie durch Aufstellen von Nistkästen an seine Umwelt zu binden.

Die Familie der Meisen bietet ein recht einheitliches Bild. Meist sind es ziemlich kleine, kaum 15 cm lange Vögel, deren kleinste Art nur 7,5 cm lang wird, während die größte immerhin 20 cm erreicht. Das dicke, weiche Gefieder zeigt eine graue oder braune Grundfarbe, dazu oft auffällige schwarze, weiße, blaue und gelbe Zeichnungen, wirkt aber niemals besonders leuchtend und läßt auch keine Streifen, Strichel oder Sprenkel erkennen. Als weitere Merkmale seien genannt: der kurze, kräftige, spitze Schnabel, dessen Nasenlöcher zumeist von Federborsten verdeckt liegen; die kleinen, kräftigen Läufe und Füße; die mittellangen, verrundeten Flügel mit ihren 10 Handschwingen, deren äußere nur halb so lang wird wie die zweite, und die recht unterschiedliche Länge des Schwanzes.

Wie die Meisen verwandtschaftlich mit den übrigen Familien der Sperlingsvögel zusammenhängen, bleibt noch ziemlich rätselhaft, doch zeigen sie in ihrer Verbreitung, im Bau und im Verhalten einige Anklänge an die Krähen und Häher. Insbesondere in ihrem gegenwärtigen Vorkommen erinnern sie derart stark an die Unterfamilie der Eigentlichen Krähen, daß man wohl annehmen darf, sie seien ebenfalls in der Alten Welt entstanden. Vor allem leben die Meisen auf der Nördlichen Halbkugel, gehen aber in Afrika südwärts bis zum Kap der Guten Hoffnung; sie fehlen dagegen in Australien und auf den Inseln Ozeaniens. In der Neuen Welt sind sie nach Süden nur bis ins Hochland von Guatemala vorgestoßen.

Unter den kleineren Vögeln gehören die Meisen zu den anpassungsfähigsten Arten, und damit bieten sie wieder eine Parallele zu den Krähenvögeln. Daß man die Meisen zu erstaunlichen Leistungen dressieren kann, haben nicht nur die Laboratoriumsversuche ergeben, sondern war bereits den Vogelfreunden längst bekannt. Der kleine Vogel, der bei den japanischen Shinto- und Straßenfesten die Wahrsagezettel zieht, ist eine Buntmeise. Auf den Befehl seines Besitzers hüpft er auf seine Sitzstange, nimmt dem Käufer ein Geldstück aus den Fingern und wirft es in die Kasse, öffnet dann die Tür zu einem kleinen Kästchen, nimmt den Zettel heraus und macht den Umschlag auf, so daß man den Text gleich lesen kann.

Nach der Brutzeit ziehen die Meisen in kleineren Familienverbänden durch das Waldland, schließen sich aber später zu größeren Scharen zusammen. Dazu gehören dann nicht nur verschiedene Meisenarten, sondern mitunter auch Kleiber, Baumläufer, Goldhähnchen und Spechte, die alle eifrig auf den Zweigen herumwirtschaften und danach den nächsten Baum aufsuchen.

Insekten bilden zwar die Hauptnahrung, doch fressen die Meisen außerdem noch Sämereien, kleine Beeren und Früchte, insbesondere wenn zum Winter die Kerbtiere knapp werden. Dann stellen sie sich regelmäßig an den Futterstellen ein, die

KOHLMEISE
Parus major
Europa, Asien, Java, Sumatra; 14 cm.

BLAUMEISE
Parus caeruleus
Europa, Kleinasien; 11 cm.

BUNTMEISE
Parus varius
Mandschurei, Korea, Japan; 12 cm.

SCHWANZMEISE
Aegithalos caudatus
Europa, Asien; 14 cm.

BEUTELMEISE
Remiz pendulinus
Europa, Asien; 11 cm.

BRAUNKOPFMEISE
Aegithalos concinnus
Indien bis China; 10 cm.

ihnen der Mensch schafft, und machen sich über die Futterringe aus Talg und Sonnenblumenkernen her, indem sie den Samen mit dem Fuß halten und die Schale nach Art der Häher mit dem Schnabel aufknacken. Wie ein Häher speichert die Haubenmeise im nördlichen Eurasien ihr Futter in Form von Koniferensamen und Insektenpuppen in den Borkenlöchern, um es später wieder hervorzuholen.

Zwar legen die Meisen außerhalb der Brutzeit ausgedehnte Wanderungen zurück, und die nördlichen Arten ziehen auch oft viele Hunderte von Kilometern zu ihren Winterquartieren, doch kann man sie nicht generell als eigentliche Zugvögel bezeichnen. Ihre jahreszeitlich bedingten Wanderungen verlaufen, wie die Beringung ergab, ziemlich unregelmäßig und hängen wohl weitgehend von den örtlichen Nahrungsverhältnissen ab.

Ungefähr 45 Arten, also drei Viertel der gesamten Familie, vereinigt man in der Gattung *Parus*, die für sich allein die Unterfamilie der Eigentlichen Meisen *(Parinae)* bildet. Hierzu gehören vor allem unsere 14 cm große Kohlmeise, die häufigste europäische, aber keineswegs die größte Art, denn sie wird von der 20 cm langen Goldschopfmeise übertroffen, einem Bewohner der Bergwälder vom östlichen Himalaja über Burma, Siam und Malaya bis Sumatra. Insgesamt kennen wir 18 Meisenarten im gemäßigten Europa und Asien sowie 11 weitere in Nordamerika und Mexiko.

Verschiedene Meisen zeichnen sich durch deutliche, aufrecht stehende Federschöpfe aus; als Beispiele seien nur unsere bekannte Haubenmeise aus dem nördlichen Eurasien und die Zweifarbmeise aus den südöstlichen Vereinigten Staaten genannt, eine mausgraue Art mit rostroten Flanken, die zugleich die größte nordamerikanische Form dieser Familie darstellt.

So gut wie alle Meisen der Unterfamilie *Parinae* nisten in Höhlen. Einige bauen sich ihre eigenen Niststätten in morschen Bäumen oder Zaunpfählen, andere benutzen natürliche Baumlöcher oder verlassene Spechthöhlen. Dann gibt es aber noch weitere Meisen, die zum gleichen Zweck mit Gesteinsritzen und -spalten vorliebnehmen. Das Nistverhalten ist bei allen *Parus*-Arten gleich. Der Nestbau obliegt dem Weibchen. Aufgabe des Weibchen ist es auch, die Eier auszubrüten, aber das Männchen füttert nicht nur dabei seine Partnerin, sondern beteiligt sich auch später beim Atzen der Jungen.

Von den heimischen Arten brüten Sumpf- und Weidenmeise nur einmal im Jahre, andere auch zweimal. Das Gelege ist recht groß; selten beträgt die Zahl der Eier weniger als 5 oder 6, meist sogar 7 bis 11, doch hat man schon bis 15 festgestellt. Nur wenige Arten legen reinweiße Eier, die meisten aber rotbraun gefleckte. Die großen Gelege sind biologisch notwendig, denn die Meisen müssen ihre hohe Sterblichkeitsquote, die bei den Erwachsenen 70% beträgt und bei den Jungen während des ersten Lebensjahres sogar noch höher liegt, durch eine erhöhte Nachkommenschaft ausgleichen, sterben doch jedes Jahr drei Viertel der Brut, und nur weniger als 1% der Tiere wird älter als 4 Jahre! Den Altersrekord hielt mit 8 Jahren eine Weidenmeise, die am Cape Cod beringt wurde.

Ungefähr ein Dutzend kleine, langschwänzige Arten enthält die Unterfamilie der Schwanzmeisen *(Aegithalinae)*, zu der auch unsere bekannte, zutrauliche Schwanzmeise gehört, die einen Menschen bis auf wenige Schritte an sich herankommen läßt. Am zierlichsten ist die javanische Zwergmeise, die nur eben 8 cm lang wird, wobei noch das meiste auf den Schwanz entfällt. Eng verwandt mit ihr sind die geselligen Buschmeisen aus den Weststaaten der USA und dem mexikanischen Hochland mit ihrem einheitlich grau und braunem Gefieder.

Aus Moos, Flechten und Spinnweben flechten die Schwanzmeisen kunstvolle, überdachte Nester mit seitlichem Eingang und polstern sie mit Federn aus; 2 bis 3 Wochen bauen beide Geschlechter an diesem Kunstwerk, das sie auf einem Baum oder im Gebüsch anlegen. Wie bei der vorigen Gruppe trägt auch hier das Männchen seiner Partnerin die Nahrung zum Nest, dessen Innenraum so knapp bemessen ist, daß der Schwanz der Meise eingekrümmt wird. 12 bis 13 Tage beträgt die Brutzeit für die 7 bis 12 weißen, mit kleinen roten Tupfen gesprenkelten Eier.

Eine dritte Unterfamilie enthält die 8 Arten der Beutelmeisen *(Remizinae)*, die ihren Namen nach den langen, herabhängenden Nestern der meisten Arten trägt. Häufig führt der Eingang durch eine kurze Röhre, die bei manchen afrikanischen Arten verschlossen werden kann. Am besten kennen wir die europäisch-asiatische Beutelmeise, an der uns die sonderbare schwarze Gesichtsmaske auffällt. Sie ist eine Bewohnerin der Dickichte an Flüssen und Sümpfen, kommt bei uns allerdings nur an einzelnen günstigen Stellen vor; schon in Österreich ist sie häufiger. In Amerika ist diese Gruppe nur durch eine einzige Art vertreten, nämlich die Gelbkopfmeise, ein kleiner, olivgrauer Vogel in Texas, Neumexiko und Mexiko. Aus Dornengestrüpp baut er sich ein großes Kugelnest, das derart unangreifbar gesichert ist, daß der Vogel überhaupt keine Anstrengungen unternimmt, es irgendwie zu tarnen, sondern es ganz offen am Ende eines Astes an einem Busch oder einem niedrigen Baum anlegt.

Nur 4 bis 5, manchmal aber sogar 8 Eier legen die Beutelmeisen, also im Durchschnitt weniger als die anderen Arten, doch brüten sie zumeist zwei- oder dreimal im Jahr. Hier scheint das Männchen die meiste Arbeit beim Nestbau zu verrichten, während das Brüten und die Aufzucht der Jungen allein dem Weibchen zukommen. Eigenartigerweise stellt das Männchen eine ganze Anzahl von Nestern her und überläßt dann dem Weibchen, sich ein zusagendes davon auszusuchen, um seine Eier dort abzulegen; die anderen Nester werden nur benutzt, um sich des nachts darin auszuruhen, denn alle Meisen pflegen die Nacht in ihren Nestern zuzubringen.

Baumläufer *Certhiidae*

Selten paßt ein Name so gut zu einer Vogelgruppe wie hier bei den Baumläufern, die tatsächlich den ganzen Tag über damit beschäftigt sind, an den Bäumen herumzuturnen. Dank ihrer gestrichelten und gesprenkelten Oberseite und dem weißen Bauch heben sie sich überhaupt nicht gegen die Baumrinde ab, so daß man sie kaum sieht. Ihre dünnen, spitzen und abwärts gekrümmten Schnäbel eignen sich so recht, um damit in der Borke nach Insekten zu stochern, und die langen, steifen und spitzen Schwanzfedern geben eine vorzügliche Stütze ab. Wie die Spechte, so benutzen auch die Baumläufer ihre Schwanzfedern als Kletterhaken und mausern sie auch in gleicher Weise, nämlich von außen nach innen fortschreitend. Als Ausnahme zu allen übrigen Sperlingsvögeln bleibt das mittlere Schwanzfederpaar erhalten, während die übrigen gemausert werden.

Alle 5 Arten gehören zu der einzigen Gattung *Certhia*, deren Verbreitung sich auf die Nördliche Halbkugel beschränkt. Vor allem wäre der Waldbaumläufer zu nennen, eine ungewöhnlich weit verbreitete Art, die in den Waldgebieten von Europa, Asien und Nordamerika zu Hause ist und in jedem Erdteil in etwa ein Dutzend geographische Rassen zerfällt. In der Neuen Welt reicht sein Verbreitungsgebiet südwärts bis zum Bergland von Nikaragua; südlich von Mittelamerika wird er dann durch die ganz ähnlichen Baumkletterer vertreten. Die übrigen 4 Arten, darunter auch unser einheimischer Gartenbaumläufer, kommen etwas weiter südlich in der Alten Welt vor.

Die Baumläufer leben ziemlich einzelgängerisch und fressen fast ausschließlich rindenbewohnende Insekten sowie ihre Eier und Larven. Im Gegensatz zu den Kleibern, die mit dem Kopf nach oben und unten kreuz und quer an den Bäumen herumklettern, arbeiten sich die Baumläufer mehr planmäßig in einer Schraubenlinie am Baumstamm empor und fliegen dann zum nächsten Stamm, um ihr Werk dort fortzusetzen. Manchmal flattert der Vogel auch wieder ein kurzes Stück mit dem Schwanz voran abwärts, um ein besonders lohnendes Rindenstück nochmals zu bearbeiten, oder er untersucht einen Ast von allen Seiten, wobei es ihm gar nichts ausmacht, wie die Fliege an der Decke mit dem Rücken nach unten zu hängen.

Als Ruf stößt der Waldbaumläufer hohe, dünne Pfeiftöne aus, sogar beim Fressen und im Fluge. Im Frühling jedoch hört man auch seine hübsche Gesangsstrophe aus einer Folge zart zwitschernder und trillernder Töne, die nur knapp unter der oberen menschlichen Hörgrenze liegen und deren geringe Lautstärke so recht zu der zierlichen Gestalt und dem unaufdringlichen Wesen des kleinen Sängers paßt. Die Strophe des Gartenbaumläufers ist einfacher: «titiitiroiti».

Vorwiegend hinter einem abstehenden Rindenstück an einem abgestorbenen Baum baut der Waldbaumläufer sein längliches, hängemattenförmiges Nest, ein kunstvolles Gewebe aus Rindenstreifen, Moos und zartem Gras, und polstert es mit weichem Bast, Spinnenweben und Federn aus. Dabei beteiligen sich beide Geschlechter. Anscheinend brütet bei den amerikanischen Unterarten allein das Weibchen, während es bei den europäischen Formen offenbar vom Männchen dabei unterstützt wird. Im Gelege sind in der Regel 6 bis 7 Eier enthalten, mitunter jedoch sogar bis 9; sie sehen weiß aus und tragen kleine rötlichbraune Tüpfelchen. Wenn die Jungen nach einer Brutzeit von 13 bis 15 Tagen schlüpfen, halten sie sich ungefähr noch weitere 14 Tage im Nest auf. So lange werden sie von ihren Eltern mit Nahrung versorgt, bis sie dann endlich so weit selbständig geworden sind, daß sie sich allein ihr Futter an den Bäumen suchen können.

Kleiber *Sittidae*

Die Kleiber sind die einzigen Baumklettervögel, die den Stamm auch von oben nach unten absuchen; vielleicht finden sie aus dieser Sicht «kopfunter» noch eine Menge von Nahrung, die von den Baumläufern und Spechten übersehen wird. Als Futter kommen vor allem kleine Insekten und Spinnen in Frage, die in der Rinde sitzen, daneben aber auch Sämereien und Nüsse. Einige altweltliche Arten öffnen Eicheln und Haselnüsse, indem sie diese Früchte in eine Spalte klemmen und mit dem Schnabel bearbeiten.

Mit 15 oder 16 Arten, die der Gattung *Sitta* angehören, lebt die Unterfamilie der Echten Kleiber *(Sittinae)* überall in den Waldgebieten der Nördlichen Erdhalbkugel; es sind kleine, kurzhalsige Vögel mit einfacher Färbung, auf dem Rücken meist grau oder blau, und mit einer hellen, mitunter auch rotbraun getönten Unterseite; häufig trägt der Kopf eine schwarze oder braune Kappe. Der gerade, schlanke Schnabel endet scharf zugespitzt, die Beine sind kurz, aber kräftig. Die langen, starken Zehen tragen scharfe Krallen, die dem Fuß einen guten Widerhalt an der glatten Rinde bieten. Ganz im Gegensatz zu den Spechten und den Baumläufern dient der Schwanz hier nicht als Stützorgan, sondern die Kleiber klettern nur mit Hilfe ihrer Füße; die Schwänze enden nicht mit steifen Spitzen, sondern sind vielmehr weich, kurz und am Ende abgestutzt oder verrundet.

Wie ihre nächsten Verwandten, die Meisen, sind auch die Kleiber am stärksten in der Alten Welt entwickelt, und hier dürfte wohl ihr stammesgeschichtliches Entstehungszentrum zu suchen sein. In der Neuen Welt kommen nur 4 Arten vor, deren Verbreitungsgebiet jedoch nicht über das mittlere Mexiko nach Süden reicht. Am größten wird von den nordamerikanischen Arten der Karolina-Kleiber, ein häufiger Bewohner der Laubwälder, aber auch der Parks und Vorstädte. Dagegen fühlt sich der Kanada-Kleiber in den Nadelwäldern wohler und brütet vom kanadischen Tannengürtel an südwärts über die Appalachen und Rocky Mountains bis nach Nordmexiko. Weiter im Westen sind die Zwergkleiber zu Hause, während der Braunkopfkleiber in den südöstlichen Niederungen der USA vorkommt.

Das weiteste Verbreitungsgebiet in der Alten Welt nimmt unser europäisch-asiatischer Kleiber ein. Vom westlichen Europa an – von England südwärts bis Spanien – brütet er quer über beide Erdteile, hauptsächlich in den Laubwäldern, bis nach Kamtschatka, China und Japan. Wohl die schönste Art stellt der blaurückige Samtstirnkleiber dar, der die südostasiatischen Wälder von Indien bis zu den Philippinen bewohnt. Von ihm unterscheidet sich durch seinen samtschwarzen Kopf und Bauch der Azurkleiber, der südlichste Angehörige der Gattung *Sitta*, in den Bergwäldern von Malaya, Java und Sumatra.

Zwei Kleiberarten haben die Waldheimat ihrer Verwandten aufgegeben und leben auf dem nackten Gestein der Berge einiger osteuropäischen und asiatischen Gebirge, nämlich der Große und der Kleine Felsenkleiber. Diese hellgrauen Vögel mit bräunlich getönter, heller Unterseite hüpfen und klettern genauso lebhaft und geschickt auf dem Felsboden herum wie ihre Verwandten auf den Bäumen.

Alle Kleiber sind liebenswürdige Tiere, die recht wenig Scheu zeigen, aber ständig auf der Suche nach Nahrung sind. Sie leben wenig gesellig, so daß man sie nur einzeln oder zu zweit antrifft, kommen aber durchaus zu den vom Menschen geschaffenen Futterplätzen und lernen es bei einiger Geduld, das Futter vom Finger zu nehmen. Trotz ihres weiten Aktionsfeldes unternehmen sie doch keine allzu großen Wanderungen, sondern verbleiben vielmehr an ihrem Standort. Im Winter ziehen sich die nördlichen Formen etwas nach Süden zurück, wenn ihnen das Futter knapp wird, und auch die Bergbewohner suchen die tieferen Lagen auf; nicht selten sieht man ein oder zwei Kleiber inmitten der lockeren Meisenschwärme, zwischen Goldhähnchen und Spechten, die in der Winterlandschaft umherstreifen.

Charakteristisch für die meisten Kleiber ist ihr metallischer, weitklingender Ruf, doch kennen wir außerdem noch einen durchaus musikalischen, trillernden Gesang; beim Korsischen Kleiber klingt er etwas dünner als bei der einheimischen Art. Der Felsenkleiber ahmt außerdem noch die Stimmen anderer Vögel nach.

Alle *Sitta*-Arten nisten in Höhlen und benutzen – mit Ausnahme von nur wenigen Arten – natürliche Baumlöcher. Beide Geschlechter kleiden die Brutstätte mit Gras, Moos und sehr oft auch Tierhaaren aus. Dabei zeigen die altweltlichen Arten die merkwürdige Eigenart, vermutlich aus Sicherheitsgründen, den Eingang zum Nest zu verkleinern, indem sie ihn mit Lehm zumauern. Am stärksten ausgeprägt finden wir dies bei den Felsenkleibern, die den Felsspalt, in dem sich das Nest befindet, bis auf einen Einschlupf zukleben oder am Fels ihre kugelförmigen Nester vollständig aus Lehm errichten. Das tut keiner der neuweltlichen Kleiber; wohl aber verschmiert der Kanadakleiber die Wände seines Nestes mit Kiefernharz.

Die Kleiber der Gattung *Sitta* legen weiße, rotbraun gesprenkelte Eier, von denen etwa 4 bis 10 auf ein Gelege kom-

ZWERGKLEIBER
Sitta pygmaea
Westliches Nordamerika; 11 cm.

KAROLINA-KLEIBER
Sitta carolinensis
Südkanada bis Mexiko; 14 cm.

KANADA-KLEIBER
Sitta canadensis
Nördliches Nordamerika; 11 cm.

SAMTSTIRNKLEIBER
Sitta frontalis
Südostasien; 12 cm.

WALDBAUMLÄUFER
Certhia familiaris
Bewaldetes Nordamerika und Eurasien; 12 cm.

ALPENMAUERLÄUFER
Tichodroma muraria
Gebirge Eurasiens; 16 cm.

men. Anscheinend brütet nur das Weibchen, doch wird es nicht nur während der 12- bis 14tägigen Brutzeit vom Männchen gefüttert, sondern auch später beim Atzen der Jungen vom Partner unterstützt, bis die Brut flügge ist. Grundsätzlich brüten die Kleiber mehrmals im Jahr.

Mit den Kleibern vereinigt man 15 altweltliche Vogelarten, über deren systematische Stellung man wenig weiß; früher stellte man sie zu den Baumläufern. Häufig zeigen sie schlanke, abwärts gekrümmte Schnäbel, und wir wollen einige Arten im Gegensatz zu den oben behandelten Baumläufern als Baumsteiger bezeichnen, da ihnen die steifen Schwanzfedern fehlen, und sie als eine Unterfamilie den Kleibern anhängen. Vielleicht verdienen sie sogar besser den Rang einer eigenen Familie, wie der Madagaskarkleiber, ein kleiner grünblauer Vogel mit einem kurzen, ein wenig hakig gebogenen, rötlichen Schnabel, der Ähnlichkeit mit den Blauwürgern aufweist. In den feuchten Wäldern im östlichen Madagaskar soll die Art noch ziemlich häufig vertreten sein und sich ihr Futter größtenteils an den Baumstämmen und Ästen suchen, ohne sich jedoch mit dem Kopf nach unten zu bewegen. Vielmehr klettert er wie die Baumläufer in Schraubenlinien empor.

Der größte Vertreter der Kleiber, der Alpenmauerläufer, beansprucht eine Unterfamilie für sich allein, ein herrlicher Vogel mit roten Flügeldecken, der in den felsigen Gebirgen von Südeuropa an bis zum Himalaja zu Hause ist. An den steilen Berghängen sucht er sich kletternd sein Futter, dann flattert er wieder ein kleines Stück, wobei die rote und weiße Flügelzeichnung aufblitzt, und darauf stürzt er sich auf ein vorbeifliegendes Insekt, um es in der Luft zu fangen. Sein Flug wirkt eigenartig taumelnd wie der eines Schmetterlings, und so sprechen die Gebirgler dann auch vom «Schmetterlingsvogel».

Die Alpenmauerläufer bauen ihr Nest tief in einer unzugänglichen Felsspalte aus Gras und Moos; den Innenraum kleiden sie mit Haaren und ein paar Federn aus. Das Männchen schafft nicht nur das Nistmaterial herbei, sondern beteiligt sich auch beim Füttern der Jungen, während der Nestbau und das Brüten zum alleinigen Aufgabengebiet des Weibchens gehören. Zur Winterzeit ziehen sich die Alpenmauerläufer in die niederen Berglagen zurück, und dort fehlen ihnen oft die gewohnten schroffen Steilhänge, an denen sie sich aufzuhalten pflegen. Als Ersatz dafür nehmen sie gern mit den Außenwänden hoher Bauwerke vorlieb.

Zu einer weiteren Unterfamilie rechnet man die bereits erwähnten Baumsteiger *(Salpornis)* in Afrika und Indien sowie die 3 kleinen Australischen Kleiber *(Neositta)*, die auch auf Neuguinea vorkommen. Diese Vögel sehen aus wie die Baumläufer und benehmen sich auch so, wenn wir von ihren weichen Schwanzfedern absehen, aber sie bauen ein offenes Nest in einer Astgabelung. Eine der seltensten und am wenigsten bekannten Arten ist der Neuguinea- oder Rotstirnkleiber *(Daphoenositta)*. In Australien gibt es 5 Arten der 12 bis 15 cm großen, gestrichelten Braunen Baumsteiger *(Climacteris)*, die ihre Nahrung sowohl auf dem Boden als auch an den Bäumen suchen und wie die echten Kleiber in Höhlen brüten. Vielleicht lassen sich hier die beiden Philippinen-Baumsteiger *(Rhabdornis)* anschließen, von denen eine Art einen gestreiften und die andere einen einfarbigen Kopf zeigt, und die ebenso in Höhlen nisten. Diese Vögel suchen sich ihr Insektenfutter nicht nur an der Baumrinde, sondern lecken auch mit ihrer bürstenförmigen Endzunge an den Blüten.

MADAGASKAR-KLEIBER
Hypositta corallirostris
Madagaskar; 13 cm.

GEFLECKTER BAUMSTEIGER
Salpornis spilonotus
Tropisches Afrika; 12 cm.

PHILIPPINEN-BAUMSTEIGER
Rhabdornis mystacalis
Philippinen; 15 cm.

ROTWANGEN-BAUMSTEIGER
Climacteris erythrops
Östliches Australien; 14 cm.

Timalien *Timaliidae*

Diese große Gruppe 280 altweltlicher Waldvögel bietet die größte Mannigfaltigkeit unter allen Sperlingsvögeln. Dunkle, unauffällige Farben finden wir ebenso wie bunte Zeichnungen; die einen bauen offene, napfförmige Nester, die anderen legen geschlossene Bauten mit seitlichem Eingang an, aber stets wird das Nest am oder kurz über dem Boden errichtet. Die meisten Timalien streifen in kleinen, lauten Scharen unter ständigem Zirpen und Zwitschern durch die unteren Regionen des Wald- und Buschlandes. Ihre eigentliche Nahrung bilden Insekten, doch fressen einige Arten auch Früchte und Sämereien.

Es fällt nicht leicht, die Familie nach anatomischen Merkmalen abzugrenzen, doch begegnet uns stets ein weiches, flaumiges Gefieder sowie verhältnismäßig große, kräftige Läufe und Füße. Die Flugleistungen sind gering, und die kurzen, verrundeten Flügel schmiegen sich eng dem Rumpf an. Ihre Flügel tragen 10 Handschwingen, deren 3 erste in der Länge verschieden und stets kürzer sind als die längsten. Der Schwanz

RÖHRICHTTIMALIE
Timalia pileata
Himalaja bis Indochina und Java; 18 cm.

GEFLECKTE DROSSELTIMALIE
Pellorneum ruficeps
Indien bis Indochina; 16 cm.

GEWÖHNLICHER SONNENVOGEL
Leiothrix lutea
Himalajagebiet und Südchina; 15 cm

SILBEROHR-SONNENVOGEL
Leiothrix argenturea
Himalaja bis Indochina; 18 cm.

WEISSHAUBENHÄHERLING
Garrulax leucolophus
Himalaja bis Indochina; 30 cm.

WEISSBRAUENSÄBLER
Pomatostomus temporalis
Östliches Australien; 25 cm.

ZIMTFARBENE ERDTIMALIE
Cinclosoma cinnamomeum
Zentralaustralien; 23 cm.

SCHWARZSCHEITEL-WÜRGERTIMALIE
Pteruthius erythropterus
Himalaja bis Indochina; 16 cm.

setzt sich aus 12 Federn zusammen und wirkt in der Regel breit und am Ende abgestutzt oder verrundet; es gibt aber auch ein paar Arten mit langem, spitzem Schwanz. Wir finden ebenso einen kurzen, dicken wie einen dünnen, abwärts gebogenen Schnabel, aber stets bleibt er kürzer als der Lauf; seine Spitze ist immer mehr oder weniger gekrümmt, kann aber auch mit einem echten Haken enden und läßt meist einen kleinen Einschnitt am Oberschnabel erkennen.

Die Verbreitung der Timalien beschränkt sich im wesentlichen auf die bewaldeten Gebiete der mittleren und südlichen Länder der Alten Welt, insbesondere der Orientalischen Region, erstreckt sich aber auch über Afrika und Australien. Als einzige Art kommt die Zaunkönigsmeise *(Chamaea fasciata)* in der Neuen Welt vor.

Wenn wir diese Familie überhaupt als natürliche Einheit auffassen dürfen, so beweist ihre große Formenmannigfaltigkeit und die unzusammenhängende Verbreitung verschiedener Gruppen ihr hohes stammesgeschichtliches Alter. Vor allem ergeben sich Ähnlichkeiten mit ganz verschiedenen Gruppen der Sperlingsvögel, so daß wir nicht wissen, woher sich die Familie ableitet. Wahrscheinlich haben sich die Timalien schon früh von ursprünglichen insektenfressenden Vögeln der Alten Welt abgespalten, von denen vielleicht auch die Bülbüls, Grasmücken, Drosseln und Fliegenschnäpper abstammen. Erst jetzt hat man versucht, etwas Ordnung in den Wirrwarr zu bringen, und unterscheidet nun 7 einigermaßen gut gegeneinander abgegrenzte Unterfamilien, von denen jedoch einige derart stark in ihrem Aussehen, ihrer Lebensweise und ihrer Verbreitung aus dem Rahmen der Gruppe fallen, daß man sie auch als selbständige Familien auffassen kann.

Zu den Erdtimalien *(Cinclosomatinae)* rechnen knapp 20 bodenbewohnende Arten, die sich im wesentlichen auf die australo-papuasische Region beschränken; nur der Malaiische Rennschmätzer geht nordwärts bis Malaya. Die Erdtimalien sind verschiedenartig gefärbt und haben ein sehr weiches, flaumiges Gefieder, lange Läufe, kleine Füße und dünne Hälse; sie halten sich auf dem Waldboden auf, oft in der Nähe gestürzter Bäume, und huschen wie die Rallen oder Pittas durch das Unterholz.

Charakteristisch für diese Gruppe ist die Zimtfarbene Erdtimalie Australiens, die sich paarweise oder in kleineren Verbänden zusammenschließt und sich trotz ihrer Lärmfreudigkeit gut im Bodenbewuchs versteckt hält. Wenn man zu dicht herantritt, fliegt sie schwirrend ein Stückchen beiseite, taucht im Schutz des Pflanzenwuchses unter und macht sich davon. Die Vögel bauen offene Nester am Boden und legen dort ihre 2 bis 3 kräftig gefleckten Eier ab.

Australien bildet auch die Heimat der Dornschwanz-Erdtimalien *(Orthonyx)*, die ebenso zurückgezogen im Unterholz leben, aber über klangvollere Stimmen verfügen. Sie kratzen sich ihre Nahrung, vorwiegend Insekten, Nackt- und Gehäuseschnecken, mit ihren Füßen und dem Schwanz aus dem Waldboden, indem sie die Streu mit den stacheligen Federspitzen des kurzen Schwanzes beiseite harken. Bei diesen Vögeln finden wir ein geschlossenes Nest aus Zweigen und Moos mit einem seitlichen Eingang auf oder kurz über dem Boden. Die beiden reinweißen Eier benötigen bis zum Schlüpfen der Jungen eine etwa dreiwöchige Brutzeit.

WEISSHALS-STELZENKRÄHE
Picathartes gymnocephalus
Tropisches Westafrika; 35 cm.

PAPAGEISCHNABELMEISE
Paradoxornis webbiana
Mandschurei und Ussuriland bis Burma; 11 cm.

Ungefähr 30 Arten kleiner, scheuer, brauner Vögel von 15 bis 20 cm Größe bilden die Unterfamilie der Dschungeltimalien *(Pellorneïnae)*, deren Verbreitungsgebiet sich von den Philippinen über die Orientalische Region, wo sie am häufigsten auftreten, bis nach Afrika erstreckt. Sie haben schlanke, am Ende oft hakig gekrümmte Schnäbel und sehen fast aus wie die Grasmücken. Dank ihres unauffälligen Gefieders und ihrer versteckten Lebensweise fallen sie im Dickicht des Waldes überhaupt nicht auf. Hierher gehört beispielsweise die Streifen- oder Gefleckte Drosseltimalie, deren Heimat der niedere Buschwald und die Bambusdickichte von Indien bis Indochina und bis zu einer Höhe von 1200 m darstellen. Trotz ihrer Häufigkeit hört man sie eher als daß man sie sieht; ihr lauter, weicher Ruf und ihr pfeifendes Geschwätz gehört zu den vertrauten Lauten der burmesischen Dschungel. In kleineren Scharen flattern sie durch das Gelände und fressen vor allem Insekten und kleine Schnecken. Auf dem Boden oder nahe darüber, oft im Schutz eines niedrigen Buschwerks, bauen sie ihre großen, kugelförmigen Nester und legen dort ihre 2 bis 4 kräftig gefleckten Eier hinein.

Eine dritte Unterfamilie bezeichnen wir als Säblertimalien *(Pomatorhininae)*; hierher gehören etwa 33 Arten, die von Indien an über China und Ostindien bis nach Australien vorkommen. Alle tragen sie ein dunkles, braunes, gestreiftes oder gesprenkeltes Kleid. Etwa drosselgroß, 18 bis 28 cm lang, zeigen sie einen langen Schwanz und einen großen, abwärts gekrümmten Schnabel, so daß man sie von weitem für Krummschnabel-Spottdrosseln halten könnte. Viel kleiner, etwa 9 bis 15 cm groß, bleiben die Zaunkönigtimalien. Diese beiden Extreme sind durch allerlei Übergänge miteinander verbunden.

Als scheue, versteckt lebende Bewohner der niederen Waldregion suchen sich die Säblertimalien ihr Futter auf oder über dem Boden und stochern dabei mit dem Schnabel in der Erde herum. Einige Arten lassen einen angenehmen Gesang hören. Das Nest wird als oben geschlossenes, aber ziemlich lockeres und zerbrechliches Gebilde angelegt; es enthält die manchmal rein weißen, bei anderen Arten wieder kräftig braun gefleckten Eier. In kleinen, lärmenden Scharen zieht die Weißbrauen-Säblertimalie durch das Unterholz der ostaustralischen Wälder.

Als Eigentliche Timalien *(Timaliinae)* bezeichnen wir 37 Arten, darunter auch einige bunter gefärbte. Häufig zeigt ihr weiches Gefieder kontrastreiche Zeichnungen mit weißen, schwarzen, braunen, grauen und gelben Elementen. Hier treffen wir kurze, meisenähnliche Schnäbel sowie große, kräftige Läufe und Füße an. Ihr Verbreitungsgebiet erstreckt sich von den Philippinen westwärts über die Orientalische Region bis Indien, und 4 Arten der Gattung *Neomixis* finden sich sogar auf Madagaskar. Auch die Eigentlichen Timalien leben in kleinen Schwärmen, wie die übrigen Mitglieder der Familie, doch verhalten sie sich nicht so laut, bringen nur selten einen echten Gesang hervor und halten sich auch nicht so sehr auf dem Erdboden auf. Einige Arten leben ausschließlich auf Bäumen, ein paar bewohnen die Nadelwälder des Hochlandes, andere sind im offenen Busch- und Grasland zu Hause. Die meisten bauen glockenförmige, überdachte Nester; in selteneren Fällen kennen wir auch tiefe, napfförmige Gebilde. Als Beispiel sei die auffallende Röhrichttimalie erwähnt, die von Indien bis zu den Philippinen und Java vorkommt und sich vorwiegend auf Zuckerrohrfeldern und Grasebenen aufhält.

Als größte, am weitesten verbreitete und vielleicht charakteristischste Gruppe enthält die Unterfamilie der Lärmdrosseln *(Turdoïdinae)* etwa 140 Arten, die in Afrika, über ganz Indien und die Orientalische Region bis zum Indo-Australischen Archipel zu Hause sind; ihre Größe schwankt zwischen 10 und 30 cm. Einige Arten sind dunkel gefärbt, andere wiederum zeigen die buntesten Farbzusammenstellungen innerhalb ihrer Familie aus leuchtend gelben, roten und grünen Mustern. Am stärksten sind die Lärmdrosseln in den bewaldeten Höhen von Indien über Südchina bis Malaya vertreten, wo auch einige der auffallendsten und farbfreudigsten Arten vorkommen. Hier leben beispielsweise die Schwarzscheitel-Würgertimalie und der Gewöhnliche Sonnenvogel, dessen Heimat vom Fuße des Himalaja bis nach China reicht. Sein buntes Gefieder und der angenehme Gesang macht diese Art, die auch «Chinesische Nachtigall» genannt wird, zu einem beliebten Käfigvogel.

Lärmdrosseln sind, wie ihr Name erkennen läßt, recht geräuschvolle Vögel mit einem weiten Repertoire; ihre geschwätzigen Versammlungen hören sich wie das Lachen einer weit entfernten Menschenmenge an. Die Vögel leben grundsätzlich auf Bäumen, doch suchen sich viele Arten ihre Nahrung auch auf dem Boden, und andere halten sich in den Gärten auf. Ihr Futter bilden Insekten, aber auch Sämereien und kleine Früchte. Meistens finden wir schüsselförmige, offene Nester auf Bäumen und im Gebüsch, doch errichten ein paar Arten auch auf oder kurz über dem Boden geschlossene Brutstätten.

In der nächsten Unterfamilie dieser überaus mannigfaltigen Gruppe, den Papageischnabelmeisen *(Paradoxornithinae)*, begegnen wir etwa einem Dutzend Arten, darunter den nördlichsten Vertretern der Familie in Zentral- und Ostasien. Früher hat man diese Vögel zu den Meisen gestellt, jetzt sieht man sie auch als eine eigene Familie an; sie tragen ihren Namen nach den kurzen, kräftigen, seitlich abgeflachten Schnäbeln, die tatsächlich etwas papageienähnlich wirken. In Schwärmen von 50 oder mehr Tieren wandern die Vögel auf der Suche nach Sämereien, Früchten und kleinen Insekten ruhelos durch das Gras-, Busch- und Heckengelände. Als ob es für sie keine Schwerkraftgesetze gäbe, machen sie sich unter ständigem Gezwitscher und Geschwätz an den Halmen und Ästen zu schaffen.

Zu den echten Meisen rechnete man früher auch die Bartmeise, die ihren Namen nach dem schwarzen, aus verlängerten Backenfedern gebildeten «Bart» des Männchens trägt. Sie ist Bewohner ausgedehnter Schilfgebiete und brütet gelegentlich auch in Deutschland, sonst aber von Ostspanien und Holland durch Südspanien und Asien bis zur Mandschurei und Japan.

Alle diese meisenähnlichen Timalien bauen tiefe napfförmige Nester aus Gras und Schilf, gepolstert mit Pflanzenfasern, Haaren und ein paar Federn. Bei der Bartmeise bauen beide Geschlechter das Nest, und das Männchen polstert es aus. Das für Timalien recht große Gelege aus 5 bis 7 weißen, kräftig braun gefleckten Eiern wird von beiden Eltern 12 bis 13 Tage bebrütet, und nach 9 bis 12 Tagen sind die Jungvögel flügge.

Neuerdings rechnet man auch die merkwürdige Zaunkönigsmeise zu den Timalien, die als einzige neuweltliche Art das Buschland westlich der Rocky Mountains von Oregon bis Niederkalifornien bewohnt, ein kleiner, graubrauner, weichfedriger Vogel, der überhaupt keine Ähnlichkeit zu den anderen amerikanischen Sperlingsvögeln zeigt und häufig von den Amerikanern als Vertreter einer eigenen Familie angesehen wird. Seine Flugleistungen sind gering, und so bewegt er sich nur hüpfend von Ast zu Ast. Zwar unternehmen die Jungtiere zum Herbst und Winter weite Wanderungen, doch verbleiben die Erwachsenen an ihren Standorten. Anscheinend bleiben die Paare ihr ganzes Leben lang beieinander und verlassen kaum ihr kleines, nur wenige hundert Quadratmeter großes Territorium. Wie uns die Vogelberingung gezeigt hat, können diese kleinen, nur 15 cm großen Vögel bis 10 Jahre alt werden, und das ist gewiß ein beträchtliches Alter für einen derart zierlichen Vogel.

Als eine weitere Unterfamilie der Timalien betrachtet man neuerdings die beiden Stelzenkrähen *(Picathartinae)* aus Westafrika, die man dort unter dem Namen «Nacktkopf-Felsenhühner» kennt; sie unterscheiden sich voneinander hauptsächlich in der Färbung ihrer nackten Kopfhaut, die bei der in Kamerun vorkommenden Form blau und rot, bei der Art von Sierra Leone aber gelb ist. Beide Arten leben am Boden der hochgelegenen Nebelwälder, wo dicke Moospolster die Stämme der Baumriesen umkleiden. Nur wenigen Europäern war es vergönnt, die Vögel in ihrem natürlichen Lebensraum zu beobachten. Sie leben ziemlich gesellig, fliegen wenig und betrachten neugierig alles Ungewohnte in ihrer Umgebung. Ihre Stimme klingt als leises Krächzen, und als Nahrung dienen Insekten, kleine Frösche, Asseln und Schnecken. An den Felswänden, 1,5 bis 5 m über dem Boden, bauen sie ihr Nest; häufig wird es durch eine überhängende Steinplatte vor Regen geschützt. Ihr Gelege enthält nur zwei kremfarbene Eier, die mit kräftigen Flecken verziert sind.

Bülbüls *Pycnonotidae*

In ihrem Verbreitungsgebiet, das Südasien und Afrika umfaßt, gehören die Bülbüls zu den allbekannten Singvögeln. Zahlreiche Arten haben sich in das Kulturland eingewöhnt und kommen daher regelmäßig in den dörflichen Gebieten, in den Vorstadtgärten und selbst in den Parkanlagen der Städte vor. Es sind nur mittelgroße und ziemlich unscheinbar gefärbte Vögel, die weniger durch ihre äußere Erscheinung, als vielmehr durch ihr ganzes Verhalten auffallen, denn sie treten in größeren Scharen auf, zeigen sich höchst betriebsam und neugierig, ja, geradezu frech, und benehmen sich reichlich laut. Trotzdem werden sie allgemein als ausgesprochen liebenswürdig empfunden, und man freut sich immer wieder über ihren oft recht wohltönenden, anmutigen Gesang.

Mit 119 Arten bilden die Bülbüls eine große und einigermaßen gut abgegrenzte Familie; sie zeichnet sich vor allem durch einen — wenn auch nicht immer gut sichtbaren — Fleck haarähnlicher Fadenfedern am Nacken aus. In der Größe schwanken die Arten zwischen 15 und 28 cm. Hals und Flügel sind kurz, der Schwanz mäßig bis ziemlich lang und mitunter leicht gegabelt. Der nicht allzu dicke, leicht abwärts gekrümmte und hakige Schnabel trägt bei einigen Arten an der Spitze einen Einschnitt. Meist zeigen die Bülbüls unauffällige braune, graue, dunkelgrünliche oder schwarze Farbtöne, die aber häufig durch gelbe, rote oder weiße Flecken am Kopf und an der Schwanzunterseite aufgelockert werden. Verschiedene Arten tragen auf ihrem Kopf Hauben oder Schöpfe. In der Färbung unterscheiden sich die Geschlechter nur wenig, doch werden die Männchen etwas größer.

Als eine ziemlich urtümliche Gruppe altweltlicher Singvögel scheinen die Bülbüls wohl am ehesten mit den Timalien verwandtschaftlich verbunden zu sein, von denen sie sich jedoch vor allem durch die kürzeren Läufe und Füße und durch die wohlentwickelten Borstenfedern am Schnabelgrund unterscheiden. Ihre dunkle Färbung und das weiche, flaumige Gefieder, insbesondere am Rumpf, läßt aber auch stammesgeschichtliche Bindungen zu den Stachelbürzlern vermuten. Wie die Timalien und Stachelbürzler halten sich die Bülbüls ebenfalls vorwiegend in den Wäldern auf, doch leben einige Arten auch im Busch- oder Grasland, wenn sie dort nur etwas schützendes Gesträuch vorfinden; dank dieser biologischen Plastizität haben sie sich durchaus mit den Landschaftsveränderungen abgefunden, die der Mensch geschaffen hat. Ihre Höhenverbreitung reicht im Himalaja bis 3000 m.

Am stärksten ist die Familie in Afrika und auf Madagaskar entwickelt, wo nur eine der insgesamt 14 Gattungen fehlt. 9 afrikanische Gattungen bestehen allerdings lediglich aus einer bis 3 Arten. Von den größeren Gattungen reichen 4 weit über Afrika und Südasien bis nach Japan, den Philippinen und Molukken. Als bei weitem umfangreichste Gattung enthalten die Echten Bülbüls *(Pycnonotus)* 47 Arten, darunter auch den bekannten Rotohrbülbül, eine häufige asiatische Form, die von Indien bis China und darüber hinaus bis Malaya reicht. Diese freundlichen, immer betriebsamen Vögel halten sich auch mit Vorliebe bei den Siedlungen im Urwald auf, und so gehören ihre kurzen, hellen Rufe zusammen mit dem Gezänk der Sperlinge und Stärlinge zur üblichen Begleitmusik der orientalischen Dörfer. Häufig trifft man diesen Bülbül in den Gärten, wo er nach reifen Früchten Ausschau hält, im Gras mit aufgewinkeltem Schwanz nach Insekten sucht oder ein Bad in einer Regenpfütze nimmt. Da er leicht zahm wird, gilt er als beliebter Käfigvogel; aus diesem Grunde hat man ihn wohl auch nach Australien eingeführt, wo er in den Vorstädten von Sydney und Melbourne eine neue Heimat gefunden hat. Leider richtet er oft ziemliche Schäden an den Getreideernten an.

ROTOHRBÜLBÜL
Pycnonotus jocosus
Indien bis China, Indochina
Java, Sumatra; 20 cm.

WALDBÜLBÜL
Phyllastrephus flavostriatus
Tropisches Afrika; 20 cm.

Die Bülbüls fressen zwar auch Insekten, ernähren sich aber doch im wesentlichen von Beeren und Früchten. Dabei stürzen sie sich mit solcher Gier darauf, daß sie nach dem Genuß überreifen, bereits in Gärung übergegangenen Obstes regelrecht betrunken werden, eine Erscheinung, die man übrigens auch bei anderen Fruchtfressern findet.

Die meisten Bülbüls leben gesellig und unternehmen außerhalb der Brutzeit in kleineren Schwärmen allerlei Streifzüge durch ihre Umgebung. Ein Revier kennen sie nicht. Bei drohender Gefahr schlagen sie großen Lärm, wenn sich etwa eine Katze oder Schlange heranschleicht. Zeigt sich eine Eule, so versammeln sich alle Bülbüls der Umgebung und hassen auf sie, wie es auch unsere Singvögel tun, und ebenso vertreiben sie Krähen, Elstern und andere Nesträuber.

Da ihre kurzen Flügel keinen ausdauernden Flug gestatten, verbleiben die Bülbüls an ihren Standorten, doch kommen die Hochlandformen zum Winter in die tieferen Berglagen herab, und die tropischen Tieflandformen verlagern ihre Jagdgründe entsprechend den Jahreszeiten dorthin, wo gerade die Früchte reifen. Zugvögel im eigentlichen Sinne sind nur die nördlichen Formen des Braunohrbülbüls in Ostasien.

Der Braunohrbülbül gehört zu den 20 Arten der Gattung *Hypsipetes*, deren Heimat von Ostasien und den Philippinen westwärts bis Indien und über die Inseln des Indischen Ozeans bis Madagaskar reicht. In ihrer Lebensweise gleichen sie den übrigen Angehörigen der Familie, doch klingt ihre Stimme etwas rauher. Zum Winter ziehen die japanischen Braunohrbülbüls in Tageswanderungen nach Süden, und dann sieht man sie in großen Scharen von einer Insel zur anderen fliegen. So zieht die Population von Hokkaido, der nördlichsten japanischen Insel, über das Japanische Meer, um dann in Korea oder im östlichen China den Winter zu verbringen.

Soweit wir wissen, bauen alle Bülbüls offene, schüsselförmige Nester aus Gras und Pflanzenfasern in den Zweigen der Bäume und Büsche, so auch der Braunohrbülbül. Er legt sein Nest 2 bis 5 m hoch im Baum oder Gebüsch aus Blättern, Gras, Moos und Rinde an und kleidet es mit Tannennadeln, kleinen Wurzelstücken und schmalen Bambusblättern aus; das Ganze liegt so gut versteckt, daß man es kaum zu erkennen vermag. Dort hinein legt das Weibchen seine 3 bis 5 — meist 4 — rötlichgrauen, mit roten, schwarzen und purpurfarbenen Flecken verzierten Eier. Das Männchen atzt nicht nur seine Partnerin, sondern hilft ihr später auch beim Brüten und bei der Aufzucht der Jungen, die anfangs nur mit Insekten, später aber mit kleinen Beeren gefüttert werden. Bei den tropischen Bülbüls bleiben die Gelege etwas kleiner und enthalten nur 2 bis 3 Eier, aber die Paare brüten dafür auch mehrmals im Jahr.

Zu den afrikanischen Vertretern der Gattung *Pycnonotus* gehören der Schwarzkappen-, Weißohr- und Weißbauchbülbül als ebenso zahme und ansehnliche Bewohner der Waldränder, Gärten und Dörfer wie der Rotohrbülbül. Etwas stärker an das Leben im Walde gebunden erscheinen der Graugrüne und der Goldbülbül. Am besten von diesen afrikanischen Waldbülbüls sind wir über die 22 Arten der Braunbülbüls *(Phyllastrephus)* unterrichtet, die allerdings mit dem gleichen Recht auch «Grünbülbüls» heißen könnten, da ihre Rücken entweder grünlich oder bräunlich wirken; der Bauch sieht dagegen weiß aus. Im übrigen gleichen sich die Arten dermaßen, daß man sie in der Natur kaum auseinanderzuhalten vermag. Bei dieser Gattung bleiben die Weibchen erheblich kleiner als die Männchen und haben auch kürzere Schnäbel; außerdem leben diese Vögel weit mehr von Insekten als von Früchten, und einige Arten lassen einen angenehmen Gesang hören. Ebenso wie die anderen Bülbüls erweisen sie sich als lebhaft, neugierig und recht zahm, doch zeigen sie alle die merkwürdige Eigenart, mit ihrem Schwanz oder den Flügeln zu zucken, manchmal allein mit einem Flügel.

Wie diese Familie eigentlich zu dem merkwürdigen Namen «Bülbüls» gekommen ist, bleibt unerfindlich. An sich ist der Name «Bulbul» alten arabischen Ursprungs und bezeichnet irgendeinen kleinen Vogel, auf dessen Ruf er höchstwahrscheinlich anspielen soll. In diesem Sinne lesen wir ihn bereits in den Gedichten des Omar Khayyam aus dem 12. Jahrhundert; man hat ihn — aller Wahrscheinlichkeit nach völlig zu Unrecht — mit «Nachtigall» übersetzt. Unsere Nachtigall kommt im Iran nur im Norden als Brutvogel, sonst lediglich als Durchzügler vor. Es ist daher gar nicht ausgeschlossen, daß der Vogel Bulbul, den der mittelalterliche Mathematiker, Astronom und Dichter Omar so oft in seinen poetischen Werken erwähnt, nichts anderes war als der Weißkehlbülbül *(Pycnonotus leucogenys)*, ein lustiger und allgemein vertrauter Bewohner der Palmenhaine, Gärten und Hecken in der mesopotamischen Niederung und im westlichen Indien.

Blattvögel *Chloropseïdae*

Eng mit den Bülbüls verwandt und öfters auch zu ihrer Familie gestellt, leben die 14 Arten leuchtend gefärbter Blattvögel in den Wäldern des südöstlichen Asien; ihre 3 Gattungen bezeichnen wir als Eigentliche Blattvögel, Eioras und Elfenblauvögel. Mit den Bülbüls haben sie das lange, flaumige Rumpfgefieder und den Fleck haarähnlicher Fadenfedern auf dem Nacken gemeinsam, doch sind hier die Männchen stets leuchtender gefärbt als ihre Weibchen.

Den eigentlichen Lebensraum der mittelgroßen, 18 bis 20 cm langen Blattvögel bilden die Wipfel der Waldbäume, und so erscheint auch ihre Grundfärbung grün, jedoch mit verschiedenartigen blauen, orangefarbenen, gelben und schwarzen Zeichnungen. Als charakteristischer Vertreter sei der Goldstirnblattvogel genannt, eine häufige Art im nördlichen Indien bis Burma und im Hochland von Sumatra. Außerhalb der Brutzeit durchziehen die Blattvögel in kleinen, lärmenden Scharen die Höhen des Urwaldes und fallen trotz ihrer bunten Farben überhaupt nicht auf. Wenn sie gelegentlich auch Insekten und Sämereien zu sich nehmen, ernähren sie sich doch hauptsächlich von Früchten und Blütensäften, und so findet man sie oft zusammen mit anderen Vögeln in den Kronen der früchtetragenden oder blühenden Bäume. Insbesondere schätzen sie den Nektar und die Beeren der *Loranthus*-Misteln, und so tragen sie vielfach zur Befruchtung und Ausbreitung dieser Baumparasiten bei.

Blattvögel sind nicht nur vollendete Sänger, sondern auch Spötter, die den Gesang anderer Vögel nachahmen. Auf Grund ihres bunten Gefieders, ihres Gesanges und ihrer guten Haltbarkeit werden sie überall im Orient als Käfigvögel angeboten. Da sie sich aber andererseits ziemlich streitsüchtig zeigen, eignen sie sich nicht für Gemeinschaftsvolieren.

Ihre kleinen, offenen Nester aus Gras und Wurzelfasern werden etwa 6 m hoch in einer Astgabel angelegt. Zur Brutzeit sind die Blattvögel überaus wachsam, werden aber bei einer Gefahr derart laut und aufgeregt, daß sie gerade dadurch den Feind auf ihre Niststätte aufmerksam machen.

Mit 12 bis 15 cm bleiben die 4 Eioras etwas kleiner; bei ihnen überwiegen gelbe, olivgrüne und schwarze Farben. Auch sie sind im Wald zu Hause, ernähren sich aber fast ausschließlich von Insekten und leben auch nicht gesellig; am liebsten halten sie sich am Rande des Waldes und der Lichtungen auf. Häufig begegnet man von Indien an bis Malaya der Gewöhnlichen Eiora in den Gärten.

Zur Balz der Gewöhnlichen Eiora gehören auch merkwürdige gesangliche Darbietungen. Das Männchen fliegt hoch in die Luft und plustert dabei seine Federn auf, insbesondere die des Rumpfes, daß es wie ein kleiner Ball aussieht. Dann schraubt es sich zum Sitzast hinab und läßt nun ein feines Piepsen hören wie eine Grille oder ein Baumfrosch. Unter ständigem Pfeifen und Schwanzzucken balzt es weiter mit gesträubten Federn und herabhängenden Flügeln. Etwa 1,5 bis 10 m über dem Boden bauen die Eioras ihr zartes, offenes Nest aus Gras und Spinnengewebe; es wird mit 2 bis 4 kremfarbenen, grau oder braun gestrichelten Eiern bestückt.

Viel größer werden die beiden bis 30 cm langen Elfenblauvögel, von denen einer von Indien bis Indochina und Malaya und der andere auf den Philippinen vorkommt. Die Männchen tragen ein schwarzes Gefieder mit leuchtend blauem

1 GOLDSTIRN-BLATTVOGEL ♂
Chloropsis aurifrons
Indien bis Annam und Sumatra; 20 cm.

2 INDISCHER ELFENBLAUVOGEL ♂
Irena puella
Indien bis Indochina und Ostindien; 25 cm.

3 GEWÖHNLICHE EIORA
Aegithina tiphia
Indien bis Indochina; 15 cm.

Rücken, die Weibchen wirken unauffälliger. Neuere Untersuchungen am Skelett haben ergeben, daß die Elfenblauvögel wahrscheinlich gar nicht zu dieser Familie gehören, sondern eng mit den Pirolen verwandt sind.

Wie die Blattvögel und Pirole leben auch die Elfenblauvögel in den Baumwipfeln und ernähren sich vorwiegend von Früchten, ganz besonders von Wildfeigen, fressen aber außerdem gern Blütennektar. Wenn sie auch keine jahreszeitlichen Züge unternehmen, so wandern sie doch in der Gegend herum, je nachdem wo gerade die von ihnen bevorzugten Früchte reifen. Dabei halten sie sich gewöhnlich in einzelnen Paaren auf, doch wenn sich irgendwo ein besonders ertragreicher Feigenbaum bietet, stellen sie sich zusammen mit Pirolen, Blattvögeln, Nashornvögeln, Bülbüls und anderen Fruchtfressern in größeren Scharen ein, als würden sie magnetisch angezogen.

Tief im Dunkel der Wälder bauen die Elfenblauvögel ihr zerbrechliches, offenes Nest aus Moos und Zweigen auf einem dünnen Busch. Ihr Gelege enthält meist 2 grünlichweiße Eier mit kräftigen braunen Flecken.

Wasseramseln *Cinclidae*

In dieser Gruppe begegnen uns die einzigen echten Wasserbewohner unter den Sperlingsvögeln. Ihre Lebensweise steht wirklich einzigartig in der gesamten Vogelwelt da, denn die Wasseramseln halten sich nur an kalten, klaren, schnellfließenden Bächen auf, vor allem im Gebirge; dort sitzen sie im Getöse des Wassers auf den übersprühten Steinen, tauchen nach Herzenslust ins Nasse und kommen wieder heraus.

Nur 4 Arten umfaßt die Familie, die sich alle in ihrer Größe, Erscheinung und Lebensweise sehr ähneln und deshalb zur gleichen Gattung *Cinclus* gerechnet werden. Dazu gehört unsere einheimische Wasseramsel, ein brauner Vogel mit weißer Kehle und Brust, der von Skandinavien bis Nordwestafrika und zum Himalaja vorkommt, die einfarbig braune Asiatische oder Pallas-Wasseramsel in Sibirien und China, nördlich bis Kamtschatka und südlich bis Formosa, dazu in der Neuen Welt die Graue Wasseramsel in den westlichen Gebirgen von Alaska bis Panama, und zu guter Letzt die Weißkopf-Wasseramsel in den Anden von Kolumbien bis zum nördlichen Argentinien.

Wo und von welchen Vorfahren die Wasseramseln entstanden sind, ist noch ungewiß. Einige Forscher nehmen an, sie seien von irgendwelchen drosselähnlichen Ahnen Zentralasiens abzuleiten und wären dann über die gute, alte Beringbrücke in die Neue Welt eingewandert. Für diese Theorie sprechen einmal der drosselähnliche Lauf der Tiere, zum anderen aber das gesprenkelte Brustgefieder der Jungvögel. Der Verfasser glaubt jedoch vielmehr an eine Entstehung in den westlichen Kordilleren aus «zaunköniglichen» Stammformen, so daß sich die Familie dann westwärts bis Eurasien ausgebreitet hätte. In ihrem Brutverhalten, den kurzen Flügeln und Schwänzen, dem bräunlichen Gefieder und dem eigenartigen Moschusgeruch zeigen die Wasseramseln nämlich viel mehr Ähnlichkeiten mit den Zaunkönigen. Auf jeden Fall aber handelt es sich um eine sehr alte Gruppe.

Als Anpassung an ihre einzigartige Lebensweise haben wir sicherlich das sehr dichte Gefieder mit seiner dicken Dunenschicht und vor allem die mächtig entwickelte Bürzeldrüse anzusehen, die ungefähr zehnmal so groß ist wie bei den anderen Sperlingsvögeln und deren Sekret das Gefieder wasserdicht hält. Ferner wären hier die beweglichen Klappen an den Nasenlöchern zu nennen, die das Eindringen von Wasser verhindern sollen, sowie die stark entwickelte Nickhaut als sogenanntes drittes Lid, die das Auge von Wasserspritzern säubern soll. Lauf und Fuß sind kräftig und untersetzt, die Zehen aber nicht durch Schwimmhäute verbunden; die Wasseramseln schwimmen ja auch nicht an der Wasseroberfläche, sondern laufen ins Wasser, bis die Füße keinen Halt mehr finden. Dann rudern sie mit den Flügeln unter Wasser und tauchen bis 6 m Tiefe, um sich ihr Futter vom Grunde zu suchen. Im Durchschnitt bleiben sie nur 10 Sekunden untergetaucht, können die Zeit aber bis 30 Sekunden ausdehnen. Wie die Tiere auf dem Grunde des Wassers herumlaufen, ist noch umstritten, denn ihr spezifisches Gewicht liegt weit niedriger als das des Wassers, und so müßten sie schon irgend etwas unternehmen, um nicht an die Oberfläche gehoben zu werden. Zweifellos kompensieren sie den Auftrieb mit ihren Flügeln, aber vielleicht stellen sie sich auch so schräg gegen die Strömung, daß ihr Körper nach unten gedrückt wird; und es mag sein, daß sie deshalb gerade die schnellfließenden Gewässer bevorzugen.

Mit schnellem, schnurrendem Flug streichen die Wasseramseln niedrig über die Wasseroberfläche. Allerdings legen die Tiere keine weiten Strecken zurück, sondern bleiben an ihrem Standort. Sie leben als Einzelgänger und vergesellschaften sich nur zur Paarungszeit. Anscheinend behauptet jedes Tier oder Paar eine etwa 500 bis 800 m weite Strecke des Wasserlaufes, und dort bleibt es das ganze Jahr über, wenn nicht gerade der Bach austrocknet oder zufriert. An sich scheint ihnen die Kälte wenig auszumachen, denn man kann die Wasseramseln sich lustig an den Bergbächen tummeln sehen, wenn auch die Landschaft unter Schnee bedeckt liegt.

In der Hauptsache ernähren sich die Wasseramseln von Wasserinsekten, die sie sich am Ufer suchen und deren Larven sie aus dem Geröll des Flußbettes picken, aber sie verschmähen keineswegs Kaulquappen oder kleine Fische. Gerade ihre Vorliebe für Jungfische läßt sie als Schädlinge der Fischereiwirtschaft erscheinen.

Laut und hell ertönt der Warnruf «zit» durch das Brausen des Wassers, doch lassen sie auch einen teils angenehm pfeifenden und trillernden, teils kratzenden Gesang das ganze Jahr über ertönen, mit Ausnahme der Mauserzeit im Spätsommer.

In ihrem Nistverhalten gleichen die Wasseramseln etwa den Zaunkönigen. Sie errichten große, oben geschlossene Nester aus Moos, die manchmal mit Gras und Laub ausgekleidet werden und immer durch einen Seiteneingang zu erreichen sind. Gewöhnlich wird das Nest im Schutz einer Gesteinsspalte oder unter Baumwurzeln in der Nähe des Wassers angelegt, insbesondere hinter einem Wasserfall. Das Gelege aus 3 bis 6, meist 4 oder 5 rein weißen Eiern brütet das Weibchen 16 Tage ganz allein aus. Beide Eltern atzen die Jungen, doch scheint auch hierbei das Weibchen den größten Teil der Arbeit zu tun. Nach 15 bis 24 Tagen verlassen die Jungen das Nest und sind dann bereits in der Lage, sofort das Wasser aufzusuchen und dort mit dem gleichen Geschick herumzutauchen wie ihre Eltern. Schon zu Beginn des Frühjahrs feiern die Wasseramseln Hochzeit, doch ziehen sie in jedem Jahr mindestens 2 Bruten auf.

GRAUE WASSERAMSEL
Cinclus mexicanus
Alaska bis Panama; 20 cm.

EUROPÄISCHE WASSERAMSEL
Cinclus cinclus
Europa bis Himalaja; 18 cm.

Zaunkönige *Troglodytidae*

SUMPFZAUNKÖNIG
Cistotherus platensis
Südliches Kanada
bis Feuerland; 10 cm.

ZAUNKÖNIG
Troglodytes troglodytes
Nördliche Halbkugel; 10–12 cm.

Unser Zaunkönig ist eine geradezu sprichwörtliche Märchenfigur geworden, aber welcher Märchenerzähler, der den Kindern die alte Geschichte vom Zaunkönig vorliest, oder welches Kind hat den Vogel auch tatsächlich einmal mit Bewußtsein in der Natur gesehen? Sein wissenschaftlicher Name *Troglodytes* bedeutet «Höhlenbewohner» und spielt damit auf die Lebensweise des Tieres an, das nicht nur große, überdachte Nester baut, sondern sich auch gern in Gesteinsspalten oder unter dem Wurzelwerk der Bäume verborgen hält.

Ein uraltes europäisches Märchen erzählt uns den Grund, aus dem dieser Vogel zu seiner Königswürde gekommen ist. Eines Tages versammelten sich alle Vögel, um ihren König zu wählen. Wer am höchsten in die Luft steigen könnte, der sollte die Krone tragen. Schon hatte der Adler alle anderen Vögel unter sich gelassen und wollte gerade seine Königswürde verkünden. Aber es war ihm, ohne daß er es gemerkt hatte, der kleine Zaunkönig auf den Rücken geflattert, und nun erhob er sich, ausgeruht wie er war, noch einen Meter über den Adler und schmetterte seinen Triumph als der wahre König der Vögel in die Luft.

Tatsächlich nimmt der Zaunkönig eine Sonderstellung ein, jedoch weniger in monarchischer als vielmehr in tiergeographischer Hinsicht, denn er stellt den einzigen altweltlichen Vertreter einer im übrigen rein amerikanischen Vogelfamilie dar. Leider haben wir nicht den geringsten Anhaltspunkt, wann der Zaunkönig aus Amerika – vermutlich über Alaska – nach Asien und von dort aus nach Europa eingewandert ist. Fossile Zaunkönigsreste tauchen erst im Pleistozän auf, aber jedenfalls existiert die Art immerhin bereits so lange Zeit in Eurasien, daß sie sich inzwischen in nicht weniger als 26 verschiedene geographische Rassen aufspalten konnte. Heute reicht das Verbreitungsgebiet des Zaunkönigs im Süden bis Formosa, Nordindien und Nordwestafrika, und dann gibt es noch vereinzelte Rassen auf den Hebriden, Shetland- und Färöer-Inseln sowie auf Island. In Nordamerika brütet die gleiche Art im gesamten kanadischen Waldgebiet von Alaska bis Neufundland und nach Süden hinunter bis Kalifornien und Georgia. Hier unterscheidet man 8 geographische Rassen, von denen sich 5 auf die verschiedenen Aléuten-Inseln verteilen. Diese Aléuten-Zaunkönige wandern nicht, während die Festlandformen im Winter südwärts bis zum Golf von Mexiko ziehen.

Nach der letzten Revision dieser Familie unterscheiden wir heute insgesamt 59 Zaunkönigsarten, die sich auf 14 Gattungen verteilen und deren Gesamtverbreitungsgebiet sich von Kanada an bis zum äußersten Süden von Südamerika erstreckt und darüber hinaus auch noch auf die Falkland-Inseln; am zahl- und formenreichsten treten sie in Mittel- und Südamerika auf, fehlen aber merkwürdigerweise auf den Westindischen Inseln fast vollständig. Nur der Hauszaunkönig ist von Südamerika her nordwärts über die Kleinen Antillen bis Dominica gelangt, und dann kommt dort lediglich noch der Zapata-Zaunkönig vor, der zweifellos von sämtlichen amerikanischen Vögeln das kleinste Verbreitungsgebiet einnimmt, denn er beschränkt sich ausschließlich auf einen kleinen, knapp 80 Quadratkilometer großen Sumpf an der Südküste von Kuba, wo er erst 1926 entdeckt wurde. Im übrigen sieht er nicht viel anders aus als der nordamerikanische Bewick-Zaunkönig. Jedenfalls verläßt der Zapata-Zaunkönig niemals seine engere Heimat, sondern hält sich dort im Schutz des dichten Gebüsches verborgen; nur selten erhebt er sich in die Luft und kann dort auch nur ein paar Meter weit flattern.

In ihrer Gesamtheit bilden die 59 Zaunkönigsarten eine recht einheitliche und in sich abgeschlossene Sperlingsvogelfamilie, die ganz gewiß auf der westlichen Erdhälfte entstanden ist, wenn auch ihre Ahnen bisher unbekannt blieben. Ihre nächsten stammesgeschichtlichen Bindungen zeigen sie zu den Wasseramseln und Spottdrosseln. Wahrscheinlich sind diese 3 Familien im frühen Tertiär aus der gleichen urtümlichen Stammgruppe insektenfressender Singvögel hervorgegangen, die wohl auch als Vorfahren der Drosseln angesehen werden müssen.

Alle Zaunkönige ähneln einander stark und sind daher leicht als Angehörige ihrer Familie zu erkennen; die meisten erreichen noch nicht einmal 15 cm, und die größten werden nur knapp 23 cm lang. Stets trägt ihr Gefieder unauffällige braune oder graue Farbtöne mit den verschiedensten Streifen, Stricheln und Flecken von Schwarz, Grau, Weiß oder anderem Braun, ohne daß sich die Geschlechter darin unterscheiden. Ihr dünner, spitzer Schnabel kann einmal kurz, ein andermal ziemlich lang ausgebildet sein und verläuft in der Regel etwas abwärts gekrümmt. Lauf und Fuß sind verhältnismäßig groß und kräftig, die Flügel kurz und verrundet. Zaunkönige fliegen zwar nicht allzu weit, aber doch schnell, geradlinig und mit hörbarem Flügelschnurren. In ihrer typischen Sitzhaltung stellen sie ihren Schwanz nach oben.

Ihren eigentlichen Lebensraum finden die Zaunkönige im dichten Pflanzenbewuchs in Bodennähe, wo sie sich ihre Insektennahrung suchen. Auf Grund ihrer Anpassungsfähigkeit konnten sie sich in die verschiedensten Landschaftsformen einfügen: So leben beispielsweise der Kaktus- und der Klippenzaunkönig an trockenen, baumlosen Berghängen, der Sumpfzaunkönig aber im Schilf und Wollgras der Salz- und Süßwassersümpfe. Dagegen sind der Weißbrust- und Graubrustzaunkönig auf dem Boden der Tropenwälder von Südmexiko bis Bolivien zu Hause. Wieder andere, wie der Haus-, Bewick- und Karolinazaunkönig, halten sich im Gartengebüsch und in den Hecken auf und nisten an den Häusern und Gartenbauten. Unser Zaunkönig haust im Garten, im Wald, in Hecke und Gebüsch oder zwischen Felsen im Versteck.

Zaunkönige sind häufiger zu hören als zu sehen. Wenn sie im Gebüsch herumflitzen, wie die Mäuse durch das Wurzelwerk huschen oder sich zwischen Sumpfpflanzen versteckt halten, verraten sie stets ihre Anwesenheit durch das harte Gezeter oder rauhe Schnurren. Daneben aber kennen fast alle Arten einen höchst melodiösen, angenehmen und sprudelnden Gesang, dessen Lautstärke man einem derart kleinen Vogel kaum zutrauen möchte. Singen können beide Geschlechter, und das tun sie praktisch das ganze Jahr hindurch, denn auf diese Weise können sie sich in ihrem unübersichtlichen Lebensraum miteinander verständigen.

HAUSZAUNKÖNIG
Troglodytes aedon
Südliches Kanada
bis Feuerland; 11–13 cm.

ZAPATA-ZAUNKÖNIG
Ferminia cerverai
Kuba; 16 cm.

KAKTUSZAUNKÖNIG
Campylorhynchus brunneicapillus
Westliche USA und Mexiko; 20 cm.

Alle Arten bauen ein großes, geräumiges und in der Regel überdachtes Nest mit einem seitlichen Eingang. Diese Arbeit wird hauptsächlich vom Männchen ausgeführt; sein Nestbauinstinkt ist derart stark ausgeprägt, daß das Tier bis zu einem Dutzend verschiedener Nester in seinem Bereich anlegt. Anscheinend gehört dies mit zum allgemeinen Balzverhalten. Hiervon sucht sich nun das Weibchen eine Niststätte aus, nämlich die am solidesten gebaute und am besten geschützte, polstert sie aus und richtet sie für den eigentlichen Zweck her. Die «Spielnester» sind gewöhnlich lockerer und oberflächlicher angelegt; sie benützt das Männchen zum Schlafen.

Einige Zaunkönige nisten auch in Löchern und nehmen mit jeder natürlichen Höhle vorlieb, die sie in Bodennähe finden, wie Wurzelgänge, Felsspalten oder auch verlassene Spechthöhlen. Unser Zaunkönig baut sein Kugelnest in Hekken, Baumhöhlungen, an Böschungen oder Gebäuden. Andere Höhlenbrüter, darunter Bewick- und Karolinazaunkönig, wählen sich die Hauswände als Nistplatz aus. Der Hauszaunkönig, eine weitverbreitete Art, deren etwa 30 Unterarten vom südlichen Kanada an bis Kap Hoorn und zu den Falkland-Inseln zu Hause sind, ist ebenfalls Höhlenbrüter. Vor allem nistet er sich gern in den Brutkästen ein. Stehen sie ihm nicht zur Verfügung, sieht er sich nach Baumlöchern, leeren Blechkanistern, Briefkästen oder verlassenen Wespenbauten um, siedelt sich aber auch hinter lockeren Dachplatten oder an unbenutzten landwirtschaftlichen Maschinen an.

Die Zaunkönige brüten mehrmals im Jahr, und einige Arten leben polygam. Bei unserer Art hat ein Männchen oft 2 oder 3 Weibchen. In der Regel brütet nur das Weibchen, doch trägt ihm das Männchen das Futter zum Nest und hilft auch bei der Aufzucht der Jungvögel. Bei den meisten tropischen Arten enthält das Gelege nur 2 bis 3, bei den Bewohnern der gemäßigten Gebiete aber 5 bis 7, ja 8 bis 10 rein weiße bis dunkelbraune, mitunter gefleckte Eier. Je nach dem Umfang der Brut und der herbeigeschafften Nahrungsmenge bleiben die Jungen 12 bis 18 Tage im Nest, denn je weniger Junge vorhanden sind, um so besser werden sie gefüttert und um so schneller wachsen sie heran.

Abgesehen von ein paar tropischen Arten leben die Zaunkönige ziemlich ungesellig und bilden auch keine größeren Schwärme. Die Nacht verbringen sie im Schutz irgendwelcher Unterschlupfe. Man hat sie schon an Vogelscheuchen oder in den Taschen trocknender Hemden gefunden.

Spottdrossel *Mimidae*

Noch stärker als die Zaunkönige beschränken sich die 31 Arten der Spottdrosseln auf das amerikanische Verbreitungsgebiet. Wie schon ihr Name ausdrückt, sind sie bekannt für ihre Fähigkeit, die Stimmen anderer Vögel nachzuahmen. Wahrscheinlich hat sich auch diese Familie ebenso wie die nahe verwandten Zaunkönige einst aus drosselähnlichen Vorfahren entwickelt.

In verschiedener Hinsicht vermitteln die Spottdrosseln zwischen den Zaunkönigen und den Drosseln. In ihrem Nestbau ähneln sie mehr den Drosseln, denn sie bauen offene, schüsselförmige Brutstätten, dagegen erinnert ihre Lebensweise und ihre Färbung mehr an die Zaunkönige, insbesondere wirken die Krummschnabel-Spottdrosseln im Aussehen und Verhalten geradezu wie etwas zu groß geratene Angehörige der vorigen Familie. Bei einer mittleren Größe zwischen 20 und 30 cm sehen die Spottdrosseln etwas schlanker aus als die eigentlichen Drosseln und zeigen einen längeren Schwanz und einen dünneren, wieder zaunkönigähnlichen Schnabel. Alle diese lebhaften, neugierigen und streitsüchtigen Vögel leben in Bodennähe und ernähren sich von Insekten, Früchten und Beeren.

Geradezu berühmt ist die Amerikanische Spottdrossel als ein Charaktervogel der Südstaaten Tennessee, Arkansas, Florida, Mississippi und Texas, was er wahrscheinlich seiner auffallenden Erscheinung und seiner Lautstärke verdankt. Nicht nur ihr wunderschöner Gesang, sondern auch ihre stete Betriebsamkeit und vor allem die Tapferkeit, mit der sie ihr Revier gegen einen Eindringling verteidigen, haben die Spottdrossel zum erklärten Lieblingsvogel vieler Amerikaner werden lassen.

Das ganze Jahr über hört man den Gesang der Spottdrossel, die sich dazu eigens auf einem freien Platz niederläßt, einem Dachfirst, Telephonkabel oder Zaunpfahl. Zu den unmöglichsten Tageszeiten läßt sie ihre herrlichen Melodien ertönen, selbst noch bei Vollmond mitten in der Nacht. Wenn alle anderen Vögel schweigen und der Tageslärm verklungen ist, hört man die Spottdrosseln am besten. Sie haben zwar auch ihren eigenen, sprudelnden Gesang, doch geben sie meist die Stimmen anderer Vögel wieder und wiederholen jede Strophe 3- oder 4mal, bevor sie eine neue anfangen.

Nicht weniger als 30 Stimmen verschiedener Vogelarten vermochte man aus dem Gesang einer Spottdrossel nacheinander herauszuhören, außerdem aber auch noch andere fremde Laute, wie das Pfeifen des Postboten oder das Quietschen eines Wagenrades. Die Vögel brauchen nur einen fremden Laut zu hören, und schon übernehmen sie ihn in ihr eigenes Repertoire. Kaum hatte man europäische Nachtigallen nach Florida gebracht, als auch bereits die Spottdrosseln die gleichen Melodien zu flöten begannen. Oszillographische Untersuchungen haben ergeben, daß die Spottdrosseln jede feinste Nuance des Nachtigallenschlages ganz genau wiederzugeben imstande sind, einschließlich der Schwingungen außerhalb des menschlichen Hörbereiches.

Die Spottdrossel baut ein solides, napfförmiges Nest aus kurzen, festen Zweigen in 1 bis 6 m Höhe an einem Gebüsch oder einem niedrigen Baum und kleidet es mit Gras und feinem Wurzelwerk aus. Beide Geschlechter arbeiten sehr hart daran, das Gebilde in 3 oder 4 Tagen herzustellen, schaffen es aber auch mit größter Anstrengung schon in 2 Tagen. Die 3 bis 6 grünlichen, rotbraun gefleckten Eier brütet hauptsächlich das Weibchen aus, doch wird es bei vorübergehender Abwesenheit vom Nest für kurze Zeit auch einmal vom Männchen abgelöst. Nach 12 bis 14 Tagen schlüpfen die Jungvögel und werden von beiden Eltern gefüttert; sie wachsen schnell heran und können manchmal schon nach 14 Tagen das Nest verlassen. Daher dauert das ganze Fortpflanzungsgeschäft kaum viel länger als einen Monat, doch ziehen die Paare zwei oder mehr Bruten im Jahr auf.

Als nördlichster Vertreter gehört die Amerikanische Spottdrossel zu einer der 9 *Mimus*-Arten, deren Heimat von den mittleren Vereinigten Staaten südwärts über Westindien und Mittelamerika bis nach Argentinien und Chile reicht. Es sind schlanke, oberseits graubraune und am Bauch hellere Vögel, deren Flügel und Schwänze zumeist weiße oder hellgraue Flecken tragen. Eine Art, die wegen des größeren Schnabels, der kräftigeren Läufe und der schmaleren Nasenlöcher die eigene Gattung *Nesomimus* bildet, bewohnt die Galapagos. Ausnahmen zu dem sonst üblichen braunen Gefieder stellen die beiden mexikanischen Blauspötter dar, deren eine Art einfarbig blau, die andere nur oben blau, unten aber weißbäuchig ist; auch sie erweisen sich ebenso wie ihre braunen Verwandten als vorzügliche Sänger und geschickte Spötter, die den Gesang anderer Vogelarten und sonstige Geräusche, die ihnen auffallen, geschickt nachzuahmen imstande sind.

Am stärksten fällt die mehr graue Katzendrossel aus dem Rahmen der Familie; man erkennt sie an der dunklen Kopfkappe, den braunroten Unterschwanzdecken und ihrem miauenden Ruf. Auch bei ihr finden wir wieder den schönen Gesang und das Nachahmen anderer Laute, wenn auch nicht so kräftig, präzise und abwechslungsreich wie bei den anderen Spöttern, obwohl man genau weiß, was das Tier gerade imitiert. Vor allem werden hier die einzelnen Strophen nicht wiederholt.

Wie die eigentliche Spottdrossel hält sich auch die Katzendrossel in der Nähe menschlicher Behausungen auf und wird recht zahm. Sie baut das gleiche offene Nest aus Zweigen und legt 4 bis 6 glänzend grünblaue Eier, deren Brutzeit 12 bis 13 Tage beträgt. Hauptsächlich frißt die Katzendrossel Insekten, jedoch außerdem noch beträchtliche Mengen an Beeren und kleinen Früchten; gelegentlich sollen sie sich auch an den Weingärten und Brombeerpflanzungen vergreifen, ohne jedoch allzu schweren Schaden anzurichten. So betrachten die Landbevölkerung und die Bewohner der Vorstädte die Katzendrossel als einen liebenswürdigen Vogel und freuen sich, wenn er im Frühjahr zu ihnen kommt.

Vom südlichen Kanada an brütet die Katzendrossel über ganz Nordamerika bis hinunter zur Nordgrenze der Golfstaaten; den Winter verbringt sie weiter im Süden über Westindien und Mittelamerika bis Panama. Auf den Bermudas lebt eine kleine Population von Katzendrosseln, die sich jedoch nicht von der Festlandsform unterscheidet. Als ein naher Verwandter bewohnt die Schwarze Spottdrossel Yucatan und Honduras; sie gleicht in ihrer Größe, Gestalt und Lebensweise der vorigen Art, sieht aber glänzend schwarz aus.

Etwas mehr Abwechslung bieten die ein wenig größeren, bemerkenswert langschwänzigen Krummschnabel-Spottdrosseln, oberseits meist bräunliche Vögel mit einer weißen, braun gestreiften Unterseite. 10 ihrer insgesamt 17 Arten gehören zur Gattung *Toxostoma*, darunter auch als charakteristische und am besten bekannte die Braune Krummschnabel-Spottdrossel in den östlichen und mittleren Gebieten der USA. Im Gegensatz zur Spott- und Katzendrossel meidet sie die Gesellschaft der Menschen und sucht sich ihr Futter im Unterholz und Bodenstreu der Waldränder. Ihr Gesang klingt lauter als bei der Katzendrossel, und sie ahmt auch keine anderen Vögel nach. Meist singt die Art an einem versteckten Platz; man erkennt sie gut daran, daß sie jede Strophe zweimal wiederholt.

In den Weststaaten der USA bis nach Mittelamerika gibt es außerdem 8 Arten Krummschnabel-Spottdrosseln, darunter die 30 cm lange Kalifornia- oder Sichelschnabel-Spottdrossel; mit einer Länge von 30 cm stellt sie die größte Art der Familie dar. Sie ist ein lohbrauner Vogel, der den dichten Wald meidet und sich sein Futter auf dem Boden des Buschlandes sucht. Weitere Arten bewohnen die trockenen Gebiete des Westens und nisten gern im stacheligen Kaktus- und Dornbuschgestrüpp.

Auf Westindien beschränken sich 4 Arten, davon sind 2 derart selten, daß die Gefahr ihres Aussterbens besteht. Der Weißbrustspötter, ein oberseits bräunlicher und am Bauch weißer Vogel, beschränkt sich auf die Inseln Martinique und Sta. Lucia; man trifft ihn heute kaum noch an. Wie ein Zaunkönig macht er sich eifrig mit hochgestelltem Schwanz und unter Gezeter im Unterholz zu schaffen. Selten geworden ist auch die Zitterspottdrossel, ein Waldbodenbewohner auf den kleineren Inseln, der jetzt im größten Teil seiner früheren Heimat ausgerottet ist. Warum diese Art merkwürdigerweise ständig zu zittern pflegt, hat niemand ergründen können. Für den Rückgang beider Arten ist die Verfolgung seitens des Menschen verantwortlich, mehr noch der Kahlschlag der schützenden Wälder und die Dezimierung durch eingeführte Raubtiere. Weniger selten sind der Schuppenbrust- und der Perlaugenspötter der Kleinen Antillen, Bahamas und der südlichen Karibischen Inseln, die sich mehr im Geäst aufhalten.

Drosseln *Turdidae*

Zu den Drosseln gehören einige der beliebtesten Singvögel der Welt, wie die Nachtigall, die Amsel, das Rotkehlchen und die Schamadrossel, um nur ein paar Namen zu nennen. Oft entspricht auch die Farbfreudigkeit der Tiere durchaus der Schönheit ihres Gesanges, so bei den Hüttensängern und vielen anderen Arten.

Die Familie der Drosseln ist praktisch in der ganzen Welt zu Hause, wenn man von der Antarktis und den vereisten arktischen Gebieten absieht sowie von den Polynesischen Inseln und Neuseeland, wo aber die Amsel und die Singdrossel um 1862 mit Erfolg eingeführt wurden. Am stärksten ist die Familie in den gemäßigten und tropischen Gebieten der Alten Welt vertreten, und dort liegt wohl auch ihr Entstehungszentrum. Wenn das der Fall ist, müssen die Drosseln bereits sehr früh in die Neue Welt eingewandert sein, denn sie haben seither verschiedene Gattungen ausgebildet und sich sehr weit und formenreich über Nord- und Südamerika sowie Westindien ausgedehnt.

Als engste Verwandte kommen die ebenso umfangreichen und vorwiegend altweltlich verbreiteten Vogelfamilien der Grasmücken und Fliegenschnäpper in Frage, denn alle drei sind verhältnismäßig einfach gebaute, insektenfressende Singvögel mit je 10 Handschwingen des Flügels. Zwar können wir die meisten der hierzugehörigen Arten mühelos der einen oder der anderen Familie zurechnen, doch lassen sich die Grenzen zwischen den drei Familien nicht immer ganz streng ziehen, und die Schwierigkeit, gewisse Grenzformen zu klassifizieren, spricht für die enge stammesgeschichtliche Verwandtschaft dieser Gruppen. So könnte man sie ohne weiteres als Unterfamilien einer großen Familie auffassen, doch da sie insgesamt mehr als 1000 Arten enthalten, neigt man aus praktischen Gründen eher dazu, sie als selbständige Familien zu betrachten.

Drosseln werden größer und massiger als die Grasmücken und Fliegenschnäpper; auch zeigen sie gewöhnlich keine Beinschuppen. Sie ernähren sich zwar hauptsächlich von Insekten, greifen sie aber nie im Flug, sondern suchen sie sich auf dem Boden oder an den Zweigen und fressen außerdem auch noch mehr Pflanzenstoffe als die Angehörigen der anderen beiden Familien. Die Drosseln bauen stets offene, napfförmige Nester, meist in Bäumen oder im Gebüsch, mitunter auf dem Boden, seltener in Gesteinsspalten oder Baumhöhlen.

Dank ihrer besseren Flugleistungen, ihrer Robustheit und Anpassungsfähigkeit konnten sich die Drosseln weiter ausbreiten als Grasmücken und Fliegenschnäpper. Daher sind sie mehrmals in die Neue Welt vorgestoßen und haben verschiedene ozeanische Inseln erobert, wie Tristan da Cunha, Hawaii, die Bonin- und Westindischen Inseln. Dabei hatten sich einige Arten auf diesen Eilanden derart stark spezialisiert, daß sie bald ausstarben, als der Mensch dort Fuß faßte und ihre Umwelt veränderte. So sind in den letzten 50 Jahren eine ganze Reihe hawaiischer und westindischer Drosseln verschwunden, und die Drossel der Bonin-Inseln wurde nicht mehr gesehen, nachdem man 1828 vier Exemplare von ihr erlegte. Wahrscheinlich wurde sie kurz nach dem Zeitpunkt ausgerottet, als die ersten Walfangschiffe die Ratten ins Land einschleppten.

Man teilt die 306 Drosselarten in etwa 45 Gattungen auf, als deren verbreitetste und bekannteste wir die Nominatgruppe *Turdus* anzusehen haben. Ihre 60 Arten gehören zu den größten der ganzen Familie und messen zwischen 20 und 30 cm Länge.

Am stärksten sind die eigentlichen Drosseln in der Alten Welt vertreten. An erster Stelle wäre unsere einheimische Amsel oder Schwarzdrossel mit ihrem gelben Schnabel und dem herrlichen Schwarz des Männchens zu nennen; das Weibchen dagegen wirkt unscheinbar bräunlich. Überall sieht man die Amseln in den Wäldern, Gärten und Parkanlagen herumlaufen und im Boden nach Würmern und Insekten suchen, und jeder kennt ihren melodischen Gesang. Den gleichen Lebensraum bewohnt auch die Singdrossel, die zum Winter regelmäßig nach Südeuropa zieht, während die Amseln mitunter auch am Ort verbleiben. Das Verbreitungsgebiet der Singdrossel umfaßt Europa und das westliche Asien bis Mittelsibirien und zum nördlichen Iran, das der Amsel reicht sogar bis zum nordwestlichen Afrika, Indien und China. Mehr im Norden sind die Rotdrossel und die Wacholderdrossel zu Hause.

Die gleiche Rolle wie bei uns die Amsel spielt in Nordamerika die Wanderdrossel, die dort von der nördlichen Baumgrenze an bis zu den Südstaaten brütet und den Winter im Gebiet von den Golfstaaten an bis nach Mittelamerika verbringt. Auch sie war ursprünglich, wie unsere Amsel, ein Vogel des Waldes, der Waldränder und des offenen Buschgeländes, hat sich aber derart an das Fortschreiten der Zivilisation angepaßt, daß man sie weit mehr in der Nähe menschlicher Gebäude im Kulturland, in den Parks und Vorstadtgärten antrifft als im Freien. Ihr offenes, wohlgeformtes Nest legt sie in 1,5 bis 10 m Höhe im Gebüsch oder auch im Schutze eines Hauses an und bebrütet ihre 4 blaugrünen Eier 12 bis 14 Tage; nach weiteren 2 Wochen sind die Jungen flügge. Das Männchen beteiligt sich am Atzen der Jungvögel. Abgesehen vom Norden mit seinen zu kurzen Sommern, brütet die Wanderdrossel mehrmals im Jahr.

KLARINETTENVOGEL
Myadestes townsendi
Westliches Nordamerika; 23 cm.

NACHTIGALLDROSSEL
Catharus aurantiirostris
Mexiko bis Venezuela; 16 cm.

Auch die Wanderdrossel ernährt sich von Insekten, Früchten und Beeren, und zwar zu 60% von Pflanzenstoffen. Noch vor weniger als einem Jahrhundert hat man die Tiere zum «Sport», aber auch für Nahrungszwecke abgeschossen, und noch 1913 konnte man ein Dutzend Wanderdrosseln für 60 Cent auf dem Markt kaufen. Heute erscheint dies den Amerikanern so, als sollten sie ihren liebgewonnenen Haushund essen.

Dank ihrer Anpassungsfähigkeit und der Wertschätzung, die man ihnen entgegenbringt, müßten die Drosseln eigentlich die beste Aussicht haben, uns für die Zukunft erhalten zu bleiben, wenn ihnen nicht eine andere Gefahr drohen würde: die Insektizide. Längst nachdem sie ihre Wirkung auf die Insekten ausgeübt haben, bedrohen sie noch immer das Vogelleben, denn wenn das DDT vom Regen in den Boden gespült wird, infiziert es die Regenwürmer, und eine Drossel, die einen solchen Wurm frißt, ist zum Tode verurteilt. So sind beispielsweise in einigen Städten des mittleren Westens der USA die Drosseln auf diese Weise restlos ausgerottet worden.

Nach der bereits vorgestellten Amsel und der Singdrossel wenden wir uns den übrigen europäischen *Turdus*-Arten zu. Hier wären zu nennen: die Ringdrossel, eine schwarze Hochlandform mit weißem Brustband, die Misteldrossel, die wegen ihrer Rufe auch «Schnarrer» genannt wird, die Wacholderdrossel, die in letzter Zeit bis Grönland vorgedrungen ist, und die Rotdrossel. Weitere 20 Formen leben in Asien, so die Rot- und Schwarzkehldrossel, die Weißbrauen-, die Grau- oder «Einfarbdrossel» und die Naumann-Drossel, um die bekanntesten Arten zu nennen. Sie alle gleichen — abgesehen von ihrer unterschiedlichen Färbung — in ihren wichtigsten Merkmalen und Lebensgewohnheiten durchaus unserer bekannten Drossel und ziehen zum Winter in oft recht ansehnlichen Schwärmen in wärmere Gebiete, in denen es reichlich Beeren gibt.

Hiervon unterscheiden sich die nordamerikanischen Arten der Gattung *Hylocichla* durch ihre etwas geringere Größe. Es sind dies die Wald- oder Fuchsdrossel, die Einsiedler-, Zwerg-, Grauwangen- und Wiesendrossel, oberseits braune und am Bauch weiße Vögel mit einer gefleckten Brust. Sie alle sind Waldbewohner und durchsuchen den Boden nach Maden, Insekten, Früchten, Beeren und auch Knospen. Die Zwerg- und Grauwangendrossel brüten im Nadelwaldgürtel Kanadas,

die Einsiedlerdrosseln im gesamten nordamerikanischen Mischwald. Dagegen zieht die Wiesendrossel den Nadelwald vor, und das tut auch die Walddrossel im Osten der USA, der einzige Vogel dieser Gruppe, der auch in den Hecken der Vorstädte nistet.

Alle diese waldbewohnenden Drosseln Nordamerikas sind hervorragende Sänger, deren Gesang im Grunde ziemlich gleich klingt, sich aber doch bei den einzelnen Arten in kleineren Nuancen unterscheidet. Ihr wohlgeformtes, schüsselförmiges Nest wird aus Zweigen, Gras und Laub angelegt und mit Lehm verfestigt. Im allgemeinen nisten die Wiesen- und Einsiedlerdrossel auf dem Boden, die drei anderen aber im Gebüsch und auch auf niederen Bäumen, jedoch kaum höher als 3 m über der Erde. Stets enthält das Gelege 3 bis 4 grünblaue, oft braun gefleckte Eier, die allein vom Weibchen ausgebrütet werden, doch hilft das Männchen beim Füttern der Jungen mit. Wald- und Einsiedlerdrosseln überwintern in den Golfstaaten, die drei anderen Arten ziehen bis zum nördlichen Südamerika.

Weiter im Süden, in Mittel- und im nördlichen Südamerika, sind die 7 *Catharus*-Arten zu Hause, die man als Nachtigalldrosseln bezeichnet; in ihrer Lebensweise ähneln sie derart stark der eben behandelten *Hylocichla*-Gruppe, daß man die beiden Gattungen getrost vereinigen kann. Abgesehen davon, daß ihre Brust keine Flecken trägt, und daß sie nicht wandern, haben wir wieder Waldvögel vor uns, die ihr Futter auf dem Boden suchen, und finden den gleichen, glockenreinen Gesang.

Typischer Vertreter der 3 amerikanischen Hüttensänger *(Sialis)* ist der Östliche Hüttensänger, ein blaurückiger Vogel mit einer rötlichen Brust. Beim ebenfalls 15 bis 18 cm großen Westlichen und beim Berg-Hüttensänger finden wir eine blaue beziehungsweise weiße Brust. Es sind sehr ansprechende Vögel mit einem weichen, trillernden Gesang, der aber doch nicht so laut und so eindrucksvoll klingt wie bei den eigentlichen Drosseln. Als Höhlenbrüter des offenen Waldlandes bauen die Hüttensänger ihr charakteristisches Drosselnest in Baumlöchern oder auch Nistkästen und ziehen 2 oder gar 3 Bruten im Jahr auf. Während das Weibchen das Brutgeschäft allein betreibt, beteiligt sich das Männchen am Füttern der Jungen. Sind die Jungen flügge, suchen sich die beiden Eltern oft andere Partner für die nächste Hochzeit.

Zur Gattung *Myadestes* gehört eine Gruppe größtenteils tropisch-amerikanischer Drosseln, die von Mexiko und Westindien an bis nach Brasilien vorkommen. Als einzige Art lebt der Klarinettenvogel in der gemäßigten Zone und brütet von Mexiko an nordwärts bis Alaska. Nur mit Mühe kann man diesen scheuen, unauffälligen Vogel in seiner Waldheimat

ÖSTLICHER HÜTTENSÄNGER ♂
Sialis sialis
Östliches Nordamerika; 18 cm.

GARTENROTSCHWANZ
Phoenicurus phoenicurus
Europa bis Zentralasien; 14 cm.

WANDERDROSSEL
Turdus migratorius
Nordamerika; 25 cm.

SCHAMADROSSEL ♂
Kittacincla malabarica
Indien bis Indochina und Ostindien; 28 cm.

ROTKEHLCHEN
Erithacus rubecula
Europa, Kleinasien; 14 cm.

STEINRÖTEL
Monticola saxatilis
Südliches Eurasien von Spanien bis Japan; 23 cm.

beobachten; sein Gefieder wirkt vorwiegend olivbraun bis grau, der Schnabel schwarz und der oft weiß gerandete Schwanz im Verhältnis zum Rumpf etwas länger als bei den anderen amerikanischen Drosseln. Auch der Klarinettenvogel erweist sich als ein vorzüglicher Sänger, dessen getragener, einfacher, flötender Gesang zu den schönsten Vogellauten der Tropen gehört.

Als merkwürdigsten Vertreter der amerikanischen Drosseln haben wir zweifellos die Zaunkönigsdrossel anzusehen, einen scheuen Bewohner der Bergwälder von Costa Rica und Westpanama in mehr als 1500 m Höhe. Wie ein Zaunkönig macht sich der Vogel auf dem Waldboden zu schaffen. Merkwürdigerweise ist bei dieser Art die 10. Handschwinge derart verkürzt, daß manche Ornithologen dem Vogel eine eigene Familie zuerkennen. Seine Stimme besteht aus einem klaren, melodischen Pfeifen, das er in gleichen Abständen 6- bis 8mal hintereinander ausstößt. Mit seinem kurzen Schwanz und den verrundeten Flügeln erinnert er stark an die Kurzflügeldrosseln *(Brachypteryx)*, eine kleine asiatische Gattung mit 6 Arten, die vom Himalaja an über Südchina bis zu den Philippinen und Java vorkommt. Auch sie verhalten sich wie die Zaunkönige und leben in den Gebirgswäldern, doch unterscheiden sich bei ihnen — im Gegensatz zur Zaunkönigsdrossel — die Geschlechter in der Färbung.

Eine ziemlich auffallende Gruppe altweltlicher Drosseln bilden die 8 Merlen der Gattung *Monticola*, die bei einer Größe von 20 bis 23 cm weit über das südlichere Eurasien und Afrika verbreitet sind. Meist sehen sie blau aus, mit einigen Anflügen von Braun und Rot, und leben an den Abhängen der Berge und in felsigen Schluchten, wie die Blaumerlen. Ohne im eigentlichen Sinne gesellig zu sein, halten sie sich doch paarweise oder in kleinen Familienverbänden auf. Nicht selten trifft man die Tiere auch im Bereich des Küstengebietes oder an den Küsten an.

In Ostasien stellt der Steinrötel, der früher auch in Südwestdeutschland nistete, eine der wenigen Sperlingsvogelarten dar, die sich dem Leben an der Meeresküste angepaßt haben. Während der Steinrötel in Südeuropa und Asien ein Bewohner felsigen Geländes ist, sitzt er an japanischen und koreanischen Felsküsten auf gischtübersprühten Geröllen und sucht sich zur Ebbe sein Futter zwischen den angespülten Algen und Tangen. Man sieht ihn kaum noch im Binnenland, dafür aber um so häufiger in der Nähe der küstennahen Fischerdörfer. Dort baut er auch sein drosselähnliches Nest aus Gras und Wurzeln in einer Felsspalte und bestückt es mit 4 bis 5 rein hellbläulichen Eiern.

Etwa 20 Arten umfaßt die Gattung der Steinschmätzer *(Oenanthe)* auf der östlichen Erdhälfte. Sie haben das Waldland verlassen und bewohnen hauptsächlich offenes Gelände, Ödland, Kahlschläge, Dünenlandschaften und Wüstengebiete in Eurasien und Afrika als flinke Bodenvögel von 12 bis 18 cm Länge und oft hübschen schwarz-weißen Zeichnungen. Sehr häufig finden sich schwarze Kopf- und Flügelbinden und ein auffallend weißer Bauch. Unser Gewöhnlicher Steinschmätzer lebt weit verbreitet über die Paläarktis; sein Brutgebiet reicht von den Tundren Nordeuropas, Nordasiens, Grönlands, Nordost-Kanadas und West-Alaskas bis Nordwestafrika, Turkestan und zur Mongolei. Zum Winter zieht er nach Süden bis Afrika und Südwestasien.

In der Alten Welt liegt auch die Heimat einer umfangreichen Gruppe kleinerer Drosseln, die sich auf verschiedene Gattungen verteilen und kaum größer als 15 cm werden; man bezeichnet sie mit dem wenig glücklichen Sammelnamen «Erdsänger». Hierzu gehören verschiedene der bekanntesten europäischen Singvögel, wie das Rotkehlchen, das Braunkehlchen, das sich vorwiegend auf Wiesen, an Eisenbahndämmen und im offenen Buschgelände aufhält, sowie das Schwarzkehlchen im Ödland und in Sandgruben, dessen Ruf so klingt, als wenn zwei Steine gegeneinander geschlagen werden. Ferner wären zu nennen das Blaukehlchen (dessen süd- und mitteleuropäische Vertreter einen weißen «Ordensstern» auf der blauen Brust tragen, während die nord- und osteuropäischen einen roten haben), der Garten- und Hausrotschwanz, und dann kommen die berühmten asiatischen Sänger, die Schama- und Dajaldrossel in Indien, vor allem aber der Vogel der Dichter, die Nachtigall.

Unser Rotkehlchen ist ein kleiner, gedrungener, sympathischer Vogel, der überall in Europa in den Gärten, Parks, im Wald und im Heckengelände zu Hause ist; sein liebenswürdiges Verhalten und seine Zahmheit haben ihm die größte Wertschätzung des Menschen eingetragen. Außerdem singt er sehr schön, wenn auch nicht so kunstvoll wie die Nachtigall und andere Drosselvögel. Trotzdem klingt sein Lied abwechslungsreich und melodisch, vielleicht etwas schwermütig, und daneben läßt er auch «schickernde» und zwitschernde Rufe hören.

SCHWARZKEHLCHEN
Saxicola torquata
Eurasien, Afrika, Madagaskar; 12 cm.

ROTSTERN-BLAUKEHLCHEN
Luscinia svecica svecica
Skandinavien; 14 cm.

ZAUNKÖNIGDROSSEL
Zeledonia coronata
Costa Rica und Panama; 11 cm.

STEINSCHMÄTZER
Oenanthe oenanthe
Eurasien, Alaska, Labrador, Baffin-Inseln, Grönland, Island; 15 cm.

Die meisten dieser «Erdsänger» halten sich im offenen Wald- und Buschland auf und legen ihr Nest im allgemeinen auf oder kurz über dem Boden an. Nur wenige Arten, wie z. B. der Garten- und Hausrotschwanz, nisten in Höhlen. Ihre Eier sind gewöhnlich hellgrün bis bläulich gefärbt und können dunkle Flecken tragen; beim Rotkehlchen sehen sie weiß aus und zeigen feine braune Sprenkel. Bei diesen Arten sind die Gelege etwas umfangreicher als bei den anderen Drosseln und enthalten in der Regel 5 bis 6 Eier, die wiederum größtenteils von den Weibchen ausgebrütet werden. Auch der Nestbau obliegt dem Weibchen, während das Männchen dabeisitzt und singt; später beteiligt es sich hin und wieder an der Aufzucht der Jungen. Die Brutzeit und die Nestpflege der Jungvögel bis zum Flüggewerden dauern etwa je 12 bis 15 Tage. Verschiedene Arten der «Erdsänger» bringen mehrere Bruten im Jahr hervor. In diesem Falle übernimmt das Männchen die Aufzucht der ersten Generation, wenn sich das Weibchen der zweiten Brut widmet.

Außer ihren kurzen Rufen kennen die Erdsänger noch ziemlich zusammenhängende Gesangsstrophen, die sie mit Begeisterung und Kraft hervorbringen. Das gilt ganz besonders für die Nachtigall, deren «Schlag» fast die Kehle des kleinen Vogels zu sprengen scheint. Äußerlich wirkt die Nachtigall zart und unscheinbar, auf dem Rücken unauffällig braun und mit einer hellen Unterseite; sie verhält sich im übrigen nicht viel anders als das Rotkehlchen und besiedelt auch im großen und ganzen die gleichen Lebensräume. Nur lebt sie viel zurückgezogener und verläßt höchst selten das schützende Dikkicht des Pflanzenwuchses, um sich ihr Futter im offenen Gelände zu suchen. Daher hört man ihren Gesang auch nur aus dem Blattwerk der Büsche und Bäume ertönen. Im übrigen aber singt der Vogel, ganz im Gegensatz zu seinem volkstümlichen Namen, viel mehr während des Tages als in der Nacht.

Etwa im April erscheint bei uns die Nachtigall aus ihrem Überwinterungsgebiet im mittleren Afrika und baut ihr Nest an oder über dem Boden. Aus den 4 bis 6 olivbraunen bis grünlichen Eiern schlüpfen nach etwa 13 Tagen die Jungvögel und verbleiben dann nochmals ungefähr 10 bis 11 Tage im Nest, bis sie fliegen können.

Einen Monat nach der Nachtigall erreicht uns der eng mit ihr verwandte Sprosser, dessen Verbreitungsgebiet sich im Norden und vor allem Osten an das der Nachtigall anschließt, weswegen man ihn auch als «Polnische Nachtigall» bezeichnet. Der Sprosser besiedelt nicht nur die gleichen Lebensstätten wie die Nachtigall, sondern sieht ihr auch äußerlich recht ähnlich und singt annähernd das gleiche Lied, wenn es auch etwas kräftiger und nicht ganz so weich klingt. Vielleicht könnte man beide Formen nur als Rassen der gleichen Art auffassen, wenn sich ihre Verbreitungsgebiete nicht stellenweise überschneiden würden.

Zum Schluß seien noch einige Gruppen erwähnt, die als eigene Unterfamilien aufgefaßt und nur durch jeweils eine Gattung vertreten werden. Es sind dies die 6 blauschwarzen Pfeifdrosseln *(Myophoneïnae)* im süd- und südöstlichen Asien, die 3 Drosselschnäpper *(Cochoaninae)*, deren Verbreitungsgebiet vom Himalaja bis Java reicht, und die 7 eigenartigen Scherenschwänze oder Gabeldrosseln *(Enicurinae)*, die sich ebenfalls auf den indomalaiischen Raum beschränken und einen ähnlichen, wippenden Gang erkennen lassen wie unsere Bachstelzen, ohne mit ihnen verwandt zu sein.

Grasmücken *Sylviidae*

Mit nur ganz wenigen Ausnahmen stellen die 398 Arten, aus denen sich die Familie der Grasmücken zusammensetzt, kleine, dunkle und sehr lebhafte Vögel mit schmalem Schnabel und ziemlich schwachen Läufen und Füßen dar; die Geschlechter gleichen sich in der Färbung oder unterscheiden sich zumindest nicht allzu stark. Von den Drosseln und Fliegenschnäppern unterscheiden sie sich vor allem durch ihr ungeflecktes Jugendkleid. Der Lauf kann mit Schuppen besetzt sein oder nicht, Federborsten sind vorhanden oder fehlen.

Im allgemeinen unterteilt man die Grasmücken in 4 Unterfamilien, die aber von einigen Ornithologen als vollwertige Familien angesehen werden, nämlich die Eigentlichen oder Echten Grasmücken *(Sylviinae)* in der Alten Welt, die neuweltlichen Mückenschnäpper *(Polyopterinae)*, die Goldhähnchen *(Regulinae)*, die sich überall in den Wäldern der Nördlichen Erdhalbkugel aufhalten, und die etwas aus dem Rahmen fallenden Australischen Sänger oder Südsee-Grasmücken *(Malurinae)*, die sich auf Australien, Neuseeland und Ostindien beschränken.

Außer ihrem übereinstimmenden anatomischen Bau gleichen sich die Angehörigen der 4 Unterfamilien in ihrem Verhalten und ihrer Lebensweise. Alle fressen vorwiegend Insekten, einige leben sogar ausschließlich davon. Meistens halten sich die Vögel im Geäst der Bäume und Sträucher auf, verschiedene Arten allerdings auch im Röhricht der Sümpfe, auf Wiesen und im Buschland. Stets ist das Gesangsvermögen gut entwickelt, wenn es auch nicht an das der berühmten Sänger aus der Familie der Drosseln heranreicht. Die Arten der gemäßigten Klimate sind Zugvögel, während die in den Tropen und Subtropen heimischen Formen am Standort verbleiben. Außerordentlich unterschiedlich werden die Nester angelegt. Meist sind es offene, napfförmige Gebilde, doch finden wir auch oberseits geschlossene Nester. Das Brutgeschäft wird entweder vom Weibchen allein oder von beiden Geschlechtern ausgeübt; bei der Brutpflege arbeiten beide Partner eng zusammen: Brütet nur das Weibchen, so füttert das Männchen mit und hilft später auch bei der Aufzucht der Jungen.

Bei weitem am stärksten vertreten ist die Gruppe der echten Grasmücken, zu der etwa 300 Arten gehören; das sind mehr als ³/₄ des gesamten Artbestandes der Familie. Zur Nominatgattung *Sylvia* zählen verschiedene uns wohlbekannte Formen, wie etwa die Garten-, Mönchs- und Dorngrasmücke. Die beste Sängerin unter unseren Grasmücken ist die Gartengrasmücke, ein unscheinbarer, ungefähr 12 cm großer Vogel mit braunem Rücken und hellerer Unterseite; sie lebt im dichten Unterholz der Wälder oder durchstreift die Ränder der Hecken und Büsche. Alle diese lebhaften «Grauschmiegen» (dies ist die eigentliche Bedeutung ihres Namens) suchen sich dort ihr Insektenfutter. Ihre Warn- und Lockrufe bestehen aus einem schmatzenden «tak»; den angenehmen zwitschernden und

SCHNEIDERVOGEL
Orthotomus sutorius
Indien bis Südchina, Malaya, Java; 12 cm.

flötenden, manchmal klappernden Gesang schätzt der Mensch an ihnen ebenso wie die Eigenschaft, mit den Schadinsekten in seinen Gärten aufzuräumen. Häufig unterscheiden sich eng miteinander verwandte Arten so deutlich in ihrem Gesang, daß man sie danach leicht erkennen kann, auch wenn man sie nicht sieht. Alle *Sylvia*-Arten bauen im Schutz des Gebüsches offene Nester, meist ziemlich weit unten am Boden, und auch hier legt das Männchen mitunter, wie wir es beim Zaunkönig fanden, Ausweich- oder Spielnester an, vielleicht, um den übermächtigen Nestbautrieb abzureagieren, um Nesträuber und Brutparasiten irrezuführen oder auch nur als Ruheplätze für die Nacht. Die 4 bis 5 Eier werden 11 bis 12 Tage lang von beiden Geschlechtern ausgebrütet und die Jungen weitere 9 bis 10 Tage im Nest großgezogen, bis sie selbständig sind.

Besonders schwer fällt es, die etwa 30 Arten der Laubsänger aus der Gattung *Phylloscopus*, die im gesamten gemäßigten Eurasien brüten und zum Winter südwärts nach Südasien und Afrika ziehen, in der Natur auseinanderzuhalten. Eine Art, der Nordische Laubsänger, hat sein Brutrevier sogar über die Beringstraße bis nach Alaska ausgedehnt und stellt damit die einzige Art der Unterfamilie dar, die auch in der Neuen Welt vorkommt. Zum Herbst kehrt er in sein eigentliches Heimatgebiet zurück und zieht dann längs der asiatischen Küste südwärts bis nach Indochina und zu den Philippinen.

Die Laubsänger tragen ein grünliches bis grünlichgelbes Gefieder und erreichen Größen zwischen 10 und 12 cm. Meistens halten sie sich im Laub der Baumwipfel auf und suchen dort nach kleinen Insekten, so daß man sie nur schwer zu Gesicht bekommt. Am ehesten lassen sich – wie bereits gesagt – die Arten an ihrem angenehmen, wohltönenden Gesang unterscheiden, wie etwa der Zilpzalp, dessen kurze, in der Tonhöhe leicht verschiedene Silben sich so anhören, als zähle jemand Münzen auf eine Steinplatte. Ganz anders singen der Fitis – ähnlich einem Buchfink, aber in Moll – und der Waldlaubsänger, dessen Strophe aus einem immer schneller wiederholten Ton besteht und in einem Triller endet: sib-sib-sib-sirr!

Ihre Nahrung finden die Laubsänger zwar hoch oben im Baum, doch bauen sie ihre überdachten, mit einem Seiteneingang versehenen Nester am Boden oder kurz darüber. Der Nestbau und das Ausbrüten der 6 bis 7 weißen, bei einigen Arten auch braun gefleckten Eier gehören in das Aufgabengebiet des Weibchens; kommt ein zweites Gelege im gleichen Jahr zustande, so enthält es nur noch 4 bis 5 Eier. Die Brutzeit beträgt 12 bis 13 Tage und die nachfolgende Spanne bis zum Flüggewerden der Jungen nochmals 13 bis 15 Tage.

Als Schwirle bezeichnen wir die 9 ziemlich einfarbigen, bräunlichen Arten der Gattung *Locustella*, deren wissenschaftlicher Name auf den dünnen, ausdruckslos zirpenden Gesang hinweist, den man gar nicht für die Lautäußerungen eines Vogels halten möchte, sondern der eher wie die einer Heuschrecke klingt. Diese Vögel kommen im Busch-, Wiesen- und Sumpfland vor und sind recht scheu. Während der Fortpflanzungszeit setzt sich das Männchen auf einen Zweig oder Schilfstengel, singt seine kurze, zirpende, schwirrende, wetzende oder schnurrende Strophe, und schon ist das Tier wieder im Schutz des Pflanzenwuchses verschwunden.

Immer nisten die Schwirle in Bodennähe und bauen zerbrechliche offene Nester, deren Bau – wie auch das Brüten – entweder vom Weibchen allein oder von beiden Eltern betrieben wird. Gewöhnlich dauert es 12 bis 14 Tage, bis die 4 bis 7 meist weißen, braun gefleckten Eier ausgebrütet sind, und bis zum Flüggewerden der Jungen vergehen nochmals 10 bis 15 Tage.

Das gemäßigte Eurasien stellt die Heimat der 12 Rohrsänger aus der Gattung *Acrocephalus* dar, die man ebenfalls wieder eher an ihrem Gesang als an ihrem Aussehen erkennt. Laut ertönt im Sommer das Lied des ansehnlichen Drosselrohrsängers am Seeufer: «karre-karre-kiet-kiet . . .»

Wie ihr Name erkennen läßt, leben die Rohrsänger vorwiegend im Schilf und bauen dort auch ihr Nest kurz über dem

DROSSELROHRSÄNGER
Acrocephalus arundinaceus
Mittleres Eurasien:
von Spanien bis Japan; 19 cm.

MÖNCHSGRASMÜCKE
Sylvia atricapilla
Europa, Westasien; 14 cm.

STREIFENSCHWIRL
Locustella certhiola
Westliches Sibirien bis Japan; 14 cm.

CISTENSÄNGER
Cisticola juncidis
Südeuropa, Afrika und Südostasien; 10 cm.

Boden oder über dem Wasser. Nur bei wenigen Arten hilft das Männchen dem Weibchen beim Nestbau, doch beteiligt es sich in der Regel an der Aufzucht der Jungen. Aus den 4 bis 6 grünlichen bis bläulichen, meist dunkelbraun gesprenkelten oder gefleckten Eiern des Drosselrohrsängers schlüpfen nach 14 bis 15 Tagen die Jungen, die schon nach 12 Tagen das Nest verlassen, aber erst nach weiteren 3 oder 4 Tagen richtig fliegen können. Hier liegen die Zeitspannen etwas kürzer als bei den kleineren Arten.

Viel weiter verbreitet leben die 75 Arten der Cistensänger, die wir in der Gattung *Cisticola* vereinigen, vor allem in Afrika, wo sie die verschiedensten Lebensräume besiedeln, sich aber doch meist im Gras oder in seiner Nähe aufhalten; darüber hinaus reicht ihr Verbreitungsgebiet von den Mittelmeerländern über Afrika bis Japan und Australien. Einige Arten leben im feuchten Sumpfgelände, andere wieder in trockenen Gegenden, aber alle sind kleine, braune Vögel mit gestreifter Ober- und hellerer Unterseite sowie einem ziemlich breiten, am Ende oft hell gerandeten Schwanz. Das offene, taschenförmig hängende oder auch geschlossene Nest wird am Boden oder nahe darüber gebaut.

Der eurasische Gewöhnliche Cistensänger brütet in den Ebenen und grasigen Flußtälern. Beim Fliegen läßt das Männchen sein scharfes, rauhes «dsip-dsip-dsip» im gleichen Takt hören, wie es sich bei seinem etwas kraftlosen Wellenflug hochschwingt. Hier finden wir ein großes, beutelförmiges Nest aus Gras, schmalen Blättern, feinen Wurzeln, Wollgrasblüten und Spinnengewebe, dessen Innenraum meistens mit weichen Pflanzenteilen ausgepolstert wird.

Am kunstfertigsten sind die Nester der 9 Schneidervögel angelegt, die sich von Indien über Südostasien bis zu den Philippinen und Ostindien finden. Häufig trifft man in den Gärten von Indien bis Südchina und Java den langschwänzigen Schneidervogel an, den «Darzee» in Kiplings Dschungelbuch. Wie seine näheren Verwandten ist er ein unauffälliger, ungefähr 10 cm großer Vogel mit einem olivgrünen, gestreiften Rücken und einer helleren Unterseite, der sich zutraulich in der Nähe der menschlichen Behausungen aufhält und sich eifrig auf den Sträuchern und Büschen seine Insekten zusammensucht. Dabei stellt er seinen Schwanz steif in die Höhe und wackelt während seiner kurzen Flüge damit auf und ab. Seine schrillen, mißtönenden Rufe stößt er so laut und durchdringend aus, daß man sich an heißen Tagen geradezu darüber ärgert.

OSTASIATISCHER SEIDENSÄNGER
Cettia diphone
Ostasien; 15 cm.

FITISLAUBSÄNGER
Phylloscopus trochilus
Nördliches Eurasien; 11 cm.

Sein Nest baut sich der Schneidervogel, indem er die Ränder eines Blattes oder zweier Blätter miteinander vernäht und die dadurch geschaffene Höhlung mit zartem Gras, Tierhaaren oder sonstigem weichem Material ausfüllt. Für diese Näharbeit bohrt der Vogel zuerst mit seiner Schnabelspitze Löcher durch die Blattränder und zieht dann den Faden in Form von Pflanzenfasern, Seide aus Insektenkokons oder Spinnengewebe hindurch, nicht ohne ihn auf der Außenseite zu verknoten, damit er nicht herausrutschen kann. Meist liegt das Nest etwa 2 m über dem Boden oder auch höher, wo immer das Tier geeignete Blätter zum Zusammennähen findet. Das Gelege setzt sich aus 3 bis 6 langen, spitzen Eiern von gelblicher bis grünlicher Farbe und auffallenden Flecken und Tupfen zusammen.

Von den Goldhähnchen, die alle der Gattung *Regulus* angehören, leben 3 Arten in der Alten und 2 in der Neuen Welt. Es sind kleine, knapp 10 cm große Vögel mit weichem, flaumigem Gefieder von braun- oder graugrüner Farbe und glänzendem, manchmal zum Teil verstecktem gelben oder orangefarbenen, beim amerikanischen Rotkrönchen sogar roten Scheitelstreif. Den Lebensraum der Goldhähnchen bilden die zirkumpolaren Nadelwaldgürtel beider Erdhälften, wo die Tiere nordwärts bis zur Baumgrenze brüten. Die beiden amerikanischen Arten kommen nebeneinander von Kanada an in den geeigneten Lagen der Kordilleren bis zur mexikanischen Grenze vor und ziehen dann zur Herbstzeit nach Süden, um den Winter in den Golfstaaten, Mexiko und Guatemala zu verbringen.

Unser Wintergoldhähnchen gleicht dem Rotkrönchen so sehr, daß manche Forscher die beiden nur als zwei Rassen ein und derselben Art ansehen. Von der Taiga an nistet das Wintergoldhähnchen vor allem im Nadelwald durch Asien bis Nordchina und Japan sowie durch Ost- und Mitteleuropa bis Irland, Südfrankreich und Italien, bildet aber auch vereinzelte Populationen auf den Azoren und Kanaren. Beim verwandten Sommergoldhähnchen finden wir einen hellen Überaugenstreif und ein dunkeler orangerotes Krönchen; es brütet im größten Teil Europas bis zur Ostsee und zu den Mittelmeerinseln sowie in Kleinasien, vor allem im Mischwald. Auch das wenig bekannte Formosa-Goldhähnchen, das in den Bergwäldern von Taiwan vorkommt, ähnelt unserem Wintergoldhähnchen, zeigt aber einen auffälligeren Scheitelstreif, einen gelben Fleck am Rumpf sowie schwarz-weiße Streifen auf den Flügeln.

Alle Goldhähnchen sind zierliche, lebhafte Tiere, die an den Bäumen nach kleinen Insekten sowie deren Eiern und Larven suchen und sich überhaupt nicht weiter um den Menschen kümmern. Außerhalb der Brutzeit ziehen sie in kleineren Schwärmen durch das Land, oft zusammen mit Meisen, Spechten und andren Bewohnern des nördlichen Waldgebietes. Werden ihre Futtertiere knapp, so halten sie sich auch an Sämereien und andere Pflanzenstoffe. Ihr Ruf besteht aus einem scharfen «tsi-tsi-tsi» in derart hohen Tonlagen, daß man ihn nicht leicht hört. Im Frühling singen sie ihr hübsches, trillerndes, leises und nach Arten verschiedenes kleines Lied. Eine Ausnahme bildet nur das Rotkrönchen mit seinem überraschend lauten, weichen, flötenden Gesang, der vielleicht als Ausgleich für die geringe Größe des Scheitelstreifens dient, der dem Weibchen vollständig fehlt, denn die übrigen Goldhähnchen stellen diesen Kopfschmuck dem

BORSTENSCHWANZ ♂
Stipiturus malachurus
Südaustralien und
Tasmanien; 20 cm.

VIELFARBEN-STAFFELSCHWANZ ♂
Malurus lamberti
Südöstliches Australien; 12 cm.

anderen Geschlecht bei der Balz zur Schau oder um einen Gegner zu warnen; das Rotkrönchen tut dies alles anscheinend nur mit seinem Gesang.

Die Goldhähnchen bauen im Nadelwald kugelförmige Nester aus Moos und Spinngewebe, die innen mit etwas Haar, Federn und Pflanzenfasern ausgekleidet werden. Daran arbeiten beide Geschlechter, doch überwiegt der Anteil des Weibchens, das auch allein sein ziemlich großes Gelege aus 7 bis 12 zart gesprenkelten Eiern bebrütet. Häufig ist der Platz im Nest so knapp bemessen, daß die Eier in zwei Schichten übereinanderliegen müssen. Ungewöhnlich lang für derart kleine Eier erscheint die Brutzeit von 14 bis 17 Tagen, und es dauert nochmals etwa 3 Wochen, bis die Jungen endlich fliegen können.

Falls die 12 Mückenschnäpperarten tatsächlich in diese sonst altweltliche Gruppe gehören, müßten sie von Grasmückenvorfahren abstammen, die schon vor sehr langer Zeit, vielleicht im frühen Miozän, nach Amerika eingewandert waren. Die 8 *Polioptila*-Arten kommen von dem nördlichen Teil der Vereinigten Staaten an bis nach Argentinien vor; eine Art beschränkt sich allein auf Kuba. Von Südmexiko bis Brasilien erstreckt sich die Verbreitung der *Ramphocaenus*- und *Microbates*-Formen.

Typisch für die kleinen, schlanken, 10 bis 12 cm großen Mückenschnäpper mit ihrem ziemlich langen, schmalen und spitzen Schnabel ist der Blaumückenschnäpper in den USA und Mexiko. Sein Gefieder zeigt ein weiches Grau und gewöhnlich etwas Weiß am verhältnismäßig langen Schwanz; einige Arten zeichnen sich durch ein schwarzes Muster am Kopf aus. Immer sind diese lebhaften Tierchen in Bewegung, wenn sie mit wippendem Schwanz das Laubwerk nach kleinen Insekten durchsuchen.

BLAUMÜCKENSCHNÄPPER
Polioptila caerulea
USA bis Guatemala; 12 cm.

Meist halten sich die Mückenschnäpper an den äußeren Blättern und Zweigen des Baumes auf, jedoch kaum einmal am Stamm oder an den inneren Baumästen. Wie die Goldhähnchen suchen sie sorgsam die Unterseiten der Blätter ab, und wenn sie ein Insekt aufgescheucht haben, eilen sie ihm auch nach und packen es im Flug. Wenn auch ihr einfacher Ruf «zieh» gut zu hören ist, so gleicht doch ihr Gesang eher einem Lispeln, bestehend aus einem weitreichenden Repertoire von Trillern und Kadenzen. Daneben ahmen sie auch die Stimmen anderer Vögel nach, aber doch derart vereinfacht, daß man es nur mit Mühe heraushört. Im allgemeinen trifft man die anderen Arten in den niederen Lagen der Bergwälder, wo sie paarweise und mit aufgestellten Schwänzen herumhüpfen; ihr Gesang besteht aus einem ziemlich eintönigen lispelnden Trillern.

Als Nest bauen die Mückenschnäpper kunstvolle, feste Mulden aus Pflanzenteilen, auch Blütenblättern, die mit Spinnengeweben verbunden und außen mit Moos und Flechten getarnt werden. Meist wird das Nest auf einem Querast, häufig auch in einer Astgabel angelegt. Die 4 oder 5 bläulichen und leicht braun gesprenkelten Eier werden 13 Tage lang von beiden Eltern bebrütet, die auch gemeinsam die Jungen füttern, und zwar ausschließlich mit Insekten. Dabei hat man bis 43 Fütterungen innerhalb von 20 Minuten gezählt. Nach 10 bis 12 Tagen verlassen die Jungvögel das Nest.

Am stärksten fallen die etwa 80 Arten der Australischen Sänger *(Malurinae)* aus dem Rahmen der Familie, die in Ostindien, Australien und auf Neuseeland zu Hause sind. Im Gegensatz zu den anderen Unterfamilien zeigen sie ein bun-

FORMOSA-GOLDHÄHNCHEN ♂
Regulus goodfellowi
Formosa; 8 cm.

ROTKRÖNCHEN ♂
Regulus calendula
Nördliches Nordamerika; 10 cm.

tes Gefieder mit blauen, roten, schwarzen und weißen Farben. Immer halten die Tiere ihren Schwanz steil nach oben gestellt (weshalb man auch irreführend von Emu- oder Blau-Zaunkönigen spricht); die meisten sind gute Sänger und mitunter auch Spötter. Als lebhafte Bewohner des Busch- und Heidelandes halten sie sich bei ihrer Jagd auf Insekten und deren Larven meist im Bodenbewuchs versteckt und leben selbst während der Brutzeit in kleineren Scharen. Es gibt zwar auch ein paar Arten der Australischen Sänger, die offene, schüsselförmige Nester anlegen, doch bauen die meisten geschlossene Gebilde mit einem seitlichen oder mehr oberhalb gelegenen Eingang, um dort ihre 2 bis 5 Eier hineinzulegen. Zum Bau werden wiederum Pflanzenfasern und Gras verwendet, und das Ganze verbinden die Vögel mit Spinngeweben oder anderen Insektenfäden; das Innere statten sie mit weichen Pflanzenstoffen und Federn aus. Als typisch mag der abgebildete Vielfarben-Staffelschwanz gelten. Eine der merkwürdigsten Arten aber ist der kleine Borstenschwanz, dessen Schwanz sich aus 6 zarten, etwa 10 bis 12 cm langen Federn zusammensetzt und damit viel länger ist als der Körper des Vogels selbst. Wenn sich das Tier durch den Bodenbewuchs bewegt, hält es den Schwanz hoch nach oben gestellt, doch läßt es ihn nachschleppen, wenn es von einem Busch zum anderen flattert.

FÄCHERSCHWANZ
Rhipidura leucophrys
Australien und von Neuguinea bis zu den Salomonen; 22 cm.

GELBBAUCH-DICKKOPF ♂
Pachycephala pectoralis
Von Java und Australien bis zu den Fidji-Inseln; 18 cm.

Fliegenschnäpper *Muscicapidae*

Unsere Fliegenschnäpper leben fast ausschließlich von Insektennahrung und fangen sie auf die gleiche Weise wie die Tyrannen — die von den Amerikanern oft als «Tyrannenschnäpper» bezeichnet werden — während des Fluges, doch sammeln einige Arten ihre Beutetiere auch von den Blättern ab, suchen sie auf dem Boden oder doch in Bodennähe. Ganz im Gegensatz zu den Drosseln und Grasmücken, mit denen zusammen sie zweifellos auf gemeinsame Stammformen im Tertiär zurückzuführen sein dürften, ist es ihnen nie gelungen, auf der westlichen Erdhälfte endgültig Fuß zu fassen.

Als gemeinsame Merkmale der Familienangehörigen seien der verhältnismäßig breite, flache Schnabel mit einem endständigen Einschnitt und die wohlentwickelten Federborsten genannt, die eine gute Hilfe beim Insektenfang darstellen. Da sich die Fliegenschnäpper vorwiegend in den Bäumen aufhalten, sind ihre Läufe nur kurz und die Füße schwach entwickelt. Wie bei den Drosseln ist das Jugendgefieder gewöhnlich gefleckt, doch erscheint der Lauf im Gegensatz zu der anderen Familie vorn mit Hornschuppen bekleidet.

In der Färbung variieren die Arten recht stark; einige tragen ein einfarbiges Grau oder Braun, andere dagegen eine auffällige schwarz-weiße Zeichnung, und wieder andere zeigen glänzende blaue, gelbe und rote Farbmuster. Bei einigen Angehörigen finden wir Kopfhauben, in einigen Fällen auch farbige Hautstellen im Gesicht. Bei den unscheinbareren Arten sehen sich die Geschlechter ziemlich ähnlich, während bei den bunteren merkliche Unterschiede herrschen. Es gibt zwar auch einige gute Sänger unter den Fliegenschnäppern, doch erreichen sie bei weitem nicht die gesanglichen Leistungen der Drosseln und Grasmücken. Zumeist klingen die Rufe recht scharf, der Gesang nur dünn und eintönig mit vielen Wiederholungen und ohne individuelle Variationen.

Recht einheitlich erscheint auch der Nestbau. Meistens legen die Vögel offene Nistmulden in Baumästen oder im Gebüsch aus Blättern, Moos und Flechten an, häufig mit Hilfe von Spinnengewebe, doch nisten einige in Baumhöhlen, in Uferböschungen oder in Gesteinsspalten. Am Nestbau beteiligen sich beide Partner, doch bleibt zumeist dem Weibchen der größte Teil dieser Arbeit überlassen. Das Gelege aus 2 bis 7 Eiern, die weiß, grünlich oder rosa aussehen können, weist oft kräftige Flecke auf.

Überall in der Alten Welt sind die Fliegenschnäpper zu Hause, vor allem aber in Afrika und im indo-australischen Gebiet. Die meisten der eurasischen Arten, die nordwärts bis zur Baumgrenze gehen, ziehen im Winter nach Süden. Im Osten ist die Familie bis zu den pazifischen Inseln vorgedrungen, zu den Marquesas und bis nach Hawaii. Wir verteilen die ingesamt 378 Arten auf 4 Unterfamilien, deren größte durch die Nominatgruppe der Eigentlichen Fliegenschnäpper *(Muscicapinae)* dargestellt wird.

Von den häufigeren Arten seien hier der europäische Grauschnäpper und der recht ähnliche asiatische Breitschnabelschnäpper genannt. Beides sind unscheinbare, graue Vögel mit einer Länge von etwa 12 cm, die im lockeren Wald, auf Feldern, in Vorstädten und Parks zu Hause sind; ihr leiser, hastiger Gesang setzt sich nur aus ein paar dünnen Tönen zusammen. Häufig baut der Grauschnäpper seine Nester an den Häusern und benutzt dazu Moos, Pflanzenfasern und Spinnengewebe, bezieht aber auch die verlassenen Nester anderer Vögel. Wie es meist in dieser Familie üblich ist, brüten beide Partner, in der Hauptsache aber das Weibchen, das während dieser Zeit vom Männchen im Nest gefüttert wird. Nach 12 bis 14 Tagen schlüpfen die Jungen und werden dann noch weitere 11 bis 15 Tage versorgt, ehe sie flügge sind.

Bunter gefärbt ist der ostasiatische Narzißschnäpper, eine auffällig schwarz und gelb gezeichnete Art, die den Sommer in China, Korea und Japan verbringt, im Winter aber zu den Philippinen oder nach Ostindien zieht. Zur gleichen Gattung *Ficedula* gehören auch die bei uns heimischen schwarz-weißen Trauer- und Halsbandschnäpper sowie der niedliche Zwergschnäpper, dessen erwachsene Männchen eine leuchtend zimtrote Kehle aufweisen.

Wie der Narzißschnäpper ist auch der Japanische Blauschnäpper ein hervorragender Sänger; er verbringt den Sommer in Japan und zieht zum Herbst nach Malaya. Zur Fortpflanzungszeit schmettert das Männchen sein Lied von einem freien Ast herab. Das Nest aus Moos und Wurzelwerk wird meist am Boden in Gesteinspalten oder zwischen freiliegenden Baumwurzeln angelegt.

In Afrika, der Überwinterungsstätte der meisten europäischen und westasiatischen Arten, gibt es ungefähr 100 auf dieses Gebiet beschränkte Formen, darunter den merkwürdigen Schwarzkehl-Lappenschnäpper, der seinen Namen nach den fleischigen Anhängen über den Oberlidern trägt. Er gehört zu einer Gruppe von Schnäppern, die in der Erregung ihre langen Rumpffedern aufrichten und spreizen. Rastlos durchstreifen diese Vögel die mittleren Urwaldlagen, zucken beim Fressen mit den Schwänzen und klappen beim Flug hörbar mit ihren Flügeln.

Diese «Pluderrücken» (puff-backs), wie sie die Amerikaner nennen, bauen ein typisches offenes Fliegenschnäppernest aus Gras und anderen Pflanzenstoffen, die sie mit Spinnengeweben verbinden und mit Flechten verkleiden; es wird gewöhnlich in einer Astgabel angelegt. Wie bei vielen afrikanischen Sperlingsvögeln, so werden auch ihre Nester häufig von Brutparasiten heimgesucht, die dort ihre Eier ablegen und deren Junge dann doppelt so groß werden wie die der Pflegeeltern. Es wirkt ganz eigenartig, wie die kleinen Fliegenschnäpper mühsam versuchen, einen solchen riesigen Wechselbalg satt zu bekommen.

In Australien sowie auf Neuguinea bis zu den Fidji-Inseln lebt eine weitere Fliegenschnäppergruppe, die von den Einheimischen als «Rotkehlchen» (Robins) bezeichnet wird. Die 5 australischen Schwarzrotschnäpper *(Petroica)* sind zahme, liebenswürdige, graue Vögel mit roten oder rosa Zeichnungen auf der Brust und dem Kopf. Der Scharlach- und der Rotstirnschnäpper halten sich am Straßenrand und in den Vorhöfen auf und lassen dort ihren lustigen, angenehm trillernden Gesang hören.

Am auffälligsten aber wirkt die Unterfamilie der Schopf- und Paradiesschnäpper *(Monarchinae)*, deren meiste Arten sich durch blaue oder rotbraune Zeichnungen oder durch schwarz-weiße Muster auszeichnen. Häufig finden wir Kopfhauben; bei den Paradiesschnäppern sind die Schwanzfedern der Männchen stark verlängert. Hier herrschen deutliche Geschlechtsunterschiede, während die Jungvögel, die keine Flekken tragen, den Weibchen ähneln. Auf dem breiten, flachen Schnabel verläuft ein leistenförmiger Grat; ihre Flügel sind ziemlich lang, die Läufe und Füße aber klein. Den Lebensraum dieser ruhelosen, betriebsamen Vögel bildet der Wald; hier suchen sie das Laubwerk nach kleinen Beutetieren ab, erbeuten die Insekten aber auch gelegentlich im Fluge. In der Regel leben sie einzeln, doch trifft man sie außerhalb der Brutzeit auch zusammen mit anderen Vögeln in kleinen Verbänden an, die den Urwald durchstreifen.

Nur mittellang ist der Schwanz bei den Arten ausgebildet, die im südlichen Asien von Indien an bis zu den Philippinen und über Ostindien und Australien bis zu den Salomonen vorkommen. Zu deren schönsten Vertretern gehört der Schwarzkopfschnäpper, der innerhalb seines weiten Verbreitungsgebietes von Indien bis zu den Philippinen und Malaya eine ganze Anzahl geographischer Rassen ausbildet. Häufig hört man von den Bäumen in den Eingeborenensiedlungen den rauhen Ruf und den recht angenehmen, trillernden Gesang dieses auffallend zutraulichen, freundlichen Vogels. Sein tiefes, schüsselförmiges Nest aus zartem Gras, Spinnengewebe.

JAPANISCHER BLAUSCHNÄPPER ♂
Cyanoptila cyanomelana
Mandschurei, Korea, Japan; 14 cm

Moos und Flechten baut er in nicht allzu großer Höhe an einer Astgabel und legt dort 2 bis 4 hellrosa, fein braun gesprenkelte Eier hinein.

Die herrlichen, langschwänzigen Paradiesschnäpper der Gattung *Terpsiphone* kommen von Afrika und Madagaskar über Indien und Malaya bis zu den Philippinen sowie in China und Japan vor; die tropischen Formen bleiben am Standort, die nördlichen unternehmen jahreszeitliche Züge. Ebenso wie bei den amerikanischen Gabeltyrannen sind auch hier die mittleren Schwanzfedern der Männchen stark verlängert, nur streckt sich bei den Tyrannen das äußere Schwanzfederpaar, und zwar bei der ersten postjuvenilen Mauser, während bei den Paradiesschnäppern das innere Paar das längste ist. Allerdings erreicht es seine volle Länge von 45 bis 50 cm – das bedeutet das Dreifache der eigentlichen Körpergröße! – erst im 3. Wintergefieder.

Anfang Mai trifft der Japanische Paradiesschnäpper auf Honshu ein und bezieht dort seine Brutplätze im Mischwald am Fuße des Berges als eine der schönsten Vogelarten in den weiten Wäldern im Gebiet des Fujijama. Sein kobaltblauer Schnabel und die fleischigen Augenlider fallen ebenso auf wie der lange Schwanz des Männchens, der im Fluge nachschleppt, aber den Vogel anscheinend weder bei der Nahrungssuche, noch bei seinem Anteil am Brutgeschäft hindert. Auch diese Art baut ihre offenen Nester aus zartem Gras, Moos, Rinde und Spinngewebe und verwendet feines Wurzelwerk zum Auspolstern. Beide Eltern brüten in 12 bis 14 Tagen die 3 bis 5 kremfarbenen, braun gefleckten Eier aus.

JAPANISCHER PARADIESSCHNÄPPER ♂
Terpsiphone atrocaudata
Japan, Riu-Kiu-Inseln, Formosa; 50 cm.

INDISCHER PARADIESSCHNÄPPER ♂
(weiße und rote Variante)
Terpsiphone paradisi
Indien bis Mandschurei, Indochina und Ostindien; 48 cm.

GRAUSCHNÄPPER
Muscicapa striata
Eurasien; 14 cm.

SCHWARZKOPFSCHNÄPPER ♂
Hypothymis azurea
Indien bis Philippinen und Ostindien; 15 cm.

NARZISS-SCHNÄPPER
Ficedula narcissina
Ostasien; 12 cm.

Als dritter Unterfamilie begegnen wir den Fächerschwänzen *(Rhipidurinae)* vom südöstlichen Asien südwärts bis Australien und Neuseeland und auf den meisten südpazifischen Inseln. Sie zeichnen sich durch ihre langen, verrundeten Schwänze aus, die sie ständig von rechts nach links oder von oben nach unten bewegen; dann werden sie wie ein Fächer entfaltet und wieder geschlossen; beim Herumhüpfen lassen die Vögel ihre Flügel sinken. Vorwiegend halten sich diese Tiere im Unterholz oder an den buschbestandenen Waldrändern und Waldlichtungen auf, mitunter auch an den Meeresküsten sowie an den Ufern der Seen und Flüsse. Selbst die Nähe menschlicher Ansiedlungen scheuen diese zutraulichen und neugierigen Vögel nicht. Beide Geschlechter tragen das gleiche, unauffällige braune oder graue Gefieder, das allerdings bei dem Gewöhnlichen Fächerschwanz durch eine grünschimmernde schwarze Oberseite und einen weißen Bauch ersetzt wird.

Als Bewohner des offenen Landes folgte er der Axt und dem Pflug der australischen Kolonisatoren und wurde bald zu einem der bekanntesten Vögel der Vorstädte und auf den Farmen. Gern hält er sich auf dem Rücken und Gehörn der Rinder auf, um von dort aus die Insekten zu fangen, die von den Hufen der weidenden Tiere aufgescheucht werden. Wie ein Zaunkönig verteidigt er sein Revier mit aller Kraft, selbst gegen überragende Gegner. Sein Nest baut er wie seine Verwandten zumeist im niederen Buschwerk oder auf einem Querast und verfestigt es derart mit Spinnengewebe, daß man es nur mit Mühe entfernen kann. Häufig befindet sich am Nest noch ein schwanzförmiges Anhängsel aus lockerem Material.

Als vierter Unterfamilie wenden wir uns schließlich den Dickkopfvögeln *(Pachycephalinae)* zu, die durch ihren angenehmen, melodiösen und flötenden Gesang auffallen. Es sind untersetzte Vögel mit großem, rundlichem Kopf und ziemlich kräftigem Schnabel, der mit einer ähnlichen Hakenspitze endet wie bei den Würgern. Am stärksten ist diese Gruppe in Australien und auf Neuguinea entwickelt, doch kommt sie darüber hinaus auch noch in Malaya und auf den Philippinen vor sowie nach Osten auf sehr vielen pazifischen Inseln. Die meisten Arten zeigen einen bräunlichen oder grünlichgrauen Rücken, während die Unterseite heller, mitunter sogar gelb erscheint; die Kehle sieht weiß aus, und auf dem Kopf und Nacken treten verschiedenartige schwarze und gelbe Zeichnungen auf. Charakteristisch für diese Gruppe ist der Gelbbauch-Dickkopf, dessen Heimat von der Malaiischen Halbinsel über Java und Australien bis zu den Fidji-Inseln reicht. In diesem riesigen Verbreitungsgebiet bildet die Art nicht weniger als 80 oder noch mehr geographische Rassen aus. Bei den meisten davon ist das Männchen bunter als das Weibchen, doch gleichen sich die Geschlechter bei verschiedenen anderen Rassen. Bei den Jungvögeln ist das Gefieder nicht gefleckt und ähnelt daher dem der Weibchen.

Die Dickkopfvögel sind im Buschland und im Unterholz der Wälder zu Hause, wo sie im Laubwerk und Geäst unermüdlich den Insekten nachjagen. Während der Brutzeit legen sie eine ausgesprochene Reviertreue an den Tag, und die Partner rufen sich in einem steten Wechselgesang gegenseitig zu. Außerhalb der Brutzeit aber mischen sich die Tiere unter die lockeren Schwärme anderer Vögel und durchstreifen mit ihnen das Waldland. In ihrer ganzen Lebensweise zeigen sie sich sehr regsam und neugierig; man kann sie zum Antworten zwingen, wenn man ihnen ihr eigenes Lied vorpfeift. Das recht große, oben offene Nest wird in der Nähe des Bodens angelegt, und zwar ausschließlich vom Weibchen; das Gelege enthält nur 2 oder 3 Eier.

HECKENBRAUNELLE
Prunella modularis
Europa und Kleinasien; 15 cm.

ALPENBRAUNELLE
Prunella collaris
Eurasiatisches Bergland
von Spanien bis Japan; 18 cm.

Braunellen *Prunellidae*

Europa und Asien bilden die Heimat der 12 Braunellenarten, kleiner, unscheinbarer, sperlingsähnlicher Vögel, deren Klassifikation nicht immer leicht fällt. Im Aussehen und Verhalten ähneln sie manchen Ammern, doch zeigen sie einen dünnen, scharf zugespitzten, drosselähnlichen Schnabel und 10 Handschwingen an ihren verrundeten Flügeln. Es sind kräftige, kleine Bodenvögel mit einem weichen braunen oder grauen, gestreiften oder gefleckten Gefieder, die sich alle – mit Ausnahme der Heckenbraunelle – in den höheren Berglagen oder im Tundrengebiet oberhalb der Baumgrenze aufhalten.

Alle Braunellen gleichen sich derart stark, daß man sie in der einzigen Gattung *Prunella* vereinigt. Wo wir ihre eigentlichen Vorfahren zu suchen haben, wissen wir nicht, doch scheinen die Braunellen noch am nächsten mit den Drosseln verwandt zu sein. Die Jungen sind wie bei diesen gefleckt; Lauf und Füße sind mittelgroß, doch ist der Lauf im Gegensatz zu den Drosseln mit Hornschuppen besetzt. Ihr Gesang klingt recht melodiös, aber nicht sehr laut und eindrucksvoll. Im Sommer besteht ihre Nahrung aus großen Mengen von Insekten; im Winter treten Beeren und Sämereien an deren Stelle. Wie die meisten Samenfresser sind sie mit einem Kropf und einem Muskelmagen ausgerüstet; auch nehmen sie kleine Steinchen auf, die ihre Verdauung fördern sollen.

Typisch für diese Familie ist die weitverbreitete Alpenbraunelle, deren Verbreitungsgebiet sich vom nordwestafrikanischen Atlasgebirge und den Pyrenäen über die Alpen und den Himalaja bis zum Hochland der Mandschurei und Japan erstreckt. Die Art tritt keineswegs selten auf, beschränkt sich aber als Hochgebirgsvogel auf eng umrissene Vorkommen, so daß man zur Zeit 8 geographische Rassen unterscheidet. Während des Sommers leben diese Tiere weit oberhalb der Baumgrenze, doch ziehen sie sich zum Winter in kleinen, lockeren Scharen in die tieferen Lagen zurück. Dabei zeigen sie sich überhaupt nicht scheu, sondern lassen sich sogar gern von den Bergsteigern mit den Resten ihrer Wegzehrung füttern. Mit kleinen, schnellen Schritten oder flinken Hüpfern bewegen sie sich über den Boden, wobei sie häufig mit dem Schwanz und den Flügeln im Takt zu ihren Schritten zu zucken pflegen.

Zur Balzzeit singt das Alpenbraunellen-Männchen sein trillerndes Lied von einem Felsbrocken oder einem niedrigen Busch herab und unternimmt auch singend kurze Balzflüge. In den Felsspalten baut das Weibchen sein offenes, muldenförmiges Nest aus Blättern, Gras, Wurzeln und ein paar Federn und legt dort 3 bis 5 helle, grünlichblaue Eier ab, die von beiden Eltern etwa 15 Tage bebrütet werden. Anfangs erhalten die Jungvögel weiche Insekten, später Sämereien aus dem Kropf der Alten. Oft verlassen die Jungvögel schon ihr Nest, bevor sie flügge sind, und werden dann noch eine Zeitlang von den Alten betreut. Mitunter zieht die Alpenbraunelle zwei Bruten im Jahr auf.

Die Heckenbraunelle hält sich in Gärten, Buschwerk und strauchbestandenem Moorland auf, aber auch an den Küsten, wo das salzige Spritzwasser keinen Baumbewuchs duldet. Sie ist keineswegs selten, lebt aber häufig im Gebüsch oder in Hecken versteckt und nistet auch dort. Hier sorgt allein das Weibchen für den Nestbau und das Brüten; es muß sogar das Futter selbst für sich heranschaffen. Erst wenn die Jungen nach 12 Tagen schlüpfen, hilft das Männchen beim Füttern, bis sie nach weiteren 12 Tagen flügge sind. Da die Heckenbraunelle schon zeitig im Frühjahr zu brüten beginnt, bringt sie öfters zwei Bruten im Jahr hervor. Zum Winter ziehen die Vögel südwärts ins Mittelmeergebiet.

Da durch einen Zufall auch einmal 2 Exemplare der Bergbraunelle nach Nuvinak und den St.-Lawrence-Inseln westlich von Alaska verschlagen wurden, taucht diese Art nun auch in den amerikanischen Faunenlisten auf. Normalerweise kommt die Bergbraunelle vom Ural bis zur Chukotski-Halbinsel in Sibirien an den Flüssen vor und zieht zum Winter zum mittleren Sibirien, nach Nordchina und Korea.

Stelzen *Motacillidae*

Diese hübschen, schlanken Bodenvögel, die sich laufend, aber niemals hüpfend auf der Erde fortbewegen, haben einen schmalen, spitzen Schnabel und fressen fast ausschließlich Insekten, die sie auf dem Boden oder in nächster Nähe fangen. Sie leben vor allem im offenen, baumarmen Gelände, im Moorland, auf Feldern, Tundren, an den Küsten oder im Ufergelände der Flüsse und Seen, auch in der Nähe des Menschen.

Wir unterscheiden 54 Arten, die sich auf die 3 Gattungen der Pieper und die 2 Genera der Stelzen verteilen. Bei den Piepern finden wir ein braunes Gefieder mit Streifen oder Flecken, in dem sich die Geschlechter kaum unterscheiden; die Stelzen mit ihren auf und ab wippenden Schwänzen zeigen etwas auffälligere Farben, insbesondere die Männchen, während die Jungvögel oft ein besonderes Jugendkleid tragen. In beiden Gruppen sind die äußeren Federn weiß gefärbt oder doch weiß gerandet, was besonders bei dem kräftigen, wellenförmigen Flug der Vögel sichtbar wird. Die meisten Arten unternehmen regelmäßige jahreszeitliche Züge.

In dieser Familie sind die Flügel ziemlich lang und spitz, die Läufe schlank und zum Teil mit Hornschuppen bekleidet. An den Flügeln finden wir nur 9 anstatt der sonst üblichen 10 Handschwingen. Im Bau und Verhalten lassen die Arten einige Ähnlichkeiten mit den altweltlichen Grasmücken und Drosseln erkennen, und auch ihre Verbreitung deutet darauf hin, daß die Familie in der östlichen Erdhälfte entstanden ist; geologisch läßt sie sich 30 Millionen Jahre zurück bis ins obere Oligozän verfolgen.

Als größte Gruppe enthält die Gattung *Anthus* 34 einander sehr ähnliche Pieper und bildet damit eine der am weitesten verbreiteten Sperlingsvogel-Einheiten. Sie hat sich in Eurasien und Afrika am stärksten entfaltet und fehlt im wesentlichen nur auf den pazifischen Inseln. Eine Art ist sogar bis Südgeorgien und damit an die antarktische Grenze vorgedrungen. Äußerlich ähneln die Pieper auffallend den Lerchen.

Zum Winter ziehen die Pieper in Schwärmen, wobei sie nachts ruhen. Häufig trifft man sie auf den Feldern, wo sie die vom Weidevieh aufgescheuchten Insekten jagen, während die an den Meeresküsten heimischen Arten ihre Nahrung an den Wasserstellen im Wattenland finden. Wenn auch nicht derart stark ausgeprägt, so pflegen doch viele Pieper ebenso mit dem Schwanz zu wippen wie die Stelzen. Dazu gehört z. B. der eurasische Baumpieper, dessen Brutgebiet von Nordspanien durch Europa und Asien bis Mittelsibirien reicht; er zieht nach Afrika und Südasien. Wie der Baumpieper hat auch der Spornpieper, eine sibirisch-chinesische Art, die auf dem Zug immer wieder in Mitteleuropa erscheint, zahlreiche geographische Unterarten ausgebildet. In den nördlichen Prärien Nordamerikas lebt der Sprague-Pieper, bekannt durch seinen eigenartigen Hochzeitsflug. Zu den eurasischen Formen gehören weiterhin der Wiesen-, Rotkehl-, Wasser- und Brachpieper. Etwa 20 Arten finden sich in Afrika, von denen einige dort nisten, andere aber nur überwintern.

Ihre Nester bauen die Pieper aus zartem Gras an verborgenen Stellen des Bodens. Das Brüten besorgt allein das Weibchen, doch wird es vom Männchen gefüttert, das später auch beim Atzen der Brut hilft. Die 3 bis 7 weißen bis gelblichen, kräftig braun gefleckten Eier werden 12 bis 14 Tage bebrütet, und ebenso lange dauert es, bis die Jungen flügge werden. Viele Arten brüten mehrmals im Jahr.

Als Großspornpieper bezeichnet man eine Gruppe von 8 Arten der afrikanischen Gattung *Macronyx*, die sich durch eine besonders lange Hinterzehe und -kralle auszeichnen und dadurch leicht über den Grasboden der Steppen zu rennen vermögen. Beim Gelbbauch-Großsporn beträgt die Länge der Hinterzehe fast 5 cm und die Spannweite des ganzen Fußes 9 cm; das ist halb so viel wie die Gesamtlänge des ganzen Vogels! Der Rücken dieser Großspornpieper trägt immer unauffällige Tarnfarben, doch wirkt die Unterseite meist gelb, durchzogen von einem dunklen Kehlband.

Die meisten der 10 Stelzenarten aus der Gattung *Motacilla* leben in der Nähe des Wassers, an den Bergflüssen und Seeufern, auf feuchten Wiesen oder im Moor, hauptsächlich im gemäßigten Eurasien und Afrika; einige Arten ziehen im Winter nach Südostasien. Gelegentlich wird die Trauerbachstelze in das westliche Alaska verschlagen, aber nur einer Art ist es gelungen, in der Neuen Welt festen Fuß zu fassen, nämlich der Schafstelze, die das gemäßigte Eurasien bis Ostsibirien, Nordafrika und Alaska bewohnt und im Herbst nach Afrika und Südasien zieht. Zum Winter kehren die amerikanischen Schafstelzen aus Alaska in die altweltliche Heimat ihrer Vorfahren zurück, und zwar zuerst nach Sibirien und von dort aus südwärts.

Zu den charakteristischen Vögeln der Alten Welt gehört die Bachstelze mit ihren vielen Unterarten. Schon an ihrem auffälligen schwarz-weißen Gefieder läßt sie sich erkennen. Dabei ist sie keineswegs scheu, sondern macht sich eifrig im offenen Gelände zu schaffen. In verschiedenen Lebensräumen kommt die Bachstelze über Europa, Asien und Afrika vor; sie bevorzugt offenes Gelände möglichst in Wassernähe, auch in Steinbrüchen sowie im Kulturland und in der Nähe landwirtschaftlich genutzter Gegenden. Im Küstengebiet hält sie sich gern bei den Fischerdörfern auf, wo sie dann die Fliegen von den zum Trocknen aufgespannten Fischernetzen fortfängt.

Nicht ganz so zutraulich wie die Bachstelze sind die Schaf- und die ihr recht ähnliche Bergstelze, zwei Arten mit olivgrüner bzw. blaugrauer Oberseite und gelber Bauchseite, die man nicht selten an Wasserläufen, in Sumpfgebieten und auf Wiesen trifft. Die Waldstelze, ein Vogel der Waldlichtungen und Flußufer Ostasiens, wippt nicht senkrecht mit ihrem Schwanz wie die anderen Stelzen, sondern führt mit ihm seitliche kreisende Bewegungen aus.

Außerhalb der Brutzeit leben die Stelzen ziemlich gesellig. Im Gegensatz zu den Piepern ruhen sie sich nicht auf dem Boden aus, sondern auf Bäumen, Sträuchern oder auf dem Schilf. Während der Züge oder an den Winterquartieren sieht man sie mitunter zu Tausenden beieinander.

Grundsätzlich legen die Stelzen ihr lockeres Nest aus Stroh, Wurzelwerk, gepolstert mit Haar, Federn und selbst Papierstückchen, auf dem Boden an, benutz . aber auch mitunter die leeren Nester anderer Vögel auf den Bäumen und Büschen. In der Färbung sowie in der Anzahl von 4 bis 7 Eiern gleichen die Gelege der Stelzen durchaus denen der Pieper, doch beteiligt sich hier das Männchen im Gegensatz zu den Piepern manchmal am Brutgeschäft. Auch die Stelzen ziehen gewöhnlich mehrere Bruten im Jahr auf. Die in den nördlichen Gebieten heimischen Arten, die zu Beginn des Winters nach Süden abziehen, nisten zweimal im Jahr, während die Bewohner der Tropen und Subtropen, die mehr seßhaft leben, ihre Brutzeiten so legen, daß sie mit den Regenzeiten zusammenfallen, denn dann finden sie das meiste Futter für die Aufzucht ihrer Jungen.

GELBBAUCH-GROSSPORN
Macronyx croceus
Afrika südlich der Sahara; 20 cm.

WASSERPIEPER
Anthus spinoletta
Nördliche Erdhalbkugel; 17 cm.

BERGSTELZE
Motacilla cinerea
Eurasien; 18 cm.

BACHSTELZE
Motacilla alba
Eurasien und Island; 18 cm.

WALDSTELZE
Dendronanthus indicus
Nördliches China, Mandschurei und Korea; 14 cm.

Seidenschwänze *Bombycillidae*

In dieser Einheit faßt man 4 ziemlich unterschiedliche, kleine Gruppen zusammen, die vielleicht besser als eigene Familien betrachtet werden sollten. Ihre verwandtschaftlichen Beziehungen sind uns nicht recht klar, doch ähneln die 3 Eigentlichen Seidenschwänze *(Bombycillinae)*, die 4 Seidenschnäpper *(Ptilogonatinae)*, der Arabische Seidenschwanz *(Hypocoliinae)* und der Palmenschwätzer *(Dulinae)* einander mehr als irgendeiner anderen Vogelfamilie. Sie alle sind 15 bis 23 cm lange Baumvögel, die sich von Früchten ernähren, haben einen ziemlich breiten Schnabel, kurze Beine und 10 Handschwingen. Mit Ausnahme des Palmenschwätzers zeigen sie ein weiches, seidiges Gefieder mit harmonisch aufeinander abgestimmten, klaren Farben. Weniger prächtig erscheint ihre Stimme, denn einen eigentlichen Gesang finden wir bei keiner Art. Alle Seidenschwänze beschränken sich auf die Nördliche Erdhalbkugel, aber damit haben wir auch schon die wichtigsten gemeinsamen Merkmale erschöpft.

Nur die eigentlichen Seidenschwänze kommen sowohl in der Alten als auch in der Neuen Welt vor; die Seidenschnäpper leben in Mittelamerika, der Arabische Seidenschwanz im südwestlichen Asien, und der Palmenschwätzer ist auf der westindischen Insel Haiti zu Hause. Aus dieser verstreuten und beschränkten Verbreitung sowie aus dem Fehlen engerer Beziehungen zu anderen Vogelfamilien geht hervor, daß wir es hier wohl mit Restgruppen zu tun haben, die an ihrem derzeitigen Verbreitungsgebiet übriggeblieben sind, während ihre näheren Verwandten ausstarben. In welchem Grade die 4 Seidenschwanzgruppen miteinander verwandt sind, steht keineswegs fest, und so dürfte ihre herkömmliche Vereinigung in einer Familie nicht den tatsächlichen Verwandtschaftsverhältnissen entsprechen.

Die 3 Arten der echten Seidenschwänze unterscheiden sich so geringfügig voneinander, daß man sie zur einzigen Gattung *Bombycilla* zusammenfaßt. Es sind hübsche Vögel mit einem ansehnlichen Schopf und weichem Gefieder von meist rehbrauner Farbe und einer schmalen gelben oder roten Binde am Schwanzende. Farblich unterscheiden sich die Geschlechter nicht, doch sind die Jungvögel dunkler als die Erwachsenen. Nach den roten, wachsähnlichen Hornplättchen an den Schaftspitzen der Armschwingen bei 2 ihrer Arten nennen die englischsprachigen Völker diese Vögel «Wachsflügel» (Waxwings); wozu diese merkwürdigen Gebilde dienen, wissen wir nicht.

Als größte der 3 Arten nimmt der Gewöhnliche Seidenschwanz das nördlichste Verbreitungsgebiet ein. Er brütet unregelmäßig in den Nadel- und Birkenwäldern des nördlichen Eurasiens und Nordamerikas. Nicht viel anders sieht der etwas kleinere Zedernseidenschwanz aus, nur fehlen ihm die weißen Flügelflecke, und die Unterschwanzdecken sind gelb statt haselnußbraun. Der Zedernseidenschwanz nistet im Waldgebiet des größten Teiles von Nordamerika und zieht zum Winter unregelmäßig bis zum Norden von Südamerika. Beim Japanischen Seidenschwanz fehlen die Hornplättchen an den Flügeln, und seine Schwanzbinde ist rot; er brütet in den Wäldern der ostsibirischen Taiga und verbringt den Winter in Japan oder Korea.

Die Seidenschwänze leben höchst gesellig. Sie ziehen und überwintern in dichten Scharen, bleiben aber auch an ihren Niststätten zusammen. Ihr Flug ist anmutig, kräftig und ziemlich schnell. Merkwürdigerweise kennen sie keine eigentliche Ortstreue, und so wirken ihre Züge und Wanderungen etwas nomadenhaft, so daß man nie weiß, wann und wo sie in ihren Winterquartieren eintreffen werden. In Abständen von 4 bis 7 Jahren stoßen sie auf beiden Erdhälften weit über die Südgrenze ihrer üblichen Überwinterungsländer vor.

SEIDENSCHWANZ
Bombycilla garrulus
Eurasien und westliches Nordamerika; 20 cm.

Ebenso unzuverlässig zeigen sie sich bei der Auswahl ihrer Nistplätze, die sie häufig von Jahr zu Jahr wechseln. Vielleicht hängt dieses Zigeunertum wenigstens zum Teil mit dem Nahrungsangebot zusammen, denn die Seidenschwänze ernähren sich von Früchten und Beeren. Anscheinend fliegen die Schwärme immer dorthin, wo diese Früchte gerade reifen. Im Frühling und Sommer nehmen die Seidenschwänze auch größere Mengen von Blütenblättern und fühlen sich durch den Nektar angezogen. Außerdem leben sie im Sommer vielfach noch von Insekten und verfüttern sie als ausschließliche Nahrung an ihre Jungen. Für Vögel, die den Großteil des Jahres Früchte fressen, wirkt ihr Darmsystem recht kurz, und so verdauen sie auch sehr schnell, nämlich innerhalb von 20 bis 40 Minuten.

Die Seidenschwänze sind ausgesprochen zutrauliche Vögel. Ihr Ruf klingt weich, dünn und lispelnd in einer recht hohen Tonlage, und der Frühlingsgesang besteht aus einem klirrenden feinen Trillern. Meist nisten die Vögel verhältnismäßig dicht beieinander, wobei jedes Paar auf einem freien Ast und ohne allzu viel Tarnung sein großes, schüsselförmiges Nest aus Gras und Zweigen baut und mit feineren Fasern, Haaren und Federn ausstattet. Am Nestbau beteiligen sich beide Geschlechter, doch bleibt das Brüten hauptsächlich, wenn nicht sogar ausschließlich, dem Weibchen überlassen, das dann vom Männchen gefüttert wird. Das Gelege enthält 3 bis 5 aschgraue, braun und schwarz gefleckte Eier, aus denen nach 12 bis 15 Tagen die Jungen schlüpfen; nach 14 bis 16 Tagen können sie fliegen.

Von der nächsten Gruppe kennen wir am besten den Schwarzen Seidenschnäpper, der recht häufig im trockenen Buschland der südwestlichen USA und in Mexiko vorkommt; 3 weitere Arten verteilen sich auf 2 andere Gattungen und leben von Mexiko an bis Panama. In ihrem weichen, seidigen Gefieder, dem deutlichen Schopf und der Vorliebe für Früchte ähneln sie den Seidenschwänzen, doch ernähren sie sich mehr als die anderen Mitglieder der Familie von Insekten, die sie, wie die Fliegenschnäpper, in der Luft erbeuten. Auch sind die Flügel kürzer und die Schwänze länger ausgebildet, und die Geschlechter unterscheiden sich äußerlich voneinander.

SCHWARZER SEIDENSCHNÄPPER ♂
Phainopepla nitens
Südwestliche USA und Mexiko; 18 cm.

ARABISCHER SEIDENSCHWANZ
Hypocolius ampelinus
Arabien, Irak, Mesopotamien; 18 cm.

PALMENSCHWÄTZER
Dulus dominicus
Haiti; 20 cm.

Die Seidenschnäpper leben ebenfalls gesellig und halten sich außerhalb der Brutzeit in kleineren Scharen auf. Häufig sieht man sie mit aufgestelltem Schopf an einer freien Stelle sitzen. Ihre Wanderzüge scheinen im Zusammenhang mit dem Reifen der Beeren zu stehen, wobei die Vögel vor allem die Früchte der Mistel bevorzugen und somit dazu beitragen, diese Pflanzenparasiten zu verbreiten. Ihr Gesang besteht aus einem Schwall kurzer Töne, klingt aber nicht unangenehm.

Der Schwarze Seidenschnäpper ist die einzige Art seiner Unterfamilie, deren Nistverhalten man genauer kennt. Er baut sein offenes, napfförmiges Nest in Bäumen oder Büschen wie der Seidenschwanz, nur bleibt es etwas kleiner. Hier übernimmt das Männchen nicht nur den größten – wenn nicht gar den gesamten – Anteil am Nestbau, sondern beteiligt sich auch vorwiegend am Brüten. Wahrscheinlich wird in jedem Jahr nur ein Gelege aus 2 bis 3, seltener auch 4, grauweißen, kräftig braun und schwarz gefleckten Eiern abgesetzt, und nach 14 bis 15 Tagen kommen die Jungen aus.

In Westarabien, Mesopotamien und den angrenzenden Gebieten bis Afghanistan und Westpakistan brütet der vorwiegend bläulichgraue Arabische Seidenschwanz, der gleichfalls einen aufgestellten Schopf trägt. In kleineren Verbänden durchstreifen die Vögel das Buschland und ernähren sich dort fast ausschließlich von Früchten, insbesondere Maulbeeren, Datteln und Feigen. Wenn sich die Tiere auf einem Baum niederlassen wollen, so fliegen sie direkt ins Laubwerk hinein, statt auf einem äußeren Zweig zu landen. Dort fühlen sie sich so gut geborgen, daß man sie kaum aufzuscheuchen vermag. Wie bei den eben behandelten Unterfamilien, klingt auch ihr Gesang recht leise und wenig eindrucksvoll. Die Pärchen nisten allein und bauen ein ähnliches Nest wie die Seidenschwänze und -schnäpper; ihre 4 bis 5 milchweißen Eier sind am breiteren Ende kräftig braun gefleckt.

Die 4. Unterfamilie dieser Sammelgruppe bildet allein der Palmenschwätzer auf Haiti. Mit den anderen Gruppen teilt er die Vorliebe für Früchte und die gesellige Lebensweise, doch wirkt sein oberseits olivbraunes, am Bauch gelblichweißes, braun gestricheltes Gefieder viel härter und rauher. In der Färbung unterscheiden sich die Geschlechter nicht; die Jungen wirken dunkler und trüber gefärbt. Der Schnabel ist etwas kräftiger ausgebildet als bei den anderen Arten, die mittellangen Flügel sind abgerundet, die Beine und Zehen kräftig.

Vor allem aber unterscheidet sich der Palmenschwätzer in seinem Brutverhalten, denn die Paare errichten riesige, korbähnliche Gemeinschaftsnester aus Zweigen und Ästen auf einer Palme am Grunde der Wedel; jedes Paar bewohnt sein eigenes Appartement mit privatem Seiteneingang. Das Innere wird mit weicher Rinde und Gras ausgekleidet. Ihr Gelege besteht aus 2 bis 4 weißen Eiern mit kräftigen grauen Flecken. Auch nach der Brutzeit dient das Gemeinschaftsnest noch als Aufenthalt.

Überall auf Haiti kennt man diese häufigen Vögel, zumal sie in Scharen recht geräuschvoll ihr rauhes Schwatzen ertönen lassen. Sie leben größtenteils von Beeren und Blüten, die sie nur von den Bäumen und Büschen, aber nie vom Boden aufnehmen. Sonst aber wissen wir nur sehr wenig von ihren Lebensgewohnheiten und vermögen auch nichts darüber auszusagen, ob sie ihre Besonderheiten erst in der Isolation auf Haiti entwickelt oder sie als letzte Überlebende einer sonst ausgestorbenen Vogelgruppe beibehalten haben.

WEISSBRAUEN-SCHWALBENSTAR
Artamus superciliosus
Australien; 22 cm.

Schwalbenstare *Artamidae*

Am zahlreichsten sind die kleinen, einfach gefärbten Schwalbenstare mit ihrem untersetzten Körper und den langen, spitzen Flügeln in Australien vertreten, wo 6 ihrer insgesamt 10 Arten vorkommen; die andern finden wir von Indien bis zu den Philippinen und ostwärts bis zu den Fidji-Inseln. Unser Name «Schwalbenstare» oder die im Englischen übliche Bezeichnung «Waldschwalben» (wood-swallows) erscheint nicht gerade glücklich gewählt, weil diese Tiere überhaupt nicht näher mit den Schwalben oder Staren verwandt sind und ihnen nur insofern ähneln, als sie im Flug an Schwalben erinnern und sich wie diese vorwiegend von Insekten ernähren, die sie im Fluge fangen.

Wo wir die nächsten Verwandten der Schwalbenstare zu suchen haben, können wir nur zu erraten versuchen, denn sie zeigen keine festeren Bindungen zu irgendwelchen anderen Vogelgruppen. Am meisten ähneln sie noch den Seidenschwänzen und Blauwürgern, aber auch das nur recht undeutlich. Ihr weiches, feines Gefieder zeigt dunkle braune, graue oder schwarze Farben, die bei einigen Arten durch einen hellen Bauch oder weiße Flächen an den Flügeln aufgehellt werden, ohne daß sich die Geschlechter hierin wesentlich unterscheiden. Der lange, kräftige und leicht abwärts gekrümmte Schnabel öffnet sich weit, und die kurzen Läufe sind ebenso stark entwickelt wie die Füße. Ihr Hals wirkt kurz, und der mittellange Schwanz endet abgestutzt oder leicht ausgerandet. Als besonderes Kennzeichen der Schwalbenstare finden wir hier Puderdunen, jene Federformen, die ständig weiterwachsen und an ihrem oberen Teil zu einem Puder zerfallen, der zum Reinigen des übrigen Gefieders benutzt wird. Das gleiche begegnete uns ja bereits bei den Steißhühnern, Reihern, Papageien und Madagaskarrallen, doch treten Puderdunen sonst bei keiner anderen Gruppe der Sperlingsvögel auf.

Manche Ornithologen halten die Schwalbenstare für die vollendetsten Flugkünstler unter den Sperlingsvögeln, denn sie stellen – abgesehen von den Krähenvögeln – die einzigen dar, die ohne einen Flügelschlag längere Zeit in der Luft zu segeln vermögen und dabei jeden Aufwind auszunutzen verstehen. Häufig sieht man die Schwalbenstare in größeren Scharen über Waldlichtungen, Getreide- oder Reisfeldern auf der Jagd nach Insekten; manchmal fliegen sie so hoch, daß man sie kaum noch erkennt, doch hört man auch dann noch ihr rauhes, nasales Zwitschern.

Jeder Schwarm hält sich im wesentlichen in der Nähe eines bestimmten Markierungspunktes auf, eines alleinstehenden Baumes, einer Palmengruppe oder eines kleinen Bambusgehölzes; dort lassen sich die Vögel auch nieder und gehen nach Herzenslust einzeln der Jagd nach. Erblicken sie ein vorbeiziehendes Insekt, so fliegen sie ihm nach, ergreifen es und segeln noch ein Stück um ihr Revier, bevor sie wieder dorthin zurückkehren. Ihre hauptsächliche Jagdzeit liegt in den frühen Morgen- und in den späten Abendstunden; während der Tageshitze halten sie sich meist an ihrem Ruheplatz auf. Bei Heuschrecken- und anderen Insektenplagen tun sich die Vögel in Scharen zusammen und stürzen sich zur Freude der Landwirte auf die Schädlinge, um mit ihnen aufzuräumen. Früchte und andere Pflanzenstoffe nehmen sie nur selten.

Im größten Teil ihres Verbreitungsgebietes kommen die Schwalbenstare recht häufig vor und fallen durch ihren Lärm und ihre Geselligkeit auf. Nicht selten sieht man sie dicht nebeneinander auf weiten Strecken der Telephonleitungen sitzen; des Nachts schmiegen sie sich hoch in den Zweigen der Bäume zur Ruhe aneinander. Bei Regenwetter aber sucht der Schwarm, dicht an dicht gedrängt, Unterschlupf unter einem schrägen Baum, einem vorragenden Zweig oder einem lockeren Stück Rinde; dabei drängen sich die Tiere auf einem engen Raum oft so stark übereinander, daß das Ganze wie ein riesiger Bienenschwarm wirkt.

Ihr locker gefügtes Nest, das wie eine Soßenschüssel aussieht, legen die Schwalbenstare auf einem Ast an; der australische Weißbrauen-Schwalbenstar, mit 22 cm eine der größten Arten, baut in den unteren Lagen eines Baumes oder Busches, dagegen bevorzugt der Aschgraue Schwalbenstar in Südostasien die Nistgründe in 10 bis 12 m Höhe, möglichst am Grunde eines abgebrochenen Palmenwedels. Das kleinste Mitglied der Familie, der nur 15 cm große Zwergschwalbenstar in Australien, der im Flug nur halb so groß wirkt wie seine größeren Verwandten, errichtet sein Nest in Baumhöhlen oder in den Gesteinsspalten eines Felsens; auch er brütet gern, wie verschiedene andere Arten, in Kolonien. Soweit wir wissen, beteiligen sich bei den Schwalbenstaren beide Geschlechter am Ausbrüten der Jungvögel. Die Eier zeigen eine weiße bis gelbliche Grundfärbung und tragen in der Regel kräftige dunkle Flecken an ihrem breiteren Ende; dadurch ergibt sich eine auffallende Ähnlichkeit mit den Eiern der Würger. Die Anzahl der Eier im Gelege schwankt zwischen 2 und 4.

Blauwürger *Vangidae*

Isolierte Inselformen entwickeln sich sehr schnell, und so kann auch im Fall der Blauwürger niemand sagen, wann ihre Vorfahren einst Madagaskar erreicht und wie sie ausgesehen haben. Da die urtümlichen Blauwürger anatomische Ähnlichkeiten mit den afrikanischen Brillenwürgern *(Prionopinae)* aufweisen, sieht es so aus, als seien irgendwelche frühen Würger über die Straße von Mozambique nach Madagaskar gekommen und hätten hier die Familie der Blauwürger begründet, die sich heute aus 8 Gattungen mit 12 Arten zusammensetzt.

Die meisten Arten zeigen einen metallisch schimmernden dunklen Rücken und einen weißen Bauch oder lassen haselnußbraune oder graue Zeichnungen erkennen. Mitunter ist auch der Kopf weiß, aber die schönste, bunteste Art bleibt doch der oben im Bild gezeigte Echte Blauwürger. Bis auf die etwas dunklere Färbung der Weibchen unterscheiden sich die Geschlechter äußerlich kaum. In der Regel sind die Schnäbel kräftig und hakig entwickelt, doch besitzt eine Art auch einen dünnen, gebogenen Schnabel und eine andere trägt sogar einen Schnabelaufsatz. Die Flügel wirken verrundet, die Schwänze gewöhnlich kurz und abgestutzt, die Beine und Füße kurz und kräftig.

Die Blauwürger kommen in den verschiedensten Lebensräumen auf den Waldbäumen vor, meistens in den Wipfeln, wo sie die Blätter nach Insekten absuchen, wie der Echte und der kleinere Rotschwanz-Blauwürger, die sich ihre Nahrung oft mit dem Bauch nach oben auf der Unterseite der Blätter holen. In den mittleren und niederen Lagen hält sich der Rote Blauwürger auf, der Lafresnaye-Blauwürger im trockenen Buschland. In kleineren Scharen durchstreift der Helmblauwürger den Wald. Der Lebensraum des Hakenschnabel-Blauwürgers, einer primitiveren Art, reicht von den Wipfeln bis zum Grund des Waldes, des Busch- und Mangrovengebietes. Dieser Einzelgänger sitzt ruhig auf seinem Ast und wendet lediglich langsam den Kopf nach einem Insekt oder sonstigem Kleingetier; sein Ruf besteht aus einem langgezogenen Pfeifton.

Geselliger lebt der Sichelschnabel-Blauwürger, der in Scharen von 25 oder mehr Tieren die Wälder und Savannen durchzieht. Er baut ein großes Nest aus Zweigen auf einem hohen Baum, doch wissen wir von seinem sonstigen Brutverhalten ebenso wenig wie von dem der anderen Blauwürger.

Würger *Laniidae*

Die vollendetsten Raubvögel aus der Sperlingsvogelgruppe sind die Würger; sie leben zumeist von Insekten, doch fressen manche auch kleine Wirbeltiere, wie Frösche, Echsen, Nager und selbst Vögel bis zu ihrer eigenen Größe. Ihre Beute töten die Würger nicht mit den Krallen, sondern mit ihrem scharfen, gebogenen Schnabel. Danach spießen sie sie auf Dornen oder spitzen Ästen auf.

Zumeist werden die Würger 18 bis 25 cm lang. Sie zeigen einen großen, breiten Kopf und einen kräftigen, an der Spitze hakig gekrümmten Schnabel mit einem endständigen Ausschnitt; die kurzen, verrundeten Flügel sind mit 10 Handschwingen ausgestattet, der lange Schwanz verjüngt sich zum Ende. Die kräftigen Läufe und Füße tragen scharfe Krallen. Bei den uns vertrauteren Arten der Nördlichen Halbkugel finden wir oberseits einfarbige graue oder braune Farbtöne und einen weißen Bauch, dazu oft auffallende schwarz-weiße Muster an Kopf, Flügeln und Schwanz. Die schwarze Gesichtsmaske des Raubwürgers oder des häufigen Neuntöters finden wir bei verschiedenen anderen Familienangehörigen wieder. Bei den meisten Arten unterscheiden sich die Geschlechter äußerlich nicht wesentlich.

Vorwiegend finden wir die Familie der Würger in der Alten Welt, insbesondere im tropischen Afrika. Heute unterteilt man sie in 3 Unterfamilien, nämlich die Eigentlichen Würger *(Laniinae)*, die Busch- *(Malaconotinae)* und die Brillenwürger *(Prionotinae)*. Davon beschränken sich die 39 Busch- und die 9 Brillenwürger auf Afrika, während die 25 eigentlichen Würger weitverbreitet in Afrika, Europa und Asien vorkommen, jedoch nicht bis Australien oder zu den pazifischen Inseln östlich der Philippinen vordringen. Zwei Arten finden sich auch in der Neuen Welt, nämlich der Raub- und der kleinere Ludwigs-Würger, dessen Heimat vom südlichen Kanada bis Südmexiko reicht und der damit die einzige rein nearktische Art der Würger darstellt. In Mittel- und Südamerika gibt es überhaupt keine Würger.

Noch zu klären bleiben die verwandtschaftlichen Beziehungen der Würger zu den übrigen Vogelfamilien, aber da 72 der insgesamt 73 Arten in der östlichen Erdhälfte leben, dürfte es wohl keinen Zweifel geben, daß sie in der Alten Welt entstanden sind. Wahrscheinlich lassen sie sich von den urtümlichen Ahnen der Fliegenschnäpper ableiten. Daß sie sich inzwischen zu einer eigenen Familie entwickelt haben, spricht für ihr hohes geologisches Alter. Fossile Überreste heute noch lebender Arten kennt man bereits aus der frühen Eiszeit, die des Schwarzstirnwürgers aus dem europäischen Pliozän; die Nominatgattung *Lanius* läßt sich ins frühe Miozän von Ungarn zurückverfolgen.

Als Beispiel für die echten Würger mag der Raubwürger gelten, eine der größten Arten dieser Unterfamilie; er lebt am Waldrand, auf größeren Waldlichtungen, in der Heide- und Heckenlandschaft. Im allgemeinen ist er Standvogel; nur wenn die Nahrung knapp wird, wandert er als «Teilzieher» in günstigere Gebiete ab. In etwa 20 Unterarten bewohnt er Europa, Nordafrika und Asien ostwärts bis zum Himalaja; in Nordamerika kennt man nur 2 Rassen, eine östliche und eine westliche, die im Gebiet der Hudson-Bay ineinander übergehen. Der Ludwigs-Würger hingegen bildet in Nordamerika 9 Unterarten, die vom südlichen Kanada an über einen großen Teil der USA brüten. Der häufigste Würger des gemäßigten Eurasien ist der Neuntöter mit 8 geographischen Rassen; er ist ein echter Zugvogel, der in Afrika und Südasien überwintert; man nennt ihn auch Rotrückenwürger.

Überall in ihrem Verbreitungsgebiet fallen die Würger ins Auge, da sie sich gern an offenen Stellen aufhalten, ohne sich irgendwie zu verstecken, und sich ziemlich unerschrocken und angriffslustig verhalten. Ihr Flug wirkt kräftig und gewöhnlich etwas wellig, da sie zwischen den einzelnen Flügelschlägen ein kurzes Stück zu gleiten pflegen. Meist fliegen sie ziemlich nahe über den Boden und schwingen sich erst im letzten Augenblick zu ihrem Sitzplatz auf. Bei der Jagd verharren sie oft einen Moment mit flatternden Flügelschlägen in der Luft, bevor sie sich auf die Beute stürzen, doch lauern sie meistens auf ihrem Sitzast und stoßen unmittelbar auf das erspähte Opfer. Ist es klein und leicht, so tragen sie es im Schnabel davon, im anderen Falle aber in den Krallen.

Die Hauptnahrung der Würger besteht aus großen Insekten, wie Grashüpfern, Libellen und dergleichen, die sie mit den Krallen festhalten und mit ihrem Schnabel in Stücke reißen. Ihre eigenartige Angewohnheit, die Beute auf Dornen aufzuspießen, aber auch auf Stacheldraht, mag sich aus der Schwierigkeit ergeben haben, zähere Nahrung beim Zerreißen mit den Füßen festzuhalten. So vertritt dann der Dorn die Stelle eines Fleischerhakens.

Wie viele andere Raubtiere töten auch die Würger oft mehr, als sie verzehren können, anscheinend einfach aus einem bloßen Trieb zum Töten. Daher müssen die Vogelberinger sehr wohl Obacht auf ihre Fallen geben, daß kein Raubwürger dort hineingerät, denn er würde mit Gewißheit alles, was er bewältigen kann, erst einmal töten, bevor er mit dem Fressen beginnt. Im allgemeinen bevorzugen die Würger einen bestimmten Freßplatz in ihrem Revier, an dem sie ihre Beute aufzuspießen pflegen. So kommt es gar nicht selten vor, daß an einem Dornstrauch oder an einem Stück Stacheldraht ein Dutzend Heuschrecken, Mäuse oder kleine Vögel hängen.

Ob die Würger allerdings in Zeiten des Überflusses solche Speicher für die Zukunft anlegen, ist noch nicht erwiesen, denn häufig lassen sie ihre Beute vertrocknen oder verfaulen, ohne zurückzukehren. Wie man aber auf Grund von Beobachtungen an verschiedenen Arten herausgefunden hat, können sich einzelne Würger tatsächlich an die Stelle erinnern, an der sie ihre Nahrung aufbewahrt haben. So zählte ein japanischer Ornithologe 68 Fänge, die ein Würger im Verlaufe des Herbstes in seinem Revier zusammengetragen hatte. Der Vogel kehrte regelmäßig zu seinem «Lager» zurück und verzehrte seine «Konserven» während des Januars und Februars, als andere Nahrung knapp wurde.

Raubvögel leben ja nie gesellig, weil jedes Tier sein eigenes Jagdrevier benötigt. Darin bilden auch die Würger keine Ausnahme, und so trifft man sie den größten Teil des Jahres über nur einzeln an. Wenn auch die Bewohner der nördlicheren Breiten Zugvögel sind, so hat man doch nur selten Massenzüge beobachtet.

An heimischen Arten gibt es außer dem großen Raubwürger und dem häufigen Neuntöter noch den Schwarzstirnwürger und den Rotkopfwürger, von denen der erste wie ein kleiner Raubwürger aussieht, während der zweite sofort durch seinen kastanienbraunen Oberkopf und Nacken auffällt. Der Schwarzstirnwürger ist ein Bewohner offener Landschaften von Südfrankreich bis nach Persien und zum Altai; man trifft ihn bei uns nur gelegentlich, während der Rotkopfwürger, dessen Brutgebiet sich von Nordwestafrika und Südspanien über Mitteleuropa bis Vorderasien und Südpersien erstreckt, z. B. in den Obstbaulandschaften Südwestdeutschlands nicht allzuselten auftritt.

Mehr als die anderen Arten ernährt sich der Raubwürger von kleinen Vögeln und Säugetieren, insbesondere im Winter, wenn im Norden die Insekten rar werden. Weil er sich dabei ständig an Meisen, Sperlingen und anderen Kleinvögeln vergreift, haben ihn die zartbesaiteten Vogelfreunde gar nicht in ihr Herz geschlossen und vergessen dabei, daß auch der «wildeste Räuber» eine ganz bestimmte Aufgabe im Haushalt der Natur erfüllt, nämlich das biologische Gleichgewicht für die kleineren Arten aufrecht zu erhalten. Gegen Ende des 19. Jahrhunderts, kurz nachdem man die Haussperlinge nach Nordamerika eingeführt hatte, nahmen die Raubwürger bei Boston z. B. eines Winters derart überhand, daß man sie abschoß, um die Sperlinge zu schützen! Damals konnten sich die Amerikaner natürlich überhaupt nicht vorstellen, daß bereits wenige Zeit später der Haussperling sich derart stark ausbreiten würde, daß der Mensch seiner allein nicht mehr Herr werden konnte.

Schon gegen Ende des Winters, wenn die Nistperiode erst noch bevorsteht, finden sich die Brutpaare zusammen und bauen ihre geräumigen, lockeren und tiefen Muldennester in 2 bis 12 m Höhe in einem Strauch oder auf einem Baum. Da der Raubwürger seine Eier bereits im Vorfrühling ablegt und — wie die meisten Würger — mindestens zwei Bruten im Jahr aufzieht, polstert er sein Nest gründlich mit Gras, Federn und Haaren aus. Der Umfang seines Geleges schwankt zwischen 3 bis 6 schmutzigweiß bis bläulich oder rötlich getönten Eiern, die am breiteren Ende kräftige graue oder braune Flecken tragen; sie werden fast ausschließlich vom Weibchen bebrütet. Zwar beteiligt sich auch das Männchen mitunter kurze Zeit am Brüten, doch beschränkt es sich im wesentlichen darauf, seinem Weibchen Futter zuzutragen. 14 bis 16 Tage lang dauert die Brutzeit, und 2 bis 3 Wochen danach verlassen die Jungvögel das Nest.

Während der ganzen Brutzeit verhalten sich die Würger ziemlich ruhig und gehen recht unauffällig ihrem Geschäft nach. Danach aber, wenn sich die Brutpaare wieder trennen und die Vögel ihre eigenen Wege gehen, verkünden sie ihre Anwesenheit mit wenig melodiösen, rauhen oder schrillen Tönen. Trotzdem vermögen einige recht hübsch zwitschernd zu singen; manche Arten ahmen die Laute anderer Vögel nach.

Die große Unterfamilie der afrikanischen Buschwürger enthält 7 Gattungen von recht unterschiedlichem Aussehen. Meist wirken sie viel bunter als die eigentlichen Würger und zeigen auch meistens deutliche Geschlechtsunterschiede. Trotz ihrer auffälligen Erscheinung bekommt man sie doch nur selten zu Gesicht, weil sie sich scheu im Dickicht des Laubwerks verbergen. Ihr Jagdrevier liegt im Unterholz und in Bodennähe; dort fangen sie sich vor allem Insekten, aber auch Frösche, Echsen, Schlangen und Mäuse. Einige Arten stellen notorische Nesträuber dar und vergreifen sich sowohl an den Eiern als auch an den Jungvögeln anderer Arten. Als Beispiele mögen der Rotbauch- und der schwarz-weißgraue Drosselwürger dienen.

Die meisten Buschwürger verraten ihre Anwesenheit durch eine laute, melodiöse Stimme. Viele Arten kennen einen Wechselgesang, bei dem das Männchen beginnt und das Weibchen die Strophe vollendet. Ihr lockeres, offenes Nest bauen die Tiere in Bodennähe und legen dort gewöhnlich 2, seltener auch einmal 3 Eier hinein, also weniger als die eigentlichen Würger. Am Nestbau beteiligen sich beide Geschlechter, doch bleibt das Brutgeschäft, das ungefähr 12 Tage dauert, allein dem Weibchen überlassen. Etwa 15 Tage nach dem Schlüpfen verlassen die Jungvögel bereits das Nest.

Die Brillenwürger unterscheiden sich derart stark von den anderen Würgern, daß man ihnen mitunter den Rang einer eigenen Familie zuerkennt. Ihr Gefieder ist auffallend gefärbt und zeigt auf dem Rücken meist dunkle, am Bauch weiße bis gelbliche Farbtöne. Steif ragen ihre Stirnfedern bis über die Nasenlöcher, und die Augen sind von einem nackten Wulst umgeben. Die Tiere halten sich in den Waldgebieten südlich der Sahara in größeren Verbänden auf und leben daher, wie man unschwer daraus entnehmen kann, weniger räuberisch als die anderen Würger. Ihre eigentliche Nahrung bilden Insekten; in lärmenden Scharen von 5 bis 20 Vögeln durchziehen sie unter ständigem Schnattern und hörbarem Schnabelklappern die Wipfel der Bäume. Dieses merkwürdige Schnabelklappern ist typisch für die gesamte Unterfamilie.

Selbst während der Brutzeit lösen sich die Gemeinschaften der Brillenwürger nicht auf, und beim Schopfbrillenwürger arbeiten sogar 3 oder noch mehr Vögel zusammen, um das Nest zu bauen und die Jungen darin zu füttern. Ihre Niststätten legen die Brillenwürger ungefähr 5 oder mehr Meter hoch als offene Gebilde aus Gras und Zweigen in einer Astgabel an; darin befinden sich die 3 oder 4 meist hellblauen, braungefleckten Eier.

SCHOPFBRILLENWÜRGER
Prionops plumata
Südliches Zentralafrika; 21 cm.

Stare *Sturnidae*

Dank der Mitwirkung des Menschen ist unser Gewöhnlicher Star zu einem der am weitest verbreiteten Mitglieder dieser altweltlichen Familie geworden. Ursprünglich auf den Westen der Paläarktis beschränkt, wurde der Star über Meere und andere natürliche Grenzen in fremde Länder eingeführt und kommt nun praktisch in der ganzen Welt vor. Nur in Südamerika hat er noch nicht endgültig Fuß fassen können.

Die insgesamt 106 Arten der Stare sind in der Alten Welt entstanden und hier auch verbreitet, insbesondere in der Äthiopischen und Orientalischen Region. Mit Ausnahme von 3 Arten gehören sie alle den Eigentlichen Staren *(Sturninae)* an, die sich in 26 Gattungen gliedert und eine durchaus geschlossene Gruppe darstellt. Wenn wir auch ihre genaue Herkunft nicht kennen, dürfen wir doch annehmen, daß sie von ursprünglichen, drosselähnlichen Ahnen abstammen, denn eines der frühesten Fossilien aus der Gruppe der Sperlingsvögel wird als Bindeglied zwischen den Drosseln und Staren angesehen. Es ist dies der versteinerte Skelettabdruck der *Laurillardia,* der den etwa 50 Millionen Jahre alten Ablagerungen des französischen Eozäns entstammt.

Im ganzen betrachtet, haben wir es bei den Staren mit einer Gruppe lebhafter, mittelgroßer Vögel mit geradem oder leicht abwärts gekrümmtem Schnabel sowie kräftigen Beinen und Füßen zu tun, die nur wenigen zum gelegentlichen Hüpfen dienen, während die meisten Arten damit watschelnd über den Boden laufen. Ihre spitzen Flügel tragen 10 Handschwingen, deren äußere stark verkürzt ist, und befähigen die Vögel zu einem kräftigen, geradlinigen Flug. Im typischen Fall ist der Schwanz kurz und abgestutzt, doch kann er auch gerundet oder sogar zugespitzt verlaufen.

Als Grundfarbe finden wir meistens ein metallisch schimmerndes Schwarz, aber auch braune oder graue Töne; andere Arten tragen dagegen bunte, weiße, gelbe oder, weniger häufig, rote Zeichnungen. Nicht selten treffen wir einen Schopf an, fleischige Lappen oder nackte Hautstellen am Kopf. In vielen Fällen ähneln sich die Geschlechter äußerlich, in anderen wieder nicht. Die Jungvögel der meisten Arten unterscheiden sich von den Erwachsenen durch ihr dunkleres, oft gestreiftes oder geflecktes Kleid, das wahrscheinlich dem Aussehen ihrer stammesgeschichtlichen Vorfahren entspricht.

Nur einmal im Jahr, unmittelbar nach der Brutzeit, mausern sich die Stare, und dabei entsteht der jahreszeitliche Unterschied im Gefieder, den man oft beobachten kann. Gleich nach der Mauser tragen die neuen Federn unseres Stars helle Flecken, und sie sind es wohl, die dem Vogel zu seinem Namen verholfen haben, sofern wir seine Taufpaten unter den Engländern suchen dürfen. Dort heißt «star» ja bekanntlich «Stern», und wie bestirnt wirkt das frische Herbstgewand des «Perlstars». Diese Sternenflecken verschwinden jedoch im Verlaufe des Winters allmählich, so daß der Vogel dann im Frühjahr einfarbig schwarz aussieht. Etwas Entsprechendes bemerken wir am Schnabel des Stars, dessen hornblaue Herbst- und Winterfärbung in einen gelblichen Farbton umschlägt, wenn sich zur Fortpflanzungszeit die Gonaden vergrößern.

Wahrscheinlich sind die Stare als Waldvögel entstanden, doch leben heute nur noch wenige Gruppen im tiefen Wald; die meisten halten sich im offenen, gegliederten Gelände auf. Die erfolgreichste Art aber hat sich an den Menschen angeschlossen und tritt somit am zahlreichsten im Kulturgebiet auf. Ihre Grundnahrung besteht aus Insekten und Früchten, doch fressen die Vögel, die in der Gesellschaft des Menschen leben, darüber hinaus auch Vogeleier und Abfälle.

Unser europäischer Star räumt in großem Ausmaße mit den Schadinsekten auf, und der Graustar, der ihn in Ostasien vertritt, ernährt sich zum großen Teil von dem gefürchteten Reisstengelbohrer und steht deshalb in Japan unter Schutz. Der Rosenstar in Südosteuropa und Südwestasien hält sich an die periodisch auftretenden Heuschreckenschwärme und nistet dann und dort, wo diese Schadinsekten häufig auftreten.

Ebenso bekannt als Heuschreckenfresser ist der südafrikanische Lappenstar, der deshalb in vielen Gebieten unter Schutz steht. Bei dieser Art verlieren die Männchen und gelegentlich auch die Weibchen während der Fortpflanzungszeit die Kopffedern, und dann treten auf der Stirn und dem Scheitel zwei Hautlappen auf. Auch diese Art kennt, wie der Rosenstar, keine bestimmte Fortpflanzungszeit und keine besonderen Brutplätze, sondern nistet dann in größeren Gemeinschaften, wenn ihre Nahrungstiere im Überfluß auftreten. Sobald sich Heuschreckenschwärme zeigen, sammeln sich aus kilometerweiten Entfernungen die Lappenstare, um darüber herzufallen.

Viele Stare leben gesellig, einige Arten sogar in besonders starkem Maße. Die Bewohner der gemäßigten Breiten ziehen im Winter ab, manchmal in ungeheuren Scharen. Auch wenn sie sich des Nachts zur Ruhe begeben, und genauso in der Morgendämmerung, versammeln sie sich in beträchtlicher Zahl und steigen hoch in die Luft, um dort mit militärischer Präzision einige kunstfliegerische Manöver mit gleichzeitigem Kreisen und Schwenkungen vorzuexerzieren und mit fürchterlichem Gezwitscher hin- und herzufliegen, bevor sie sich niederlassen oder sich zerstreuen und ihrer Tagesbeschäftigung nachgehen.

Überhaupt verhalten sich die Stare recht geräuschvoll und schwatzen während des Fluges oder beim Rasten unaufhörlich miteinander. So kennt auch unser Star ein weites Repertoire an knarrenden, knirschenden, quietschenden und klappernden Tönen, untermischt mit klaren, musikalischen Pfiffen. Im Herbst singt er ebenso wie im Frühling, manchmal auch noch nachts, oder an seinen Überwinterungsplätzen, und oft überschreitet seine Tonhöhe mit mehr als 18000 Schwingungen pro Sekunde die obere Schwelle der menschlichen Hörgrenze. Häufig flechten die Stare die Stimmen anderer Vögel in ihren Gesang ein, und manche Arten gelten als vorzügliche Spötter.

Zu den am besten sprechenden Käfigvögeln gehören die asiatischen Beos der Gattung *Gracula*, deren Verbreitung von Indien und Ceylon über die ganze Orientalische Region reicht. Der Große Beo, eine ansehnliche, glänzend schwarze Art mit gelben Fleischlappen am Hinterkopf, bildet eine Anzahl isolierter Rassen aus, deren Größe zwischen 30 und 38 cm schwankt. In kleineren, lärmenden Scharen streifen diese Beos durch die Wälder und ernähren sich größtenteils von Früchten. Ihre natürliche Stimmbegabung reicht von tiefem, heiserem Glucksen bis zu weithin hörbaren, klingelnden Pfiffen, doch lernen sie in der Gefangenschaft, die menschliche Sprache ebensogut nachzuahmen, wie es ein Papagei nicht besser könnte. Mehrmals hat es der Verfasser erlebt, daß zahme Beos nicht nur über einen erstaunlich umfangreichen Wortschatz verfügten, sondern auch über eine so deutliche Aussprache, daß man jede Silbe verstehen konnte.

Ein ansehnlicher, bis 24 cm großer, brauner und schwarzer Vogel mit weißen Flügelflecken, einem kurzen Schopf und nackten, orangefarbenen Augenringen ist der südasiatische Trauermaina aus der Gattung *Acridotheres*. Dieser lärmvolle Vogel bevorzugt offenes Gelände und frißt vorwiegend auf dem Boden; im Gegensatz zum Großen Beo lernt er jedoch nicht so gut sprechen. Wie unser Star, so wurde auch er vom Menschen in den verschiedensten Ländern angesiedelt. Dem Großen Beo sehen die 3 Papua-Stare *(Mino)* sehr ähnlich, die von Neuguinea ostwärts bis zu einigen Inseln des südwestlichen Pazifik vorkommen. Hier liegt auch die Heimat der etwa 20 Singstare, deren Rücken zumeist metallisch schwarz glänzt und die als eine ursprüngliche Gruppe der Starenfamilie angesehen werden.

Auch in Afrika ist die Unterfamilie der eigentlichen Stare sehr wohl vertreten, wie etwa durch die 16 dunklen, glänzenden Arten der Echten Glanzstare *(Lamprotornis)*. Bunter wirkt der Königsglanzstar, dessen schlanke Körperform noch durch seinen langen, spitz zulaufenden Schwanz unterstrichen wird. Er ernährt sich hauptsächlich von Termiten, indem er ihre Bauten mit schnellen Schnabelhieben aufmeißelt und die herausschwärmenden Insekten im Fluge fängt. Zu einer Gruppe von 10 bunten afrikanischen Arten, die sich von Insekten und Früchten ernähren, gehört der Dreifarben-Glanzstar. Er lebt in kleineren Verbänden in der Nähe des Bodens und verhält sich recht zutraulich. Sein rundliches, überdachtes Nest aus Dornenzweigen baut er in einem Gebüsch oder auf einem niedrigen Baum und kleidet es mit Federn aus.

In ihrem Nistverhalten unterscheiden sich die einzelnen Angehörigen der Starenfamilie, doch halten bei den meisten Arten, die man darauf untersucht hat, die Paare fest zusammen und versehen auch gemeinsam die Brutpflege. Gewöhnlich sehen die Eier hell blaugrün aus, bei wenigen Arten auch weiß; bei verschiedenen Gattungen, wie *Aplonis*, *Gracula* und *Mino*, tragen sie braune Flecken. Die Eierzahl im Gelege schwankt zwischen 2 und 9, beträgt aber in der Regel 3 bis 5. Im allgemeinen nisten die Stare in Höhlen und benutzen dazu natürliche Baumlöcher, die sie sich entweder selbst schaffen oder von den Spechten übernehmen. Einige legen die Nester auch in Gesteins- oder Mauerlöchern an, andere an Böschungen. Der einheimische Star nistet sich gern an menschlichen Behausungen ein, hinter Fensterladen, unter dem Dach oder an irgendeiner hervorstehenden Leiste, aber auch im Glockenstuhl, in Dachräumen oder Nistkästen.

Der südpazifische Spinnenstar webt nach der Art der Weberfinken ein großes Hängenest in den Baumkronen. Wenn das Aufkommen eines Heuschreckenschwarmes die afrikanischen Lappenstare zum Brüten veranlaßt, bauen sie kolonieweise feste, überdachte Nester aus Stecken und Zweigen, meist im Schutz eines Dornengebüsches, die oft zu zweit oder dritt auf dem gleichen Zweig beieinanderliegen.

Ebenso brütet der Rosenstar gelegentlich in Kolonien. Unter günstigen Bedingungen nistet er in riesigen, dichten Gemeinschaften; genauso schnell, wie er mit dem Nestbau beginnt, bringt er seine Brutzeit auch zu Ende. Jedes Paar baut hastig ein unordentliches Nest, indem es einfach Zweige und Gras in eine Ritze im Gefels, Mauerwerk oder dergleichen anhäuft. Dort hinein kommen die 5 bis 6 hell bläulichen Eier, die in kurzer Zeit, in 11 bis 12 Tagen, allein vom Weibchen bebrütet werden. Die Jungen werden von beiden Eltern gefüttert und verlassen 14 bis 19 Tage nach dem Schlüpfen das Nest. Diese Hast bei dem ganzen Brutgeschäft hängt zweifellos mit dem zeitweiligen Auftreten der Insektenschwärme zusammen, die den Instinkt auslösten. Der Rosenstar bringt nur eine Brut im Jahr zustande und wandert schnellstens, sobald die Jungvögel sicher fliegen können, zu neuen und ergiebigeren Jagdgründen ab.

Nur gelegentlich nistet der gewöhnliche Star in kleineren Kolonien, meist aber einzeln; er baut ebenso wie der Rosenstar nur ein einfaches Polster aus Zweigen und Stroh in irgendeiner Höhle und legt dort 4 bis 5 hellblaue Eier hinein, die von beiden Eltern 12 bis 14 Tage lang bebrütet werden. Fast 3 Wochen lang bleiben die Jungvögel im Nest und verlassen es erst, wenn sie völlig flügge sind; dadurch wird die sonst so hohe Jugendsterblichkeit gemindert. Da die Stare zweimal im Jahr brüten können, benutzen sie ihr Nest mehrmals hintereinander; durch das Geschmeiß der Jungvögel fängt es dann allmählich an zu faulen, denn eine Nesthygiene, wie man sie bei den meisten Sperlingsvögeln findet, kennen die Stare offenbar nicht.

Daß sich der europäische Star überall dort, wohin ihn der Mensch aus seinem natürlichen Verbreitungsraum verpflanzte, erfolgreich behaupten und durchsetzen konnte, verdankt er seiner Anpassungsfähigkeit und Aktivität. Er gehört zu den 4 Wirbeltieren, die der Mensch aus ihrer europäischen Heimat über den ganzen Erdball ausgebreitet hat; absichtlich geschah dies mit dem Star und dem Haussperling, sozusagen «versehentlich» mit der Hausmaus und der Wanderratte. Am dramatischsten und am besten belegt spielte sich dies ab, als der Star im Verlaufe der letzten 50 Jahre nach Nordamerika eingeführt wurde und sich dort ausbreitete. Alle die Gefahren, die sich daraus ergaben, lieferten den Anlaß zum gegenwärtigen Bundesgesetz, das die Einfuhr und das Freilassen von Wildvögeln in den USA regelt.

Zwischen 1870 und 1900 wurde etwa ein dutzendmal versucht, Stare in den verschiedensten Teilen der USA und Kanadas anzusiedeln. Diese Experimente schlugen alle fehl mit Ausnahme des einen, bei dem man 60 Stare im Jahre 1900 im Zentralpark von New York freigelassen hatte; im darauffolgenden Jahre führte man weitere 40 Tiere dort ein. Die Vögel fingen dann auch gleich an zu brüten, und das erste Nest, das man 1900 dort fand, lag ausgerechnet unter dem Dach des angrenzenden Amerikanischen Museums für Naturgeschichte! Von diesen 100 Vögeln stammen alle die Millionen Stare ab, die nun den größten Teil des nordamerikanischen Kontinents besiedeln.

In den ersten paar Jahren blieben die Stare dort im New Yorker Zentralpark, doch als sie sich immer stärker vermehrten, wanderten sie ab. Noch im ersten Jahr hatten sie bereits New Haven in Connecticut und Bayonne in New Jersey erreicht; 10 Jahre später tauchten sie im größten Teil von Neuengland und den mittleren Atlantikstaaten auf. Diese Invasionen spielten sich immer nach ganz bestimmten Regeln ab: Während der Herbstzüge gelangten die Vögel in irgendwelche neue Verbreitungsräume, und wenn dort geeignete Lebensbedingungen herrschten, blieben ein paar Stare dort, anstatt wieder zu ihren Geburtsstätten zurückzukehren. Hier bauten die am Ort Verbliebenen eine neue Kolonie auf, bis ihre Nachkommen schließlich wieder in andere Gegenden vordrängten. Anfang der 30er Jahre hatten sie sich über den mittleren Westen ausgebreitet, nordwärts bis zum südlichen Kanada und nach Süden bis zum nördlichen Florida, um 1940 tauchten sie zum ersten Male jenseits der Rocky Mountains in Kalifornien auf.

Dabei hatte man die Stare mit den besten Absichten nach Amerika gebracht, denn in Europa sind es doch so nette und nützliche Tiere, die zudem noch große Mengen schädlicher Insekten fressen. Als sie aber in Amerika festen Fuß gefaßt hatten und in großen Scharen in den Provinzstädten erschienen, merkte man zu spät, daß sie doch einige höchst unerwünschte Eigenschaften an den Tag legten. Gewiß ist es erfreulich, daß sie Schadinsekten vertilgen, weniger angenehm aber, daß sie sich auch recht spürbar über die Getreidesaaten und Gartenfrüchte hermachen. Um die Wildfrüchte wetteifern sie mit den eingeborenen Drosseln und Seidenschwänzen, und um die Nistplätze streiten sie sich mit den in Amerika sehr hochgeschätzten Hüttensängern und Spechten, deren Individuenzahlen dort immer stärker zurückgehen, wo die Stare auftauchen.

Am unangenehmsten aber wirkte es sich aus, als die Stare sich schließlich in riesigen Scharen in den Städten versammelten, um dort den Winter zu verbringen. Das wurde zu Anfang der 30er Jahre in Washington ganz schlimm. Nachdem sich die dort überwinternden Stare tagsüber in der weiteren Umgebung sattgefressen hatten, strömten sie von allen Seiten her am späten Nachmittag in das Zentrum der Stadt. Dort saßen sie nun auf den Vorsprüngen der Verwaltungsgebäude, ballten sich auf den Bäumen der Pennsylvania-Allee und hockten kreischend in jedem Winkel und auf jedem Sims in den Vorräumen der Theater und Kaufhäuser, und ihr Kot beschmutzte die Gebäude, die Straßen und die Spaziergänger. Wo sie sich niederließen, quietschten und schwatzten sie bis in die Nacht hinein und ließen die Leute kein Auge zutun. Genauso suchten sie im Verlaufe der nächsten beiden Jahrzehnte noch andere Städte des Ostens und mittleren Westens heim. Berühmt als Rastplatz der Stare sind die Träger der Hudson-Parkweg-Brücke in New York, auf denen sich die Stare aus den Sumpfgebieten von New Jersey und Long Island an jedem Winterabend in Unmengen versammeln. In Europa ist es nicht anders: Man denke an die Starenschwärme vom Münchner Stachus oder vom Trafalgar-Square in London.

Zu den dringendsten, aber bisher noch nicht gelösten Problemen der Stadtverwaltungen gehört es daher, der Starenplage Einhalt zu gebieten. Alles Aufstellen von Fallen und Netzen, Abschießen und Vergiften hat den Bestand der Vögel überhaupt nicht befriedigend zu mindern vermocht. Alle Ver-

AMETHYST-GLANZSTAR
Cinnyricinclus leucogaster
Tropisches Afrika; 18 cm.

GROSSER BEO
Gracula religiosa
Indien bis Indochina
und Malaya; 33 cm.

GOLDSCHOPFSTAR
Mino coronatus
Burma, Thailand
und Indochina; 20 cm.

suche, die Vögel mit Flackerlicht, Feuerwehrschläuchen und Lärmmaschinen, einschließlich Lautsprecherübertragungen ihrer Warnrufe, und neuerdings auch das Bestreichen ihrer Rastplätze mit klebrigem Leim brachten nur zeitweilige Erfolge. Jetzt planen die Architekten, Häuser mit völlig glatten Fassaden zu bauen, damit sich die Vögel nirgends niederlassen können.

Glücklicherweise aber sieht es bereits so aus, als würde sich das ganze Problem allmählich von selber lösen, denn schon ebbt die explosionsartige Ausbreitung der Stare in den Oststaaten der USA wieder ab. Es vermindern sich die riesigen überwinternden Schwärme, und die Vögel richten sich eine feste ökologische Nische ein. Als Zeichen dafür können wir das Aufkommen regelmäßiger Zugwege in nordost-südwestlicher Richtung ansehen, die etwa parallel zu denen ihrer europäischen Vorfahren verlaufen.

Ungefähr das gleiche spielte sich ab, als man den europäischen Star nach Südafrika, Australien, Neuseeland und Hawaii verpflanzte. Jedesmal geschah so lange überhaupt nichts, bis sich die Vögel ausreichend vermehrt hatten. Dann aber nahmen sie explosionsartig überhand, und das führte immer wieder zu gänzlich unerwünschten Folgen für die einheimische Vogelwelt, für die Ernten und für die Nervenruhe des Menschen. Aber auch in ihrer eigenen europäischen Heimat hat sich die Art während des letzten Jahrhunderts vermehrt und ausgebreitet, indem sie den Kultivierungsarbeiten des Menschen bis ins nördliche Skandinavien und die subarktischen Inseln folgte. In den 30er Jahren tauchte der Star auf Island auf, und seit 1941 brütet er dort regelmäßig.

Aber auch den obenerwähnten Maina hat man in den letzten 100 Jahren in den verschiedensten Ländern anzusiedeln versucht, und in Südafrika, auf Hawaii, Neuseeland und in Australien sowie auf mehreren Inseln im Pazifischen, Indischen und Südatlantischen Ozean ist er bereits heimisch. Um 1900 gelangte der verwandte Haubenmaina nach Vancouver in Britisch-Columbia und hat sich dort behauptet, zum Glück

GEWÖHNLICHER STAR
Sturnus vulgaris
Europa und Westasien; 22 cm.

ROSENSTAR
Sturnus roseus
Südosteuropa und Südwestasien; 22 cm.

DREIFARB-GLANZSTAR
Spreo superbus
Ostafrika; 22 cm.

KÖNIGSGLANZSTAR
Cosmopsarus regius
Ostafrika; 35 cm.

GELBSCHNABEL-MADENHACKER
Buphagus africanus
Afrika südlich der Sahara; 22 cm.

jedoch ohne sich derart auszubreiten wie anderswo die Stare. Man schätzt die dortige Kolonie heute auf etwa 20000 Vögel, und diese Zahl scheint ziemlich konstant zu bleiben. Die ökologischen Gründe, aus denen sich die Mainas dort wohl halten, aber nicht weiter ausdehnen können, sind allerdings nicht bekannt. Die Naturpfleger jedoch wachen sorgsam darüber, daß die Mainas nicht etwa die biologische Schranke überschreiten und sich anderswo unter für sie günstigeren Bedingungen eine neue Population aufbauen, hat man doch vereinzelte Mainas bereits in den Staaten Oregon und Washington festgestellt. In den Fruchtfarmen könnte eine Mainaplage zu einem Verhängnis werden.

Trotz dieser hemmungslosen Ausbreitung einiger anpassungsfähiger Arten gibt es in dieser Familie aber auch verschiedene andere Stare, die sich auf engstem Raum derartig stark spezialisiert hatten, daß sie beim Vordringen der Zivilisation aussterben mußten. Dazu gehörte zum Beispiel ein kleiner Star, der zusammen mit der Dronte auf den Inseln Rodriguez und Réunion im Indischen Ozean lebte. Wir kennen nur 23 Exemplare von ihm, dessen letztes im Jahre 1840 erbeutet wurde. Von der hübschen, glänzend schwarzen *Aplonis*-Art, die einst in den Wäldern der östlichen Karolineninsel Kusaie vorkam, gibt es nur noch ein paar wenige Bälge im Museum von Leningrad. Wahrscheinlich sind diese Vögel von den Ratten vernichtet worden, die im 19. Jahrhundert mit den Walfangschiffen dorthin gelangten. Und ebenfalls Ratten, die durch ein gestrandetes Schiff im Jahre 1918 auf die winzige Lord-Howe-Insel in der Tasmanischen See zwischen Australien und Neuseeland gelangten, haben in kurzer Zeit einer anderen dort heimischen Starenart den Garaus gemacht.

Die Unterfamilie der Madenhacker *(Buphaginae)* enthält nur den Rotschnabel- und den Gelbschnabel-Madenhacker, die sich auf das Zusammenleben mit Großwild spezialisiert haben und nicht nur deren Zecken ablesen, sondern auch das Blut aufnehmen, das aus den Zeckenlöchern quillt. Diese Madenhacker zeigen einen breiten, dicken Schnabel, kurze Beine mit scharfen, gekrümmten Krallen und einen steifen, spitzen Schwanz. So klettern sie an allen möglichen Großtieren herum wie Spechte an einem Stamm. Ihre Wirtstiere nehmen kaum Notiz von ihnen, wenn sie sich nicht gerade allzu weit zu ihren Augen oder Nasen vorwagen.

Die Afrikaner stehen den Madenhackern mit gemischten Gefühlen gegenüber; die Jäger können sie nicht leiden, weil sie das Jagdwild warnen, indem sie bei Gefahr mit klapperndem Schrei auffliegen, während die Tierphotographen sich darüber freuen, daß die Vögel sich so nett auf Großwildaufnahmen ausnehmen. Den Farmern kommt es sehr gelegen, daß ihr Vieh von den Zecken gereinigt wird, aber die Viehhändler ärgern sich, weil die Madenhacker angeblich die von den Zecken verursachten Wunden noch vergrößern, um das Blut zu trinken. Allerdings verschwenden die Vögel keine Zeit auf zeckenfreies Getier und verschwinden wieder aus den Gegenden, in denen sie alle Großtiere regelmäßig abgegrast haben.

Madenhacker sind Höhlenbrüter. Der Gelbschnäbelige nistet in Baumhöhlen, der Rotschnäbelige unter Hausdächern, im Stroh der Eingeborenenhütten, in Felsspalten oder an Dämmen. Das unordentliche Nest besteht aus Gras und Stroh, gepolstert mit Haaren, und enthält 3 bis 5 hellblaue, braun gefleckte Eier.

Als 3. Unterfamilie *(Pityriasinae)* kann man vielleicht den seltenen und wenig erforschten Warzenkopf aus den Wäldern von Südborneo anschließen, den man seines eigenartigen Kopfgefieders wegen lange zu den Brillenwürgern gestellt oder auch als eine eigene Familie betrachtet hat. Nach den wenigen Angaben, die wir bis jetzt kennen, hält man ihn heute für einen etwas aberranten Star.

Honigfresser *Melliphagidae*

Zu den charakteristischen Vogelfamilien Australiens, Neuseelands und der Inseln des Südwestpazifik gehören die 160 Arten der Honigfresser, Vögel von Sperlings- bis Hähergröße. Manche zeigen einfache grünliche, braune, graue oder gelbliche Töne, andere wieder auffallende Muster aus Schwarz, Weiß und Rot. Sie leben im Wald- und Buschland und fressen, wie schon ihr Name sagt, vorwiegend Blütensäfte und kleine Insekten. Allen gemeinsam ist der dünne, abwärts gekrümmte, spitze Schnabel und eine lange, vorstreckbare Zunge, deren Vorderteil sich beim Heraustreten zu einer Röhre einbiegt, durch die dann die Vögel den Nektar einsaugen. Die ziemlich langen, spitzen Flügel tragen 10 Handschwingen, der Schwanz ist entweder kurz oder ziemlich lang, und die Beine erscheinen in der Regel kurz und kräftig.

Am stärksten ist die Familie in Australien vertreten, wo mehr als die Hälfte der Arten zu Hause ist, kommt aber auch von den Molukken an ostwärts über die Papuasische Region bis zu den Inseln des Südpazifik vor. Eine Gruppe drang sogar bis Hawaii vor, wo früher 5 oder 6 Formen von Oos lebten, darunter auch der Krausschwanz, dessen gelbe Federn die Kopfbedeckung der Fürsten schmückten. Die Oos hielten sich in den Bergwäldern auf und verschwanden sehr bald, als ihr Lebensraum zerstört wurde. Während noch die Hoffnung besteht, daß eine Art *(Moho bracatus)* auf Kauai existiert, sind die anderen bestimmt ausgestorben, denn man hat sie seit Beginn des 20. Jahrhunderts nicht mehr beobachtet.

Der Gehelmte Honigfresser mag als Beispiel für eine größere australische Gruppe gelten, deren meiste Angehörige eine olivgrünliche Grundfärbung und einen Besatz mit gelben Federn um den Kopf und Hals haben. Diese Honigfresser der Nominatgattung *Meliphaga* sind vorwiegend in den weiten Eukalyptuswäldern zu Hause, aber auch in den Eichen- und Akazienbeständen. Einige besuchen regelmäßig die Gärten und Stadtparks zur Blütezeit der Bäume. Man bezeichnet sogar verschiedene Blütenbäume als «ornithophil», d. h., sie sind in ihrer Befruchtung auf die Vögel angewiesen, und ihre Blüten sind so geformt, daß sie das Übertragen des Blütenstaubes durch Honigfresser und andere Vögel erleichtern.

In kleineren Verbänden streifen der Gehelmte Honigfresser und seine Verwandten durch die Wälder und lassen sich auf den blühenden Bäumen zum Mahl nieder. Ständig zanken sich diese lebhaften Vögel beim Fressen miteinander herum, um nur ja den besten Platz an der bevorzugten Blüte zu erwischen. Kommt aber ein Vogel einer fremden Art hinzu, so hören sie sofort mit der Mahlzeit auf und versuchen, ihn mit vereinten Kräften von ihrem Futterplatz zu vertreiben. Alle Honigfresser bauen offene, napfförmige Nester aus kleinen Zweigen, gepolstert mit Pflanzenfasern und Haaren, in Bäumen oder im Gebüsch. Eine Art, der Weißohr-Honigfresser, wird während der Nistzeit so zahm, daß er den Menschen auf den Kopf fliegt, um ihnen Haare als Nistmaterial zu stehlen.

Meistens werden 2 oder 3 weiße oder auch dunkler gezeichnete Eier abgelegt.

Eine weitere große Gruppe bilden die Honigschmecker der Gattung *Myzomela* als kleine, bunte Vögel von 10 bis 15 cm Länge, die weit verbreitet auf den Pazifischen Inseln leben. Meistens zeichnen sich die Männchen durch ihr leuchtend schwarzes und rotes Gefieder aus, während die Weibchen ein mattes Grün tragen, aber diese Farbunterschiede der Geschlechter wechseln doch sehr bei den verschiedenen Arten. Manchmal sind die Männchen ebenso ausdruckslos gefärbt wie die Weibchen, und in einigen wenigen Fällen finden wir bei den Weibchen ein ähnlich buntes Farbkleid wie im anderen Geschlecht. Abgesehen von der Brutzeit zigeunern die *Myzomelas*-Arten in kleineren Trupps auf der Suche nach blühenden Bäumen und Sträuchern durch das Land. In ihrem Nistverhalten gleichen sie den übrigen Familienangehörigen und bauen das übliche offene, schüsselförmige Nest, das 2 oder 3 Eier enthält. Das Nest wird hauptsächlich vom Weibchen angelegt, aber das Männchen hilft beim Brüten und Füttern der Brut. Für derartig kleine Vögel dauert die Brutzeit ziemlich lange, nämlich etwa 18 Tage, und genauso lange verbleiben die Jungvögel noch im Nest.

Durch nackte Kopfstellen oder Klunkern zeichnen sich die australischen Lederköpfe und Klunkerhonigfresser aus. Diese hähergroßen Arten gehören zu den größeren Honigfressern und sehen meist grau aus. Manche sind recht lärmvoll, wie etwa der Lärmlederkopf mit seinem nackten, dunklen Kopf und der rauhen Stimme. Er durchstreift das Kulturland und die Siedlungen und soll dabei gelegentlich die Gärten verwüsten. Auch die Klunkerhonigfresser, die ihren Namen nach den gelben oder roten Klunkern hinter dem Auge tragen, fressen sowohl Früchte als auch Nektar und Insekten. Bei ihnen nehmen die Wanderungen bereits den Charakter jahreszeitlicher Züge an, so daß sie im südlichen Australien als Zugvögel gelten.

Die meisten Honigfresser zeigen beachtliche Gesangsleistungen, und einer der besten Spötter ist der Tui oder Priestervogel, den die Neuseeländer zu ihren besten Waldsängern zählen. Sein Gesang ist laut, abwechslungsreich und wohltönend; er enthält nicht nur die nachgeahmten Laute anderer Vögel, sondern selbst derart fremdartige Laute wie das Quieken eines Schweins, das Pfeifen eines Jungen nach seinem Hund oder das Bellen des Hundes selbst. Seinen Namen «Priestervogel» verdankt der Tui den beiden gekräuselten Federn an der Kehle, die ungefähr so aussehen wie das Bäffchen eines Geistlichen. Obwohl der Tui längst nicht mehr so zahlreich auftritt wie zu der Zeit, als der ursprüngliche Wald noch nicht gerodet war, kommt er doch noch recht häu-

fig auf Neuseeland vor, da er sich weit besser mit dem Vordringen des Menschen abfinden konnte als 2 andere neuseeländische Familienangehörige, nämlich der Neuseeland-Glokkenvogel und der Borstenhonigfresser.

Der Neuseeland-Glockenvogel, dessen Chor wie das Läuten kleiner Silberglocken klingt, lebt noch in den kärglichen Resten des einstigen Urwaldes und soll auch in seinen Reservaten noch einigermaßen häufig vorkommen. Bei dieser etwa 23 cm langen Art sieht das Männchen dunkelgrün aus, das Weibchen aber mehr braun. Da sie sehr scheu sind, hört man sie eher als man sie zu Gesicht bekommt. Beide Geschlechter singen gleich gut.

Den kleinen, nur 18 cm großen Borstenhonigfresser, dessen Stimme sich wie der Klang zweier gegeneinandergeschlagener Steine anhört, hat man zuletzt nur noch in einer sehr kleinen Kolonie auf einer der winzigen Barrieren-Inseln vor der Nordinsel Neuseelands angetroffen. Das Männchen sieht samtschwarz auf dem Rücken aus und trägt beiderseits des Kopfes einen auffallenden weißen Federbusch sowie ein gelbes Querband in der Höhe der Flügelgelenke über die Brust; das mattbraune Weibchen zeigt nur ein paar weißliche Federn an den Kopfseiten und einen kleinen weißen Fleck am Flügel. Die paar Nester, die man bisher beschrieben hat, lagen in Baumhöhlen, also an höchst ungewöhnlichen Orten für Mitglieder dieser Familie, und bestanden aus kleinen Zweigen und Wurzeln, gepolstert mit Federn und den Schuppen von Baumfarnen. Den Inhalt bildeten 5 reinweiße, glänzende Eier.

Die Borstenhonigfresser leben nicht nur selbst ausschließlich von Blütensäften, sondern füttern damit auch ihre Jungen, und das mag auch der Grund dafür gewesen sein, daß sie den tiefen Eingriffen der fortschreitenden Zivilisation in ihren Lebensraum keinen Widerstand leisten konnten. Wie die Einwohner von Hawaii es mit dem Oo machten, so benutzten auch die Maoris die gelben Brustfedern dieser Art zum Schmuck ihrer Mäntel, und dann haben sich natürlich auch die eingeführten Ratten und anderen Raubtiere höchst nachteilig auf den Bestand des Neuseeland-Glockenvogels und des Borstenhonigfressers ausgewirkt. Es besteht jedoch kein Zweifel, daß auch hier wieder die Veränderung des natürlichen Lebensraumes weit mehr als die Verfolgung durch den Menschen die Schuld am Rückgang der beiden Arten trägt.

Als eine eigene Unterfamilie *(Promeropinae)* schließen wir — wenn auch mit einem großen Fragezeichen versehen — zwei eigenartige südafrikanische Arten hier an, die nur von Rhodesien an südwärts vorkommen, doch kann man sich kaum vorstellen, wie sie von Australien aus ohne jede Zwischenstation hierhergelangt sein sollten, wenn es sich wirklich um Honigfresser handelt. Allerdings gleichen sie den echten Honigfressern verblüffend im Aussehen und in ihren Lebensgewohnheiten. Sie zeigen den gleichen Bau der Zunge und leben vorwiegend von Blütensäften, aber auch von Insekten. Obwohl sie sonst keiner anderen Vogelgruppe ähneln als den Honigfressern, können sie selbstverständlich auch durch eine Parallelentwicklung aus einer ganz anderen Stammgruppe hervorgegangen sein. Mit einer Länge von 40 bis 43 cm, einschließlich des langen Schwanzes, stellt das Männchen des Kap-Honigfressers die größte Art der Familie dar; sein Weibchen wird trotz gleicher Körpergröße nur 28 cm lang. Die Tiere bauen im Gebüsch offene, napfförmige Nester und bestücken sie mit 2 gelblichen, getüpfelten Eiern.

Nektarvögel *Nectariniidae*

Die altweltlichen Nektarvögel fordern zu einem Vergleich mit den amerikanischen Kolibris heraus. Wenn auch die beiden Familien überhaupt nicht näher miteinander verwandt sind, so bilden die Nektarvögel doch typologisch das Gegenstück zu den Kolibris und wetteifern mit ihnen in der Mannigfaltigkeit ihrer Schillerfarben, jedoch nicht in der Körpergestalt. Auch in ihrer fliegerischen Geschicklichkeit bleiben die Kolibris unerreicht. Die Nektarvögel fressen zwar ebenfalls Blütensäfte und kleine Insekten, setzen sich aber zu diesem Zweck neben die Blüten. Mitunter verharren sie allerdings auch rüttelnd im Flug, wenn sie auf anderem Wege nicht an eine Blüte oder an ein Blatt herankommen, um dort die Insekten abzulesen. Aus kleineren Blüten saugen sie den Nektar in gleicher Weise wie die Kolibris; ist aber der Blütenkelch zu lang, dann bohren sie ihn einfach am Grunde mit ihrem langen, spitzen Schnabel an.

Am nächsten sind die Nektarvögel mit den Honigfressern und den Blütenpickern verwandt, bilden aber eine durchaus in sich geschlossene, deutlich von ihren Verwandten abgegrenzte Gruppe. Der Gestalt nach kommen sie den Honigfressern am nächsten, insbesondere im Bau des schlanken, abwärts gekrümmten, aber viel längeren Schnabels, dessen Schneideflächen außerdem nahe der Spitze fein gesägt sind. Ganz anders aber ist die Zunge gebaut. Sie bildet in den äußeren zwei Dritteln eine doppelte Röhre und führt durch einen Kanal in die Kehle; ihre Spitze ist nicht pinselartig gefranst, sondern endet mit 2 oder bei manchen Gruppen sogar 3 Zipfeln. Auch wirken die Flügel, die 10 Handschwingen tragen, kürzer und abgerundeter als bei den Kolibris, und die Füße bleiben gewöhnlich kürzer.

Alle 104 Arten sind ziemlich klein; die meisten erreichen noch nicht einmal 15 cm Länge. Bei einigen Arten finden wir die mittleren Schwanzfedern verlängert, so daß zur eigentlichen Körperlänge nochmals 3 bis 5 cm hinzukommen. In der Regel herrscht ein deutlicher Geschlechtsunterschied, denn gewöhnlich tragen nur die Männchen das bunte Pracht-

gefieder, während die Weibchen meist matt grau, braun oder olivgrün am Rücken und am Bauch etwas heller aussehen, oft auch Streifen, Striche oder Flecken zeigen. Abgesehen von einigen wenigen Arten, bei denen die männlichen Jungvögel schon von Anfang an voll ausgefärbt sind, gleichen alle Jungen zunächst den Weibchen.

Weit verbreitet über die wärmeren Waldgebiete der Alten Welt, sind die Nektarvögel am stärksten im tropischen Afrika vertreten, wo mehr als die Hälfte der Arten vorkommt. Von Israel an gehen sie dann ostwärts über Südasien, wo sie noch in Malaya mit mehr als 20 Arten aufwarten. Bis zum nördlichen Australien ist nur eine Art vorgestoßen, aber auf den Inseln des Pazifik sind mehrere Formen zu Hause. In ihren Verbreitungsgebieten leben die Nektarvögel ziemlich standorttreu; sie unternehmen wohl außerhalb der Brutzeit kleinere Wanderungen, um zu den jeweils in Blüte stehenden Bäumen zu gelangen, zeigen aber kein jahreszeitlich gebundenes Zugverhalten.

An den blühenden Pflanzen versammeln sich die Nektarvögel, doch leben sie von Natur aus nicht gesellig. Oft sind sie sogar recht streitbar und verteidigen ihre Futter- und Nistplätze gegen fremde Eindringlinge. Wenig entwickelt ist ihre Stimme. Sie besteht aus einem dünnen, metallisch klingenden Ruf, den man nicht allzu weit hört, oder aus einem zwitschernden Schwatzen, das die balzenden Männchen an Stelle eines eigentlichen Gesanges hören lassen.

Charakteristisch für diese Familie sind die beutelförmigen Hängenester aus verwobenen Pflanzenfasern und Spinnenweben; sie hängen gewöhnlich von einem bodennahen Zweig herab, selten höher als 3 m über der Erde, und sind kaum irgendwie getarnt. Wenige Arten bauen solide Niststätten; meist wirken sie ziemlich unordentlich. Der Boden des Nestbeutels läuft in ein lockeres Faserwerk mit einigen Blättern aus, so daß man das Ganze eher für irgendeinen Pflanzenabfall ansehen möchte. Das alles wird mit weichen Pflanzenstoffen, Filz oder Federn ausgekleidet; der Eingang, geschützt durch ein kleines Vordach, liegt seitlich am oberen Ende.

Obwohl die Paare eng zusammenhalten, vermutlich sogar das ganze Jahr über, bleibt doch der größte Teil der Brutpflege dem Weibchen überlassen, bei einigen Arten sogar gänzlich. In dieser Hinsicht herrscht anscheinend keine Einheitlichkeit innerhalb der Familie, aber offenbar brütet allein das Weibchen. Bei einigen Arten, wie dem Weißbrust-Nektarvogel, hilft das Männchen gelegentlich beim Nestbau und auch beim Füttern der Jungen. Im allgemeinen sehen die Eier weiß bis gelblich aus und tragen kräftige Tupfen; die Anzahl im Gelege beträgt 2, seltener 3, und die Arten, die mehrere Bruten im Jahr aufziehen, legen sogar nur ein Ei. Die Brutzeit soll 13 bis 14 Tage dauern, und nach weiteren 17 Tagen können die Jungen fliegen.

Auf die Orientalische Region beschränken sich die 9 Arten der Spinnenfresser *(Arachnothera)*, die man auf Grund ihres einheitlichen und von den Nektarvögeln abweichenden Aussehens oft als eigene Unterfamilie ansieht. Hier fehlen die schimmernden Metallfarben; vielmehr tragen beide Geschlechter graubraune, mattgelbe oder olivgrüne Gefieder. Auch fressen diese 15 bis 21 cm großen Vögel mit ihrem längeren, kräftigeren Schnabel mehr Insekten. Der asiatische Kleine Spinnenjäger ernährt sich größtenteils vom Blütensaft der Bananenstauden und steckt, auf den Blättern sitzend, seinen Schnabel tief in die Blütenröhre.

Die meisten Spinnenfresser bauen ein eigenartiges napfförmiges Nest, das an der Unterseite eines breiten Blattes befestigt wird. Dabei nähen sie den Nestrand am Blatt mit Spinnenweben oder Pflanzenfasern fest, wobei sie den Faden oben verknoten. Somit dient das Blatt also als Dach, und den Eingang stellt eine halbkreisförmige seitliche Höhlung dar. Beide Geschlechter beteiligen sich am Nestbau, am Bebrüten der 2 bis 3 Eier und an der Aufzucht der Jungvögel.

Blütenpicker *Dicaeïdae*

Zu den kleinsten Vögeln, die einem im orientalischen und australischen Gebiet zu begegnen pflegen, gehören die Blütenpicker als lebhafte, meist kaum 8 cm messende Zwerge; nur wenige sind von der Schnabelspitze bis zum Ende des kurzen, stummeligen Schwanzes mehr als 15 cm lang. Wir verteilen die 54 Arten der Familie auf 6 Gattungen, von denen das Genus *Dicaeum* mit 33 Arten die größte, häufigste und charakteristischste Gruppe darstellt. Von Indien an bis Formosa und zu den Philippinen, bis Australien und bis zu den Salomonen im Pazifik finden wir sie überall im Verbreitungsgebiet der Familie vertreten.

Am stärksten haben sich die Blütenpicker in der Papuasischen Region entfaltet, und hier dürfte wohl auch ihr Entstehungszentrum gelegen haben. Anscheinend gehen sie zusammen mit den Nektarvögeln auf eine gemeinsame Stammgruppe zurück, denn sie besitzen die gleiche lange Röhrenzunge und die gleiche Sägung auf den Schneiden des äußeren Schnabeldrittels. In seiner Form variiert der Schnabel der Blütenpicker ein wenig, wird jedoch niemals so lang und dünn wie bei den Nektarvögeln; im typischen Fall erscheint er kurz, gedrungen und leicht nach unten gebogen. Man erkennt die Familie daran, daß die äußere Handschwinge stark verkürzt ist. Das tritt schon bei den urtümlicheren Gattungen auf, aber bei den höher entwickelten, wie auch bei der Nominatgattung *Dicaeum*, finden wir nur noch Reste der äußeren Handschwinge. Nackte Hautstellen und Klunkern, wie wir sie bei manchen Honigfressern und Nektarvögeln antreffen, fehlen hier ganz, und nur eine Art trägt einen Schopf.

Das Farbkleid der Blütenpicker ist recht unterschiedlich ausgebildet, doch zeigt es zumeist einfache Töne, und nur einige wenige Arten lassen eine gestreifte Unterseite erkennen. In der Regel herrschen deutliche Geschlechtsunterschiede, doch gibt es auch Arten, bei denen sich Männchen und Weibchen ähneln. Bei den Männchen finden wir einen dunklen, oft glänzenden, jedoch selten metallisch schimmernden Rükken und einen hellen, mitunter sogar weißen Bauch; häufig bemerken wir rote oder gelbe Flecken auf dem Kopf, dem Rücken, am Rumpf oder an der Brust. Die Weibchen wirken gedeckter und einfarbig olivbraun auf der Oberseite, am Bauch etwas heller. Selten treten bei den Arten, in denen sich die Geschlechter äußerlich gleichen, auffällige Farben auf; nur bei einer auf den Philippinen heimischen Gruppe sind die Weibchen ebenso bunt wie die Männchen.

Wie schon ihr Name vermuten läßt, sieht man die Blütenpicker ausgiebig an den Blüten nach kleinen Insekten suchen,

SCHARLACHROTER BLÜTENPICKER ♂
Dicaeum cruentatum
Indien bis südliches China und Ostindien; 9 cm.

BLUTBRUST-BLÜTENPICKER ♂
Dicaeum hirundinacëum
Australien; 9 cm.

FLECKENPANTHERVOGEL ♂
Pardalotus punctatus
Südöstliches Australien; 8 cm.

und einige Gruppen leben auch zum großen Teil von Blütensäften. Als Grundnahrung aber fressen die Vögel, insbesondere die *Dicaeum*-Arten, zumeist kleine Früchte und Beeren der *Loranthus*-Misteln, und zwar mit solcher Vorliebe, daß die Australier eine Art geradezu als Mistelvogel bezeichnen. Man beschuldigt die Blütenpicker, daß sie dazu beitragen, diese Pflanzenparasiten verbreiten zu helfen, die eine Plage für die Mangobäume darstellen.

Meist halten sich die Blütenpicker in den Baumwipfeln auf, kommen aber auch häufig in Bodennähe herunter, wenn das niedere Buschwerk blüht oder fruchtet. Dort versammeln sie sich, auch in Gemeinschaft mit anderen Vögeln, die sich von der Blütennahrung angezogen fühlen, doch leben sie nicht eigentlich gesellig. Auf den Salomonen beobachtete der Verfasser den Zwergblütenpicker, wie er einzeln oder in Paaren durch das Gebüsch des Waldrandes oder um die Eingeborenenhütten flatterte, jedoch niemals im dichten Wald. Sein Ruf besteht aus einem kurzen, metallischen Zirpen, das häufig eine ganze Zeitlang wiederholt wird. Manche Arten sollen angeblich auch einen trillernden Gesang hören lassen, doch steht diese Familie keineswegs im Rufe besonderer Gesangsleistungen.

Die Nester der Blütenpicker sehen ungefähr ebenso aus wie die der Nektarvögel: kleine, lange Beutel aus Pflanzenfasern und ähnlichem Material, die mit Spinnenweben zu einem Filz verfestigt sind und von einem Zweig herabhängen; beim Blutbrust-Blütenpicker sind sie mit einem schlitzförmigen oberen Eingang ausgestattet. Verschiedene Arten verstärken das Schlupfloch dadurch, daß sie festes Gras in den Rand einweben, und andere bauen aus dem gleichen Material eine Art Haube zum Schutz darüber. Nestbau und Brüten bleiben im allgemeinen die Aufgabe des Weibchens, doch hilft auch hier das Männchen gelegentlich mit.

Gänzlich verschieden von diesen typischen Blütenpickern sind die kleinen, pummeligen Panthervögel der Gattung *Pardalotus* in Australien und Tasmanien, denen man vielleicht den Rang einer eigenen Unterfamilie einräumen sollte. Ihr Name leitet sich von den hellen Flecken her, die ihr Gefieder zieren. In der Größe und Gestalt ähneln die Panthervögel den anderen Blütenpickern, haben aber kürzere, dickere Schnäbel mit einem Einschnitt hinter der Spitze und keine Sägezähnchen. Sie fressen fast ausschließlich Insekten sowie deren Larven und suchen, wie die Meisen, das Laub, die Rinde und Zweige nach ihnen ab. Dabei halten sie sich gern paarweise zusammen, wenn sie die äußeren Äste eines Baumes in ziemlicher Höhe bearbeiten.

Aber auch in ihrem Nistverhalten unterscheiden sich die Panthervögel von den Blütenpickern. Sie bauen zwar ebenfalls ein geschlossenes Nest, verwenden aber dazu Rindenstreifen und Gras; das Ganze wird in einer Höhle untergebracht, meist am Ende eines selbstgegrabenen Erdganges in 50 bis 60 cm Tiefe. Der Gelbschwanz-Panthervogel baut in ebenem oder leicht abfallendem Boden, der Fleckenpanthervogel an Hängen oder am Grunde eines entwurzelten Baumes, der Rotschwanz-Panthervogel in Baumhöhlen oder in Mauerlücken, wie es auch andere Panthervögel tun. Beim Graben der Gänge und beim Bau der großen Nester arbeiten beide Geschlechter zusammen, und das Männchen beteiligt sich auch regelmäßig am Ausbrüten der Jungen. Je nach der Artzugehörigkeit schwankt die Zahl der reinweißen, ungefleckten Eier zwischen 3 und 5.

Fast alle Angaben über die Lebensweise der Blütenpicker verdanken wir den Freilandbeobachtungen. In den Tierhandel gelangen die Vögel nur selten, und es dürfte auch schwer sein, sie in der Gefangenschaft naturgemäß zu füttern.

Brillenvögel *Zosteropidae*

Die einheitlichste unter den größeren Familien der Sperlingsvögel bilden die kleinen, gelblichgrünen Brillenvögel, die ihren Namen nach dem schmalen Kranz weißer Federn um ihre Augen tragen. Mit ihnen beenden wir die Gruppe altweltlicher Nektarfresser, zu denen auch die eben behandelten 3 Familien zählen. Als nächste Verwandte der Brillenvögel haben wir die Honigfresser anzusehen, deren Zunge ebenso bürstenartig und nicht röhrenförmig gestaltet ist wie bei den Nektarvögeln und Blütenpickern. Von allen ihren Verwandten dürfen wir die Brillenvögel als die höchstentwickelte Einheit ansehen, weil bei ihnen die 10. Handschwinge nur noch andeutungsweise oder überhaupt nicht mehr auftritt.

Alle Brillenvögel ähneln einander stark. Sie werden 10 bis 14 cm lang und sehen auf dem Rücken olivgrün bis graubraun aus, am Bauche aber gelb bis grau oder weiß. Auffällig an ihnen ist nur der Augenring, der manchmal unterschiedlich breit oder bei anderen unvollständig sein kann, aber nur selten fehlt. Der Wallace-Brillenvogel der Kleinen Sundainseln bildet die einzige Art, deren Augenring nicht weiß, sondern gelb gefärbt ist. Die Schnäbel variieren in Länge und Dicke, sind aber zumeist ziemlich schlank, spitz und leicht nach unten gebogen, die Flügel verrundet, die abgestutzten Schwänze mittellang und die Beine kurz und kräftig.

So gering sind die Unterschiede zwischen den einzelnen Formen, daß der Vogelsystematiker zwischen Freude und Verlegenheit schwankt. Ganz ähnliche Formen bewohnen mitunter verschiedene, dicht beieinander gelegene Lebensstätten, ohne sich zu verbastardieren. Sind es nun gute Arten oder nur geographische Rassen? Nach der letzten vorliegenden Revision unterscheiden wir 12 Gattungen mit insgesamt 85 Arten. Da aber die Unterschiede zwischen den Gattungen geringer erscheinen als bei anderen Familien zwischen den Arten, möchten einige konservative Ornithologen fast alle Brillenvögel zur Nominatgattung *Zosterops* rechnen.

Von Afrika südlich der Sahara reicht das Verbreitungsgebiet der Brillenvögel über Arabien und Südasien bis nach China und Japan sowie bis Australien und Neuseeland und darüber hinaus bis zu den Karolinen, Fidji-Inseln und Samoa. Nachdem der Mensch sie im letzten Jahrhundert nach Hawaii verpflanzt hatte, eroberten sie sich diesen Raum von Insel zu Insel und scheinen sich auch noch weiter auszubreiten. Um 1850 tauchte der Australische Brillenvogel plötzlich auf Neuseeland auf und bewohnt heute sogar die nahegelegenen kleinen Inselchen. Eine besonders harte Gruppe besetzte die Macquarrie-Inseln, den südlichsten Vorposten zur Antarktis hin.

Es erscheint in der Tat bemerkenswert, daß diese Familie sich auf den ozeanischen Inseln festsetzen konnte, denn die Brillenvögel können nicht besonders gut fliegen und wandern auch kaum, wenn wir von ein paar Höhenbewohnern absehen, die sich bei kalter Witterung in wärmere, niedriger gelegene Gegenden zurückziehen. Wahrscheinlich hängt ihr kolonisatorischer Erfolg mit ihrer geselligen Lebensweise zusammen. Außerhalb der Brutzeit halten die Tiere in Scharen zusammen, die manchmal nach Hunderten von Vögeln beiden Geschlechtes zählen. Dadurch wachsen die Aussichten, daß durch Wind und Wetter eine genügend große Anzahl von Brutpaaren zu einer abgelegenen Insel versprengt wird und dort eine neue Kolonie aufbauen kann.

Als Baumvögel, die sich im wesentlichen von Insekten, Früchten und Beeren ernähren, nehmen die meisten Arten auch Blütensäfte auf, einige sogar fast ausschließlich. Dabei stecken sie entweder den Schnabel in die Blüte oder bohren den Blütenkelch an. Während der Brutzeit läßt das Männchen seinen klingenden Gesang hören.

Wie man es oft bei Arten findet, deren Geschlechter sich nicht unterscheiden, sind die Brutgeschäfte genau verteilt, doch gibt es hierin bei den verschiedenen afrikanischen, indischen, australischen und japanischen Arten, die man beobachtet hat, nur wenig Abwechslung. Jedes Paar sucht sich ein Brutrevier und baut sein kleines, offenes Nest aus Pflanzenfasern und Spinnenweben, ausgestattet mit Wurzeln oder Haaren, am Grunde eines waagerechten Querastes an einem niedrigen Baum oder Busch. Das Gelege enthält 2 bis 4 ungefleckte, hell- bis dunkelblaue Eier, und die Brutzeit beträgt 11 bis 12 Tage; nach 9 bis 13 Tagen verlassen die Jungvögel ihr Nest.

GANGES-BRILLENVOGEL
Zosterops palpebrosa
Indien bis zu den Philippinen; 10 cm.

Laubwürger *Vireonidae*

Mit den Laubwürgern kommen wir nun zu einer Gruppe aus 6 Vogelfamilien, zu denen die am höchsten entwickelten Singvögel der Neuen Welt rechnen. Sie enthalten zusammen nicht weniger als 800 Arten, das ist etwa ein Zehntel sämtlicher Vogelarten. Bei allen diesen Vögeln treten nur noch 9 funktionsfähige Handschwingen auf. Ob die Familien nun von einer einzigen Ahnengruppe oder, was eher der Fall sein dürfte, von mehreren Stämmen herzuleiten sind, bleibt ungewiß, da sie verwandtschaftliche Beziehungen zu verschiedenen Sperlingsvogelfamilien zeigen. Nur zwei Familien, nämlich die Kleidervögel der Hawaii-Gruppe und die Finkenvögel, haben sich über die Grenzen des amerikanischen Doppelkontinentes ausbreiten können, doch sind sie ebenso wie die anderen auf der westlichen Erdhälfte entstanden.

Jede der 6 Familien bildet zwar eine einigermaßen abgeschlossene Einheit, doch verlaufen die Grenzen zwischen ihnen oft unscharf. So gehen die Ansichten über die systematische Verwandtschaft noch auseinander; insbesondere weiß man nicht, zu welcher Familie man bestimmte vermittelnde Gattungen zu stellen hat. Für die Aufeinanderfolge der Familien im System gibt es eine ganze Reihe von Vorschlägen, und so wird man sicherlich auf Grund der vergleichenden Anatomie und Verhaltensforschung die bestehende Einteilung verbessern und vielleicht auch einigen Gruppen, die hier nur als Unterfamilien betrachtet werden, den Rang eigener Familien einräumen.

Von dem Familienkomplex, der hier zu Rede steht, sind die Laubwürger nicht nur am deutlichsten abgegrenzt, sondern auch am urtümlichsten, denn verschiedene Arten zeigen noch

ROTAUGEN-LAUBWÜRGER
Vireo olivacëus
Südliches Kanada bis Argentinien; 15 cm.

GELBKEHL-LAUBWÜRGER
Vireo flavifrons
Östliches Nordamerika; 14 cm.

GRAUSCHEITEL-PAPAGEIWÜRGER
Cyclarhis gujanensis
Mexiko bis Argentinien; 16 cm.

GELBBRAUNER LAUBWÜRGER
Vireolanius melitophrys
Mexiko bis Guatemala; 18 cm.

MEXIKANISCHER GRÜNLAUBWÜRGER
Hylophilus decurtatus
Mexiko bis Panama; 10 cm.

Reste einer 10. Armschwinge. In dieser Hinsicht gleichen sie den altweltlichen Blütenpickern, doch könnte man sie auch als Gegenstücke zu den Brillenvögeln ansehen, denn es sind gleichfalls unauffällige, kleine Vögel, 10 bis 15 cm lang, mit einheitlich olivgrünem oder graubraunem Gefieder ohne äußeren Geschlechtsunterschied. Auch führen sie eine ähnliche Lebensweise und bauen die gleiche Art der Nester. Alle diese Parallelen beruhen auf einer Konvergenzentwicklung, denn beide Familien sind nicht näher miteinander verwandt. Nach ihrer Anatomie und Verbreitung haben wir die Schwestergruppe vielmehr unter den Waldsängern zu suchen, von denen sie sich hauptsächlich durch den dickeren, hakigen und vorn gekerbten oder gezähnten Schnabel unterscheiden.

Wir verteilen die 43 Arten der Laubwürger auf 3 Unterfamilien. Weit verbreitet über die amerikanischen Waldgebiete vom mittleren Kanada bis Argentinien leben 37 Arten Eigentlicher Laubwürger *(Vireoninae)*; vom südlichen Mexiko bis zum mittleren Südamerika reicht das Verbreitungsgebiet der 3 Neuweltwürger *(Vireolaniinae)* und der 2 Papageiwürger *(Cyclarhinae)*. Somit konzentriert sich die Verbreitung der Familie hauptsächlich auf die Tropen von Mittel- bis zum nördlichen Südamerika, und da auch so gut wie alle Arten, die in den nördlicher und südlicher gelegenen Gebieten brüten, zum Winter in die Tropen ziehen, dürfte hier wohl die Heimat ihrer Vorfahren gelegen haben.

Den eigentlichen Lebensraum der Laubwürger stellen die äußeren Äste der Bäume und Sträucher dar, und hier machen sie sich bedächtig damit zu schaffen, die kleinen Insekten von den Blättern abzulesen. Im Herbst und Winter aber ergänzen sie ihre Speisekarte noch mit Sämereien und Beeren, wobei sie ganz besonders die Früchte der Magnolien sowie Holunder- und Heidelbeeren bevorzugen. Die Laubwürger fallen nicht nur angenehm dadurch auf, daß sie mit den Schadinsekten aufräumen, sondern auch durch ihren fortwährenden Gesang. Am unermüdlichsten erweist sich darin der Rotaugen-Laubwürger, dessen ebenso geschwätzigen wie eintönigen Monologe ihm bei den Neuengländern den Namen «Prediger» eingetragen haben. Die ganze Frühjahrs- und Sommerzeit hindurch, von der Morgen- bis zur Abenddämmerung, singt der Rotaugen-Laubwürger seine kurzen, aber angenehm musikalischen Strophen aus 2 bis 5 Tönen. Jedes Tier wandelt seine Strophe etwas ab und kennt etwa 20 Variationen über sein Grundthema. Oft steigt zum Schluß die Tonhöhe etwas an, als ob der Vogel eine Frage stelle, und dann gibt er sich selbst die Antwort in absteigender Tonfolge. Nun verstummt er, weil er sich ein Insekt greifen muß, bevor er die nächste Frage aufwirft. Ein geduldiger kanadischer Ornithologe hat die Rufe gezählt, die ein einziger Vogel im Verlaufe eines Tages ausstieß: Es waren 22197. Und in Ontario, wo die Junitage 20 Stunden dauern, kam er auf mehr als 1000 Rufe pro Stunde.

Der Rotaugen-Laubwürger gehört zu den 20 Arten der Nominatgattung *Vireo* und stellt zugleich das am weitesten verbreitete Mitglied der Familie dar. Von Kanada an bis zum südlichen Brasilien und Argentinien reichen seine 12 geographischen Rassen, die sich nur durch recht geringfügige Abweichungen voneinander unterscheiden. Von ihnen verbringen die nördlichen und südlichen Unterarten die Winterzeit in den Urwäldern des Amazonas, die von einer anderen, aber nicht wandernden Rasse besetzt werden.

Außerdem gibt es in Nordamerika 11 weitere *Vireo*-Formen, die grundsätzlich in ihrem Aussehen und Verhalten nicht allzu stark von der eben behandelten Art abweichen, aber doch durch kleinere Verschiedenheiten in der Färbung und Zeichnung auffallen, wenn man sie im Laubwerk der Bäume zu Gesicht bekommt. Dazu gehören gut sichtbare Flügelbinden, Augenringe und -streifen oder andere Merkmale, nach denen die Arten dann benannt wurden, wie etwa der Schwarzkopf-, Weißaugen-, Gelbkehl-Laubwürger usw. Leichter hört man sie an ihrem Gesang heraus, der so artverschieden klingt, daß ein guter Beobachter bald die einzelnen Laubwürger auseinanderzuhalten lernt.

Am besten erkennt man den Weißaugen-Laubwürger an seinen lauten, kurzen Trillern, unterbrochen von klaren Pfiffen und katzenähnlichem Mauzen, dessen Strophe in der Regel mit einem kurzen «tschick» beginnt oder schließt. Das Verbreitungsgebiet dieser Art reicht von den mittleren und östlichen USA bis Westindien, wo verschiedene Unterarten auftreten, und über Mexiko bis Nikaragua; sie bleibt kleiner als der Rotaugen-Laubwürger und läßt außer weißen Augenringen auch noch weiße Flügelbinden erkennen. Als ein Bewohner des

Buschlandes hält sich der Weißaugen-Laubwürger im Sommer häufig in den Vorstadtgärten auf. Leicht kann man diesen lebhaften, neugierigen und gleichfalls sehr sangesfreudigen Vogel durch Quietschen in Sichtweite herbeizulocken.

Als Grünlaubwürger *(Hylophilus)* bezeichnen wir 15 tropische Arten, die von Mexiko bis Brasilien vorkommen. Sie sind den Laubwürgern ähnliche, graugrüne Vögel, unterscheiden sich aber von der *Vireo*-Gruppe vor allem durch den etwas längeren und schlankeren Schnabel. Auch wirken sie etwas unscheinbarer, denn es fehlen ihnen die auffallenden Flügelbinden und Kopfzeichnungen, auf Grund derer man die Laubwürger in der Natur ganz gut unterscheiden kann. Ihre Lebensweise bietet nichts Besonderes: Sie leben im Busch- und Baumbestand, fressen ebenso eifrig die Insekten von den Blättern und singen auch ähnlich in lauten, kurzen Strophen.

Die Laubwürger bauen ein für sie charakteristisches offenes, schüsselförmiges Nest aus Gras und Insektenfäden, das immer in der Gabelung eines waagerechten Astes befestigt wird, und zwar meistens in der Nähe des Bodens in etwa 60 cm bis 3 m Höhe, wenn auch einige Baumbewohner, wie der Rotaugen-, Gelbkehl- und Philadelphia-Laubwürger gelegentlich viel höher nisten. Der Nestbau obliegt fast ganz allein dem Weibchen, doch beteiligt sich das Männchen am Ausbrüten der Eier, wie es – von ein paar wenigen Ausnahmen abgesehen – regelmäßig bei den Arten üblich ist, in denen sich die Geschlechter äußerlich nicht unterscheiden. Allerdings sitzt das Männchen nicht ganz so lange auf den Eiern, hilft aber dafür stärker beim Füttern der Jungen.

Das Gelege der Laubwürger enthält 3 bis 5 weiße, leicht braun getüpfelte Eier, die jeweils mit einem Tag Abstand gelegt werden, gewöhnlich in den frühen Morgenstunden. Mit dem Brüten beginnen die Vögel, sobald das erste Ei im Nest liegt, so daß die Jungvögel ebenfalls einen Tag um den anderen ausschlüpfen, d. h. vom 13. bis 15. Tag. Weitere 10 bis 14 Tage vergehen, bis sie flügge sind. Während die nördlichen Laubwürger nur einmal im Jahr brüten, können die Bewohner wärmerer Gebiete auch zwei Bruten jährlich aufziehen. In ihrem Nest sind die Vögel außergewöhnlich zutraulich und gestatten sogar, daß man ziemlich dicht an sie herantritt, bevor sie auffliegen. Aber auch dann noch bleiben sie in unmittelbarer Nähe des Störenfriedes, schimpfen und versuchen, ihn fortzujagen. Sie sind derart begeisterte Sänger, daß das Männchen ständig, aber auch das Weibchen häufig während des Brütens sein Lied erklingen läßt.

Wenn man die Neuwelt- und Papageiwürger auch oft als eigene Familien ansieht, so stehen sie doch nach ihrem Bau und Verhalten den Laubwürgern so nahe, daß dies kaum gerechtfertigt erscheint. Die beiden Papageiwürger werden etwas größer als die Eigentlichen Laubwürger und besitzen kräftigere, stärker gekrümmte Schnäbel. Sie bewohnen das Buschland und die Waldränder und halten sich gern in Bodennähe auf, wo sie nach Art der Laubwürger bedächtig das Blattwerk absuchen. Große Insekten halten sie mit dem Fuß fest und zerreißen sie mit dem Schnabel; außerdem nehmen sie auch einige Früchte und Beeren. Ihr Flugvermögen ist nicht besonders hoch entwickelt, um so kräftiger aber ihre Stimme: Neben einem rauhen Schelten kennen sie einen musikalischen, trillernden Gesang von der gleichen Ausdauer wie die Laubwürger. Auch diese Vögel bauen ihr ziemlich zerbrechliches Nest in einer Astgabel und legen dort 2 bis 3 rötlichweiße, braun gefleckte Eier hinein.

Wenig beobachtet wurden bisher die 3 Neuweltwürger; über ihre Nistgewohnheiten wissen wir nichts. Der Gelbbraune Laubwürger im südlichen Mexiko und in Guatemala lebt in den Baumwipfeln und frißt hauptsächlich Früchte, daneben auch einige Insekten. Von allen seinen Verwandten trägt er das am auffälligsten gefärbte Gefieder, aber sein lauter, fortwährender Gesang steht hinter dem der anderen nicht zurück.

Kleidervögel *Drepanididae*

Die Paläobotaniker haben festgestellt, daß die ersten Wälder auf Hawaii, in denen sich Waldvögel aufhalten konnten, wahrscheinlich vor etwa 5 Millionen Jahren im mittleren Pliozän entstanden sind; kurz danach dürften die Vorfahren der Kleidervögel dorthin gelangt sein und haben nun eine solche Mannigfaltigkeit entwickelt, wie man sie den Abkömmlingen einer einzigen Ahnengruppe in dieser kurzen Zeit kaum zutrauen möchte. Somit bieten sie ein eindringliches Beispiel für eine – wie die heutige Evolutionsforschung sagt – adaptive Radiation und einen Beweis dafür, daß sich das Entwicklungsgeschehen am schnellsten bei kleinen, isolierten Vorkommen auswirkt, bei denen zufällige Änderungen des Erbgutes die beste Aussicht haben, sich vorteilhaft auf das Überleben ihrer Träger auszuwirken.

Diese Gruppe aus 22 höchst unterschiedlichen, allein auf die Hawaii-Inseln beschränkten Arten bietet tatsächlich ein buntes Bild. Ihre Größe reicht von 11 bis 23 cm, ihre Färbung von reinem Grün und Grau bis zu kräftigem Gelb, Rot oder Schwarz, jedoch niemals glänzend oder metallisch schimmernd. Einige Arten haben das Flugvermögen verloren. Am

ROTER KLEIDERVOGEL oder IIWI ♂
Vestiaria coccinea
Hawaii; 15 cm.

auffälligsten aber erscheint die große Mannigfaltigkeit in Größe und Form des Schnabels, die zweifellos im Zusammenhang mit der Ernährung steht. Bei einigen Arten ist der Schnabel lang, dünn und abwärts gebogen, um damit den Blütensaft und Insekten aufzunehmen, bei anderen für das Knacken von Samen kurz und dick oder ähnlich dem eines Papageien. Bei einer weiteren Art, die in der Rinde nach Insekten stochert, wirkt der Schnabel wie der eines Spechtes. Der selten gewordene Akepa hat einen an der Spitze gekreuzten Schnabel, der wohl zum Öffnen von Blattknospen dient.

Neuere anatomische Untersuchungen ergaben, daß die Kleidervögel trotz ihrer äußerlichen Unterschiedlichkeit doch nur von einer einzigen Ahnengruppe herzuleiten sind, die sich wahrscheinlich von Blütensäften und Insekten ernährte und deren Schnäbel und Zungen kaum Spezialisationen aufwies. Da die Familie die meisten Ähnlichkeiten zu den neuweltlichen Singvögeln zeigt, die nur 9 Armschwingen aufweisen, nimmt man an, daß irgendwelche längst ausgestorbene Angehörige dieser Gruppe, vielleicht aus der Verwandtschaft der Tangaren, von Amerika aus mehr als 3000 Kilometer weit über den Ozean verschlagen worden sind.

Entsprechend den beiden Entwicklungslinien unterteilt man die Kleidervögel in zwei Unterfamilien. Die primitiveren Eigentlichen Kleidervögel *(Drepanidinae)* sehen hauptsächlich rot und schwarz aus; in der Färbung unterscheidet sich das Männchen nicht; wird allerdings etwas größer. Ihre Kopffedern sind steif und spitz, und ihre scharfrandigen Handschwingen verursachen beim Fliegen ein schwirrendes Geräusch. In kleinen, lockeren Schwärmen ziehen die Vögel durch den Wald, um die verschiedenen in Blüte stehenden Bäume zu besuchen und den Nektar auszusaugen, indem sie ein Loch in den Blütenkelch bohren. Einige fressen auch weichhäutige Insekten. Zu dieser Gruppe gehörte der schwarze Mamo, dessen goldgelbe Flankenfedern die Eingeborenen zu den Federmänteln ihrer Fürsten verarbeiteten. Seit 1892 hat man keinen Mamo mehr erbeutet, und im Jahre 1898 wurde er zum letzten Male lebend beobachtet. Vier andere Arten, deren Gefieder dem gleichen Zweck diente, kommen dort noch vor; zwei davon, nämlich der rote Iiwi und der Apapane, sind sogar noch recht häufig.

Bei der zweiten Unterfamilie, den Grünen Kleidervögeln, finden wir ein vorwiegend grünes Gefieder. Hier unterscheiden sich die Männchen insofern, als sie zudem noch bunte gelbe oder orangefarbene Töne zeigen. Diese Tiere, deren Kopffedern weich und flaumig sind, fressen Insekten, Sämereien und stellen wahrscheinlich eine spätere Entwicklungsgruppe dar. Sie sind nicht so wanderlustig wie die eigentlichen Kleidervögel, sondern leben ausgesprochen reviertreu. Im Gegensatz zur vorigen Unterfamilie kennen die Männchen hier einen Balzgesang. Zu dieser Gruppe gehört der Amakihi, der häufigste Kleidervogel überhaupt, der auf allen größeren Inseln zu Hause ist.

Von Januar bis Juli brüten die Kleidervögel und bauen dazu ziemlich einfache, offene Nester in den Bäumen und Büschen, mitunter auch im Gras; die Zahl der weißen, häufig dunkel gefleckten Eier beträgt 2 bis 4. Allein das Weibchen brütet, wird aber bei der Brutpflege vom Männchen unterstützt.

Die Kleidervögel bieten ein eindringliches Beispiel für die Tatsache, daß sich eine allzu schnelle Entwicklung und Überspezialisation ungünstig auf die Lebensfähigkeit einer Art auswirkt. Von den 22 bekannten Arten sind 9 bereits ausgestorben und weitere 8 oder 10 vegetieren nur noch in kleinen, örtlich begrenzten Populationen. Verschiedene Arten, die früher weit verbreitet über das ganze Inselgebiet lebten, trifft man nur noch auf 1 oder 2 Eilanden an. Die heute noch am häufigsten vertretenen Arten stellen auch die am wenigsten spezialisierten dar.

Nicht die Hawaiier, die ihre Federn zum Schmuck der Mäntel verarbeiteten, sind am Niedergang der Kleidervögel schuld, sondern einerseits die Veränderungen der Umwelt durch die amerikanischen Einwanderer, andererseits die Unfähigkeit der Vögel, sich den neuen Gegebenheiten anzupassen. Die eingeführten Raubtiere, aber auch die eingeschleppten, zuvor unbekannten Vogelkrankheiten taten dann das übrige zum Aussterben so mancher Arten.

Waldsänger *Parulidae*

Kaum eine andere Vogelgruppe gibt der wachsenden Schar der amerikanischen Vogelliebhaber so viel Anlaß zur Freude wie gerade die Waldsänger, und kein nur halbwegs Interessierter kann unbeeindruckt vorübergehen, wenn sich am Morgen ein Waldsänger zu seinem Tagewerk in die Luft schwingt, insbesondere in jener herrlichen Zeit, wenn die Knospen der Bäume aufbrechen. Waren gestern noch die Wälder tot und einsam, so tummeln sich heute schon Scharen bunter, kleiner Waldsänger aus 12 oder mehr Arten, alle im vollen Prachtgefieder, an dem sie sich leicht unterscheiden lassen. Wie enttäuscht aber ist der Vogelfreund, wenn er dieselben Vögel nach der Herbstmauser bestimmen soll, denn dann zeigen sie durchweg das gleiche, unauffällige Gefieder ohne allzu viele hervorstechende Unterscheidungsmerkmale.

Die Waldsänger bilden eine einigermaßen gut definierbare Familie neuweltlicher Singvögel mit 9 Handschwingen. Ihre genauen verwandtschaftlichen Beziehungen zu den übrigen Familien ihrer Sammelgruppe kennen wir nicht, doch stehen sie anatomisch den Tangaren und den Ammerverwandten am nächsten. Heute unterscheidet man insgesamt 119 Arten, von denen verschiedene sicherlich nur als geographische Rassen aufzufassen sind, und verteilt sie auf 2 Unterfamilien, nämlich die Eigentlichen Waldsänger *(Parulinae)*, die mit 109 Arten weitverbreitet über beide Teile Amerikas leben, und die 10 Arten Zuckervögel *(Coerebinae)* auf den Westindischen Inseln, in Mittel- und Südamerika. Bis vor kurzem betrachtete man diese zweite Gruppe noch als eine eigene Familie *Coerebidae*, zu der man 30 ebenfalls nektarfressende Vögel zählte, die man jetzt zu den Tangaren stellt.

Waldsänger sind kleine Vögel mit schlankem, spitzem Schnabel, abgerundetem Schwanz und Borstenfedern am Schnabelgrund, am deutlichsten bei den Arten, die ihre Insektennahrung im Fluge erbeuten. Die meisten Arten aber suchen die Insekten von den Blättern und Zweigen ab, wobei jede ihren ganz bestimmten Lebensraum besetzt: Die einen halten sich in den Wipfeln auf, die anderen im niederen Gebüsch, wieder andere sogar auf dem Boden. Im Herbst und Winter nehmen viele Arten auch kleine Beeren und Sämereien.

Von dunkelgrauen und olivbraunen Tönen reicht das Farbkleid der Waldsänger bis zum leuchtenden Gelb, Blau und Rot, doch pflegt Gelb innerhalb der Familie vorzuherrschen. Bei

den meisten der 59 Arten, die in Nordamerika nisten und den Winter im Süden verbringen, sind die Männchen bunter gefärbt als die Weibchen, insbesondere im Frühling; dagegen unterscheiden sich die Geschlechter der tropischen Arten nicht im Aussehen, und seien sie auch noch so auffällig wie der Bunte und der Rote Waldsänger in Mexiko.

Merkwürdigerweise verbastardieren sich die verschiedenen Arten der Waldsänger gelegentlich miteinander. Aus der Kreuzung zwischen Blauflügel- und Goldflügel-Waldsänger, zweier Angehörigen der Gattung *Vermivora*, geht der nicht unbekannte Brewster- und – bei umgekehrtem Geschlechtsverhältnis der Eltern – der weniger häufige Lawrence-Waldsänger hervor. Zwar bedarf es noch weiterer Untersuchungen, aber soweit wir heute wissen, sind diese Bastarde fruchtbar und folgen in ihrem Erbgang den Mendelschen Regeln. In seltenen Fällen wurden selbst Kreuzungen zwischen verschiedenen Gattungen festgestellt; als eine solche hat sich erst jetzt der Sutton-Waldsänger herausgestellt.

In ihren Gesangsleistungen treten die Waldsänger nicht besonders hervor, wenn wir von einigen Ausnahmen absehen, wie etwa dem 19 cm langen Gelbbrustwaldsänger, dem größten Angehörigen dieser Familie, der nicht nur über eine laute Stimme verfügt, sondern auch als vorzüglicher Spötter gilt. Im übrigen aber klingt die Stimme schwach, hoch und fast wie die eines Insekts, oft zischend, summend oder lispelnd. Im Frühling aber singen sie sehr ausdauernd, wobei jede Art ihren eigenen Gesang hören läßt, an dem sie der Kenner ebenso mühelos unterscheidet wie an ihrem Gefieder. Nur gehört ein sehr scharfes Ohr dazu, denn für den Nichteingeweihten klingen die Stimmen sehr ähnlich. Deutlicher hebt sich das klingelnde «tietscher-tietscher-tietscher» des Maryland-, das dünne «witschitie-witschitie-witschitie-witschit» des Gelbkehl- und das lispelnde «zie-zie-zie-zie-ziwo» des Rotschwanz-Waldsängers hervor.

Wenn sich auch viele Waldsängerarten während der Züge eng miteinander vergesellschaften, so zeigt doch jede Art im Sommer eine Vorliebe für ganz bestimmte Lebensräume. Immer trifft man den Kiefernwaldsänger während der Brutzeit im Kiefernwald an, und dort baut er auch regelmäßig sein Nest in einem Haufen von Kiefernadeln; der Tannenwaldsänger nistet nur im Tannen- und Lärchenwald. Dagegen bevorzugt der Gelbstirnwaldsänger den Laubwald und hat im Appalachengebiet dort merklich zugenommen, wo sich verlassenes Ackerland wieder mit sekundärem Laubwald bedeckte.

Als nicht ganz so wählerisch erweist sich der weitverbreitete Myrtenwaldsänger mit seinem leuchtend gelben Rumpffleck, obwohl auch er gewöhnlich im Nadelwald nistet. Zum Winter aber zieht er in offeneres Gelände und hält sich dann gern in den Myrtenbeständen des Küstengebietes auf, wobei er sich von deren Beeren ernährt. Der sogenannte Magnolienwaldsänger lebt gleichfalls in den nördlichen Tannenwäldern und nistet dort. Zufälligerweise erbeutete Alexander Wilson das Typusexemplar der Art auf einem Magnolienbaum in Mississippi und gab ihr daher den jetzt üblichen, aber unzutreffenden Namen.

Ein ähnliches Schicksal wurde auch anderen Waldsängern zuteil. Oft benannten die Beschreiber eine neue Form einfach nach der Gegend, in der sie den Typus entdeckten, ganz gleichgültig, ob sich das Tier dort nur zufällig auf dem Durchzug aufhielt. Opfer solcher Fehlbenennungen sind der Connecticut-, Kentucky-, Cape-May-, Tennessee- und Nashville-Waldsänger. Der «Prärie»waldsänger lebt im Buschland und läßt sich höchst selten in der offenen Grassteppe sehen. Der «Palmen»waldsänger nistet im südlichen Kanada, wo es keine Palmen gibt, und überwintert in Florida nicht etwa in Palmenhainen, sondern im offenen Feld- und Buschland. Leider stießen alle Versuche, diese unglücklich gewählten Namen zu ändern, auf erbitterten Widerstand.

Zu den seltensten und in ihrem Nistgebiet am engsten beschränkten Arten zählt der Kirtland-Waldsänger. Er bewohnt einen begrenzten, weniger als 120 Kilometer breiten Strauchkiefernwald in Michigan und zieht zum Winter zu den Bahama-Inseln. Nach einer sorgfältigen Schätzung aus dem Jahre 1951 gibt es dort nicht einmal mehr 1000 Exemplare, und die Art hat alle Mühe, diesen Bestand aufrecht zu erhalten. Das stärkste Hemmnis erwächst ihnen dabei aus dem Kuhstärling, der ja überhaupt besonders gern die Nester der Waldsänger mit seinem Brutparasitismus beehrt. Hier aber hat man festgestellt, daß mehr als die Hälfte der Nester junge Kuhstärlinge enthielten!

Die meisten Waldsänger der gemäßigten Breiten legen ihr Nest als offenes, napfförmiges Gebilde in mäßiger Höhe auf den Zweigen eines Busches oder eines Baumes an. Bewohner der Baumwipfel, wie der Gelbbraune, der Blaue und der Kiefernwaldsänger, gehen bis zu 15 m hoch, doch überschreiten die meisten nicht die 3-m-Grenze, und andere Arten nisten sogar auf dem Boden. Dazu gehört z. B. der Goldkopfwaldsänger, den die Amerikaner «Ofenvogel» nennen, weil er ofenförmige, überdachte Nester mit einem seitlichen Eingang baut. Zu den wenigen Höhlenbrütern gehört der Protonotar-Waldsänger, ein prächtiger, goldgelber Vogel aus dem Sumpfland der amerikanischen Südstaaten, der in vermorschten Baumstämmen, aber auch in Spechthöhlen und Vogelkästen nistet. Die katholischen Kreolen von Louisiana benannten ihn nach den päpstlichen Protonotaren, jenen geistlichen Würdenträgern in orangegelben Gewändern.

In ihrem Brutverhalten folgen die Waldsänger einem ganz bestimmten Schema: Der Nestbau bleibt fast völlig dem Weibchen überlassen, doch wird es bei einigen Arten gelegentlich auch vom Männchen unterstützt. Die Eier sehen gewöhnlich weiß aus und tragen leichte bräunliche Tupfen, die sich oft zu einem Ring um das breitere Ende gruppieren. Bei den nördlicheren, wandernden Arten, die gewöhnlich nur eine Brut im Jahr aufziehen, finden wir 4 bis 5 Eier; sie werden stets allein vom Weibchen ausgebrütet, das manchmal vom Männchen Futter zugetragen bekommt. Nach 11 bis 14 Tagen Brutzeit kriechen die Jungen aus und verlassen dann nach weiteren 8 bis 14 Tagen flügge das Nest.

Da die Waldsänger nachts ziehen, geraten sie häufiger in tiefliegende Wolkenschichten und stoßen dabei mit allerlei Hindernissen zusammen. Helles Licht zieht die nächtlichen Wanderer an, insbesondere die scharfgebündelten Scheinwerferstrahlen, mit denen man auf Flugplätzen die Höhe der einzelnen Wolkenlagen ermittelt. In diesigen Nächten geraten die Schwärme in den vertikalen Lichtstrahl, können sich aber nicht mehr daraus befreien.

MAGNOLIENWALDSÄNGER ♂
Dendroica magnolia
Kanada; 12 cm.

GELBBRUST-ZUCKERVOGEL
Coereba flaveola
Westindien sowie von Mexiko bis Argentinien; 11 cm.

Auch im tropischen Mittel- und in Südamerika, südwärts bis Argentinien, sind die Waldsänger zu Hause, außerdem in Westindien, wo sie vor allem im waldigen Hochland vorkommen, weniger in den feuchten Ebenen. Die beiden häufigsten Gattungen sind *Myioborus* mit 8 und *Basileuterus* mit 22 Arten. Einige davon zeigen ziemlich bunte Farben, doch tragen die meisten ein einfaches Braun oder Gelb. Auch gibt es weder farbliche Geschlechtsunterschiede noch irgendwelche Prachtgefieder während der Brutzeit, wie wir sie bei den ziehenden Arten antreffen. Häufig finden wir überdachte Nester auf oder nahe dem Boden. Die Männchen brüten zwar nicht, doch beteiligen sie sich kräftig am Nestbau und helfen auch bei den übrigen Aufgaben der Brutpflege mit. Da diese Arten ortstreu, leben und keine regelmäßigen Wanderungen unternehmen, sind sie den Gefahren nicht so stark ausgesetzt, und so liegt auch ihre Fortpflanzungsrate und -geschwindigkeit unter den bei den nördlichen Arten üblichen Werten. Ihr Gelege umfaßt gewöhnlich nur 2 bis 3 Eier, die Brutzeit beträgt 13 bis 16 Tage, und erst am 12. bis 14. Tag werden die Jungen flügge.

In den Tropen liegt gleichfalls die Heimat der Zuckervögel *(Coerebinae)*, einer Gruppe von Waldbewohnern des Flachlandes, deren Zunge zur Aufnahme von Pflanzensäften tief gespalten und gefranst ist sowie vorn eine Röhre bildet. Typisch hierfür ist der Gelbbrust-Zuckervogel, dessen Verbreitung von den Bahamas über Westindien reicht, jedoch mit Ausnahme von Kuba, und vom südöstlichen Mexiko bis Paraguay und Argentinien. Überall dort tritt die Art ziemlich häufig auf und weicht auch in den verschiedenen Gegenden nicht unbeträchtlich in der Färbung ab, so daß wir ungefähr 35 Rassen unterscheiden.

Abgesehen von der Tatsache, daß sie vorwiegend Nektar zu sich nehmen und zu diesem Zweck den Blütenboden mit ihrem spitzen, gekrümmten Schnabel durchstechen, leben sie genauso wie die Waldsänger. Einzeln oder in Paaren, aber niemals in einem Schwarm, durchkreuzen sie auf der Nahrungssuche das Blattwerk des Waldes, wobei sie auch größere Mengen an Insekten fressen. Ihre Stimme klingt dünn wie die der Waldsänger.

Im Laubdickicht in der Nähe des Bodens bauen die Zuckervögel ihr geräumiges, überdachtes Nest mit einem Seiteneingang und legen dort ihre 3 bis 6 Eier hinein. Während das Weibchen zum größten Teil das Brutgeschäft übernimmt, stellt das Männchen den aktiveren Teil beim Nestbau dar. Es errichtet nicht nur allein die eigentliche Brutstätte, die dann vom Weibchen ausgepolstert und für die Eiablage hergerichtet wird, sondern baut mitunter noch eine ganze Anzahl weiterer Spielnester in dessen Nähe, in denen es dann die Nacht zu verbringen pflegt.

Stärlinge *Icteridae*

Zu den 94 Arten der Stärlinge zählen einige der häufigsten und bekanntesten nordamerikanischen Vögel, wie die Schwarzstärlinge (Blackbirds), Grackeln, Trupiale, Lerchen-, Kuh- und Reisstärlinge; zu den weniger bekannten, tropischen Formen gehören die Oropendolas und die Kassiken. Manchmal bezeichnet man auch die ganze Familie als Trupiale, denn der südamerikanische Trupial wurde als erste Art beschrieben und gehört der Gattung *Icterus* an. «Icterus» ist ein griechisch-lateinisches Wort und bedeutet «Gelbsucht», und tatsächlich herrscht Gelb bei den Angehörigen der Gattung *Icterus* vor, wie sie auch bei den anderen Mitgliedern der Familie weit verbreitet auftritt.

Die Stärlinge bilden eine Familie kleiner oder mittelgroßer Vögel von 15 bis 55 cm Länge und gehören zu den neuweltlichen Singvögeln, die sich durch nur 9 Handschwingen auszeichnen. Mit den Tangaren und den Kardinälen sind sie so nahe verwandt, daß es schwerfällt, genaue Grenzen zwischen diesen drei Gruppen zu ziehen. Federborsten am Schnabelgrund fehlen den Stärlingen; die Schwänze sind meist abgerundet, die Flügel lang und spitz, die Läufe und Füße kräftig entwickelt und die Schnäbel hart, kegelförmig und spitz, bei den Eigentlichen Trupialen allerdings dünn und abwärts gebogen. Bei den Lerchenstärlingen wirkt der Schnabel gerade und spitz wie bei den meisten Schwarzstärlingen, bei den Kuh- und Reisstärlingen aber finkenähnlich. Bei den Oropendolas und Kassiken bildet die Hornbekleidung der Schnabeloberseite eine Stirnplatte.

Das Verbreitungsgebiet der Familie erstreckt sich über die ganze westliche Erdhälfte mit Ausnahme des äußersten Nordens, konzentriert sich aber im wesentlichen auf die Tropen. Die meisten Arten aus den gemäßigten Breiten ziehen im Winter ab. Am weitesten nach Norden geht der Braune Schwarzstärling, der von der Baumgrenze an bis zu den Nordstaaten der USA in den Tannen- und Lärchenwäldern nistet und zum Winter südwärts in die Golfstaaten zieht. Den Südpunkt des Familien-Verbreitungsgebietes erreichen die Rotbrust- oder Soldatenschwarzstärlinge Patagoniens; eine Form kommt auf den Falkland-Inseln vor, eine andere Population auf der Osterinsel, wohin sie eingeführt wurde.

Fast alle Lebensräume des Landes wurden von den Stärlingen erobert. Meistens leben sie als Waldvögel, ohne Unterschied, ob es sich um die kanadischen Nadel- oder um tropische Urwälder handelt, doch ziehen die Lerchen- und Reisstärlinge offenes Feld und Grasland vor. Der weitverbreitete Rotflügel-, aber auch der nahe verwandte Gelbkopf- und Gelbschulter-Schwarzstärling sind vorwiegend im Sumpfgebiet zu Hause, der Scott-Trupial in den Agaven- und Yuccabeständen der westamerikanischen Halbwüsten.

Ebenso abwechslungsreich ist die Kost der Stärlinge. Alle fressen Insekten, zumeist außerdem noch Sämereien. Die tropischen Trupiale und Oropendolas ernähren sich von Früchten, und das tun auch die Kassiken, nehmen aber außerdem noch Nektar. Allesfresser sind die Grackeln, üble Nesträuber, die sich nebenbei nicht nur an kleinen Reptilien und Amphibien vergreifen, sondern z. T. sogar gelernt haben, Fische zu fangen.

Stärlinge, die ihre Nahrung auf dem Boden suchen, laufen mit kräftigen Schritten, hüpfen aber nur selten. Alle Arten können vortrefflich fliegen. Ihre Stimme klingt gewöhnlich laut und etwas rauh; sie schwankt von kehligem Gurren bis zum klaren, flötenden Pfeifen. Mit Gesangsleistungen warten insbesondere die Trupiale auf. Die meisten Arten der Familie leben gesellig, einige sogar in ganz besonderem Maße. In den gemäßigten Zonen heimische Arten ziehen gemeinsam zum Winter ab und rasten manchmal in ungeheuren Scharen. Die Oropendolas, Kassiken sowie viele Schwarzstärlinge und Grackeln nisten in Kolonien.

In ihrem Brutverhalten unterscheiden sich die einzelnen Arten oft beträchtlich, doch fallen die Pflichten zumeist den Weibchen zu. Wie wir es so häufig bei Gruppen finden, in denen sich die Geschlechter durch ihre Färbung unterscheiden, beteiligen sich die Männchen nur wenig an der Brutpflege und leben auch häufig in Vielehe. Zu ausgesprochenen Brutparasiten haben sich die Kuhstärlinge entwickelt. Zumeist finden wir bei den Stärlingen das übliche offene Nest auf Bäumen, auf dem Boden oder im Röhricht des Sumpfes, doch legen die Trupiale und ihre Verwandten wahre Wunderwerke von langen Hängenestern an. In der Regel sehen die Eier weiß aus, manchmal blau, grün oder gelblich getönt, und tragen in der Regel kräftige, unregelmäßige schwarze Schnörkel. Bei den tropischen Arten enthält das Gelege nur 2 Eier, bei den Bewohnern der gemäßigten Gebiete 3 bis 7.

Die buntesten Stärlinge, zugleich auch die besten Sänger und Nestbauer, sind die Trupiale. Etwa 30 Arten rechnen wir zur Nominatgattung *Icterus*, von denen die meisten in den Tropen vorkommen. Die paar Arten, die im Frühjahr zum Nisten nach Norden ziehen, bringen dorthin einen Abglanz tropischer Farbenpracht und gesanglicher Schönheit. Häufig tragen die Weibchen der tropischen Trupiale ein ähnlich farbfreudiges Gefieder wie die Männchen, allerdings nicht bei den Arten der gemäßigten Breiten. Nach der Brutzeit aber mausert das Männchen und nimmt dabei ein unscheinbareres Gefieder an.

Im Frühling trifft der Baltimore-Trupial in den östlichen Wäldern der USA ein. Das Männchen zeigt kräftige orangefarbene und schwarze Töne, das Weibchen wirkt mehr olivgelb und braun. Im Westen wird er durch den sehr ähnlichen, aber einer anderen Art zugehörenden Goldstirntrupial vertreten. Wo sich die beiden Arten in ihrem Verbreitungsgebiet überschneiden, wie in Oklahoma und Nebraska, verbastardieren sie sich häufig. Weniger ansehnlich wirkt der kleinere, orangebraun und schwarz gekleidete Gartentrupial, der weiter im Norden nistet. Er singt nicht nur im Frühjahr sehr schön, sondern macht sich auch durch das Fortfangen schädlicher Insekten nützlich.

Bei diesen Trupialen halten die Paare zwar fest zusammen, aber das Männchen beteiligt sich nur wenig an den Brutgeschäften, sondern verbringt seine Zeit mit Insektenfang und Gesang, während seine Partnerin das komplizierte Hängenest webt, dort 4 bis 6 Eier hineinlegt und sie bebrütet. Das Nest des Baltimore-Trupial besteht aus einem 15 cm langen, grauen Beutel aus Pflanzenfasern, der sich oben verjüngt; meistens hängt er von einem äußeren Zweig eines hohen Baumes herab.

Wahre Nestbaukünstler sind die tropischen Verwandten der Trupiale, die Oropendolas und Kassiken. Sie weben wunderbare lange Schläuche aus Gras mit einem oberen Eingang, der zu dem 1 bis 2 m tiefer am Grunde gelegenen eigentlichen Nest führt. Im allgemeinen nisten diese Vögel in lärmenden Kolonien.

Vielweiberei gibt es bei den meisten kolonieweise nistenden Stärlingen, aber auch bei einigen anderen; ihr Ausbildungsgrad wechselt innerhalb der verschiedenen Populationen ein und derselben Art und hängt von dem Zahlenverhältnis zwischen den Geschlechtern ab. Beim Blaukopf-Schwarzstärling des westlichen Nordamerika leben die Männchen nur dann in Vielehe, wenn die Weibchen in der Überzahl sind, jedoch nicht bei einem ausgeglichenen Zahlenverhältnis zwischen beiden Geschlechtern, und das gleiche ist bei den Mexikanischen Riesengrackeln und den Rotflügel-Schwarzstärlingen der Fall.

Der Rotflügler, wie ihn die Amerikaner seiner auffallenden roten Epauletten wegen nennen, brütet vom südlichen Kanada an über die USA und Westindien bis Mittelamerika. In Südamerika wird er durch den Gelbschulter-Schwarzstärling vertreten; in den Sumpfgebieten der Präriestaaten ist der ebenso leicht kenntliche Gelbkopf-Schwarzstärling zu Hause. Alle diese Arten leben höchst gesellig, ziehen und überwintern in Scharen und bauen auch ihre Nester kolonieweise in Süßwassersümpfen.

Im gemäßigten Nordamerika gehört der Rotflügel-Schwarzstärling zu den ersten Ankömmlingen im Frühling. Die Männchen treffen bereits mehrere Wochen vor den Weibchen ein und haben schon ihre Reviere abgegrenzt, wenn die kleineren und unauffälligeren Weibchen nachkommen. Am spätesten aber kehren die Jungvögel des vergangenen Jahres zurück; in welchem Ausmaß oder ob sie überhaupt in diesem ersten Frühjahr brüten, wissen wir nicht.

In der Regel erscheint das Zahlenverhältnis zwischen beiden Geschlechtern ausgewogen, doch findet man nicht selten zwei oder mehr Weibchen im Revier eines einzigen Männchens nisten. Der Nestbau und das Ausbrüten der Eier bleibt dem Weibchen allein überlassen, aber das Männchen hält während dieser Zeit Wacht und hilft auch bei der Aufzucht

BRAUNKOPF-OROPENDOLA ♂
Zarhynchus wagleri
Mexiko bis Ekuador; 35 cm.

GRÜNE OROPENDOLA ♂
Psarocolius viridis
Guayana-Staaten bis Ekuador und Peru; 43 cm.

MONTEZUMA-OROPENDOLA ♂
Gymnostinops montezuma
Mexiko bis Panama; 48 cm.

GEWÖHNLICHER TRUPIAL ♂
Icterus icterus
Kolumbien und Venezuela; 24 cm.

SCHWARZBRUSTTRUPIAL ♂
Icterus pectoralis
Mexiko bis Costa Rica; 22 cm.

der Jungvögel. Das Nest wird als offenes Gebilde aus Gras im Sumpfgebiet angelegt, gewöhnlich nur 30 cm über dem Boden oder dem Wasserspiegel. Die Brutzeit und die Aufzucht der Jungen benötigen je 12 Tage. In ihrem Jugendkleid ähneln die Jungvögel den Weibchen, doch unterscheiden sich später die Geschlechter in der Größe und Färbung. Bei der jährlichen Herbstmauser wird das schwarze Gefieder des Männchens durch braune Flecken auf den Federn aufgelockert; sie verschwinden allmählich im Verlaufe des Winters, so daß die Vögel zur Paarungszeit wieder schwarz wirken. Eine zweite Mauser im Frühling gibt es nicht.

Nach dem Ende der Brutzeit tun sich zuerst die jungen und dann auch die alten Vögel zu Scharen zusammen, um sich im Gelände ihre Nahrung zu suchen; zur Nacht kehren sie in den Schutz der Sümpfe zurück. Wenn die Vögel später nach Süden ziehen, vereinigen sich die Schwärme und schwellen dadurch immer stärker an. An den Überwinterungsplätzen in den Südstaaten stoßen dann noch andere Schwarzstärlinge hinzu, so daß häufig Millionen von Vögeln aus 5 oder 6 verschiedenen Arten zusammenkommen. Zur Morgendämmerung verlassen die Vögel ihre Rastplätze, um 50 bis 80 km voranzukommen. Am Nachmittag tun sie sich dann nach geeigneten Ruheplätzen um und strömen dorthin von allen Richtungen zusammen. Schon mehrere Stunden vor der Abenddämmerung kommt die Vorhut an, und dann fällt Schwarm um Schwarm ein, bis es Nacht wird. Auf solchen Raststätten versammeln sich Hunderttausende von Vögeln, und auf den größeren Zwischenstationen in Alabama und Arkansas hat man die Menge der dort rastenden Vögel bis auf 5 Millionen geschätzt. Derartige Riesenschwärme richten selbstverständlich beträchtliche Schäden auf den Getreidefeldern an.

Als notorischer Ernteschädling gilt der Bobolink oder Reisstärling, einer der besten Wanderer unter den Stärlingen. Er nistet im südlichen Kanada und in den nördlichen USA, verbringt aber den Winter in Argentinien; dazu zieht er quer über den Golf von Mexiko und die Karibische See. Früher, als man noch der Pferde wegen viel mehr Heu zu ernten pflegte, stellte sich der Reisstärling regelmäßig auf den Farmen von Neuengland ein. Seitdem aber die Heuwiesen selten geworden sind, ist er fast vollständig aus dem amerikanischen Nordosten verschwunden und hat sein Verbreitungsgebiet weiter nach Westen verlegt. Nun ziehen die westlichen Bobolinks erst ein Stückchen nach Osten, bevor sie den großen Zug über den Golf von Mexiko antreten.

In seiner Fortpflanzungsweise ähnelt der Bobolink dem Rotflügel-Schwarzstärling. Auch hier treffen die Männchen früher an den Nistplätzen ein und grenzen ihr Revier ab. Das Weibchen baut sein Nest wohlversteckt im Grasland und zieht im Jahr nur eine einzige Brut aus 5 bis 7 Eiern auf.

Als man im 19. und zu Anfang des 20. Jahrhundert in Nord- und Südkarolina noch in größerem Maße Reis anbaute, bedeutete der Reisstärling im Frühjahr eine ernsthafte Gefahr für die jungen Triebe und im Herbst für die reifenden Körner. Man hat die Vögel daher zu Tausenden abgeschlachtet und sie als «Reisvögel» auf den Markt gebracht, immer zu einem Dutzend auf einen Stock gespießt; heute steht der Reisstärling als Singvogel unter Schutz.

Am höchsten geschätzt als Insektenvertilger und Sänger sind in Nordamerika die Lerchenstärlinge. Jedes Jahr hört man ihr klares Pfeifen, insbesondere zur Fortpflanzungszeit, und sie lassen zudem die unangenehmen Eigenschaften ihrer gesellig lebenden Verwandten vermissen. Niemals treten sie in derartig großen Scharen auf, und nie vergreifen sie sich in solchem Ausmaß am Getreide. Ihr bißchen Pflanzennahrung beschränkt sich im Herbst und Winter auf Unkrautsämereien und das Korn, das nach der Ernte auf den Feldern liegenbleibt. Lerchenstärlinge ziehen nicht unbedingt im Herbst fort, sondern verbleiben auch in nördlicheren Breiten, sofern sie dort noch schneefreie Felder finden.

Die beiden Arten, der Westliche und der Östliche Lerchenstärling, sehen einander derart ähnlich, daß man sie kaum allein nach ihrer Größe und Färbung unterscheiden kann. Die westliche Art bleibt nur ein wenig kleiner, und das Gelb auf ihrer Brust wirkt etwas fahler als bei der östlichen; auch erstreckt sich das Gelb ihrer Kehle ein bißchen weiter hinauf zu den Kopfseiten. Der Ruf der westlichen Art klingt etwas abweichend und liegt um etwa 1000 Schwingungen tiefer als bei der anderen, aber auch die Unterschiede in der Tonfolge lassen sich gut heraushören.

Neuere Beobachtungen in Wisconsin, wo beide Arten zur gleichen Zeit und am gleichen Ort nisten, haben ergeben, daß sie sich in der Natur offenbar nicht verbastardieren. Ihre Brutgewohnheiten gleichen einander und entsprechen etwa denen des Bobolink, nur unterscheiden sich die Lerchenstärlinge dadurch, daß der östliche feuchte Wiesen, der andere aber trockenere Plätze bevorzugt. Die Auswahl des Partners geht hauptsächlich von den Weibchen aus, und die richten sich augenscheinlich mehr nach der Stimme als nach dem Aussehen ihres Partners und gehen daher niemals fehl bei dessen Artzugehörigkeit.

Am stärksten fallen die Kuhstärlinge in ihrem Brutverhalten aus dem Rahmen der Familie, denn sie haben den Brutparasitismus in der Neuen Welt zur gleichen Perfektion entwickelt wie die Kuckucke, Honiganzeiger und einige Weberfinken in der Alten Welt. Der Name «Kuhstärlinge» paßt recht gut, denn diese Vögel halten sich tatsächlich gern bei den Rinderherden auf. Bevor das europäische Rind nach Amerika eingeführt wurde, folgten die Kuhstärlinge den Bisonherden. Mit Ausnahme des Kragenkuhstärlings in Mittel- und Südamerika, der wie ein Madenhacker die Zecken absucht, setzen sich die Kuhstärlinge selten auf den Wirtstieren nieder, sondern umflattern sie vielmehr, um die von ihnen aufgescheuchten Insekten zu fangen.

Von größtem Interesse erscheinen die verschiedenen Ausbildungsgrade des Brutparasitismus, die wir bei den einzelnen Arten der Kuhstärlinge finden, denn sie zeigen, wie diese Lebensweise einst entstanden sein mag. Der erste Schritt dazu bestand wahrscheinlich aus dem Verlust des Triebes und schließlich auch der Fähigkeit, ein eigenes Nest zu bauen. Auf diesem Stadium befindet sich jetzt der Braunflügel-Kuhstärling in Brasilien und Argentinien. Ein paar Vögel bauen zwar noch gelegentlich selbst, die meisten aber ziehen die verlassenen Nester anderer Arten vor.

Der nächste Schritt, nämlich den Eigentümer von seinem frisch gebauten Nest zu vertreiben, stellt nur ein Übergangsstadium dar; wir finden ihn bei keiner der heutigen Arten verwirklicht. Hierbei muß der Vogel schnell dazu übergehen, seine eigenen Eier dem Nestbesitzer zu unterschieben, doch braucht der angestammte Nestbautrieb noch nicht ganz verlorengehen. So zeigt der südamerikanische Seidenkuhstärling, der bei verschiedenen kleineren Vögeln parasitiert, während der Fortpflanzungszeit mitunter noch den Trieb, Nester anzu-

1 REISSTÄRLING oder BOBOLINK ♂
Dolichonyx oryzivorus
Östliches Nordamerika; 20 cm.

2 ROTBRUST-SCHWARZSTÄRLING ♂
Leistes militaris
Panama bis Argentinien; 19 cm.

3 GELBKOPF-SCHWARZSTÄRLING ♂
Xanthocephalus xanthocephalus
Westliches Nordamerika; 28 cm.

4 SEIDENKUHSTÄRLING ♂
Molothrus bonariensis
Von Kolumbien und Venezuela
bis Argentinien; 18–20 cm.

5 WESTLICHER LERCHENSTÄRLING
Sturnella neglecta
Westliches Nordamerika; 23 cm.

6 MEXIKANISCHE RIESENGRACKEL ♂
Cassidix mexicanus
Südliche USA
bis Venezuela und Peru; 43 cm.

legen: Die Stärlinge nehmen Nistmaterial auf und beginnen auch mit dem Bau, vollenden das Nest jedoch nie. Auch haben die Seidenkuhstärlinge es noch nicht gelernt, ihre Eier mit dem größtmöglichen Nutzeffekt auf die Wirtsvögel zu verteilen; findet das Weibchen kein Wirtsnest, so legt es seine Eier einfach irgendwo auf dem Boden ab, oder es bringt mehr Eier in die fremden Nester, als die Pflegeeltern bebrüten können. Im Nest eines Goldkopf-Waldsängers hat man bis zu 37 Eier des Seidenkuhstärlings gefunden!

Manche Kuhstärlinge suchen sich ganz bestimmte Wirtsarten aus, wie der Lärmkuhstärling in Brasilien und Argentinien, der sich an den nicht parasitierenden Braunflügelkuhstärling hält, während der Kragenkuhstärling seine Jungen durch Oropendolas und Kassiken ausbrüten läßt. Weniger wählerisch zeigt sich der Rotaugen- oder Bronzekuhstärling in den südwestlichen USA und Mexiko. Vorwiegend sucht er verschiedene Trupiale heim, aber auch andere, nicht zu den Stärlingen gehörende Vögel. Noch weniger gebunden aber ist der Schwarze Kuhstärling im gemäßigten Nordamerika, wo man seine Eier in den Nestern von nicht weniger als 200 anderen Vogelarten gefunden hat.

Obwohl sie sich vor den Brutpflichten drücken, richten sich doch die Schwarzen Kuhstärlinge wie die anderen Stärlinge eigene Reviere ein und leben gewöhnlich in Einehe, wenn nicht gerade ein Überschuß an Weibchen herrscht. Wahrscheinlich achten die Weibchen darauf, daß in ihrem Revier auch ein geeignetes Pflegeelternpaar nistet, denn sie scheinen schon im voraus zu wissen, wo sie ihre Eier unterzubringen haben. In der Regel legen sie 4 bis 5 Eier, und zwar jeden Morgen eines in verschiedene Nester, genau zur Zeit, wenn auch die Pflegemutter legt. Im Gegensatz zu den Kuckucken nimmt das Kuhstärlingsweibchen nicht erst ein Ei des Wirtes heraus, kann aber später noch einmal zu diesem Zweck zurückkommen.

Nach 11 bis 12 Tagen schlüpfen die jungen Schwarzen Kuhstärlinge, ungefähr zur gleichen Zeit wie die nesteigenen Jungvögel, versuchen aber nicht, die anderen Jungen oder Eier aus dem Nest zu verdrängen. Da sie stärker wachsen und auch mehr Futter bekommen, werden sie schon nach 9 bis 10 Tagen flügge. So schränken die Kuhstärlinge wohl die Vermehrung der anderen Vögel ein, unterbinden sie aber nicht gänzlich. Schon öfters hat man beobachtet, daß neben dem jungen Kuhstärling doch noch immer 2 oder 3 nesteigene Jungvögel großgezogen wurden, und das scheint sogar üblich zu sein.

Tangaren *Thraupidae*

Wie die Namen «Jaçana», «Jabirú», «Anhinga», «Arassari», «Tukan», «Tinamu», «Hoazin», «Seriëma» und viele andere, denen wir hier begegneten, so entstammt auch die Bezeichnung «Tangare» der Sprache der Tupi-Indianer aus dem Amazonasgebiet, die sich als ausgezeichnete Vogelbeobachter erwiesen haben. Dieses Wort wurde auch als wissenschaftlicher Name übernommen, doch hat sich im Englischen merkwürdigerweise die Schreibart «Tanager» eingebürgert.

Die ziemlich große Familie der Tangaren, der etwa 222 Arten angehören, beschränkt sich fast ausschließlich auf die amerikanischen Tropen und Subtropen. Abgesehen von 4 Arten, die im gemäßigten Nordamerika brüten, sind sie keine Zugvögel, wenn auch einige Bewohner des mittel- und südamerikanischen Hochlandes zur Winterzeit tiefere Lagen aufsuchen. Das ganze Jahr über tragen die Tangaren ihr buntes Gefieder, und die Weibchen pflegen ebenso farbenfreudig gekleidet zu sein wie die Männchen. Auffällige äußere Geschlechtsunterschiede gibt es nur bei den 4 nördlicheren und den paar tropischen Arten, die sich außerhalb der Brutzeit zu Scharen zusammentun, wie die Samttangaren und die Kronenorganisten. Nur die nördlichen Arten zeigen einen jahreszeitlich bedingten Wechsel des Gefieders. Bei einigen Gattungen sehen beide Geschlechter unscheinbar braun, rotbraun oder grün aus, doch wirken die meisten so bunt, wie man es sich bei tropischen Vögeln vorstellt.

Tangaren sind kleine bis mittelgroße Vögel, die meist nicht größer werden als 20 cm. Ihre Flügel, die stets 9 Handschwingen tragen, wechseln hinsichtlich der Länge und Form, sind aber in der Regel kurz und abgerundet. Durch ihren Besitz von Federborsten am Schnabelgrund unterscheiden sich die Tangaren deutlich von den Stärlingen, jedoch nicht von den Kardinalfinken, mit denen sie noch am nächsten verwandt sein dürften, obwohl sie sich vorwiegend von Früchten und Blütensäften ernähren.

Bei den 191 Eigentlichen Tangaren der Gruppe *Thraupinae* finden wir eine einfach gebaute Zunge und ziemlich auffällige Schnäbel von geringer oder mittlerer Länge und kegelförmiger Gestalt, die etwas abwärts gekrümmt sind und einen kleinen Einschnitt oder Zahn auf der Schneidefläche nahe der etwas hakig gebogenen Spitze aufweisen. Am besten sind wir mit den 4 nordamerikanischen Feuertangaren der Gattung *Piranga* vertraut, die im Winter in die tropische Heimat ihrer Vorfahren ziehen, wie die Scharlachtangare, die Westliche sowie die Sommer- und Lebertangare.

Trotz des farbfreudigen Gefieders der Männchen fallen diese Tangaren nicht weiter auf, denn sie leben ruhig in den mittleren Höhen des Laubdaches und ziehen weder durch besondere Lebhaftigkeit noch durch ihre Stimme die Aufmerksamkeit eines Betrachters auf sich. In den nördlichen Gegenden ernähren sie sich vor allem von den Bauminsekten, in geringerem Maße auch von Früchten und Beeren. Die Insekten fangen sie im Fluge, ohne dabei große Hast an den Tag zu legen. Ihr Gesang klingt angenehm und wohltönend, aber wenig auffällig. Die nördlichen Tangaren bauen lockere,

ROTSTIRN-AMEISENTANGARE ♂
Habia rubica
Mexiko bis Argentinien; 18 cm.

KRONENORGANIST ♂
Tanagra luteicapilla
Nikaragua bis Panama; 10 cm.

GRAUE HAKENSCHNABELTANGARE ♂
Diglossa baritula
Mexiko bis Honduras; 11 cm.

SCHWALBENTANGARE ♂
Tersina viridis
Panama bis Argentinien; 16 cm.

SAMTKAPPENTANGARE
Catamblyrhynchus diadema
Von Kolumbien und Venezuela bis Peru und Bolivien; 12 cm.

DROSSELTANGARE ♂
Rhodinocichla rosea
Mexiko bis Venezuela; 20 cm.

offene und gut versteckte Nester an einem waagerechten Ast und legen dort 3 bis 5 grünlichblaue, braun gefleckte und gesprenkelte Eier hinein. Das Weibchen brütet 13 bis 15 Tage, und das Männchen hilft beim Füttern der Jungen, die nach weiteren 2 Wochen flügge werden.

Eine tropische Gruppe mit deutlichem Geschlechtsunterschied bilden die 8 Samttangaren der Gattung *Rhamphocelus* von Mexiko bis Argentinien. Hier tragen die Männchen ein glänzend samtschwarzes Gefieder mit roten oder gelben Flekken und einen leuchtend silberblauen Schnabel, die Weibchen aber wirken unscheinbar bräunlich. Als Beispiel sei die Rotbürzeltangare genannt. Sie gehört zu den besseren Sängern ihrer Familie, doch zeichnet sich ihr Lied eher durch Länge und Ausdauer als durch musikalische Qualitäten aus. Die Weibchen singen nicht; wenn die Männchen mit Beginn der Regenzeit ihre Lieder ertönen lassen, fangen sie mit dem Bau des offenen Nestes an. Bei dieser Art finden wir kein ausgeprägtes Revierverhalten, sondern die Paare nisten oft ziemlich dicht beieinander in den unteren Zweigen an den Waldrändern. Hauptsächlich übernimmt das Weibchen den Nestbau, doch wird es häufig vom Männchen bei der Suche nach Nistmaterial begleitet, das nicht selten aus den Nestern anderer Vögel gestohlen wird. Das Männchen beteiligt sich zwar nicht am Brüten, wohl aber an der Aufzucht der Jungen.

In der Nominatgattung *Thraupis* vereinigen wir 8 ziemlich große und häufige, 18 bis 20 cm lange Vögel, die als «Eitel»- oder Blautangaren bezeichnet werden. Beide Geschlechter zeigen vorwiegend blaue Farben, wie z. B. die Blaugraue Tangare. Obwohl sich diese Vögel in den Baumwipfeln aufhalten, erkennt man sie doch leicht, insbesondere in lockerem Wald- und Kulturland. Ihre Nahrung besteht aus Früchten und Beeren, doch fangen sie auch Insekten. Außerhalb der Nistzeit bilden die Blautangaren manchmal kleinere Schwärme, doch bleiben die Paare das ganze Jahr über zusammen. In ihren Brutgewohnheiten unterscheiden sie sich nicht von ihren nördlichen Verwandten, doch legen sie nur 2 bis 3 Eier, dies jedoch mindestens zweimal im Jahr. Nach 12 bis 14 Tagen schlüpfen die Jungvögel aus, brauchen aber etwas länger, nämlich bis 20 Tage, ehe sie flügge sind.

Die 48 mittel- und südamerikanischen Arten, die wir als Bunt- und Schillertangaren zur Gattung *Tangara* stellen, bieten einen Querschnitt durch die Mannigfaltigkeit typischer Tropentangaren. Bei diesen Frucht- und Insektenfressern gibt es keinen äußeren Geschlechtsunterschied; ihre Schönheit beruht allein auf ihrem Gefieder, denn einen eigentlichen Gesang kennen sie nicht.

Am eingehendsten hat man sich mit der häufigen Goldmaskentangare befaßt, die von Mexiko an bis zum Amazonasbecken vorkommt und sowohl im feuchten Regenwald als auch in offenem Gelände bis zu 1500 m Höhe lebt. Häufig trifft man die Vögel zu zweit an, denn die Paare bleiben das ganze Jahr über zusammen. Ihre offenen, schüsselförmigen Nester bauen sie irgendwo im Laub in Höhen von 2 bis 15 m. Am Nestbau helfen beide Vögel mit, doch brütet nur das Weibchen auf den beiden Eiern, wird aber während der 23- bis 25tägigen Brutzeit vom Männchen gefüttert, das sich auch lebhaft an der Aufzucht der Jungvögel beteiligt. Nach 14 bis 16 Tagen verlassen die Jungen das Nest und wirken in ihrem Jugendgefieder bereits fast wie die Alten, nur etwas gedeckter, aber schon nach der ersten Mauser stellt sich die übliche Farbenpracht ein. In jeder Nistperiode, die sich in Mittelamerika vom Februar bis zum September erstreckt, ziehen die Vögel 2 bis 3 Bruten auf.

Unter den Bunttangaren gibt es einige höchst seltene Arten, die nur nach ein oder zwei Exemplaren bekannt sind und nie lebend beobachtet wurden. Ihre Bälge gelangten in den achtziger Jahren des vorigen Jahrhunderts zusammen mit denen anderer bunter Arten zu Schiff in den europäischen Federhandel. So existiert von der Gould-Tangare, einem grün, blau, gelb und schwarz gemusterten Vogel, nur ein einziges Stück, das im Britischen Museum aufbewahrt wird und wahrscheinlich aus Südostbrasilien stammt. Auch von der ähnlich bunten Arnault-Tangare gibt es nur ein Exemplar; es kam lebend als

Käfigvogel nach Europa und befindet sich jetzt im Besitz des Pariser Museums; über seinen genaueren Fundort in Südamerika ist nichts bekannt. Lange und vergeblich haben sich die Ornithologen bemüht, diese und andere wenig bekannten Tangaren wieder zu fangen, und wir können nur hoffen, daß die Vögel noch irgendwo in den Weiten der südamerikanischen Urwälder versteckt leben.

Als eine dritte Seltenheit wurde im Jahre 1866 die Cabanis-Tangare nach einem einzigen Balg beschrieben, der aus Guatemala stammte und sich im Zoologischen Museum Berlin befindet, ein 15 cm langer Vogel mit schönem blaugrünem Rücken und Bauch, graublauem Scheitel und Nacken, an den Flügeln und am Schwanz schwarz mit blauem Rand. Dr. P. Brodkorb von der Universität Florida hatte das einmalige Glück, diese vermißte Art 1937 in Chiapas wieder zu entdecken.

Zur Gruppe der sogenannten «Organisten» gehören die 24 kleinen Arten der Gattung *Tanagra*, deren Namen man beim Korrekturlesen immer so gern mit dem Gattungsnamen *Tangara* durcheinanderbringt. Diese kurzschwänzigen und kurzschnäbeligen Vögel erreichen meist noch nicht einmal 12 cm Länge. Im Gegensatz zu den meisten tropischen Tangaren zeigen die Männchen bunte Muster aus Schwarzblau und Gelb, während die Weibchen gedeckt olivgrün aussehen. Als Beispiel sei der Kronenorganist genannt. Die Organisten leben paarweise oder in kleineren Gruppen an den Waldrändern und suchen sich dort Früchte und Beeren, insbesondere die der Misteln. Hier finden wir auffallenderweise geschlossene Nester, an deren Bau sich gelegentlich sogar das Männchen beteiligt, wie es auch die Jungen füttern hilft; das 13- bis 14tägige Brutgeschäft aber wird allein vom Weibchen besorgt. Die Jungen werden mit ausgewürgter Nahrung gekröpft; dabei halten sich die Alten am Nesteingang auf und stopfen Beere um Beere den Jungen in den Schlund, dessen Schleimhäute – wie bei allen Tangaren – auffallend rot gefärbt sind, wahrscheinlich um die Eltern dadurch zum Füttern anzuregen. Bei diesen Tangaren dauert es etwas länger, bis die Jungen flügge werden, nämlich 23 bis 24 Tage.

Eng mit den eben behandelten Arten verwandt ist die Gattung *Chlorophonia*, deren Angehörige 14 bis 15 cm lang werden. Die Männchen zeigen prächtige grüne, blaue und gelbe Farbtöne; die Weibchen sehen ähnlich aus, wirken aber etwas ausgeblichener und gedeckter. Es sind Hochlandbewohner, die sich in den Nebelwäldern oberhalb 1200 m Höhe aufhalten; sonst aber gleichen sie in ihrer Lebensweise durchaus den anderen Organisten. Zweimal im Jahre legen sie durchschnittlich 3 Eier ab.

Eine zweite Unterfamilie *(Dacninae)* bilden die 28 nektarfressenden und blütenpickenden Türkisvögel mit ihrem längeren, schlankeren Schnabel und der bürstenähnlichen Zungenspitze. Manche Ornithologen wollen sie zusammen mit den Zuckervögeln zu einer eigenen Familie stellen, doch beweisen der Bau des Gaumens und die Muskulatur, daß wir es hier mit etwas abgewandelten Tangaren zu tun haben.

Von Kuba und dem südlichen Mexiko an bis Ekuador und Südbrasilien lebt der Blaue Türkisvogel, den man oft in kleineren Scharen antrifft, ganz besonders im feuchten Flachland, wo er sich in den Baumwipfeln der Waldränder aufhält; das Weibchen sieht am Rücken mattolivgrün und am Bauch gelblich aus. Zur Herbstmauser nimmt das Männchen ein

BLAUNACKENORGANIST ♂
Chlorophonia occipitalis
Mexiko bis Panama; 14 cm.

MASKENTANGARE
Tangara nigrocincta
Mexiko bis Bolivien; 13 cm.

SIEBENFARBENTANGARE
Tangara chilensis
Kolumbien bis Brasilien und Bolivien; 14 cm.

ROTSTIRNTANGARE
Tangara parzudakii
Kolumbien bis Peru; 15 cm.

ROTBÜRZELTANGARE ♂
Rhamphocelus passerinii
Mexiko bis Brasilien; 18 cm.

BLAUGRAUE TANGARE
Thraupis virens
Mexiko bis Brasilien; 18 cm.

SCHARLACHTANGARE ♂
Piranga olivacea
Östliches Nordamerika; 18 cm.

ähnliches gedeckt grünes Gefieder an, doch treten noch vor Beginn der nächsten Brutzeit allmählich wieder die bunten Farben auf.

Der lange, dünne Schnabel dient dazu, im Sitzen – nicht im Schwirrflug! – den Blütenkelch anzustechen, doch fressen die Türkisvögel auch Früchte und Insekten. Im Brutverhalten bestehen kaum Unterschiede gegenüber den anderen Tangaren. Der Nestbau und das 12- bis 13tägige Brüten bleiben dem Weibchen überlassen, wobei sich das Männchen zwar in der Nähe aufhält, aber der Partnerin kein Futter zum Nest bringt. Wohl aber hilft es, die Jungvögel mit frischen – nicht ausgewürgten – Früchten und Insekten zu füttern, bis sie nach 14 Tagen fliegen können. Das offene, napfförmige Nest wird aus feinen Fasern und Spinnenweben konstruiert und mit 2 gefleckten, weißen Eiern belegt.

Am stärksten umgestaltet ist der Schnabel der Hakenschnabeltangaren im Zusammenhang mit ihrer Lebensweise, denn er biegt sich an der Spitze etwas auf und bildet dort einen Haken. Damit halten die Vögel die Blütenblätter fest und durchstechen dann den Kelch mit dem spitzen Unterschnabel, um mit der Zunge den Nektar herauszusaugen. Das dauert alles nur einen Augenblick, so daß der Vogel in kurzer Zeit eine ganze Anzahl von Blüten besuchen kann, doch fängt er auch Insekten im Flug, und dabei kommen ihm seine kräftig entwickelten Federborsten zugute. Die Heimat der 10 Hakenschnabeltangaren bilden die Hochländer vom südlichen Mexiko bis Peru und Bolivien sowie ostwärts bis Venezuela und zu den Guayana-Staaten. Die Vögel halten sich allein oder in Paaren auf und singen – Männchen wie Weibchen – ihr leises, trillerndes Lied. Das Weibchen baut ein offenes, dickwandiges Nest aus Moos im niedrigen Gebüsch für seine beiden kräftig blauen, braun gesprenkelten Eier, die es allein ausbrütet.

Drei weitere aberrante Arten sollen hier traditionsgemäß zusammen mit den Tangaren behandelt werden, obwohl jede für sich den Rang einer eigenen Familie verdiente. Es sind dies die Schwalbentangare *(Tersina)*, die Drosseltangare *(Rhodinocichla)* und die Samtkappentangare *(Catamblyrhynchus)*, die alle drei noch weiterer Studien bedürfen.

Am meisten hat man sich mit der Schwalbentangare beschäftigt, deren Männchen ein angenehmes, weiches Grünlichblau und deren Weibchen ein einheitlicheres Grün tragen. Die Art lebt von Panama an südwärts bis zum Amazonasgebiet und scheint auch zu wandern. In kleinen Scharen durchstreifen die Vögel die Baumwipfel des Flachlandes, ziehen aber zur Brutzeit in die höheren Lagen ab. Am bemerkenswertesten erscheinen der breite, flache, scharfrandige und an der Spitze hakig gekrümmte Schnabel sowie die dehnbare Speiseröhre, die weit hervortritt, wenn der Vogel sie mit Früchten vollstopft. Schwalbentangaren verfügen über einen gesegneten Appetit und fressen in Gefangenschaft täglich etwa zwei Drittel ihres eigenen Körpergewichtes an Früchten, fangen aber auch Insekten während des Fluges. Ihr Ruf besteht aus einem eintönigen, unmusikalischen Zirpen, und einen Gesang kennen sie überhaupt nicht. Von allen übrigen Tangaren unterscheidet sich die Schwalbentangare dadurch, daß sie in Höhlen nistet, meistens in Baumlöchern, aber auch in selbstgegrabenen Erdgängen am Hang oder in Felsspalten. Das Weibchen baut das Nest und bebrütet 13 bis 17 Tage die 3 glänzend weißen Eier. Das Männchen beteiligt sich an der Aufzucht der Jungen, die nach 24 Tagen flügge sind.

BLAUER TÜRKISVOGEL ♂
Cyanerpes cyaneus
Mexiko bis Ekuador und Brasilien sowie Kuba; 11 cm.

Versteckt auf dem Grunde der Wälder von Mexiko bis Kolumbien und Venezuela lebt die Drosseltangare und fällt dort im Schatten trotz ihres bunten, roten Gefieders überhaupt nicht auf. In ihrem anatomischen Bau kommt sie den Tangaren noch am nächsten, doch ähnelt sie in ihrem Verhalten auffallend den Krummschnabel-Spottdrosseln und Kardinälen. Sie suchen sich ihr Futter auf dem Boden und flattern wie die Spottdrosseln ins schützende Laub. Während der Paarungszeit singen beide Geschlechter einen angenehmen, lauten Wechselgesang. Neuere Untersuchungen haben ergeben, daß sich hier das Männchen sehr wohl am Nestbau und am Brutgeschäft beteiligt.

Am wenigsten aber wissen wir über die Samtkappentangare, die man ebenso gut auch als «Samtkappenfinken» bezeichnen könnte, denn es gibt eine ganze Anzahl von Forschern, die diese Art zur Verwandtschaft der Kardinäle rechnen; andere wiederum räumen für sie sogar eine eigene Familie ein. Die Heimat der Samtkappentangaren liegt in den Wäldern der Hochanden. Beide Geschlechter, die sich in ihrer Färbung übrigens ganz ähnlich sehen, tragen auf ihrer Stirn einen Flecken kurzer, steifer, samtiger Federn von orangegelber Farbe, nach denen die Art ihren deutschen Namen trägt. Der kurze, stumpfe Schnabel endet mit einem schwachen Haken. Die meisten Bälge, die in den Museen aufbewahrt werden, stammen aus dem Federhandel, denn es gibt nur wenige Forscher, die diese Vögel lebend in ihrer Heimat beobachten konnten. Dort sollen sie sich einzeln oder in Paaren aufhalten. Wie sie fressen und wie sie nisten, wissen wir leider nicht, aber auch ihre anatomischen Verhältnisse sind noch nicht ausreichend untersucht worden.

Finkenvögel *Fringillidae*

Zum Schluß unserer Besprechung der verschiedenen Vogelfamilien kommen wir zu zwei großen Familien kleiner bis mittelgroßer Arten, die man in ihrer Gesamtheit als Finkenartige bezeichnet: den Finkenvögeln und Weberfinken. Hierzu gehören 690 Arten; vielleicht sind es 20 mehr oder weniger, aber das hängt ganz davon ab, ob man ein paar wenig bekannte Formen als gute Arten oder nur als Rassen auffassen will. Charakteristisch für alle diese Finkenartigen ist der kurze, kegelförmige, spitze Schnabel, der so recht für das Aufknacken von Sämereien geeignet erscheint.

Vom Standpunkt der Stammesgeschichte aus betrachtet, haben wir die Finkenartigen als eine junge, aber ungemein erfolgreiche Gruppe anzusehen, denn die Samenpflanzen, die ihnen die Nahrung liefern, setzten sich erst vor 25 oder 30 Millionen Jahren während des Miozän durch. Auch andere Vögel stellten sich zum Teil auf diese neue Nahrung um; nirgends aber haben Sämereien eine derart große Rolle in der Ernährung gespielt wie gerade bei den Vorfahren der Finkenartigen. Als dann nach dem Ende des Miozän die samentragenden Pflanzen, besonders Gräser und Seggen, sich gewaltig auszubreiten begannen, taten es auch die Finkenartigen, und so war es ihnen möglich, überall dort Fuß zu fassen, wo es solche Samenpflanzen gab. Nur in der Antarktis fehlen sie und auf einigen ozeanischen Inseln.

Lange Zeit haben sich die Ornithologen den Kopf darüber zerbrochen, wie sie die große Sammelgruppe der Finkenartigen ihrer natürlichen Verwandtschaft entsprechend einteilen sollten. Heute wissen wir bereits soviel, daß sie aus mindestens 2 (oder 3) Stammgruppen hervorgegangen sind, die sich gleichzeitig in den verschiedenen Teilen der Welt zu entfalten begannen. Kompliziert wird das Problem noch dadurch, daß verschiedene Gruppen anatomische Parallelentwicklungen herausgebildet haben und dann in die Verbreitungsgebiete ihrer Nachbarn einwanderten.

Es hat sich als nützlich herausgestellt, den ganzen Komplex der Finkenvogel-Verwandten nach dem Ort ihrer Entstehung in 2 große Familien einzuteilen, nämlich die — ursprünglich neuweltlichen — Finkenvögel und die — ursprünglich altweltlichen — Weberfinken. Recht beträchtliche Teile dieser 2 Familien kommen jetzt in beiden Erdhälften vor, und manchen Gruppen, die wir hier als Unterfamilien betrachten, räumt man häufig den Rang eigener Familien ein.

Die annähernd 315 Arten der Finkenvögel, die in der Neuen Welt entstanden sind, bilden einen guten Teil jener Singvögel der westlichen Erdhälfte, die nur 9 Handschwingen besitzen. Obwohl wir sie als stammesgeschichtlich jüngste, am weitesten verbreitete und am höchsten entwickelte Einheit ansehen, halten andere Forscher sie für die nächsten Angehörigen einer Stammgruppe, aus der sich auch die Laubwürger, Stärlinge, Waldsänger und Tangaren abgezweigt haben. Tatsächlich sind die Finkenvögel so eng mit den Stärlingen und Tangaren verwandt, daß es dem Ermessen des einzelnen überlassen bleibt, welcher Familie er bestimmte Arten zuteilt. So sieht man beispielsweise den Dickzissel aus den Prärien des mittleren Westens der USA für einen Finkenvogel an, doch hat man ihn mit guten Gründen auch zu den Stärlingen und Kardinalfinken gestellt, und nun wollen ihn einige Anatomen als Angehörigen der Tangaren auffassen. In der Tat erscheinen die Grenzen zwischen den 3 Familien, die sich aus der Anatomie und dem Verhalten ergeben, wenig deutlich. Eines der Hauptmerkmale stellt die Tatsache dar, daß die Finken sich vorwiegend von Sämereien ernähren.

Abgesehen von den anatomischen Eigenschaften, wie der Form der Gaumenknochen oder dem Ansatz der Kopf- und Beinmuskulatur, gibt es noch verschiedene Verhaltensweisen, durch die sich die Finkenvögel als eine natürliche Einheit ausweisen und von ihren altweltlichen Verwandten, den Weberfinken, auseinanderhalten lassen. So nehmen sie ihre Nahrung vorwiegend auf dem Boden auf und lassen in der Regel einen hochentwickelten, angenehmen Gesang hören, und zwar von ihrem Sitzplatz aus, nicht aber während des Fluges. Von wenigen Ausnahmen abgesehen, sind sie gute Flieger, und die meisten in den gemäßigten Breiten beheimateten Finkenvögel wandern zum Winter ab. Außerhalb der Brutzeit leben sie oft gesellig, wie sie auch in Scharen ziehen und überwintern.

Niemals nisten die Finkenvögel in Kolonien; sie zeigen auch sonst wenig Abweichungen von dem allgemeinen Brutverhalten. Fast alle bauen ein offenes, schüsselförmiges Nest, jedoch sehr selten hoch oben in den Bäumen, vielmehr meistens im niedrigen Buschwerk, im Gras oder auf dem Boden. Nur bei wenigen tropischen Arten finden wir überdachte Nester, und Höhlennister sind lediglich die Safranfinken. Soweit wir wissen, leben die Finken grundsätzlich in Einehe, kennen keinen Brutparasitismus und grenzen gegeneinander Brutreviere ab, die gegen Artgenossen verteidigt werden.

Deutlich heben sich 3 Unterfamilien heraus: die Dickschnabelkardinäle *(Richmondeninae)*, die kleine Gruppe der Darwinfinken *(Geospizinae)* und die Eigentlichen Finken *(Fringillinae)*. Die 35 Arten der Kardinäle zeigen einen ziemlich untersetzten Körper und einen stämmigen, kräftigen Schnabel; sie halten sich vor allem im Waldland auf und lassen auch sonst eine Reihe von Gemeinsamkeiten mit den Tangaren erkennen. Im Gegensatz zu dem sperlingsbraunen Gefieder der Weibchen tragen die Männchen ein leuchtend buntes, rotes oder blaues Farbkleid. Die Arten leben nicht ausgesprochen gesellig, doch verbleiben die Paare oft das ganze Jahr über beieinander. In den meisten Fällen brütet allein das Weibchen, doch hilft das Männchen beim Nestbau, füttert mitunter das brütende Weibchen und beteiligt sich stets an der Aufzucht der Jungen. Die meisten Kardinäle übertreffen in ihren Gesangsleistungen noch die Tangaren, auch finden sie ihre Nahrung in weit stärkerem Maße auf dem Erdboden. Als Verbreitungszentrum dieser Arten haben wir das tropische Amerika anzusehen, und von dort aus kommen sie bis Südkanada und bis Argentinien vor.

Jedem Vogelliebhaber bekannt ist der Rote Kardinal, dessen Heimat die wärmeren Gebiete des östlichen Nordamerika bis nach Mexiko und Britisch-Honduras umfaßt und der in diesem Gebiet 6 geographische Rassen ausbildet. Die Vögel leben ziemlich stark ortsgebunden und unternehmen auch kaum größere jahreszeitliche Züge. Anscheinend dehnt der Kardinal sein Verbreitungsgebiet allmählich weiter nach Norden aus, denn er kommt bereits ziemlich häufig in der Gegend von New York vor, wo ihn der Verfasser vor gar nicht allzu weit zurückliegender Zeit noch nicht beobachten konnte. Nahe mit dieser Art verwandt ist der Schmalschnabelkardinal, der von Texas und dem südlichen Arizona an bis nach Mexiko beheimatet ist. Er sucht sich seine Nahrung in noch viel stär-

SCHMALSCHNABELKARDINAL
Pyrrhuloxia sinuata
Südwestliche USA und nördliches Mexiko; 20 cm.

BLAUER BISCHOF ♂
Guiraca caerulea
Südliche USA
bis Costa Rica; 16 cm.

ROTER KARDINAL ♂
Richmondena cardinalis
USA bis südliches Mexiko; 20 cm.

PAPSTFINK ♂
Passerina ciris
Südliche USA und
nördliches Mexiko; 13 cm.

kerem Maße auf dem Erdboden; selten trifft man ihn außerhalb des schützenden Pflanzenwuchses.

Andere Angehörige dieser Unterfamilie, die gleichfalls aus ihrer tropischen Heimat in den Norden vorstießen, wie etwa der Rosafarbene und der Blaue Bischof, ziehen im Winter wieder in die Tropen zurück. Ungewöhnlich in seinem Brutverhalten erscheint der Schwarzkopf-Kernbeißer, denn hier übernimmt das Männchen den größten Teil des Brutgeschäftes und singt sogar dabei. Dadurch, daß er auch während des Hochzeitsfluges seinen Gesang ertönen läßt, gehört er zu den ganz wenigen Finkenvögeln, die in der Luft singen. Von Mexiko bis Bolivien lebt der Blauschwarze Bischof, dessen Brutpaare sich beim Nestbau gegenseitig zusingen. Auf Südamerika, von Venezuela bis zum gemäßigten Argentinien, ist der Dunkelblaue Bischof beschränkt. Im Gegensatz zu den Bewohnern gemäßigter Breiten, deren Gelege 4 Eier enthalten, legen die tropischen Arten nur 2 Eier, ziehen aber bis zu 3 Bruten im Jahr auf.

Die kleinsten und buntesten Arten aus der Gruppe der Kardinäle sind die 6 Farbfinken *(Passerina)*, deren Heimat von den USA bis Panama reicht und deren nördliche Arten im Winter nach Süden ziehen. Das Männchen des Papstfinken gehört zu den farbfreudigsten Vögeln Nordamerikas, während das Weibchen auf dem Rücken mattgrün und auf dem Bauch gelblich gefärbt ist. Trotz des bunten Federkleides fällt die Art im Laubdickicht kaum auf.

Innerhalb der Kardinalgruppe ähneln den Tangaren am meisten die 11 großen, einfarbigen Habias *(Saltator)* im mittleren und südlichen Amerika, ruhige, seßhafte und zurückhaltende Vögel, deren größte Art der oben gezeigte Schwarz-

SCHWARZKOPFHABIA
Saltator atriceps
Mexiko bis Panama; 25 cm.

kopfhabia darstellt. Sie leben in den offenen Waldgebieten der Tropen und an den Rändern der Lichtungen. Ihr Rücken wirkt zumeist grünlichbraun, der Bauch heller, manchmal gestreift; die Geschlechter sehen sich mehr oder weniger ähnlich. Auch ihre Schnäbel sind recht groß, aber doch nicht so massig wie die der Kardinäle. Sie fressen ebenfalls Sämereien, hauptsächlich jedoch Beeren, Früchte und mitunter selbst Blüten. Tangarenähnlich wirkt auch ihre Stimme, die für einen derart großen Vogel ziemlich leise klingt. Das Weibchen baut ein großes, offenes Nest im bodennahen Laubwerk und bebrütet seine 2 Eier 13 bis 14 Tage lang; die Jungen werden von beiden Eltern gefüttert, auch dann noch, wenn sie bereits nach 14 Tagen das Nest verlassen haben.

Mit Recht hat man der zweiten Unterfamilie den Namen Darwinsfinken gegeben, denn sie lieferten dem großen Charles Darwin, der anno 1835 mit der «Beagle» die Galapagosinseln besuchte, den Beweis dafür, daß eine Art nichts Unveränderliches ist. Die Darwinsfinken bilden eine kleine, geschlossene Gruppe mit 4 Gattungen und 14 Arten, die nur auf der Galapagos-Inselgruppe, 900 Kilometer von Ekuador entfernt, sowie auf der Kokosinsel zwischen diesem Archipel und Panama vorkommt. Höchstwahrscheinlich stammen sie alle von einer Ahnenform ab, die vielleicht im Pliozän, vor ungefähr 5 oder 10 Millionen Jahren, vom amerikanischen Festland aus in diese abgelegene Inselwelt, fern vom Kontinent, verschlagen wurde.

Die Darwinsfinken messen zwischen 10 und 20 cm. Meist sehen beide Geschlechter graubraun aus, doch sind die Männchen einiger Arten ganz schwarz. Am stärksten aber variiert der Schnabel, von kräftiger Finkenform bei den Körnerfressern bis zur schmalen Pfriemenform bei den insektenfressenden Arten. Eine Art mit gekrümmtem Schnabel und geschlitzter Zunge nimmt Nektar aus den Opuntienblüten und frißt deren weiche, breiige Früchte, eine andere mit einem kurzen, dicken und etwas abwärts gekrümmten Schnabel ernährt sich von Knospen, Blättern und Früchten. Massig und gerade ist der Schnabel bei dem abgebildeten Spechtfinken, der eine höchst eigenartige Lebensweise entwickelt hat. Er sucht in der Rinde nach Insekten, doch fehlt ihm die lange Zunge des Spechtes, um damit die Insekten herauszuholen. Statt dessen greift er sich ein spitzes Holzsplitterchen oder einen Kaktusdorn und stochert damit in den Bohrlöchern der Insektenlarven herum. Hier haben wir, abgesehen von dem pinselnden Laubenvogel, den einzigen Fall eines echten Werkzeuggebrauches im Vogelreich vor uns.

Trotz aller Unterschiede im Bau des Schnabels und in der Art des Nahrungserwerbes beweist doch die Anatomie der Darwinsfinken, daß alle Arten ganz eng miteinander verwandt sind; das gleiche ergibt sich auch aus dem verhältnismäßig einheitlichen Brutverhalten. Bei allen Arten finden wir Brutreviere, die das Männchen verteidigt und dem Weibchen durch einen ausdruckslosen, wenig musikalischen Gesang anbietet. Immer wird ein überdachtes, verhältnismäßig großes Nest am Außenast eines Kaktus oder in einem Baum bei 1 bis 10 m Höhe angelegt. Die Größe der Eier schwankt bei den einzelnen Arten, doch sehen sie alle weiß aus mit rosa Punkten; ihre Anzahl beträgt meist 4. Das Weibchen brütet 12 Tage und wird währenddessen vom Männchen gefüttert, das auch bei der 14tägigen Aufzucht der Jungen mithilft.

SPECHTFINK ♂
Camarhynchus pallidus
Galapagos-Inseln; 12 cm.

GROSSER GRUNDFINK ♂
Geospiza magnirostris
Galapagos-Inseln; 14 cm.

Mit 266 Arten, verteilt auf etwa 75 Gattungen, stellen die Eigentlichen Finken *(Fringillinae)* die größte Unterfamilie dar. Am zahlreichsten und mannigfaltigsten tritt sie im tropischen und subtropischen Amerika auf, wo sie wahrscheinlich entstanden ist. Von dort aus haben sich die Finkenvögel über den ganzen amerikanischen Doppelkontinent ausgebreitet, nordwärts bis zu den eisbedeckten Küsten des Polarmeeres und nach Süden bis zum Kap Hoorn. Im Norden kommen die beiden Gattungen der Sporn- *(Calcarius)* und Schneeammern *(Plectrophenax)* auf beiden Erdhälften vor. Ziemlich früh, etwa an der Grenze zwischen Miozän und Pliozän, müssen die Finkenvögel dann auch in die östliche Erdhälfte eingewandert sein, und dort haben sich 3 nur auf die Alte Welt beschränkte Gattungen mit etwa 40 Arten herausgebildet. Sie konnten sich nicht nur über den ganzen eurasischen Kontinent ausbreiten, sondern sich auch südlich nach Afrika bis zum Kap der Guten Hoffnung vorschieben, ohne jedoch die Grenzen der Alten Welt zu überschreiten.

Die eigentlichen Finken sind kleine, 10 bis 20 cm lange Vögel mit meist unscheinbarem braunem, grau gestreiftem oder gesprenkeltem Gefieder, jedoch selten bunt gefärbt. Auffälligere Muster kommen durch kontrastreiche Schwarz-Weiß-Zeichnungen und gelegentlich auch durch gelbe Flecken zustande. In der Regel ähneln sich die Geschlechter sehr, doch wirkt das Männchen mitunter etwas lebhafter gefärbt.

Die meisten Finken leben im Gras-, Busch- oder im offenen Waldland, auch im Unterholz; keine Art kann als ausgesprochener Baumvogel angesehen werden. Sie nisten mitunter im Gebüsch und in niederen Bäumen, sehr häufig aber auf dem Boden; hier vor allem suchen sie sich auch ihr Futter. Wieder bilden Sämereien die Hauptnahrung, dazu kommen noch Knospen, Blätter und gelegentlich – je nach Jahreszeit – etwas Früchte und Beeren, vor allem aber Insekten, um den Eiweißbedarf zu decken. Die Jungen fressen Insekten.

Etwa 50 Arten sind im gemäßigten Nordamerika zu Hause, darunter einige recht häufige, wie der Singammer und der Schwirrammer oder die Lerchenammern der amerikanischen Präriestaaten, deren Männchen ein schwarz-weißes und das Weibchen ein im wesentlichen braunes Gefieder zeigen.

Eine weitere Gruppe bilden die Ammerfinken *(Zonotrichia)* mit dem Weißkopf-, Goldscheitel-, Weißkehl- und Harris-Ammerfink, die im nördlichen Waldland Nordamerikas nisten und als besonders nette Finkenvögel gelten können. Weniger bekannt sind Küsten- und Spitzschwanz-Ammerfinken, die vorwiegend im Marschland leben. Die allermeisten dieser im Norden heimischen Arten ziehen zum Herbst in Scharen in die Südstaaten und nach Mittelamerika, um dort den Winter zu verbringen, doch gibt es auch ein paar harte Formen, die es im Norden aushalten. So verbleiben die Junkos und verschiedene Arten der Ammerfinken aus der Gattung *Zonotrichia* gewöhnlich auf den Feldern und in den Vorstädten der amerikanischen Nordstaaten und treffen dort mit den Schnee- und Spornammern zusammen, die sich bei zu hohem Schnee aus den arktischen Gebieten dorthin zurückziehen.

In wärmeren Breiten sind die kleinen Pfäffchen *(Sporophila)* mit etwa 30 Arten zu Hause, deren Heimat von Südtexas bis Argentinien reicht. Diese kleinen, 10 bis 12 cm langen Vögel mit dem kurzen, kräftigen Schnabel halten sich, oft in großen, flinken Scharen, auf Wiesen, im Pflanzenwuchs der Sümpfe, an den Straßenrändern und Lichtungen auf. Hier sehen die Männchen schwarz aus mit weißer oder brauner Zeichnung, die Weibchen dagegen einfarbig bräunlich. Die Pfäffchen leben gesellig und nisten auch nahe beieinander, ohne Kolonien im eigentlichen Sinne zu bilden; sie errichten sich zwar kleine Reviere, verteidigen sie aber kaum.

Der Große Kubafink mag als Beispiel für eine aus 4 Arten bestehende Gattung genannt sein, die von Mexiko bis Brasilien, aber auch in Westindien vorkommt und in ihrer Nahrung und der Schwarmbildung den Pfäffchen ähnelt. Hier bauen beide Geschlechter ein geschlossenes, fest überdachtes Nest mit einem Seiteneingang, wobei das Männchen beginnt und das Weibchen das Werk vollendet. Solche überdachten Nester sind bei den Ruderfinken der Gattungen *Arremon* und

Arremenops die Regel, bei denen die Geschlechter fast gleich aussehen, wie etwa beim Olivfarbenen, beim Grünrücken- und Großen Ruderfink, an deren bunten Schnäbel, weißen Kehl- und gelben Flügelzeichnungen man die Tiere gut im Dämmerlicht des Unterholzes erkennen kann.

Ein ganz anderes Nistverhalten zeigen die 10 Bodenfinken der Gattung *Sicalis* im Buschland von Mexiko bis Argentinien, wo sie den Namen «Wildkanarien» tragen. Hierzu gehört der leuchtend gelbe Safranfink, der nach Jamaika eingeführt wurde und dort recht häufig geworden ist. Einer der wenigen Höhlenbrüter innerhalb seiner Familie, stopft er zum Nestbau eine Menge Stroh und Federn in Baumhöhlen, unter Dachsparren oder in Gesteinsspalten, benutzt aber in Südbrasilien auch die verlassenen Nester der Töpfervögel.

Trotz ihres deutschen Namens stellt man den Dominikaner- und den Graukardinal zu den eigentlichen Finkenvögeln; diese südbrasilianischen und argentinischen Vögel fallen durch ihre Größe und Färbung auf. Dank seines leuchtend roten Schopfes und seines angenehmen Gesanges galt der Graukardinal lange Zeit als beliebter Käfigvogel; er wurde auch nach Hawaii eingeführt.

Unter den altweltlichen Arten finden wir eine große Anzahl von Vögeln, die uns wohlbekannt sind. Da wäre zuerst der in Europa, Nordwestafrika und Westasien weit verbreitete Buchfink, der als erster Angehöriger der Familie von Linnaeus im Jahre 1758 benannt wurde; so mußte nach den strengen Regeln der zoologischen Nomenklatur diese vorwiegend neuweltliche Familie ausgerechnet nach einer altweltlichen Nominatgattung bezeichnet werden. Der Buchfink – ein häufiger Sommergast in Parks, in Gärten und im Kulturland, auch dort, wo es nur ein paar Bäume gibt – wandert außerhalb der Brutzeit in kleineren Scharen umher, die oft nur aus den Angehörigen eines Geschlechts zusammengesetzt sind. Zur gleichen Gattung *Fringilla* gehört der Bergfink, der seine Nester im Birken- und Nadelwald des nördlichen Eurasien errichtet. Im Winter zieht er, oft in ungeheuren Scharen, ohne festes Ziel nach Süden. So hat man bei einem solchen Masseneinbruch von Bergfinken allein an den Schlafplätzen bei Thun in der Schweiz eine Zahl von über 70 Millionen geschätzt!

Als größte altweltliche Gattung begegnen uns die etwa 30 Arten der Ammern *(Emberiza)*, meist recht einfach gekleidete Vögel ohne wesentliche äußere Geschlechtsunterschiede. Meist tragen sie ein braunes Gefieder mit schwarzen, weißen, grauen, aber auch roten und gelben Mustern; oft sind die äußeren Schwanzfedern ganz oder teilweise weiß gefärbt. Das Verbreitungsgebiet der Ammern erstreckt sich über den größten Teil Europas und Asiens, und die meisten Arten leben – wenigstens zum Teil – als Zugvögel.

An erster Stelle wäre hier der wunderschön goldbraun und zitronengelb gefärbte Goldammer zu nennen, dessen «Wie-wie-wie-hab-ich-dich-lieb» häufig im Feld und in Baumanlagen ertönt. In Europa fehlt er nur im äußersten Norden und im Süden, in Asien geht er bis Sibirien. Weitverbreitet lebt der Rohrammer, von Westeuropa durch Asien bis nach Japan. Die Kehle ist beim Männchen schwarz mit weißem Halsband, beim Weibchen aber mehr bräunlich; sein Lebensraum ist das Röhricht von Teichen, Seen und Sümpfen. Nicht ganz so weit nach Norden dringt der Grauammer vor, denn er brütet nicht mehr in Skandinavien. Bei ihm, der offenes Gelände bevorzugt, vermissen wir nicht nur die weißen Schwanzfedern, sondern er zeigt auch insofern ein abweichendes Verhalten, als die Männchen meist in Vielehe leben und 4 oder gar 5 Weibchen um sich versammeln.

Auch dem Kappenammer fehlen die weißen Schwanzfedern. Er erreicht eine Länge bis zu 18 cm und gehört damit zu den größten europäischen Ammern; er kommt nur im südöstlichen Europa und im anschließenden südwestlichen Asien vor. Ihren Namen verdankt die Art dem schwarzen Kopf des Männchens, doch wechselt er im Herbst seine Farbe ins Bräunliche. Auf mehr südliche Gebiete zwischen Spanien und Ostasien beschränkt sich der Zippammer, dem wir auch im Alpengebiet und am Rhein begegnen. Kopf und Kehle sind aschgrau; Scheitel und Kopfseiten schmückt eine hübsche schwarze Streifenzeichnung. Der Gesang klingt dünn und erinnert an den einer Heckenbraunelle. Von Nordwestafrika und von Spanien bis Anatolien, aber auch in Südengland und im Rheintal lebt der Zaunammer, dessen Männchen man an den gelben Streifen über und unter dem schwarzen Augenstreif erkennt. Aus Hecken und Bäumen in der Nähe des Kulturlandes hört man seinen eintönigen, klirrenden Gesang. Im Winter hält sich die Art in gemischten Scharen auf den Feldern in der Nähe menschlicher Ansiedlungen auf.

Hoch im Norden liegt die Heimat der nachfolgenden 3 Ammern. Der Waldammer kommt von Skandinavien an bis nach

GROSSER KUBAFINK ♂
Tiaris olivacea
Westindien sowie von
Mexiko bis Venezuela; 10 cm.

MEXIKANISCHES PFÄFFCHEN ♂
Sporophila aurita
Mexiko bis Peru; 11 cm.

SAFRANFINK ♂
Sicalis flaveola
Venezuela bis Argentinien,
auf Jamaika eingeführt; 14 cm

Kamtschatka vor und stellt die einzige europäische Art der Ammern dar, die auch auf den amerikanischen Vogellisten aufgeführt wird, denn mitunter wird er in einigen Exemplaren bis zu den Alëuten verschlagen. Man erkennt die gelben Männchen am breiten, weißen Augenstreifen und an dem zimtbraunen Brustband. Vom westlichen Finnland an über das nördliche Rußland bis Sibirien lebt der Weidenammer im offenen Gelände, hauptsächlich in Birken- und Weidenbeständen in der Nähe des Wassers. Das gelbbäuchige Männchen fällt durch sein schwarzes Gesicht auf, das Weibchen erinnert an den Goldammer. Auf ihren Wanderungen gelangt die Art weit nach Westen bis England oder gar Malta. Als kleinste Art mit einer Länge von etwa 13,5 cm verdient der Zwergammer Erwähnung, der ebenfalls von Skandinavien an bis nach Sibirien vorkommt. Auch er hält sich gern in der Nähe des Wassers auf und nistet am Boden des Weidengestrüpps. Im Winter zieht er gelegentlich auch über das westliche Europa bis zum Mittelmeer.

Zu den Ammern gehören gleichfalls die beiden Ortolane, deren Name sich von der wissenschaftlichen Artbezeichnung des Gewöhnlichen Ortolans herleitet: hortulana, das heißt «Gartenbewohner», und tatsächlich hält er sich gern in den Gärten auf, aber auch an den Feldern. Im Herbst sammeln sich die Ortolane in größeren Scharen, um nach Süden zu ziehen. Wie die meisten Zugvögel, so speichern sie zuvor Fett in ihrem Körper, um die Anstrengungen des weiten Wanderweges bewältigen zu können. Seit Jahrhunderten hat man die Ortolane auf ihrem Herbstzug mit Netzen erbeutet, um sie auf den Tisch der Feinschmecker zu bringen. Das Ortolanmännchen erkennt man an der zimtfarbenen Unterseite, dem gelben Augenring, der gelben Kehle und dem gelben Bartstreif zum olivgraugrünen Kopf. Während sich der Ortolan weithin über Europa und Mittelasien verbreitet findet, lebt der Graue Ortolan, dessen Kopf und Brustband im Gegensatz zur vorigen Art leuchtend blaugrau ist, von Griechenland bis Israel als Bewohner felsiger Hänge und Halbwüsten.

Eine stattliche Erscheinung ist der ostasiatische und japanische Wiesenammer, der offenes Feld und Buschgelände bewohnt; besonders gern hält er sich im Gebüsch längs der Straßenränder und an den Hecken zwischen den Feldern auf. Das ganze Jahr über singen diese Vögel, vor allem selbstverständlich im Frühjahr und im Sommer, und sitzen dabei besonders gern auf dem höchsten Zweig eines Gebüsches oder auf den elektrischen Leitungen an den Landstraßen. Wie bei den amerikanischen Singammern, so hat auch hier jeder einzelne Vogel seine ganz eigene «Privat»melodie, die er immer und immer wiederholt, manchmal stundenlang.

Aber auch nach Afrika, in die Heimat vieler Weberfinken, sind die Ammern vorgedrungen. Im größten Teil von Südafrika, im offenen Gelände, im lockeren Wald oder als häufiger Gast in den Vorstadtgärten lebt der Goldbrustammer. Fast noch weiter erstreckt sich die Heimat des Kapammers über die verschiedensten Landschaftstypen, insbesondere aber die trockeneren Gebiete. Man nennt ihn auch Felsenammer, weil er sich mit Vorliebe an den steinigen Berghängen aufhält. Infolge seines außerordentlich großen Verbreitungsgebietes zerfällt die Art in eine Anzahl geographischer Unterarten.

Im Brutverhalten unterscheiden sich alle diese europäischen Finkenvögel nicht von ihren amerikanischen Verwandten. Alle bauen offene Nester im Gebüsch und auf Bäumen, meist auf oder kurz über dem Boden. Nestbau und Brüten obliegen vorwiegend dem Weibchen, wenn auch bei einigen Arten das Männchen hilft. Die Gelege enthalten 3 bis 6, meist 4 bis 5 Eier, und viele Arten ziehen mehrere Bruten im Jahr auf. In der Färbung der Eier gibt es kleine Unterschiede, doch finden wir meist helle Farbtöne mit feinen Tupfen.

BERGFINK ♂
Fringilla montifringilla
Nördliches Eurasien; 15 cm.

ORTOLAN
Emberiza hortulana
Europa und Westasien; 16 cm.

WIESENAMMER
Emberiza cioides
Turkestan bis Japan; 15 cm.

KAPPENAMMER
Emberiza melanocephala
Südosteuropa, Südwestasien; 16 cm.

Weberfinken *Ploceïdae*

Die 375 Arten, die wir unter diesem Familiennamen zusammenfassen, fallen in 3 gut abgegrenzte Gruppen, nämlich 112 Stieglitzvögel *(Carduelinae)*, 107 Prachtfinken *(Estrildinae)* und 156 Webervögel, mit insgesamt 4 Unterfamilien, deren größte die Nominatgruppe der *Ploceïnae* darstellt. Diese 3 Hauptgruppen sind eng miteinander verwandt, doch ob sie alle tatsächlich aus der gleichen Stammgruppe hervorgegangen sind, bleibt noch zweifelhaft.

Die Weberfinken lassen keine engeren Beziehungen zu irgendeiner anderen altweltlichen Vogelgruppe erkennen. Die größten Ähnlichkeiten bestehen noch zu den neuweltlichen Finkenvögeln, denn beide Familien haben sich ungefähr parallel zueinander entwickelt. Abgesehen von ihrem kräftigen, kegelförmigen Körnerfresserschnabel finden wir auch bei den Weberfinkenvögeln eine Reduktion der 10. Handschwinge, wenn auch nicht so betont wie bei ihren westlichen Verwandten. Bei manchen Arten, insbesondere in der Unterfamilie der Stieglitzverwandten, bleibt die 10. Handschwinge durchaus noch erkennbar, wenn sie auch nur noch die halbe Länge der 9. aufweist. Nur bei den am höchsten entwickelten Formen ist diese Feder gänzlich verschwunden.

Andere anatomische Unterschiede zwischen beiden Familien beruhen auf dem abweichenden Bau der Gaumenknochen und der Kiefermuskulatur. Sehr eindrucksvolle Unterscheidungsmerkmale aber stellen die relativen Längen der Gliedmaßen und Schnäbel dar. Bei der altweltlichen Familie bleibt der Lauf verhältnismäßig kurz und übertrifft niemals die Länge der Mittelzehe einschließlich der Kralle. Der sichtbare Teil des Oberschnabels wirkt ziemlich lang und übertrifft die Länge der Unterkiefersymphyse um das Doppelte; das Umgekehrte gilt für die neuweltlichen Finkenvögel.

Die *Carduelinae* werden typisiert durch unseren Stieglitz, der sich gern von Distelsamen ernährt, und so leitet sich ja auch sein Gattungsname, aus dem wiederum die Bezeichnung der ganzen Unterfamilie gebildet wird, von dem lateinischen Wort «carduus» ab, das «Distel» bedeutet. Am höchsten entwickelt sind diese Stieglitzverwandten auf der Nördlichen Halbkugel, wo sie offenbar in dem eurasischen Gebiet entstanden sind, das wir als Paläarktis zu bezeichnen pflegen und wo jetzt 20 Gattungen mit insgesamt 64 Arten zu Hause sind. Hiervon ausgehend haben sich die Stieglitzvögel mit 30 Arten über Afrika und mit weiteren 32 über Amerika ausgebreitet; verschiedene Arten kommen sogar auf allen diesen Kontinenten vor. 3 Arten sind bis Ostindien und zu den Philippinen vorgedrungen, aber keine hat Australien und die pazifischen Inseln erreicht.

HAUSGIMPEL ♂
Carpodacus mexicanus
Westliches Nordamerika und Mexiko; 13 cm.

BIRKENZEISIG ♂
Acanthis flammea
Norden der nördlichen Erdhälfte; 13 cm.

Mit wenigen Ausnahmen haben wir es hier in weit stärkerem Maße mit baumbewohnenden Waldvögeln zu tun als bei den Finkenvögeln. Auch pflegen sie während ihres eigenartig wellenförmigen Fluges zu singen, und ihr Geselligkeitstrieb ist hoch entwickelt. Ausgesprochenen Zugvögeln begegnen wir nur selten, doch ziehen die meisten nördlicheren Arten zum Winter unregelmäßig nach Süden. Sie wandern in geschlossenen, einheitlichen Scharen; einige Arten nisten auch in lokkeren Kolonien. Im Gegensatz zu den anderen Weberfinken bauen sie feste, offene Nester, die gewöhnlich in ziemlicher Höhe über dem Boden an Ästen untergebracht werden, doch nisten ein paar Arten, wie die Birkenzeisige, auch in baumlosen Gebieten. Im allgemeinen brütet nur das Weibchen, doch wird es vom Männchen, das auch beim Atzen der Jungen hilft, im Nest gefüttert. Ein bemerkenswerter Zug im Nistverhalten, den die Stieglitzvögel mit den Prachtfinken teilen, besteht in dem Mangel an Nesthygiene, denn sie gehören zu den wenigen Sperlingsvögeln, die den Kot der Jungvögel nicht entfernen.

Recht große Unterschiede herrschen hinsichtlich der Färbung und der Mauser. Manche Arten sind gestreift oder gesprenkelt, andere wieder sind gleichmäßig gefärbt. Die Geschlechter können sich unterscheiden oder ähneln; nicht selten tragen die Männchen ein buntes gelbes oder rotes Hochzeitskleid, das sie während der Herbstmauser ablegen, und dann gleichen die Männchen im Winter ebenso wie die Jungvögel durchaus den Weibchen. Beim einheimischen Stieglitz sehen sich die Geschlechter das ganze Jahr über gleich, doch unterscheiden sie sich beim amerikanischen Trauerzeisig, indem das Männchen ein leuchtend gelb und schwarzes Hochzeitskleid trägt, das aber im Spätsommer abgelegt wird.

Sein ansprechendes Äußeres, der schöne Gesang und seine leichte Haltbarkeit lassen unseren einheimischen Stieglitz als einen vortrefflichen Käfigvogel erscheinen, und daher wird er häufig in der Gefangenschaft gehalten. So hat man auch im 19. Jahrhundert den Versuch unternommen, ihn in die USA einzuführen, und hat ihn in Oregon, Missouri, Ohio, New Jersey, Massachusetts und selbst auf Bermuda ausgesetzt. Es gibt zwar noch ein paar kleinere Populationen längs der Südküste von Long Island, doch hat die Art anscheinend nur auf Bermuda wirklich zusagende Lebensbedingungen gefunden, wo sie nun zu den häufigsten Vögeln zählt. Ebenso ist der Stieglitz in Australien und Neuseeland eingebürgert worden.

Nahe verwandt mit dem Stieglitz sind der bei uns häufige Bluthänfling, außerdem der Berghänfling der nordischen Moore, sowie der Birkenzeisig, ein Vogel mit roter Kopfplatte bei beiden Geschlechtern, der von den Tundren beider Erdhälften an in den Birken-, Weiden- und Erlenwäldern des Nordens vorkommt, aber auch die Knieholzregion der Alpen bewohnt und auf den Britischen Inseln in Hecken und Buschwerk brütet. Überall in Gärten und Parks sowie im lichten Wald, von Nordwestafrika durch ganz Europa bis Westsibirien, lebt der Grünfink, allbekannt durch seine gelbe Flügel- und Schwanzzeichnung zum olivgrünen Kleid, seinen klingenden Ruf und das «schüäh» seines Gesanges. Das weiteste Verbreitungsgebiet aber nehmen die 22 einander so ähnlichen Zeisige ein, die im Nadel- und Laubwald der gesamten Nördlichen Halbkugel beheimatet sind. Selbst in Afrika, südwärts bis zum Kap der Guten Hoffnung, haben sie sich akklimatisiert, und in Amerika sind sie den Kordilleren und Anden bis zur Magellanstraße gefolgt, so daß sie nun die einzigen Stieglitzvögel in Südamerika darstellen. Ein Stieglitzverwandter, der nach Haiti verschlagen wurde und dort die Gebirgsnadelwälder bewohnt, hat sich sogar zu einer eigenen Gattung entwickelt. Sonst gibt es nur noch eine ausgesprochen amerikanische Gattung der Stieglitzvögel, nämlich die Abendkernbeißer in den nördlichen Waldgebieten. Im Winter tun sie sich zu größeren Scharen zusammen und kommen dann in den Nordstaaten zu den Futterkästen an den Fenstern, um Sonnenblumenkerne zu fressen.

Unter den nordamerikanischen Stieglitzvögeln fällt der Hausgimpel auf, der in Europa und Asien durch verschiedene Arten der Karmingimpel vertreten wird, die alle der Gattung *Carpodacus* angehören. Ganz ähnlich sieht die amerikanische Art aus, ein etwas kleinerer und bunterer Vogel, der sich von Kalifornien südwärts über ganz Mexiko gern in den Vorgärten aufhält. Durch den Tierhandel wurde der Hausgimpel nach New York gebracht. Aus freigelassenen Vögeln bildete sich bei Long Island eine Population, die sich allmählich ausbreitete. Jetzt kommt die Art bereits bis Connecticut und New Jersey vor; auch auf Hawaii wurde sie eingeführt.

Eine der größten Arten in dieser Verwandtschaftsgruppe ist der bis 22 cm lange Hakengimpel, dessen Männchen rosarot aussieht, während das Weibchen grünlichbraun ist und einen gelblichen Scheitel und Bauch zeigt. Er brütet auf beiden Erdhälften im nördlichen Nadelwald, in Europa nur in Skandinavien. Der Nadelwald ist auch der Lebensraum unserer 3 Kreuzschnäbel, von denen der Fichtenkreuzschnabel vorwiegend im Fichten-, der Kiefernkreuzschnabel gern im Kiefern- und der Bindenkreuzschnabel vor allem im Lärchenwald lebt. Bei diesen Arten überkreuzen sich die Spitzen des Ober- und Unterschnabels in einzigartiger Weise und bilden

TIGERFINK ♂
Amandava amandava
Indien bis Indochina und Ostindien; 7 cm.

DREIFARBIGE PAPAGEIAMADINE ♂
Erythrura trichroa
Mikronesien bis Neu-Irland und Neue Hebriden; 11 cm.

SCHWARZKÖPFCHEN ♂
Lonchura malacca atricapilla
Indien bis Philippinen und Ostindien; 11 cm.

so ein vorzügliches Instrument, um die Samen aus den Nadelholzzapfen herauszuholen. Daher findet man die Kreuzschnäbel nur selten außerhalb des Nadelwaldes, doch fressen sie auch andere Sämereien und füttern vor allem ihre Jungen mit Insekten. Auf beiden Erdhälften haben sich die Kreuzschnäbel, als «Zigeunervögel» den Nadelwäldern folgend, nach Süden ausgebreitet. Eine Population des Fichtenkreuzschnabels bewohnt das Hochland von Guatemala bis Nikaragua, während der Bindenkreuzschnabel sogar bis Haiti vorgedrungen ist und zusammen mit der dort beheimateten Zeisigart in den Nadelwäldern des Berglandes lebt.

Wohlvertraut sind wir mit dem kräftigen Kirschkernbeißer, der von Europa bis Ostasien lebt; mit seinem gewaltigen Schnabel knackt er Sämereien, Kerne und Knospen. Seiner schönen Färbung und des angenehmen Gesanges wegen wird er gern als Käfigvogel gehalten.

Nicht minder beliebt als Pflegling ist der hübsche Gimpel oder Dompfaff, dessen Heimat das gemäßigte und nördliche Eurasien von Nordspanien bis Kamtschatka und Japan ist.

Auch die am häufigsten im Käfig gepflegte Art gehört in diese Verwandtschaftsgruppe: der Kanarienvogel. Noch immer leben die Wildkanarien auf den Kanarischen Inseln, von wo aus sie im 16. Jahrhundert als Käfigvögel nach Europa eingeführt wurden, doch kommen sie auch auf den Azoren und auf Madeira vor. Verwandte Arten aus der gleichen Gattung gibt es in Afrika und Europa; am bekanntesten davon ist der einheimische Girlitz. Die freilebenden Kanarienvögel sehen auf dem Rücken olivfarben aus mit braunen und

schwarzen Streifen, und auf dem Bauch grünlichgelb. Durch jahrhundertelange künstliche Zuchtwahl, bei der es vor allem auf das Aussehen und die Gesangsleistungen ankam, hat man die vielen Schläge herausgezüchtet, die heute im Handel sind.

In der Beliebtheit als Käfigvögel stehen die Prachtfinken als 2. Unterfamilie den Kanarienvögeln kaum nach, denn sie sehen nicht nur sehr bunt aus, sondern sind auch recht lebhaft und gewöhnen sich leicht in die Gefangenschaftsverhältnisse ein. Ihre gesanglichen Leistungen sind allerdings nur gering, wenn auch einige Männchen ein angenehm trillerndes Lied hören lassen; im übrigen aber besteht ihre Stimme zumeist nur aus einem einfachen Zirpen, Zischen und leisen Schwatzen.

Trotz ihrer farblichen Mannigfaltigkeit bilden die Prachtfinken doch im Hinblick auf ihre Anatomie und ihr Verhalten eine ziemlich einheitliche Gruppe. Heute unterscheiden wir 15 Gattungen mit 107 Arten kleiner, höchstens 15 cm langer Vögel mit kurzem, kräftigem, spitzem Schnabel. Sie unternehmen meist keine Wanderungen, sondern verbleiben an ihren Lebensstätten im offenen Grasland, im Pflanzenbewuchs der Sümpfe oder dem Gebüsch der Waldränder und -lichtungen und finden ihre Nahrung hauptsächlich am Boden: Sämereien, aber auch Insekten, kleine Früchte und Beeren.

Die Prachtfinken leben sehr gesellig und bilden oft riesige Schwärme, die sich aus 3 oder 4 Arten zusammensetzen; manche Arten brüten in Kolonien. Stets errichten sie ein überdachtes rundes, melonen-, birnen- oder flaschenförmiges Nest mit einem seitlichen Eingang, aber von auffallend lockerem Bau. Verschiedene Arten legen Schlafnester an, in denen sie sich nur ausruhen. Beide Geschlechter verfertigen nicht nur das Nest, sondern das Männchen beteiligt sich auch am Ausbrüten der 4 bis 10 reinweißen Eier und hilft beim Füttern der Jungen mit, die nach 11 bis 17 Tagen ausschlüpfen. Den Kot der Jungvögel entfernen die Prachtfinken nicht, doch da er sehr schnell zu einer Kruste eintrocknet, fault er nicht so stark. Bei den Jungvögeln ist das Mundinnere leuchtend bunt gefärbt. Da die Jungen außerordentlich schnell heranwachsen, können sie schon in ihrem ersten Lebensjahr brüten.

Die Nominatgattung der Astrilden *(Estrilda)* enthält 28 Arten, deren Verbreitungsgebiet von Afrika bis Australien reicht; ihr typischer Vertreter ist der Wellenastrild, ein Bewohner der schilfbewachsenen Sumpfgebiete im größten Teil Afrikas südlich der Sahara. Dichte Schwärme des kleinen Heuschreckenastrild durchziehen das feuchtere Grasland, wo man die Vögel kaum sieht, wenn sie auf dem Boden ihre Nahrung suchen. Wenn man sie stört, fliegen sie schnell mit schwirrenden Flügelschlägen dem nächsten Versteck im Grase zu.

In Afrika lebt auch der Grüne Tropfenastrild, der nicht nur Grassamen, sondern auch Termiten frißt, sowie das Orangebäckchen, das außerdem auf Porto Rico heimisch geworden ist, nachdem dort eine Anzahl entwichener Käfigvögel eine Kolonie gründeten. Andere Arten, wie der Schmetterlingsfink, halten sich bei den Dörfern und auf den Kulturfeldern Ostafrikas auf. Gern bauen sie ihr überdachtes Nest in der schützenden Nähe von Wespennestern, benutzen aber auch die verlassenen Bauten der Webervögel, die sie dann mit Federn und Pflanzenfasern auskleiden. Unauffällige Bewohner des Dornengestrüpps und des Unterholzes sind die 3 Arten der Buntastrilden, die ruhig auf dem Erdboden nach kleinen Sämereien und Körnern suchen.

Der prächtige, kleine Tigerfink im südlichsten Asien hält sich in schilfbestandenen Sumpfgebieten und im feuchten Grasland auf und nistet unregelmäßig das ganze Jahr hindurch, vor allem aber während der Regenzeit, wenn die meiste Nahrung anfällt. Man fängt ihn mit Netzen für den Tierhandel, denn er wird in der Gefangenschaft zahm und zutraulich.

«Männchen», «Nonnen», «Schilf-» oder «Muskatfinken» nennen wir die Angehörigen der Gattung *Lonchura*, deren Heimat von Afrika über das südliche Asien bis nach Australien und zu den Karolinen reicht und die mit 30 Arten eine der größten Gruppen der Prachtfinken darstellen. Ihre Grundfärbung besteht meist aus einem rötlichen Braun mit schwarzer und weißer Zeichnung. Diese fortpflanzungsfreudigen Vögel leben im Gras- und Sumpfland und ziehen — zumindest in Gefangenschaft — 5 Bruten im Jahr aus ihren 4 bis 8 Eiern auf. Die Jungen brüten bereits im ersten Lebensjahr.

Oft fallen Schwärme dieser Arten in die Getreidefelder ein, etwa das Schwarzköpfchen, das einen der ärgsten Schädlinge auf den Reisfeldern der Philippinen und Malayas darstellt. Scharen des Bronzemännchens ziehen über die offenen Landschaften des Kongogebietes und lassen sich dort nieder, wo gerade das Gras oder Getreide reift. Sie rasten auch gemeinsam, setzen sich dabei sogar übereinander in den Schlafnestern, die sie eigens für die Ruhe anlegen. Häufig wird der Reisfink in den Zoologischen Handlungen als Käfigvogel angeboten. Dieser untersetzte, graue Vogel mit dem rosa getönten Bauch zeigt zwei große weiße Ohrflecken und einen hellrosa Schnabel. Im Käfig nimmt er sich sehr anziehend aus, weniger allerdings auf den Reisfeldern.

Auf die Australische und Orientalische Region beschränken sich die 23 Arten der bunten Amadinen, die sich auf 3 Gattungen verteilen. Ein typischer Vertreter ist die prächtige Gould-Amadine mit ihrem spitzen, nicht abgestutzten Schwanz, die sich in kleineren Scharen im offenen Grasland aufhält, oft in der Nähe von Wasserläufen. Nahe mit ihr verwandt, lebt der Zebrafink als ein häufiger Vogel in Australien und gelangt auch oft in den Tierhandel; seinen deutschen Namen verdankt er dem schwarz-weiß gestreiften Schwanz. Im Busch oder auf niedrigen Bäumen, gelegentlich aber auch im hohen Gras oder sogar — ungewöhnlicherweise — in Baumhöhlen, bauen die Vögel ihr flaschenförmiges Nest aus trockenem Gras.

Einen spitzen Schwanz finden wir gleichfalls bei den leuchtend grünen, mit roten oder blauen Flecken verzierten Papageiamadinen der Gattung *Erythrura*, die sich zumeist an den Waldrändern oder in den Bambusdickichten wohlfühlen, wo man sie dank ihrer grünen Färbung kaum erkennt. Weitverbreitet auf vielen Pazifischen Inseln, von den Salomonen, Neuen Hebriden und Loyalitätsinseln nordwärts bis zu den Karolinen und westwärts bis zum Bismarck-Archipel, lebt die Dreifarbige Papageiamadine; andere Arten kommen auf den Philippinen, in Malaya, der Papuasischen Region und in Nordaustralien vor.

Die dritte Einheit dieser Familie wird durch die 4 Unterfamilien der Webervögel gebildet, nämlich die Büffelweber *(Bubalornithinae)*, die Sperlinge *(Passerinae)*, die Eigentlichen Weber *(Ploceïnae)* und Witwen *(Viduinae)*. Am stärksten ist diese Gruppe der Webervögel in Afrika verbreitet, wo sie vermutlich auch entstanden sein dürfte. Von hier aus haben sich zwei Unterfamilien weit über die paläarktische und bis zur Grenze der Orientalischen Region vorgeschoben, und der überall gegenwärtige Haussperling wurde mit Hilfe des Menschen zum häufigsten und am weitesten verbreiteten Vogel.

Nur wenige Arten leben als Einzelgänger, die meisten aber äußerst gesellig. Ihren Namen tragen die Webervögel nach den riesigen Gemeinschaftsnestern, die einige Arten weben, und die höchst kompliziert aufgebaut sind. Andere Arten verschwenden jedoch keine solche Mühe darauf, sondern schleppen lediglich Zweige und Stroh zu ganz rohen Niststätten zusammen. Die Witwen sind sogar Brutparasiten und bauen überhaupt kein eigenes Nest. Auch das Fortpflanzungsverhalten einiger Arten erscheint sehr spezialisiert und schließt einige sonderbare Hochzeitsbräuche ein; weit verbreitet ist die Vielehe.

VIEHWEBER ♂
Dinemellia dinemelli
Sudan bis Abessinien und Kenia; 23 cm.

BLUTSCHNABELWEBER ♂
Quelea quelea
Afrika südlich der Sahara; 12 cm.

HAUSSPERLING ♂
Passer domesticus
Eurasien und Nordafrika; 15 cm.

BAJAWEBER ♂
Ploceus philippinus
Indien bis Indochina und Malaya; 15 cm.

FELDSPERLING
Passer montanus
Eurasien; 13 cm.

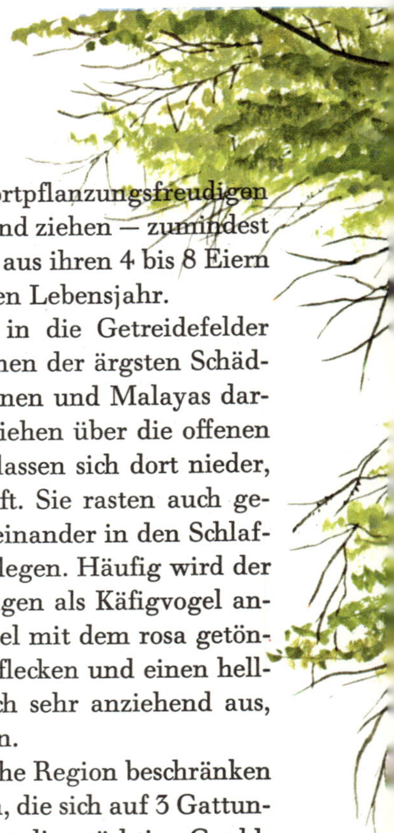

Nur wenige Webervögel kennen einen wohltönenden Gesang, doch verhalten sie sich im allgemeinen ziemlich lärmvoll, wenn ihr Ruf auch zumeist nur aus einem rauhen, eintönigen Zirpen und Schwatzen besteht. Vereinzelte Arten unternehmen regelmäßige Wanderungen, die anderen aber bleiben an ihrem Ort und wandern nur auf der Suche nach neuer Nahrung oder wechseln ihre Niststätten je nach der Jahreszeit oder auch Jahr für Jahr. Im allgemeinen halten sich die Webervögel in offenem Gelände auf, bewohnen aber noch verschiedene andere Lebensstätten: Im Waldesdickicht trifft man sie nur selten, während andere lockere Baumbestände lieben oder steinige Berghänge; die meisten bevorzugen Grassteppen, Savannen oder Sumpfgebiete. Eine ganze Anzahl, vor allem selbstverständlich der Haussperling, hat sich dem Menschen angeschlossen und hält sich in der Nähe seiner Wohnstätten auf.

Die urtümlichste und einheitlichste Gruppe bilden die 3 Büffelweber, große, kräftige afrikanische Sperlingsvögel von 20 bis 25 cm Länge, von denen zwei ein recht unscheinbares schwarzes und braunes Gefieder tragen, während der dritte durch seinen weißen Kopf und Bauch auffällt. In kleinen Schwärmen von etwa einem Dutzend Vögeln durchstreifen sie das trockene Grasland und die Felder, um ihre Nahrung,

SIEDELSPERLING ♂
Philetairus socius
Südafrika; 13 cm.

PARADIESWITWE ♂
Steganura paradisaea
Tropisches Afrika; 38 cm.

ORYXWEBER ♂
Euplectes orix
Südafrika; 13 cm.

TEXTORWEBER ♂
Textor cucullatus
Erythräa und Abessinien; 15 cm.

BRILLENWEBER ♂
Hyphanturgus ocularis
Tropisches Afrika; 16 cm.

die etwa zu gleichen Teilen aus Sämereien und Insekten besteht, auf dem Boden zu suchen. Sie bauen große Gemeinschaftsnester aus Zweigen, die sie auf den Ästen der großen Bäume anhäufen, und den tragenden Ast belegen sie mit Dornenzweigen zum Schutz gegen herumstreunendes Raubzeug. Jedes Nest besteht aus zwei oder mehr Kammern, die jeweils von einem Brutpaar besetzt werden und durch getrennte Eingänge nach verschiedenen Richtungen ins Freie führen. Nicht selten trägt ein einziger Baum 9 oder 10 solcher Nester.

An erster Stelle unter den 35 Sperlingen genannt zu werden, verdient der Haussperling. Seine eigentliche Heimat umfaßt Europa, Westasien und Nordafrika, und dort hat er sich zum ausgesprochenen Stadtvogel entwickelt, der den europäischen Kolonisatoren in alle Teile der Erde nachfolgte. Nach Amerika wurde er im Jahre 1852 eingeführt, und zwar auf einem Friedhof in Brooklyn, New York; von dort aus hat er sich praktisch alle besiedelten Teile des Kontinents erobert. Ebenso erfolgreich setzte er sich in Südamerika, Südafrika, Australien, auf Neuseeland und Hawaii durch, doch sind einige Ansiedlungsversuche auch fehlgeschlagen. Im südlichen Grönland konnte er sich beispielsweise nicht halten, was ja nicht weiter überrascht. Auf den Philippinen vermochte er sich nicht gegen seinen nächsten Verwandten zu behaupten, den Feldsperling, der dort schon früher von Asien aus angesiedelt wurde und die gleiche ökologische Nische als Stadtvogel eingenommen hatte.

Der Feldsperling sieht ganz ähnlich aus wie das Männchen des Haussperlings, zeigt aber einen tief schokoladenbraunen Scheitel und einen schwarzen Fleck auf den helleren Ohrdecken; die Geschlechter unterscheiden sich nicht. Von Westeuropa an kommt er ostwärts bis China, Japan und Java sehr häufig in der Nähe der Städte vor und richtet in den Reisbaugebieten beträchtlichen Schaden an. Sobald im Herbst die Zeit der Reisernte naht, fällt er in die Reisfelder ein. Alle Versuche, ihn mit Vogelscheuchen, Lärmmaschinen und Rauchbomben zu vertreiben, haben nur wenig Erfolg gezeitigt. Mit Netzen fangen ihn die Japaner zu Millionen ein: 5 bis 10 Millionen Feldsperlinge kommen jährlich auf den Markt! Gerupft und zu jeweils 10 Stück mit den Köpfen in die Schlingen von Reisstrohketten gesteckt, verkauft man sie an die Feinschmecker, und in Tokio gibt es Straßenhändler, die Feldsperlinge auf Spießen über Holzkohlenfeuer rösten und — mit Sojasoße gewürzt — an die Straßenpassanten abgeben, wie bei uns die Wurstmaxen. Knusprig gebraten und mit allen Knochen gegessen, schmecken sie gar nicht schlecht. Übrigens existiert eine kleine Kolonie von Feldsperlingen auch in St. Louis, Missouri, die dort im Jahre 1870 angesiedelt wurde, sich aber nie recht ausbreiten konnte.

Nahe verwandt mit den Sperlingen ist der Schneefink in den südlichen Gebirgen von Europa und Asien. In den Pyrenäen, Alpen, Apenninen und auf dem Balkan nistet er erst ab 1800 m Höhe; im Himalajagebiet geht er sogar bis fast 5000 m Höhe hinauf. Jeder Bergsteiger kennt diesen Vogel, der sich auch in der Nähe der Alpenhotels aufhält; von weitem wirkt er fast wie das Weibchen des Haussperlings, zeigt aber viel Weiß auf den Flügeln und dem Schwanz. Von den übrigen europäischen Sperlingen seien dann noch der im Süden heimische Weiden- sowie der Steinsperling erwähnt, der vom südwestlichen und südlichen Europa an bis zum Himalaja und bis nach Südafrika vorkommt; seine Brutplätze an den Ruinen Mitteldeutschlands sind heute verwaist.

Im Freien bauen die Sperlinge ein geschlossenes, kunstloses Nest mit einem seitlichen Eingang, der Haussperling aber und seine nächsten Verwandten suchen sich Gesteinsspalten, Baumlöcher und jede Nische unter den Hausdächern, die sie dann mit Stroh, Zweigen, Federn und sonstigem Abfall vollstopfen. Der Feldsperling geht als Höhlenbrüter gern in Nistkästen, die aber auch der Haussperling oft besetzt. Das Gelege des Haussperlings enthält 4 bis 8 weiße, kräftig grau gesprenkelte Eier und wird von Weibchen und Männchen abwechselnd ausgebrütet. Etwa 13 bis 14 Tage dauert die Brutzeit, und ebenso viele Tage braucht es, bis die Jungen flügge sind. Gewöhnlich werden zwei oder mehr Bruten im Jahr aufgezogen.

Das am höchsten entwickelte Brutverhalten zeigt der südafrikanische Siedelsperling, dessen riesige Gemeinschaftsnester manchmal aus der Ferne wie Eingeborenenhütten wirken. Nicht weniger als 100 bis 300 Brutpaare arbeiten zusammen, um diese bis 3 m hohen und bis 5 m breiten Bauten hoch oben in den Zweigen eines möglichst einzelnstehenden Baumes zu errichten. Als erstes wird die gemeinsame Bedekkung in Form eines wasserdichten Strohdaches angelegt, und darunter hängen dann die retortenförmigen Brutkammern der einzelnen Paare; als Eingang dient eine vom Boden ausgehende Röhre. Die Vögel nisten mitten im Sommer, der dort in unsere Weihnachtszeit fällt, und legen dann ihre 2 bis 4 mattweißen, kräftig dunkelgrau gesprenkelten Eier. Das ganze Jahr über bleibt der Schwarm bei seinem Baumnest zusammen, unaufhörlich schwatzend, denn einen eigentlichen Gesang kennen diese Vögel nicht. Außerhalb der Nistzeit suchen sie in kleineren Verbänden nach Grassamen und Insekten, kehren aber zur Nacht wieder in ihr Gemeinschaftsnest zurück.

Etwa 109 Arten bilden die Gruppe der Eigentlichen Weber, deren Angehörige vor allem in Afrika, aber auch im südlichen Asien leben. Hier unterscheiden sich die Geschlechter zumeist, indem die Weibchen ein mattgraues Gefieder tragen, ähnlich dem der weiblichen Spatzen, während die Männchen zur Brutzeit ein buntes Kleid mit Gelb und Schwarz zeigen; nach der Brut gleichen sie sich im Aussehen ihren Weibchen an. Auch die Jungen sehen im ersten Jahr etwa wie die Weibchen aus, denn nicht vor Ende des zweiten Jahres legen sie ihr Hochzeitskleid an. Nur ein paar Arten nisten allein, die meisten aber in Kolonien, die einige wenige bis Millionen von Brutpaaren umfassen können. Sie alle weben hübsche flaschen- oder retortenförmige Nester, zu denen der Eingang entweder von der Seite oder durch einen langen Schlauch zum Boden führt.

Als Beispiel sei der Textorweber genannt, ein häufiger Vogel, der sich gern an die Eingeborenensiedlungen des tropischen Afrika hält. Hier tragen die großen, einzelnstehenden Bäume oft Hunderte seiner Nester, die aber keinen Gemeinschaftsbau bilden wie beim Siedelsperling, sondern einzeln an je einem Zweig aufgehängt werden. Das Männchen beginnt den Nestbau, indem es zuerst einen Rahmen aus Palmenfasern webt. Das Material dazu beschafft es sich dadurch, daß es zuerst ein kleines Loch in einen Palmenwedel hackt und dann im Fortfliegen eine lange Faser herauszieht. An diesem Rahmen wird das Nest in Form einer umgekehrten Flasche befestigt, und als Eingang dient eine Röhre vom Boden aus. Den Rest besorgt das Weibchen, indem es das Ganze mit weicherem Material auspolstert. In manchen Kolonien halten sich die Geschlechter ihrer Zahl nach etwa die Waage, doch überwiegen in anderen die Weibchen. Wenn dann ein Männchen seine Partnerin glücklich soweit gebracht hat, daß sie auf ihren Eiern sitzt und brütet, baut es ein zweites Nest und sucht sich ein neues Weibchen.

Außerordentlich häufig lebt in Indien, Indochina und Malaya der verwandte Bajaweber, dessen Flaschennester zu 8, 10 oder oft auch zu 50 bis 100 Stück von den Bäumen der ländlichen Siedlungen herabhängen. Auch hier beginnt das Männchen mit dem Nestbau und webt zuerst eine feste Stütze aus Grasfasern um den Zweig und dann eine hängende Schlinge, an die nun feste Wände angefügt werden sowie eine seitlich nach unten ragende Eingangsröhre. Das Ganze kann ein paar Zentimeter bis über einen Meter lang sein. Sobald die Außenseite des Nestes fertiggestellt ist, kommen die Weibchen herbei und wählen sich ein ihnen zusagendes Nest aus; während «Sie» das Auspolstern übernimmt, stellt «Er» den röhrenförmigen Eingang fertig. Kaum fängt das Weibchen an zu brüten, macht sich das Männchen schon wieder mit dem Bau des nächsten Nestes zu schaffen, und so geht es die ganze Brutzeit hindurch. Wenn jedoch kein ausgesprochener Frauenüberschuß herrscht, bleiben die zusätzlichen Nester oft leer oder unvollendet.

In den Kulturlandschaften sind verschiedene afrikanische Webervögel zu einer ernsten Gefahr geworden. Das gilt vor allem für den kleinen Blutschnabelweber, einen gut 12 cm langen, graubraunen Vogel mit leuchtend rotem Schnabel. Zur Brutzeit trägt das Männchen rote Tupfen um den Kopf und eine schwarze Gesichtsmaske, gleicht aber während des übrigen Jahres dem unscheinbaren, sperlingsähnlichen Weibchen. Planlos durchstreifen die Blutschnabelweber in Schwärmen die offenen und spärlich bewaldeten Savannen, und wenn einer dieser nach Millionen zählenden Schwärme zur Reifezeit des Getreides in die Felder einfällt, richtet er derartige Verheerungen an, daß man den Vögeln bereits mit Flammenwerfern und Chemikalien, die vom Flugzeug aus abgeregnet wurden, zu Leibe gehen mußte.

Die Blutschnabelweber sind außerordentlich vermehrungsfreudig, nisten dort, wo es ihnen gerade paßt, und brüten, im Gegensatz zu den meisten anderen Webervögeln, bereits im ersten Lebensjahr. Ihr Brutinstinkt wird durch das Einsetzen der Regenzeit ausgelöst, und dann lassen sie sich irgendwo nieder und gehen ihren Fortpflanzungsgeschäften nach. Anscheinend suchen sich die großen Schwärme in jedem Jahr neue Nistplätze. Manchmal ist hektarweit jeder Baum mit ihren Nestern bedeckt. Wieder baut das Männchen das Nest als einfaches, eiförmiges Gebilde aus Gras mit einem oberen Seiteneingang und nur wenig oder überhaupt keinem Polstermaterial. Sobald das Nest fertig ist und dem Weibchen gefällt, paaren sich die Vögel und legen am nächsten oder darauffolgenden Tag die Eier ab. An diesen Massen-Niststätten scheint es keine Vielehe zu geben, denn die Männchen brüten hier hin und wieder am Tage, während das Weibchen immer die Nachtzeit auf den Eiern verbringt. Am 13. Tag kommen die Jungen aus, und zwar alle mit einem Male innerhalb der gesamten Kolonie. Nach 12 Tagen verlassen sie das Nest, und dann begibt sich wieder der ganze Schwarm, vermehrt durch die neu hinzugekommenen Jungvögel, auf seine ungerichtete Wanderschaft.

Als ansehnlichste Angehörige dieser Familie müssen der Oryx- und andere Widahweber gelten. Das Männchen des Oryxwebers gehört nicht nur zu den buntesten Webervögeln, sondern zeigt auch ein überaus bemerkenswertes Paarungsverhalten. In hüpfendem Flug balzt es vor seinem Harem von 2 oder 3 Weibchen und klappert dabei mit den Flügeln. Die Art nistet im Röhricht der Sümpfe und befestigt ihr schalenförmiges Nest zwischen zwei Schilfstengeln. Die Vögel fressen zwar Termiten, schaden aber auch den Ernten.

Eine nahe verwandte Gruppe bezeichnet man als «Witwen». Dieser Name ist nichts weiter als eine Verballhornung der Küstenstadt Ouidah im Golf von Guinea, von wo die ersten Vögel herkamen. Deshalb sollte man hier von Widahwebern sprechen, zum Unterschied von den Eigentlichen Witwen. In dieser Gruppe tragen die Männchen zur Fortpflanzungszeit nicht nur bunte Farben, sondern auch verlängerte Schwanzfedern. So erreicht das Männchen des Hahnenschweif-Widahwebers, ein glänzend schwarzer Vogel mit scharlachroten Flügelflecken, trotz seiner geringen Körpergröße eine Gesamtlänge von knapp 60 cm und stellt damit den größten Vogel der Familie dar. Das Männchen des Leierschwanzwidahs baut einen Tanzplatz von 1 qm Größe im Grasland, den es von allem Pflanzenwuchs säubert, bis auf einen Grasbüschel in der Mitte; hier hüpft und stolziert es mit gespreiztem Schwanz herum, was sein Weibchen anscheinend unwiderstehlich anzieht. Das Männchen unterhält einen Harem aus 4 bis 12 Hennen, die in Gruppen im Grasland nisten, während der Hahn tagsüber sich von einem Nest zum anderen begibt und seine Hennen mit gurrenden Lauten anfeuert. Zum Abend aber verschwindet «Er, der Herrlichste von allen», mit nachflatterndem Schwanz, um sich zusammen mit den anderen Hähnen im Schilf zur Ruhe zu begeben.

Am weitesten aber fällt die Unterfamilie der Eigentlichen Witwen *(Viduinae)* aus dem Rahmen der Familie; ihr Lebensbereich ist das offene Grasland südlich der Sahara. Im Gegensatz zu den unauffälligen braunen Weibchen gehören die Männchen im Hochzeitsgewand mit ihren langen Schmuckfedern des Schwanzes zu den auffälligsten Erscheinungen ihrer Familie. Sie alle leben nicht nur in Vielehe, sondern treiben auch Brutparasitismus und zeigen außerdem ein Balzverhalten, das an das der Laubenvögel erinnert, wie die Hochzeitsflüge bis zu 100 m Höhe mit klappernden Flügeln und zitterndem Schwanz.

In ihrem Brutparasitismus sind sie sehr wählerisch: Jede Art legt ihre Eier in die Nester von ganz bestimmten anderen Vögeln, zumeist Prachtfinken. Die Eier sind auch nicht getönt oder gefleckt wie bei den anderen Webervögeln, sondern reinweiß wie bei den «bevorzugten» Astrilden. Überraschenderweise zeigen sogar die jungen Witwen das gleiche, bunte Mundinnere wie die Wirtsvögel – eine Eigenschaft, die ihnen vielleicht von gemeinsamen Ahnen überkommen ist.

Das Witwenweibchen soll zwar manchmal ein Ei aus dem fremden Nest entfernen, doch sonst scheinen die Prachtfinken nicht weiter geschädigt zu werden. Die jungen Witwen wachsen neben den nesteigenen Jungen auf, denen sie stark ähneln. Gern möchte man wissen, wann und wie die jungen Witwen merken, daß sie ja gar nicht hierhergehören, und wie sie zu ihren eigentlichen Artgenossen finden. Es gibt eben noch sehr viele Probleme im Zusammenhang mit dem Brutparasitismus zu lösen, und zwar nicht nur bei den Witwen, sondern auch bei den Kuckucken, Honiganzeigern und Kuhstärlingen.

Literatur

Neue Beobachtungen, Entdeckungen und Theorien auf dem Gebiet der Naturwissenschaften werden selten in Büchern mitgeteilt, sondern erscheinen zumeist in Fachzeitschriften, die in fortlaufender Reihenfolge von Museen, Universitäten, Instituten und gelehrten Gesellschaften herausgegeben und im allgemeinen nur von fachlich Interessierten bezogen werden. Von den ornithologischen Zeitschriften mögen die folgenden hier genannt sein:

Alauda. Revue internationale d'Ornithologie. – Paris.
Ardea. Tijdschrift der Nederlandsche Ornithologische Vereeniging. – Leiden.
Ardeola. – Madrid.
The Auk. A Quarterly Journal of Ornithology. – Wolverine Tower (Michigan).
Auspicium. Ringfundberichte der Vogelwarte Helgoland und der Vogelwarte Radolfzell. – Wilhelmshaven u. Radolfzell.
Beiträge zur Vogelkunde. – Leipzig.
Bird-Banding. A Journal of ornithological Investigation. – Boston.
Bird Migration. – Oxford.
Bird Study. – Oxford.
British Birds. An illustrated Magazine devoted chiefly to the Birds on the British List. – London.
The Condor. A Magazine of Western Ornithology. – Berkeley.
Dansk ornithologisk Forenings Tidsskrift. – Kopenhagen.
Egretta. Vogelkundliche Nachrichten aus Österreich. – Wien.
The Emu. A quarterly Magazine to popularise the Study of native Birds. – Melbourne.
Field Study. – London.
Die Gefiederte Welt. – Pfungstadt.
Le Gerfaut. Revue Belge d'Ornithologie. – Brüssel.
The Ibis. A quarterly Journal of Ornithology. – London.
Journal für Ornithologie. – Berlin.
L'Oiseau et Revue Française d' Ornithologie. – Paris.
Nos Oiseaux. Bulletin de la Societé Romande pour l'étude et la protection des oiseaux. – Genf.
Ornis Fennica. – Helsinki.
Der ornithologische Beobachter. Monatsberichte für Vogelkunde und Vogelschutz. – Zürich.
The Ostrich. – Pretoria.
Sterna. Tidsskrift utgitt av Stavanger Museum og Norsk ornitologisk forening. – Stavanger.
Tori. Bulletin of the Ornithological Society of Japan. – Tokyo.
Die Vogelwarte. Berichte aus dem Arbeitsgebiet der Vogelwarten. – Stuttgart.
Die Vogelwelt. Zeitschrift für Vogelkunde und Vogelschutz. – Berlin und München.
Wilson Bulletin. – Oberlin (Ohio).

Von diesen Zeitschriften aus gelangen die neuen Erkenntnisse in die Bücher und finden dadurch ihren Weg zu den Freunden der Vogelwelt. Für sie mag die nachfolgende Aufstellung der wichtigsten hier in Frage kommenden Literatur von Wert sein:

ALEXANDER, W. u. G. NIETHAMMER (1959): Die Vögel der Meere (Original: ALEXANDER, Birds of the Ocean, New York, 1954). – Hamburg u. Berlin.
BARRUEL, P. u. H. FRIELING (1954): Das große Buch der Vögel (Original: BARRUEL, Vie et Mœurs des Oiseaux, Paris, 1953). – Stuttgart.
BENOIT, J., J. BERLIOZ u. a. (1950): Oiseaux (in GRASSÉ Traité de Zoologie, **15**). – Paris.
BERNDT, R. u. W. MEISE (1959–1963): Naturgeschichte der Vögel. 3 Bände. – Stuttgart.
DELACOUR, J. (1954–1959): The Waterfowl of the World. 3 Bände. – London.
DIRCKSEN, R. (1961): Vogelvolk auf weiter Reise. Die Wunder des Vogelzuges. 6. Aufl. – Gütersloh.
GILLIARD, E. u. G. STEINBACHER (1963): KNAURS Tierreich in Farben / Vögel (Original: GILLIARD, Living Birds of the World, New York, 1954). 6. Aufl. – München.
GLUTZ VON BLOTZHEIM, U. N. (1961): Die Brutvögel der Schweiz. – Sempach.
HARTERT, E. (1910–1922): Die Vögel der Paläarktischen Fauna. – (1923): 1. Nachtrag. – (1930–1936) – u. F. STEINBACHER: Ergänzungsband. – Berlin.
HEINROTH, O. u. M. HEINROTH (1924–1933): Die Vögel Mitteleuropas. 4 Bände. – Berlin.
MARSHALL, A. J. (1960–1961): Biology and Comparative Physiology of Birds. 2 Bände. – New York u. London.
MAYR, E. & D. AMADON (1951): A Classification of Recent Birds. – Amer. Mus. Novit., New York, **1496** : 1–42.
NIETHAMMER, G. (1937–1942): Handbuch der deutschen Vogelkunde. 3 Bände. – Leipzig.
PETERS, J. L. (1931–1960): Check List of Birds of the World. Bisher 9 Bände. – Cambridge.
PETERSON, R., G. MOUNTFORD, P. A. D. HOLLOM u. G. NIETHAMMER (1961): Die Vögel Europas (Original: PETERSON, MOUNTFORD & HOLLOM, A Field Guide to the Birds of Britain and Europe, 1954). 4. Aufl. – Hamburg u. Berlin.
SCHÜZ, E. (1952): Vom Vogelzug. Grundriß der Vogelzugkunde. – Frankfurt am Main.
SCOTT, P. u. H.-G. KLÖS (1961): Das Wassergeflügel der Welt (Original: SCOTT, A Coloured Key to the Wildfowl oft the World). – Hamburg u. Berlin.
SHARPE, R. B., u. a. (1874–1898): Catalogue of Birds in the British Museum. 27 Bände. – London.
STEINBACHER, G. (1962): KNAURS Vogelbuch. Das Handbuch für Vogelfreunde und Vogelliebhaber. 8. Aufl. – München.
STRESEMANN, E. (1927–1934): Aves (in KÜKENTHAL, KRUMBACH u. a., Handbuch der Zoologie, **7**, 2). – Berlin.
STRESEMANN, E. u. L. A. PORTENKO (1960): Atlas der Verbreitung palaearktischer Vögel. Bisher 1 Lieferung. – Berlin.
STRONG, R. M. (1939–1959): A Bibliography of Birds. – Field Mus. Nat. Hist., Chicago, **1–4**.
VOOUS, K. H. (1962): Die Vogelwelt Europas und ihre Verbreitung. – Hamburg u. Berlin.
WALLACE, G. J. (1955): An Introduction to Ornithology. – New York.
WETMORE, A. (1960): A Classification for the Birds of the World. – Smithson. Misc. Coll., Washington, **139** : 1–37.
WING, L. W. (1956): Natural History of Birds. – New York.

Register

Bei zusammengesetzten Namen suche man beim Gruppennamen, z. B. Blaunacken-Mausvogel bei Mausvogel.

Ziffern mit Sternchen (254*) verweisen auf Abbildungen.

SCHOPFTINAMU Eudromia elegans
GUANOKORMORAN Phalacrocorax bougainvillei
WANDERFALK Falco peregrinus
JAÇANA Jacana spinosa
FALKENNACHTSCHWALBE Chordeiles minor
KIEBITZREGENPFEIFER Squatarola squatarola
NEUWELT-SCHERENSCHNABEL Rynchops nigra
SCHWALBENSCHWANZMILAN Elanoïdes forficatus
AMERIKANISCHER SEIDENREIHER Egretta thula
VIRGINISCHER UHU Bubo virginianus
WANDERDROSSEL Turdus migratorius
NORDINSELKIWI Apteryx australis mantelli
KAKTUSZAUNKÖNIG Campylorhynchus brunneicapillus
SCHWARZHALSTAUCHER Podiceps caspicus
SCHIEFERRÜCKENMÖWE Larus schistisagus
KAMPFLÄUFER Philomachus pugnax
HALSBANDFISCHER Megaceryle alcyon
KANADAGANS Branta canadensis
TORDALK Alca torda
INKASEESCHWALBE Larosterna inca
GUIRAKUCKUCK Guira guira
GELBBRUSTTYRANN Myiarchus crinitus
ROTER SICHLER Eudocimus ruber
GROSSE ROHRDOMMEL Botaurus stellaris
MADAGASKARBÜLBÜL Ixocincla madagascariensis
MITTELSÄGER Mergus serrator
PRITCHARD-GROSSFUSSHUHN Megapodius pritchardi
KLEINE RAUBMÖWE Stercorarius longicaudus
HAUSZAUNKÖNIG Troglodytes aëdon
TRUTHAHNGEIER Cathartes aura
MOORSCHNEEHUHN Lagopus lagopus
HELLROTER ARA Ara macao
AMSEL Turdus merula
BRAUNER TÖLPEL Sula leucogaster
ROSENSEESCHWALBE Sterna dougalli
ÖSTLICHER PFLANZENMÄHER Phytotoma rutila
WALDDROSSEL Hylocichla mustelina
ROTSCHWANZ-TROPIKVOGEL Phaëthon rubricauda
GOLDSPECHT Colaptes auratus
WASSERPIEPER Anthus spinoletta
AMERIKANISCHER ZWERGSTRANDLÄUFER Erolia minutilla
DICKSCHNABELLUMME Uria lomvia
KAROLINA-NACHTSCHWALBE Caprimulgus carolinensis
PAURAKI Nyctidromus albicollis